HISTOIRE NATURELLE

DES

POISSONS DE LA FRANCE

———

III

2591-80. — CORBEIL. Typ. et stér. CRÉTE.

HISTOIRE NATURELLE

DES

POISSONS DE LA FRANCE

PAR

LE DR ÉMILE MOREAU

Avec 220 figures dessinées d'après nature.

TOME TROISIÈME

PARIS

G. MASSON, ÉDITEUR

LIBRAIRE DE L'ACADÉMIE DE MÉDECINE

120, Boulevard Saint-Germain, en face de l'École de Médecine

M DCCC LXXXI

DES POISSONS

Famille des Sparidés, Sparidæ.

Corps oblong, couvert d'écailles généralement cténoïdes.

Tête de forme variable ; bouche le plus souvent terminale, pas ou peu protractile ; mâchoires dentées, palais lisse.

Appareil branchial ; ouïes largement fendues ; pièces operculaires écailleuses, sans épines ; rayons branchiostèges au nombre de cinq à sept ; pseudobranchies.

Ligne latérale bien marquée, ne se continuant pas sur la caudale.

Nageoires ; dorsale unique, composée de dix à quinze aiguillons et de dix à seize rayons mous ; anale formée de trois épines et de sept à seize rayons mous ; ventrales thoraciques, ayant une épine et cinq rayons mous.

La famille des Sparidés est composée de cinq sous-familles :

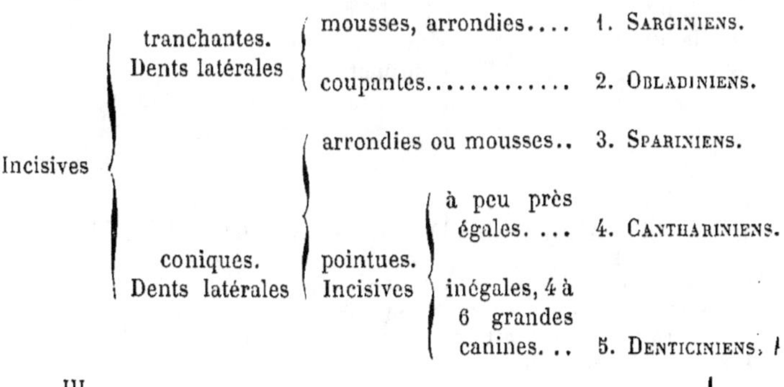

Sous-Famille des Sarginiens, *Sargini*.

Corps comprimé, ovale, couvert d'écailles pectinées.

Tête plus haute que longue ; bouche peu fendue ; dents incisives plus ou moins aplaties, tranchantes, généralement au nombre de huit à chaque mâchoire ; molaires arrondies ; joues écailleuses.

Nageoires ; dorsale ayant onze à douze, rarement treize rayons épineux, pouvant se loger dans un sillon, et douze à quinze rayons mous ; anale ayant trois aiguillons et dix à quatorze rayons mous ; pectorales longues.

Vessie natatoire plus ou moins développée. — **Appendices pyloriques** peu nombreux.

Cette sous-famille comprend deux genres :

Molaires sur
- plusieurs rangées........................ 1. SARGUE.
- une seule rangée......................... 2. CHARAX.

GENRE SARGUE — *SARGUS*, Cuv.

Corps oblong, comprimé, couvert d'assez grandes écailles.

Tête de forme variable ; incisives plus ou moins aplaties, tranchantes ; molaires arrondies sur plusieurs rangées.

Appareil branchial ; fente des ouïes grande ; pièces operculaires et joues écailleuses ; cinq ou six rayons branchiostèges.

Le genre Sargue se compose de quatre espèces :

Bande noirâtre sur le tronçon de la queue
- se prolongeant sur les rayons de la dorsale........................ 1. S. ORDINAIRE.
- seulement. Ventrales
  - Sur le corps des bandes brunâtres verticales
    - noirâtres. 7 ou 8.... 2. S. DE RONDELET.
    - nulles.... 3. S. VIEILLE.
  - jaunâtres............ 4. S. ANNULAIRE.

LE SARGUE ORDINAIRE — *SARGUS VULGARIS*.

Syn. : SARGUS, Bell., p. 242-244 ; Salvian., p. 179, pl. 64.

SPARUS SARGUS, Brunn., *Ichth. Mass.*, p. 38, n° 52.

LE SARGUE ORDINAIRE, Sargus vulgaris, Geof. St.-Hil., *Descript. Égypt. Hist. nat. Poiss.*, pl. 13, fig. 2, édit. in-8°, t. XXIV, p. 342.

Sargus puntazzo, Sargue puntazzo, Riss., *Hist. nat.*, p. 352.
Le Sargue de Salvien, Sargus Salviani, Cuv. et Valenc., t. VI, p. 28, pl. 163, fig. 1-2,
mâch.; Guichen., *Expl. Algér.*, p. 47.
Sargus Salviani, CBp., *Cat.*, n° 469; Canestr., *Fn. Ital.*, p. 88.
Sargus vulgaris, Günth., t. I, p. 437; Brit. Capel., *Cat.*, *Peix. Portvg.*, n° 3, p. 20.

N. vulg. : Sargou rascas, Nice; Sarguet négré, Cette.
Long. : 0,18 à 0,25.

Le Sargue ordinaire a le corps ovale, comprimé, couvert d'assez grandes écailles, qui sont munies, sur le bord postérieur, de

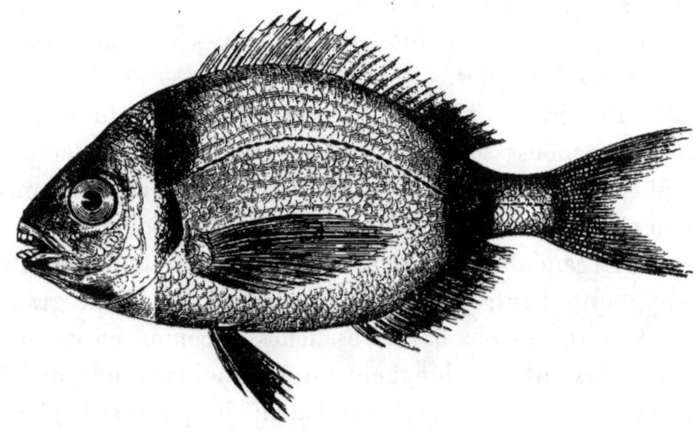

Fig. 146.

plusieurs rangées de spinules. La hauteur du tronc est comprise
deux fois et demie à deux fois et trois quarts dans la longueur
totale. Le nombre des vertèbres est de vingt-trois ou vingt-quatre, 9 ou 10 + 14.

La longueur de la tête fait environ le quart de la longueur
totale. Le museau est assez avancé; la bouche est petite, à lèvre
supérieure plissée. Les mâchoires sont à peu près égales; elles
sont armées l'une et l'autre de huit incisives assez étroites, légèrement proclives; sur les côtés, elles portent deux rangées de
molaires arrondies.

L'iris est argenté avec une teinte dorée à son quart inférieur.
Le diamètre de l'œil mesure le quart, ou même un peu plus, de
la longueur de la tête, les deux tiers de l'espace préorbitaire; il

est un peu moins grand que l'espace interorbitaire, qui est relevé en bosse.

Près du bord de l'orbite se trouve l'orifice postérieur de la narine; il est ovale ; il est voisin de l'ouverture antérieure, qui est étroite, arrondie.

Au tiers supérieur du corps se dessine la ligne latérale, qui est parallèle au dos ; elle est bien marquée sur une série d'écailles moins développées que les autres. Éc., l. long. 50 à 53 ; l. transv. $\frac{5}{11\ \mathrm{ou}\ 12} + 1 = 17$ ou 18.

Il y a cinq rayons branchiostèges. Les joues sont garnies de quatre rangées d'écailles.

La dorsale compte onze aiguillons et quatorze ou plus souvent quinze rayons mous; son plus grand rayon est le quatrième ou le cinquième rayon épineux. L'anale a quatorze rayons mous ; la deuxième épine est généralement un peu plus longue que la troisième. La caudale est fourchue ; elle a le lobe supérieur plus développé que l'autre ; elle est composée de dix-sept grands rayons, et de trois rayons basilaires en dessus comme en dessous. Les pectorales ont une longueur un peu moins grande que le tiers de la longueur totale ; elles s'étendent jusque vers l'aplomb de la deuxième épine de l'anale. Les ventrales n'ont guère que la moitié de la longueur des pectorales ; l'écaille axillaire externe est développée, elle mesure la moitié au moins de la longueur du rayon épineux.

Br. 5. — D. 11/14 ou 15 ; A. 3/14 ; C. 3/17/3 ; P. 15; V. 1/5.

Sur le tronçon de la queue se remarque une bande noirâtre qui gagne les rayons mous de la dorsale, et même ceux de l'anale chez les jeunes animaux. La dorsale est tachetée de noirâtre dans sa partie épineuse. L'anale est noirâtre, ou d'un brun assez foncé. La caudale est blanchâtre, sans trace de bordure noire. Les pectorales sont grisâtres. Les ventrales sont noires à la face externe, grisâtres à la face interne. Le corps est d'un gris argenté avec des bandes verticales d'un gris doré, peu distinctes, et des bandes longitudinales de teinte jaunâtre ; ces dernières bandes, au nombre de quatorze à seize, sont bien marquées, surtout au-dessus de la ligne latérale. Une tache dorée se voit au-dessus de l'orbite ; chez les jeunes animaux, cette tache rejoint souvent celle du côté opposé, et forme une espèce de bande sur l'espace interorbitaire. De la base de la dorsale descend une large bande noirâtre, qui s'étend sur le scapulaire et sur le bord postérieur de l'opercule.

La vessie natatoire est grande, arrondie en avant, pointue en arrière. Il y a quatre appendices pyloriques.

Habitat. Méditerranée, commun, Nice, Cette, étang de Thau, Port-Vendres.

Proportions : long. totale 0,227 ; tronc, haut. 0,084, épais. 0,025.

Tête, long. 0,056, haut. 0,073. — Œil, diam. 0,015, esp. préorbit. 0,022, esp. interorbit. 0,018.

LE SARGUE DE RONDELET ou SAR proprement dit,
SARGUS RONDELETII.

Syn. : Sparus, Bell., p. 240-242 ; Brunn., *Ichth. Mass.*, p. 39.

Du Sargo, Rondel., liv. V, c. v, p. 114.

Sar de Toulon, Duham., *Péch.*, part. 2, sect. 4, p. 15, pl. 3, fig. 1.

Spare bigarré, Sparus variegatus, Bonnat., p. 98 ; Lacép., t. IX, p. 311.

La Sargue enrouée, Sargus raucus, Geof. St-Hil., *Descript. Égypte, Hist. nat. Poiss.*, pl. 18, fig. 1, t. XXIV, p. 340.

Spare sargue, Sparus sargus, Riss., *Ichth.*, p. 236.

Sargus sargus, Sargue commun, Riss., *Hist. nat.*, p. 352.

Le Sargue, ou Sar proprement dit, Sargus Rondeletii, Cuv. et Valenc., t. VI, p. 14, pl. 141.

Sargus Rondeletii, CBp., *Cat.*, n° 468 ; Günth., t. I, p. 440 ; Canestr., *Fn. Ital.*, p. 88.

Sargue ordinaire, Guichen., *Expl. Algér.*, p. 46.

N. vulg. : Sargou, Nice ; Sarguet, Cette ; Mouchon, Bayonne.

Long. : 0,20 à 0,30.

Il existe une grande ressemblance entre le Sargue de Rondelet et le Sargue ordinaire ; les proportions du corps sont les mêmes dans les deux espèces ; il y a un nombre égal de vertèbres ; les écailles seulement sont un peu moins grandes chez le Sargue de Rondelet.

La tête a le profil courbe ; sa longueur est contenue quatre fois et quart à quatre fois et demie dans la longueur totale. Le museau est assez gros, arrondi. La bouche est petite, légèrement protractile. Les mâchoires sont à peu près égales; elles portent chacune huit incisives plus ou moins verticales, tranchantes, aplaties d'avant en arrière, quadrilatérales; la dernière incisive est un peu moins grande que les autres; la mâchoire supérieure a trois rangées de molaires arrondies; la mandibule n'en porte que deux rangées le plus ordinairement, parfois elle en a trois, parfois encore elle en a deux rangées d'un côté et trois de l'autre.

L'iris est d'un blanc jaunâtre. Le diamètre de l'œil fait le quart de la longueur de la tête, les deux tiers de l'espace préorbitaire, qui est à peine plus grand que l'espace interorbitaire.

Les ouvertures de la narine sont rapprochées de l'orbite.

Quant aux ouïes, elles sont bien fendues. Les rayons branchiostèges sont aplatis, au nombre de cinq. Les joues sont couvertes de quatre ou cinq rangées d'écailles.

La ligne latérale est bien dessinée, elle suit le profil du dos. Éc., 1. long. 65 ou 66; l. transv. $\frac{7 \text{ ou } 8}{14 \text{ à } 16} + 1 = 22$ à 25.

La dorsale est bien développée; elle a généralement douze épines, parfois onze seulement, et douze à quatorze rayons mous; la quatrième épine paraît la plus longue, elle mesure un peu moins du tiers de la hauteur du tronc. L'anale a la deuxième épine aussi forte que la troisième, et peut-être un peu plus grande. La caudale est fourchue; elle est composée de dix-sept grands rayons et de trois ou quatre rayons basilaires en haut comme en bas; son lobe supérieur, qui est le plus développé, fait presque le quart de la longueur totale. Les pectorales sont falciformes; elles ont seize rayons; leur longueur est comprise environ trois fois et demie dans la longueur totale. Les ventrales ne mesurent guère que le sixième de la longueur totale; l'écaille axillaire externe est relativement moins développée que celle du Sargue ordinaire.

Br. 5. — D. 11 ou 12/12 à 14; A. 3/13 ou 14; C. 3 ou 4/17/4 ou 3; P. 16; V. 1/5

La dorsale est d'un gris jaunâtre, l'anale d'un brun foncé; la

caudale, d'un brun jaunâtre, est bordée de noir ; les pectorales
sont grises ou d'un gris rosé ; les ventrales sont noirâtres. Une
tache noire se montre à la base de la pectorale.

Un gris-brunâtre colore le dos et les flancs ; le ventre est
argenté ; sur les côtés sont tracées vingt à vingt-cinq lignes longitudinales brunâtres ; sept ou huit bandes verticales, d'un brun
plus ou moins foncé, descendent de la région dorsale vers les
flancs ; le tronçon de la queue porte une large bande noire
formant une demi-ceinture fermée en dessus ; cette bande ne
s'étend ni sur la partie inférieure du tronçon de la queue, ni sur
les rayons mous de la dorsale. L'opercule est bordé de noir.

Cuvier et Valenciennes indiquent cinq appendices pyloriques ;
j'en ai compté sept chez un individu.

Habitat. Méditerranée, commun sur toute la côte, et même très-commun
à Cette, au mois d'août. Océan, golfe de Gascogne, assez commun, Bayonne,
Arcachon ; je ne l'ai jamais trouvé au-dessus de la Gironde. M. Lemarié
l'indique parmi les poissons, qui se pêchent à l'île de Ré et à l'île d'Yeu ;
mais l'auteur ne signale pas plus la forme que la disposition des molaires ;
on ne sait même pas s'il a eu sous les yeux un véritable Sargue.

Proportions : long. totale 0,212 ; tronc, haut. 0,078, épais. 0,028.

Tête, long. 0,047, haut. 0,065. — Œil, diam. 0,012, esp. préorb. 0,018.
esp. interorbit. 0,017.

LE SARGUE VIEILLE — *SARGUS VETULA.*

Syn. : Du Scare, Rondel., liv. VI, c. ii, p. 143.
Scarus onias Rondeletii, Willugh., p. 305, pl. V, fig. 1.
Le Sargue vieille, Sargus vetula, Cuv. et Valenc., t. VI, p. 8 ; Guichen., *Expl.
Algér.*, p. 47.
Sargus vetula, CBp., *Cat.*, n° 471 ; Günth., t. I, p. 444.

Long. : 0,15 à 0,25, quelquefois 0,30.

Excessivement rare sur nos côtes, le Sargue vieille, suivant la
remarque de Rondelet, n'a point de nom vulgaire. Il a le corps
comprimé, très-haut ; la longueur totale fait à peine deux fois
et demie la hauteur du tronc.

Plus haute que longue, la tête a le profil supérieur arrondi ;
sa longueur mesure le quart au moins de la longueur totale.

La bouche est peu fendue; la mâchoire supérieure n'arrive pas,
en arrière, à l'aplomb du bord antérieur de l'orbite. La mâchoire
supérieure est un peu plus avancée que la mandibule; elles sont
munies l'une et l'autre de huit incisives, qui sont plates, larges
comme celles des hommes, dit Rondelet. Les molaires sont grosses et arrondies; elles sont disposées sur quatre rangées à la
mâchoire supérieure, sur trois à la mandibule.

L'iris est doré. Le diamètre de l'œil fait environ le quart de la
longueur de la tête, les trois cinquièmes de l'espace préorbitaire.
L'espace interorbitaire est large, arrondi.

Il y a sur les joues six rangées d'écailles.

La ligne latérale est bien marquée; elle est rapprochée du
dos, elle en suit la courbure. Éc., l. long. 70 à 80.

La dorsale compte onze aiguillons et quatorze rayons mous.
L'anale est composée de trois épines et de treize rayons mous.
La caudale est fourchue; elle a dix-sept rayons. Les pectorales
sont pointues; leur extrémité dépasse, en arrière, les rayons
épineux de l'anale; leur longueur est comprise de trois fois et
demie à trois fois et trois quarts dans la longueur totale. Les ventrales sont d'un tiers au moins plus courtes que les pectorales.

D. 11/14; A. 3/13; C. 17; P. 17; V. 1/5.

Les nageoires impaires et les ventrales sont noirâtres.

La coloration est grisâtre sur le dos, plus claire sur les flancs
qui portent dix-huit à vingt bandes longitudinales d'une teinte
foncée. Une tache noirâtre se montre sur la partie dorsale du
tronçon de la queue; elle est moins bien dessinée que dans nos
autres Sargues; elle descend moins bas sur les côtés; cette tache
manque le plus ordinairement, d'après Rondelet. En général
l'aisselle de la pectorale est marquée d'une tache noire. Une
tache en croissant, d'un jaune pâle, s'étend sur les sourcils.

Rondelet signale la présence de quatre ou cinq appendices
pyloriques.

Habitat. Méditerranée, excessivement rare, les Martigues.
Proportions : long. totale 0,172; tronc, haut. 0,071.

Tête, long. 0,045, haut. 0,057. — Œil, diam. 0,012, esp. préorbit. 0,021.
Pectorale, long. 0,048; ventrale, long. 0,030.

LE SARGUE ANNULAIRE ou SPARAILLON,
SARGUS ANNULARIS.

Syn. : Du Sparaillòn, Rondel., liv. V, c. III, p. 111; Duham., *Pêch.*, part. 2,
sect. 4, p. 13, pl. 1, fig. 5.

Sparus annularis, Linn., p. 467, sp. 2; Delaroche, *Ann. Muséum*, t. XIII, p. 342,
Mém., p. 56, fig. 13.

Sparus smaris, Brunn., *Ichth. Mass.*, p. 40, n° 54.

Le Spare sparaillon, Sparus Sparulus, Lacép., t. IX, p. 283.

Spare haffara, Sparus haffara, Riss., *Ichth.*, p. 241.

Aurata annularis, Daurade sparaillon, Riss., *Hist. nat.*, p. 357.

Le Sargue annulaire, Sargus annularis, Geof. St-Hil., *Descript. Égypt. Poiss.*,
pl. 18, fig. 4. t. XXIV, p. 343.

Le petit Sargue, Sarguet *ou* Sparaillon, Sargus annularis, Cuv. et Valenc., t. VI,
p. 35, pl. 142.

Le Sargue sparaillon, Sargus annularis, Guichen., *Expl. Algér.*, p. 47.

Sargus annularis, CBp., *Cat.*, n° 470 ; Günth., t. I, p. 445 ; Canestr., *Fn. Ital.*, p. 89.

N. vulg. : Sparaillon, Port-Vendres, Languedoc ; Sarguet, Cette; Spar-
lin, Antibes; Esperlin, Nice.

Long. : 0,12 à 0,15, quelquefois 0,18.

De taille moins développée que les autres Sargues, le Sparaillon a le corps ovale, comprimé, couvert d'écailles assez grandes
très-minces, à bord postérieur garni de plusieurs rangées de
spinules. La hauteur du tronc est comprise deux fois et demie à
deux fois et quatre cinquièmes dans la longueur totale. Les vertèbres sont au nombre de vingt-trois, 9 + 14.

La tête a le profil supérieur régulier, continuant la courbure
du dos; sa longueur est contenue trois fois et deux tiers à quatre
fois dans la longueur totale. Le museau est assez aigu. La bouche,
peu fendue, est légèrement protractile. Les mâchoires sont
égales ; elles portent chacune huit incisives, larges, taillées carrément, verticales, assez semblables aux incisives de l'homme.
Les molaires arrondies sont disposées sur deux ou trois rangées
à la mandibule, sur trois et même quatre séries à la mâchoire
supérieure, qui est à peine plus courte que l'espace préorbitaire.

L'iris est doré. Le diamètre de l'œil est compris trois fois et quart à trois fois et demie dans la longueur de la tête ; il est d'un cinquième moins grand que l'espace préorbitaire ; il est égal à l'espace interorbitaire, qui est légèrement convexe et complétement nu. Le pourtour de l'œil, en arrière et en dessous, paraît couvert d'un papier d'argent gaufré. Le sous-orbitaire antérieur est marqué de stries verticales ; il est tout argenté ; son bord inférieur est faiblement échancré, il cache le maxillaire supérieur quand la bouche est fermée.

Sur le tiers postérieur de l'espace préorbitaire se trouve l'ouverture antérieure de la narine ; elle est étroite, arrondie, légèrement tubuleuse. L'orifice postérieur est ovale, placé au milieu de la distance qui sépare l'orifice antérieur du bord de l'orbite.

La fente des ouïes s'avance jusque sous le milieu de l'œil. L'opercule et le sous-opercule ne sont pas distincts ; ils sont cachés sous les écailles. Le préopercule a son limbe étroit, gravé de stries assez profondes, en bas principalement. La joue est garnie de cinq rangées d'écailles.

La ligne latérale est large, bien dessinée ; elle suit la courbure du dos. Éc., l. long. 55 à 60 ; l. transv. $\frac{6}{13} + 1 = 20$.

Ordinairement la dorsale est régulière ; elle compte onze aiguillons et une douzaine de rayons mous. L'anale a généralement sa deuxième épine plus développée que la dernière ; elle a dix ou onze rayons mous. La caudale est composée de dix-sept rayons principaux, et de trois ou quatre rayons basilaires en dessus comme en dessous ; elle est fourchue ; sa longueur est contenue environ cinq fois et demie dans la longueur totale. Les pectorales sont falciformes, très-longues ; leur longueur est comprise trois fois et demie dans la longueur totale ; leur extrémité arrive jusqu'à l'aplomb du deuxième aiguillon de l'anale, un peu moins loin quelquefois chez les jeunes animaux. Les ventrales sont assez courtes, elles finissent avant l'anus.

Br. 6. — D. 11/12 ou 13 ; A. 3/10 ou 11 ; C. 3 ou 4/17/4 ou 3 ; P. 14 ; V. 1/5.

La dorsale, la caudale et les pectorales sont d'un gris légèrement teinté de jaune. L'anale et les ventrales sont d'un beau
jaune orangé.

La région dorsale est d'un jaune doré ; les côtés, d'une
coloration moins vive, sont d'un jaune clair glacé d'argent ;
le bord des écailles, vers le dos surtout, est légèrement grisâtre.
Il n'y a pas de bandes verticales foncées, à l'exception de cette
large bande noirâtre, qui entoure le tronçon de la queue seulement, sans jamais se porter sur les rayons mous de la dorsale.
Parfois une tache noirâtre marque l'aisselle de la pectorale.
L'espace interorbitaire et les sourcils sont jaunâtres. Le préopercule a le bord rosé en arrière, ou plus souvent argenté.

Il y a quatre appendices pyloriques.

Habitat. Océan, excessivement rare, golfe de Gascogne, Arcachon
(A. Lafont), Bayonne. Méditerranée, très-commun de Port-Vendres à
Nice.

Proportions : long. totale 0,133 ; tronc, haut. 0,051.

Tête, long. 0,036, haut. 0,044. — Œil, diam. 0,011, esp. préorbit. 0,014,
esp. interorbit. 0,011. — Maxillaire supérieur, long. 0,013.

GENRE CHARAX — *CHARAX*, Riss.

Corps ovale, comprimé, couvert d'écailles de moyenne grandeur.

Tête à profil oblique ; museau pointu ; mâchoires ayant une seule
rangée de dents ; incisives tranchantes, portées en avant ; molaires fort
petites, arrondies.

Appareil branchial ; fente des ouïes grande ; pièces operculaires et
joues écailleuses ; six rayons branchiostèges.

LE CHARAX PUNTAZZO — *CHARAX PUNTAZZO.*

Syn. : SPARUS, Aldrov., p. 180-183.

PUNTAZZO, Cetti, *Stor. nat. Sardegna*, p. 115.

SPARUS ACUTIROSTRIS, Spare museau pointu, Delaroche, *Ann. Muséum*, 1809, t. XIII,
p. 348, *Mém.*, p. 62, fig. 12.

SPARE PONTAZZO, Sparus puntazzo, Riss., *Ichth.*, p. 237.

CHARAX ACUTIROSTRIS, Charax museau pointu, Riss., *Hist. nat.*, p. 354.

LE PUNTAZZO COMMUN, Charax puntazzo, Cuv. et Valenc., t. VI, p. 72, pl. 144
Guichen., *Expl. Algér.*, p. 48.

CHARAX PUNTAZZO, CBp., *Cat.*, n° 467 ; Günth., t. I, p. 453 ; Canestr., *Fn. Ital.*, p. 89.

N. vulg. : Mourre-agut, Nice.
Long. : 0,12 à 0,25 et même 0,35.

Aldrovande a donné du Charax une figure très-reconnaissable. Ce poisson ressemble beaucoup au Sargue de Rondelet. Il a le corps oblong, très-comprimé, couvert d'écailles de moyenne grandeur. La hauteur du tronc est contenue deux fois et demie à trois fois dans la longueur totale.

La tête a le profil supérieur très-oblique ; sa longueur fait le quart environ de la longueur totale. Le museau allongé et pointu du Charax lui a valu, à Nice, le nom vulgaire de *Mourre-agut*. La bouche est peu fendue ; la mâchoire supérieure est à peine plus longue que le diamètre de l'œil. Les mâchoires sont proéminentes, à peu près égales ; elles portent une seule rangée de dents. Les incisives sont plus ou moins longues ; elles sont dirigées en avant ; leur couronne est aplatie, assez large, coupée obliquement ; leur collet ou plutôt leur tige est mince et grêle ; ces dents sont au nombre de huit ; à partir du côté interne de l'intermaxillaire, elles diminuent de longueur et de largeur d'une façon assez régulière. La plus courte ou la dernière des incisives est suivie d'une rangée de molaires fort petites ; chez divers sujets, les molaires sont même si peu développées, qu'il faut une certaine attention pour les distinguer ; elles sont mousses, parfois, dans les jeunes, elles ont leur extrémité légèrement pointue.

Quant à l'œil, il est assez rapproché du profil supérieur ; il est arrondi. Son diamètre mesure le quart de la longueur de la tête, les deux tiers de l'espace préorbitaire, les trois quarts de l'espace interorbitaire, qui est convexe. L'iris est doré. Le sous-orbitaire antérieur est assez développé ; il est marqué de stries ; il recouvre le maxillaire supérieur.

Les ouvertures de la narine sont placées plus près de l'orbite que du bout du museau.

Il y a six rayons branchiostèges, et non pas cinq, ainsi que l'indique Günther.

La ligne latérale est bien marquée ; elle suit la courbure du profil supérieur. Éc., lig. long. 55 à 60; lig. transv. $\frac{8}{14} + 1 = 23$.

La dorsale commence à peu près au-dessus de l'insertion de la pectorale; elle compte onze aiguillons et treize ou quatorze rayons mous. L'anale est basse; elle a douze rayons mous; sa troisième épine semble, en général, plus forte que la précédente. La caudale est échancrée; elle est composée de dix-neuf rayons. Les pectorales ont une quinzaine de rayons; elles sont pointues, longues; leur longueur fait environ le quart de la longueur totale. Les ventrales sont d'un tiers moins longues que les pectorales, elles arrivent presque jusqu'à l'anus.

Br. 6. — D. 11/13 ou 14 ; A. 3/12 ; C. 19 ; P. 15 ou 16 ; V. 1/5.

La dorsale, l'anale et les ventrales sont d'un brun foncé ; la caudale est jaunâtre à bordure noire; les pectorales sont noirâtres à la base, pâles dans le reste de leur étendue.

Le corps est d'un gris argenté, traversé par sept à neuf bandes verticales noirâtres ; une large bande noirâtre se montre sur le tronçon de la queue; les flancs portent des bandes longitudinales dorées.

D'après Cuvier et Valenciennes, il y a sept appendices pyloriques.

Habitat. Méditerranée, assez commun à Nice, assez rare à Cette. Océan, golfe de Gascogne, je l'ai trouvé pour la première fois à Arcachon, au mois d'août 1869; il m'a paru assez commun en 1872 ; les pêcheurs d'Arcachon le regardent comme étant de même espèce que le Sargue de Rondelet, auquel assurément il ressemble par la forme du corps et par le système de coloration; Saint-Jean-de-Luz (1869).

Proportions : long. totale 0,143; tronc, haut. 0,055.

Tête, long. 0,035, haut. 0,045. — Œil, diam. 0,009, esp. préorbit. 0,014, esp. interorbit. 0,012.

Sous-Famille des Obladiniens, Obladini.

Corps oblong, couvert d'écailles de moyenne grandeur.

Tête de dimension variable; bouche petite; incisives aplaties pas de molaires arrondies; les dents latérales sont coupantes ou pointues.

Appareil branchial ; pièces operculaires et joues écailleuses ; six rayons branchiostèges.

Nageoires ; dorsale ayant onze à quatorze, rarement quinze épines assez faibles, pouvant se cacher plus ou moins dans un sillon.

Vessie natatoire terminée en arrière par deux longues cornes. — **Appendices pyloriques** peu nombreux.

Cette sous-famille comprend deux genres :

En arrière des incisives une rangée de dents
{ nulle........... 1. Bogue.
{ petites, grenues. 2. Oblade.

GENRE BOGUE — *BOX*, Cuv.

Tête assez grosse ; bouche petite ; dents aplaties, sur une seule rangée : à la mâchoire supérieure, elles ont le bord tranchant plus ou moins échancré ou crénelé, à la mandibule elles sont terminées en pointe, avec ou sans talons latéraux.

Nageoires ; dorsale à rayons mous aussi nombreux ou plus nombreux que les aiguillons.

Le genre Bogue est formé de deux espèces :

Tache noire à la base de la pectorale
{ nulle.............. 1. Bogue.
{ bien marquée........ 2. Saupe.

LE BOGUE COMMUN — *BOX BOOPS*.

Syn. : Boces vel Boopes, Bell., p. 228-230.

De la Bogue, Rondel., liv. V, c. xi, p. 128 ; Duham., *Péch.*, part. 2, sect. 4, p. 40, pl. 6, fig. 4.

Boops Rondeletii primus, Willugh., p. 317, pl. V. 8, fig. 1.

Sparus boops, Linn., p. 469, sp. 12 ; Brunn., *Ichth. Mass.*, p. 44, n° 59 ; Rafin., *Ind. itt. sicil.*, p. 24, n° 159.

Boga, Duham., *Péch.*, part. 2, sect. 3, p. 544.

Le Bogue, Sparus boops, Bonnat., p. 100.

Le Spare Bogue, Sparus Boops, Lacép., t. IX, p. 302 ; Riss., *Ichth.*, p. 242.

Boops vulgaris, Bogue ordinaire, Riss., *Hist. nat.*, p. 350.

Le Bogue commun, Box vulgaris, Cuv. et Valenc., t. VI, p. 348, pl. 161, *Règ. an. ill.*, pl. 36, fig. 1 ; Guichen., *Expl. Algér.*, p. 54.

Box boops, CBp., *Cat.*, n° 446 ; Canestr., *Fn. Ital.*, p. 87.

Box vulgaris, Günth., t. I, p. 418 ; Capello, *Cat. Peix. Portug.*, n° 3, p. 20.

The Bogue, Yarr., t. II, p. 159 ; Couch, t. I, p. 225.

N. vulg. : Poli, Arcachon ; Boga, Saint-Jean-de-Luz ; Bogas et Bogeu, Roussillon ; Bogua, Cette ; Bogue, Languedoc, Provence ; Buga, Nice.

Long. : 0,20 à 0,30, quelquefois 0,35.

De taille plus élancée que la plupart des Sparidés, le Bogue a le corps légèrement fusiforme, allongé, couvert d'écailles minces, assez larges, à bord postérieur finement pectiné, et plus ou moins anguleux. La hauteur du tronc est comprise quatre fois et demie à cinq fois dans la longueur totale. Les vertèbres sont au nombre de vingt-trois ou vingt-quatre, 10 ou 11 + 13.

Il n'y a pas d'écailles sur le museau, ni sur l'espace interorbitaire ; la peau de cette région est criblée de petits pores. La tête est large en dessus ; sa longueur est contenue quatre fois et demie environ dans la longueur totale. Le museau est court, arrondi. La bouche est petite, fendue obliquement ; elle jouit d'une certaine protractilité. Les mâchoires sont égales ; elles portent une seule rangée de dents ; la mâchoire supérieure est munie de vingt-quatre dents à bord libre coupant et crénelé ; la mandibule est garnie de dents pointues à double talon.

Ses grands yeux ont valu au Bogue le nom de *Boops*. Le diamètre de l'œil mesure le tiers de la longueur de la tête ; il est égal à l'espace préorbitaire, parfois même il est un peu plus grand ; il a la même dimension que l'espace interorbitaire. L'iris est argenté avec une tache noirâtre en avant. Le sous-orbitaire antérieur est assez long, mais assez étroit ; il recouvre la mâchoire supérieure quand la bouche est fermée.

Les ouvertures de la narine sont étroites, à peu près arrondies ; l'orifice antérieur est placé vers le milieu de la ligne menée du bout du museau à l'orbite.

La fente branchiale s'avance jusque sous le milieu de l'œil. L'opercule, le sous-opercule et l'interopercule sont peu développés. L'opercule a le bord postérieur échancré et terminé en une pointe courte, mais assez large. Le préopercule a le bord postérieur droit, et le bord inférieur légèrement courbe. La joue est garnie de trois ou quatre rangées de petites écailles.

Quant à la ligne latérale, elle est presque droite, rapprochée du dos; elle est d'une teinte brunâtre. Éc., l. long. 70 à 74; l. transv. $\frac{5}{13} + 1 = 19$.

En arrière de l'insertion des pectorales commence la dorsale; elle est longue; elle a quatorze aiguillons assez hauts, mais faibles; le quatrième aiguillon paraît le plus allongé; ceux qui suivent vont en décroissant d'une façon régulière, ils sont moins élevés que les rayons mous, de sorte que la nageoire semble un peu échancrée dans sa région moyenne; il y a quinze ou seize rayons mous. L'anale prend naissance sous le deuxième, ou sous le troisième rayon mou de la dorsale; sa troisième épine est plus longue que la seconde; après elle viennent quinze ou seize rayons mous. La caudale est fourchue; elle est composée de dix-sept rayons principaux, et de quatre rayons basilaires en dessus comme en dessous. Les pectorales comptent seize ou dix-sept rayons; elles sont étroites, mais assez longues; leur longueur fait le cinquième de la longueur totale. Les ventrales sont insérées un peu en arrière de la base des pectorales; leur longueur mesure à peine le huitième de la longueur totale.

Br. 6. — D. 14/15 ou 16; A. 3/15 ou 16; C. 4/17/4; P. 16 ou 17; V. 1/5.

Toutes les nageoires sont pâles. L'animal vivant est d'une coloration éclatante; il est gris bleuâtre sur le dos, argenté sur les flancs et le ventre; il porte, au-dessous de la ligne latérale, trois ou quatre bandes longitudinales dorées.

La vessie natatoire est grande; en arrière elle est terminée par deux cornes. Il y a cinq appendices pyloriques.

Habitat. Le Bogue se trouve sur toutes nos côtes, mais il est excessivement rare dans le Nord et le Nord-Ouest; il est pris quelquefois dans la Charente-Inférieure, la Rochelle, Musée Fleuriau; il est assez commun pendant l'été, dans le golfe de Gascogne, Arcachon, Bayonne. Méditerranée, très-commun, Port-Vendres, Cette, Nice.

Proportions : long. totale 0,205; tronc, haut. 0,046.

Tête, long. 0,045, haut. 0,039. — Œil, diam. 0,014, esp. préorbit. 0,014, esp. interorbit. 0,015.

Ce poisson est remarquable par sa prodigieuse fécondité. Il est plus ou moins recherché, suivant la qualité de sa chair, qui semble beaucoup

dépendre de l'état des fonds qu'il habite. Dans le golfe de Gascogne à Arcachon, les Bogues sont peu estimés; ils le sont beaucoup plus sur les côtes
de la Méditerranée ; aussi font-ils dans cette mer, à Nice par exemple, l'objet
d'une pêche assez importante. — Le Bogue, dit-on, se nourrit de végétaux ;
il peut en manger, mais il vit principalement de matières animales ; il se
jette avidement sur la ligne amorcée avec des mollusques, des néréides, etc.
— Il est souvent tourmenté par un parasite ; c'est un crustacé, espèce de
Cymothoé, qui se loge dans la bouche du poisson. Tous les Bogues
que j'ai examinés à Arcachon, et ils sont nombreux, portaient ce gênant
commensal ; ceux qui fréquentent les eaux de la Méditerranée ne sont pas
toujours aussi maltraités.

LA SAUPE — *BOX SALPA.*

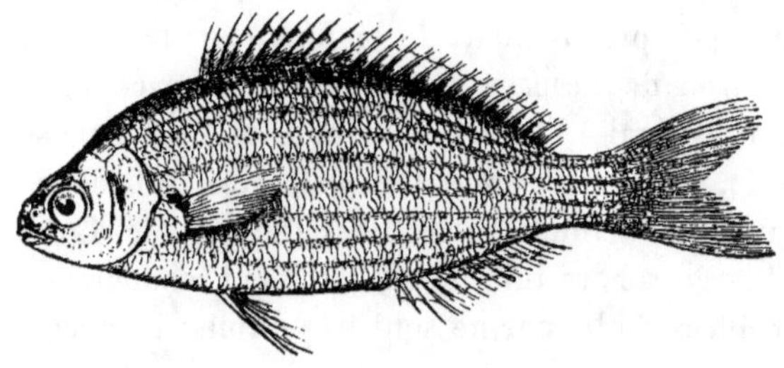

Fig. 147.

Syn. : Salpa, Bell., p. 187-189 ; Salvian., p. 119-120 ; Willugh., p. 316, pl. V, 7.
De la Saupe, Rondel., liv. V, c. xxiii, p. 136 ; Duham., *Péch.*, part. 2, sect. 4,
p. 17, pl. 5, fig. 3.
Sparus salpa, Linn., p. 470, sp. 15 ; Bloch, pl. 265 ; Brunn., *Ichth. Mass.*, p. 46,
n° 61 ; Rafin., *Ind. itt. sicil.*, p. 24, n° 160.
Spare saupe, Sparus salpa, Lacép., t. IX, p. 302 ; Riss., *Ichth.*, p. 243.
Boops salpa, Bogue saupe, Riss., *Hist. nat.*, p. 349.
La Saupe, Box salpa, Cuv. et Valenc., t. VI, p. 357, pl. 162 ; Guichen., *Expl.
Algér.*, p. 54.
Box salpa, CBp., *Cat.*, n° 445 ; Günth., t. I, p. 420 ; Canestr., *Fn. Ital.*, p. 87.

N. vulg. : Salpe, Port-Vendres ; Saoupa, Cette ; Sarpa, Nice ; Saopi et Sopi
sur différents points de la Méditerranée.
Long. : 0,20 à 0,30, quelquefois 0,40.

La Saupe se distingue du Bogue autant par la variété de sa
parure que par l'ensemble de ses formes. Elle a le corps ovale,
comprimé. La hauteur du tronc est comprise trois fois et un

tiers à trois fois et demie dans la longueur totale. La peau est couverte d'écailles assez petites, assez minces, à bord postérieur faiblement pectiné. Les vertèbres sont au nombre de vingt-quatre, 10 + 14.

Généralement la tête est un peu plus haute que longue ; sa longueur fait le cinquième de la longueur totale. Le museau est gros, arrondi. La bouche est petite. La mâchoire supérieure est légèrement plus avancée que la mandibule ; elle porte une rangée de dents aplaties, larges, à bord tranchant et échancré ; la mandibule est armée de dents assez larges, triangulaires, pointues.

L'iris est jaunâtre. Le diamètre de l'œil, qui est arrondi, mesure à peu près le quart de la longueur de la tête, les deux tiers environ de l'espace préorbitaire. L'espace interorbitaire est nu ; il est égal à l'espace préorbitaire. A la partie supérieure de l'orbite, un peu en arrière du diamètre vertical de l'œil, se trouve un pore arrondi ou médiocrement ovale. Le sous-orbitaire est large, à bord inférieur légèrement échancré.

Les orifices de la narine sont très-étroits ; l'orifice antérieur est placé vers le milieu de la ligne allant du museau à l'orbite.

Il y a sur la joue quatre rangées d'écailles. Le limbe du préopercule est marqué de stries.

Rapprochée du profil supérieur, dont elle suit la courbure, la ligne latérale est nettement dessinée ; elle est large ; elle est de couleur changeante, d'un bleu grisâtre ou d'un jaune à reflets bleuâtres. Éc.. l. long. 70 à 80 ; l. transv. $\frac{5}{16} + 1 = 22$.

La dorsale commence à peu près au-dessus du milieu des pectorales ; elle compte le plus souvent onze aiguillons et quatorze rayons mous ; elle est basse ; la quatrième, ou la cinquième épine, qui est la plus élevée, ne fait guère que le quart de la hauteur du tronc. L'anale a la troisième épine plus longue que les précédentes ; elle a quatorze rayons mous, rarement quinze. La caudale est fourchue ; elle est à la base couverte de petites écailles ; elle est composée de dix-huit rayons principaux, et de trois rayons basilaires en dessus comme en dessous ; le lobe supérieur est le plus développé. Les pectorales ont une quinzaine de rayons ; elles ne mesurent pas le cinquième de la longueur totale. Les ventrales sont courtes ; elles sont insérées un peu en arrière des pectorales.

Br. 6. — D. 11 ou 12/12 à 14 ; A. 3/14 ou 15 ; C. 3/18/3 ; P. 15 ou 16 ; V. 1/5.

Le dos est teinté d'un gris bleuâtre ; les flancs et le ventre sont d'un blanc argenté mat ; les côtés sont parcourus par dix, ou plus souvent par onze lignes longitudinales d'un beau jaune doré ; quelques-unes de ces lignes se prolongent sur les opercules. Le limbe du préopercule et les sous-orbitaires sont d'un blanc argenté fort brillant. La pectorale a la partie supérieure, vers la base, marquée d'une tache noirâtre.

La vessie natatoire est grande, terminée par deux cornes très-longues. Il y a quatre appendices pyloriques.

Habitat. Océan, excessivement rare, la Rochelle ; golfe de Gascogne, assez rare, Arcachon. Méditerranée, la Saupe est commune de Port-Vendres à Nice ; pendant l'été, elle est même fort commune à Cette.

Proportions : long. totale 0,20 ; tronc, haut. 0,060.

Tête, long. 0,040, haut. 0,047. — Œil, diam. 0,011, esp. préorbit. 0,0155, esp. interorbit. 0,016.

La Saupe est des plus agréables à l'œil ; malheureusement la bonté de sa chair ne répond pas à la beauté de sa coloration. Elle vit de matières végétales et animales.

GENRE OBLADE — *OBLADA.*

Tête assez forte ; mâchoires munies en avant d'incisives aplaties, échancrées, et latéralement de dents pointues sur une seule rangée ; derrière les incisives, une rangée de dents très-petites, comme grenues.

Nageoires ; dorsale à rayons épineux moins nombreux que les rayons mous ; pectorales longues.

L'OBLADE ORDINAIRE — *OBLADA MELANURA.*

Syn. : Melanurus, Bell., p. 269-271 ; Salvian., p. 181, pl. 65.

Du Nigroil, Rondel., liv. V, c. vi, p. 115.

Sparus melanurus, Linn., p. 468, sp. 4 ; Brunn., *Ichth. Mass.,* p. 41, n° 55 ; Rafin., *Ind. itt. sicil.,* p. 24, n° 155.

De l'Oblade, Duham., *Pêch.,* part. 2, sect. 4, p. 20.

Le Spare oblade, Sparus oblada, Lacép., t. IX, p. 283.
Spare oblade, Sparus melanurus, Riss.. *Ichth.*, p. 237.
Boops melanurus, Bogue oblade, Riss., *Hist. nat.*, p. 349.
L'Oblade ordinaire, Oblata melanura, Cuv. et Valenc., t. VI, p. 366, pl. 162 bis, *Règ. an. ill.*, pl. 36, fig. 3, bouche; Guichen., *Expl. Algér.*, p. 54.
Oblada melanura, CBp., *Cat.*, n° 444.
Oblata melanura, Günth., t. I, p. 422; Canestr., *Fn. Ital.*, p. 88.

N. vulg. : Neblada, Cette; Blade, Oblado, Marseille; Blada, Nice.
Long. : 0,15 à 0,25.

Le corps de l'Oblade est oblong; sa hauteur, qui fait environ le double de son épaisseur, est comprise trois fois et demie à trois fois et quatre cinquièmes dans la longueur totale. Ses écailles, assez petites à la région dorsale, assez grandes sur les côtés, sont minces; elles ont le bord postérieur garni de spinules très-délicates. Il y a vingt-quatre vertèbres, 10 + 14.

A peine plus haute que longue, la tête continue le profil du corps; sa longueur est contenue quatre fois et quart à quatre fois et demie dans la longueur totale. Le museau est assez court, arrondi. La bouche est petite, un peu oblique, légèrement protractile. Les mâchoires sont à peu près égales; elles sont garnies de dents fort dissemblables; en avant ce sont des incisives plus ou moins aplaties, à bord échancré, en nombre variable suivant l'âge des sujets; il y en a généralement, de chaque côté, sept à la mâchoire supérieure et huit à la mandibule, chez les animaux de grande taille; il n'en existe souvent que cinq chez les jeunes individus; la rangée des incisives est continuée par des dents coniques, légèrement recourbées. En arrière des incisives, se trouve une série composée de dents grenues plutôt que pointues; à la mandibule, ces dents sont tellement petites, qu'il est parfois difficile de les distinguer chez les jeunes sujets.

L'iris est d'un gris noirâtre. L'œil est arrondi. Son diamètre mesure le tiers environ de la longueur de la tête; il est à peine plus grand que l'espace préorbitaire; il est égal à l'espace interorbitaire, qui est complétement nu. Le sous-orbitaire antérieur est allongé, assez étroit, à bord inférieur très-légèrement onduleux, mince, recouvrant le maxillaire supérieur, quand la bouche est fermée.

Les ouvertures de la narine sont plus rapprochées de l'orbite que du museau ; elles sont voisines, situées presque sur la même ligne horizontale ; l'orifice postérieur est ovale, un peu plus large que l'antérieur qui est arrondi, à bord relevé.

Le préopercule est fort développé ; son angle postérieur est arrondi ; son limbe est marqué de stries nombreuses. La joue est large ; elle est couverte de sept ou huit rangées d'écailles.

Un large ruban noirâtre dessine la ligne latérale, qui suit à peu près le profil du dos. Éc., l. long. 64 à 67 ; l. transv. $\frac{6 \text{ ou } 7}{15} + 1 = 22$ ou 23.

La dorsale est basse ; elle compte onze épines assez faibles, et quatorze rayons mous. L'anale a sa première épine beaucoup moins développée que les deux autres ; ses rayons mous sont au nombre de treize ou quatorze. La caudale est fourchue ; elle est formée de dix-sept rayons principaux et de six rayons basilaires. Les pectorales ont une quinzaine de rayons ; elles sont falciformes ; elles arrivent au moins jusqu'à l'anus ; leur longueur, qui est égale à celle de la caudale, mesure environ le quart de la longueur totale. Les ventrales sont moitié moins longues que les pectorales ; l'écaille axillaire externe fait les deux tiers de la longueur de l'épine.

Br. 6. — D. 11/14 ; A. 3/13 ou 14 ; C. 3/17/3 ; P. 15 ; V. 1/5.

La caudale est brunâtre ; les autres nageoires semblent d'un gris plus ou moins foncé. Chez les jeunes, les ventrales et l'anale sont d'un rouge tirant sur le jaune. A la région supérieure, la coloration est brunâtre ou d'un bleu foncé ; au-dessous de la ligne latérale, les côtés sont d'un gris argenté nuancé de bleuâtre avec neuf ou dix, parfois onze bandes longitudinales noirâtres ou d'un bleu foncé ; le ventre est d'un gris jaunâtre très-pâle, glacé d'argent. Une bande assez large, noirâtre, entoure presque complétement le tronçon de la queue chez les jeunes ; elle s'étend de la fin de la dorsale au commencement de la caudale. L'espace interorbitaire est noirâtre. Une tache noire marque le bord postérieur de l'opercule. Les pièces operculaires, les joues et les sous-orbitaires sont d'un gris argenté à reflets rosés. Chez les jeunes animaux, le dos et les côtés sont d'un brun assez foncé ; le ventre est gris brunâtre ; les bandes ou lignes longitudinales des flancs sont peu ou pas marquées.

La vessie natatoire est fort grande ; elle est terminée en arrière par deux longues cornes. Il y a six appendices pyloriques.

Habitat. Méditerranée ; ce poisson est commun sur toute la côte, Port-Vendres, Cette, Marseille, Nice.

Proportions : long. totale 0,249 ; tronc, haut. 0,066, épais. 0,035.

Tête, long. 0,056, haut. 0,061. — Œil, diam. 0,017, esp. préorbit. 0,016, esp. interorbit. 0,017.

La chair de l'Oblade est peu recherchée.

Sous-famille des Spariniens, Sparini.

Tête variable dans ses dimensions ; mâchoires à dents antérieures coniques, à molaires arrondies, placées sur plusieurs rangées.

Appareil branchial ; fente des ouïes grande ; six rayons branchiostèges ; pièces operculaires et joues écailleuses.

Nageoires ; dorsale ayant onze à treize rayons épineux, qui peuvent se cacher dans un sillon ; anale à trois rayons épineux.

La sous-famille des Spariniens se compose de trois genres :

	en velours ou en cardes fines................ 1. PAGEL.	
Dents antérieures {	fortes, coniques, au nombre de 4 ou 6. Grosses molaires de la mâchoire supérieure sur {	deux rangs.. 2. PAGRE.
		plus de deux rangs..... 3. DAURADE.

GENRE PAGEL — *PAGELLUS*, Cuv.

Corps oblong, couvert d'écailles ciliées.

Tête assez forte ; mâchoires garnies en avant de dents en velours, ou en cardes fines, et latéralement de molaires arrondies, sur plusieurs rangées ; les molaires sont généralement en séries moins nombreuses chez les jeunes que chez les adultes.

Nageoires : dorsale ayant douze aiguillons, rarement onze ou treize, et neuf à treize rayons mous ; anale composée de trois aiguillons et de neuf à douze rayons mous.

Vessie natatoire assez grande. — **Appendices pyloriques** au nombre de quatre ou cinq le plus ordinairement.

Le genre Pagel compte au moins six espèces :

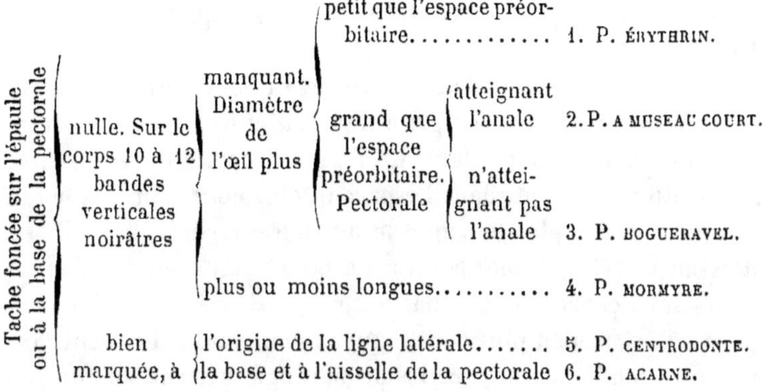

LE PAGEL COMMUN ou ÉRYTHRIN,
PAGELLUS ERYTHRINUS.

Syn. : Du PAGEL, Erythrinus, Rubellio, Rondel.. liv. V, c. XVI, p. 128.
ERYTHRINUS, sive Rubellio, Salvian., p. 239, pl. 97.
? SPARUS ERYTHRINUS, Linn., p. 469, sp. 10; Bloch, pl. 274 ; Brunn., *Ichth. Mass.*,
p. 43, n° 58, part.
LE PAGEL, Sparus erythrinus, Bonnat., p. 99, pl. 49, fig. 185.
SPARE PAGEL, Sparus pagellus, Lacép., t. IX, p. 291.
SPARE PAGEL, Sparus erythrinus, Riss., *Ichth.*, p. 240.
PAGRUS ERYTHRINUS, Pagre pagel, Riss., *Hist. nat.*, p. 361.
LE PAGEL COMMUN, Pagellus erythrinus, Cuv. et Valenc., t. VI, p. 170, pl. 150 ;
Guichen., *Expl. Algér.*, p. 50.
PAGELLUS ERYTHRINUS, C.Bp., *Cat.*, n° 460; Günth., t. I, p. 473 ; Guichen., *Rév.
Genre des Pagels, Mém. Soc. impér. sc. nat. Cherbourg*, t. XIV, p. 101 ; Canestr.,
Fn. Ital., p. 90.
? THE SPANISH SEA BREAM, Yarr., t. II, p. 144.
ERYTHRINUS, Couch, t. I, p. 233.

N. vulg. : Pageau, île de Ré ; Rousseau, Bayonne ; Pagell, Pyrénées-
Orientales ; Patjel, Cette ; Pageo, Nice.
Long. : 0,20 à 0,50 et plus.

Brünnich a sans doute confondu, sous le nom de *Sparus erythrinus*, deux espèces différentes : le Pagel commun et le Pagel
centrodonte. L'Érythrin a le corps ovale, couvert d'écailles

minces, à bord libre faiblement cilié et légèrement anguleux. La hauteur du tronc, qui fait le double au moins de l'épaisseur, est contenue trois fois à trois fois et trois quarts dans la longueur totale. Il y a vingt - trois ou vingt - quatre vertèbres, 10 +.

La tête a le profil supérieur déclive ; sa longueur, qui paraît égale à sa hautenr, est comprise trois fois et trois quarts à quatre fois dans la longueur totale. La région frontale est écailleuse ; les écailles dessinent, dans l'espace interorbitaire, un angle qui s'avance un peu plus loin que le diamètre vertical de l'œil. Le museau est relativement pointu. La bouche est assez grande ; les lèvres sont charnues. La mâchoire supérieure est légèrement protractile, un peu plus courte que la mandibule. Les dents antérieures sont en cardes ; celles de la rangée externe sont un peu plus développées que les autres. Latéralement et en arrière surtout, les molaires de la rangée interne sont les plus grosses ; en dedans de ces dernières, il y a, chez l'animal adulte, de petites molaires arrondies, en plus ou moins grand nombre, disposées le plus ordinairement sans aucune symétrie, formant une bande plus ou moins large.

Les yeux sont ovales. L'iris est argenté, teinté de jaune. Le diamètre de l'œil est contenu trois fois et quart à trois fois et deux tiers dans la longueur de la tête ; il fait les deux tiers, parfois les quatre cinquièmes de l'espace préorbitaire ; il est égal à l'espace interorbitaire chez les sujets de moyenne taille. La plaque sous-orbitaire est développée ; elle est finement striée ; son bord inférieur, légèrement onduleux, cache le maxillaire supérieur quand la bouche est fermée.

Plus rapprochés de l'orbite que du bout du museau, les orifices de la narine sont voisins ; l'orifice postérieur est un peu plus large que l'autre.

Le préopercule est développé ; il a le bord postérieur droit, l'angle arrondi ; son limbe, assez large, est couvert de stries. La joue est garnie de six rangées d'écailles.

Quant à la ligne latérale, elle est bien marquée, rapprochée du dos, légèrement courbe. Éc., l. lat. 60 à 65 ; l. transv. $\frac{6}{14 \text{ ou } 15} + 1 = 21$ ou 22.

La dorsale commence au-dessus de l'insertion de la pectorale ; elle est composée de douze aiguillons et d'une dizaine de rayons mous ; en général le quatrième aiguillon est le plus allongé. L'anale a trois épines et neuf ou dix rayons mous. La caudale est fourchue ; elle est écailleuse à la base ; elle est formée de dix-sept rayons principaux et de deux rayons basilaires en haut et en bas ; ses lobes sont égaux. Les pectorales ont quinze ou seize rayons ; elles sont falciformes, étroites ; elles atteignent l'aplomb de l'anale ; leur longueur est contenue trois fois et demie environ dans la longueur totale. Les ventrales sont attachées un peu en arrière des pectorales ; leur épine est assez grêle ; l'écaille axillaire externe est allongée et pointue.

Br. 6. — D. 12/10 ; A. 3/9 ou 10 ; C. 2/17/2 ; P. 15 ou 16 ; V. 1/5.

Les nageoires verticales sont roses ; les pectorales et les ventrales sont d'un blanc rosé. Le dos est d'un rouge assez vif ; les côtés sont d'un rouge plus pâle ; le ventre est d'un blanc rosé. Le corps, chez l'animal vivant, est marqué de bandes verticales rougeâtres, changeantes.

Il y a quatre appendices pyloriques.

Habitat. Manche, très-rare. Océan, côtes de Bretagne, assez rare ; côtes du Poitou, assez commun ; golfe de Gascogne, commun, Arcachon ; à Bayonne, il est, comme le Centrodonte, désigné sous le nom de Rousseau. Méditerranée, commun de Port-Vendres à Nice.

Proportions : long. totale 0,222 ; tronc, haut. 0,060, épais. 0,025.

Tête, long. 0,056, haut. 0,058. — Œil, diam. 0,017, esp. préorbit. 0,021, esp. interorbit. 0,017. — Mâchoire supérieure, long. 0,020.

Caudale, long. 0,049 ; pectorale, long. 0,062 ; ventrale, long. 0,037.

LE PAGEL A MUSEAU COURT — *PAGELLUS BREVICEPS.*

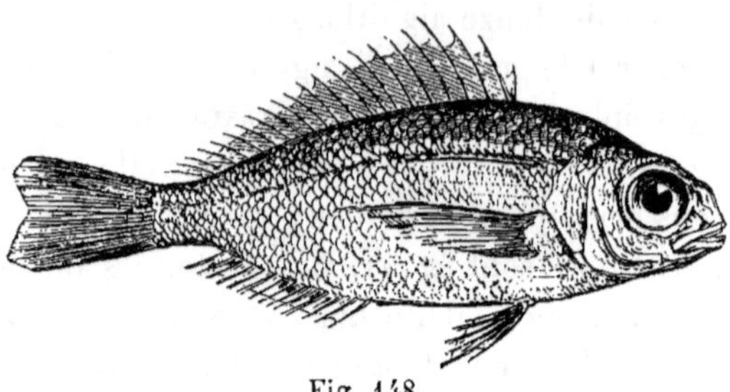

Fig. 148.

Syn. : ? Spare berde, Sparus berda, Riss., *Ichth.*, p. 252.
? Aurata bilunclata, Dorade bilunulée, Riss., *Hist. nat.*, p. 356, fig. 29.
Le Pagel a museau court, Pagellus breviceps, Cuv. et Valenc., t. VI, p. 199.
Pagellus breviceps, CBp., *Cat.*, n° 457 ; Guichen., *Rév. genr. Pagels*, p. 105.
N. vulg. : Bourabéou, Cette.
Long. 0,10 à 0,15.

Probablement le poisson décrit et figuré par Risso, sous le
nom de Dorade bilunulée, est de même espèce que le Pagel à
museau court. Ce Pagel a le corps ovale, le profil du dos arqué.
La hauteur du tronc, qui fait deux fois et demie l'épaisseur, est
contenue trois fois et deux tiers dans la longueur totale. La peau
est couverte d'écailles bien ciliées.

La tête est forte, légèrement aplatie en dessus, à profil antérieur courbe ; sa longueur, qui égale sa hauteur, mesure le
quart de la longueur totale. Le museau est court, gros, arrondi.
La bouche, assez petite, est fendue jusque sous la narine. La
mâchoire supérieure est médiocrement protractile ; elle est un
peu moins avancée que la mandibule. Sur le devant des mâchoires sont placées des dents assez fortes, aiguës, légèrement
crochues ; derrière elles se trouvent d'autres dents un peu plus
courtes, presque mousses ; sur les côtés il y a deux séries de
petites molaires arrondies ; à la mâchoire supérieure se voient
même, en arrière, des molaires formant une troisième rangée.
La langue est blanche, pointue.

Les yeux sont fort développés. L'iris est argenté, à pourtour interne rougeâtre. Le diamètre de l'œil est compris deux fois et deux tiers à trois fois dans la longueur de la tête? il est d'un tiers plus étendu que l'espace préorbitaire; il est un peu plus grand que l'espace interorbitaire. L'espace interorbitaire est large, légèrement convexe; il est couvert de petites granulations.

Les ouvertures de la narine sont voisines; elles sont étroites; l'orifice antérieur est arrondi; l'orifice postérieur est ovale, il est rapproché de l'orbite.

En dessous la fente des ouïes s'avance jusqu'au prolongement du diamètre vertical de l'œil. Le bord postérieur de l'opercule est dirigé obliquement d'avant en arrière; il est légèrement échancré; il forme un angle au-dessus de la base de la pectorale. Le préopercule a le bord postérieur presque vertical, le bord inférieur horizontal, et l'angle postérieur un peu arrondi; son limbe est nu à partir du niveau du diamètre longitudinal de l'œil. La joue est garnie de cinq rangées d'écailles, qui couvrent un espace de hauteur égale à la longueur de l'espace préorbitaire.

De l'angle supérieur de la fente branchiale part la ligne latérale; elle dessine une faible courbure; elle est marquée de petits points; elle est composée de cinquante-huit ou cinquante-neuf écailles. Éc., l. lat. 58 ou 59; l. transv. $\frac{8}{19} + 1 = 28$.

La dorsale est soutenue par douze rayons épineux et douze rayons mous; elle commence au-dessus de l'aisselle de la pectorale; elle est haute en avant; le quatrième aiguillon, plus élevé que les autres, mesure près de la moitié de la hauteur du tronc; le dernier aiguillon est un peu moins long que les premiers rayons mous. L'anale a des épines aplaties, robustes; la troisième épine est un peu plus longue que la deuxième, mais elle est moins grande que les rayons mous, qui sont au nombre de onze ou douze. La caudale est formée de quinze rayons principaux, et de quatre rayons basilaires en dessus comme en dessous; elle est échancrée; sa base est couverte de petites écailles nacrées; sa longueur est comprise quatre fois et demie dans la longueur totale; le lobe supérieur est un peu plus développé que l'autre. Le tronçon de la queue a le bord dorsal un peu moins long que le bord ventral ; il mesure le dixième de la longueur totale ; sa hauteur est un peu moindre que la longueur de son bord supérieur. Les pectorales ont quatorze rayons ; elles sont falciformes ; elles arrivent jusqu'à l'aplomb de la première épine de l'anale ; leur longueur fait environ le quart de la longueur totale. Les ventrales sont insérées sous la base des pectorales ; elles finissent bien avant l'anus ; leur longueur mesure les deux tiers de la longueur de la pectorale ; l'écaille axillaire externe est courte, sa longueur n'atteint pas le cinquième de la longueur de la nageoire.

Br. 6. — D. 12/12 ; A. 3/11 ou 12 ; C. 4/13/4 ; P. 14 ; V. 1/5.

La dorsale est transparente, grisâtre ; la caudale et les pectorales sont d'un gris pâle, teinté de rose ; l'anale et les ventrales sont blanchâtres.

Le dos et les côtés ont une teinte d'un blanc argenté glacé de rose ; le ventre est d'un blanc nacré. La tête est couverte d'argent gaufré, principalement sur les parties non écailleuses ; le sourcil est marqué d'une espèce de croissant argenté légèrement bruni.

Habitat. Méditerranée, très-rare, Nice (?) ; les spécimens, peu nombreux, que possède le Muséum « ont été pris à Marseille par M. Delalande » (CV.) ; l'animal, dont je vais indiquer les proportions, m'a été envoyé de Cette, en 1874.

Proportions : long. totale 0,112 ; tronc, haut. 0,031, épais. 0,013.

Tête. long. 0,028, haut. 0,028. — Œil, diam. 0,0105, esp. préorbit. 0,007 (esp. préorbit., bouche ouverte, 0,010), esp. interorbit. 0,009. — Mâchoire supérieure, long. 0,009.

Caudale, long. 0,025 ; pectorale, long. 0,027 ; ventrale, long. 0,018.

LE PAGEL BOGUERAVEL — *PAGELLUS BOGARAVEO.*

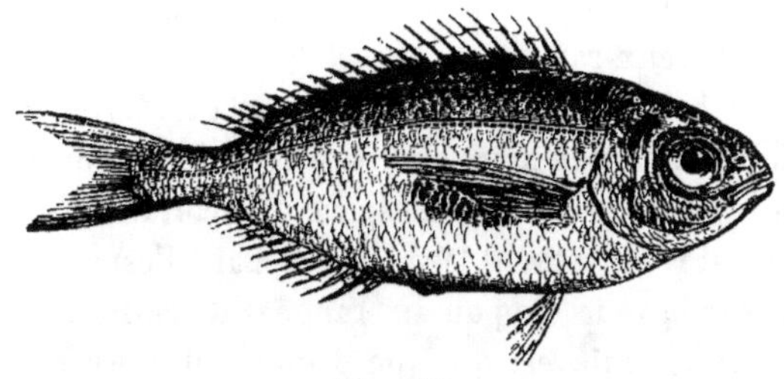

Fig. 149.

Syn. : ? Du Bogue Ravel, Rondel., liv. V, c. xii, p. 124.
Sparus bogaraveo, Brunn., *Ichth. Mass.*, p. 49, n° 65.
? Du Pilonneau *ou* Lagadec, Duham., *Pêch.*, part. 2, sect. 4, p. 20, pl. 1, fig. 4.
Le Bogue-Raveo, Sparus Bogaraveo, Bonnat., p. 104.
Le Spare Bogaraveo, Sparus Bogaraveo, Lacép., t. IX, p. 315; Riss., *Ichth.*, p. 249.
Pagrus bugaravella, Pagre bogueravelle, Riss., *Hist. nat.*, p. 359.
Le Pagel bogueravel *ou* Pilonneau, Pagellus bogaraveo, Cuv. et Valenc., t. VI, p. 196.
Pagellus bogaraveo, CBp., *Cat.*, n° 458; Günth., t. I, p. 480; Guichen., *Rév. genr. Pagels*, p. 104; Canestr., *Fn. Ital.*, p. 91.

N. vulg. : Bugoravella, Nice ; Bougrabéou, Cette.
Long. : 0,08 à 0,15, quelquefois 0,20.

Faut-il regarder le Pilonneau ou Lagadec, figuré par Duhamel, comme étant un Bogueravel? Nous ne le pensons pas. Suivant Duhamel, le Pilonneau peut atteindre un pied de longueur ; il a la gueule garnie de dents fines, et bordée d'une membrane rouge ; ces caractères tirés de la dimension de l'animal, de la coloration de la bouche, donnent à croire que le Lagadec est un Pagel centrodonte. Quant au Bogueravel, il est toujours de petite taille. Le corps est comprimé ; sa longueur est comprise trois fois et demie à trois fois et trois quarts dans la longueur totale. La peau est couverte d'écailles à plusieurs rangées de spinules.

La tête a le profil supérieur convexe ; elle semble aussi haute que longue ; sa longueur est contenue trois fois et quart à quatre fois dans la longueur totale. Le museau est court, obtus. La bouche est assez peu fendue ; l'extrémité postérieure de la mâchoire supérieure arrive à peine sous le bord antérieur de l'orbite. Les incisives sont fines ; les molaires, arrondies, sont placées sur deux rangées.

Comme le dit Brünnich, l'iris est blanc. L'œil est arrondi. Son diamètre fait le tiers environ de la longueur de la tête ; il est à peine plus grand que l'espace préorbitaire ; l'espace inter-orbitaire est relativement large, il est égal à l'espace préorbitaire.

Il y a sur la joue cinq ou six rangées d'écailles.

La ligne latérale est presque droite ; elle est brunâtre. Éc., l. long. 52 à 56 ; l. transv. $\frac{6 \text{ ou } 7}{13 \text{ ou } 14} + 1 = 20$ à 22.

La dorsale commence au-dessus de l'aisselle de la pectorale ; elle a une douzaine de rayons mous et douze aiguillons. La pectorale ne mesure guère que le cinquième de la longueur totale ; elle n'arrive pas à l'aplomb de l'origine de l'anale ; elle est soutenue par une quinzaine de rayons. La ventrale est d'un tiers plus courte que la pectorale ; l'écaille axillaire externe de la ventrale est fort petite.

D. 12/11 ou 12 ; A. 3/10 ou 11 ; C. 3/17/3 ; P. 15 ; V. 1/5.

Les nageoires verticales sont d'un gris rosé, les pectorales et les ventrales sont d'un blanc tirant sur le jaune ; l'aisselle de la pectorale est un peu brunâtre. Le corps est d'un brun assez clair teinté de rougeâtre.

Habitat. Méditerranée, rare, Nice, Cette, Port-Vendres. Océan ?
Proportions : long. totale 0,084 ; tronc, haut. 0,023, épais. 0,009.
Tête, long. 0,022, haut. 0,021. — Œil, diam. 0,007, esp. préorbit. 0,006, esp. interorbit. 0,006. — Mâchoire supérieure, long. 0,006.
Caudale, long. 0,017 ; pectorale, long. 0,017 ; ventrale, long. 0,012.

LE PAGEL MORMYRE — *PAGELLUS MORMYRUS*

Syn. : Mormylus, Mormyrus, Bell., p. 183 ; Salvian., p. 184, pl. 66.
Du Morme, Rondel., liv. V, c. XXII, p. 135 ; Duham., *Pêch.*, part. 2, sect. 4, p. 33 ; Bonnat., p. 103, pl. 50, fig. 191.
Sparus mormyrus, Linn., p. 472, sp. 24 ; Brunn., *Ichth. Mass.*, p. 48, n° 64 ; Rafin., *Ind. itt. sicil.*, p. 25, n° 162.
Le Spare Morme, Sparus Mormyrus, Lacép., t. IX, p. 311.
Spare Mormyre, Sparus Mormyrus, Riss., *Ichth.*, p. 245.

Le **Pagre mormyre**, Pagrus mormyrus, Geof. St-Hil., *Descript. Égypte, Poiss.*,
pl. 18, fig. 3, t. XXIV, p. 343; Riss., *Hist. nat.*, p. 362.

Le **Pagel morme**, *ou* **Mormyre**, Pagellus mormyrus, Cuv. et Valenc., t. VI, p. 200;
Guichen., *Expl. Algér.*, p. 51.

Pagellus mormyrus, CBp., *Cat.*, n° 456; Günth., t. I, p. 481; Guichen., *Rév. genr.
Pagels*, p. 106; Canestr., *Fn. Ital.*, p. 91.

N. vulg. : Tenillé et Tinié, Cette; Morme, Morme, Provence; Mourmena,
Nice.

Long. : 0,20 à 0,32.

Les naturalistes de l'époque de la Renaissance ont parfaitement connu ce Pagel, et l'ont décrit sous le même nom. Le
Morme ou Mormyre a le corps oblong, comprimé. La hauteur
du tronc est comprise en général trois fois et un cinquième dans
la longueur totale. Les écailles sont assez grandes, minces, à
spinules peu sensibles, bien qu'il y en ait cinq ou six rangées ;
mais la pointe des spinules est courte, faible, et s'émousse
facilement.

Suivant la taille des animaux, la tête présente quelques différences dans ses proportions ; chez les grands individus, sa
longueur, qui est à peine moins grande que sa hauteur, est contenue trois fois et trois quarts à trois fois et quatre cinquièmes
dans la longueur totale. Le museau est avancé. La bouche est
légèrement protractile; les lèvres sont épaisses. Les mâchoires
sont égales ; le maxillaire supérieur n'arrive pas, en arrière, à
l'aplomb du bord antérieur de l'orbite ; les dents antérieures
sont en cardes fines. A la mâchoire supérieure les molaires, chez
les adultes, sont placées sur quatre rangées ; celles de la seconde
rangée interne sont, en arrière, plus larges que longues, elles
sont beaucoup plus aplaties que les autres ; il y en a trois ou
quatre de chaque côté. Les molaires de la mandibule sont disposées sur deux, trois et parfois même sur quatre rangées; les trois
ou quatre dernières molaires de la rangée interne sont beaucoup plus développées que les autres, elles sont pareilles aux
grosses molaires de la mâchoire supérieure, elles leur correspondent. Ces molaires sont plus fortes chez le Mormyre que dans la
plupart des autres Pagels.

Les yeux sont placés très en arrière, vers le profil supérieur de la tête. L'iris est d'un blanc jaunâtre. Le diamètre de l'œil est compris cinq fois à cinq fois et demie dans la longueur de la tête ; il fait moins de la moitié de l'espace préorbitaire ; il mesure les deux tiers de l'espace interorbitaire chez les grands, plus chez les jeunes. Le sous-orbitaire antérieur est fort développé.

Les ouvertures de la narine sont plus rapprochées de l'orbite que du museau ; l'orifice antérieur est étroit, arrondi ; l'orifice postérieur est ovale.

Il y a environ six rangées d'écailles sur la joue. Le limbe du préopercule est très-large, surtout vers l'angle postérieur.

La ligne latérale est bien marquée ; elle suit le profil du dos. Les écailles qui sont au-dessus de la ligne sont moins grandes que celles qui sont au-dessous. Éc., l. long. environ 64 ; l. transv. $\frac{6 \text{ ou } 7}{9 \text{ à } 11} + 1 = 16$ à 19.

Chez les grands individus la dorsale est basse, elle est relativement moins élevée que chez les jeunes ; elle a le plus souvent vingt-quatre rayons. L'anale a trois épines et dix ou onze rayons mous. La caudale est très-échancrée ; elle est écailleuse à la base ; elle compte dix-sept ou dix-huit grands rayons, plus deux rayons basilaires en haut et en bas. La pectorale n'atteint pas l'anale ; sa longueur fait le cinquième de la longueur totale ; sa base est garnie de fort petites écailles. Les ventrales ont une longueur à peine égale au septième de la longueur totale.

D. 11 ou 12/12 ; A. 3/10 ou 11 ; C. 2/17 ou 18/2 ; P. 16 ; V. 1/5.

Le corps est d'un gris argenté, traversé par dix à douze, généralement par onze bandes noirâtres verticales, qui de la région tergale descendent plus ou moins bas sur les côtés ; la première bande part en arrière de la nuque, et marque un peu le bord postérieur de l'opercule. Les sous-orbitaires et le limbe du préopercule sont argentés, ils semblent recouverts d'un papier d'étain légèrement gaufré. Les nageoires sont d'un jaune brunâtre.

Habitat. Méditerranée, assez commun à Nice, peu commun à Cette. Océan, golfe de Gascogne, assez commun à Arcachon pendant l'été, juillet, août. Je ne l'ai pas trouvé au nord de la Gironde.

Proportions : long. totale 0,315 ; tronc, haut. 0,098.

Tête, long. 0,083, haut. 0,091. — OEil, diam. 0,015, esp. préorbit. 0,042,
esp. interorbit. 0,024. — Mâchoire supérieure, long. 0,034.

LE ROUSSEAU OU PAGEL CENTRODONTE,
PAGELLUS CENTRODONTUS.

Syn : ? DE L'ORPHE, Rondel., liv. V, c. xxv, p. 139.

DE PAGRO, seu Phagro, Aldrov., p. 149-151.

DU BEZOGO. — DU CALET *ou* GROS-YEUX, Duham., *Péch.*, part. 2, sect. 4, p. 30-31.

SPARUS PAGRUS, Bloch, pl. 267.

LE SPARE ORPHE, Sparus orphus, Lacép., t. IX, p. 344.

SPARUS CENTRODONTUS, Spare à dents aiguës, Delaroche, *Ann. Muséum*, t. XIII,
p. 345, *Mém.*, p. 59, fig. 11.

SPARE MARSEILLAIS, Sparus massiliensis, Riss., *Ichth.*, p. 247.

AURATA MASSILIENSIS, Dorade marseillaise, Riss., *Hist. nat.*, p. 357.

LE ROUSSEAU *ou* PAGEL A DENTS AIGUES, Cuv. et Valenc., t. VI, p. 180 ; Guichen.,
Expl. Algér., p. 50.

PAGELLUS CENTRODONTUS, CBp., *Cat.*, n° 461 ; Günth., t. I, p. 476 ; Guichen., *Rév.
Pagels*, p. 102 ; Schlegel, p. 23, pl. 2, fig. 4 ; Canestr., *Fn. Ital.*, p. 90.

THE COMMON SEA BREAM, Yarr., t. II, p. 149 ; Couch, t. I, p. 237.

SHORT SEA BREAM, Pagellus curtus (monstruosité), Couch, t. I, p. 241.

N. vulg. : Besugo, Nice ; Arousseü, Biarritz ; Pilonneau, la Rochelle,
Rousseau, Vendée ; Brème ou Brène, Cherbourg ; Gros-yeux, marché de
Paris.

Long. : 0,30 à 0,50.

Dans son Mémoire *Sur les espèces de Poissons observées à Iviça*,
Delaroche a très-exactement figuré, et fort bien décrit sous le
nom de Pagre à dents aiguës, le poisson que nous allons étudier. .
Ce Pagel a le corps oblong, couvert d'écailles assez grandes. La
hauteur du tronc, qui fait au moins le double de l'épaisseur,
est comprise trois fois ·à trois fois et trois quarts dans la longueur
totale. Le nombre des vertèbres est de vingt-trois ou vingt-
quatre, 10 +.

En général la tête est à peine plus longue que haute ; elle a
le profil supérieur convexe ; sa longueur est contenue trois fois
et deux tiers à quatre fois dans la longueur totale. Le museau est
court, obtus, arrondi. La bouche est fendue jusque sous l'orifice
postérieur de la narine ; elle est remarquable par la coloration
rouge saumon ou orange de la muqueuse qui en tapisse les pa-

rois internes. Les mâchoires sont à peu près égales, ou la mâchoire supérieure est à peine plus longue que la mandibule. Sur le devant des mâchoires, les dents sont en cardes fines ; celles de la rangée externe sont un peu plus fortes que les autres, plus longues et ordinairement plus crochues ; les molaires offrent entre elles de légères différences, celles qui occupent le bord externe des mâchoires sont un peu pointues, les autres, surtout à la rangée interne, sont complétement arrondies et un peu plus grosses. Les rangées de dents sont en nombre variable suivant l'âge des animaux ; la mâchoire supérieure a trois, quatre et même cinq rangées de molaires chez les grands individus ; la mandibule en compte deux, trois ou quatre rangées, rarement cinq.

Ses grands yeux font de suite reconnaître le Centrodonte. Le diamètre de l'œil mesure le tiers de la longueur de la tête ; il est aussi grand, ou même plus grand, que l'espace préorbitaire, qui est ordinairement égal à l'espace interorbitaire. Le sous-orbitaire est bien développé ; sa longueur, qui dépasse d'un tiers sa hauteur, égale le diamètre de l'œil. L'iris est jaunâtre. La peau qui passe sur l'œil est lâche ; elle se détache facilement. J'ai trouvé un ganglion ophthalmique volumineux.

L'orifice antérieur de la narine est placé vers la fin du tiers moyen de la ligne menée du bout du museau à l'orbite.

Comme celle de la bouche, la muqueuse qui recouvre la paroi interne de la chambre respiratoire et les arcs branchiaux, est d'une teinte saumon ou rouge orangé. Le préopercule a le bord postérieur échancré, et l'angle inférieur arrondi et saillant en arrière. Les écailles de la joue sont assez grandes, elles sont longues surtout ; elles forment sept rangées. Les dents pharyngiennes sont longues et pointues.

La ligne latérale est courbe, bien marquée, rapprochée du dos. Éc., l. lat. 75 à 80 ; l. transv. $\frac{6 \text{ ou } 7}{15 \text{ ou } 16} + 1 = 22$ à 24.

La dorsale est bien développée ; ses plus grands rayons mesurent presque le tiers de la hauteur du tronc ; il y a douze aiguillons, et douze ou treize rayons mous. L'anale est d'un quart moins haute que la dorsale ; elle compte une douzaine de rayons

mous. La caudale est fourchue ; elle a dix-sept rayons principaux, des lobes de même dimension ; sa longueur est comprise
cinq fois et quart à cinq fois et demie dans la longueur totale.
Les pectorales sont falciformes et très-longues ; elles mesurent
le quart de la longueur totale ; leur pointe dépasse l'anus. Les
ventrales sont beaucoup plus courtes que les autres nageoires
paires.

Br 6. — D. 12/12 ou 13 ; A. 3/12 ; C. 17 ; P. 16 ou 17 ; V. 1/5,

Les nageoires impaires sont d'un jaune rosé ; les pectorales
sont rosées, et les ventrales d'un blanc rose clair.

Sortant de la mer, le Centrodonte est gris plus ou moins foncé
rosé sur le dos, gris argenté sur les flancs. Une grande tache
noire plus haute que large, ordinairement bien marquée, s'é-
tend, vers l'épaule, sur le commencement de la ligne latérale.
Cette tache manque parfois chez les très-jeunes individus, qu'il
sera cependant toujours facile de reconnaître à la coloration de
la bouche, à la grandeur de l'œil.

La vessie natatoire est très-développée. Il y a quatre appendices pyloriques, parfois trois seulement.

Habitat. Méditerranée, commun, Nice, Cette. D'après Canestrini, ce
poisson n'est pas commun à Gênes, à Nice, à Naples ; j'ignore si le Centrodonte est rare à Naples, mais je me rappelle l'avoir vu en notable quantité,
sur le marché, à Nice aussi bien qu'à Gênes. Océan, commun pendant l'été,
Arcachon, Lorient, Concarneau. Manche, assez commun, et parfois même
très-commun dans certaines localités, comme je l'ai constaté au Havre. Il est
assez rare sur la côte de Picardie.

Proportions : long. totale 0,45 ; tronc, haut. 0,131, épais. 0,060.

Tête, long. 0,118, haut. 0,112. — Œil, diam. 0,039, esp. préorbit. 0,035,
esp. interorbit. 0,035.

Caudale, long. 0,083 ; pectorale, long. 0,116 ; ventrale, long. 0,061.

Le Gros-yeux, comme on l'appelle sur nos marchés, est un excellent
poisson.

LE PAGEL ACARNE — *PAGELLUS ACARNE*.

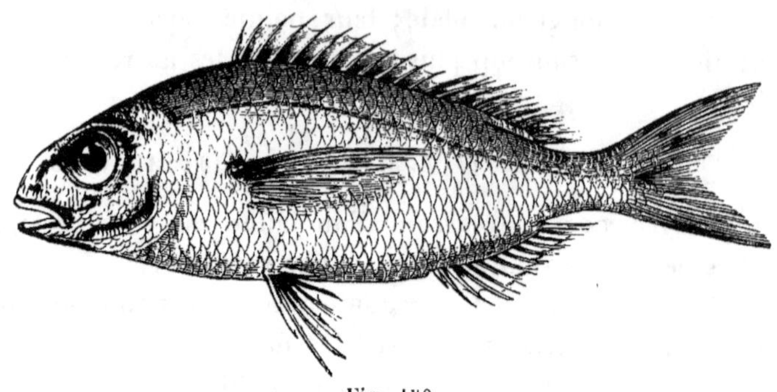

Fig. 150.

Syn. : DU POISSON ACARNE, Rondel., liv. V, c. xx, p. 134.

DE L'ACARNE-ALBORO DES VÉNITIENS, *ou* PAGRE BLANC, Duham., *Pêch.*, part. 2, sect. 4, p. 32.

SPARE BERDE, Sparus berda, Riss., *Ichth.*, p. 252.

PAGRUS ACARNE, Pagre acarne, Riss., *Hist. nat.*, p. 361.

LE PAGEL ACARNE, Pagellus acarne, Cuv. et Valenc., t. VI, p. 191, *Règ. an. ill.*, pl. 35, fig. 1; Guichen., *Expl. Algér.*, p. 51.

PAGELLUS ACARNE, CBp., *Cat.*, n° 459, Günth., t. I, p. 480; Guichen., *Rév. genr. Pagels*, p. 103; Canestr., *Fn. Ital.*, p. 91.

PAGELLUS OWENII, Günth., t. I, p. 478.

THE AXILLARY BREAM, Yarr., t. II, p. 147.

SPANISH BREAM, Couch, t. I, p. 235.

N. vulg. : Pageo de plana, Nice.

Long. : 0,20 à 0,35.

Les ichthyologistes anglais, écrit M. Günther, ont confondu l'*Axillary Bream* avec l'*Acarne* de la Méditerranée (Günth., t. I, p. 478). Suivant nous, les naturalistes anglais n'ont fait aucune confusion ; quand nous étudierons la disposition du système dentaire, il nous sera facile de prouver que l'*Axillary Bream*, le *Pagellus Owenii*, n'est pas une espèce distincte. L'Acarne a le corps oblong. La hauteur du tronc est comprise trois fois et demie à trois fois et quatre cinquièmes dans la longueur totale. La peau est couverte d'écailles assez grandes, à bord postérieur garni de plusieurs rangées de spinules. Les vertèbres sont au nombre de vingt-deux, 9 + 13.

En général la tête est moins haute que longue ; elle est assez forte, à profil arrondi ; sa longueur est contenue trois fois et demie à trois fois et trois quarts dans la longueur totale. Le museau est obtus, gros, arrondi. La bouche est peu fendue ; à l'intérieur elle est tapissée d'une muqueuse couleur rouge saumon ou jaune orange. La mâchoire supérieure, légèrement protractile, est un peu plus avancée que la mandibule ; elles portent l'une et l'autre, à la partie antérieure, des dents en cardes plus ou moins fortes, et sur les côtés plusieurs rangées de molaires arrondies. Dans l'Acarne, de même que chez la plupart des autres Pagels, le nombre des rangées de molaires, particulièrement à la mâchoire supérieure, varie suivant l'âge des sujets ; il est plus grand chez les vieux individus que chez les jeunes. M. Günther paraît ignorer le fait ; ayant compté, chez les animaux de taille développée, trois rangées de molaires sur l'intermaxillaire, il a pensé trouver dans cette disposition la différence caractéristique d'une espèce nouvelle, à laquelle il a donné le nom de *Pagellus Owenii*, espèce qui, d'après lui, est connue seulement sur les côtes des Iles-Britanniques. Les deux poissons (P. d'Owen et Acarne), écrit M. Günther, sont très-semblables l'un à l'autre ; mais l'espèce britannique a constamment trois rangées de molaires à la mâchoire supérieure, tandis que les spécimens méridionaux en montrent deux seulement, comme l'a établi Cuvier (Günth.). Le nombre des rangées de molaires, avons-nous dit, est variable suivant le développement des sujets, trois exemples suffisent pour le prouver : 1° Acarne pêché à Nice, mesurant 0^m,204 de longueur : deux rangées de molaires à la mâchoire supérieure ; 2° spécimen venant de Bayonne, ayant 0^m,250 de dimension : deux rangées de molaires sur l'intermaxillaire gauche, trois rangées sur l'intermaxillaire droit; 3° animal acheté au marché de Paris, ayant 0^m,308 de taille : trois rangées de molaires sur l'intermaxillaire gauche, quatre rangées sur l'intermaxillaire droit. Il ne faut pas l'oublier, les Pagels d'Owen à trois rangées de molaires, cités par Günther, ont une longueur de quatorze pouces anglais ($0^m,355$); le spécimen à deux rangées de molaires, décrit non par Cuvier, dont Günther invoque l'autorité, mais par Valenciennes, est seulement « long de huit pouces » ($0^m,217$). Inutile d'insister davantage pour démontrer que le Pagel d'Owen est un Acarne parvenu à son entier développement. Quant à la mandibule, elle porte deux, parfois trois rangées de molaires.

Chez les animaux de grande taille, le diamètre de l'œil mesure le quart environ de la longueur de la tête, les deux tiers de l'espace préorbitaire ; il est égal, ou peu s'en manque, à l'espace interorbitaire ; dans les jeunes, il est compris trois fois et quart dans la longueur de la tête, il est d'un neuvième seulement plus petit que l'espace préorbitaire, il est un peu plus grand que l'espace interorbitaire. Le sous-orbitaire antérieur est large ; sa plus grande hauteur fait les deux tiers de sa longueur.

L'opercule a le bord postérieur légèrement échancré vers le haut, formant une espèce de pointe mousse. La muqueuse, qui tapisse la paroi externe de la chambre branchiale, est d'une teinte rouge orange. Les joues sont couvertes de cinq rangées d'écailles.

La ligne latérale est large, bien marquée, presque droite ; elle est composée d'écailles plus petites que les autres. Éc., l. longit. 70 à 72 ; l. transv. $\frac{5 \text{ ou } 6}{13} + 1 = 19$ ou 20.

Au-dessus de l'aisselle de la pectorale, commence la dorsale, qui généralement a douze aiguillons et onze rayons mous. La caudale est fourchue ; sa longueur est comprise cinq fois à cinq fois et demie dans la longueur totale. La pectorale est falciforme ; sa pointe dépasse l'anus ; sa longueur chez les adultes mesure le quart environ de la longueur totale. L'écaille axillaire externe de la ventrale est longue.

Br. 6. — D. 12/11 ; A. 3/9 ou 10 ; C. 2/17/2 ; P. 15 ou 16 ; V. 1/5.

La partie épineuse de la dorsale est rosée. La caudale, les rayons mous de la dorsale et ceux de l'anale sont d'un rougeâtre clair. La pectorale est d'un rose très-pâle ; à l'aisselle de la nageoire, et sur la base de ses rayons supérieurs, se remarque une tache d'un noir rougeâtre ; cette tache, lorsque la pectorale est appliquée le long du corps, paraît triangulaire, à pointe dirigée en bas. Les ventrales sont blanchâtres. Le dos et les côtés sont colorés d'un rougeâtre argenté, parfois assez clair ; le ventre est argenté. Le sous-orbitaire et le limbe du préopercule sont argentés. Le dessus de la tête est d'un gris rougeâtre.

Habitat. Méditerranée, assez commun de Nice à Port-Vendres. Océan, golfe de Gascogne, rare, Saint-Jean-de-Luz, Arcachon ; très-rare au nord de la Gironde, la Rochelle. Manche, excessivement rare, Abbeville.

Proportions : long. totale 0,308 ; tronc, haut. 0,086, épaiss. 0,044.

Tête, long. 0,082, haut. 0,076. — Œil, diam. 0,022, esp. préorbit. 0,030, esp. interorbit. 0,025. — Mâchoire supérieure, long. 0,029.

Caudale, long. 0,062 ; pectorale, long. 0,079 ; ventrale, long. 0,046.

Parmi les nombreux poissons qui nous viennent de Cette est un Pagel dont nous allons donner une courte description. Il diffère des Pagels que nous avons étudiés, et semble présenter les caractères d'une espèce distincte. Il est court. La hauteur du tronc est comprise à peine trois fois dans la longueur totale.

La muqueuse tapissant la bouche et la chambre branchiale est d'un jaune rougeâtre, safran. Les incisives sont petites, égales, très-aiguës ; les dents de la série externe sont pointues, excepté en arrière, où se trouvent deux rangées de molaires arrondies.

L'iris est jaunâtre. Le diamètre de l'œil mesure presque le tiers de la longueur de la tête ; il est égal à l'espace préorbitaire.

Il y a sur la joue huit ou neuf rangées d'écailles. — La ligne latérale est rapprochée du dos ; elle est large, brunâtre. Éc., l. long. 67 à 70 ; l. transv. $\frac{7}{16 \text{ à } 18} + 1 = 24$ à 26.

La dorsale est composée de treize aiguillons et de dix rayons mous ; la quatrième épine, qui est la plus longue, fait le tiers de la hauteur du tronc. La pectorale est courte ; sa longueur est à peine contenue six fois et demie dans la longueur totale, elle ne dépasse guère celle de la ventrale.

Br. 6. — D. 13/10 ; A. 3/11 ; C. 3/17/2 ; P. 16 ; V. 1/5.

La dorsale est brunâtre, la caudale d'un gris rougeâtre. Les ventrales et l'anale sont d'un gris jaune assez pâle. La pectorale est grise ; à l'aisselle de la nageoire est une tache noirâtre, qui ne s'étend pas sur la base des rayons. La région dorsale est d'un brun jaunâtre ; les côtés sont d'un gris jaunâtre. Les sous-orbitaires et le limbe du préopercule sont argentés ; la joue et les pièces operculaires, qui sont couvertes d'écailles, sont jaunâtres.

Habitat. Méditerranée, excessivement rare, Cette, étang de Thau. Ce poisson m'a été envoyé sous le nom de *Bourabéou*.

Proportions : long. totale 0,147 ; tronc, haut. 0,50, épaiss. 0,019.

Tête, long. 0,037, haut. 0,041. — OEil. diam. 0,0115, esp. préorbit. 0,011, esp. interorbit. 0,011 ; sous-orbitaires antérieurs, long. 0,013, haut. maxim. 0,008. — Mâchoire supérieure, long. 0,011.

Caudale, long. 0,029 ; pectorale, long. 0,022 ; ventrale, long. 0,021 ; épine axillaire externe de la ventrale, long. 0,007.

GENRE PAGRE — *PAGRUS*.

Corps ovale, couvert d'écailles ciliées.

Tête plus ou moins forte ; mâchoires ayant en avant quatre ou six dents fortes et coniques, espèces de canines, derrière lesquelles se trouvent des dents en cardes ; grosses molaires arrondies, placées sur deux rangées.

Nageoires ; dorsale à rayons épineux plus nombreux que les rayons mous ; anale ayant trois épines et huit ou neuf rayons mous.

Le genre Pagre comprend deux espèces bien déterminées.

Espace interorbitaire { de teinte uniforme .... 1. P. ORDINAIRE
{ marqué d'un croissant bleuâtre.. 2. P. ORPHE.

LE PAGRE ORDINAIRE — *PAGRUS VULGARIS*.

Syn. : Du Pagre, Rondel., liv. V, c. xv, p. 127.
Sparus pagrus, Linn., p. 469, sp. 11 ; Rafin., *Ind. itt. sicil.,* p. 24, n° 157.
Du Pagre proprement dit, Duham., *Péch.,* part. 2, sect. 4, p. 29.
Le Spare pagre, Sparus pagrus, Lacép., t. IX, p. 291 ; Riss., *Ichth.,* p. 241.
Pagrus pagrus, Pagre ordinaire, Riss., *Hist. nat.,* p. 360.
Sparus argenteus, Spare argenté, Delaroche, *Ann. Muséum,* p. 339, *Mém.,* p. 53.
Le Pagre ordinaire, Pagrus vulgaris, Cuv. et Valenc., t. VI, p. 142, pl. 148, *Règ. an. ill.,* pl. 34, fig. 4, mâchoires ; Guichen., *Expl. Algér.,* p. 49.
Pagrus vulgaris, CBp., *Cat.,* n° 464 ; Günth., t. I, p. 466 ; Canestr., *Fn. Ital.,* p. 90.
? The Braize, or Becker, Yarr., t. II, p. 138, fig. cop., CV., vign., p. 141, dent., Pag. érythrin.
? Becker, Couch, t. I, p. 228.

N. vulg. : Padre, Nice ; Pagré, Cette ; Bagre, Port-Vendres.
Long. : 0,20 à 0,40, quelquefois 0,73.

Le Pagre a le corps ovale, couvert d'écailles assez grandes. La hauteur du tronc est comprise trois fois et un tiers à trois fois et trois quarts dans la longueur totale. Le nombre des vertèbres est de vingt-quatre ; il y a, d'après Valenciennes, neuf vertèbres abdominales.

Chez les animaux de taille moyenne, la tête est à peu près aussi haute que longue ; sa longueur est contenue trois fois et demie à quatre fois et un tiers dans la longueur totale ; son profil supérieur dessine une courbe assez régulière. Le museau est gros, arrondi. La mâchoire supérieure n'arrive pas en arrière à l'aplomb du bord antérieur de l'orbite ; elle est un peu plus avancée que la mandibule ; son extrémité antérieure est armée de quatre dents longues, fortes et pointues, espèces de canines, en arrière desquelles se trouvent de petites dents en cardes ; sur les côtés, et à la suite des canines, il y a quatre à sept dents coniques à pointe mousse, puis viennent cinq ou six molaires complétement arrondies ; vers le bord interne de cette première rangée, il en existe une autre composée de douze à dix-sept molaires, plus grosses en arrière ; les jeunes animaux n'ont que deux rangées de molaires ; chez les sujets de grande taille, en dedans de la rangée interne, se voient de petites dents arrondies, grenues, disposées en deux, parfois en trois séries plus ou moins régulières. La mandibule porte en avant quatre, plus rarement six longues dents pointues, derrière lesquelles sont des dents en cardes ; sur les côtés elle a deux rangées de molaires développées, et en dedans, chez les grands individus, elle porte encore une ou deux séries de petites molaires grenues.

L'iris est doré, avec une tache noire en haut. L'œil est arrondi. Son diamètre, suivant la taille des sujets, est compris trois fois et trois quarts à quatre fois et deux tiers dans la longueur de la tête ; il fait tantôt plus, tantôt moins de la moitié de l'espace préorbitaire. Le sous-orbitaire est haut et large.

Cachés sous les écailles, l'opercule et le sous-opercule ne sont pas distincts l'un de l'autre. Le préopercule est très-haut, à limbe large. La joue est garnie de six rangées d'écailles.

La ligne latérale est bien marquée ; elle est courbe, rapprochée du dos. Éc., l. long. 55 à 60 ; l. transv. $\frac{6}{13 \text{ à } 15} + 1 = 20$ à 22.

La dorsale commence en avant de la base de la pectorale ; elle est insérée dans un sillon assez creux pour qu'elle puisse s'y cacher à peu près entièrement, quand elle s'abaisse ; elle est com-

posée de douze épines et de dix rayons mous ; le quatrième
aiguillon et le cinquième paraissent les plus allongés, leur longueur ne mesure pas le tiers de la hauteur du tronc. L'anale est
placée sous la partie molle de la dorsale ; elle est armée de trois
épines, plus robustes que celles de la nageoire du dos ; là
deuxième épine est la plus forte généralement ; il y a seulement
huit rayons mous. La caudale est fourchue ; elle compte dix-
sept ou plutôt dix-neuf rayons principaux. Les pectorales sont
pointues ; elles se portent en arrière jusqu'à l'aplomb de la troisième épine de l'anale, et même parfois un peu plus loin ; leur
longueur est contenue environ trois fois et demie dans la longueur totale ; elles ont une quinzaine de rayons. Les ventrales
sont beaucoup plus courtes que les pectorales.

Br. 6. — D. 12/10 ; A. 3/8 ; C. 3 ou 4/19/4 ou 3 ; P. 15 ; V. 1/5.

Les nageoires sont d'une teinte rose pâle. Le dos semble rosé
ou d'un rouge tendre ; les flancs sont argentés.

Habitat. Méditerranée, assez rare, Nice, Cette ; il s'en pêche quelquefois
à Cette de très-gros, pesant de cinq à huit kilogrammes ; Port-Vendres. Océan,
excessivement rare ; au mois de septembre 1877, un individu, mesurant
0^m,717, a été pris à Concarneau ; il fait partie de la collection du Muséum de
Paris.
Proportions : long. totale 0,215 ; tronc, haut. 0,64.
Tête, long. 0,061, haut. 0,062. — Œil, diam. 0,016, esp. préorbit. 0,027.
La chair du Pagre est très-estimée.

LE PAGRE ORPHE — *PAGRUS ORPHUS.*

Syn. : Sparus pagrus, Brunn., *Spolia e mari Adriat. report.*, p. 94, n° 6.
Aurata orphus, Dorade orphe, Riss., *Hist. nat.*, p. 356.
Le Pagre orphe, Pagrus orphus, Cuv. et Valenc., t. VI, p. 150, pl. 149.
Pagrus orphus, CBp., *Cat.*, n° 463 ; Günth., t. I, p. 467.
? Couch's Sea Bream, Yarr., t. II, p. 142 ; Couch, t. I, p. 231.

N. vulg. : Pageu testas, Nice.
Long. : 0,15 à 0,28.

C'est, il nous semble, à cette espèce que doit être rapporté le
poisson décrit par Brünnich sous le nom de *Sparus pagrus.*

L'Orphe a le corps ovale, le dos presque tranchant, le ventre légèrement aplati en avant de l'anale. Le tronc est assez épais ; son épaisseur est contenue deux fois et un tiers à trois fois dans sa hauteur, qui est comprise trois fois à trois fois et un tiers dans la longueur totale. La peau est couverte d'écailles ciliées, relativement grandes.

La tête a le profil supérieur arrondi, un peu moins convexe que dans le Pagre ordinaire ; elle est généralement plus longue que haute ; sa longueur fait le quart, ou même un peu plus, de la longueur totale. Le museau est court, arrondi ; la bouche est peu fendue. Les mâchoires sont égales, ou la mâchoire supérieure est un peu moins avancée que la mandibule ; chez les sujets de moyenne taille, elles portent l'une et l'autre deux rangées de molaires arrondies ; elles ont, en avant, six dents coniques ou canines, plus longues que les autres ; quelquefois chez les jeunes, il y a seulement trois canines, plus longues que les autres ; quelquefois derrière les canines se trouvent des dents en cardes.

L'iris est argenté. L'œil est ovale. Son diamètre mesure presque le tiers de la longueur de la tête ; il est un peu moins grand que l'espace préorbitaire, et même que l'espace interorbitaire. Les sous-orbitaires antérieurs ont le bord festonné.

Les pièces operculaires se recouvrent sous la gorge. L'opercule a le bord postérieur légèrement échancré, prolongé en pointe mousse.

Quant à la ligne latérale, elle est bien marquée, d'une teinte foncée.

La dorsale commence au-dessus de l'insertion de la pectorale ; le quatrième aiguillon est généralement le plus élevé. La caudale est fourchue ; le lobe supérieur est le plus allongé. Les pectorales sont falciformes ; leur pointe dépasse l'aplomb de l'anus. L'épine de la ventrale est longue.

D. 12/10 ou 11 ; A. 3/8 ou 9 ; C. 17 ; P. 15 ; V. 1/5.

Toutes les nageoires sont rosées, excepté les ventrales qui

sont plutôt lilas. La teinte générale est rose, à reflets d'un blanc nacré, avec des lignes longitudinales d'un gris pâle. La région occipito-frontale est rougeâtre. Au-dessus des narines, l'espace interorbitaire porte un croissant, une lunule bleuâtre. Les sous-orbitaires sont rougeâtres, les joues argentées. Le bord postérieur de l'opercule est noirâtre ou d'un noir rougeâtre.

Habitat. Méditerranée, assez rare, Nice, de mars à novembre, d'après Risso ; Toulon. Océan, golfe de Gascogne, très-rare ; au mois d'août 1871, j'en ai trouvé plusieurs spécimens à Arcachon.

Proportions : long. totale 0,170 ; tronc, haut. 0,052, épaiss. 0,022.

Tête, long. 0,045, haut. 0,041. — Œil, diam. 0,014.

Le Pagre orphe est, paraît-il, vénéneux à certaines époques (V. art. *Vénéneux*, dans *Diction. Méd. Chirurgie*, Littré et Robin).

? *Le Pagre hurta, Pagrus hurta.*

Syn. : SPARE HURTA, Sparus hurta, Riss., *Ichth.*, p. 255.
AURATA HURTA, Dorade hurta, Riss., *Hist. nat.*, p. 358.
LE PAGRE HURTA, Cuv. et Valenc., t. VI, p. 152, V, p. 151.
? PAGRUS HURTA, CBp., *Cat.*, n° 462.

Long. : 0,20.

Quel est le poisson qui porte à Nice le nom de *Ravella* ? Risso en a donné la description suivante : son corps est comprimé, ovale oblong, d'une couleur argentée, traversé de petites lignes dorées et de plusieurs bandes rougeâtres ;... la bouche est médiocre ; les mâchoires sont garnies de deux rangées de dents, dont celles de devant de la supérieure plus petites. Est-ce bien le hurta des auteurs (Risso) ?

Br. 5. — D. 12/10 ; A. 3/7 ; C. 17 ; P. 16 ; V. 1/5.

Ce poisson, d'après Risso, n'a que cinq rayons branchiostèges, sept rayons mous à l'anale ; il est de passage, apparaît au printemps.

GENRE DAURADE — *CHRYSOPHRYS.*

Corps oblong, couvert d'écailles assez petites.

Tête forte ; incisives ou dents antérieures coniques, développées, au nombre de six généralement à chaque mâchoire ; molaires arrondies sur trois à cinq rangées à la mâchoire supérieure, sur deux rangées ou plus à la mandibule.

Nageoires : dorsale ayant onze ou douze épines.

Ce genre comprend deux espèces.

Dorsale { marquée d'une bande longitudinale brunâtre .. 1. D. vulgaire.
{ d'une teinte uniforme, sans bande brunâtre.... 2. D. a museau
renflé.

LA DAURADE VULGAIRE — *CHRYSOPHRYS AURATA.*

Syn. : Aurata, Bell., p. 192-193 ; Salvian., p. 175, pl. 62 ; Willugh., p. 307, pl. V, 5.
De la Daurade, Rondel., liv. V, c. ii, p. 108 ; Duham., *Pêch.*, part. 2, sect. 4, p. 9,
pl. 2 ; H. Cloquet, *Faune des Médecins*, 1824, t. IV, p. 406.
Sparus aurata, Linn., p. 467, sp. 1 ; Bloch, pl. 266 ; Brunn., *Ichth. Mass.*, p. 36,
n° 50 ; CBp., *Cat.*, n° 465.
Le Spare dorade, Sparus aurata, Lacép., t. IX, p. 266 ; Riss., *Ichth.*, p. 234.
Aurata semilunata, Dorade en croissant, Riss., *Hist. nat.*, p. 355.
La Daurade vulgaire, Chrysophrys aurata, Cuv. et Valenc., t. VI, p. 85, pl. 145,
pl. 163, fig. 3, intermaxillaire ; Guichen., *Expl. Algér.*, p. 48.
Chrysophrys aurata, Günth., t. I, p. 484 ; Canestr., *Fn. Ital.*, p. 92.
The Gilt-head, Yarr., t. II, p. 135 ; Couch, t. I, p. 243.

N. vulg. : Dorade, Dorée, Dorette, côtes de l'Ouest ; Daurada, Roussillon ;
Saouquèna, Cette ; Aourade, Daurade, Provence ; Aurada, Nice.
Long. : 0,25 à 0,35, quelquefois 0,50.

Suivant l'âge des animaux les proportions montrent de notables différences. Le corps de la Daurade est assez comprimé ; il
est ovale ; sa hauteur est comprise trois fois à trois fois et demie
dans la longueur totale. La peau est couverte d'écailles minces,
relativement petites, et plus ou moins complétement lisses ; sur
certaines écailles, à l'aide d'un verre grossissant, on distingue
parfois des racines de spinules usées, que le doigt ne peut sentir.

La tête est forte ; elle est plus haute que longue ; sa longueur
est contenue environ quatre fois et un tiers dans la longueur
totale ; le profil supérieur est arrondi. Le museau est obtus. La
bouche est moyenne ; les lèvres sont épaisses. La mâchoire supérieure est plus avancée que la mandibule ; elles portent ordinairement l'une et l'autre six fortes incisives coniques, légèrement crochues, à pointe mousse ; parfois il s'en trouve quatre
seulement à la mâchoire inférieure. Les molaires sont placées
sur quatre ou cinq rangées à la mâchoire supérieure, sur trois
ou quatre rangées à la mandibule ; au fond de la bouche, et sur
chaque mâchoire, il y a toujours une et souvent deux molaires à
couronne très-large, à surface ovale plus ou moins plane ; les

séries dentaires sont plus nombreuses chez les vieux individus que chez les jeunes. La mâchoire supérieure arrive en arrière à peu près à l'aplomb du bord antérieur de l'orbite.

Chez les Daurades mesurant 0ᵐ,25 à 0ᵐ,30 de longueur, le diamètre de l'œil est compris quatre fois et trois quarts dans la longueur de la tête ; il fait la moitié de l'espace préorbitaire, et les deux tiers de l'espace interorbitaire ; chez les sujets ayant 0ᵐ,45 à 0ᵐ,50 de taille, il est contenu cinq fois et un cinquième dans la longueur de la tête, il ne mesure que les deux cinquièmes de l'espace préorbitaire. L'iris est doré. Les sous-orbitaires antérieurs sont larges, à bord inférieur légèrement onduleux, ne couvrant pas en arrière le maxillaire supérieur.

L'orifice antérieur de la narine est beaucoup plus rapproché de l'orbite que du bout du museau ; il est assez petit ; l'orifice postérieur est grand : c'est une espèce de fente allongée et étroite.

Le sous-opercule est peu distinct de l'opercule. Le préopercule a le bord postérieur droit, le bord inférieur courbe, et l'angle arrondi ; son limbe, qui est large en arrière et en bas, est légèrement strié. La joue est garnie de sept ou huit rangées d'écailles.

La ligne latérale est rapprochée du profil supérieur, dont elle suit la courbure. Éc., l. long. 76 à 80 ; l. transv. $\frac{7}{16 \text{ ou } 17} + 1 = 24$ ou 25.

Généralement la dorsale compte onze aiguillons et treize rayons mous ; elle est assez haute en avant. La caudale est fourchue ; elle a dix-sept rayons principaux ; son lobe supérieur est plus allongé que l'autre. Les pectorales sont développées, leur longueur mesure environ le quart de la longueur totale. Les ventrales sont assez larges, mais beaucoup plus courtes que les pectorales.

Br. 6. — D. 11/13 ; A. 3/11 ou 12 ; C. 3/17/3 ; P. 16 ; V. 1/5.

Sur le frais, la dorsale est bleuâtre, elle est parcourue par une bande longitudinale brunâtre. L'anale et la caudale sont grisâtres, ainsi que les pectorales. Les ventrales sont d'un violet grisâtre, elles sont jaunâtres d'après Valenciennes.

La région dorsale est d'un bleu foncé ; les côtés sont d'un
jaune argenté, avec des lignes longitudinales d'un brun clair.
Des points blancs, brillants, arrondis, se remarquent le long du
bord supérieur de la ligne latérale, chez les sujets de moyenne
taille. Une bande dorée forme une espèce de croissant entre les
yeux ; en arrière de l'œil existe un V doré assez large. Une tache
couleur rouille, mal circonscrite, se trouve sur le bas de l'opercule ; le préopercule montre une tache dorée, qui n'est pas très-
persistante ; une tache rougeâtre se voit à l'aisselle de la pectorale.

Il y a quatre appendices pyloriques.

Habitat. Méditerranée, ce poisson est fort commun de Port-Vendres à
Nice. Océan, golfe de Gascogne, commun de Saint-Jean-de-Luz à Arcachon ;
assez commun entre la Gironde et la Loire ; assez rare sur les côtes de Bretagne. Manche, très-rare, Boulogne (Bouchard-Chantereaux).
Proportions : long. totale 0,270 ; tronc, haut. 0,080.
Tête, long. 0,062, haut. 0,071. — Œil, diam. 0,013, esp. préorbit. 0,027,
esp. interorbit. 0,020.

Les Daurades fournissent une chair plus ou moins délicate suivant les
fonds qu'elles fréquentent. « Nous estimons fort, dit Rondelet, celles de l'estang de Martegue, é de Lates, de l'estang près du cap de Sete. Aujourd'hui
encore les Daurades de l'étang de Thau sont très-recherchées : elles sont
pêchées non seulement dans l'étang, mais aussi dans le canal de Cette,
lorsque, vers la fin de septembre, elles regagnent la mer ; quelques-unes
d'entre elles s'engagent parfois dans le canal du Midi, mais elles ne paraissent jamais dépasser le *Bassin rond* (Agde), et de là elles descendent à la
mer, ou reviennent dans l'étang de Thau. Ces poissons se nourrissent principalement de coquillages. »

LA DAURADE A MUSEAU RENFLÉ,

CHRYSOPHRYS CRASSIROSTRIS.

LA DAURADE A MUSEAU RENFLÉ, Chrysophrys crassirostris, Cuv. et Valenc., t. VI,
p. 98, pl. 146.
SPARUS CRASSIROSTRIS, CBp., *Cat.*, n° 466.
CHRYSOPHRYS CRASSIROSTRIS, Günth., t. I, p. 484.

Long. : 0,30 à 50.

Excessivement rare sur nos côtes, cette espèce a le corps épais,
couvert d'écailles assez petites, plus hautes que longues. La

hauteur du tronc est comprise trois fois et un cinquième à trois fois et demie dans la longueur totale.

La tête a le profil arqué ; sa longueur fait environ le quart de la longueur totale. Le museau est gros, arrondi. La bouche est assez ouverte ; les lèvres sont épaisses. La mâchoire supérieure est munie de six grosses incisives coniques ; elle a trois ou quatre rangées de molaires. La mandibule est armée en avant de six dents fortes, coniques ; elle porte deux ou trois rangées de molaires.

Le diamètre de l'œil mesure environ le sixième de la longueur de la tête, le tiers de l'espace préorbitaire ; il est moins grand que l'espace interorbitaire. Le sous-orbitaire a le bord inférieur plus échancré que dans la Daurade vulgaire.

Le préopercule semble couvert d'écailles sur une plus grande surface que dans l'autre espèce. Les joues sont garnies de sept rangées d'écailles.

Placée sur le tiers supérieur du corps, la ligne latérale suit à peu près la courbure du dos. Éc. l. long. 83 à 85 ; l. transv. $\frac{6}{13} + 1 = 20$.

La dorsale est basse, à peu près égale ; elle commence au-dessus de l'insertion de la pectorale ; elle compte onze épines et treize rayons mous. La caudale est fourchue ; sa longueur fait le sixième de la longueur totale. Les pectorales sont bien développées ; elles ont une longueur égale ou supérieure à celle de la tête, double de celle des ventrales.

D. 11/13 ; A. 3/11 ; C. 17 ; P. 15 ; V. 1/5.

Les nageoires sont d'un gris assez foncé ; la dorsale ne montre pas de bande longitudinale noirâtre. La caudale paraît avoir une bordure très-brune. Le dos est bleu foncé, le flanc bleu jaunâtre, le ventre gris foncé ; des bandes longitudinales d'un brun bleuâtre s'étendent sur la région supérieure et sur la région latérale du corps. Une large tache noirâtre s'étale sur l'épaule et sur l'opercule. Les joues sont d'une teinte cuivrée ; le museau est bleuâtre. Un croissant doré brille d'un vif éclat sur l'espace interorbitaire.

Habitat. Méditerranée, excessivement rare, Nice.
Proportions : long. totale 0,480 ; tronc, haut. 0,150.
Tête, long. 0,123, haut. 0,135. — OEil, diam. 0,021, esp. préorbit. 0,061.
Caudale, long. 0,080 ; pectorale, long. 0,135 ; ventrale, long. 0,067.

Sous-famille des Canthariniens, Cantharini.

Corps ovale, couvert d'écailles de moyenne grandeur, plus ou moins ciliées.

Tête plus haute que longue ; bouche petite ; dents toutes en velours ou en cardes, mais un peu plus fortes à la rangée externe.

Appareil branchial : ouïes largement fendues ; six rayons branchiostèges ; pièces operculaires et joues écailleuses.

Nageoires : dorsale à onze rayons épineux pouvant se loger dans un sillon.

La sous-famille des Canthariniens est formée d'un seul genre :

GENRE CANTHÈRE — *CANTHARUS*, Cuv.

Caractères de la sous-famille.

Ce genre comprend trois espèces :

Sous-orbitaires antérieurs	échancrés......................		1. C. GRIS.
	non échancrés. Longueur du corps faisant	plus de trois fois la hauteur....	2. C. BRÈME.
		moins de trois fois la hauteur.	3. C. ORBICULAIRE.

LE CANTHÈRE GRIS — *CANTHARUS GRISEUS.*

Syn. : DU CANTHENO, Rondel., liv. V, c. IV, p. 113.
SPARUS CANTHARUS, Linn., p. 470, sp. 13.
SARDE GRISE, Duham., *Pêch.*, part. 2, sect. 4, p. 16, pl. 7, fig. 1.
SPARE CANTHÈRE, Sparus cantharus, Lacép., t. IX, p. 302 ; Riss., *Ichth.*, p. 212.
CANTHARUS TANUDA, Canthare tanude, Riss., *Hist. nat.*, p. 366.
SPARUS LINEATUS, *Black Bream*, Montagu, *Mem. Wern. Societ.*, 1818, t. II, p. 451, pl. 23.
LE CANTHÈRE COMMUN, Cantharus vulgaris, Cuv. et Valenc., t. VI, p. 319, pl. 160 ; Guichen., *Expl. Algér.*, p. 53.

III.   4

Le Canthère gris, Cantharus griseus, Cuv. et Valenc., t. VI, p. 333.
Cantharus vulgaris, C. griseus, CBp., *Cat.*, n° 447 ; n° 450.
Cantharus lineatus, Günth., t. I, p. 413; Canestr., *Fn. Ital.*, p. 86.
The Black sea Bream, Yarr., t. II, p. 156.
Old Wife, Couch, t. I, p. 222.

N. vulg. : Brême commune, Boulogne ; Pilonneau, Dorade, Seine-Inférieure, Saint-Valery-en-Caux ; Brême de rochers, Sarde, Cherbourg ; Mange-
goëmon, Vendée ; Bouchon, Bayonne ; Gallet, Port-Vendres ; Cantarèla,
Sar. Cette ; Cantheno, Languedoc ; Cantharo, Canthèna, Tanuda, Provence :
à Nice, le jeune est appelé Cantheno, l'adulte, Tanudo ou Tanuda.
Long. : 0,20 à 0,40, quelquefois 0,50.

Certaines différences dans l'ensemble des proportions, dans le
système de coloration, ont fait croire à Valenciennes que le
Canthère commun et le Canthère gris forment deux espèces
distinctes. Quand on a sous les yeux un assez grand nombre
d'animaux, on constate que ces différences ne sont pas nettement
tranchées, qu'elles sont individuelles et nullement spécifiques.
Ce poisson a le corps ovale, couvert d'écailles ciliées. La hauteur du tronc, qui fait environ le triple de l'épaisseur, est comprise
trois fois à trois fois et quart dans la longueur totale, rarement
moins, rarement plus. Il y a vingt-quatre vertèbres, 10 + 14.

La tête est plus haute que longue ; sa longueur est contenue
quatre fois et quart à quatre fois et trois quarts dans la longueur
totale. Son profil supérieur décrit une courbe assez faible ; il
est régulier, il y a seulement une petite dépression vers l'espace
interorbitaire. Le museau est assez pointu. La bouche est peu
fendue, légèrement protractile. Les mâchoires sont égales ; elles
sont munies de dents en cardes, assez fines, régulières, serrées ;
les dents qui forment la rangée externe, sont un peu plus fortes
que les autres, surtout en avant, elles sont médiocrement crochues, bien acérées. Le maxillaire supérieur porte en arrière,
sur la face externe, une carène assez prononcée ; il est en partie
caché par le sous-orbitaire antérieur, qui le laisse à découvert au
niveau de son échancrure seulement.

L'iris est argenté teinté de noirâtre. L'œil est ovale. Son diamètre varie suivant la taille des sujets ; chez les petits, il mesure

presque le tiers de la longueur de la tête, il est égal à l'espace préorbitaire ; chez les grands, il fait le quart de la longueur de la tête, il est d'un quart ou d'un tiers plus court que l'espace préorbitaire. L'espace interorbitaire est à peu près égal à l'espace préorbitaire. Le sous-orbitaire antérieur est échancré sur le bord inférieur, à la réunion des deux pièces qui le composent.

Les ouvertures de la narine sont plus rapprochées de l'orbite que du bout du museau. L'orifice antérieur est fort petit, arrondi ; l'orifice postérieur est ovale, assez large.

En arrière, l'opercule est terminé par un angle assez aigu. Le préopercule est développé ; il a le bord postérieur droit, le bord inférieur légèrement courbe et l'angle arrondi. Les joues sont couvertes de six à huit rangées d'écailles.

La ligne latérale est rapprochée du dos ; elle est large, brunâtre ; elle est composée d'un nombre d'écailles très-variable. Éc., l. long. 62 à 75 ; l. transv. $\frac{7 \text{ à } 9}{16 \text{ à } 18} + 1 = 24$ à 28.

La dorsale commence un peu en avant de l'insertion de la pectorale ; elle compte onze épines et une douzaine de rayons mous ; le plus grand rayon, qui est le quatrième aiguillon, ou le cinquième, rarement le troisième, fait le tiers de la hauteur du tronc ; les derniers rayons mous sont parfois assez allongés pour atteindre la base de la caudale. Le deuxième aiguillon de l'anale est plus développé que les autres. La caudale est fourchue ; elle compte quinze à dix-sept rayons principaux ; sa longueur mesure environ le cinquième de la longueur totale ; le lobe supérieur est plus grand que l'autre. Le surscapulaire est en forme d'écaille non ciliée ; au-dessus existe une ligne courbe constituée par treize écailles déprimées, grandes ; elle est, disent Cuvier et Valenciennes, sous-tendue par une ligne composée de huit écailles semblables. Les pectorales sont de longueur variable ; tantôt elles atteignent l'aplomb de la première épine de l'anale, tantôt elles n'arrivent pas à l'anus ; elles sont falciformes ; elles comptent une quinzaine de rayons. La longueur des ventrales est comprise cinq fois et demie à six fois dans la longueur totale ; l'appendice axillaire externe de la nageoire est allongé.

Br. 6. — D. 11/11 ou 12 ; A. 3/9 ou 10 ; C. 3/15 à 17/2 ; P. 15 ; V. 1/5.

La dorsale et l'anale sont d'un gris violacé ou d'un bleu noirâtre. La caudale est grise avec une bordure d'un brun foncé. Les pectorales sont grises, les ventrales plus ou moins brunâtres. Le corps est ordinairement gris brunâtre sur le dos, gris argenté sur les côtes avec quinze à vingt-deux lignes longitudinales d'un jaune doré plus ou moins éclatant ; parfois les flancs paraissent d'un gris teinté de brun plus ou moins foncé, avec des lignes longitudinales noirâtres ; parfois encore le dos et les côtés sont marqués de lignes longitudinales brunes alternant avec des raies d'un jaune très-intense. L'opercule est bordé de brunâtre, ou de gris assez clair. En arrière des narines se montre souvent un arc bleuâtre, allant d'une orbite à l'autre. Sur le frais se trouve, derrière l'œil, une grande tache jaune verdâtre semi-circulaire ; elle s'efface promptement.

La vessie natatoire est développée ; elle est terminée, en arrière, par deux prolongements coniques.

Habitat. Le Canthère se trouve sur toutes nos côtes. Manche, plus ou moins commun. Boulogne ; au mois de juillet 1875, je l'ai vu en grande quantité au Havre ; Cherbourg ; il paraît moins abondant sur la côte septentrionale de la Bretagne. Océan assez commun, Concarneau, Lorient ; très-commun, l'été, de la Loire à la Bidassoa. Méditerranée, assez commun, Port-Vendres, Cette, Marseille, Nice.

Proportions : long. totale 0,395 ; tronc, haut. 0,128.

Tête, long. 0,094, haut. 0,114. — Œil, diam. 0,022, esp. préorbit. 0,030, esp. interorbit. 0,032.

Pectorale, long. 0,094 ; ventrale, long. 0,066.

Les Canthères, surtout ceux qui vivent dans la Méditerranée, donnent une chair assez peu recherchée.

LE CANTHERE BRÊME — *CANTHARUS BRAMA.*

Syn. : ? Brême de mer, Duham., *Pêch.*, part. 2, sect. 4, p. 22, pl. 4, fig. 1.
Le Canthère brême, Cantharus brama, Cuv. et Valenc., t. VI, p. 328 ; Guichen., *Expl. Algér.*, p. 53.
Cantharus brama, CBp., *Cat.*, n° 418 ; Günth., t. I, p. 416.

Long. : 0,25 à 0,35.

Assez semblable à celui du Canthère commun, le corps du Canthère brème est cependant un peu moins élevé ; il est comprimé, couvert d'écailles ciliées très-rudes. La hauteur du tronc est comprise trois fois et deux tiers dans la longueur totale.

Ordinairement la tête est un peu plus haute que longue ; sa longueur est contenue environ quatre fois et un tiers dans la longueur totale. La nuque est tranchante ; l'espace interorbitaire est déprimé ; la ligne du profil supérieur de la tête est légèrement concave. La mâchoire supérieure est un peu plus avancée que la mandibule ; elles sont garnies l'une et l'autre de dents en cardes régulières ; toutefois les dents de la rangée externe, en avant surtout, sont plus fortes que les autres.

Le diamètre de l'œil mesure le quart de la longueur de la tête, les trois quarts de l'espace préorbitaire ; il est un peu moins grand que l'espace interorbitaire. Les sous-orbitaires ont le bord inférieur légèrement ondulé, mais non échancré.

Les orifices de la narine sont bien séparés ; l'orifice antérieur est petit, arrondi ; l'orifice postérieur est ovale ; il est très-rapproché de l'orbite.

L'angle postérieur de l'opercule est assez pointu.

Sur le tiers supérieur de la hauteur du corps se trouve la ligne latérale, qui décrit une courbe allongée. Éc., l. long. 62 ; l. transv. $\frac{9}{18 \text{ à } 20} + 1 = 28$ à 30.

La dorsale est régulière ; sa quatrième épine, qui paraît un peu plus longue que les autres, a une longueur faisant au moins le tiers de la hauteur du tronc. L'anale, d'un tiers moins haute que la dorsale, a dix rayons mous. La caudale compte dix-sept grands rayons ; elle est fourchue ; sa longueur mesure le quart de la longueur totale. Les pectorales sont composées d'une quinzaine de rayons ; elles arrivent jusqu'à l'aplomb de la première épine de l'anale ; leur longueur est égale à la hauteur du tronc. Les ventrales sont d'un tiers au moins plus courtes que les pectorales ; elles n'atteignent pas l'anus.

D. 11/12 ; A. 3/10 ; C. 17 ; P. 15 ; V. 1/5.

Le corps est d'un gris argenté avec des bandes longitudinales dorées.

Habitat. Méditerranée, excessivement rare. Océan? Arcachon, (A. Lafont); Charente-Inférieure, Vendée (Lemarié). Manche? Cherbourg, (Duhamel). — Le poisson, figuré par Duhamel sous le nom de Brême de mer, est-il le Canthère brème, ainsi que l'écrit Valenciennes? Ce n'est pas probable. A la Rochelle, au Musée Fleuriau, j'ai vu un Canthère inscrit sous le nom de *C. brama*, bien qu'en réalité il soit un *C. griseus*, comme le démontre la disposition des sous-orbitaires.

Proportions : long. totale 0,33 ; tronc, haut. 0,090, épaiss. 0,035.

Tête, long. 0,075, haut. 0,083. — Œil, diam. 0,019, esp. préorbit. 0,024, esp. interorbit. 0,021. — Mâchoire supérieure, long. 0,022.

Caudale, long. 0,084 ; pectorale, long. 0,090 ; ventrale, long. 0,054.

LE CANTHÈRE ORBICULAIRE — *CANTHARUS ORBICULARIS.*

Syn. : Le Canthère orbiculaire, Cantharus orbicularis, Cuv. et Valenc., t. VI, p. 331.

Cantharus orbicularis, CBp., *Cat.*, n° 449, *Fn. ital.*, fig.; Günth., t. I, p. 416 ; Canestr., *Fn. Ital.*, p. 87.

Long. : 0,30 à 0,40 quelquefois plus.

La forme de ce poisson lui a fait donner le nom spécifique d'*Orbiculaire*. La ligne du dos et celle du ventre dessinent une courbure fort prononcée ; le tronc par conséquent est très-élevé ; sa hauteur est contenue deux fois et demie à deux fois et trois quarts dans la longueur totale. Les écailles sont larges.

Plus haute que longue, la tête a le profil supérieur oblique ; sa longueur mesure presque le quart de la longueur totale. Le museau est assez avancé ; il est arrondi. La bouche est peu fendue. La mâchoire supérieure est égale à la mandibule, qui est renflée ; elles portent l'une et l'autre des dents en cardes assez fortes, surtout celles de la rangée externe.

Le diamètre de l'œil est compris quatre fois et demie dans la longueur de la tête ; il est d'un tiers moins grand que l'espace préorbitaire, qui est aussi grand que l'espace interorbitaire. Le sous-orbitaire a le bord inférieur ondulé, mais non échancré.

Les ouvertures des narines sont assez étroites ; l'orifice postérieur est ovale.

Il y a sur la joue sept rangées d'écailles ; Valenciennes et
C. Bonaparte en comptent six rangées seulement. L'opercule a
l'angle postérieur assez prononcé.

La ligne latérale suit la courbure du dos ; elle est large ; elle
est formée d'écailles qui semblent percées de trois pores. Éc.,
l. long. 66 ; l. transv. $\frac{7}{17 \text{ ou } 18} + 1 = 25$ ou 26.

La dorsale est régulière ; elle est haute ; d'après Valenciennes,
c'est le sixième aiguillon qui est le plus élevé, c'est le troisième,
chez le sujet que j'examine. L'anale a la troisième épine plus
forte que la seconde. La caudale est peu échancrée. La pectorale
n'arrive pas tout à fait à l'origine de l'anale ; elle est plus longue
que la caudale, et surtout que la ventrale ; sa longueur mesure
presque le quart de la longueur totale.

Br. 6. — D. 11/12 ; A. 3/10 ; C. 17 ; P. 13 ; V. 1/5.

Les ventrales sont brunâtres ; les autres nageoires sont d'un
bleu violacé, plus foncé sur la dorsale et l'anale, plus clair sur
les pectorales. Le corps est d'un gris argenté, avec des bandes
longitudinales d'un brun à reflets jaunâtres ; les écailles sont
toutes marquées d'un trait vertical jaunâtre, et .bordées de gris
argenté.

Habitat. Méditerranée, excessivement rare, Cette (Doûmet).
Proportions : long. totale 0,35 ; tronc, haut. 0,130, épaiss. 0,040.
Tête, long. 0,086, haut. 0,115. — Œil, diam. 0,019, esp. préorbit. 0,030,
esp. interorbit. 0,031. — Mâchoire supérieure, long. 0,028.
Caudale, long. 0,072 ; pectorale, long. 0,085 ; ventrale, long. 0,057.

Sous-famille des Denticiniens, Denticini.

Corps ovale, comprimé, couvert d'écailles pectinées de moyenne grandeur.

Tête forte ; dents toutes pointues, en velours et en crochets ; à chaque
mâchoire au moins quatre dents plus développées que les autres, des espèces de canines.

Appareil branchial ; ouïes largement fendues ; six rayons branchiostèges ; joue et pièces operculaires écailleuses.

Nageoires ; dorsale ayant dix à douze aiguillons et neuf à douze rayons mous ; anale à trois rayons épineux et huit ou neuf rayons mous, pouvant, ainsi que la dorsale, se loger dans un sillon ; caudale fourchue.

Vessie natatoire échancrée en arrière. — **Appendices pyloriques** peu nombreux.

Cette sous-famille est formée d'un seul genre.

GENRE DENTÉ — *DENTEX*, Cuv.

Caractères de la sous-famille.

Le genre Denté comprend deux espèces bien déterminées :

Diamètre de l'œil plus ⎰ petit que l'espace préorbitaire.... 1. D. ORDINAIRE.
⎱ grand que l'espace préorbitaire... 2. D. AUX GROS YEUX.

LE DENTÉ ORDINAIRE — *DENTEX VULGARIS*.

Syn. : SYNAGRIS, Bell., p. 181.
Du DENTALÉ, *Dentex*, Rondel., liv. V, c. XIX, p. 133.
DENTEX, Salvian., p. 110-111, pl. 31 ; Couch, t. I, p. 203.
SPARUS DENTEX, Linn., p. 471, sp. 20 ; Brunn., *Ichth. Mass.*, p. 46. n° 62 ; Bloch, pl. 268 ; Rafin., *Ind. itt. sicil.*, p. 24, n° 149.
DENTICE, Cetti, *Stor. nat. Sardegn.*, p. 119.
Du DENTÉ, Duham., *Pêch.*, part. 2, sect. 4, p. 25, pl. 8, fig. 9, mâchoires.
SPARE DENTÉ, Sparus dentex, Lacép., t. IX, p. 323 ; Riss., *Ichth.* p. 251.
LE DENTÉ ORDINAIRE, Dentex vulgaris, Cuv., *Rég. an.*, 1817, t. II, p. 273 ; Riss., *Hist. nat.*, p. 364 ; Cuv. et Valenc., t. VI, p. 220, pl. 153 ; Guichen., *Expl. Algér.*, p. 51.
DENTEX VULGARIS, CBp., *Cat.*, n° 452 ; Günth., t. I, p. 366 ; B. Capel., *Cat.*, n° 3, p. 17 ; Canestr., *Fn. Ital.*, p. 83.
THE SPARUS, or Dentex, Yarr., t. II, p. 153.

N. vulg. : Dente et Dentou, Port-Vendres ; Dentaou, Denté, Cette ; Lente, Nice.
Long. : 0,30 à 0,50, quelquefois 1,00.

Le corps est oblong, comprimé ; sa hauteur est comprise trois fois et quart à trois fois et trois quarts dans la longueur totale. Il y a vingt-quatre vertèbres, $10 + 14$.

A peu près aussi haute que longue, la tête a le profil supérieur légèrement déclive ; sa longueur est contenue trois fois et trois quarts dans la longueur totale. Le museau est avancé, assez pointu. La bouche est de moyenne grandeur, elle s'ouvre à peu près jusque sous l'orifice antérieur de la narine ; les lèvres sont assez minces. En avant, les mâchoires sont armées chacune de quatre longues canines, fortes et crochues ; les canines externes sont plus développées que celles qui se trouvent près de la symphyse maxillaire ; chez les jeunes, la mandibule porte souvent quatre petites canines entre les deux canines externes. En arrière des canines sont placées de petites dents en velours. Sur le côté des mâchoires existe une rangée de dents assez courtes relativement, mais fortes, pointues et légèrement crochues ; chez les vieux individus, il y a généralement vers le bord interne de la série dentaire latérale une bande, plus ou moins fournie, de dents excessivement petites. Le maxillaire supérieur est à peu près complètement caché par le sous-orbitaire, quand la bouche est fermée.

Ainsi que le fait observer Bélon, les yeux sont placés en haut, ils sont rapprochés du front. L'iris est jaune clair en arrière, plus foncé en avant. Le diamètre de l'œil présente des dimensions variables suivant la taille des sujets ; chez les jeunes, il mesure le quart de la longueur de la tête, les trois cinquièmes de l'espace préorbitaire, il est égal à l'espace interorbitaire ; chez les animaux qui ont acquis leur entier développement, il est compris cinq fois à cinq fois et demie dans la longueur de la tête ; il ne fait pas la moitié de l'espace préorbitaire. Le sous-orbitaire antérieur est en forme de trapèze ; il est très-haut ; il est marqué de stries verticales ; il est nu ainsi que l'espace interorbitaire.

Les ouvertures de la narine sont rapprochées de l'orbite, et voisines l'une de l'autre. L'orifice antérieur, à peu près arrondi, est moins large que l'orifice postérieur, qui est ovale.

Il est inutile de rappeler que les pièces operculaires sont écailleuses. Le limbe du préopercule est assez large ; il est en partie couvert de très-petites écailles irrégulières, plus ou moins lisses, à peine ciliées. Les écailles de la joue sont assez grandes, à bords latéraux échancrés, à bord libre finement pectiné ; elles sont disposées sur huit ou neuf rangées.

La ligne latérale est bien dessinée ; elle suit le profil du dos. Éc., l. long. 55 à 60 ; l. transv. $\frac{6 \text{ ou } 7}{15 \text{ ou } 16} + 1 = 22$ à 24.

La dorsale commence à peine plus en arrière que l'insertion de la pectorale ; elle est très-légèrement échancrée vers son tiers postérieur, le dernier rayon épineux étant moins allongé que le premier rayon mou ; elle compte généralement onze épines et onze rayons mous ; ses épines sont assez grêles, la plus longue, qui est ordinairement la quatrième, mesure le tiers environ de la hauteur du corps. L'anale a sept ou huit rayons mous ; sa troisième épine est plus forte que les précédentes. La caudale est fourchue ; sa longueur est comprise quatre fois et un tiers dans la longueur totale ; le lobe supérieur est un peu plus développé que l'inférieur. Les pectorales sont pointues ; elles atteignent le commencement de l'anale ; elles mesurent le quart de la longueur totale. Les ventrales sont insérées un peu en arrière des pectorales ; elles n'arrivent pas à l'anale.

Br. 6. — D. 11/11 ; A. 3/7 ou 8 ; C. 18; P. 14 ou 15 ; V. 1/5.

La dorsale est couleur chair, ou d'un brun rosé, avec des taches bleues ; l'anale est jaunâtre ; la caudale est d'un gris rosé ou rouge pâle ; les ventrales sont d'un jaune safran. Ordinairement l'aisselle de la pectorale est marquée d'une tache bleu foncé ; la nageoire est rougeâtre. Le dos est d'un bleu assez pâle, argenté, les flancs sont d'un jaune légèrement doré, à reflets argentés ; le corps est parsemé de très-jolies taches bleu de ciel qui disparaissent rapidement. Les côtés sont parcourus par des bandes longitudinales grisâtres, peu foncées, qui se fondent dans la teinte générale. Le sous-orbitaire est blanc-mordoré. Les écailles du préopercule sont jaunâtres ; celles qui recouvrent l'opercule sont d'un jaune beaucoup plus clair, glacé de blanc. Tel est le système de coloration que m'a présenté un jeune animal sortant de la mer.

La vessie natatoire est très-grande. Les appendices pyloriques sont au nombre de cinq.

Habitat. Méditerranée, assez commun, Nice ; assez rare, Cette, Port-

Vendres. Océan, golfe de Gascogne, très-rare, Arcachon (A. Lafont); Charente-Inférieure, excessivement rare, la Rochelle, Musée Fleuriau, île de Ré; Finistère, accidentellement, au Muséum de Paris est un Denté fort grand qui a été pêché à Concarneau, en 1877; cet animal mesure 0ᵐ,925 de longueur.

Proportions : long. totale 0,153; tronc, haut. 0,047.

Tête, long. 0,041, haut. 0,043. — OEil, diam. 0,0105, esp. préorbit. 0,017, esp. interorbit. 0,0101. — Mâchoire supérieure, long. 0,016.

Caudale, long. 0,035; pectorale, long. 0,039; ventrale 0,024.

LE DENTE AUX GROS YEUX — *DENTEX MACROPHTHALMUS.*

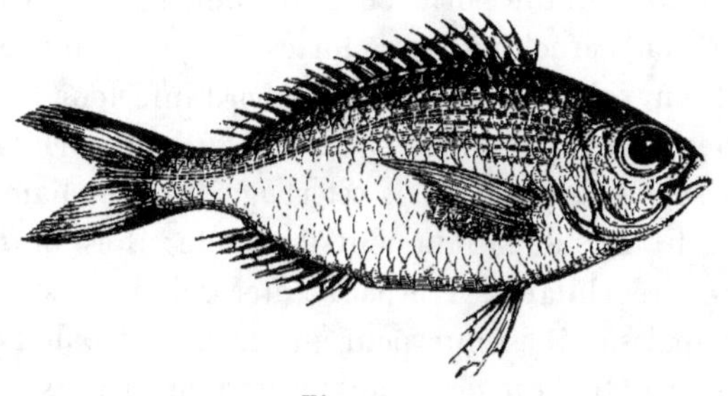

Fig. 151.

Syn. : Dentalis seu Dentex, Bell., p. 179.
Sparus macrophthalmus, Bloch, pl. 272.
Spare gros-oeil, Sparus macrophthalmus, Lacép., t. IX, p. 318; Riss., *Ichth.*, p. 250.
Dentex erythrostoma, Denté bouche rouge, Riss., *Hist. nat.*, p. 364, fig. 31.
Le Denté aux gros yeux, Dentex macrophthalmus, Cuv. et Valenc., t. VI, p. 227; Guichen., *Expl. Algér.*, p. 51.
Dentex macrophthalmus, CBp., *Cat.*, nº 455; Günth., t. I, p. 370; B. Capel., *Cat. Peix. Portug.*, nº 3, p. 17; Canestr., *Fn. Ital.*, p. 83.

N. vulg. : Boucca-rouga, Nice.
Long. : 0,25 à 0,40.

Cette espèce est beaucoup plus rare que la précédente; elle a été décrite par Bélon sous le nom de Denté. Le corps est ovale, couvert d'écailles ciliées, assez grandes. Le profil du dos est arqué. La hauteur du tronc est comprise trois fois à trois fois et demie dans la longueur totale.

Généralement la tête est plus haute que longue; sa longueur est contenue trois fois et deux tiers environ dans la longueur totale ; son profil antérieur est légèrement arrondi. Le museau est gros et court. La bouche a sa fente très-oblique et relativement grande. Les lèvres, assez épaisses, sont rougeâtres. La muqueuse tapissant la cavité buccale est rouge. La mâchoire supérieure se porte, en arrière, jusque sous le bord antérieur de l'orbite ; elle est un peu plus courte que la mandibule ; en avant elle est armée de quatre canines proclives, de moyenne grandeur, les canines externes sont plus longues que les autres ; en arrière des canines et sur les côtés, il existe une bande assez étroite de dents en cardes fines. La mandibule porte en avant une rangée externe de huit à douze dents crochues, assez fortes, et après, une bande de petites dents en velours. En arrière le bord inférieur du maxillaire supérieur n'est pas caché par la plaque sous-orbitaire.

Les yeux sont très-gros. L'iris est rougeâtre. Le diamètre de l'œil mesure le tiers de la longueur de la tête ; il est plus grand que l'espace préorbitaire. L'espace interorbitaire est couvert d'une peau épaisse ; il est plus petit que le diamètre de l'œil. La plaque sous-orbitaire est deux fois et un tiers à trois fois plus longue que large.

Le bord postérieur du battant operculaire est doublement échancré. Le limbe du préopercule est plus ou moins écailleux. La joue est large ; elle est couverte, dans sa plus grande hauteur, de sept rangées d'écailles.

Vers l'angle supérieur de la fente branchiale apparaît la ligne latérale ; elle est bien marquée, légèrement courbe jusque sous la fin de la dorsale ; elle est, au-dessus de l'insertion de la pectorale, deux fois plus rapprochée du profil supérieur que du profil inférieur. Éc., l. long. 54 à 58 ; l. transv. $\frac{6}{13} + 1 = 20$.

Au-dessus de la base de la pectorale commence la dorsale ; elle est régulière ; elle a une douzaine d'épines fortes et très-pointues ; la quatrième épine, qui est la plus grande, mesure, en général, le tiers, et plus, de la hauteur du tronc ; les rayons mous sont au nombre de neuf ou dix. L'anale prend naissance sous le premier rayon mou de la dorsale ; elle est composée de trois aiguillons et de sept ou huit rayons mous ; les épines sont fortes, la plus développée est tantôt la seconde, tantôt la troisième. La caudale est échancrée; elle compte dix-sept rayons principaux, et trois rayons basilaires en dessus comme en dessous; sa longueur fait un peu moins du cinquième de la longueur totale. Les pectorales ont une quinzaine de rayons ; elles sont légèrement falciformes, très-longues ; leur longueur est contenue trois fois et demie à trois fois et deux tiers dans la longueur totale ; leur pointe arrive jusqu'à l'aplomb de la troisième épine de l'anale. Les ventrales sont d'un tiers environ moins longues que les pectorales; leur épine est forte, bien pointue ; l'écaille axillaire externe est assez large, elle mesure presque le tiers de la longueur de la nageoire.

D. 12/9 ou 10 ; A. 3/7 ou 8 ; C. 3/17/3 ; P. 15 ou 16 ; V. 1/5.

La dorsale et les ventrales sont rosées avec un fin pointillé noirâtre ; l'anale montre à peu près la même teinte ; la caudale est rougeâtre ; les pectorales sont rosées. Le dos et les côtés sont rosés ou d'un rouge très-pâle ; le ventre est argenté, marqué d'un pointillé noirâtre formant des espèces de losanges sur les écailles. Les sous-orbitaires, le limbe du préopercule, les branches de la mâchoire inférieure sont argentés et semés d'un très-fin pointillé noirâtre. Il est inutile de rappeler que les lèvres sont rougeâtres.

Habitat. Méditerranée, très-rare, ainsi que l'avait constaté Bélon, *nostro litori admodum rarus, aut eo nomine ignotus ;* Nice.
Proportions : long. totale 0,272 ; tronc, haut. 0,091, épais. 0,043.
Tête, long. 0,074, haut. 0,084. — Œil, diam. 0,025, esp. préorbit. 0,021, esp. interorbit. 0,0215. — Mâchoire supérieure, long. 0,0305.
Caudale, long. 0,052 ; pectorale, long. 0,075 ; ventrale, long. 0,049.
? *Le Denté synodon, Dentex synodon.*

Syn. : DENTEX SYNODON, Denté Synodon, Riss., dans *Archiv natur.*, A. Wiegmann, 1840, t. X, p. 382.

Quel est ce Denté? Est-ce le *Sparus gibbosus* de Rafinesque, le *Dentex gibbosus* de Cocco? Est-ce une variété, une monstruosité de l'espèce commune ? Nous donnons un extrait de la description faite par Risso. — *Corpore ovato, oblongo, ventricoso, crasso, ru-*

*biginoso. Fronte gibbosa ; lateribus maculis nigris sparsis ornatis;
cauda lunata. — An Synodon auct. ?* La tête forme presque le
tiers de la longueur totale. La mâchoire supérieure a sur le devant quatre grosses dents canines. A la mâchoire inférieure il y a
sur le devant six grosses dents aiguës ; elles sont accompagnées,
de chaque côté, d'une rangée de dents rapprochées les unes des
autres, suivies d'autres rangées plus petites, en cardes. — Br.
5. — D. 11/10 ; A. 3/8 ; C. 24 ; P. 14 ; V. 1/5. — Éc., l. long.
70. — Risso dit qu'il ne connaît pas la femelle, ni les petits.

Habitat. Nice. — **Proportions** : long. totale 0,825 ; tronc, haut. 0,220;
épaiss. 0,080. — Œil, diam. 0,033, esp. préorbit. 0,124. — Distance du museau à la pectorale 0,240.
? *Le Denté de Cetti, Dentex Cetti,* Riss.

Syn. : Pseudodentice, Cetti, *Stor. nat. Sardegn.,* p. 119.
Spare Cetti, Sparus Cetti, Riss., *Ichth.,* p. 256.
Dentex Cetti, Denté de Cetti, Riss., *Hist. nat.,* p. 365.
Dentex Cetti, CBp., *Cat.,* n° 453 ; Doûmet, *Cat. Poiss. Cette.*

D'après Cetti, le Pseudodenté porte une très-grande tache
jaunâtre sur le battant operculaire ; il n'est pas armé de longues
dents, comme le vrai Denté. Quel est ce Poisson ? — Voici les caractères spécifiques indiqués par Risso : mâchoires égales, garnies
de petites dents isolées ; yeux rouges, iris doré ; opercules ornés
d'une grande tache jaune safran.

Long. 0,70. — Br. 6. — D. 11/11 ; A. 3/6 ; C. 20 ; P. 16 ; V. 1/5.

En 1840, Risso écrivait dans les Archives de Wiegmann :
Quant au Denté à qui je donnai le nom de Cetti, mes observations ne sont pas encore suffisantes pour affirmer si c'est une
nouvelle espèce (L. c., p. 390).

La chair du Denté ordinaire est exquise, tandis que celle du Pseudodenté
est, d'après Cetti, de médiocre qualité.

Famille des Ménidés, Mænidæ.

Corps oblong, couvert d'écailles cténoïdes ; vertèbres au nombre de vingt-deux à vingt-quatre.

Tête assez développée ; bouche très-protractile, s'allongeant en forme de tube ; intermaxillaire à branche montante fort développée ; mâchoires garnies de dents en velours avec ou sans canines.

Appareil branchial; ouïes largement fendues ; opercule terminé postérieurement en pointe assez aiguë ; pièces operculaires et joues écailleuses ; six rayons branchiostèges ; pseudobranchies.

Nageoires ; dorsale unique, composée généralement de vingt-deux rayons, pouvant s'abaisser dans un sillon ; anale à trois aiguillons ; caudale échancrée ou légèrement fourchue ; ventrales thoraciques, à six rayons ; près du bord externe de ces nageoires est une écaille axillaire plus ou moins longue, entre leur bord interne est une écaille impaire.

Vessie natatoire grande, simple, ordinairement bifurquée en arrière. — **Appendices pyloriques** au nombre de quatre à sept, rarement de trois.

La famille des Ménidés comprend deux genres.

Vomer
- denté.. 1. Mendole.
- non denté.. 2. Picarel.

GENRE MENDOLE — *MÆNA*, Cuv.

Tête assez longue ; vomer denté.

Ce genre est composé de quatre espèces :

Dents sur le vomer en —

- bande longitudinale. Canines de la mandibule
  - assez grandes. Écaille axillaire externe de la ventrale faisant
    - moins de la moitié de la longueur de la nageoire.. 1. M. commune.
    - plus de la moitié de la longueur e la nageoire.. 2. M d'Osbeck.
  - nulles ou fort courtes............ 3. M. juscle.
- groupe, sur le chevron seulement .... 4. M. vomérine.

LA MENDOLE COMMUNE — *MÆNA VULGARIS.*

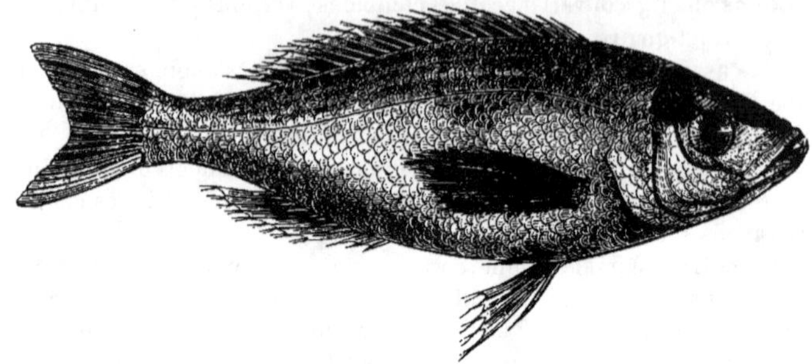

Fig. 152.

Syn. : ? Mæna, Bell., p. 225-226.
? De la Mendole, Rondel., liv. V, c. xiii, p. 124 ; Duham., *Pêch.*, part. 2, sect. 4,
p. 41, pl. 6, fig. 3 ; Bonnat., p. 98, pl. 48, fig. 183.
Sparus mæna, Linn., p. 468, sp. 6 ; ? Bloch, pl. 270 ; Brunn., *Ichth. Mass.*, p. 42,
n° 56.
Le Spare mendole, Sparus mæna, Lacép., t. IX, p. 291 ; Riss., *Ichth.*, p. 239.
Smaris mæna, Picarel mendole, Riss., *Hist. nat.*, p. 344.
La Mendole commune, Mæna vulgaris, Cuv. et Valenc., t. VI, p. 390 ; Guichen., *Expl.*
Algér., p. 55.
Mæna vulgaris, CBp., *Cat.*, n° 442 ; Günth., t. I, p. 386 ; Canestr., *Fn. Ital.*, p. 83.

N. vulg. : Mata-souldat, Port-Vendres, Cette ; Amendoula, Nice.
Long. : 0,15 à 0,20.

Il est à présumer que Bélon et Rondelet ont confondu sous un
même nom les différentes espèces composant le genre Mendole.
Ainsi que le signale Valenciennes, le corps de la Mendole commune présente à peu près la forme de celui du Hareng, mais il
est plus épais, et le ventre est arrondi. La hauteur du tronc, qui
fait environ deux fois et quart l'épaisseur, est contenue trois fois
et demie à trois fois et trois quarts dans la longueur totale. Les
écailles sont minces, assez grandes, beaucoup plus hautes que
larges, garnies de plusieurs rangées de spinules sur leur bord
postérieur. Le nombre des vertèbres est de vingt-deux, 9 + 13.

Ordinairement la tête est un peu plus haute que longue ; sa
longueur est comprise quatre fois et un cinquième à quatre fois
et demie dans la longueur totale. Le museau est assez allongé.

La bouche est très-protractile, en raison du développement de
la branche montante de l'intermaxillaire. La mâchoire supérieure est munie de dents assez fines ; les dents de la rangée externe sont les plus fortes. Outre ses dents en velours, la mandibule porte en avant deux canines assez développées. Sur le
vomer est une rangée longitudinale de dents en velours. La
langue est pointue et libre.

L'iris est jaunâtre. Le diamètre de l'œil mesure à peu près le
quart de la longueur de la tête ; il est à peine moins grand que
l'espace préorbitaire.

L'orifice antérieur de la narine est un peu plus rapproché de
l'orbite que du bout du museau.

Il y a généralement cinq grandes rangées d'écailles sur la joue,
plus une très-courte. Une large bande rapprochée du dos, à
teinte rougeâtre, indique le trajet de la ligne latérale ; elle est
formée d'une série d'écailles qui, en avant surtout, montrent
deux petits pores ouverts l'un au-dessus de l'autre. Éc., l.
long. 74 à 76; l, transv. $\frac{6}{13} + 1 = 20$.

L'épine la plus développée de la dorsale est d'une longueur
sensiblement égale au tiers de la hauteur du tronc. La caudale
est fourchue. Nous indiquerons plus bas les proportions des nageoires paires. L'écaille axillaire externe de la ventrale est assez
courte ; sa longueur ne fait guère plus du tiers de la longueur de
la nageoire.

Br. 6. — D. 11/11 ; A. 3/9 ; C. 5/17 ou 18/4 ; P. 15 ; V. 1/5.

La dorsale est couleur olive, avec quelques taches rougeâtres ;
l'anale et la caudale sont jaunâtres, tachetées de bleu ; les nageoires paires sont d'une teinte rougeâtre ou gris rougeâtre. Le
dos est grisâtre ou gris plombé, marqué de cinq ou six raies longitudinales brunâtres ; les flancs sont jaunâtres, semés de taches
bleues ; le ventre est argenté. Chaque côté porte une grande tache noirâtre, qui s'étale sous la ligne latérale, au-dessus du tiers
postérieur des pectorales.

III.   5

Habitat. Méditerranée, cette espèce est assez commune de Nice à Port-Vendres. Océan ? Elle est indiquée dans le *Catalogue des Poissons de Bayonne,* par U. Darracq. Couch rapporte qu'une Mendole commune a été prise dans le port de Falmouth ; ce poisson, qui a la dorsale soutenue par trente-quatre rayons 11/23, n'est assurément pas de la famille des Ménidés (V. Couch, t. 1, p. 206).

Proportions : long. totale 0,184 ; tronc, haut. 0,053, épais. 0,024.

Tête, long. 0,044, haut. 0,047. — Œil, diam. 0,011, esp. préorbit. 0,012, esp. interorbit. 0,013. — Mâchoire supérieure, long. 0,016.

Caudale, long. 0,033 ; pectorale, long. 0,042 ; ventrale, long. 0,031 ; écaille axillaire externe de la ventrale, long. 0,011.

LA MENDOLE D'OSBECK — *MÆNA OSBECKII.*

Syn. : ? Sparus zebra, Brunn., *Ichth. Mass.*, p. 47, n° 63 ; (*Sucle*) Bonnat., p. 101.
Le Spare marseillais, Sparus massiliensis, Lacép., t. IX, p, 311 ?
Le Spare Osbeck, Sparus Osbeckii, Lacép., t. IX, p. 311 ? ; Riss., *Ichth.*, p. 246.
Smaris gora, Picarel gore, Riss., *Hist. nat.*, p. 347.
Sparus tricuspidatus, Spare à trois aiguillons, Max. Spinola, *Ann. Muséum*, 1807, t. X, p. 367, pl. 20, fig. 1. a-1. b.
La Mendole d'Osbeck, Mæna Osbeckii, Cuv. et Valenc., t. VI, p. 397 ; Guichen., *Expl. Algér.*, p. 55.
Mæna Osbeckii, CBp., *Cat.*, n° 440 ; Canestr., *Fn. Ital.*, p. 84.
Mæna zebra, Günth., t. I, p. 387.

N. Vulg. : Gora, Nice.
Long. : 0,18 à 0,22, quelquefois 0,25.

Sous le nom de *Sparus Zebra,* Brünnich paraît avoir réuni plusieurs espèces distinctes. La Mendole d'Osbeck a le corps ovale couvert d'assez larges écailles. La hauteur du tronc est variable, elle est comprise trois fois et un tiers à quatre fois dans la longueur totale. D'après Valenciennes, il y a vingt-trois vertèbres, 10 + 13.

En arrière, la tête a le profil subitement relevé ; sa longueur, qui semble un peu moindre que sa hauteur, est contenue quatre fois et un tiers à quatre fois et deux tiers dans la longueur totale. La mâchoire supérieure se porte, en arrière, jusqu'à la perpendiculaire tangente au bord antérieur de l'orbite. La mandibule est armée de canines relativement fortes, dirigées en avant. Les dents du vomer sont disposées en série longitudinale.

L'iris est jaunâtre. Le diamètre de l'œil est compris quatre fois à quatre fois et un tiers dans la longueur de la tête ; il fait environ les deux tiers de l'espace préorbitaire.

On compte sur la joue cinq rangées principales d'écailles, plus une petite.

La ligne latérale est large ; elle suit le profil du dos. Éc., l. long. 70 ; l. transv. $\frac{5 \text{ ou } 6}{13 \text{ ou } 14} + 1 = 19$ à 21.

Spinola a cru trouver dans le développement des écailles des ventrales un caractère spécifique ; aussi a-t-il donné à ce poisson le nom de *Spare à trois épines*. L'écaille axillaire externe de la ventrale est très-grande ; sa longueur fait plus de la moitié de la longueur de la nageoire.

D. 11/10 ou 11 ; A. 3/9 ; C. 17 ; V. 1/5.

La dorsale, l'anale et la caudale sont presque noires, ou bien olivâtres ; elles sont marquées de taches bleu d'azur (Spinola). Les nageoires paires sont jaunâtres. Le dos est d'un jaune brunâtre plus ou moins foncé ; les flancs sont argentés ; le corps est tacheté de bleu. Les joues et les opercules portent des bandes bleues. La tache noire du côté est ordinairement sous les derniers rayons épineux et les premiers rayons mous de la dorsale.

Habitat. Méditerranée ; ce poisson est assez commun, Nice, Cette.
Proportions : long. totale 0,175 ; tronc, haut. 0,045.
Tête, long. 0,038. — Œil, diam. 0,009, esp. préorbit. 0,013, esp. interorbit. 0,012. ·

LA MENDOLE JUSCLE — *MÆNA JUSCULUM*.

Syn. : DE LA MENDOLE, Rondel., liv. V, c. XIII, p. 124.
LA MENDOLE JUSCLE, Mæna jusculum, Cuv. et Valenc., t. VI, p. 395.
MÆNA JUSCULUM, CBp., *Cat.*, n° 441 ; Canestr., *Fn. Ital.*, p. 84.

Long. : 0,15 à 0,18.

La figure de la Mendole donnée par Rondelet semble être celle du Juscle. Dans cette espèce le corps est légèrement fusiforme ; il est couvert d'écailles assez petites. Le profil supérieur dessine une courbe régulière ; le profil inférieur est à peu près horizontal. La hauteur du tronc est comprise quatre fois à quatre fois et quart dans la longueur totale.

La tête a le profil régulier ; sa longueur est contenue quatre fois et un tiers à quatre fois et trois quarts dans la longueur totale. Les mâchoires sont munies de très-petites dents ; à l'extrémité de la mandibule les dents ne sont pas saillantes, elles sont à peine différentes des autres, parfois seulement un peu plus fortes. Le vomer porte une rangée de dents en velours.

L'iris est jaunâtre. Le diamètre de l'œil est compris trois fois à trois fois et demie dans la longueur de la tête ; il est égal, ou peu s'en manque, à l'espace préorbitaire.

A l'angle postérieur du préopercule sont des stries nettement marquées. La joue est garnie de cinq rangées d'écailles bien distinctes ; en outre, il en existe une petite série.

La ligne latérale suit la courbure du dos ; elle est large ; ses écailles sont percées de deux pores excessivement étroits. Éc., l. long. 70 à 75 ; l. transv. $\frac{5 \text{ ou } 6}{14 \text{ à } 16} + 1 = 20$ à 23.

Au-dessus de l'insertion de la pectorale commence la dorsale ; elle est basse. La ventrale est courte ; sa longueur fait à peine le sixième de la longueur totale ; l'écaille axillaire externe mesure environ la moitié de la longueur de la nageoire ; l'écaille impaire est relativement plus longue et plus étroite que celle de la Mendole commune.

D. 11/11 ; A. 3/9 ; C. 4/17/3 ; P. 15 ; V. 1/5.

Les nageoires sont d'une teinte grise, uniforme, sans taches. Le dos est brunâtre ; les flancs sont d'un gris argenté, avec quatorze ou quinze lignes longitudinales brunâtres, souvent peu distinctes. La tache noire du côté est bien marquée ; elle longe le bord inférieur de la ligne latérale.

Habitat. Méditerranée, le Juscle est assez commun à Nice, plus rare à Cette.

Proportions : long. totale 0,156 ; tronc, haut. 0,039, épais. 0,019.

Tête, long. 0,034, haut. 0,032. — Œil, diam. 0,0102, esp. préorbit. 0,0105, esp. interorbit. 0,010. — Mâchoire supérieure, long. 0,013.

Caudale, long. 0,030 ; pectorale, long. 0,034 ; ventrale, long. 0,025, écaille axillaire externe, long. 0,012.

LA MENDOLE VOMÉRINE — *MÆNA VOMERINA*.

Syn. : La Mendole vomérine, Mæna vomerina, Cuv. et Valenc., t. VI, p. 400, pl. 164.

Mæna vomerina, CBp., *Cat.*, n° 439 ; Günth., t. I, p. 387.

Long. : 0,12 à 0,19.

Dans la disposition particulière que présente l'insertion des dents sur le vomer, Valenciennes a trouvé un excellent caractère spécifique, servant à distinguer cette Mendole de toutes les autres. La Vomérine a le corps oblong, couvert d'écailles ciliées, assez grandes, plus hautes que longues, fort adhérentes. La hauteur du tronc est comprise trois fois et deux tiers à quatre fois et un tiers dans la longueur totale.

La tête a le profil régulier ; sa longueur, qui est sensiblement égale à sa hauteur, est contenue quatre fois et demie dans la longueur totale. Le front est large. Le museau est assez gros. Les lèvres sont épaisses, surtout la lèvre supérieure. La mâchoire supérieure est garnie de dents en fortes cardes. La mandibule est armée de quatre ou six canines crochues, plus développées que les autres dents, chez les adultes. Le vomer n'a pas une rangée longitudinale de dents comme chez les autres espèces, il porte sur le chevron un groupe de dents fines, pointues, assez nombreuses ; la rangée externe de ces dents circonscrit une sorte d'ovale.

L'iris est jaune doré. Le diamètre de l'œil est compris trois fois a trois fois et demie dans la longueur de la tête ; il est égal à l'espace préorbitaire.

Sur la joue se comptent cinq rangées d'écailles.

La ligne latérale suit la courbure du dos ; elle est large ; elle est composée d'écailles percées de deux pores fort étroits. Éc., l. long. 60 à 62 ; l. transv. $\frac{6}{16} + 1 = 23$.

La dorsale est régulière. L'écaille axillaire externe de la ventrale est assez courte ; sa longueur ne fait guère que le tiers de la longueur de la nageoire, parfois moins encore.

$$\text{D. 11/11 ; A. 3/9 ; C. 4/17/3 ; P. 15 ; V. 1/5.}$$

Les nageoires sont d'une teinte uniforme, sans taches ; elles sont toutes jaunâtres, excepté les pectorales qui sont grisâtres. Le dos est jaunâtre ; les flancs sont grisâtres. La tache des côtés est souvent peu marquée.

Habitat. Méditerranée, la Vomérine est assez commune à Nice, plus rare à Marseille ; assez commune à Cette, mer, étang de Thau.

Proportions : long. totale 0,190 ; tronc, haut. 0,046, épais. 0,021.

Tête, long. 0,043, haut. 0,041. — Œil, diam. 0,013, esp. préorbit, 0,013, esp. interorbit. 0,013. — Mâchoire supérieure, long. 0,016.

Caudale, long. 0,037 ; pectorale, long. 0,041 ; ventrale, long. 0,035, écaille axillaire externe, long. 0,011.

GENRE PICAREL — *SMARIS*, Cuv.

Tête plus ou moins allongée ; bouche très-protractile ; mâchoires ayant des dents en cardes ou en velours, et parfois même de petites canines en avant ; vomer non denté.

Ligne latérale composée d'écailles ordinairement percées de deux pores étroits.

Nageoires ; dorsale à vingt-deux rayons en général, ayant onze rarement treize aiguillons ; anale à trois épines et neuf, parfois dix rayons mous.

Le genre Picarel comprend plusieurs espèces.

Longueur totale faisant			
	moins de cinq fois la hauteur du tronc. Écailles l. l. au nombre de	plus de 80	1. P. ordinaire.
		moins de 80. Tache noire sur le 1er espace intraradiaire de la dorsale	bien marquée ..... 2. P. martin-pêcheur.
			nulle .... 3. P. chrysèle.
	cinq fois et plus la hauteur du tronc .... 4. P. de Mauri.		

LE PICAREL ORDINAIRE — *SMARIS VULGARIS*.

? **Syn**. : Smaris, Bell., p. 226-228.
? Du Picarel, Rondel., liv. V, c. xiv, p. 126.
? Sparus smaris, Linn., p. 468, sp. 5.

?Sparus.., Brunn., *Ichth. Mass.*, p. 42, nº 57.
?Du Jaret, Duham., *Pêch.*, part. 2, sect. 4, p. 43, pl. 8, fig. 2.
?Le Spare smaris, Sparus smaris, Lacép., t. IX, p. 283 ; Riss., *Ichth.*, p. 238.
?Smaris alcedo, Picarel alcyon, Riss., *Hist. nat.*, p. 346.
Le Picarel ordinaire, Smaris vulgaris, Cuv. et Valenc., t. VI, p. 407.
Smaris vulgaris, CBp., *Cat.*, nº 431, *Fn. ital.*, fig. ; ? Günth., t. I, p. 388.
Mæna smaris, Canestr., *Fn. Ital.*, p. 84.

N. Vulg. : Mata-souldat, Port-Vendres ; Vernieira, Cette ; Picarel, Giarret, Gerret, Languedoc, Provence.
Long. : 0,15 à 0,18.

Valenciennes a nettement déterminé les caractères spécifiques du Picarel ordinaire. Ce poisson a le corps légèrement fusiforme, couvert d'écailles plus hautes que longues, à plusieurs rangées de spinules. La hauteur du tronc, qui l'emporte d'un tiers au moins sur l'épaisseur, est contenue quatre fois et quart à quatre fois et trois quarts dans la longueur totale.

La tête a le profil régulier ; elle est d'un tiers ou d'un quart moins haute que longue ; sa longueur est comprise environ quatre fois et demie dans la longueur totale. Le museau est assez pointu. La bouche est oblique, très-protractile ; les lèvres sont minces. Les mâchoires sont égales. La branche montante de l'intermaxillaire est excessivement longue, comme du reste dans les autres espèces. La moitié postérieure du maxillaire supérieur est très-élargie ; elle présente une échancrure dans laquelle est reçue l'extrémité externe de la branche dentaire de l'intermaxillaire ; elle se termine par une saillie qui, lors de la protraction de la bouche, forme une petite pointe vers le bord inférieur du museau. A la mandibule, l'os dentaire est trois fois plus haut en arrière que près de la symphyse. Les mâchoires portent une bande de petites dents en velours ou en cardes fines ; de plus, à l'extrémité de la mandibule sont implantées deux petites canines crochues, à pointe tournée en dehors, séparées l'une de l'autre par un espace assez étroit.

L'iris est jaunâtre. Le diamètre de l'œil est compris trois fois à trois fois et deux tiers dans la longueur de la tête ; il est égal, ou peu s'en faut, à l'espace préorbitaire. Le sous-orbitaire antérieur a le bord inférieur entamé d'une échancrure, qui laisse à découvert une partie du maxillaire supérieur.

Il y a sur la joue quatre principales rangées d'écailles, plus une petite série vers le limbe inférieur du préopercule. Les os pharyngiens sont munis de dents en velours.

La ligne latérale est large, bien marquée, rapprochée du dos. Éc., l. long. 87 à 90 ; l. transv. $\frac{9}{12 \text{ ou } 13} + 1 = 19$ ou 20. M. Günther indique l. lat. 70 ; il a confondu les espèces les unes avec les autres.

Au-dessus de l'insertion de la pectorale commence la dorsale ; elle est régulière, assez basse ; sa plus grande hauteur ne fait guère que la moitié de la hauteur du corps ; son dernier rayon mou est court, il a une longueur moindre que la hauteur du tronçon de la queue ; le nombre des rayons est de vingt-deux. L'anale est composée de trois épines et de neuf rayons mous ; son dernier rayon est aussi court que celui de la dorsale. La caudale est fourchue. La ventrale est moins développée que la pectorale. L'écaille axillaire externe de la ventrale est pointue, longue ; sa longueur mesure quelquefois près de la moitié de la longueur de la nageoire.

Br. 6. — D. 11/11 ; A. 3/9 ; C. 17 ; P. 15 ; V. 1/5.

La teinte des nageoires paraît fort variable ; ordinairement la dorsale et la caudale sont grisâtres, l'anale et les nageoires paires sont d'un gris jaunâtre ; parfois la dorsale est olivâtre, avec quelques points rouges en séries ; la caudale est brunâtre, tachetée de quelques points rougeâtres également en séries ; l'anale et les ventrales sont en partie jaunâtres ; les pectorales sont orangées ; tel est à peu près le système de coloration indiqué par le prince de Canino ; ces teintes plus brillantes semblent être la livrée des mâles. La coloration générale est un gris jaunâtre, plus rembruni à la région dorsale. La tache du côté est très-marquée, très-noire.

Habitat. Méditerranée, assez commun, Nice ; moins commun à Cette.
Proportions : long. totale 0,156 ; tronc. haut. 0,034, épais. 0,020.

Tête, long. 0,035, haut. 0,026. — Œil, diam. 0,0095, esp. préorbit. 0,010, esp. interorbit. 0,010. — Mâchoire supérieure, long. 0,013.

Caudale, long. 0,025; pectorale, long. 0,030 ; ventrale, long. 0,019.

LE PICAREL MARTIN-PÊCHEUR — *SMARIS ALCEDO*.

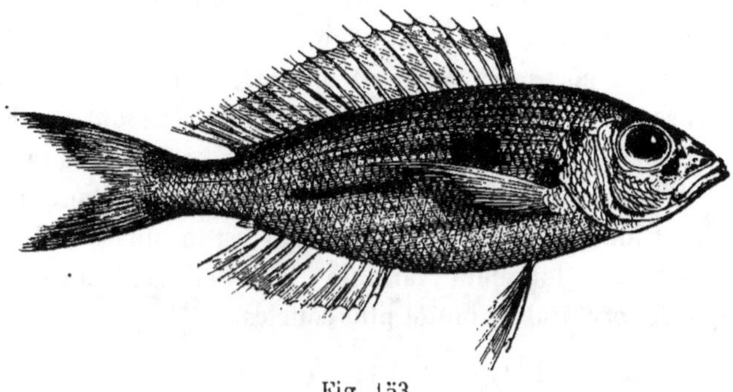

Fig. 153.

Syn. : ? Smaris, Willugh., p. 319, pl. V. 8, fig. 5.
Spare alcyon, Sparus alcedo, Riss., *Ichth.*, p. 258.
Smaris smaris, Picarel smaris, Riss., *Hist. nat.*, p. 345.
Le Picarel martin-pêcheur, Smaris alcedo, Cuv. et Valenc., t. VI, p. 116 ; Guichen., *Expl. Algér.*, p. 55.
Smaris alcedo, CBp., *Cat.*, n° 435, *Fn. ital.*, fig.; Günth., t. I, p. 388.
Mæna alcedo, Canestr., *Fn. Ital.*, p. 84.

N. vulg. : Gerle blavié, Nice ; Varlet de Ville, Marseille (CV.).
Long. : 0,15 à 0,20.

Le Martin-pêcheur a le corps oblong. La hauteur du tronc, qui fait le double environ de la hauteur, est comprise quatre fois à quatre fois et trois quarts dans la longueur totale.

En général la tête est un peu moins haute que longue ; sa longueur est contenue quatre fois et quart à quatre fois et deux tiers dans la longueur totale. Le museau est assez mince. Les mâchoires sont dentées. Le vomer est lisse.

L'iris est jaunâtre. Le diamètre de l'œil est compris trois fois et un tiers à quatre fois dans la longueur de la tête ; il est moins grand que l'espace préorbitaire.

Il y a quatre principales rangées d'écailles sur la joue, plus une rangée fort étroite, peu distincte, vers le limbe inférieur du préopercule.

La ligne latérale est large, bien marquée ; elle suit la courbure du dos. Éc., l. long. 70 ; l. transv. $\frac{5}{12} + 1 = 18$.

La dorsale est régulière ; elle est élevée ; le sixième aiguillon, qui ordinairement est le plus allongé, mesure plus de deux fois la hauteur du corps ; en général les derniers rayons sont plus développés que les précédents, ils arrivent, quand ils sont couchés, assez près de la base de la caudale. L'anale a ses derniers rayons mous égaux aux premiers, parfois un peu plus allongés. La caudale est fourchue ; son lobe supérieur est le plus grand. Les ventrales sont de longueur variable ; tantôt elles sont aussi longues que les pectorales, tantôt plus courtes.

Br. 6. — D. 11/11 ; A. 3/9 ; C. 17 ; P. 15 ; V. 1/5.

Les nageoires impaires sont d'un jaune très-pâle, avec des taches, plus ou moins régulières, d'un bleu assez clair. Une tache brune ou noirâtre se voit entre les deux premières épines de la dorsale. Les pectorales sont d'un jaune orangé ; les ventrales sont d'un bleu mêlé de roux avec une bordure jaunâtre. Le dos est brun fort clair à reflets jaunâtres. Les côtés sont gris, ils portent trois bandes longitudinales d'un bleu assez clair, et d'autres bandes jaune doré ; ces bandes sont plus ou moins larges, plus ou moins interrompues, elles se fondent dans le ton général ; elles disparaissent assez promptement, ou plutôt elles perdent beaucoup de leur éclat. Les pièces operculaires et la tête sont ordinairement traversées par des bandes bleuâtres. La tache noire, qui est au-dessous de la ligne latérale est grande, et plus ou moins marquée.

Habitat. Méditerranée, assez commun, Nice ; commun, Cette.
Proportions : long. totale 0,188 ; tronc, haut. 0,040, épais. 0,019.
Tête, long. 0,040, haut. 0,033. — OEil, diam. 0,012, esp. préorbit. 0,0125, esp. interorbit. 0,011. — Mâchoire supérieure, long. 0,016.
Caudale, long. 0,034 ; pectorale, long. 0,36 ; ventrale, long. 0,031.

LE PICAREL CHRYSÈLE — *SMARIS CHRYSELIS*.

Syn. : ? Petite Picarelle blanche, Duham., *Pêch.*, part 2, sect 4, p. 41, pl. 8, fig. 4.
? Spare bilobé, Sparus bilobatus, Riss., *Ichth.*, p. 252.
? Smaris italicus, Picarel d'Italie, Riss., *Hist. nat.*, p. 346.
Le Picarel chrysèle, Smaris chryselis, Cuv. et Valenc., t. VI, p. 419, pl. 165.
Le Picarel gagarel, Smaris gagarella, Cuv. et Valenc., t. VI, p. 420.
Smaris chryselis, CBp., *Cat.*, n° 436, *Fn. ital.*, fig.
Smaris gagarella, CBp., *Cat.*, n° 437, *Fn. ital.*, fig.

N. Vulg. : Vernieïra, Cette.
Long. : 0,15 à 0,20.

Il existe une telle ressemblance entre le Chrysèle et le Gagarel qu'il est impossible de ne pas les considérer comme étant de même espèce. Les différences, assez légères du reste, qui se trouvent dans les proportions du corps, paraissent dépendre du sexe ; et C. Bonaparte suppose que le Gagarel peut bien être la femelle du Chrysèle. L'épaisseur du corps fait tantôt un peu plus, tantôt un peu moins de la moitié de la hauteur, qui est comprise trois fois et quatre cinquièmes à quatre fois et quart dans la longueur totale.

La tête est à peu près aussi haute que longue ; sa longueur est contenue quatre fois environ dans la longueur totale. Les mâchoires ont une bande de petites dents en velours, ou en cardes fines, et souvent elles ont, près de leur symphyse, de faibles canines, légèrement crochues, un peu saillantes.

L'iris est doré. Le diamètre de l'œil est compris trois fois et quart à trois fois et demie dans la longueur de la tête, il est égal. ou peu s'en faut, à l'espace préorbitaire.

On compte sur la joue quatre principales rangées d'écailles, plus une petite série vers le limbe inférieur du préopercule.

La ligne latérale suit le profil du dos ; elle est large. Éc., l. long. 70 ; l. transv. $\frac{5}{12} + 1 = 18$.

Dans le Chrysèle, le sixième aiguillon de la dorsale est souvent un peu plus grand que la moitié de la hauteur du tronc ; chez le Gagarel, il est ordinairement un peu moins grand, mais il n'y a rien de fixe dans ces proportions. Les derniers rayons mous de la dorsale, et ceux de l'anale, sont communément plus allongés chez le Chrysèle que chez le Gagarel ; leur longueur, dans le Chrysèle, mesure environ les deux tiers de la longueur du tronçon de la queue ; il ne faut pas attacher trop d'importance à ces différences que nous venons de signaler. Les nageoires paires sont généralement d'égale longueur.

D. 11/11 ; A. 3/9 ; C. 17 ; P. 15 ou 16 ; V. 1/5.

La coloration des nageoires passe rapidement. La dorsale est d'un bleu clair nuancé de jaune ; elle est semée de taches bleues ; souvent elle porte une bordure bleuâtre. L'anale est d'un jaune bleuâtre avec des taches azurées. La caudale a généralement des taches d'un bleu très-foncé. Les pectorales et les ventrales sont d'un jaune grisâtre. Le dos est grisâtre ; les côtés sont d'une teinte plus claire à reflets jaunâtres, ils sont parcourus par des bandes longitudinales d'un bleu fort pâle, s'effaçant très-vite ; de petites taches bleuâtres, plus ou moins brillantes, sont disséminées sur les différentes parties du corps, elles disparaissent promptement. La tache des flancs semble plus marquée chez le Chrysèle que chez le Gagarel.

Habitat. Méditerranée, assez commun, Nice ; très-commun, Cette.

Proportions : *Chrysèle* ; long. totale 0,170 ; tronc, haut. 0,040, épais. 0,0185.

Tête, long. 0,0415, haut. 0,039. — Œil, diam. 0,013, esp. préorbit. 0,013, esp. interorbit. 0,012. — Mâchoire supérieure, long. 0,016.

Dorsale : 6e aiguillon, haut. 0,026 ; dernier rayon mou, long. 0,016 ; anale, dernier rayon mou, long. 0,015 ; caudale, long. 0,034 ; pectorale, long. 0,035 ; ventrale, long. 0,034.

Gagarel, long. totale 0,169 ; tronc, haut. 0,042, épais. 0,017.

Tête, long. 0,040, haut. 0,037. — Œil. diam. 0,012, esp. préorbit. 0,012, esp. interorbit. 0,012. — Mâchoire supérieure, long. 0,014.

Dorsale : 6e aiguillon, haut. 0,023 ; dernier rayon mou, long. 0,010 ; anale dernier rayon mou, long, 0,0095 ; caudale long. 0,033 ; pectorale, long. 0,035 ; ventrale, long. 0.033.

LE PICAREL DE MAURI — *SMARIS MAURII.*

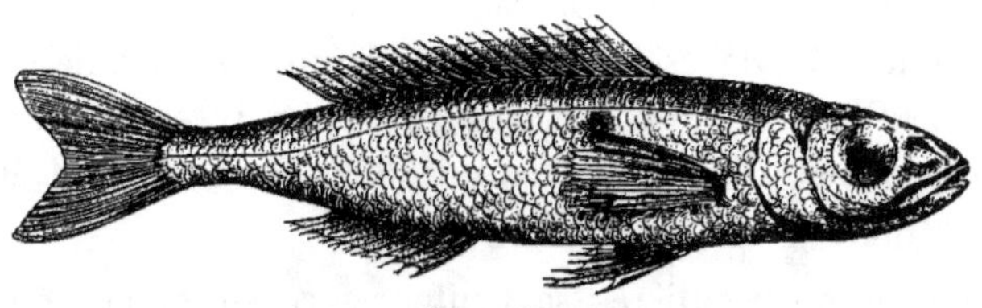

Fig. 154.

Syn. : Sparus Smaris, Spare picarel, Delaroche, *Ann. Muséum*, 1809, t. XIII, p. 344,
Mém., p. 58, fig. 17.
Smaris gracilis, CBp., *Fn. ital.*, fig. ; Günth., t. I, p. 389.
Smaris Maurii, CBp., *Cat.*, n° 438, *Fn. ital.*, fig. ; Günth., t. I, p. 389.
Mæna Maurii, Canestr., *Fn. Ital.*, p. 85.
Mæna gracilis, Canestr., *Fn. Ital.*, p. 85.

N. Vulg. : ni Vogué ni Verniera, Gerlé, Cette.
Long. : 0,12 à 0,18.

Dans son *Catalogue des Poissons d'Europe*, le prince de Canino établit que le *Smaris gracilis* est la femelle du *Smaris
maurii*, et conserve à l'espèce ce dernier nom. M. Günther n'admet pas la manière de voir de C. Bonaparte, et maintient comme
deux espèces distinctes des poissons qu'en réalité il ne connaît
pas ; il n'a jamais eu sous les yeux qu'une peau de *Smaris gracilis*, comme sujet d'étude, comme objet de comparaison. Le
Picarel de Mauri a des formes plus sveltes que ses congénères ;
chez le mâle la hauteur du tronc fait le cinquième de la longueur totale, le sixième chez la femelle.

Chez la femelle, la tête est d'un tiers moins haute que longue ;
elle paraît un peu moins élevée que chez le mâle ; sa longueur
est comprise quatre fois et un tiers à quatre fois et demie dans
la longueur totale. Le museau est assez mince. La bouche est
excessivement protractile. Les mâchoires sont garnies de fort petites dents, fines, pointues ; à l'extrémité de la mandibule sont
implantées deux canines très-peu développées, parfois à peine
distinctes des autres dents.

Le diamètre de l'œil est compris trois fois à trois fois et quart dans la longueur de la tête ; il est égal, ou peu s'en manque, à l'espace interorbitaire.

Sur la joue, il semble y avoir seulement trois rangées d'écailles.

La ligne latérale est presque droite ; elle est bien dessinée, composée d'écailles qui pour la plupart sont percées de deux pores extrêmement étroits, souvent difficiles à voir. Éc., l. long. 80 ; l. transv. $\frac{5}{12 \text{ ou } 13} + 1 = 18$ ou 19.

La dorsale est régulière ; sa hauteur surpasse la moitié de la hauteur du tronc ; ses derniers rayons, ainsi que ceux de l'anale, sont courts dans la femelle, allongés dans le mâle.

D. 11/11 ou 12 ; A. 3/9.

Les nageoires sont rosées, ou d'un rouge jaunâtre plus ou moins teinté de gris. Le dos est d'un bleu argenté à reflets jaunâtres ; les côtés sont d'une teinte plus claire ; le ventre est blanchâtre. La tache des flancs est grande, et très-distincte, chez la femelle surtout.

Habitat. Méditerranée, assez rare, Cette. Le prince de Canino dit que le *Smaris gracilis* lui a été envoyé de Sardaigne, par le Prof. Gené, sous le nom de *Giarretto femmina*.

Proportions : long. totale 0,130 ; tronc, haut. 0,021 , épais. 0,014.

Tête, long. 0,029, haut. 0,018. — Œil, diam. 0,009, esp. préorbit. 0,0095, esp. interorbit. 0,0085. — Mâchoire supérieure, long. 0,012.

Caudale, long. 0,024 ; pectorale, long. 0,024 ; ventrale, long. 0,018.

Le Picarel insidiateur, Smaris insidiator.

Syn. : LE PICAREL INSIDIATEUR, Smaris insidiator, Cuv. et Valenc., t. VI, p. 414.

SMARIS INSIDIATOR, CBp., *Cat.*, n° 433, *Fn. ital.*, fig. ; Günth., t. I, p. 390 ; B. Capel., *Cat. Peix. Portug.*, n° 3, p. 19.

MÆNA INSIDIATRIX, Canestr., *Fn. Ital.*, p. 85.

Long. : 0,15 à 0,20.

Sa dorsale échancrée, soutenue par treize épines et neuf rayons mous fait de suite distinguer le Picarel insidiateur des autres espèces. D'après Cuvier et Valenciennes, ce poisson a trois appendices pyloriques, une vessie natatoire simple, non fourchue en arrière.

D. 13/9 ; A. 3/10 ; C. 17 ; P. 15 ; V 1/5.

Risso n'a-t-il pas confondu un de ces poissons avec le Picarel Smaris, auquel il donne treize aiguillons à la dorsale, D. 13/10 (Riss., *Hist. nat.*, p. 345.)

Proportions : long. totale 0,166 ; tronc, haut. 0,026, épais. 0,016.

Tête, long. 0,042, haut. 0,025. — Œil, diam. 0,015, esp. préorbit. 0,012, esp. interorbit. 0,011. — Mâchoire supérieure, long. 0,017.

Les Ménidés vivent de substances animales. Ils paraissent toujours se tenir dans les endroits vaseux. Leur chair est peu recherchée, elle est même d'as_ sez mauvaise qualité ; aussi à Port-Vendres, à Cette, donne-t-on le nom de *Mata-souldat* à la Mendole commune et au Picarel ordinaire ; à Venise, suivant quelques auteurs, l'expression de *magnamenole* (mangeur de Mendoles) est une grave injure.

Famille des Labridés, Labridæ.

Corps ovale, plus ou moins allongé, couvert d'écailles cycloïdes.

Tête de forme variable ; bouche à lèvres charnues ; mâchoires dentées ; langue et palais lisses.

Appareil branchial ; fente des ouïes plus ou moins grande ; cinq ou six rayons branchiostèges ; pseudobranchies ; deux pharyngiens supérieurs, pharyngiens inférieurs soudés en une seule plaque, munis les uns et les autres de dents mousses ou pointues.

Nageoires ; dorsale longue, à rayons antérieurs épineux ; généralement, derrière chacun des aiguillons la membrane, qui les réunit, se détache en un filet plus ou moins prolongé ; anale ayant de trois à six épines ; ventrales thoraciques soutenues par une épine et cinq rayons mous.

Vessie natatoire développée, sans conduit pneumatophore. — **Appendices pyloriques** manquant.

La famille des Labridés comprend sept genres

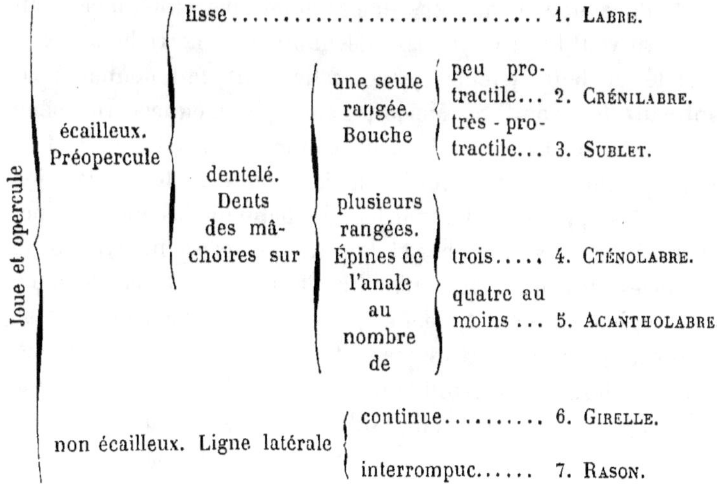

GENRE LABRE — *LABRUS*, Arted.

Corps oblong, comprimé, couvert d'écailles lisses plus ou moins grandes. Vertèbres au nombre de trente-huit à quarante-deux.

Tête à profil régulier ; museau nu, allongé ; bouche moyenne, à lèvres épaisses et plissées ; mâchoire supérieure protractile, ayant, ainsi que la mandibule, une seule rangée de dents coniques.

Narines ayant chacune deux orifices étroits, plus rapprochés de l'orbite que du bout du museau.

Appareil branchial ; quatrième arc branchial portant une série simple de lamelles respiratoires ; membrane branchiostège soutenue par cinq rayons, s'unissant sous la gorge à celle du côté opposé ; interopercule nu, ou n'ayant en général que fort peu d'écailles ; opercule bordé en arrière, d'une membrane plus ou moins large, couvert d'écailles ainsi que le sous-opercule et la joue.

Ligne latérale bien marquée, non interrompue, se continuant sur la base de la caudale.

Nageoires : dorsale composée de quinze à vingt et un rayons épineux et de huit à douze rayons mous ; anale à trois aiguillons et huit à douze rayons mous ; un lambeau charnu dépasse ordinairement la pointe des rayons épineux surtout à la dorsale ; les rayons mous de la dorsale, ceux de l'anale sont plus ou moins allongés, et forment une espèce de lobe arrondi ; caudale carrée avec les angles arrondis, à base écailleuse ; les écailles sont disposées en petites séries isolées, qui finissent à peu près vers le milieu de la longueur de la nageoire ; ventrales insérées un peu en arrière des pectorales,

Les Labres sont parés des teintes les plus brillantes, qui souvent, dans une même espèce, présentent des différences tranchées suivant l'âge ou le sexe des individus. La richesse et la variété de leur système de coloration ont fait donner à ces animaux les noms de Merles, Tourds, Perroquets. De même que les autres Labridés, ils sont, comme le disait Rondelet, de vrais poissons saxatiles, des Rochiers, ou des Roucaous, ainsi qu'on les appelle en Languedoc. Ils habitent les endroits peu profonds, garnis de roches et de varechs. Ils se nourrissent de crustacés, de coquillages, qu'ils broient avec leurs fortes plaques pharyngiennes, dont les dents peuvent se renouveler plus ou moins fréquemment ; il est facile de suivre l'évolution des dents, qui sont destinées à remplacer celles qui doivent tomber. Les Labres fournissent une chair molle et fade, assez peu recherchée.

Le genre Labre se compose de huit ou neuf espèces.

Tache bleue sur l'angle postérieur et supérieur de l'opercule

- **nulle.** Longueur de la tête
  - égale à la hauteur du tronc. Sous la ligne latérale bandes longitudinales brunâtres,
    - manquant. Épines de la dorsale au nombre de
      - 20 ou 21 .... 1. L. VIEILLE.
      - moins de 20. Bande argentée le long des flancs
        - bien marquée. 2. L. TOURD.
        - nulle. 3. L. MERLE.
    - au nombre de neuf ou dix.. 4. L. LINÉOLÉ.
  - d'un quart environ plus grande que la hauteur du tronc. Traits noirs autour de l'orbite
    - bien distincts. Dorsale
      - ocellée.. .... 5. L. PARÉ.
      - sans ocelles.. 6. L. LOUCHE.
    - manquant. Interopercule
      - nu, ou à peu près. 7. L. VERT.
      - ayant, en arrière, plusieurs rangées d'écailles. 8. L. MÉLÉ.
- bien dessinée................................... 9. L. DES ROCHES.

LA VIEILLE COMMUNE ou LABRE VIEILLE, *LABRUS BERGYLTA*.

Syn. : Labrus bergylta, Ascanius, *Icones rerum naturalium*, pl. 1 ; CBp., *Cat.*, n° 727.

De la Vieille ou Vielle, Duham., *Pêch.*, part. 2, sect. 4, p. 34, pl. 6, fig. 1.

Labrus maculatus, Bloch, pl. 294 ; Fries et Ekström, *Scandinav. Fiskar*, pl. 2 ; Günth., t. IV. p. 70 ; Schlegel, p. 18, pl. 2, fig. 2.

Le Ballan, Labrus Ballan, Bonnat., p. 115, pl. 98, fig. 100 ; Lacép., t. IX, p. 175.

Le Bergylte, Labrus bergylta, Bonnat., p. 115 ; Lacép., t. IX, p. 185.

Le Labre neustrien, Labrus Neustriæ, Lacép., t. IX, p. 185.

La Vieille commune ou Perroquet de mer, Labrus bergylta, Cuv. et Valenc., t. XIII, p. 20.

The Ballan Wrasse, Yarr., t. I, p. 482 ; Couch, t. III, p. 24.

N. Vulg. : Vieille ; Vieille verte, jaune, tachetée ; Carpe et Tanche de mer ; Perroquet de mer, côtes de Normandie, marché de Paris ; Grande Vieille, Fécamp ; Vras, Cherbourg ; Vrac, Granville ; Crahotte, Côtes-du-Nord.

Long. : 0,30 à 0,40 et même 0,50.

III.   6

La variété de son système de coloration a fait parfois décrire la Vieille commune sous plusieurs noms différents. Ce poisson a le corps ovale, comprimé. La hauteur du tronc, qui est généralement double de l'épaisseur, est comprise trois fois et demie à quatre fois dans la longueur totale. Il y a le plus souvent trente-huit vertèbres, 19 + 19. M. Günther écrit à propos des vertèbres : « Valenciennes indique 20 vertèbres, erreur copiée par Yarrell. » Yarrell n'est pas le seul à copier les fautes d'impression qui se trouvent dans l'*Histoire naturelle des Poissons*. Il est inutile d'insister sur ce point ; mais comme M. Günther a fait du travail de Valenciennes une citation inexacte, il devient nécessaire de rétablir le texte qu'il a modifié. Valenciennes dit : « Je compte dix vertèbres abdominables et un pareil nombre de caudales »... Puis en parlant des côtes, il ajoute : « les douze premières portent des apophyses horizontales (CV., T. XIII, p. 33). » Il est évident que s'il y a douze premières côtes, il y a plus de dix vertèbres abdominables, qu'après le mot dix, il en doit venir un autre précisant le nombre de ces vertèbres, que le dernier mot est passé.

Ordinairement la tête est un peu moins haute que longue ; sa longueur est contenue trois fois et deux tiers à quatre fois dans la longueur totale. Le museau est allongé ; la bouche est assez peu fendue ; les lèvres sont fort épaisses ; la lèvre supérieure a huit plis latéraux bien marqués, l'inférieure en a deux très-gros. Les mâchoires sont égales ; elles sont munies de dents coniques, régulières, diminuant de longueur d'avant en arrière ; sur une Vieille mesurant 0^m,48 de taille, il y a, de chaque côté, à la mâchoire supérieure dix dents, et onze à la mandibule. L'intermaxillaire est protractile ; le maxillaire supérieur est court, il est caché presque complètement par le sous-orbitaire antérieur.

L'iris est rougeâtre ou jaune rougeâtre. Le diamètre de l'œil est compris quatre fois et un tiers à cinq fois et demie dans la longueur de la tête ; chez les grands, il mesure la moitié de l'espace préorbitaire, les deux tiers chez les jeunes. Le sous-orbi-

taire antérieur est une pièce large et longue, quadrilatérale, recouverte par une peau sans écailles.

Les orifices de la narine sont étroits, arrondis, rapprochés de
l'orbite ; l'orifice antérieur est entouré d'un petit bourrelet.

Il y a généralement deux ou trois écailles sur l'interopercule.
L'opercule et le sous-opercule ne sont pas distincts ; ils sont
couverts d'écailles. Les joues sont garnies de neuf ou dix rangées
d'écailles, qui, chez les jeunes, occupent une surface dont la
hauteur est égale au diamètre de l'œil, et plus grande que le
diamètre de l'œil chez les sujets développés. Les rayons branchiostèges sont au nombre de cinq.

La ligne latérale commence un peu au-dessus de la fente
branchiale ; elle suit presque le profil supérieur, par le quart de
la hauteur du corps, jusqu'à la fin de la dorsale ; puis elle s'a-
baisse sur le milieu du tronçon de la queue, et se continue sur
la base de la caudale. Elle est soutenue par une série d'écailles
beaucoup plus petites que les autres. Éc., l. long. 41 à 47 ;
l. transv. $\frac{6 \text{ ou } 7}{12 \text{ à } 15} + 1 = 19$ à 23.

La dorsale prend naissance un peu en arrière de l'insertion
de la pectorale ; elle compte une vingtaine d'épines ; la dernière
épine, qui est la plus grande, répond à la première de l'anale ;
les aiguillons sont dépassés par les franges ou lambeaux de la
membrane intraradiaire ; la portion molle de la nageoire est
soutenue par dix ou onze rayons ; elle est d'un tiers plus haute
que la partie épineuse, et forme en arrière une espèce de lobe
arrondi ; chez les sujets de très-grande taille, la hauteur de la
portion molle l'emporte d'un cinquième sur la longueur de la
base ; chez les individus de moyenne taille, il n'existe pas de
différence sensible entre la hauteur de la portion molle et la
longueur de sa base ; l'étude de ces proportions ne donne pas
un résultat sur lequel on puisse compter. L'anale a le plus souvent neuf rayons mous, qui composent un lobe à peu près semblable à celui de la dorsale. La caudale est coupée carrément,
avec les angles arrondis ; à la base, elle est couverte d'écailles
qui se continuent en courtes séries entre les rayons ; sa longueur

mesure le sixième, ou plus, de la longueur totale. Les pectorales sont larges. Les ventrales sont assez courtes ; elles sont insérées en arrière des pectorales.

Br. 5. — D. 20 ou 21/10 ou 11 ; A. 3/8 à 10 ; C. 2/14/2 ; P. 14 ou 15 ; V. 1/5.

La teinte est rarement uniforme ; le corps et les nageoires sont marqués de taches plus ou moins arrondies, plus ou moins régulières, formant soit des ocelles, soit des espèces de mailles ; il est inutile, il est d'ailleurs impossible de décrire les nombreuses variétés que présente le système de coloration. — Souvent le corps est d'un ton verdâtre foncé sur le dos, clair sur les flancs, presque blanchâtre sous le ventre ; il est traversé par des lignes plus ou moins régulières, d'une teinte rouge-brique, limitant des mailles, ou plutôt dessinant des taches ocellées. Les nageoires sont aussi rouge-brique plus ou moins foncé avec des taches verdâtres ; la dorsale montre de nombreux ocelles, surtout dans sa partie molle ; les pectorales n'ont ordinairement de taches qu'à leur base. — Parfois toutes les nageoires sont vertes ; le corps est verdâtre avec des taches nacrées le long des flancs. — La teinte générale est rougeâtre, variée de taches blanchâtres ; les nageoires sont rougeâtres avec des ocelles d'un blanc rosé, quelquefois d'un blanc laiteux. — Le système de coloration est bleuâtre, ou bleu tirant sur le vert, avec des taches rouge-brique.

Habitat. La Vieille se trouve sur nos côtes de l'Ouest. Manche, assez commune, Picardie, Normandie ; commune, Côtes-du-Nord ; très-commune dans le Finistère, surtout aux environs de Roscoff, c'est dans ce pays que j'ai vu les variétés les plus nombreuses et les plus magnifiques ; on ne peut guère se faire une idée de la richesse de couleurs que présentent les animaux quand ils sortent de la mer. Océan, la Vieille est assez commune jusqu'à l'embouchure de la Loire ; elle est assez rare en Vendée, dans la Charente-Inférieure ; rare dans le golfe de Gascogne.

Proportions : long. totale 0,48 ; tronc, haut. 0,129.

Tête, long. 0,130, haut. 0,110. — Œil, diam. 0,023, esp. préorbit. 0,047, esp. interorbit. 0,028.

Caudale, long. 0,089 ; pectorale, long, 0,085 ; ventrale, long. 0,060.

Var. : *Le Labre pesquit.*

A Biarritz, on donne le nom de *Pesquit* au Crénilabre mélope et à une variété de la Vieille commune dont je vais indiquer le système de coloration.

La tête et le corps sont d'une teinte uniforme, d'un rouge assez pâle, presque rose ; les nageoires sont d'un jaune rougeâtre ; la portion molle de la dorsale, ainsi que celle de l'anale, est un peu brunâtre. Une petite tache noire se fait remarquer à la base des deux derniers rayons de la dorsale.

Habitat. J'ai vu seulement deux spécimens de cette variété, l'un à Arcachon, l'autre à l'aquarium de Biarritz.

Var. : *La Vieille verte, Labrus Donovani*, Valenc.

Syn. : La Vieille verte, Labrus Donovani, Cuv. et Valenc., t. XIII, p. 39.
Labrus Donovani, Günth., t. IV, p. 71.
The Green-streaked Wrasse, Yarr., t. I, p. 487.
Green Wrass, Couch, t. III, p. 30.

La tête, le corps et les nageoires sont d'une teinte verdâtre, vert-pré ; la coloration est un peu plus claire à la région inférieure du tronc ; une bandelette blanche part de l'œil et se prolonge jusqu'à la caudale. Il n'y a pas d'ocelles sur les nageoires ; je n'ai pas vu de tache noirâtre à la base des derniers rayons mous de la dorsale.

Habitat. Manche, côtes de Bretagne. Océan, Arcachon.

LE LABRE TOURD — *LABRUS TURDUS*.

Syn. : ? Le dixième Tourd, Rondel., liv. VI, c. vi, p. 154.
? Turdus viridis minor, Willugh., p. 320.
Labrus turdus, Linn., p. 478, sp. 32 ; ? Brunn, *Ichth. Mass.*, p. 51, n° 67 ; CBp., *Cat.*, n° 731 ; ? Günth., t. IV, p. 71 ; Canestr., *Fn. Ital.*, p. 64.
Le Labre tourd, Labrus turdus, Lacép., t. IX, p. 165 ; Riss., *Ichth.*, p. 218 ? ; Cuv. et Valenc., t. XIII, p. 62 ; Guichen., *Expl. Algér.*, p. 84.
? Labrus saxatilis, Labre saxatile, Riss., *Hist. nat.*, p. 300.
Long. : 0,16 à 0,30.

Bien différent du Labre vert avec lequel il a été souvent confondu, le Tourd a le corps plus ovale, plus ramassé. La hauteur du tronc est comprise trois fois et demie à quatre fois dans la longueur totale.

La longueur de la tête est sensiblement égale à la hauteur du corps. Le museau est assez fort. La lèvre supérieure a sept ou huit plis latéraux. Il y a sept ou huit dents sur chaque intermaxillaire, et dix à douze sur l'un et l'autre côté de la mandibule.

Chez un sujet de moyenne taille, le diamètre de l'œil mesure environ le cinquième de la longueur de la tête ; il est égal à l'espace interorbitaire ; il est d'un tiers moins grand que l'espace préorbitaire.

On compte sur la joue une huitaine de rangées d'écailles. Il y a deux ou trois écailles sur l'interorpercule.

La ligne latérale est rapprochée du profil supérieur, sous la dorsale. Éc., l. long. 42 ; l. transv. $\frac{5}{12} + 1 = 18$.

La dorsale a généralement dix-huit épines ; la longueur du dernier aiguillon fait un peu plus de la moitié de la longueur de la base de la portion molle. Les ventrales sont courtes.

D. 17 ou 18/11 à 14 ; A. 3/10 à 12 ; C. 13 ou 14 ; P. 14 ; V. 1/5.

Il ne paraît pas y avoir d'ocelles sur les nageoires. Les nageoires impaires sont vertes ; la dorsale porte une seule tache noire à la base de ses deux ou trois derniers rayons mous ; l'anale est bordée d'un petit liséré lilas. La pectorale est d'un vert légèrement jaunâtre avec une bordure rougeâtre, et un trait brun vers la base. La ventrale est d'une teinte verdâtre tirant sur le jaune. La coloration générale est d'un beau vert plus foncé sur le dos que sur les côtés. Une bande blanchâtre plus ou moins brillante, parfois un peu lilas, part de l'œil, et se termine à la caudale. Le ventre et la gorge sont d'un vert jaunâtre avec des taches blanches.

Habitat. Méditerranée, assez commun, Nice, Cette.
Proportions : long. totale 0,167 ; tronc, haut. 0,044, épais. 0,023.
Tête, long. 0,043, haut. 0,035. — Œil, diam. 0,009, esp. préorbit. 0,014, esp. interorbit. 0,009.

LE LABRE MERLE — *LABRUS MERULA.*

Syn. : Du Merle, Rondel., liv. VI, c. v, p. 148 ; Bonnat., p. 109, pl. 52, fig. 201.
Merula, Salvian., p. 223, fig. 87 ; Aldrov., p. 32-35.
Turdus niger, Willugh., p. 320, pl. X. 1, fig. 1.
Labrus merula, Linn., p. 480, sp. 40 ; CBp., *Cat.*, n° 735 ; Günth., t. IV, p. 72 ;
Canestr., *Fn. Ital.*, p. 65.
Labrus livens, Brunn., *Ichth. Mass.*, p. 53, n° 68.
Le Labre merle, Labrus merula, Lacép., t. IX, p. 157 ; Riss., *Ichth.*, p. 225, *Hist.
nat.*, p. 306 ; Cuv. et Valenc., t. XIII, p. 80, *Règ. an. ill.*, pl. 86, fig. 1.
Labre bleu, Labrus cœruleus, Riss., *Ichth.*, p. 225, *Hist. nat.*, p. 305.

N. Vulg. : Rouquaou, Cette.
Long. : 0,20 à 0,30.

Quant à la forme générale, ce Labre peut être comparé à la
Vieille de nos côtes de l'Ouest. Il a le corps ovale. La hauteur du
tronc est comprise trois fois et deux tiers à quatre fois et trois
quarts dans la longueur totale.

Ordinairement la tête est un peu moins haute que longue ;
sa longueur est égale à la hauteur du tronc. Le museau est gros,
arrondi. Les lèvres sont épaisses, teintes de lilas foncé ; la lèvre
supérieure a sept plis latéraux assez grands et un autre très-petit ;
la lèvre inférieure en a deux gros. Les dents sont régulières, un
peu plus fortes sur le devant ; de chaque côté, il y a huit ou neuf
dents à la mâchoire supérieure, et dix à douze à la mandibule.

L'iris est rougeâtre ou d'un jaune verdâtre. Le diamètre de
l'œil est compris quatre fois et demie à six fois dans la longueur
de la tête ; chez les sujets de grande taille, il fait seulement la
moitié de l'espace préorbitaire. Des pores assez étroits se trouvent autour de l'œil, principalement vers le bord supérieur de
l'orbite.

En arrière l'opercule est bordé d'un large pli membraneux.
Le sous-opercule est allongé ; il paraît sur certains individus ne
porter qu'une seule rangée d'écailles. L'interopercule est nu presque complètement, il a une ou deux écailles à sa partie supérieure. Le limbe du préopercule est assez large. La joue est couverte de sept à dix rangées d'écailles.

La ligne latérale est bien marquée. Éc., l. long. 42 à 46 ; l. transv. $\frac{5}{12 \text{ ou } 13} + 1 = 18$ ou 19.

A partir du premier jusqu'au dernier, les aiguillons de la dorsale paraissent s'allonger progressivement, ils restent toujours assez bas ; la portion molle de la nageoire est arrondie et plus élevée que la portion épineuse, elle est à peu près aussi haute que longue. L'anale présente une forme assez semblable à celle de la portion molle de la dorsale ; son dernier rayon mou est placé sous le sixième rayon mou de la dorsale. La distance qui sépare la fin de la dorsale de la base de la caudale est égale à la hauteur du tronçon de la queue ; elle fait le huitième de la longueur totale. La caudale a les angles arrondis ; elle compte treize à quinze rayons principaux. Les ventrales sont insérées un peu après le tiers antérieur de la longueur des pectorales.

D. 17 à 19/11 ou 12 ; A. 3/8 ou 9 ; C. 1/13 à 15/1 ; P. 15 ; V. 1/5 .

Les nageoires impaires et les pectorales sont d'un bleu très-foncé presque noirâtre ; l'anale n'est pas d'une teinte uniforme, elle porte une bordure d'un bleu assez clair ; les ventrales sont brunâtres, elles ont sur le bord libre de leur épine, et sur l'extrémité de leurs grands rayons un liséré bleu clair, parfois violacé ou lilas peu foncé. L'animal est d'un bleu foncé sur le dos et les côtés, d'un bleu plus clair vers le bas des flancs, et, sous le ventre, il est d'un brun violacé ou plutôt lilas.

Habitat. Méditerranée, assez commun, Nice, Toulon, Marseille, les Martigues, Cette.

Proportions : long. totale 0,282 ; tronc. haut. 0,077, épais. 0,038.

Tête, long. 0,076, haut. 0,069. — Œil, diam. 0,013, esp. préorbit. 0,027, esp. interorbit. 0,016. — Mâchoire supérieure, long. 0,026.

Caudale, long. 0,051 ; pectorale, long. 0,045 ; ventrale, long. 0,037.

Var. : *Le Labre livide, Labrus lividus*.

Syn. : LE LABRE LIVIDE, Labrus lividus, Cuv. et Valenc., t. XIII, p. 87.

Un jeune Labre livide a seulement six plis latéraux à la lèvre supérieure. La dorsale est grisâtre, la caudale noirâtre ; l'anale, d'un vert-olive foncé, porte une bordure noirâtre ; les pectorales sont d'un gris jaunâtre peu foncé ; les ventrales sont noirâtres, sans bordure. La coloration est d'un brun plus ou moins sombre vers la région supérieure, un peu plus clair sur les côtés et sur le ventre.

Habitat. Méditerranée, assez commun, Nice, Toulon, Cette.
Var. : *Le Labre bordé, Labrus limbatus.*

Syn. : Le Labre bordé, Labrus limbatus, Cuv. et Valenc., t. XIII, p. 89.

Chez un individu conservé dans l'alcool, la teinte générale est grisâtre ; la bande qui va de la tête à la caudale est brune. Les nageoires impaires sont brunâtres, surtout vers l'extrémité libre de leurs rayons ; l'anale montre une bordure noirâtre ; la dorsale est marquée d'une très-petite tache brunâtre sur les deux premiers aiguillons, d'une autre plus grande, noire, à la base des deux derniers rayons mous. Une tache noirâtre se voit à la base de la pectorale.

Habitat. Méditerranée, Nice, Toulon.

LE LABRE LINÉOLÉ — *LABRUS LINEOLATUS*.

Syn. : ? Labre boisé, Labrus tessellatus, Riss., *Ichth.*, p. 224.
? Labrus ossiphagus, Labre ossiphage, Riss., *Hist. nat.*, p. 301, fig. 17.
Le Labre linéolé, Labrus lineolatus, Cuv. et Valenc., t. XIII, p. 90.
Labrus lineolatus, Canestr., *Fn. Ital.*, p. 66 ; ? CBp., *Cat.*, n° 736.

Long. 0,20 à 0,30.

Il est probable que cette espèce a été deux fois décrite par Risso, d'abord sous le nom de *Labre boisé*, puis sous la dénomination de *Labre ossiphage*. Le corps de ce poisson est ovale. La hauteur du tronc qui mesure le double de l'épaisseur est contenue trois fois et demie environ dans la longueur totale.

En général, la tête paraît un peu moins haute que longue ; sa longueur est comprise trois fois et deux tiers à quatre fois dans la longueur totale. Le museau est arrondi. La lèvre supérieure est grosse ; elle a sept plis obliques bien marqués ; la lèvre inférieure présente de chaque côté une large expansion membraneuse. La mâchoire supérieure porte, sur chaque moitié, une dizaine de dents ; les dents antérieures sont plus dévelop-

pées que les autres ; les dernières sont excessivement petites.
Sur un animal d'assez grande taille, la mandibule n'a que huit
dents de chaque côté.

Le diamètre de l'œil est contenu cinq fois et demie à six fois
dans la longueur de la tête ; il fait un peu plus de la moitié de
l'espace préorbitaire. Vers le bord supérieur de l'orbite se trouvent des pores assez nombreux.

Aucune trace d'écailles n'existe sur l'interopercule ; je dois cependant faire une observation, le sujet servant à mon étude est
dans l'alcool depuis fort longtemps, il a pu perdre quelques
écailles. Le limbe inférieur du préopercule est assez large ; il
porte une rangée de pores très-visibles. Il y a huit rangées d'é-
cailles sur la joue.

La ligne latérale est bien dessinée. Éc., l. long. 43 ; l.
transv. $\frac{5}{12} + 1 = 18$.

La portion molle de la dorsale est aussi haute que longue.
L'anale finit avant la dorsale. Le tronçon de la queue est à peu
près aussi haut que long. La caudale a quatorze rayons principaux et deux ou trois rayons basilaires en dessus comme en
dessous.

D. 18/11 ou 12 ; A. 3/9 ; C. 2 ou 3/14/3 ou 2 ; P. 15 ; V. 1/5.

Les nageoires sont d'une teinte pâle. Le dos est brunâtre ; le
ventre et la gorge sont argentés. Au-dessous de la ligne latérale
il y a une dizaine de rayures longitudinales brunâtres plus ou
moins marquées, séparées les unes des autres par des taches
blanchâtres.

Habitat. Méditerranée, très-rare, Nice, Toulon. Au Muséum de Paris se
trouve un de ces Labres, qui a été rapporté de Nice, en 1829, par Laurillard ;
il est inscrit sous le nom *Labrus ossiphagus*, Risso.

Proportions : long. totale 0,260 ; tronc, haut. 0,074, épais. 0,036.

Tête, long. 0,070, haut. 0,066. — Œil, diam. 0,012, esp. préorbit. 0,022,
esp. interorbit. 0,015. — Mâchoire supérieure, long. 0,022.

Caudale, long. 0,038 ; pectorale, long. 0,043 ; ventrale, long. 0.033.

LE LABRE PARÉ — *LABRUS FESTIVUS*.

Syn. : ? LE SEPTIÈME TOURD, Rondel., liv. VI, c. VI, p. 153.
TURDUS OBLONGUS FUSCUS MACULOSUS, Willugh., p. 323.
LABRUS TURDUS, Brunn., *Ichth. Mass.*, p. 51, n° 67. Var. *h*.
LABRUS FESTIVUS, Labre paró, Riss., *Hist. nat.*, p. 304.
LE LABRE PARÉ, Labrus festivus, Cuv. et Valenc., t. XIII, p. 71.
LABRUS FESTIVUS, CBp., *Cat.*, n° 732 ; Günth., t. IV. p. 72 ; Canestr., *Fn. Ital.*,
p. 65.

N. Vulg. : Sera, Nice ; Roussignaou, Cette.
Long. : 0,20 à 0,40.

Quelle que soit la taille de ces animaux, les proportions du
corps semblent peu varier. La hauteur du tronc, qui fait le
double de l'épaisseur, est comprise quatre fois et demie à
cinq fois dans la longueur totale. Le profil du dos est peu
arqué, celui du ventre est presque droit.

La longueur de la tête, qui l'emporte d'un quart environ sur
la hauteur est contenue trois fois et un tiers à trois fois et deux
tiers dans la longueur totale. Le museau est allongé. La mâchoire supérieure est assez renflée ; elle montre sept ou huit
plis. Les dents de la mâchoire supérieure sont au nombre de
dix ou onze de chaque côté, 20 ou 22, les dents antérieures
sont plus longues et plus fortes que les autres ; à la mandibule,
les dents sont à peu près égales ; on en compte une douzaine
sur chaque côté, 24 ; il faut faire remarquer qu'il n'y a rien
de bien absolu dans le nombre des dents.

Tantôt l'iris est doré, tantôt il est d'un vert jaunâtre. Le diamètre de l'œil mesure le sixième de la longueur de la tête chez
les sujets de moyenne taille, le septième chez les individus fort
développés ; il fait la moitié ou le tiers de l'espace préorbitaire ;
il est sensiblement égal à l'espace intcrorbitaire.

Il y a sur la joue huit rangées d'écailles.

La ligne latérale est bien marquée. Éc., l. long. 45 ; l.
transv. $\frac{5 \text{ ou } 6}{11 \text{ ou } 12} + 1 = 17$ à 19.

La dorsale compte une trentaine de rayons ; sa portion
épineuse est d'un tiers au moins plus basse que sa portion

molle. Les pectorales sont larges, développées en éventail. Les ventrales sont petites ; elles sont insérées en arrière des pectorales.

D. 18 ou 19/12 ou 13 ; A. 3/10 ou 11 ; C. 2/13/2 ; P. 14 ou 15 ; V. 1/5

La dorsale est le plus ordinairement jaunâtre ou jaune-orange ; parfois elle est d'un gris verdâtre ; assez rarement les premiers rayons épineux sont brunâtres ; à la base du dernier ou des deux derniers rayons mous, il y a généralement une tache noirâtre ; des ocelles lilas ou verdâtres se montrent sur la nageoire, principalement dans la région molle. L'anale est jaune verdâtre ou orange, semée d'ocelles verdâtres ou lilas clair ; chez beaucoup de sujets, elle est bordée d'un petit liséré violet ou vert-lilas. La caudale est couleur orange tirant sur le verdâtre ; elle a souvent des ocelles, qui paraissent verdâtres. La pectorale a la membrane intraradiaire pâle, et les rayons d'un orange clair. La ventrale est orangée ; chez un certain nombre d'animaux, elle est ornée d'ocelles verdâtres.

La coloration est très-variable. De la tête à la caudale s'étend une bande qui est ordinairement d'un blanc lilas, mais parfois elle est soit verdâtre, soit bleuâtre, ou bien encore, et c'est le cas le plus rare, elle est rougeâtre. Chez beaucoup de sujets, le corps est d'un vert jaunâtre au-dessus de la bande colorée, au-dessous, il est jaunâtre teinté de vert assez clair ; le ventre est d'un blanc tacheté de jaune ; il y a des taches blanches sous la gorge. Chez certains individus, la teinte est plus foncée sur le dos, elle est d'un vert brunâtre ou d'un bleu sombre avec des taches noirâtres plus ou moins mal limitées ; les flancs, d'un gris jaunâtre, ont des macules blanches ou bleues ; le dessous du corps est blanc, tacheté de vert et d'orange, ou marqué de points rouges. La tête est souvent plus ou moins verdâtre en dessus. Les opercules et la joue montrent quelques ocelles ; il y a des traits noirâtres sur la tête, ainsi que sous la gorge ; autour de l'œil se voient aussi plusieurs traits noirâtres ; ordinairement il en existe deux vers le bord antérieur de l'orbite ; l'inférieur, et le plus large, est une espèce de bande courte ; le supérieur remonte vers le museau. En arrière de l'œil, il y a généralement deux bandes noirâtres, séparées par des points nacrés, allant sur le préopercule, et même sur l'opercule ; les bandes postérieures et antérieures sont parfois réunies par une petite bandelette de même teinte, suivant le contour inférieur de l'orbite. Les bandes postérieures se continuent quelquefois le long du corps ; elles sont placées au-dessous de la bande colorée, quand cette dernière part de l'orbite.

Un Labre paré, récemment pêché à Cette, est à la région supérieure d'un rouge marron ou brunâtre avec des points d'une teinte nacrée et verdâtre. Une ligne nacrée, légèrement verdâtre, assez peu marquée va de l'œil à la queue ; sur les flancs se montrent des bandes obliques, d'un rouge marron, elles s'entrecroisent et forment des espèces de mailles ; elles se prolongent sur le ventre, qui est d'un blanc nacré. Le dessus de la tête est d'un brun rougeâtre avec des macules bleues. La joue et les pièces operculaires sont parcourues par des bandes irrégulières, les unes longitudinales, les autres obliques ; ces lignes sont d'un rouge orange. Il y a en avant de l'œil trois ou quatre taches bleues, et une petite bande noirâtre ; en arrière se trouve une bandelette noirâtre ; au bord supérieur de l'orbite est un point noirâtre. La gorge et le ventre, jusqu'à l'anus, sont d'un blanc nacré avec des bandes irrégulières orangées. Les nageoires impaires et les ventrales sont marquées d'ocelles verdâtres.

Habitat. Méditerranée, assez commun, Nice, Toulon, Marseille ; assez rare, Cette.

Proportions : long. totale 0,235 ; tronc, haut. 0,048, épais. 0,025.

Tête, long. 0,065, haut 0,045. — Œil, diam. 0,011, esp. préorbit. 0,025, esp. interorbit. 0,011. — Mâchoire supérieure, long. 0,024.

Caudale, long. 0,038 ; pectorale, long. 0,033 ; ventrale, long. 0,026.

LE LABRE LOUCHE — *LABRUS LUSCUS*.

Syn. : LABRUS LUSCUS, Linn., p. 478, sp. 30.

LE LABRE LOUCHE, Labrus luscus, Lacép., t. IX, p. 153 ; Riss., *Ichth.*, p. 217 ; Cuv. et Valenc., t. XIII, p. 69.

L'absence de macules sur les nageoires impaires est le seul caractère qui distingue le Labre louche du Labre paré. Nous pensons que le Labre louche est une simple variété de l'espèce que nous venons d'étudier. Il devient inutile de faire une description nouvelle ; nous dirons seulement quelques mots du système de coloration.

La région supérieure du corps est verdâtre ou rougeâtre avec des macules foncées et des taches nacrées ; la région inférieure est blanchâtre, traversée par des bandes orangées. La bande colorée est dorée ou blanchâtre ; elle n'est pas toujours bien distincte, elle est souvent coupée par des taches brunes ou jaunâtres ; elle part ordinairement du bord postérieur de l'orbite. Le sourcil est marqué d'un ou de deux traits plus ou moins foncés ; en arrière de l'œil, il y a généralement deux traits ou lignes noirâtres : l'orbite est souvent entourée de points noirâtres. Il est inutile de rappeler que les nageoires impaires ne sont pas ocellées.

Habitat. Méditerranée, assez commun, Nice, Villefranche, Toulon ; plus rare, les Martigues.

Proportions : long. totale 0,370 ; tronc, haut. 0,082, épais 0,042.

Tête, long. 0,110, haut. 0,074. — Œil, diam. 0,015, esp, préorbit. 0,043, esp. interorbit. 0,018. — Mâchoire supérieure, long. 0,040.

Caudale, long. 0,044 ; pectorale, long. 0,055 ; ventrale, long. 0,040.

LE LABRE VERT — *LABRUS VIRIDIS.*

Syn. : Turdus viridis major, Willugh., p. 322.
Labrus viridis, Linn., p. 478, sp. 29 ; CBp., *Cat.*, n° 734.
Le Labre perroquet, Labrus psittacus, Lacép., t. IX, p. 165.
Labre perroquet, Labrus viridis, Riss., *Ichth.*, p. 221.
Labrus turdus, Labre tourd, Riss., *Hist. nat.*, p. 303.
Le Labre vert, Labrus viridis, Cuv. et Valenc., t. XIII, p. 75, pl. 370.

N. Vulg. : Rouchié, Sera, Nice ; Berdoun, ou Verdoun, Cette.
Long. : 0,20 à 0,30.

Sa taille allongée et son système de coloration font distinguer aisément ce Labre de tous les autres. La hauteur du tronc est contenue cinq fois et quart à cinq fois et demie dans la longueur totale.

La longueur de la tête, qui l'emporte d'un tiers environ sur la hauteur du corps, est comprise trois fois et demie à trois fois et trois quarts dans la longueur totale. Le museau est avancé, assez étroit. La bouche est armée de dents pointues, fortes et serrées, qui, sur la moitié de chacune des mâchoires, sont au nombre de huit à dix ; chez un individu très-développé, Valenciennes en compte douze à chaque mâchoire, à droite et à gauche évidemment.

Chez les jeunes animaux, le diamètre de l'œil est contenu quatre fois et demie à cinq fois dans la longueur de la tête, il est d'un tiers plus petit que l'espace préorbitaire ; chez les sujets de grande taille, il ne fait que le sixième de la longueur de la tête, la moitié de l'espace préorbitaire.

Presque toujours l'interopercule semble complètement nu, parfois il porte une ou deux écailles. Les joues sont couvertes de très-fines écailles disposées sur sept à neuf rangées.

La ligne latérale suit le profil supérieur jusqu'à la fin de la dorsale, puis s'abaisse vers le milieu du tronçon de la queue. Éc., l. long. 42 à 45 ; l. transv. $\frac{4 \text{ ou } 5}{11 \text{ à } 13} + 1 = 16$ à 19.

En général la dorsale a dix-huit épines ; la portion molle est d'un tiers environ plus élevée que la portion épineuse ; elle est d'un tiers ou d'un quart moins haute que longue. L'anale compte une dizaine de rayons mous. Les ventrales sont courtes ; le rayon épineux est relativement développé.

D. 17 à 19/10 à 12 ; A. 3/10 ou 11 ; C. 14 ou 15 ; P. 14 ou 15 ; V. 1/5.

Les nageoires sont vertes avec des ocelles lilas, qui sont surtout bien marqués sur la dorsale ; un petit point noir existe à la base des deux derniers rayons mous de la dorsale, qui a des franges bleuâtres ; les pectorales sont légèrement teintées de roux. Le dos et les côtés sont colorés d'un vert magnifique ; le ventre, ainsi que la gorge, est d'un vert jaunâtre avec des points ou des taches d'un bleu plus ou moins foncé. Sur les flancs, brille une bandelette, qui s'étend de l'œil à la naissance de la caudale ; cette bandelette, à fond blanchâtre ou vert clair, est marquée sur

le frais de taches azurées et rougeâtres, qui en rehaussent l'é-
clat. Quelquefois sur le dos et sur les côtés, au-dessus de la ligne latérale sont disposées deux ou trois séries de points ou de
petites taches noirâtres.

Habitat. Méditerranée, assez commun, Nice, Marseille, les Martigues,
Cette.

Proportions : long. totale 0,118 ; tronc, haut. 0,022.

Tête, long. 0,033, haut. 0,018. — Œil, diam. 0,0075, esp. préorbit. 0,012,
esp. interorbit. 0,005.

Var. : *Le Labre nérée, Labrus nereus.*

Syn. : LABRE NÉRÉE, Labrus nereus, Riss., *Ichth.*, p. 231, *Hist. nat.*, p. 302 ; Cuv.
et Valenc., t. XIII, p. 78.

Certaines différences dans le système de coloration distinguent le Labre nérée du Labre vert dont il est seulement une
variété. Chez le Nérée, la dorsale est d'un vert clair avec une
bordure jaune rougeâtre ; elle a quelques taches d'un bleu verdâtre ; ses franges sont d'un bleu-lilas très-clair. L'anale est d'un
vert jaunâtre. La caudale, ainsi que la pectorale, est verte à la
base, rougeâtre à l'extrémité. La ventrale est d'un jaune verdâtre, avec des ocelles d'un vert plus clair. La région supérieure
du corps est d'un vert assez foncé, la région inférieure est d'un
blanc verdâtre très-clair avec des bandes jaunâtres les unes longitudinales, les autres obliques. Les pièces operculaires sont
d'un vert tendre, elles sont traversées par des bandes jaunâtres qui se coupent en formant une espèce de réseau. La bande
longitudinale est d'une teinte nacrée ou bleu verdâtre, elle est
souvent peu distincte, ou peu marquée, elle se confond dans la
coloration générale.

LE LABRE MÊLÉ OU VARIÉ — *LABRUS MIXTUS.*

Syn. : LABRUS MIXTUS, Fries et Ekström, *Skandinav. Fiskar (mas.)*, pl. 37, *(fœm.)*
pl. 38.

Mâle.

TURDUS PERBELLE PICTUS, Willugh., p. 322.

TURDUS MAJOR VARIUS PRÆCEDENTI SIMILIS, Willugh., p. 322.

LABRUS MIXTUS, Linn., p. 479, sp. 37 ; CBp., *Cat.*, n° 729 ; Günth., t. IV, p. 74 ;
Canestr., *Fn. Ital.*, p. 66.

LABRUS VETULA, Bloch, pl. 293.

LE LABRE BLEU, Labrus cæruleus (Ascanius, pl. 12), Bonnat., p. 113.

LE LABRE RAYÉ, Labrus lineatus (Pennant), Bonnat., p. 113 ; Lacép., t. IX, p. 171 ; Riss., *Ichth.*, p. 220.

LE LABRE MÊLÉ, Labrus mixtus, Lacép., t. IX, p. 153 ; Riss., *Ichth.*, p. 222, *Hist. nat.*, p. 308.

LE LABRE VARIÉ, Labrus variegatus, Lacép., t. IX, p. 171 ; Riss., *Ichth.*, p. 229.

LE LABRE VARIÉ, Labrus mixtus, Cuv. et Valenc., t. XIII, p. 43, pl. 369 ; Guichen., *Expl. Algér.*, p. 83.

THE COOK WRASSE, Yarr., t. I, (*m.*) p. 491, (*f.*) p. 495.

COOK, Couch, t. III, p. 34.

Femelle.

LABRUS CARNEUS, Ascanius, *Icones rerum natur.*, pl. 13 ; Bloch, pl. 289 ; CBp., *Cat.*, n° 730.

LABRUS TRIMACULATUS (*Trimaculated Wrasse*), Pennant, *Brit. zool.*, 1769, t. III, p. 206 ; Donovan, *Natur. History Brit. Fish.*, 1802-1808, pl. 49.

LA TRIPLE-TACHE, Labrus trimaculatus, Bonnat., p. 113, pl. 98, fig. 401.

LE LABRE TRIPLE-TACHE, Labrus trimaculatus, Lacép., t. IX, p. 153 ; Riss., *Ichth.*, p. 219.

LABRUS QUADRIMACULATUS, Labre à quatre taches, Riss., *Hist. nat.*, p. 302.

LE LABRE A TROIS TACHES, Labrus trimaculatus, Cuv. et Valenc., t. XIII, p. 58 ; Guichen., *Expl. Algér.*, p. 83.

THREE-SPOTTED WRASS, Couch, t. III, p. 36.

N. Vulg. : Violon, Cherbourg ; (*m.*) Vieille rayée, Cherbourg ; Roussignaou, Cette ; Verdoun, Nice ; (*f.*) Coquette, Brest ; Couniet, le Croizic ; Roucaou, Cette ; Tenca, Nice.

Long. : 0,18 à 0,30.

Ainsi que l'ont démontré Fries et Ekström, le Labre mêlé et le Labre à trois taches sont l'un le mâle, l'autre la femelle d'une même espèce. Les proportions sont à peu près les mêmes dans les deux sexes. Le corps est allongé, couvert d'écailles plus petites et plus nombreuses que dans les autres Labres. La hauteur du tronc est comprise quatre fois et demie à cinq fois dans la longueur totale. D'après Valenciennes, le nombre des vertèbres est de trente-neuf, $18 + 21$.

D'un tiers environ moins haute que longue, la tête est de forme pyramidale ; sa longueur est contenue trois fois et quart à trois fois et demie dans la longueur totale. Le museau est pointu. La lèvre supérieure montre sept ou huit plis latéraux. Les dents sont fines, aiguës, et relativement assez nombreuses ; chez les sujets de grande taille, il y en a généralement, sur

III.   7

chaque moitié des mâchoires, une douzaine en haut, et dix-huit à la mandibule. Le maxillaire supérieur est complètement caché par le sous-orbitaire.

L'iris est doré, ou jaune avec un cercle verdâtre. Le diamètre de l'œil paraît un peu plus grand chez la femelle que chez le mâle ; il est compris quatre fois et demie à cinq fois et demie dans la longueur de la tête ; il fait environ la moitié de l'espace préorbitaire.

Les orifices de la narine sont étroits, éloignés l'un de l'autre.

En arrière l'interopercule porte plusieurs rangées d'écailles ; la rangée supérieure en compte six à huit. La joue est couverte de huit à douze séries d'écailles.

La ligne latérale est rapprochée du profil supérieur. Éc., l. long. 50 à 60 ; l. transv. $\frac{5 \text{ à } 7}{17} + 1 = 23$ à 25.

La dorsale est soutenue par une trentaine de rayons, seize à dix-huit épines et douze à quatorze rayons mous. L'anale commence sous le dernier aiguillon de la dorsale ; elle compte dix ou onze rayons mous. La caudale et les nageoires mesurent à peu près la même longueur.

Br. 5. — D. 16 à 18/12 à 14 ; A. 3/10 ou 11 ; C. 15 ; P. 16 ; V. 1/5.

Chez le mâle, la dorsale est jaunâtre avec une longue tache bleue, qui s'étend sur les sept ou huit premiers rayons épineux, et se continue parfois jusqu'au douzième ; quand elle s'arrête au huitième aiguillon, elle est suivie ordinairement de deux points bleuâtres ; quelquefois les filaments libres sont d'un jaune rougeâtre, et le bord de la nageoire porte un très-fin liséré bleuâtre. L'anale et les ventrales sont jaunâtres, bordées de bleu. La caudale est un peu jaunâtre à la base, et bleue dans le reste de son étendue. Les pectorales sont tantôt orangées, tantôt d'un jaune clair, avec une teinte noirâtre à la base ; quelquefois elles sont d'un rose pâle avec une tache d'un noir bleuâtre à la base. La moitié supérieure du corps est le plus souvent d'un brun verdâtre, avec quatre ou cinq bandes longitudinales bleuâtres ou d'un bleu violacé ; les deux bandes inférieures sont les plus longues ; au-dessous d'elles le côté est jaunâtre ; parfois la région dorsale est rougeâtre avec des bandes bleues longitudinales, et la région abdominale est saumon, ou d'un rouge jaunâtre clair ; plus rarement la partie supérieure du corps est d'un brun violacé, avec trois ou quatre bandes bleuâtres peu marquées. La gorge est jaunâtre. La tête est d'un brun verdâtre, elle est parcourue par des bandes bleuâtres, dessinant un réseau irrégulier ; trois bandes paraissent disposées d'une façon plus fixe que les autres, la première est placée à la région occipitale, la seconde dans l'espace interorbitaire, la troisième part de la joue, passe en avant et au-dessous des narines, et se confond sur le museau avec la bande du côté opposé, en formant une espèce d'angle ouvert en arrière.

Chez la femelle les nageoires sont rougeâtres ; les nageoires impaires ont une bordure blanchâtre. La teinte générale est d'un rouge plus ou moins vif sur le dos, plus pâle sur les côtés et le dessous du corps. En arrière, il y a trois taches noires, une sur le tronçon de la queue, et deux à la base de la dorsale, s'étendant l'une sur les six derniers rayons mous, et l'autre sur les cinq premiers rayons mous ; souvent encore une tache noire se trouve entre la première et la troisième épine de la dorsale ; quelquefois il en existe une petite sur les derniers rayons épineux.

Habitat. Cette espèce se trouve sur toutes nos côtes. Manche, très-rare, Boulogne, Cherbourg. Océan, assez rare, Brest, la Rochelle, Arcachon, Saint-Jean-de-Luz. Méditerranée, assez commune, Cette, Nice. Les mâles sont, il me semble, moins nombreux que les femelles ; cependant Ascanius dit que le Paon rouge est plus rare que le Paon bleu.

Proportions : (*Mâle*) long. totale 0,243 ; tronc, haut. 0,052.

Tête, long. 0,074, haut, 0,051. — Œil, diam. 0,014, esp. préorbit. 0,030, esp. interorbit. 0,0125.

Caudale, long, 0,031 ; pectorale, long. 0,035 ; ventrale, long. 0,032.

(*Fem.*) long. totale 0,188 ; tronc, haut. 0,040

Tête, long. 0,058, haut. 0,037. — Œil, diam. 0,012, esp. préorbit. 0,022, esp. interorbit. 0,010.

Caudale, long. 0,027 ; pectorale, long. 0,026 ; ventrale, long. 0,026.

LE LABRE DES ROCHES — *LABRUS SAXORUM*.

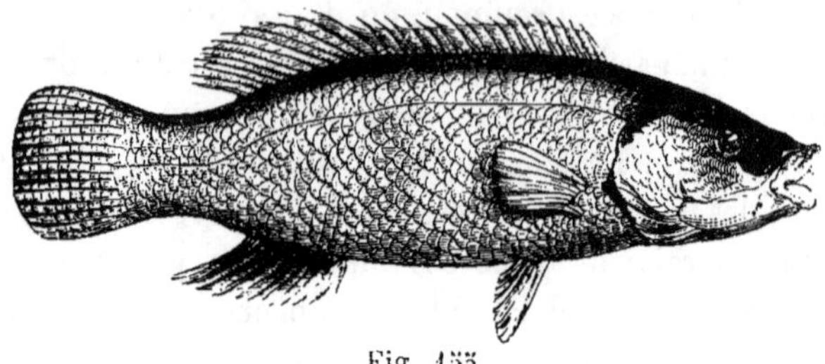

Fig. 155.

Syn. : ? LABRUS RUBIGINOSUS, Labre rubigineux, Riss., *Hist. nat.*, p. 306, fig. 18.
? LABRUS RUPESTRIS, Labre rupestre, Riss., *Hist. nat.*, p. 307, fig. 19.
LE LABRE DES ROCHES, Labrus saxorum, Cuv. et Valenc., t. XIII, p. 91.
LABRUS SAXORUM, CBp., *Cat.*, n° 737.

Long. : 0,15 à 0,25.

Sous le nom de Labre des roches, Valenciennes a décrit une
espèce qui paraît différente du Labre rupestre de Risso. Ce
poisson a le corps ovale. La hauteur du tronc, qui fait le double
de l'épaisseur, mesure le quart environ de la longueur totale.

La tête est moins haute que longue ; sa longueur est comprise
trois fois et trois quarts dans la longueur totale. Le museau est
allongé. La bouche est assez large ; la lèvre supérieure est
épaisse, elle montre huit plis latéraux. Les mâchoires sont munies de dents à peu près égales; la mâchoire supérieure a toutefois, en avant, deux dents un peu plus fortes que les autres ; elle
a de chaque côté huit ou neuf dents, 16 ou 18; la mandibule en
porte une dizaine à droite et à gauche, 20.

Sur le frais, l'iris est bleuâtre, à bord pupillaire rouge. Le diamètre de l'œil est contenu cinq fois et demie dans la longueur de
la tête; il est à peu près égal à la moitié de l'espace préorbitaire.

Sept ou huit rangées d'écailles couvrent la joue.

La ligne latérale est continue, rapprochée du dos. Éc., l.
long. 42 à 45; l. transv. $\frac{4 \text{ ou } 5}{10 \text{ ou } 11} + 1 = 15$ à 17.

Les rayons épineux de la dorsale ne sont pas très-élevés ; la
dernière épine est beaucoup moins longue que la base de la
partie molle de la nageoire ; il y a seize à dix-neuf aiguillons,

plus onze rayons mous. La caudale est carrée. Les pectorales et les ventrales sont développées.

D. 16 à 19/11 ; A 3/9 ; C. 13 ; P. 14 ; V. 1/5.

Sur les deux premiers aiguillons de la dorsale se voit une tache noirâtre, mal définie ; il en existe une autre à la base du neuvième aiguillon ; il y a trois taches noires sur la partie molle de la nageoire, la première est à la base du premier rayon mou, la seconde à la base du sixième rayon et du septième, la dernière à la base des deux derniers rayons ; le fond de la nageoire est brun rougeâtre, ou brun lie de vin, avec quelques ocelles lilas dans la région épineuse seulement; ces ocelles ne sont pas constants ; d'après Valenciennes, la dorsale et la caudale sont brunes et sans taches. L'anale est d'un brun légèrement rougeâtre ; à la base de sa membrane intraradiaire se trouvent quelques ocelles d'un lilas foncé, ne se voyant guère que par transparence. La caudale est d'une couleur noirâtre tirant un peu sur le rouge ; elle n'a pas de tache. Les pectorales sont d'un brun peu foncé ; elles ont à l'aisselle une bande noirâtre. Les ventrales sont noirâtres ; près de leur insertion la teinte est moins foncée.

Il est assez difficile de donner une idée nette du système de coloration ; le dos est d'un brun rougeâtre ; les côtés, d'un brun lilas, sont marqués de lignes obliques formant des espèces de losanges très-irréguliers ; le ventre et la gorge sont d'un lilas assez clair, lavé de blanc. Le dessus et les côtés de la tête sont d'un brun lilas, avec quelques ocelles d'un lilas assez clair. Sur l'angle postérieur et supérieur de l'opercule se montre une tache d'un bleu foncé, presque noirâtre ; elle s'étend parfois un peu sur le corps. Des taches d'un noir très-foncé se dessinent sur les pièces operculaires, et surtout près de l'œil ; vers l'orbite, les taches sont au nombre de sept ou huit, quelquefois plus; il n'y a pas de tache au dessous de l'œil. Le museau et la lèvre supérieure sont d'une teinte lie de vin très-foncée.

Habitat. Méditerranée, très-rare, Nice, Marseille.

Proportions : long. totale 0,225 ; tronc, haut. 0,055, épais. 0,028.

Tête, long. 0,060, haut. 0,049. — Œil, diam. 0,011, esp. préorbit. 0,023, esp. interorbit. 0,012. — Mâchoire supérieure, long. 0,020.

Caudale, long. 0,025 ; pectorale, long. 0,033 ; ventrale, long. 0,033.

GENRE CRÉNILABRE — *CRENILABRUS*, Cuv.

Corps ovale, couvert d'écailles assez grandes.

Tête assez forte ; lèvres en général épaisses ; mâchoires portant une seule rangée de dents.

Appareil branchial ; préopercule à bord postérieur dentelé ou crénelé ; pièces operculaires et joues écailleuses ; cinq rayons branchiostèges.

Ligne latérale bien marquée, non interrompue.

Nageoires ; dorsale à rayons épineux plus nombreux que les rayons mous ; caudale arrondie ou coupée carrément.

Les Crénilabres, dit Valenciennes, forment un des genres les plus difficiles à étudier, à décrire, et dont on connaît un assez grand nombre d'espèces, pour la plupart encore mal déterminées. Malgré les travaux de Valenciennes, malgré les recherches plus récentes des naturalistes italiens, on est souvent fort embarrassé pour distinguer les Crénilabres, qui vivent dans les eaux de la Méditerranée, et qui s'y trouvent en assez grande quantité. Pour différencier ces animaux les uns des autres, il existe malheureusement peu de signes d'une bien grande précision ; on est généralement obligé de chercher des caractères spécifiques dans le système de coloration, système de coloration des plus variables suivant l'âge, le sexe des individus, changeant encore chez le mâle, selon qu'il porte sa livrée ordinaire, ou qu'il est revêtu de sa parure de noces. A côté des espèces assez nettement établies, certains auteurs en admettent d'autres, qui ne sont réellement que de simples variétés, dont il suffit d'esquisser rapidement les traits généraux. — Parmi ces poissons il en est un, qui depuis longtemps est connu pour le soin qu'il met à préparer, avec des algues, le nid destiné à recevoir ses œufs ; c'est le Crénilabre paon, aussi est-il désigné, par les pêcheurs de Port-Vendres sous le nom de *Ploumarenc de nid.* Le Paon n'est pas le seul à construire un abri pour sa progéniture ; le Crénilabre massa semble prendre la même précaution, ainsi que le Labre vieille ou la Vieille commune, qui se trouve en si grande abondance sur nos côtes de Bretagne.

Le genre Crénilabre se compose de nombreuses espèces.

Tache isolée sur l'opercule

- bien marquée. Grandes taches noires sur la dorsale
  - manquant.. 1. C. OCELLÉ.
  - 2 à 5. Écailles de l'interopercule sur
    - plusieurs rangées.... 2. C. ROISSAL.
    - une rangée.......... 3. C. TIGRÉ.
- nulle. Tache noire, arquée derrière l'œil
  - généralement bien dessinée................................ 4. C. MÉLOPE.
  - nulle. Tache noire ou double trait sur le tronçon de la queue
    - manquant. Sourcil
      - doré................................ 5. C. SOURCIL DORÉ.
      - non doré. Dents
        - égales. Épines de la dorsale au nombre de
          - plus de 14. Pectorale
            - à bordure noire.... 6. C. QUEUE NOIRE.
            - sans bordure..... 7. C. BLEU.
          - moins de 15........ 8. C. DE BAILLON.
        - inégales, incisives supér. saillantes. } 9. C. MÉDITERRANÉEN.
    - bien visible. Tache sur la base de la pectorale
      - plus ou moins large. Dents
        - inégales.. } 9. C. MÉDITERRANÉEN.
        - égales ... 10. C. PETITE TANCHE.
      - nulle. Tache du tronçon de la queue au-
        - dessus de la ligne latérale. Ventre à profil
          - très-arqué. 11. C. ARQUÉ.
          - ordinaire. 12. C. VERT-TENDRE.
        - dessous de la ligne latérale et
          - limitée... 13. C. PAON.
          - gagnant le bord inférieur de la queue.... 14. C. MASSA.

LE CRÉNILABRE OCELLÉ — *CRENILABRUS OCELLATUS*.

Syn. : Labrus ocellatus, Forskal, *Descript. Animal. in itinere Orient.*, p. 37, n° 33.
Labri species obscuriores, Brunn., *Ichth. Mass.*, p. 56, n° 71, p. 58, n° 74.
L'Œil d'écarlate, Labrus ocellatus, Bonnat., p. 110.
Le Lutjan œillé, Lutjanus ocellatus, Lacép., t. X, p. 46.
Lutjan ocellé, Lutjanus ocellatus, Riss., *Ichth.*, p. 278.
Crénilabre ocellé, Crenilabrus ocellatus, Riss., *Hist. nat.*, p. 322 ; Cuv. et Valenc.,
t. XIII, p. 193 ; Guichen., *Expl. Algér.*, p. 87.
Crenilabrus ocellatus, Nordmann, *Fn. pontique*, p. 458, pl. 17, fig 1-2 ; CBp. *Cat.*,
n° 746 ; Günth, t. IV, p. 85 ; Canestr., *Fn. Ital.*, p. 69.

N. Vulg. : Vacchetta, Nice.
Long. : 0,07 à 0,10, quelquefois 0,12.

Sous le nom de *Labrus ocellatus*, ce petit Crénilabre a été
fort exactement décrit par Forskal. Il a le corps ovale, comprimé. La hauteur du tronc est comprise trois fois et quart à
trois fois et deux tiers dans la longueur totale.

La hauteur de la tête est contenue trois fois et demie à trois
fois et trois quarts dans la longueur totale. La bouche est petite,
protractile. La mâchoire supérieure est ordinairement un peu
plus avancée que la mandibule.; elles portent toutes les deux
une seule rangée de dents ; les incisives sont un peu plus fortes
que les autres dents, et légèrement proclives à la mâchoire
supérieure.

L'iris est de teinte variable, le plus souvent rouge, parfois
verdâtre ou jaunâtre. Le diamètre de l'œil mesure le quart
environ de la longueur de la tête ; il est un peu moins grand
que l'espace préorbitaire.

De fines dentelures marquent le bord postérieur du préopercule, et le bord inférieur sur une étendue plus ou moins grande.
Les joues sont couvertes de trois rangées d'écailles, qui occupent un espace à peu près égal aux deux tiers du diamètre de
l'œil.

La ligne latérale est rapprochée du profil supérieur, qu'elle
suit jusque vers la fin de la dorsale, puis elle s'abaisse, et se
continue directement sur le milieu du tronçon de la queue.
Éc., l. long. 34 ; l. transv. $\frac{3}{10} + 1$.

Au-dessus de l'insertion de la pectorale, commence la dorsale qui est basse en avant; ses épines vont grandissant, d'une façon régulière, jusqu'à la dernière, qui est à peu près aussi haute que le premier rayon mou; il y a quatorze ou quinze aiguillons, rarement treize, et neuf ou dix rayons mous. L'anale est composée de trois épines et de neuf rayons mous; en général les derniers rayons mous de la dorsale, et ceux de l'anale, sont allongés, il se portent, quand ils sont étendus, jusque vers la base de la caudale, ou peu s'en manque. La caudale fait le sixième de la longueur totale. Les pectorales sont à peu près aussi longues que la caudale.

Br. 5. — D. 13 à 15/9 ou 10 ; A. 3/9 ; C. 3/13/3 ; P. 11 ; V. 1/5.

Ordinairement la dorsale est de couleur rouille peu intense, avec des taches azurées; quelquefois elle est d'une teinte à peu près uniforme, avec des taches plus claires que le fond. La caudale est jaunâtre, semée de taches d'un bleu ou d'un rosé plus ou moins prononcé. Les autres nageoires sont d'un jaune rougeâtre assez pâle.

La teinte générale est d'un brun jaunâtre, quelquefois d'un brun olive un peu foncé; souvent une bande nacrée s'étend de la fente branchiale à la base de la caudale ; les joues et la gorge sont traversées tantôt par des bandes verdâtres ou bleuâtres, tantôt par des raies jaunâtres. La partie postérieure de l'opercule porte une belle tache bleue, quelquefois bleu-noirâtre, entourée d'une bordure d'un rouge vermillon. Chez certains sujets, une bordure rouge se montre sur la partie membraneuse inférieure et postérieure de l'opercule, mais elle n'existe guère que chez les animaux qui n'ont pas de bandes vertes sur la joue; elle disparaît assez promptement. En général une tache oblongue, de même couleur que celle de l'opercule, se remarque en avant de l'œil; elle semble en quelque sorte la terminaison d'une bande allant de l'opercule au museau, et interrompue au niveau de l'œil. Une tache noire, parfois réduite à un point, se trouve sur le tronçon de la queue, au-dessous de la ligne latérale ; chez quelques individus, elle devient assez grande, et dépasse par en haut le niveau de la ligne latérale. Enfin le système de coloration est excessivement variable suivant la saison, suivant l'habitat ; il est presque toujours des plus brillants.

Habitat. Méditerranée, très-commun, Nice ; assez commun, Marseille ; assez rare, Cette ; très-commun à Port-Vendres, surtout dans l'espèce de petite crique, appelée le Four.

Proportions : long. totale 0,084 ; tronc. haut. 0,023.

Tête, long. 0,024, haut. 0,020. — Œil, diam. 0,006, esp. préorbit. 0,007, esp. interorbit. 0,006.

Ce petit Crénilabre se prend facilement à la ligne. D'après Cuvier et Valenciennes, il est très-abondant au printemps dans la mer Noire, et les pêcheurs de Théodosie le rejettent à la mer, parce qu'ils le regardent comme d'une nourriture malsaine. — A Nice, à Port-Vendres, il est servi sur les tables, et, sans être des plus délicats, il est très-mangeable.

Var. : *Le Crénilabre olivâtre, Crenilabrus olivaceus.*

Syn. : LABRI SPECIES OBSCURIORES, Brunn., *Ichth. Mass.*, p. 56, n° 71.
LE LABRE OLIVATRE, Labrus olivaceus, Bonnat., p. 117.
LE LUTJAN OLIVATRE, Lutjanus olivaceus, Lacép., t. X, p. 46 ; Riss., *Ichth.*, p. 279.
CRENILABRUS OLIVACEUS, Crénilabre olivâtre, Riss., *Hist nat.*, p. 321.
LE CRÉNILABRE DE RISSO, Crenilabrus Rissoi, Cuv. et Valenc., t. XIII, p. 197.
CRENILABRUS RISSOI, CBp., *Cat.*, n° 747.

Chez le Crénilabre olivâtre le profil du ventre semble un peu plus arqué que dans le Crénilabre ocellé. L'anus est au milieu de la longueur totale. L'iris est verdâtre à pourtour rouge. Éc., l. long. 30 à 32 ; l. transv. $\frac{3}{10} + 1 = 14$. La dorsale est verdâtre avec des taches ocracées sur sa partie molle ; l'anale est jaunâtre, et marquée de taches roussâtres, foncées ; la caudale est verdâtre ; la pectorale est d'un jaune clair, et porte à sa base une bande d'un vert assez foncé ; les ventrales sont pâles, teintées de vert et de jaune vers l'extrémité des grands rayons.

D. 15 ou 16/8 ou 9 ; A. 3/8 ou 9.

La teinte générale est vert-jaunâtre ou vert-olive sur le dos et les côtés, blanchâtre sous le ventre et sous la gorge. Une tache assez large, pas très-bien limitée, d'un vert grisâtre ou bleuâtre, se remarque sur l'opercule ; chez les animaux con-

servés dans l'alcool, cette tache devient gris-roussâtre. Les pièces
operculaires portent quelques points verdâtres, ou d'un noir
verdâtre. Une bande brun-jaunâtre va de l'œil sous la gorge.
La tache de la queue est noire, petite, parfois même peu visible.

Habitat. Méditerranée, Nice, assez commun.
Var. : *Le Crénilabre littoral, Crenilabrus littoralis.*

Syn. : LE CRÉNILABRE LITTORAL, Crenilabrus littoralis, Riss., *Hist. nat.*, p. 322 ;
Cuv. et Valenc., t. XIII, p. 198.
CRENILABRUS LITTORALIS, CBp., *Cat.*, n° 748.

Comme les deux précédents, ce Crénilabre porte à Nice le
nom vulgaire de *Vacchetta*. La teinte est verdâtre ; elle est
interrompue, ainsi que le dit Risso, par de grandes bandes longitudinales argentées. Une dizaine de raies bleues traversent la
gorge et l'extrémité des opercules. Une tache bleue, non ocellée,
se voit sur l'opercule. Le tronçon de la queue est marqué, au-
dessous de la ligne latérale, d'une grande tache noirâtre.

LE CRÉNILABRE ROISSAL — *CRENILABRUS ROISSALI*, Riss.

LABRUS, Brunn., *Spol. mar. Adriat.*, p. 97, n° 10.
LUTJAN ROISSAL, Lutjanus Roissali, Riss.. *Ichth.*, p. 276, pl. 8, fig. 28.
LUTJAN VARIÉ, L. Alberti, Lutjanus varius, L. Alberti, Riss., *Ichth.*, p. 277.
CRENILABRUS ROISSALI, Cr. varius, Crénilabre Roissal, Cr. varié, Riss., *Hist. nat*,
p. 323.
LE CRÉNILABRE ROISSAL, Crenilabrus Roissalii, Cuv. et Valenc., t. XIII, p. 205.
CRENILABRUS ROISSALI, CBp., *Cat.* n° 752 ; Canestr., *Fn. Ital.*, p. 68.

N. Vulg. : Langaneu, Nice.
Long. : 0,12 à 0,16.

Suivant Brünnich, ce petit poisson est appelé *Pirca* sur les
côtes de Dalmatie. Il a le corps de forme ovale, régulière. La
hauteur du tronc mesure le tiers ou un peu moins de la longueur totale.

La longueur de la tête est comprise trois fois et quart à trois
fois et demie dans la longueur totale. Le museau est avancé. La
bouche est protractile. Les dents antérieures sont légèrement
proéminentes.

L'iris est rougeâtre. Le diamètre de l'œil est contenu quatre fois a quatre fois et trois quarts dans la longueur de la tête; il fait à peu près les deux tiers de l'espace préorbitaire.

Chez les vieux individus, le préopercule ne porte pas de crénelures à son bord inférieur, il en a même très-peu chez les jeunes, de sorte que le bord postérieur paraît seul dentelé. Les écailles de la joue sont placées sur quatre à six rangées, occupant un espace égal à la longueur du diamètre de l'œil. L'interopercule est garni de deux ou trois rangées d'écailles.

La ligne latérale est bien dessinée. Éc., l. long. 33; l. transv. $\frac{4}{10} + 1 = 15$.

En général la dorsale a quinze épines et neuf rayons mous, parfois elle a un aiguillon de plus et un rayon mou de moins.

D. 15 ou 16/8 ou 9; A. 3/8 ou 9.

La coloration est très-variable. Le corps est verdâtre, teinté de marron, quelquefois de jaunâtre, ou bien encore il est d'un vert de mer avec des bandes longitudinales bleues et jaunes. Une tache noire se montre sur l'opercule; une macule ou plutôt une courte bande noirâtre est en avant de l'œil; ces deux taches, sans bordure, sont moins visibles chez les jeunes animaux, surtout lorsqu'ils sont sortis de l'eau depuis longtemps. La dorsale est d'un vert clair nuancé de roux peu foncé; elle porte quelquefois une petite tache noirâtre sur l'un de ses rayons épineux; elle est marquée de deux taches noires, entourées d'une bordure orange ou rougeâtre, s'étalant, la première sur les deux ou trois premiers rayons mous, l'autre sur les trois derniers ou sur les deux avant-derniers rayons mous; parfois les deux taches se confondent, et forment une bande assez large sur la base de la région molle de la nageoire. L'anale et la caudale sont vertes. La pectorale est d'un vert jaunâtre; à la base est un trait marron limité par une petite bande verte. La tache de la queue est grisâtre, très-peu marquée; elle manque souvent chez les jeunes animaux. L'anus est tantôt bleuâtre, tantôt couleur chair.

Habitat. Méditerranée, très-commun, Nice; commun, Toulon, Marseille; rare, Cette; assez commun, Port-Vendres. Océan, le Croisic (CV.).

Proportions : long. totale 0,126 ; tronc, haut. 0,042.

Tête, long. 0,038, haut. 0,035. — Œil, diam. 0,008, esp. préorbit. 0,012, esp. interorbit. 0,008.

Var. : *Le Crénilabre à cinq taches, Crenilabrus quinquemaculatus*, Riss.

Syn. : ? LABRUS QUINQUEMACULATUS, Bloch, pl. 291, fig. 1.
CRÉNILABRE A CINQ TACHES, Crenilabrus quinquemaculatus, Riss., *Hist. nat.*, p. 324, pl. 10, fig. 23 ; Cuv. et Valenc., t. XIII, p. 212.
CRENILABRUS QUINQUEMACULATUS, Günth., t. IV, p. 82.

Il est probable que le *Labrus quinquemaculatus* de Bloch n'est pas le poisson auquel Risso a donné la même dénomination spécifique. Dans le Crénilabre à cinq taches de Risso, on n'aperçoit pas, sous l'œil, le demi-cercle de canaux pituitaires, signalé par Bloch, ni des crénelures aussi prolongées sur le bord inférieur de l'interopercule.

Chez ce poisson le dos est verdâtre, et le ventre argenté. La dorsale est marquée de cinq taches noirâtres, qui sont ainsi disposées : la première sur les deux premiers aiguillons ; la seconde, sur le cinquième, le sixième et le septième aiguillon ; la troisième sur le dixième, le onzième et le douzième aiguillon ; la quatrième, sur le premier, le deuxième et le troisième rayon mou ; la cinquième sur les trois derniers rayons de la nageoire. L'anale a deux taches noirâtres. Il y a une tache isolée sur l'opercule ; il existe une tache noirâtre bien distincte sur le tronçon de la queue. La caudale et les pectorales sont verdâtres ; les ventrales sont bleuâtres.

LE CRÉNILABRE TIGRÉ — *CRENILABRUS TIGRINUS*, Riss.

Syn. : CRENILABRUS TIGRINUS, Crénilabre tigré, Riss., *Hist. nat.*, p. 317, fig. 26.
LABRUS ÆRUGINOSUS, Nordm., *Fn. pontiq.*, p. 456, pl. 17, fig. 3.

N. Vulg. : Rouquie, Nice.
Long. : 0,08 à 0,12.

Valenciennes regarde le Tigré comme une variété du Roissal. Il existe cependant entre eux certaines différences. Chez le Tigré, la hauteur du tronc est comprise trois fois à trois fois et demie dans la longueur totale.

La longueur de la tête est à peu près égale à la hauteur du tronc. Les dents antérieures sont un peu plus longues que les autres, et légèrement proclives.

Le diamètre de l'œil mesure les trois quarts de l'espace préorbitaire : il fait à peine moins du quart de la longueur de la tête.

Il y a sur la joue quatre rangées d'écailles. Sur l'interopercule je vois une seule rangée d'écailles qui semblent plus grandes que celles de l'interopercule du Roissal.

La ligne latérale est rapprochée du dos. Éc., l. long. 39; l. transv. $\frac{3}{10} + 1 = 14$.

D. 14 ou 15/9 ; A. 3/8 ou 9.

Une tache couleur rouille, paraissant résulter de la réunion de plusieurs macules, car elle n'est pas d'une teinte uniforme, se montre sur les trois premiers rayons mous de la dorsale, et sur l'intervalle qui les sépare du dernier rayon épineux ; quelquefois un petit point noir se trouve sur l'avant-dernier espace intraradiaire ; la nageoire est d'un gris rosé, elle est traversée par trois bandes de taches dirigées obliquement d'avant en arrière. L'anale porte une tache noire assez grande sur le troisième, le quatrième et le cinquième rayon mou ; elle en a une autre plus petite dans son dernier espace intraradiaire ; parfois les taches sont plus nombreuses. Le tronçon de la queue est marqué d'une petite tache noire, bien circonscrite, placée un peu au-dessous de la ligne latérale, et ne descendant jamais sur le bord inférieur de la queue. La caudale est plus ou moins tachetée. Un trait noirâtre marque la base de la pectorale ; il est généralement court, n'arrive pas sur le quart inférieur de la nageoire. La ventrale a sur le milieu une tache, qui forme une bande transversale. Le corps est jaune verdâtre, semé de taches noires, excepté sur la partie qui s'étend de la gorge aux ventrales. Il y a plusieurs taches noirâtres sur les pièces operculaires ; une tache noire assez grande se voit sur l'opercule, vers l'angle postérieur qu'elle ne déborde pas. Une bande noirâtre, allant de l'œil au museau, se réunit en avant à celle du côté opposé ; une raie noire descend de l'orbite sous la gorge, se réunit à celle de l'autre côté, et forme avec elle une espèce de mentonnière, quelquefois cependant les deux raies ne se rejoignent pas en dessous. L'anus est bleuâtre.

Habitat. Méditerranée, assez commun à Nice ; je ne l'ai pas trouvé ailleurs, ni à Marseille, ni à Cette, ni à Port-Vendres.

Proportions : long. totale 0,085 ; tronc, haut. 0,026.

Tête, long. 0,025, haut. 0,021. — OEil, diam. 0,006, esp. préorbit. 0.008, esp. interorbit. 0,006.

LE CRÉNILABRE MÉLOPE — *CRENILABRUS MELOPS.*

Syn. : LABRUS MELOPS, Linn., p. 477, sp. 24.
LUTJANUS NORVEGICUS, Bloch, pl. 256.
LE LUTJAN NORWÉGIEN, Lutjanus norvegicus, Lacép., t. X, p. 57.
LE LABRE MÉLOPE, Labrus melops, Bonnat., p. 112 ; Lacép., t. IX, p. 153.
LABRUS CORNUBIUS, Donov., *Nat. Hist. Brit. Fish.*, pl. 72.
LUTJAN MÉLOPE, Lutjanus melops, Riss., *Ichth.*, p. 265.
CRÉNILABRE MÉLOPE, Crenilabrus melops, Riss., *Hist. nat.*, p. 318 ; Cuv. et Valenc., t. XIII, p. 167 ; Guichen., *Expl. Algér.*, p. 85.
LE CRÉNILABRE NORWÉGIEN, Crenilabrus Norwegicus, Cuv. et Valenc., t. XIII, p. 176.
LE CRÉNILABRE DE COUCH, Crenilabrus Couchii, Cuv. et Valenc., t. XIII, p. 178.
LE CRÉNILABRE DE DONOVAN, Crenilabrus Donovani, Cuv. et Valenc., t. XIII, p. 180 ; Guichen., *Expl. Algér.*, p. 86.
CRENILABRUS MELOPS, CBp., *Cat.*, n° 738 ; Günth., t. IV, p. 80.
THE CORKWING, Yarr., t. I, p. 498 ; Couch, t. III, p. 43.
THE CORKWING, Yarr., t. I, p. 504.

N. Vulg. : Fournie, Rouquie, Nice ; Clavierra, rouquière, Cette; Pesquit, Biarritz.

Long. : 0,13 à 0,18.

Sur nos côtes, le Crénilabre le plus commun est sans contredit le Mélope. Son corps est ovale : il présente des proportions assez variables. La hauteur du tronc est comprise deux fois et trois quarts à trois fois et demie dans la longueur totale. Le nombre des vertèbres est de trente-deux ou trente-trois, 13 +.

La longueur de la tête est contenue trois fois et demie à quatre fois dans la longueur totale. Le museau est arrondi. Les lèvres sont assez peu épaisses ; la lèvre supérieure, à quatre ou cinq petits plis, n'a pas de crête. Les mâchoires sont égales. Les dents sont petites ; de chaque côté, il y en a cinq ou six à la mâchoire supérieure, et six ou sept à la mandibule.

L'iris est doré ou verdâtre. Le diamètre de l'œil est compris quatre fois et demie à cinq fois et demie dans la longueur de la tête ; il fait plus de la moitié de l'espace préorbitaire. Chez les sujets de grande taille, on distingue plusieurs lignes de pores sur l'espace interorbitaire. Une rangée de pores, plus ou moins développés, est placée sous le bord inférieur de l'orbite.

Les orifices de la narine sont assez éloignés l'un de l'autre.

Sur l'interopercule, il y a une huitaine d'écailles, disposées en deux séries le plus ordinairement. Les crénelures du préopercule sont régulières ; elles commencent sur le haut du bord postérieur de cette pièce, et se continuent sur le bord inférieur jusqu'au prolongement du diamètre vertical de l'œil, parfois même plus en avant. Les joues sont couvertes de cinq ou six rangées d'écailles.

La ligne latérale suit la courbure du profil supérieur jusqu'à la terminaison de la nageoire, puis s'abaisse et se continue directement vers la caudale. Éc., l. longit. 32 à 34 ; l. transv. $\frac{4}{9\,à\,11}$ + 1 = 14 à 16.

Ordinairement la dorsale compte seize rayons épineux ; elle en a quelquefois quatorze seulement, rarement dix-sept ; sur treize Mélopes, pris au hasard, parmi ceux que j'ai rapportés de l'île de Noirmoutiers, sept ont à la dorsale quatorze aiguillons, cinq en ont seize et le dernier en a dix-sept ; la portion molle de la nageoire est soutenue par huit ou neuf rayons. L'anale commence sous l'avant-dernier aiguillon de la dorsale. La caudale fait un peu plus du septième de la longueur totale.

Br. 5. — D. 14 à 17/8 ou 9 ; A, 3/9 ; C. 1/14/1 ; P. 14 ; V. 1/5.

Le système de coloration est des plus variables. La portion épineuse de la dorsale est d'un verdâtre clair tantôt uniforme, tantôt avec une suite de taches orangées, placées sur le milieu de la membrane intraradiaire, formant une espèce de bande, légèrement interrompue au niveau des rayons ; sur les derniers aiguillons, il y a parfois une double série de taches orangées, et entre elles des taches arrondies d'un vert assez clair ; le bord de la membrane intraradiaire est orange ; la partie molle est souvent brunâtre à la base, et verdâtre au milieu ; sa moitié supérieure est orange, à ton plus foncé sur les rayons, et avec deux ou trois petits ocelles dans chacun des six premiers espaces intraradiaires, ces ocelles sont d'un vert excessivement pâle, chez un Crénilabre venant de Cette ; la partie épineuse est parfois jaunâtre avec des traits bleus, et la portion molle est verdâtre avec des points bleus. La nageoire porte souvent une large tache brune, teintée de verdâtre, sur les trois premiers rayons mous, et sur l'espace intraradiaire séparant les épines des rayons mous, cette tache est bien marquée sur des Crénilabres de Cette, de Noirmoutiers, elle manque sur beaucoup des Crénilabres de Biarritz ; il y a encore ordinairement une tache noirâtre à la base des trois derniers rayons mous ; cette tache qui existe chez la plupart des Crénilabres de Noirmoutiers, ne se trouve pas chez plusieurs des poissons venant de Biarritz. L'anale sur des Crénilabres de Biarritz, est d'un vert très-pâle avec deux rangées de taches couleur orange sur les espaces intraradiaires, et une bordure d'un vert-olive assez foncé ; chez des spécimens pris à Noirmoutiers, elle est jaunâtre, avec de petits traits bleuâtres ; enfin chez un magnifique Mélope de Cette, la nageoire est couleur chair sur les rayons épineux, elle a sa partie molle parcourue par trois bandes obliques : la première, qui est à la base, est la plus courte, elle va jusqu'au cinquième rayon mou ; la bande intermédiaire est verdâtre, elle arrive au sixième rayon ; la bande externe est orange, presque triangulaire, elle commence vers la pointe du premier rayon mou, et vient en s'élargissant sur la base des deux ou trois derniers rayons, qui sont orangés, et marqués de quelques ocelles d'un vert très-pâle. La caudale est ordinairement jaunâtre avec des traits bleus ; parfois elle est verdâtre, teintée d'orange ; quelquefois les espaces intraradiaires sont marqués d'ocelles ou plutôt de taches très-pâles. Les pectorales ont la base bleuâtre, ou d'un brun marron ; elles sont jaunâtres ; parfois les rayons sont couleur marron, et les espaces intraradiaires pâles. Les ventrales sont d'une couleur

jaunâtre avec des traits bleuâtres, ou bien d'un bleu très-clair;
parfois les rayons sont d'un orangé assez clair, et les espaces
intraradiaires sont verdâtres.

La teinte du corps est souvent d'un jaune tirant sur le vert,
avec des bandes longitudinales foncées et des points bleus sur les
côtés; parfois elle est complétement verte, c'est même cette coloration qui paraît la plus ordinaire chez les Crénilabres des
côtes de Bretagne; elle est encore d'un vert assez sombre, soit
avec des taches ou de courtes bandes marron, soit avec des macules noires et rougeâtres; parfois la teinte est d'un brun rougeâtre avec quelques ocelles verdâtres et des macules brunâtres.
Il y a, sur le tronçon de la queue, une tache noire bien circonscrite; elle est immédiatement sous la ligne latérale, et ne s'étale
jamais sur le bord inférieur de la queue; elle manque très-rarement, ou du moins des deux côtés à la fois. La tête est peinte des
couleurs les plus brillantes; latéralement elle est traversée de
lignes vertes ou bleuâtres, dirigées obliquement d'arrière en
avant et de haut en bas; en dessus, elle est d'un brun marron;
les lèvres sont légèrement verdâtres. Derrière l'œil est une
tache arquée, bien dessinée, d'un noir bleuâtre; du bas de cette
tache part souvent une bande brunâtre, qui descend obliquement en avant, et s'unit sous la gorge à celle du côté opposé.

Souvent chez les jeunes Mélopes, ou dans la variété *Crénilabre
de Donovan*, la coloration est rougeâtre ou vert-doré sur le dos,
vert jaunâtre ou rosé plus ou moins pâle sur les côtés et sur le
ventre. Il y a fréquemment sur le dos six bandes verticales brunâtres; trois d'entre elles se prolongent sur la dorsale où elles
s'étalent en grosses taches. La tache postorbitaire est moins
large, moins distincte que dans l'adulte, parfois même elle
manque entièrement; il n'y a pas de rayures bleues sur les
joues. Une tache linéaire bleuâtre, à bordure orangée, marque
la base de la pectorale, quelquefois est elle noirâtre. La tache
noire du tronçon de la queue n'est pas constante, chez d'assez
nombreux sujets on n'en trouve pas la moindre trace.

Habitat. Méditerranée, assez commun, de Nice à Port-Vendres. Océan,

golfe de Gascogne, très-commun, Biarritz, commun, Arcachon ; assez com
mun, Poitou très-commun, Noirmoutiers ; commun, côtes de Bretagne.
Manche, très commun, Roscoff, Cherbourg ; assez rare au nord de la Seine,
le Havre.

Proportions : long. totale 0,170 ; tronc, haut. 0,055, épais. 0,024.

Tête. long. 0,045, haut. 0,054. — Œil, diam. 0,008, esp. préorbit. 0,015,
esp. interorbit. 0,011.

LE CRÉNILABRE SOURCIL DORÉ,

CRENILABRUS CHRYSOPHRYS, Riss.

Syn. : Crenilabrus chrysophrus, Crénilabre sourcil doré, Riss., *Hist. nat.*, p. 319.
Le Crénilabre a sourcils d'or, Crenilabrus chrysophrus, Cuv. et Valenc., t. XIII,
p. 190.
Crenilabrus chrysophrys, CBp., *Cat.*, n° 741.

N. Vulg. : Rouquie, Nice.
Long. : 0,10 à 0,13.

Excessivement rare sur nos côtes, ce poisson a le corps ovale,
très-comprimé. La hauteur du tronc est comprise environ trois
fois et quart dans la longueur totale.

La longueur de la tête mesure le quart de la longueur totale,
ou peu s'en manque. La bouche est petite ; elle est de teinte
bleuâtre. La mâchoire supérieure est un peu plus longue que la
mandibule ; les incisives sont fortes, et portées en avant.

La dorsale a treize ou quatorze épines et une dizaine de rayons
mous.

D. 13 ou 14/10 ; A. 3/8 à 10.

Les nageoires sont vertes ; une tache d'un vert plus foncé
marque la base de la pectorale. D'après Risso, la dorsale, chez la
femelle, a sur les derniers rayons quelques petites taches noirâtres. La teinte est vert-pré sur le dos et sur les côtés ; le ventre
est argenté ou d'un blanc lavé de verdâtre ; il ne paraît y avoir
sur le corps ni taches, ni bandes colorées. Le sourcil porte une
bande dorée, plus ou moins, distincte.

Habitat. Méditerranée, rare, Nice. Océan, golfe de Gascogne, excessivement rare, Arcachon ?

Proportions : long. totale 0,130 ; tronc, haut. 0,040, épais. 0,018. —
Tête, long. 0,032.

LE CRÉNILABRE QUEUE NOIRE,

CRENILABRUS MELANOCERCUS, Riss.

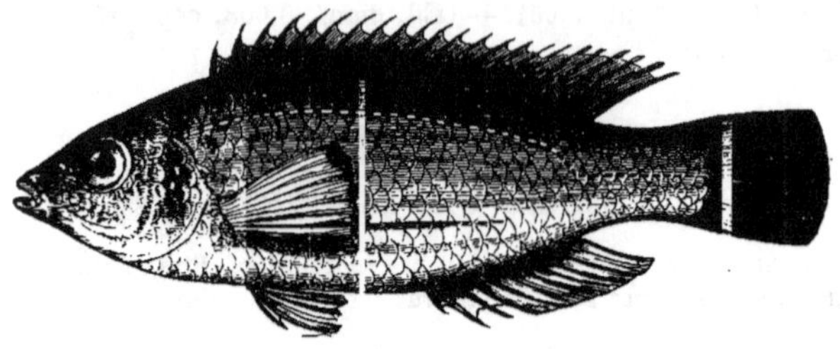

Fig. 156.

Syn. : Lutjan queue noire, Lutjanus melanocercus, Riss., *Ichth.*, p. 283.
Crénilabre queue noire, Crenilabrus melanocercus, Riss., *Hist. nat.*, p. 316; Cuv. et Valenc., t. XIII, p. 213.
Crenilabrus melanocercus, CBp., *Cat.*, n° 754; Günth., t. IV, p. 80; Canestr., *Fn. Ital.*, p. 68.

N. Vulg. : Rouquie, Nice.
Long. : 0,08 à 0,10 et même 0,14, suivant Risso.

De forme assez variable, le corps du Crénilabre à queue noire est plus ou moins oblong. La hauteur du tronc est contenue trois fois et demie à quatre fois et quart dans la longueur totale.

La longueur de la tête est comprise environ quatre fois et demie dans la longueur totale. Le museau est assez court, et assez mince. La bouche est petite. La mâchoire supérieure est à peine plus courte que l'inférieure; l'une et l'autre sont garnies de petites dents égales, non dirigées en avant.

A peu près égal à l'espace préorbitaire, le diamètre de l'œil mesure le quart de la longueur de la tête.

Les crénelures sont fines sur le bord postérieur du préopercule, elles sont fortes vers l'angle postérieur, plus faibles sur le bord inférieur. Les écailles des joues sont disposées sur quatre rangées, elles couvrent ordinairement un espace de hauteur moindre que la longueur du diamètre de l'œil. Il y a sur l'interopercule une rangée d'écailles.

La ligne latérale s'infléchit sous les rayons mous de la dorsale, gagne le milieu du tronçon de la queue et se continue directement jusqu'à la nageoire. Éc., l. long. 34 à 38; l. transv. $\frac{2\ ou\ 3}{9}$ $+ 1 = 12$ ou 13.

· La dorsale commence au-dessus de la fente branchiale; elle compte seize ou dix-sept aiguillons, et six à neuf rayons mous. L'anale a huit ou neuf rayons mous; Risso en compte dix, le dernier pour deux sans doute. Les pectorales ont douze à quatorze rayons.

D. 16 ou 17/6 à 9 ; A. 3/8 ou 9 ; C. 14 ; P. 12 à 14 ; V. 1/5.

La dorsale est d'un bleu foncé ou rougeâtre avec des taches bleues, qui sont moins visibles dans la région épineuse que dans la région molle. L'anale est brunâtre ou roussâtre, avec quelques taches bleues. La caudale est noirâtre, tachetée de bleu; elle est d'une teinte moins foncée vers la base; à son extrémité, elle a souvent une bordure blanche. La pectorale est d'un jaune excessivement pâle, ou d'un jaune rougeâtre; elle est bordée, vers la pointe de ses rayons supérieurs principalement, d'une bande noirâtre assez large. La ventrale est d'un jaune orange clair. Le corps est d'une teinte foncée, brun rougeâtre. Les joues et les sous-opercules sont parfois jaunâtres; la bande jaunâtre de la joue se divise sous la gorge en deux bandelettes formant une double mentonnière, et séparées l'une de l'autre par une raie azurée. Le pourtour de l'orbite est souvent marqué d'une ligne bleuâtre.

Habitat. Méditerranée, assez rare, Nice, Toulon, Marseille.
Proportions : long. totale 0,080 ; tronc, haut. 0,022, épais. 0,008.
Tête, long. 0,018, haut. 0,018. — Œil, diam. 0,005, esp. préorbit. 0,003, esp. interorbit. 0,005.

LE CRÉNILABRE BLEU — *CRENILABRUS CÆRULEUS*, Riss.

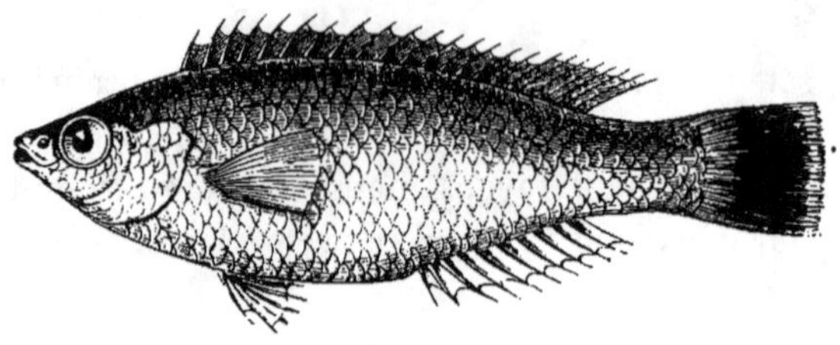

Fig. 157.

Syn. : Crénilabre bleu, Crenilabrus cæruleus, Riss., *Hist. nat.*, p. 316, fig. 25 ; Cuv. et Valenc., t. XIII, p. 214.
Crenilabrus cæruleus, CBp., *Cat.*, n° 755 ; Günth., t. IV, p. 80.

N. Vulg. : Rouquie, Nice.
Long. : 0,08 à 0,10.

Il existe une telle ressemblance entre le Crénilabre queue noire et le Crénilabre bleu qu'il est difficile de ne pas les considérer comme étant des variétés d'une même espèce. Chez ce dernier le corps semble un peu plus épais que dans l'autre. La hauteur du tronc est comprise trois fois et demie à quatre fois dans la longueur totale.

La longueur de la tête mesure, ou peu s'en manque, le quart de la longueur totale. Les mâchoires, de même dimension, sont pourvues de dents fines, égales.

Il n'y a généralement de crénelures que sur le bord postérieur du préopercule, elles paraissent s'arrêter vers l'angle postérieur et inférieur de cette pièce. L'interopercule porte une rangée d'écailles. Je trouve sur la joue trois séries d'écailles seulement.

La ligne latérale est bien marquée. Éc., l. long. 38 ; l. transv. $\frac{2}{9} + 1 = 12$.

D'après Valenciennes, la dorsale a toujours seize rayons épineux, et le plus souvent sept rayons mous. La caudale fait le septième de la longueur totale.

D. 16/7 ou 8 ; A. 3/8 ; C. 12 à 14.

La dorsale et l'anale sont d'un bleu très-foncé. La caudale est d'un brun jaunâtre à la base, puis elle prend une teinte noirâtre très-sombre, et porte en arrière une bordure claire, soit blanche, soit jaunâtre. Les nageoires paires sont pâles : elles sont gazées de bleuâtre, écrit Risso. La pectorale, selon Valenciennes, n'a jamais de noir à son extrémité, c'est là peut-être le seul caractère qui permette de distinguer l'un de l'autre le Crénilabre queue noire et le Crénilabre bleu. Le corps est, suivant Risso, d'une belle couleur bleu céleste ; il me paraît d'une teinte foncée.

Habitat. Méditerranée, assez rare, Nice, Toulon, Marseille ; je l'ai trouvé à Port-Vendres.

Proportions : long. totale 0,092 ; tronc, haut. 0,024, épais. 0,010.

Tête, long. 0,022, haut. 0,020. — Œil, diam. 0,006, esp. préorbit. 0,0055, esp. interorbit. 0,0052.

LE CRÉNILABRE DE BAILLON,

CRENILABRUS BAILLONI, Valenc.

Syn. : Le Crénilabré de Baillon, Crenilabrus Bailloni, Cuv. et Valenc., t. XIII, p. 191, pl. 373 ; *Règ. an. ill.*, pl. 87, fig. 3.

Crenilabrus Bailloni, CBp., *Cat.*, n° 745 ; Günth., t. IV, p. 84 ; B. Capel., *Cat. Peix. Portug.*, n° 5, p. 6.

? Baillon's Wrass, Couch, t. III, p. 45.

Long. : 0,15 à 0,22.

Des écailles grandes et minces recouvrent le corps de ce poisson, qui est ovale. La hauteur du tronc est comprise trois fois et demie à trois fois et trois quarts dans la longueur totale.

La longueur de la tête mesure le quart environ de la longueur totale. Le museau est assez gros, arrondi. Les mâchoires sont égales, garnies de petites dents régulières.

Chez un sujet d'assez grande taille, le diamètre de l'œil fait le cinquième de la longueur de la tête, les trois cinquièmes de l'espace préorbitaire.

L'orifice antérieur de la narine est deux fois plus éloigné du bout du museau que de l'œil ; il est arrondi. L'orifice postérieur est ovale ; il est placé près du bord antérieur et supérieur de l'orbite.

L'interopercule est écailleux. Le bord postérieur du préopercule est assez finement crénelé ; les dentelures descendent sur l'angle postérieur qu'elles dépassent un peu en dessous, mais elles ne s'avancent pas plus loin que l'aplomb du bord postérieur de l'orbite. Il y a sur la joue trois rangées d'écailles, couvrant un espace de hauteur égale, ou peu s'en manque, à la longueur du diamètre de l'œil.

La ligne latérale est bien marquée. Éc., l. long. 35 à 38 ; l. transv. $\frac{4}{10} + 1 = 15$.

Au-dessus de l'insertion de la pectorale commence la dorsale ; elle a quatorze épines et neuf ou dix rayons mous. L'anale a comme la dorsale neuf ou dix rayons mous ; Valenciennes en indique treize, mais il y a évidemment dans la formule chiffrée de la nageoire, une faute d'impression, comme le prouve l'examen des figures données par le naturaliste. La caudale est carrée ou plutôt légèrement arrondie. Les pectorales sont larges ; elles ont une quinzaine de rayons ; les rayons supérieurs sont les plus allongés. Les ventrales sont courtes, presque triangulaires ou plutôt pointues.

D. 14/9 ou 10 ; A. 3/9 ou 10 ; C. 2/14/2 ; P. 15 ; V. 1/5.

Chez le poisson frais, d'après Valenciennes, le corps est d'un gris bleuâtre, passant au violet sur les flancs. Cinq ou six larges taches d'un bleu foncé descendent de la région dorsale en s'évanouissant sur les côtés ; cinq ou six séries de taches, ou de traits jaunes, s'étendent le long des flancs. Sur la tête se remarquent des bandes orangées ; les plus constantes sont celles qui vont de l'œil au museau, elles sont au nombre de trois à cinq ; sur les joues les bandes peuvent être interrompues, et former des taches. L'opercule est sans tache, d'une teinte uniforme, avec une bordure rosée, parfois il est traversé de bandes verdâtres. La dorsale est violacée, elle est bordée de rose ; à la base de ses aiguillons, elle porte une bande jaune, ou jaune verdâtre ; souvent à la base de ses premiers rayons mous, il y a une ou deux taches noires. L'anale est teintée de rose et de violet avec quelques points jaunes. La caudale, écrit Valenciennes, est verte avec une large et belle tache rose foncé, ou vineuse, sur l'angle supérieur et postérieur. Il n'y a pas de tache noire sur le tronçon de la queue. Les pectorales sont violacées, avec trois bandes verticales jaunâtres. La tache de la pectorale est bleue et bordée d'orangé. Les ventrales sont marquées de points jaunes (Valenc.). Le système de coloration paraît très variable, si l'on en juge d'après les figures données par Valenciennes, soit dans l'*Histoire naturelle des Poissons*, soit dans le *Règne animal illustré*.

Habitat. Manche, excessivement rare, Saint-Valery-sur-Somme. Océan, très-rare, la Rochelle.

Proportions : long. totale 0,175 ; tronc, haut. 0,046, épais. 0,020.

Tête, long. 0,044, haut. 0,046. — Œil, diam. 0,009, esp. préorbit. 0,015, esp. interorbit. 0,009. — Mâchoire supérieure, long. 0,009.

Caudale, long. 0,028 ; pectorale, long. 0,033 ; ventrale, long. 0,025.

LE CRÉNILABRE MÉDITERRANÉEN,

CRENILABRUS MEDITERRANEUS.

Syn. : PERCA MEDITERRANEA, Linn., p. 485, sp. 18.

LUTJAN MÉDITERRANÉEN, Lutjanus mediterraneus, Lacép., t. X, p. 52 ; Riss., *Ichth.*, p. 272.

CRÉNILABRE MÉDITERRANÉEN, Crenilabrus mediterraneus, Riss., *Hist. nat.*, p. 318 ; Cuv. et Valenc., t. XIII, p. 186 ; Guichen., *Expl. Algér.*, p. 86.

CRENILABRUS MEDITERRANEUS, CBp., *Cat.*, n° 740 ; Günth., t. IV, p. 79 ; Canestr., *Fn. Ital.*, p. 67.

N. Vulg. : Sublaire, Rouquie, Nice ; Bourdagas, Port-Vendres.

Long. : 0,10 à 0,15.

A cette espèce il faut rapporter le *Crénilabre de Bory* et le *Crénilabre de Brünnich*, qui n'en sont réellement que des variétés. Le Méditerranéen a le corps ovale. La hauteur du tronc est comprise trois fois et quart à trois fois et trois quarts dans la longueur totale. Les vertèbres sont généralement au nombre de trente, 13 + 17.

La longueur de la tête est contenue trois fois et demie à trois fois et trois quarts dans la longueur totale. Le museau est gros ;

les lèvres sont épaisses. A la mâchoire supérieure les deux premières incisives sont plus fortes que les autres, elles sont saillantes, dirigées en avant.

Ordinairement l'iris est d'un bleu verdâtre, il est d'un rouge doré vers son bord pupillaire. Le diamètre de l'œil est compris quatre à cinq fois dans la longueur de la tête; il mesure la moitié ou les deux tiers de l'espace préorbitaire.

Chez les sujets de grande taille, le bord postérieur du préopercule paraît seul dentelé; l'angle inférieur de l'os ne porte que de fines crénelures, qui ne se continuent pas sur le bord inférieur. Il y a généralement sur les joues quatre rangées d'écailles, rarement trois.

La ligne latérale est parallèle à la base de la dorsale. Ec., l. long. 30 à 34; l. transv. $\frac{3}{8 \text{ à } 10} + 1 = 12$ à 14.

Ordinairement la dorsale a seize aiguillons et neuf ou dix rayons mous. L'anale est soutenue par trois épines et neuf à onze rayons mous, finissant en même temps que ceux de la dorsale. La caudale compte treize ou quatorze grands rayons.

D. 15 à 17/9 ou 10 ; A. 3/9 à 11 ; C. 2 ou 3/13 ou 14/3 ou 2 ; P. 13 ou 14 ; V. 1/5.

La dorsale est d'un rouge assez clair, tirant sur le jaune vers la base de la nageoire. L'anale est d'un jaune pâle. La caudale est d'un rouge jaunâtre clair, plus foncé près de l'insertion de la nageoire. La pectorale est d'un rose pâle; une tache noire marque l'articulation et la base de la nageoire, elle est bordée de jaune sur la pectorale seulement. La ventrale est d'un rouge assez clair. Une grande tache noire se montre sur le tronçon de la queue; elle est limitée en bas par la ligne latérale, et s'étend jusque vers le profil du dos. L'anus est bleuâtre. Le corps est rose ou rouge jaunâtre peu foncé, avec des bandes longitudinales d'un brun assez pâle; la gorge et le ventre sont rosés. Les joues sont de teinte jaunâtre; à droite et à gauche, une bande jaunâtre va, sur la tête, rejoindre celle du côté opposé.

Habitat. Méditerranée, assez commun, Nice, Marseille, Port-Vendres. **Proportions** : long totale 0,145 ; tronc, haut. 0,045.

Tête, long. 0,039, haut. 0,038. — Œil, diam. 0,008, esp. préorbit. 0,016, esp. interorbit. 0,008.

Var. : *Le Crénilabre de Bory, Crenilabrus Boryanus*, Riss.
Syn. : CRENILABRUS NIGRESCENS, Crénilabre noirâtre, Riss., *Hist. nat.*, p. 320.
CRÉNILABRE DE BORY, Crenilabrus Boryanus, Riss., *Hist. nat.*, p. 320; Cuv. et Valenc., t. XIII, p. 189.
CRENILABRUS PITTIMA, CBp., *Cat.*, n° 743.

N. Vulg. : Rouquié nègre, Nice.

Souvent les dentelures du préopercule dépassent l'angle postérieur de cette pièce, et s'avancent sur le bord inférieur jusque vers le prolongement du diamètre vertical de l'œil.

Les nageoires impaires, qui sont d'un jaune plus ou moins rougeâtre, sont bordées de bleu ; la pectorale, d'un brun roussâtre, porte à sa base une grande tache noire bordée de jaune. Le tronçon de la queue est parfois marqué de deux bandes verticales d'un roux brunâtre. Le dos et la tête sont d'un brun verdâtre ; le ventre est jaunâtre ; des lignes bleues se voient sur la tête, la gorge, et s'étendent le long des flancs.

Habitat. Méditerranée, assez commun, Nice, octobre, novembre, d'après Risso.

Var. : *Le Crénilabre de Brünnich, Crenilabrus Brunnichii.*

Syn. : LABRI SPECIES OBSCURIORES, Brunn., *Ichth. Mass.*, p. 56, n° 72.
LUTJANUS BIDENS, Bloch, pl. 251, fig. 1.
LABRE SERPENTIN, Labrus serpentinus, Bonnat., p. 117.
LE LUTJAN BRUNNICH, Lutjanus Brunnichii, Lacép., t. X, p. 49 ; Riss., *Ichth.*, p. 273.
CRÉNILABRE BRUNNICH, Crenilabrus Brunnichii, Riss., *Hist. nat.*, p. 319; Cuv. et Valenc., t. XIII, p. 183.
CRENILABRUS BRUNNICHII, CBp., *Cat.*, n° 741.

Il n'y a pas de tache noirâtre sur le tronçon de la queue. Les nageoires sont en partie jaunâtres ; les pectorales sont d'un beau jaune, elles portent à leur base une grande tache d'un bleu très-foncé, presque noir ; l'anale est bordée de bleu. Le corps est rougeâtre avec des bandes longitudinales d'un vert cuivré peu foncé. De jolies bandes bleuâtres forment sur la tête des dessins ondulés, qui ont fait donner, par Bonnaterre, à ce poisson le nom de *Labre serpentin*.

Habitat. Méditerranée, Nice, Marseille.

LE CRÉNILABRE PETITE TANCHE — *CRENILABRUS TINCA*.

Syn. : Labrus tinca, Brunn., *Ichth. Mass.*, p. 55, n° 70.
Lutjan tancoïde, Lutjanus tinca, Riss., *Ichth.*, p. 270.
Lutjan Cotta, Lutjanus Cotta, Riss., *Ichth.*, p. 282.
Crenilabrus tinca, Crénilabre tancoïde, Riss., *Hist. nat.*, p. 315.
Crenilabrus Cotta, Crenilabre Cotta, Riss., *Hist. nat.*, p. 315.
Le Crénilabre petite tanche, Crenilabrus tinca, Cuv. et Valenc., t. XIII, p. 199 ; Guichen., *Expl. Algér.*, p. 87.
Crenilabrus tinca, CBp., *Cat.*, n° 749 ; Günth., t. IV, p. 86; Canestr., *Fn. Ital.*, p. 70.

N. Vulg. : Roucairon, Nice.
Long. 0,07 à 0,10.

Un des plus petits du genre, ce Crénilabre a le corps ovale, assez gros. La hauteur du tronc est comprise trois fois et demie a quatre fois dans la longueur totale. Le profil du dos est presque droit, celui du ventre est arqué.

La longueur de la tête est contenue trois fois et demie à trois fois et trois quarts dans la longueur totale. Le museau est gros, arrondi. Les mâchoires ont les dents égales, non portées en avant.

Tantôt l'iris est verdâtre, tantôt il est rougeâtre. Le diamètre de l'œil fait le quart de la longueur de la tête, les deux tiers environ de l'espace préorbitaire.

Le préopercule est crénelé seulement sur le bord postérieur. Les joues sont couvertes de trois rangées d'écailles.

La ligne latérale est rapprochée du dos. Éc., l. long. 30 à 32; l. transv. $\frac{2}{10} + 1 = 13$.

Généralement la dorsale a quinze aiguillons et neuf ou dix rayons mous.

D. 14 ou 15/9 ou 10 ; A. 3/8 ou 9 ; C. 14 ou 15 ; P. 13 ou 14 ; V. 1/5.

Les nageoires sont en partie jaunâtres. Sur un individu très-frais, elles étaient, les ventrales exceptées, toutes d'un jaune rougeâtre ; les ventrales étaient rosées à leur insertion, pâles dans le reste de leur étendue. Une tache bleue se montre à l'aisselle de la pectorale. Le tronçon de la queue est marqué d'une petite tache noire qui est au-dessus de la ligne latérale. La coloration de l'anus est noire d'après Brünnich et Canestrini ; elle est bleue suivant Risso et Valenciennes, c'est en effet ce que j'ai toujours constaté ; il ne faut pas au reste tenir un grand compte de la différence de teinte que présente cette partie, il n'y a vraiment là aucun caractère spécifique. Le corps est d'un rouge peu foncé. Ordinairement une bande verdâtre, ou d'un vert brunâtre, s'étend du museau, en s'interrompant au niveau de l'œil, jusqu'à la caudale ; au-dessus, une bande rougeâtre ou d'un jaunâtre rosé va s'unir à celle du côté opposé, en formant un angle sur le museau ; elle sépare la bande verdâtre d'une autre bande, qui commence au delà de l'espace interorbitaire et suit la ligne du dos ; ainsi les trois bandes partent de la tête. Les joues sont d'un jaune rosé assez pâle ; la gorge est rosée, ou plutôt orange.

Habitat. Méditerranée, assez rare à Nice ; assez commun, Toulon, Marseille.

Proportions : long. totale 0,098 ; tronc, haut. 0,024.

Tête, long. 0,028, haut. 0,021. — Œil, diam. 0,0066, esp. préorbit. 0,010, esp. intcrorbit. 0,006.

LE CRÉNILABRE ARQUÉ — *CRENILABRUS ARCUATUS*, Riss.

Syn. : CRÉNILABRE ARQUÉ, Crenilabrus arcuatus, Riss., *Hist. nat.*, p. 328 ; Cuv. et Valenc., t. XIII, p. 216.

CRENILABRUS ARCUATUS, CBp., *Cat.*, n° 757.

N. Vulg. : Rouquie, Nice.

Long. ; 0,10 à 0,17.

J'ai trouvé sur le marché de Nice un Crénilabre qui a certains rapports de ressemblance avec le Roissal, mais qui a le profil inférieur très-arqué. Il a le corps ovale, court, légèrement contrefait. La hauteur du tronc mesure le tiers au moins de la longueur totale.

La longueur de la tête est comprise trois fois et demie dans la longueur totale. La bouche est petite ; les mâchoires sont égales ; les dents antérieures sont plus longues et plus fortes que les autres.

Le diamètre de l'œil fait le quart de la longueur de la tête ; il est d'un cinquième moins grand que l'espace préorbitaire.

Il n'y a de crénelures que sur le bord postérieur du préopercule. Les joues sont garnies de quatre ou cinq rangées de petites écailles.

La ligne latérale est bien marquée. Éc., l. long. 32 ; l. transv. $\frac{4}{10} + 1 = 15$.

D. 16/8 ou 9 ; A. 3/8 à 10 ; C. 14 ; P. 14 ; V. 1/5.

Les pectorales et la caudale sont de couleur ocre, ou jaune roussâtre comme Risso l'indique ; les autres nageoires sont semées de taches noirâtres. Le dos est rougeâtre ; les côtés et le ventre sont d'un bleu grisâtre ; les opercules portent des raies ou des bandes rougeâtres. Le tronçon de la queue est marqué d'une tache noire, qui est placée au-dessus de la ligne latérale.

Habitat. Méditerranée, rare, Nice. D'après Risso, il apparaît en mars, avril, septembre ; il fréquente les rochers peu profonds.

LE CRÉNILABRE VERT TENDRE,

CRENILABRUS CHLOROSOCHRUS, Riss.

Syn. : Lutjan vert tendre, Lutjanus chlorosochrus, Riss., *Ichth.*, p. 275, fig. 27. Crénilabre vert tendre, Crenilabrus chlorosochrus, Riss., *Hist. nat.*, p. 327, fig. 24 ; Cuv. et Valenc., t. XIII, p. 215.
Crenilabrus chlorosochrus, CBp., *Cat.*, n° 756.

N. Vulg. : Langaneu, Nice.
Long. : 0,10 à 0,15.

Risso a donné de ce Crénilabre deux figures qui n'ont entre elles aucune espèce de ressemblance. Lesueur en a laissé une troisième, qui peut être regardée comme représentant une variété du Roissal.

Suivant Risso, la tête est aiguë ; la nuque large et diaphane ; la bouche étroite, garnie de fines dents ; deux longues dents isolées sur le devant de la mâchoire supérieure ; les yeux verts, l'iris doré.

D. 16/8 ; A. 3/10 ; C. 14 ; P. 14 ; V. 1/5.

Les nageoires, ajoute Risso, sont variées; la dorsale parsemée de points rouges; la caudale traversée d'une bande noire à sa base, pointillée de rouge à l'extrémité. Le corps est verdâtre, nuancé de rouge, traversé de petites lignes longitudinales obscures, portant une tache noire vers la partie dorsale de la queue. La femelle a des couleurs plus ternes. Le nom spécifique ne rappelle guère le système de coloration.

LE CRÉNILABRE PAON — *CRENILABRUS PAVO.*

Syn. : ?TURDUS, Bell., p. 258-260.
?LA SECONDE ESPÈCE DE TOURD, Rondel., liv. VI, c. VI, p. 151.
PAVO, Salvian., p. 233-234, pl. 94 ; Aldrov., p. 28-29; Willugh., pl. X. 3.
LABRUS PAVO, Brunn., *Ichth. Mass.*, p. 49, n° 66.
LE LABRE PAON, Labrus pavo, Bonnat., p. 111 ; Lacép., t. IX, p. 150.
LUTJAN GEOFFROY, Lutjanus Geofroyius, Riss., *Ichth.*, p. 261, fig. 25.
LUTJAN LAPINE, Lutjanus lapina, Riss., *Ichth.*, p. 262.
CRENILABRUS LAPINA, Cr. Geoffroi, Crénilabre lapino, Cr. de Geoffroi, Riss., *Hist. nat.*, p. 313-314.
LE CRÉNILABRE PAON, Crenilabrus pavo, Cuv. et Valenc., t. XIII, p. 149, pl. 372 ; Guichen., *Expl. Algér.*, p. 85.
CRENILABRUS PAVO, CBp., *Cat.*, n° 742; Günth., t. IV, p. 78; Canestr., *Fn. Ital.*, p. 66.

N. Vulg. : Rouquie, Blavie, Nice ; Roucaou, Marseille, Cette ; Claviera, Cette ; Loubiou (musicien), Ploumarenc de nid, Port-Vendres.
Long. : 0,15 à 0,20 et même 0,30.

Celui de nos Crénilabres qui acquiert la plus grande taille est sans doute le Paon. Il a le corps ovale et très-comprimé. L'épaisseur du tronc ne mesure que le tiers ou les deux cinquièmes de la hauteur, qui est contenue trois fois et quart à trois fois et demie dans la longueur totale.

Chez les sujets développés, la tête est moins haute que longue ; sa longueur est comprise trois fois et quart à trois fois et deux tiers dans la longueur totale. Le museau est gros, renflé à son extrémité. La bouche est peu fendue. Les lèvres sont fort épaisses. La lèvre supérieure a, sur les côtés, huit plis longitudinaux, et en avant une crête très-prononcée; la lèvre inférieure présente, de chaque côté, un large repli semi-lunaire, s'unissant sur la ligne médiane à celui du côté opposé, et en dedans un pli assez épais, dirigé obliquement d'arrière en avant et de dehors en dedans. Le voile du palais et celui de la mandibule sont épais, et renforcés par des plis longitudinaux. Les mâchoires ont sur chacune de leurs moitiés dix ou onze dents en haut, et quinze ou seize en bas.

L'iris est verdâtre ou jaunâtre. Le diamètre de l'œil mesure le cinquième ou le sixième de la longueur de la tête, la moitié ou les trois cinquièmes de l'espace préorbitaire.

Il y a quelques écailles sur l'interopercule. Le préopercule est dentelé seulement sur le bord postérieur ; chez certains individus les crénelures sont peu sensibles, et même parfois complétement effacées. Les joues sont couvertes de cinq rangées d'écailles.

La ligne latérale est bien marquée. Éc., l. long. 34 à 38 ; l. transv. $\frac{4}{10} + 1 = 15$.

Ordinairement la dorsale a quinze aiguillons et onze ou douze rayons mous. L'anale a neuf ou dix rayons mous. La caudale, arrondie, compte treize grands rayons.

Br. 5. — D. 14 à 16/11 ou 12 ; A. 3/9 ou 10 ; C. 3/13/3 ; P. 14 ; V. 1/6.

La dorsale est d'un vert jaunâtre à la base, rougeâtre dans sa région supérieure. L'anale est rougeâtre, tachetée de bleu, ou encore elle est d'une teinte bleue, avec des taches ocracées et une bande étroite, jaune verdâtre, à sa base. La caudale est jaunâtre, semée de taches bleues. Les pectorales sont jaunâtres, et les ventrales d'un bleu plus ou moins foncé, quelquefois elles sont pâles. La coloration de l'animal est des plus variables. Le plus souvent le corps est d'un vert jaunâtre, avec des taches rouges et bleues formant, sur les côtés, trois ou quatre bandes longitudinales ; les taches rouges sont toujours beaucoup plus grandes et plus nettes que les autres. Une tache bleuâtre se montre en avant de l'œil. Une tache brunâtre, ou d'un brun-verdâtre, assez étendue, se trouve un peu au-dessus de la pectorale ; elle est quelquefois plus ou moins effacée, surtout chez les jeunes. Le tronçon de la queue porte une tache brunâtre, au-dessous de la ligne latérale.

Habitat. Méditerranée, commun de Nice à Port-Vendres. Océan, Arcachon (Lafont) ?

Proportions : long. totale 0,202 ; tronc, haut. 0,060, épais. 0,024.

Tête, long. 0,055, haut. 0,052. — Œil, diam. 0,0105, esp. préorbit. 0,024, esp. interorbit. 0,0125.

Caudale, long. 0,032 ; pectorale, long. 0,031 ; ventrale, long. 0,030.

LE CRÉNILABRE MASSA — *CRENILABRUS MASSA*, Riss.

Syn. : LABRUS, *macula baseos caudæ nigra*, Brunn., *Ichth. Mass.*, p. 58, n° 75.
LUTJAN CENDRÉ, Lutjanus cinereus, Riss., *Ichth.*, p. 266.
LUTJAN MASSA, Lutjanus massa, Riss., *Ichth.*, p. 274, fig. 26.
LUTJAN CORNUBIEN, Lutjanus cornubicus, Riss., *Ichth.*, p. 267.
CRENILABRUS CORNUBICUS, Crénilabre cornubien, Riss., *Hist. nat.*, p. 325.
CRENILABRUS MASSE, Crénilabre masse, Riss., *Hist. nat.*, p. 326.
LE CRÉNILABRE MASSA, Crenilabrus massa, Cuv. et Valenc., t. XIII, p. 202.
LE CRÉNILABRE DE COTTA, Crenilabrus Cottæ, Cuv. et Valenc., t. XIII, p. 204.
CRENILABRUS MASSA, Cr. Cottæ, CBp., *Cat.*, n° 750, n° 751.
CRENILABRUS GRISEUS, Günth., t. IV, p. 83 ; Canestr., *Fn. Ital.*, p. 68.

N. Vulg. : Langaneu, Nice.
Long. 0,12 à 0,16.

Nous n'avons pas indiqué tous les noms qui ont pu être donnés à cette espèce; vouloir rendre la synonymie plus complète serait assurément s'exposer à la faire inexacte. Dans une étude aussi difficile, il faudrait, pour éviter toute chance d'erreur, examiner et comparer les types qui ont servi aux observations des naturalistes. Il est probable que le Crénilabre cornubien de Risso est une simple variété de son Crénilabre masse, ou massa, dont le corps est comprimé, ovale, assez allongé. La hauteur du tronc est comprise trois fois et trois quarts à quatre fois dans la longueur totale.

Ordinairement la tête est un peu moins haute que longue; sa longueur mesure le quart environ de la longueur totale. Le museau est arrondi. La bouche est peu fendue; les lèvres sont assez épaisses. Les dents incisives sont à peu près égales, non proclives.

Le diamètre de l'œil, chez les adultes, fait à peine le cinquième de la longueur de la tête; il est égal aux trois cinquièmes de l'espace préorbitaire.

Jamais les crénelures ne dépassent l'angle inférieur et postérieur de préopercule; elles ne se montrent que sur le bord postérieur de l'os. Les écailles de la joue sont assez grandes; elles paraissent toujours disposées sur deux rangées seulement.

La ligne latérale est rapprochée du dos. Éc., l. long. 32; l. transv. $\frac{2}{9} + 1 = 12$. A la dorsale, il y a treize à quinze rayons épineux, et neuf ou dix rayons mous.

Br. 5. — D. 13 à 15/9 ou 10 ; A. 3/9.

La dorsale est, à la base, d'un rose jaunâtre assez clair, avec des taches roussâtres; plus haut, elle présente une large bande verdâtre ou bleuâtre, teintée de brun; elle porte en avant une tache noire qui, bien distincte surtout dans le premier espace intraradiaire, diminue, disparaît même quelquefois au milieu du second espace intraradiaire. L'anale est blanchâtre à la base, verdâtre dans le reste de son étendue, avec quelques macules brunâtres. La caudale est verdâtre et pointillée de brun. La pectorale est d'une teinte jaune clair; elle est marquée à la base d'une tache foncée, de forme arquée, ne s'étendant pas ordinairement sur les rayons inférieurs. La ventrale a les rayons jaunâtres, et les espaces intraradiaires verdâtres.

La teinte du corps est assez variable, tantôt d'un gris jaunâtre ou verdâtre, tantôt d'un brun rougeâtre plus clair sur les flancs; le dos et les côtés sont semés de macules brunâtres; au-dessus de la ligne latérale, s'étendent deux bandes longitudinales brunâtres plus ou moins marquées; le ventre et la gorge sont jaunâtres; la bouche est aussi jaunâtre et l'espace interorbitaire noirâtre. Une large bande brunâtre descend du bord postérieur et inférieur de l'orbite, et vient rejoindre sous la gorge celle du côté opposé, en formant une espèce de mentonnière ou plutôt de jugulaire; en avant, sous la mâchoire inférieure se voit une autre bande noirâtre. Les joues, qui sont d'un jaune verdâtre, portent quelques bandes brunâtres. Sur le

tronçon de la queue, au-dessous de la ligne latérale, est une
large tache noirâtre, ou d'un bleu très-foncé, qui s'étale un peu
sur les rayons de la caudale, et joint en dessous celle du côté
opposé, figurant comme une sorte de demi-embrasse ; elle est
moins prononcée chez les femelles et chez les jeunes ; suivant
Günther, elle manque souvent ; je ne partage pas cette opinion,
j'ai toujours constaté la présence de cette tache sur les très-
nombreux spécimens que j'ai examinés. L'anus est tantôt
bleuâtre, tantôt pâle. Parfois la teinte générale est d'un vert
uniforme, sans aucune tache, excepté sur la partie antérieure de
la dorsale, et sur le tronçon de la queue.

Habitat. Méditerranée, commun, Nice, Toulon, Marseille, Cette. Océan,
j'ai trouvé ce Crénilabre dans le golfe de Gascogne ; Bayonne ; il est assez
commun à Arcachon.

Proportions : long. totale 0,153 ; tronc, haut. 0,039.

Tête, long. 0,038, haut. 0,033. — Œil, diam. 0,007, esp. préorbit. 0,012,
esp. interorbit. 0,009.

GENRE SUBLET — *CORICUS*, Cuv.

Tête allongée ; museau proéminent ; bouche très protractile ; mâchoires
à dents sur une seule rangée.

Appareil branchial ; préopercule dentelé ; pièces operculaires et joues
écailleuses ; cinq rayons branchiotèges.

Nageoires ; dorsale composée de quatorze à seize aiguillons et d'une
dizaine de rayons mous ; anale à trois épines et neuf ou dix rayons mous.

LE SUBLET GROIN — *CORICUS ROSTRATUS.*

Syn. : Lutjanus rostratus, Bloch. pl. 254, fig. 2.

Lutjan groin, Lutjanus rostratus, Lacép., t. X, p. 57.

Lutjan verdâtre, Lutjanus virescens, Riss., *Ichth.*, p. 280.

Lutjan Lamarck, Lutjanus Lamarckii, Riss., *Ichth.*, p. 281, fig. 29.

Coricus virescens, C. Lamarckii, C. rubescens, Sublet verdâtre, S. de Lamarck,
S. rougeâtre, Riss., *Hist. nat.*, p. 332-333.

Le Sublet groin, Coricus rostratus, Cuv. et Valenc., t. XIII, p. 256, pl. 376 (Sublet
Lamarck), *Rég. an. ill.*, pl. 88, fig. 1, 1ᵃ, 1ᵇ ; Guichen, *Expl. Algér.*, p. 89.

Coricus rostratus, CBp., *Cat.*, n° 771 ; Nordm., *Fn. pontiq.*, p. 463, pl. 20, fig. 2.

Coricus virescens, CBp., *Fn. ital.*, fig.

Crenilabrus rostratus, Günth., t. IV, p. 86 ; Canestr., *Fn. Ital.*, p. 69.

N. Vulg : Sublaire, Nice ; Sublaïré, Cette ; Barre-stret (bouche étroite),
Port-Vendres.

Long. : 0,08 à 0,12.

Il semble vraiment extraordinaire que ce petit poisson soit resté inconnu à Bélon, à Rondelet, à Brünnich. Le corps est comprimé, ovale ou plutôt en forme de parallélogramme, couvert d'assez grandes écailles. La hauteur du tronc est comprise trois fois et demie, rarement quatre fois dans la longueur totale. Il y a une trentaine de vertèbres, $13 + 18$ (CV.). L'appendice génito-urinaire est fort développé; il est conique, de teinte bleuâtre.

Généralement la tête est d'un tiers environ plus longue que haute; sa longueur est contenue trois fois à trois fois et demie dans la longueur totale; elle se termine en un museau relevé et pointu. La bouche est très-protractile en raison de la longueur de la branche montante de l'intermaxillaire, qui est deux fois plus grande que la branche dentaire. Les lèvres, assez minces, forment de chaque côté des mâchoires une large bordure membraneuse. La mandibule est légèrement relevée, quand la bouche est fermée; elle est un peu plus avancée que la mâchoire supérieure; elles portent l'une et l'autre une rangée de petites dents aiguës, régulières.

Tantôt l'iris est rougeâtre, tantôt il est d'un jaune doré. L'œil est placé vers le profil supérieur de la tête. Son diamètre mesure à peu près le cinquième de la longuéur de la tête, la moitié de l'espace préorbitaire.

Les orifices de la narine sont éloignés de l'extrémité du museau; l'antérieur est très-étroit; le postérieur est un peu plus grand; il est ovale, placé vers le bord supérieur de l'orbite.

La fente des ouïes s'avance à peu près jusque sous le bord postérieur de l'orbite. Les dents pharyngiennes sont petites et grenues. Le bord postérieur du préopercule est finement dentelé; le bord inférieur est lisse, mince. D'après Valenciennes, les écailles de la joue sont disposées sur deux rangées; chez un sujet de grande taille, j'en compte trois rangées d'un côté, et quatre de l'autre.

Rapprochée du profil supérieur, dont elle suit la courbure jusqu'à la terminaison de la dorsale, la ligne latérale devient droite sur le tronçon de la queue. Éc., l. long. 30 ; l. transv. $\frac{3}{10} + 1 = 14$.

La dorsale a le plus souvent quinze aiguillons et dix rayons mous. La caudale est arrondie.

Br. 5. — D. 14 à 16/10 ; A. 3/9 ; C. 13 ; P. 12 ; V. 1/5.

Rien de plus variable que le système de coloration ; d'après la livrée des animaux, Risso pensait avoir sous les yeux plusieurs espèces distinctes, auxquelles il donnait des noms en rapport avec la teinte générale ; il avait le Sublet verdâtre, le Sublet rougeâtre ; il appelait Sublets Lamarck, tous les individus qui n'avaient pas une couleur bien tranchée, soit verdâtre, soit rougeâtre. Les teintes les plus ordinaires sont : le rouge orangé, verdâtre avec des points rouges ; jaune vert avec des points plus foncés ; vert plus ou moins clair, bleuâtre sur le dos avec des points rouges ; brun rougeâtre avec des points brun marron, et une bande de points brunâtres allant de l'œil à la fin de la courbure de la ligne latérale. Chez certains individus, il y a une tache noire sur le commencement de la dorsale.

Habitat. Méditerranée, très-commun, Nice ; assez commun, Toulon, Marseille ; rare, Cette, Port-Vendres,

Proportions : long. totale 0,114 ; tronc, haut. 0,029.

Tête, long. 0,035, haut, 0,022. — Œil, diam. 0,007, esp. préorbit. 0,014, esp. interorbit. 0,006,

GENRE CTÉNOLABRE — *CTENOLABRUS*, Valenc.

Corps oblong, comprimé, couvert d'assez grandes écailles.

Tête longue ; bouche petite ; mâchoires garnies de dents sur plusieurs rangées, une série externe formée de dents coniques assez fortes, en dedans ou en arrière une bande de petites dents en velours.

Appareil branchial ; préopercule dentelé ; joues et pièces operculaires écailleuses ; cinq rayons branchiostèges.

Nageoires ; dorsale ayant seize à dix-huit aiguillons et sept à douze rayons mous ; anale à trois épines et sept à dix rayons mous ; les épines de la dorsale, et celles de l'anale portent des lambeaux cutanés.

Le genre Cténolabre comprend deux espèces :

Tache sur le commencement de la dorsale	noire ; A. 3/7 ou 8.......	1. C. DES ROCHES.
	nulle ; A. 3/10..........	2. C. IRIS.

LE CTÉNOLABRE DES ROCHES,

CTENOLABRUS RUPESTRIS.

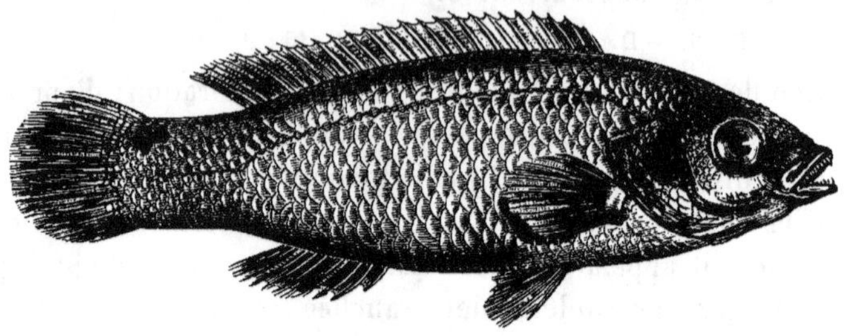

Fig. 138.

Syn. : Labrus rupestris, Linn., p. 478, sp. 27 ; Arted. Walb., pars 3ª, p. 252 ; Fries et Ekström, *Skand. Fisk.*, pl. 9.

Lutjanus rupestris, Bloch, pl. 250, fig. 1.

Le Cténolabre des roches, Ctenolabrus rupestris, Cuv. et Valenc., t. XIII, p. 223 ; Guichen., *Expl. Algér.*, p. 88.

Ctenolabrus rupestris, CBp., *Cat.*, n° 766 ; Günth., t. IV, p. 89.

Jago's Goldsinny, Yarr., t. I, p. 509 ; Couch, t. III, p. 47.

Long. : 0,10 à 0,15.

De forme oblongue, le corps du Cténolabre des roches a des proportions assez variables. La hauteur du tronc, qui fait en général le double de l'épaisseur, est contenue trois fois et demie à quatre fois et demie dans la longueur totale.

Ordinairement la tête est un peu plus longue que haute ; sa longueur est comprise trois fois et deux tiers à quatre fois dans la longueur totale. Des pores assez larges se montrent sur la région supérieure du crâne et sur l'espace interorbitaire, qui est nu. La bouche est peu fendue, protractile. La mâchoire supérieure est un peu moins avancée que la mandibule ; elles sont munies, l'une et l'autre, de quatre incisives crochues, plus longues et plus fortes que les autres dents ; elles portent, sur les côtés, une rangée de dents assez petites, légèrement crochues ; en dedans de cette première série, il y a une bande étroite de dents excessivement fines, parfois peu distinctes.

L'iris est argenté. Le diamètre de l'œil fait environ le quart de la longueur de la tête.

Les ouvertures de la narine sont assez éloignées l'une de l'autre ; elles sont étroites ; l'orifice antérieur est légèrement tubuleux.

Différents spécimens, que j'ai examinés, ont le préopercule dentelé sur le bord postérieur seulement. L'interopercule a généralement plusieurs rangées d'écailles en arrière, et une seule en avant. Les joues sont couvertes de quatre ou cinq séries d'écailles.

La ligne latérale suit le profil supérieur du corps jusqu'à la fin de la dorsale, puis elle s'abaisse, gagne le milieu du tronçon de la queue, et reste droite jusqu'à sa terminaison. Éc., l. long. 34 à 38 ; l. transv. $\frac{3}{10\ \text{à}\ 12} + 1 = 14$ à 16.

Généralement la dorsale est soutenue par dix-sept aiguillons et huit à dix rayons mous. L'anale a sa troisième épine plus forte, et plus longue que les deux précédentes ; elle compte sept ou huit rayons mous. La caudale est coupée carrément avec les angles arrondis. Le tronçon de la queue a une hauteur égale à la distance, qui sépare la base de la dorsale de celle de la caudale. Les pectorales sont arrondies, assez larges ; elles sont insérées sur le tiers inférieur de la hauteur du corps, au-dessous de l'angle de l'opercule.

Br. 5. — D. 16 à 18/8 à 10 ; A. 3/7 ou 8 ; C. 13 à 15 ; P. 14 ; V. 1/5.

La dorsale est d'un gris verdâtre, avec une tache noirâtre sur les trois ou quatre premiers espaces intraradiaires ; quelquefois dans le quatrième espace intraradiaire, au lieu d'une tache, il n'y a qu'une petite bandelette noire. L'anale et la caudale sont verdâtres. La pectorale est rougeâtre avec une bande verdâtre, et une bande noirâtre à la base. La ventrale est d'un vert pâle. La teinte des nageoires paraît variable. Le corps est d'un gris rosé sur le dos, ou d'un rouge verdâtre, d'un blanc rosé sous le ventre. Il y a sur les côtés dix à douze bandes longitudinales d'un gris verdâtre ou brunâtre ; elles sont parfois traversées par d'autres bandes verticales, mal limitées, d'un brun plus ou moins foncé ; ces bandes disparaissent assez promptement, ou du moins s'effacent en partie. Une tache noire bien marquée se trouve sur le haut du tronçon de la queue. Parfois il existe une macule noirâtre sur l'opercule. Les poissons conservés dans un aquarium semblent avoir des teintes différentes, ainsi que j'ai eu l'occasion de le constater soit au Havre, soit à Arcachon. Chez l'un d'eux le dos était gris rosé, le ventre, blanc légèrement rosé ; les bandes longitudinales brunâtres étaient peu marquées ; les bandes verticales manquaient entièrement ; les nageoires étaient pâles ; il y avait sur la tête une bande brunâtre allant de l'œil au museau ; la tache de la dorsale, et celle du tronçon de la queue étaient bien dessinées. Je n'ai pu distinguer, le long des côtés, ces deux rangées de taches qui, d'après Fries et Ekström, paraissent ou disparaissent suivant que l'animal est tranquille ou tourmenté.

Habitat. Ce poisson est fort rare sur nos côtes. Manche, le Havre, Saint-Malo. Océan, Arcachon. Méditerranée, Cette, Marseille.

Proportions : long. totale 0,111 ; tronc, haut. 0,027, épais. 0,014.

Tête, long. 0,030, haut. 0,024. — Œil, diam. 0,008, esp. préorbit. 0,010, esp. interorbit. 0,007. — Mâchoire supérieure, long. 0,008.

Caudale, long. 0,017 ; pectorale, long. 0,015 ; ventrale, long. 0,013.

Var. : *Le Cténolabre bordé, Ctenolabrus marginatus.*

Syn. : Le Cténolabre bordé, Ctenolabrus marginatus, Cuv. et Valenc., t. XIII, p. 232.

Ctenolabrus marginatus, CBp., *Cat.*, n° 767 ; Günth., t. IV, p. 89 ; Canestr., *Fn. Ital.*, p. 70.

Le Cténolabre bordé est une simple variété du Cténolabre des roches ; l'examen attentif, que nous avons fait du type décrit par Valenciennes, ne nous laisse aucun doute à cet égard.

La dorsale porte, à la partie antérieure, une tache noire qui se prolonge jusqu'à la sixième épine. Une tache noirâtre se voit à la base de la pectorale. Les nageoires impaires sont bordées de noir. La région supérieure du corps est jaune verdâtre, la région inférieure est blanchâtre. Une tache noire, plus ou moins dessinée, marque l'opercule. Il existe une tache noire sur le tronçon de la queue.

Habitat. Méditerranée, Toulon, Marseille.

LE CTÉNOLABRE IRIS — *CTENOLABRUS IRIS.*

Syn. : Le Cténolabre iris, Ctenolabrus iris, Cuv. et Valenc., t. XIII, p. 236, pl. 374. Ctenolabrus iris, CBp., *Cat.*, n° 770, *Fn. ital.*, fig.; Günth., t. IV, p. 90 ; Canestr., *Fn. Ital.*, p. 70.

Long. 0,10 à 0,13.

A première vue ce poisson ressemble plus à un Sublet qu'à un Cténolabre. Il a le corps allongé, demi-elliptique, à profil supérieur arqué, à profil inférieur presque droit. La hauteur du tronc mesure environ le cinquième de la longueur totale.

La longueur de la tête est comprise trois fois et trois quarts à quatre fois dans la longueur totale. Les écailles, qui couvrent la partie supérieure du crâne, s'avancent jusque dans le milieu de l'espace interorbitaire. Le museau est allongé, étroit. La bouche est protractile. A chacune des mâchoires il y a quatre incisives crochues, relativement longues; les dents latérales sont fines, pointues, égales ; en arrière des canines sont de fort petites dents, qui semblent grenues.

L'orbite entame le profil supérieur de la tête. L'iris paraît d'un rouge cuivré. Le diamètre de l'œil est contenu trois fois et demie à quatre fois dans la longueur de la tête ; il est sensiblement égal à l'espace préorbitaire.

Chez un sujet de grande taille, je compte trois rangées d'écailles sur l'interopercule. Le préopercule a le bord postérieur finement crénelé ; les dentelures ne dépassent pas l'angle postérieur, qui est arrondi. Les écailles de la joue sont disposées en quatre séries.

La ligne latérale est bien marquée. Éc., l. long. 32 à 34; l. transv. $\frac{3 \text{ ou } 4}{9 \text{ à } 11} + 1 = 13$ à 16.

La dorsale est composée de scize ou dix-sept aiguillons et de dix à douze rayons mous; les derniers rayons, quand ils sont couchés, arrivent assez près de la base de la caudale. L'anale a des épines développées, surtout la seconde et la troisième. La caudale est arrondie, ainsi que la pectorale.

D. 16 ou 17/10 à 12; A. 3/10; C. 5/13/5; P. 14 à 16; V. 1/5.

Les nageoires sont rougeâtres; l'anale et les nageoires paires sont de teinte assez claire. La dorsale porte en général sur les premiers rayons mous une tache noirâtre; chez un individu, elle a une tache noirâtre dans le sixième espace intraradiaire, dans la région épineuse conséquemment. Sur la partie supérieure du tronçon de la queue, il existe une macule noirâtre, ou d'un noir mélangé de roux; cette tache n'est pas constante. Les rayons moyens de la caudale sont marqués d'une tache noirâtre plus ou moins grande, qui s'étale parfois jusqu'à l'extrémité de la nageoire. La coloration générale est d'un rouge écarlate, qui devient plus clair à la région inférieure du corps. Un trait brunâtre part de l'orbite, traverse le battant operculaire, et vient disparaître sur l'épaule. Parfois on voit encore une tache sous la mandibule.

Habitat. Méditerranée, excessivement rare, Cette.

Proportions : long. totale 0,122; tronc, haut. 0,025, épais, 0,011.

Tête, long. 0,033, haut. 0,020. — OEil, diam. 0,009, esp. préorbit. 0,0095, esp. interorbit. 0,006. — Mâchoire supérieure, long. 0,009.

Caudale, long. 0,018; pectorale, long. 0,015; ventrale, long. 0,017.

Les Cténolabres (Ct. des roches et Ct. iris) dont je viens d'indiquer les proportions, ont été l'un et l'autre pêchés à Cette, en 1878. Aucun naturaliste, jusqu'à cette époque, n'avait constaté l'existence du Cténolabre iris sur les côtes de France.

GENRE ACANTHOLABRE — *ACANTHOLABRUS*, Valenc.

Corps oblong, comprimé, couvert d'assez grandes écailles.

Tête longue; dents des mâchoires sur plusieurs rangées, celles de la série externe sont fortes, coniques.

Appareil branchial; préopercule plus ou moins dentelé; pièces operculaires et joues écailleuses; cinq rayons branchiostèges.

Nageoires; dorsale ayant seize à vingt et un aiguillons; anale ayant au moins quatre épines.

L'ACANTHOLABRE PALLONI — *ACANTHOLABRUS PALLONI.*

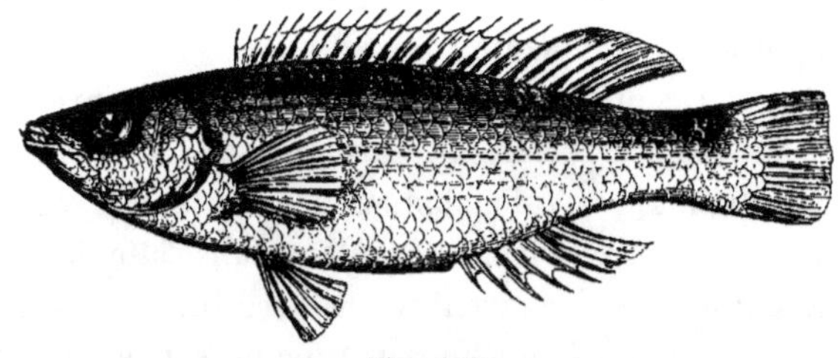

Fig. 159.

Syn. : Lutjan Palloni, Lutjanus Palloni, Riss., *Ichth.*, p. 263.
Crenilabrus exoletus, Crénilabre rosé, Riss., *Hist. nat.*, p. 329.
L'Acantholabre Palloni, Acantholabrus Palloni, Cuv. et Valenc., t. XIII, p. 243, pl. 375.
? L'Acantholabre de Couch, Acantholabrus Couchii, Cuv. et Valenc., t. XIII, p. 248.
Acantholabrus palloni, CBp., *Cat.*, n° 762 ; Günth., t. IV, p. 91 ; Canestr., *Fn. Ital.*, p. 71.
? Acantholabrus couchii, CBp, *Cat.*, n° 764 ; Günth., t. IV, p. 92.
The Scale-rayed Wrasse, Yarr., t. I, p. 514 ; Couch., t. III, p. 38.

N. vulg. : Tenca, Nice.
Long. : 0,15 à 0,20.

Il est présumable que l'Acantholabre palloni et l'Acantholabre de Couch forment une seule et même espèce. Le corps est oblong ; la hauteur qui fait le double de l'épaisseur est contenue quatre fois à quatre fois et un tiers dans la longueur totale. Le nombre des vertèbres est de trente-cinq ou trente-six.

Un peu moins haute que longue, la tête a sa longueur à peu près égale au quart de la longueur totale ; son profil supérieur décrit une courbe assez faible ; la région occipito-frontale est écailleuse. La mandibule est un peu plus avancée que la mâchoire supérieure, qui est légèrement protractile ; en général les incisives, ou les dents antérieures sont plus développées que les autres, elles sont pointues et un peu crochues ; les dents latérales sont aiguës et régulières ; à la rangée interne les dents sont assez fortes.

L'iris semble argenté. Le diamètre de l'œil mesure environ

le quart de la longueur de la tête ; il est à peu près égal à l'espace interorbitaire, qui est couvert d'écailles.

Les orifices de la narine sont arrondis ; l'ouverture postérieure est très-rapprochée de l'orbite.

Toutes les pièces operculaires sont écailleuses. Le préopercule est crénelé sur le bord postérieur, ainsi que sur l'angle inférieur, qui est arrondi ; d'après Valenciennes, les dentelures ne dépassent pas l'angle ; il n'y a rien de constant dans cette disposition, parfois les dentelures s'avancent sur le bord inférieur du préopercule. On compte sur la joue quatre ou cinq rangées d'écailles.

Quant à la ligne latérale, elle est bien marquée ; elle est parallèle à la base de la dorsale ; sur le tronçon de la queue, elle est droite. Éc., l. long. 43 à 45 ; l. transv. $\frac{3}{12} + 1 = 16$.

Ordinairement la dorsale a vingt épines, et huit rayons mous ; elle commence au-dessus de l'insertion de la pectorale. L'anale finit plus tôt que la dorsale ; elle compte le plus souvent cinq épines, quelquefois elle en a quatre seulement, quelquefois, au contraire, elle en a six ; les rayons mous sont au nombre de cinq à huit. La caudale est soutenue par une quinzaine de grands rayons ; elle est carrée, ou légèrement arrondie. Les nageoires impaires ont la base plus ou moins écailleuse. Les pectorales sont assez larges, elles ne sont pas très-longues. Les ventrales sont séparées l'une de l'autre par une longue écaille triangulaire.

Br. 5. — D. 20 ou 21/8 ou 9 ; A. 4 à 6/5 à 8 ; C. 2/13/2 ; P. 15 ; V. 1/5.

Sur le frais, d'après Risso, la dorsale est d'un vert jaunâtre, variée d'obscur ; l'anale est blanche, les ventrales roses, les pectorales jaunâtres. La teinte est bleuâtre ou violacée sur le dos, rose pâle sur les flancs, blanchâtre sous le ventre. La partie dorsale du tronçon de la queue est marquée d'une tache noirâtre ; il existe parfois une macule noire à la base des rayons mous de la dorsale.

Habitat. Méditerranée, assez rare, Nice, Cette. Atlantique ? Probablement, nous l'avons dit, l'*Acantholabre de Couch* (Valenc.) est une variété de l'*Acantholabre palloni* ? La seule différence qui les distingue, est dans le nombre des épines de l'anale ; l'Acantholabre de Couch a six épines à l'anale au lieu de cinq. Mais j'ai rapporté de Nice un Acantholabre qui compte également six épines à l'anale ; j'ai reçu de Cette un individu qui en a quatre seulement ; évidemment ces deux spécimens ne peuvent être considérés comme deux espèces nouvelles.

Proportions : long. totale 0,172 ; tronc, haut. 0,040, épais, 0,021.

Tête, long, 0,042, haut. 0,035. — Œil, diam. 0,0105, esp. préorbit. 0,013, esp. interorbit. 0,011.

Caudale, long. 0,024 ; pectorale, long. 0,024 ; ventrale, long. 0,021.

GENRE GIRELLE — *JULIS*, Cuv.

Corps oblong, comprimé, couvert d'écailles de grandeur variable.

Tête à peu près complétement nue ; mâchoires garnies de dents ; les dents antérieures sont plus longues et plus fortes que les autres.

Appareil branchial ; membranes branchiostèges réunies sous la gorge, soutenues chacune par six rayons.

Nageoires ; dorsale ayant huit ou neuf épines et une douzaine de rayons mous ; anale à trois rayons épineux et onze ou douze rayons mous.

Le genre Girelle comprend trois espèces :

	de plus de 60.	tacheté.....	1. G. COMMUNE.
Écailles de la ligne longitudinale au nombre	Dorsale à 1er espace intraradiaire	sans tache..	2. G. GIOFREDI.
	d'une trentaine...........		3. G. PAON.

LA GIRELLE COMMUNE — *JULIS VULGARIS*.

Syn. : JULIS, Bell., p. 254-256 ; Salvian., p. 219, P. 85, p. 217.

DE LA GIRELLA, Rondel., liv. VI, c. VII, p. 155.

LABRUS JULIS, Linn., p. 476, sp. 15 ; Brunn., *Ichth. Mass.*, p. 54, n° 69 ; Bloch, pl. 287, fig. 1.

LABRE GIRELLE, Labrus julis, Bonnat., p. 108, pl. 52, fig. 199 ; Lacép., t. IX, p. 157 ; Riss., *Ichth.*, p. 227.

JULIS MEDITERRANEA, Girelle méditerranéenne, Riss., *Hist. nat.*, p. 309.

LA GIRELLE COMMUNE, Julis vulgaris, Cuv. et Valenc., t. XIII, p. 361, pl. 384 ; Guichen., *Expl. Algér.*, p. 89.

JULIS MEDITERRANEUS, CBp., *Cat.*, n° 773, *Fn. ital.*, fig.

JULIS VULGARIS, CBp., *Cat.*, n° 774 ? ; Canestr., *Fn. Ital.*, p. 71.

CORIS JULIS, Günth., t. IV, p. 195.

THE RAINBOW WRASSE, Yarr., t. I, p. 521 ; Couch, t. III, p. 49.

N. vulg. : Girella, Nice ; Donzella, Marseille ; Girèla, Cette ; Girelle, Port-Vendres.

Long. : 0,15 à 0,20, quelquefois 0,25.

De forme allongée, le corps de la Girelle commune est régulier ; il est couvert de petites écailles très-lisses. La hauteur du tronc, qui fait environ le double de l'épaisseur, est contenue cinq fois à cinq fois et quart dans la longueur totale. Le nombre des vertèbres est de vingt-cinq, 9 + 16.

Excepté dans la région occipito-pariétale, la tête est complétement nue ; sa longueur est comprise trois fois et trois quarts à quatre fois dans la longueur totale. Le museau est pointu. La bouche est petite, légèrement protractile. Les mâchoires sont égales. A la rangée externe les dents sont coniques, régulières et courtes sur les côtés ; les dents antérieures, qui sont généralement au nombre de deux ou quatre, en haut et en bas, sont des espèces de canines, longues et fortement crochues ; sur le côté interne des mâchoires se trouvent des dents arrondies très-petites. A la mâchoire supérieure, tout à fait en arrière, se montre une dent allongée, à pointe tournée en avant. Le maxillaire supérieur est caché par le sous-orbitaire antérieur.

L'iris est doré. L'œil est arrondi ; son diamètre est contenu de cinq à sept fois dans la longueur de la tête ; il fait la moitié ou les deux tiers de l'espace préorbitaire ; il a, suivant la taille des animaux, une longueur égale ou inférieure à la largeur de l'espace interorbitaire, qui est bombé.

Les ouvertures de la narine sont plus rapprochées de l'orbite que du bout du museau ; elles sont étroites ; l'orifice antérieur est légèrement tubuleux.

Par suite de la réunion des membranes branchiostèges sous la gorge, la fente des ouïes est assez petite ; elle ne dépasse pas le bord postérieur du préopercule. Les pièces operculaires sont complétement nues ; elles sont minces. Le sous-opercule est allongé ; il forme l'angle postérieur du battant operculaire. Les dents pharyngiennes sont arrondies ; sur le milieu de la plaque inférieure, il y a généralement deux ou trois dents plus grosses que les autres, elles sont globuleuses, rangées en file ; la dernière est la plus développée.

La ligne latérale est parallèle à la base de la dorsale ; elle est droite sur le tronçon de la queue. Éc., l. long. 74 à 78 ; l. transv. $\frac{3}{24} + 1 = 28$.

Au-dessus de la pointe du battant operculaire commence la dorsale ; elle a généralement ses trois premières épines un peu plus allongées que les suivantes ; elle compte neuf aiguillons et douze, quelquefois treize rayons mous ; les derniers rayons mous, quand ils sont couchés, arrivent près de l'insertion de la caudale. L'anale prend naissance sous le premier ou sous le deuxième rayon mou de la dorsale ; elle a trois épines minces, grêles, et une douzaine de rayons mous. La caudale est carrée ou légèrement arrondie. Les pectorales sont assez peu développées ; ordinairement plus courtes encore que ces dernières nageoires, les ventrales ont une forme triangulaire.

Br. 6. — D. 9/12 ou 13 ; A. 3/11 ou 12 ; C.'2/14/2 ; P. 13 ; V. 1/5.

La dorsale est marquée sur les deux ou trois premières espaces intraradiaires d'une tache bleu foncé généralement bordée de rougeâtre ; elle est en outre teintée de couleurs variées ; vers la base elle est d'un jaune verdâtre fort clair, souvent nuancé de rose ou de gris dans les espaces intraradiaires ; à la partie supérieure elle porte une bande rougeâtre ou d'un rouge orangé ; la pointe des rayons mous est d'un gris rosé ou bleuâtre. Ordinairement l'anale est d'un rouge orangé assez clair, parfois mêlé de bleu, ou de violet surtout à la pointe des rayons mous ; il y a quelquefois une bande jaunâtre longitudinale à la base de la nageoire. La caudale est d'un gris verdâtre teinté de roux. Les pectorales et les ventrales sont d'un jaune pâle varié de rougeâtre.

Il est impossible d'indiquer les différents systèmes de coloration que présentent ces animaux si richement parés. La partie supérieure de la tête et la région dorsale sont d'un brun bleuâtre, parfois nuancé de rouge. De l'opercule au tronçon de la queue s'étend une large bande dentelée, qui le plus souvent est orange, parfois elle est d'un jaune rosé très-pâle ou rougeâtre ; chez certains sujets de grande taille, cette bande n'est plus dentelée, elle est assez peu distincte de la teinte des flancs, elle reste pâle. Au-dessous de cette bande, et depuis l'épaule jusque vers l'aplomb des premiers rayons mous de la dorsale, se dessine une longue tache, ou plutôt une bande d'un noir bleuâtre, qui empiète souvent sur la bande dentelée, quelquefois elle en est séparée par une ligne azurée. A la suite de cette tache, il y a généralement une bande bleuâtre qui va jusque sur le tronçon de la queue ; parfois la tache et la bande manquent complétement. Les flancs et le ventre sont d'un blanc jaunâtre ou d'un jaune orangé ; la gorge est d'un ton un peu plus clair. Une large ligne d'un bleu d'outremer, quelquefois d'un blanc rosé sur le bord, va de la commissure des lèvres jusque sur l'opercule, et se prolonge, dans certains cas, sur les côtés, au-dessous de la tache brunâtre. L'angle membraneux du battant operculaire porte une petite tache d'un bleu foncé. A partir du bord inférieur de l'orbite, les côtés de la tête sont d'un jaune assez pâle plus ou moins rosé ; le haut de la joue est parfois orangé assez foncé. Chez quelques individus le dos est d'un bleu foncé rougeâtre, et le ventre est orange ; les deux teintes sont séparées par une bande longitudinale d'un orange assez clair ; les nageoires sont rouges ou orangées. J'ai constaté de sensibles différences dans le système de coloration entre les Girelles de Nice et celles de Port-Vendres.

Habitat. Méditerranée, ce poisson est commun à Nice, à Toulon ; très-commun, il m'a semblé, à la Ciotat ; assez commun, Marseille, Cette ; commun à Port-Vendres. Océan, très-rare, golfe de Gascogne, Arcachon ; côtes du Poitou.

Proportions : long. totale 0,152 ; tronc, haut. 0,029, épais. 0,017.

Tête, long. 0,039, haut. 0,028. — Œil, diam. 0,007, esp. préorbit. 0,011, esp. interorbit. 0,007. — Mâchoire supérieure, long. 0,010.

Caudale, long. 0,019 ; pectorale, long. 0,021 ; ventrale, long. 0,015.

Var. : *La Girelle élégante, Julis speciosa.*

Syn. : Julis speciosa, Girelle élégante, Riss., *Hist. nat.*, p. 311, fig. 20 ; Cuv. et Valenc., t. XIII, p. 375 ; Guichen., *Expl. Algér.*, p. 90.
? Julis speciosus, CBp., *Cat.*, n° 776.

Chez un spécimen de cette variété, j'ai trouvé, dans les lignes longitudinales, seulement soixante-sept à soixante-dix écailles.

Ordinairement la dorsale a ses premiers rayons de même longueur que les suivants; les ventrales finissent en même temps que les pectorales.

La dorsale est jaunâtre, elle porte sur les premiers rayons une tache bleu indigo, ocellée de rouge clair. L'anale est jaunâtre, avec une bande longitudinale violacée. La caudale est d'un vert jaunâtre. Une tache bleue marque l'aisselle de la pectorale. Les ventrales sont blanchâtres. La coloration est rouge brunâtre sur le dos et sur les flancs, qui sont traversés par des bandes verticales, les unes jaunes, les autres rougeâtres. La tête est d'une teinte argentée, avec des lignes rougeâtres et des raies jaunâtres.

Habitat. Très-rare, Nice, Cette.

LA GIRELLE GIOFREDI — *JULIS GIOFREDI.*

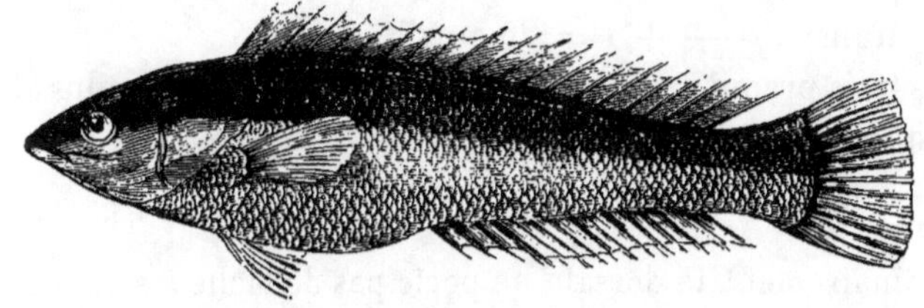

Fig. 160.

Syn. : Labrus julis, Brunn., *Ichth. Mass.*, p. 55, b. *variet.*, n° 69.
Labre Giofredi, Labrus Giofredi, Riss., *Ichth.*, p. 228, pl. 9, fig. 23.
Girelle Giofredi, Julis Giofredi, Riss., *Hist. nat.*, p. 310; Cuv. et Valenc., t. XIII, p. 371, pl. 385; Guichen., *Expl. Algér.*, p. 89.
Julis Giofredi, CBp., *Cat.*, n° 775, *Fn. ital.*, fig. ; Canestr., *Fn. Ital.*, p. 72.
Coris Giofredi, Günth., t. IV, p. 197.

Long. : 0, 15 à 0,20, quelquefois 0,25.

Brünnich regardait cette espèce comme une variété de la Girelle commune, à laquelle effectivement elle ressemble beaucoup par la forme et les proportions du corps; mais elle paraît avoir des écailles plus petites et plus nombreuses que celles de la Girelle commune. La hauteur du tronc est comprise quatre fois et trois quarts à cinq fois et deux tiers dans la longueur totale. Il y a vingt-cinq vertèbres, 10 + 15.

La longueur de la tête est contenue trois fois et trois quarts à quatre fois dans la longueur totale. Le museau est légèrement conique; la bouche petite. La mâchoire supérieure est un peu plus avancée que la mandibule; elles ont toutes les deux, en avant, des dents plus développées que les autres. La mâchoire supérieure porte en arrière une espèce de canine assez forte, moins crochue que dans la Girelle commune.

L'iris est rougeâtre. Le diamètre de l'œil fait le cinquième ou le sixième de la longueur de la tête; chez les sujets de moyenne taille, il est d'un tiers environ moins grand que l'espace préorbitaire.

Très-rapprochée du profil tergal en avant, la ligne latérale, arrivée sous les derniers rayons mous de la dorsale, s'abaisse presque verticalement vers le milieu de la hauteur du corps, et se continue directement sur le tronçon de la queue. Éc., l. long. 80; l. transv. $\frac{4}{21 \text{ ou } 22} + 1 = 26$ ou 27.

Les trois premières épines de la dorsale ne sont pas plus allongées que la quatrième. L'anale est régulière.

Br. 6. — D. 9/12 ou 13; A. 3/12; C. 14; P. 14; V. 1/5.

Ordinairement la dorsale ne porte pas de tache à sa partie antérieure; elle est d'un orangé très-clair ou rouge jaunâtre, avec un liséré bleu assez pâle. L'anale est d'un rouge ou d'un orangé assez clair avec une bordure bleu clair. Les autres nageoires sont d'un jaune pâle varié de rose; parfois les ventrales sont gris rosé. Une tache d'un bleu plus ou moins foncé se montre souvent à la base des rayons supérieurs de la pectorale. L'angle postérieur du battant operculaire est marqué d'une tache bleue.

Il est inutile de chercher à donner une description complète du système de coloration, qui semble varier suivant le développement des animaux, suivant leur habitat. Chez les Girelles de Port-Vendres, la partie supérieure de la tête et la région dorsale sont d'un brun rougeâtre; sur les côtés, est une bande qui s'étend de la commissure de la bouche à la caudale, elle est assez large, blanchâtre ou d'un blanc rosé, parfois coupée par de petites lignes courbes d'un ton plus foncé ; au-dessous de cette bande, le corps est d'un jaune clair rosé ; le ventre est blanc lilas. La partie inférieure de la tête, la mandibule, et l'interopercule sont d'un jaune rougeâtre. Chez les Girelles de Nice, la partie supérieure de la tête et du corps est d'un rouge assez clair, quelquefois rose couleur chair, quelquefois rouge bleuâtre ; le ventre et les côtés sont d'un blanc bleuâtre ; dans l'intervalle des deux teintes, ou plutôt sur la région latérale se voient plusieurs bandes longitudinales bien marquées. Le plus souvent une bande brunâtre s'étend du bout du museau jusqu'à la courbure de la ligne latérale ; elle est interrompue au niveau de l'œil et au niveau de la tache du battant operculaire. Au-dessous de l'œil, et jusqu'à l'angle du battant operculaire, existe une bandelette blanchâtre, qui est continuée sur le corps par une autre petite bande azurée, n'atteignant pas la courbe de la ligne latérale. Une bande blanchâtre va de l'extrémité du museau à la racine de la caudale ; elle est échancrée au niveau du bord inférieur de l'orbite ; sur le tronçon de la queue, elle reste au-dessous de la ligne latérale. Enfin une bande jaunâtre commence à la mâchoire inférieure et se porte jusqu'à l'aplomb du tiers postérieur de l'anale, parfois même elle arrive à la base de la caudale. A Saint-Jean-de-Luz, j'ai trouvé des Girelles qui étaient d'une teinte rougeâtre devenant rosée sous le ventre ; sur le côté elles avaient une bande noirâtre allant de la tache de l'opercule à la caudale, au-dessous une bande rouge clair, plus bas une bande jaunâtre s'étendant de l'épaule à l'origine de la caudale. Une bande rougeâtre s'avançait du bord postérieur de l'opercule à l'angle de la bouche ; de cette bande s'en détachaient deux autres qui, passant sous la gorge, allaient rejoindre celles du côté opposé, et formaient ainsi une espèce de mentonnière.

Habitat. Méditerranée, cette Girelle est commune à Nice, à Toulon ; assez rare, Marseille, Cette ; elle est très-commune à Port-Vendres. Océan, golfe de Gascogne, assez rare, Saint-Jean-de-Luz.

Proportions : long. totale 0,150 ; tronc, haut. 0,032, épais. 0,014.

Tête, long. 0,039, haut. 0,030. — Œil, diam. 0,006, esp. préorbit. 0,010, esp. interorbit. 0,006. — Mâchoire supérieure, long. 0,011.

Caudale, long. 0,023 ; pectorale, long. 0,023 ; ventrale, long. 0,017.

Var. : *La Girelle coquette, Julis festiva*, Valenc.

Syn. : La Girelle coquette, Julis festiva, Cuv. et Valenc., t. XIII, p. 374 ; Guichen., *Expl. Algér.*, p. 90.

Les nageoires sont rouges ; la caudale seule, écrit Valenciennes, est bordée d'orangé. La dorsale a ses premiers rayons égaux aux suivants ; elle porte une tache bleue triangulaire dans le deuxième espace intraradiaire. Sur une des Girelles que j'ai rapportées de Port-Vendres, la tache de la dorsale est d'un bleu pâle ou bleu verdâtre. Quant à la coloration du corps, elle est la même que celle qui se montre chez les Girelles de Saint-Jean-de-Luz.

Habitat. Cette Girelle a été prise à Brest, sur la fin de mai 1826 (Valenc.).

D'après Valenciennes, c'est bien évidemment à cette espèce qu'il faut rapporter le *Labrus julis* de Donovan. L'*Intented-striped Wrasse* (Donov., *Brit. Fish.*, pl. 96.) semble plutôt une variété de la Girelle commune.

LA GIRELLE PAON — *JULIS PAVO*.

Syn. : Labrus pavo, Hasselquist, *Iter Palæstin.*, p. 344, n° 77 ; Arted. Walb., pars 3ᵃ, p. 233.

Le Labre paon, Labrus pavo, Lacép., t. IX, p. 150.

Labre Hébraïque, Labrus Hebraicus, Riss., *Ichth.*, p. 232.

Julis turcica, Girelle turque, Riss., *Hist. nat.*, p. 312, fig. 21.

La Girelle paon, Julis pavo, Cuv. et Valenc., t. XIII, p. 377, pl. 386, *Règ. an. ill.*, pl. 87, fig. 1 ; Guichen., *Expl. Algér.*, p. 90.

Chlorichthys pavo, CBp., *Cat.*, n° 777.

Julis turcica, Lowe, *Fish. Madeira*, p. 1 ; Canestr., *Fn. Ital.*, p. 72.

Julis pavo, Günth., t. IV, p. 179.

N. vulg. : Girella turca, Nice.

Long. : 0,15 à 0,20.

Dans son *Voyage en Palestine*, Hasselquist a fort bien décrit cette espèce, sous le nom de *Labrus pavo*. Le corps est oblong, comprimé, couvert de grandes écailles minces, très-adhérentes. La hauteur du tronc est comprise quatre fois à quatre fois et demie dans la longueur totale.

La tête est à peine moins haute que longue ; sa longueur est

égale à la hauteur du tronc. Le museau est avancé. La bouche
est petite. Les mâchoires ont, sur le devant, chacune deux dents
plus longues et plus fortes que les autres ; l'intermaxillaire ne
porte pas de canine en arrière, mais il se termine par une espèce
de crochet à pointe dirigée en bas.

Tantôt l'iris est bleuâtre, tantôt il est d'un jaune verdâtre. Le
diamètre de l'œil mesure à peine le sixième de la longueur de la
tête, la moitié de l'espace préorbitaire.

La ligne latérale est rapprochée du profil supérieur qu'elle suit
jusque sous la fin de la dorsale, puis elle s'infléchit et se continue
directement sur le tronçon de la queue. Éc., l. long. 29 à 31 ;
l. transv. $\frac{2 \text{ ou } 3}{10} + 1 = 13$ ou 14.

Au-dessus de la base des pectorales, commence la dorsale, qui
est régulière, basse en avant surtout ; elle est soutenue par huit
épines et une douzaine de rayons mous. L'anale prend naissance
sous le troisième rayon de la dorsale, elle compte une douzaine
de rayons mous, plus trois aiguillons, et non deux comme l'indique Günther ; la première épine est courte, plus ou moins enfoncée dans la peau. La caudale est arrondie chez les jeunes
animaux, profondément échancrée, ou fourchue, dans les sujets
de grande taille ; elle a treize ou quatorze rayons principaux ; le
lobe supérieur est le plus allongé. Les pectorales ont une quinzaine de rayons. Les ventrales sont très-courtes.

Br. 6. — D. 8/12 ou 13 ; A. 3/11 ou 12 ; C. 13 ou 14 ; P. 15 ; V. 1/5.

La dorsale est verte, mais à partir de son troisième aiguillon,
elle est en grande partie couverte d'une bande longitudinale
d'un bleu plus ou moins foncé ; sur un spécimen, j'ai vu la dorsale rosée à la base, parcourue par une bande longitudinale
noirâtre, et bordée d'un liséré blanchâtre. L'anale porte à la
base une bande bleuâtre ou d'un violet très-foncé, dans sa partie
moyenne elle est blanchâtre, vers le bord elle est verte. La caudale est marquée de lignes vertes et rouges ; ses rayons externes
sont d'un rouge brunâtre. La pectorale montre une tache jaunâtre à la base, et une large tache d'un bleu noirâtre à l'extré-

mité ; la teinte de ses taches contraste vivement avec la coloration de la nageoire, qui est verdâtre. La ventrale est blanchâtre ou d'un vert très-pâle.

Le système de coloration est variable ; un trait vertical rougeâtre tranche, sur beaucoup d'écailles avec la teinte générale qui est verdâtre ; ce trait manque souvent sur les écailles, qui sont placées vers le tiers moyen des pectorales, et le corps semble entouré d'une bande verdâtre, légèrement oblique, venant des trois premiers aiguillons de la dorsale. D'autres bandes en ceinture peuvent se montrer sur diverses parties du corps, lorsque les traits verticaux rougeâtres viennent à manquer ou à s'effacer. Des bandes azurées partent du pourtour de l'orbite ; l'une d'elles se dirige en avant, vers la commissure de la bouche ; d'autres vont sur les pièces operculaires, ou traversent la région supérieure de la tête.

Habitat. Méditerranée, assez rare, Nice.

Proportions : long. totale 0,183 ; tronc, haut. 0,042, épais. 0,015.

Tête, long. 0,042, haut. 0,039. — Œil, diam. 0,0065, esp. préorbit. 0,014, esp. interorbit. 0,010. — Mâchoire supérieure, long. 0,010.

Caudale, long. (lobe supérieur) 0,040 ; pectorale, long. 0,027 ; ventrale, long. 0,016.

GENRE RASON — *XYRICHTHYS*, Cuv.

Corps oblong, très-comprimé, couvert de grandes écailles.

Tête tranchante, plus haute que longue, à profil antérieur plus ou moins vertical, à peu près complétement nue ; mâchoires à dents sur une seule rangée.

Appareil branchial ; préopercule lisse ; joue et pièces operculaires peu ou pas écailleuses ; six rayons branchiostèges.

Ligne latérale interrompue sous la fin de la dorsale.

Nageoires ; dorsale ayant généralement neuf aiguillons et une douzaine de rayons mous.

LE RASON ORDINAIRE — *XYRICHTHYS NOVACULA*.

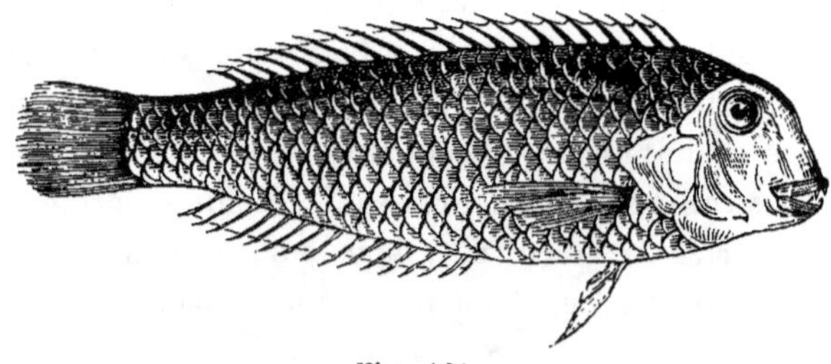

Fig. 161.

Syn. : Du Rason, *Novacula*, Rondel., liv. V, c. xvii, p. 130.
Pesce pettine, Salvian., p. 217, P. 83.
Novacula piscis, Gesner, p. 741 ; Willugh., p. 214, pl. O. 2, fig. 2.
Coryphæna novacula, Linn., p. 447, sp. 4 ; Rosenthal, *Ichthyotom. Taf.*, pl. 12, fig. 2.
Le Rason, Coryphæna novacula, Bonnat., p. 59, pl. 33, fig. 127.
Le Coryphène rasoir, Coryphæna novacula, Lacép., t. VIII, p. 284 ; Riss., *Ichth.*,
p. 181.
Novacula coryphæna, Rason coryphène, Riss., *Hist. nat.*, p. 334.
Rason, Cuv., *Mém. Muséum*, 1815, t. I, p. 324, pl. 16, fig. 4, tête.
Le Rason ordinaire, Xyrichthys cultratus, Cuv. et Valenc., t. XIV, p. 37, pl. 391,
Règ. an. ill., pl. 89, fig. 3 ; Guichen., *Expl. Algér.*, p. 91.
Xyrichthys novacula, CBp., *Cat.*, n° 779 ; Canestr., *Fn. Ital.*, p. 72.
Novacula cultrata, Günth., t. IV, p. 169.

N. vulg. : Rasoir, Rason, Provence, Languedoc ; Rat de mer, Cette.
Long. : 0,15 à 0,20, quelquefois 0,30.

Sa forme comprimée a fait comparer ce poisson à une lame
de rasoir. Le corps est couvert de grandes écailles, minces,
lisses ; il diminue graduellement de hauteur de la ceinture scapulaire à l'insertion de la caudale. Le dos paraît tranchant, à
profil presque droit ; le profil abdominal est un peu plus arqué.
La hauteur du tronc, qui fait trois fois et demie à quatre fois
l'épaisseur, est comprise trois fois à trois fois et demie dans la
longueur totale. Les vertèbres sont au nombre de vingt-cinq,
9 + 16 (CV.).

La tête est plus haute que longue ; elle est fort comprimée ; de
la nuque au museau, elle est très-mince ; sa longueur est contenue trois fois et trois quarts à quatre fois et quart dans la longueur totale ; le profil supérieur, jusqu'au prolongement du

diamètre horizontal de l'œil, dessine un quart de cercle ; le profil antérieur tombe presque verticalement. La bouche est placée vers le profil inférieur ; elle est petite, horizontale. Les mâchoires sont à peu près égales ; de chaque côté, elles ont une dizaine de petites dents pointues et légèrement crochues ; en avant, elles sont armées l'une et l'autre de deux canines longues et fortes ; les canines supérieures sont crochues, fort pointues, elles sont écartées, et reçoivent, dans leur intervalle, les canines inférieures, qui sont également pointues, mais un peu moins crochues.

Ordinairement l'iris est rougeâtre. L'œil est placé vers le quart supérieur de la hauteur de la tête. Son diamètre est compris quatre fois et demie à cinq fois et demie dans la longueur de la tête ; il mesure le tiers ou la moitié de l'espace préorbitaire.

Les orifices de la narine sont fort étroits, très-rapprochés l'un de l'autre et de l'orbite.

En arrière le battant operculaire se termine par une large membrane triangulaire, qui se prolonge au-dessus de l'insertion de la pectorale. Il y a quelques écailles vers le bord supérieur de l'opercule. L'interopercule est une lame très-mince ; il recouvre la membrane branchiostège, il vient sous la gorge rejoindre, ou peu s'en manque, celui du côté opposé.

Sous les derniers rayons mous de la nageoire du dos, la ligne latérale est interrompue ; sa partie antérieure, fort rapprochée du profil supérieur, est composée ordinairement de vingt écailles ; sa partie postérieure, qui est formée de huit écailles, est placée sur le milieu de la hauteur du tronçon de la queue. Éc., l. long. 28 ; l. transv. $\frac{2}{8} + 1 = 11$; Valenciennes indique seulement vingt-six écailles dans une ligne longitudinale.

La dorsale est longue ; elle commence sur la nuque, en avant de la fente branchiale ; elle est régulière ; elle est basse surtout dans la partie épineuse ; ses aiguillons, au nombre de neuf le plus souvent, sont grêles, et même les deux premiers sont flexibles ; il y a une douzaine de rayons mous, assez peu développés. L'anale est composée de trois épines et de douze rayons mous, qui sont semblables à ceux de la dorsale. Le tronçon de la queue paraît avoir un peu plus de hauteur que de longueur. La caudale est carrée, avec les angles arrondis ; elle a des écailles à la base seulement ; elle est soutenue par treize ou quatorze grands rayons. Les pectorales sont insérées vers le tiers inférieur de la hauteur du tronc, ou à peine au-dessus ; elles comptent onze rayons. Les ventrales, rapprochées l'une de l'autre, sont attachées sous l'insertion des pectorales ; elles sont étroites, plus courtes que les autres nageoires paires.

Br. 6. — D. 9 ou 10/12 ; A. 3/12 ; C. 1/13 ou 14/1 ; P. 11 ; V. 1/5.

Toutes les nageoires ont une teinte jaunâtre, relevée, sur les nageoires verticales, par des lignes ondulées violettes ou bleuâtres. Le corps est d'une coloration rougeâtre, qui est plus foncée vers le dos, plus claire sur les côtés et sous le ventre ; chacune des écailles est marquée d'un trait vertical bleuâtre. Des bandes ou des lignes bleuâtres descendent de la région orbitaire sur les joues et sur les pièces operculaires.

Habitat. Méditerranée, très-rare, Nice, Marseille, les Martigues ; j'en ai reçu de Cette deux spécimens, l'un en 1876, l'autre en 1878. Océan, Bayonne, où, suivant U. Darracq, il porte le nom de *Curé* ou *Gascon* ; il est de passage en juin et juillet ; il donne une chair fort estimée (*Cat.*, *Poissons de Bayonne*) ?

Proportions : long. totale 0,170 ; tronc, haut. 0,055, épais. 0,013.

Tête, long. 0,044, haut. 0,052. — Œil. 0,008, esp. préorbit. 0,025, esp. interorbit. 0,007. — Mâchoire supérieure, long. 0,011.

Caudale, long. 0,025 ; pectorale, long. 0,030 ; ventrale, long. 0,023.

Famille des Pomacentridés, Pomacentridæ.

Corps ovale, comprimé, couvert d'écailles pectinées.

Tête plus ou moins haute ; mâchoires à dents peu développées ; palais lisse.

Appareil branchial ; os pharyngiens inférieurs soudés ; pseudobranchies ; cinq à sept rayons branchiostèges.

Ligne latérale interrompue ou finissant sous la partie molle de la dorsale.

Nageoires ; dorsale unique, à rayons épineux plus ou moins développés ; ventrales ayant une épine et cinq rayons mous.

GENRE CHROMIS — *CHROMIS*, Cuv.

Tête écailleuse ; bouche protractile ; mâchoires à dents en velours ; vomer et palatins lisses.

Appareil branchial ; opercule ayant son angle postérieur épineux ; arcs branchiaux portant, les trois premiers, une série double, le quatrième, une série simple de lamelles respiratoires ; six rayons branchiostèges.

Ligne latérale interrompue sous la fin de la dorsale.

Nageoires ; dorsale à rayons épineux pouvant s'enfoncer dans un sillon, plus nombreux que les rayons mous ; anale à deux épines.

LE CHROMIS CASTAGNEAU — *CHROMIS CASTANEA*.

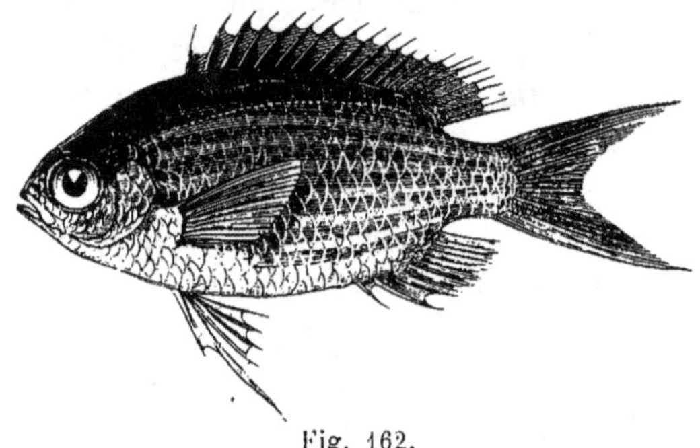

Fig. 162.

Syn. : CASTAGNOLA, vel Castaneus piscis, Bell., p. 266-267.

CHROMIS, Rondel., liv. V, c. XXI, p. 134 ; Gesner, p. 264 ; Willugh., p. 330, pl. X. 5, fig. 6.

SPARUS CHROMIS, Linn., p. 470, sp. 14.

LE MARRON, Sparus chromis, Bonnat., p. 100, pl. 49, fig. 187.

LE SPARE MARRON, Sparus chromis, Lacép., t. IX, p. 344 ; Riss., *Ichth.*, p. 254.

LE PETIT CASTAGNEAU, Chromis castanea, Cuv., *Mém. Muséum*, 1815, t. I, p. 353, *Règ. an.*, 1817, t. II, p. 266, *Règ. an. ill.*, pl. 90, fig. 1.

CHROMIS CASTANEA, Chromis marron, Riss., *Hist. nat.*, p. 343 ; Guichen., *Expl. Algér.*, p. 46.

L'HÉLIASE BORDÉ, Heliases limbatus, Cuv. et Valenc., t. IX, p. 511.

CHROMIS CASTANEA, Nordm., *Fn. pontique*, p. 384, pl. 16, fig. 1 ; H. Schinz, *Europäische Fauna*, t. II, p. 293.

HELIASES CHROMIS, CBp., *Cat.*, n° 726.

HELIASTES CHROMIS, Günth., t. IV, p. 60 ; Canestr., *Fn. Ital.*, p. 63.

N. vulg. : Castagnole, Castagnolla, Nice ; Quoue-fourkat (queue-fourchue), Port-Vendres.

Long. : 0,08 à 0,12

Nous croyons devoir conserver à ce poisson le double nom de genre et d'espèce que lui a donné Cuvier. Le corps du Castagneau est large, comprimé, ovale ; il est couvert de grandes écailles fortement ciliées. La hauteur du tronc est comprise deux fois et trois quarts à trois fois et un tiers dans la longueur totale.

Relativement petite, la tête est plus haute que longue ; elle est écailleuse ; sa longueur est contenue quatre fois à quatre fois et demie dans la longueur totale. La bouche est protractile. Les mâchoires, à peu près égales, sont garnies de dents en velours ; les dents placées sur la rangée externe sont plus longues et plus fortes que les autres.

Les yeux sont arrondis, très-grands. L'iris est jaunâtre avec des taches brunes. Le diamètre de l'œil mesure le tiers environ de la longueur de la tête ; il est plus grand que l'espace préorbitaire.

On admet généralement que la narine n'a qu'une seule ouverture ; en avant de l'orifice, qui est rapproché du bord antérieur et supérieur de l'orbite, j'ai trouvé un petit pertuis, dans lequel j'ai pu faire pénétrer une soie très-fine.

A son angle supérieur et postérieur, l'opercule est armé d'une épine, qui fait suite à l'arête dont sa face externe est traversée. Le sous-opercule forme une espèce de V, à branche postérieure plus longue ; il loge dans son échancrure l'angle inférieur de l'opercule. Le préopercule n'a pas le bord postérieur crénelé, mais souvent il porte à l'angle, et sur le bord inférieur, des dentelures qui sont visibles à l'œil nu, ou bien à la loupe. Il y a réellement six rayons branchiostèges, et non cinq ainsi que Günther l'indique. Les pharyngiens inférieurs sont soudés et munis de dents coniques très-pointues.

La ligne latérale suit le profil supérieur du corps jusque vers l'extrémité de la dorsale, au-dessous de laquelle elle paraît se terminer, mais elle ne cesse pas, comme le prétend Günther ; elle est seulement interrompue ; elle reprend sur le milieu du tronçon de la queue ; en effet, entre la perpendiculaire tangente

à la fin de la dorsale et l'insertion de la caudale, il existe une
série longitudinale de neuf ou dix écailles canaliculées. Éc., l.
long. 28 à 30; l. transv. $\frac{2}{7\ ou\ 8} + 1 = 10$ ou 11.

La dorsale est longue; elle compte le plus souvent quatorze
aiguillons assez forts; elle s'abaisse un peu en avant de la portion molle, qui est élevée, arrondie, et composée en général de
huit ou neuf rayons mous, rarement de dix ou onze. L'anale a
.deux épines; la seconde épine est très-longue; sa portion molle
est semblable à celle de la dorsale, et formée d'un même nombre
de rayons. La caudale est fourchue; elle mesure environ le quart
de la longueur totale. Les pectorales sont bien développées;
elles ont ordinairement dix-sept rayons. La ventrale a la moitié
externe de son premier rayon mou sétacée, fort allongée; l'écaille
axillaire externe et l'appendice écailleux impair sont de grande
longueur. Les nageoires verticales portent à la base plusieurs
rangées d'écailles.

Br. 6. — D. 13 ou 14/8 à 11; A. 2/8 à 11; C. 4/17/3; P. 17; V. 1/5.

Toutes les nageoires sont d'un brun violacé; la caudale a le
bord interne de ses lobes plus ou moins blanchâtre; à l'aisselle
de la pectorale est une tache d'un noir très-foncé. Le nom de
Castagnola, donné à ce poisson, lui vient, comme le rappelle
Bélon, de sa couleur qui est celle de l'écorce de la châtaigne; le
corps est brun violacé, marron, glacé d'argent; sur les côtés
s'étendent cinq à huit bandes d'une teinte foncée, noirâtre.

La vessie natatoire est très-développée. Les deux appendices
pyloriques dont est pourvu le Castagneau doivent, écrit Valenciennes, le faire éloigner des Labres (CV. t. 14, p. VI). Valenciennes
range cette espèce parmi les Sciénoïdes (*Diction. Hist. nat.* d'Orbigny); Guichenot adopte la même manière de voir.

Habitat. Le Chromis n'est pas aussi abondant sur nos côtes de la Méditerranée qu'on le dit généralement; il est même, suivant Rondelet, inconnu
en Languedoc; je ne l'ai jamais trouvé aux environs de Cette; d'après
Guichenot, il est fort rare en Algérie. Très-commun dans les Alpes-Maritimes,
Nice, Antibes; assez commun, Toulon, Marseille (sur le marché de ces deux
villes, j'ai vu de beaux spécimens, ayant 0ᵐ,10 à 0ᵐ,11 de longueur); très-

rare, Port-Vendres ; le sujet, dont je vais indiquer les proportions, vient de ce dernier pays.

Proportions : long. totale 0,104; tronc, haut. 0,031, épais. 0,013.

Tête, long. 0,025, haut. 0,030. — Œil, diam. 0,008, esp. préorbit. 0,006, esp. interorbit. 0,007. — Mâchoire supérieure, long. 0,009.

Caudale, long. 0,027 ; pectorale, long. 0,024 ; ventrale, long. 0,023.

Le Chromis fournit une chair assez peu recherchée. Les femelles, d'après Risso, pondent, en juillet et août, deux mille œufs environ.

TRIBU DES ACANTHOPTÉRYGIENS ABDOMINAUX,
ACANTHOPTERYGII ABDOMINALES.

Cette tribu est composée de sept familles.

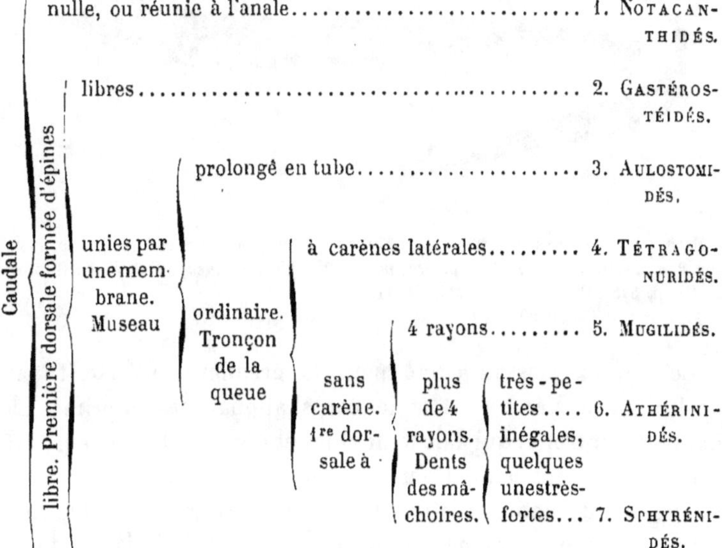

Famille des Notacanthidés, Notacanthidæ.

Corps allongé, comprimé, couvert de petites écailles cycloïdes.

Tête plus ou moins écailleuse ; museau avancé ; bouche fendue obliquement sous le museau ; mâchoires et palatins dentés.

Nageoires ; dorsale constituée par des aiguillons libres, ayant parfois un rayon mou après la dernière épine ; anale longue, unie à la caudale ; ventrales composées de plusieurs aiguillons et de rayons mous.

GENRE NOTACANTHE — *NOTACANTHUS*, Bloch.

Caractères de la famille.

Épines de la dorsale au nombre de $\left\{\begin{array}{l} 6 \text{ ou } 7\dots. \quad 1.\ \text{N. DE LA MÉDITERRANÉE.} \\ 9\dots\dots \quad 2.\ \text{N. BONAPARTE.} \\ 30 \text{ et plus.} \quad 3.\ \text{N. DE RISSO.} \end{array}\right.$

LE NOTACANTHE DE LA MÉDITERRANEE,
NOTACANTHUS MEDITERRANEUS.

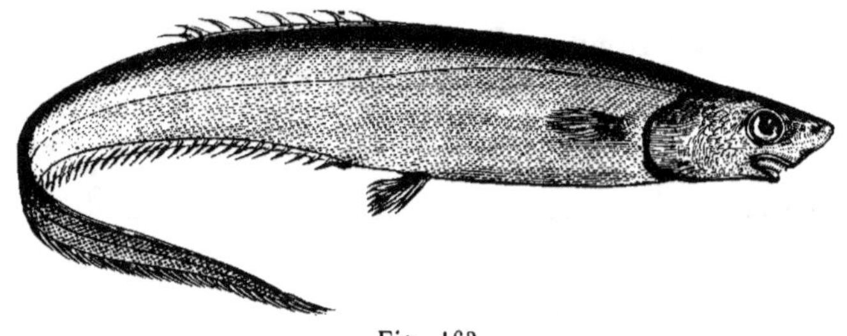

Fig. 163.

Syn. : NOTACANTHUS MEDITERRANEUS, Filippi et Verany, *Mem. Accad. sc. Torino*, 1859, ser. 2, t. XVIII, p. 187, *Nota sop. alc. pesci... del Mediterraneo*, 1857, p. 3 ; Günth., t. III, p. 545 ; Canestr., *Fn. Ital.*, p. 118.

Long. : 0,14 à 0,20.

Ce curieux poisson a été pour la première fois décrit par de Filippi et Vérany. Il a le corps allongé et comprimé. La hauteur du tronc, qui fait le double, et plus, de l'épaisseur, est contenue de sept à neuf fois dans la longueur totale. La peau est garnie de petites écailles lisses, qui paraissent à peine imbriquées. L'anus est placé un peu avant le milieu de la longueur totale.

La tête est couverte de très-petites écailles ; sa longueur, qui l'emporte d'un tiers au moins sur sa hauteur, est comprise cinq fois et quart à six fois dans la longueur totale. Le museau est fort avancé ; il est comprimé, en forme de pyramide quadrangulaire, dont la face inférieure est relevée brusquement ; il est terminé en pointe mousse. La bouche est tout à fait en dessous,

a fente très-oblique, assez petite ; les lèvres sont minces, noirâtres. Les dents sont étroites, pointues, relativement assez longues ;
à la mâchoire supérieure, elles sont égales, serrées, dirigées
d'avant en arrière ; à la mandibule, elles sont égales aussi, mais
plus allongées, plus nombreuses, un peu moins pointues que
celles de la mâchoire supérieure, portées en sens contraire.

Autant qu'il m'a été permis d'en juger sur un animal conservé
dans l'alcool depuis plusieurs années, l'iris est noirâtre. L'œil est
recouvert par une peau amincie ; il est arrondi. Son diamètre
est contenu cinq fois et demie dans la longueur de la tête ; il
mesure les trois quarts environ de l'espace préorbitaire ; il est
égal à l'espace interorbitaire.

Les orifices de la narine sont très-rapprochés l'un de l'autre ;
ils paraissent confondus dans une petite fossette noirâtre.

De Filippi et Vérany ne peuvent, disent-ils, compter que trois
rayons branchiostèges ; j'en trouve cinq, il me le semble du
moins ; l'examen est difficile, quand il s'agit d'animaux aussi
rares, qu'on ne peut étudier qu'en prenant les plus grandes pré-
cautions. La fente des ouïes est grande, elle s'avance en dessous
jusque vers la perpendiculaire tangente au bord postérieur de
l'orbite. L'intérieur de la chambre branchiale est noirâtre. Les
pièces operculaires sont comme papyracées ; non distinctes les
unes des autres ; elles sont marquées de stries et couvertes de
très-fines écailles.

La ligne latérale est bien dessinée ; elle est rapprochée du
profil supérieur. Un peu avant le milieu de la longueur totale
commence la dorsale ; elle compte sept aiguillons et un rayon
mou ; elle a une épine de plus que celle du Notacanthe décrit
par de Filippi et Vérany. Ces épines sont régulières ; elles vont
en augmentant de force et de longueur de la première à la dernière ; elles sont libres, la membrane intraradiaire ne se continuant pas sur l'épine suivante ; cependant la dernière épine est
unie au rayon mou. L'anale est fort longue, elle prend naissance
sous la troisième épine de la dorsale ; elle est excessivement
basse ; elle a ses derniers rayons insérés à l'extrémité du tron-

çon de la queue, lequel paraît légèrement relevé ; la nageoire a douze aiguillons, et un très-grand nombre de rayons mous, qu'il est excessivement difficile de compter d'une manière exacte, il y en a cent trente-deux, suivant de Filippi ; les rayons mous sont tous articulés, non branchus. La caudale est extrêmement petite, et formée seulement de cinq rayons (F. V.) ; elle n'existe vérita-blement pas ; la partie inférieure et terminale du tronçon de la queue porte seule des rayons, et des rayons appartenant à l'anale. La pectorale est soutenue par quatorze rayons peu développés, ne mesurant pas le dixième de la longueur totale. Les ventrales sont très-rapprochées l'une de l'autre, et même légèrement unies par leur côté interne ; elles sont insérées bien en arrière des pectorales, elles finissent sous la première épine de la dorsale ; elles sont très-courtes, leur longueur ne faisant guère que le quatorzième de la longueur totale ; elles ont chacune deux épines et six rayons mous ; ce nombre de rayons mous est encore diffé-rent de celui qui est indiqué par de Filippi et Vérany.

Br. 3. — D. 5 — 1/1 ; A. 12/132 ; V. 4/8 (F. V.).
Br. 5. — D. 6 — 1/1 ; A. 12/? ; P. 14 ; V. 2/6.

Le corps est d'un brun rougeâtre. Les ventrales sont noirâ-tres ; l'anale est bordée de brun foncé.

Habitat. Méditerranée, excessivement rare ; trois spécimens ont été pê-chés à Nice : l'un est au Musée zoologique de Turin, les autres appartiennent au Muséum de Paris ; ces derniers sont-ils bien de même espèce que celui du Musée de Turin ?

Proportions : long. totale 0,142 ; tronc, haut. 0,020, épais. 0,008.

Tête, long, 0,027, haut. 0,016. — Œil, diam. 0,003, esp. préorbit. 0,007, esp. interorbit. 0,005. — Mâchoire supérieure, long. 0,005.

Pectorale, long. 0,013 ; ventrale, long. 0,010.

Distance du museau à : dorsale 0,066 ; anale 0,072 ; anus 0,069 ; pectorale 0,029 ; ventrale 0,055.

Les dimensions de l'exemplaire conservé au Musée de Turin sont les sui-vantes : long. totale 0,203 ; tête, long. 0,043 ; distance du museau à l'anus 0,08 (F. V.).

LE NOTACANTHE BONAPARTE — *NOTACANTHUS BONAPARTE.*

Syn. : NOTACANTHUS BONAPARTE, Notacanthe Bonaparte, Riss., dans *Archiv Natur.*, Wiegmann, 1840, t. X, p. 366, pl. 10.

NOTACANTHUS BONAPARTE, Filip. et Verany, *Mem. Accad. sc. Torino*, 1859, t. XVIII, p. 190, *Nota*, p. 6; Günth., t. III, p. 545; Canestr., *Fn. Ital*, 118.

?NOTACANTHUS NASUS, CBp., *Cat.*, n° 664; Bloch, pl. 431; Cuv. et Valenc., t. VIII, p. 467, pl. 241, *Règ. an. ill.*, pl. 55, fig. 2.

Suivant le prince de Canino, le Notacanthe Bonaparte de Risso et le Notacanthe nez de Bloch sont de même espèce. Il paraît cependant exister entre ces animaux des différences essentielles; sans parler des caractères tirés de la disposition des dents palatines, disposition qui peut varier en raison de l'âge des spécimens, il est nécessaire de rappeler que le nombre des rayons branchiostèges est de huit dans le Notacanthe nez, et seulement de six dans le Notacanthe Bonaparte. — N'ayant pas les éléments nécessaires pour juger la question, nous nous bornons à donner un résumé de la description que Risso a publiée dans les *Archives* de Wiegmann.

Corpore elongato, compresso, nigro punctato; pars anterior lata, cœruleo-argentata, posterior tenuissima, incarnata. Rostro chimœriformi; cauda acuta.

Le corps est couvert de très-fines écailles, assez adhérentes à la peau, comme celles des couleuvres. La tête a la forme de celle de la Chimère; museau proéminent, terminé en pointe obtuse. La bouche est arquée. La mandibule (mâchoire supérieure), plus avancée que la mâchoire inférieure, est garnie d'une rangée de dents tranchantes au nombre de vingt à vingt-deux. Les dents palatines sont disposées sur deux rangées. La mâchoire inférieure est garnie d'un seul rang de dents plus fines, plus petites et plus subtiles. Les lèvres sont assez épaisses. La ligne latérale commence au-dessus des ouïes.

Br. 6. — D. 9; A. 15/120; P. 16; V. 3/11.

Long. totale 0,148; larg. 0,024. — Œil diam. 0,007, esp. préorbit. 0,012. — Distance du museau à: pectorale 0,036; ventrale 0,074; dorsale 0,082; anus 0,092.

Habitat. Méditerranée, excessivement rare, Nice.

LE NOTACANTHE DE RISSO — *NOTACANTHUS RISSOANUS*.

Syn. : Notacanthus Rissoanus, Filip. et Veran., *Mem. Accad. sc. Torino*, 1859, t. XVIII, p. 190, *Nota*, p. 6 ; Günth., t. III, p. 545 ; Canestr., *Fn. Ital.*, p. 118.

Dans la *Collection Risso* à Nice se trouvait encore une espèce de Notacanthe dont voici la diagnose : *Regione nasali valde elongate, prosciformi. Pinnulæ spinosæ dorsales triginta et ultra* (Filip et Veran.).

Aux trois espèces de la Méditerranée précédemment indiquées, le professeur Canestrini ajoute le *Notacanthus nasus*, Bloch, qu'il regarde comme différent du *Notacanthus Bonaparte* ; à cet égard il ne partage pas l'opinion du prince de Canino (V. Canestr., *Fn. Ital.*, p. 117.).

Famille des Gastérostéidés, Gasterosteidæ, CBp.

Corps allongé, légèrement comprimé, nu ou bien ayant, au lieu d'écailles ordinaires, des pièces osseuses sur les flancs, et parfois sur les côtés de la queue.

Tête nue ; mandibule plus avancée que la mâchoire supérieure, l'une et l'autre garnies de dents ; palais et langue lisses.

Yeux latéraux ; sous-orbitaires recouverts seulement par la peau, plus ou moins développés, formant une chaîne continue, le dernier s'articulant avec le préopercule.

Appareil branchial ; ouïes bien fendues ; trois rayons branchiostèges ; pièces operculaires non écailleuses.

Nageoires ; première dorsale formée par des épines isolées, munies à leur partie postérieure d'une membrane triangulaire ; seconde dorsale ayant une épine et des rayons mous ; anale semblable et opposée à la seconde dorsale ; caudale entière ou peu échancrée ; pectorale à rayons simples, articulés, non branchus ; os du bassin uni au squelette de la pectorale ; ventrale peu développée, n'ayant qu'une épine, et un ou deux rayons mous.

Vessie natatoire oblongue. — **Appendices pyloriques** peu nombreux.

La famille des Gastérostéidés se compose de deux genres.

Première dorsale à { moins de douze épines.............. 1. Épinoche.
{ plus de douze épines............... 2. Gastré.

GENRE ÉPINOCHE — *GASTEROSTEUS*, Linn.

Corps plus ou moins allongé, comprimé.

Nageoires; ceinture scapulaire composée de deux os pairs, un scapulaire et un coracoïdien. Cubitus très-développé, rugueux à sa face externe, articulé en avant avec celui du côté opposé, en arrière avec un des os du bassin, qui n'est plus en rapport avec le coracoïdien. Les os du bassin ont éprouvé une modification dans leur forme; ils sont coudés; ils ont une partie ascendante, qui constitue latéralement une espèce de cuirasse, et une partie horizontale qui, s'unissant à celle du côté opposé, fait un bouclier triangulaire. C'est dans l'angle rentrant, limité par la branche montante et par la branche horizontale de l'os du bassin, que vient s'articuler la ventrale. Les cubitus et les os du bassin circonscrivent un espace triangulaire ou losangique. Ventrale ayant une épine et un petit rayon mou. L'épine, plus ou moins forte, est très-pointue; elle présente un mode d'articulation particulier, qui lui permet, suivant les besoins du poisson, de rester fixe dans une position horizontale.

Dans un excellent travail sur les Épinoches, le docteur E. Sauvage a proposé, fort justement suivant nous, de diviser le genre *Gasterosteus* en plusieurs sous-genres (Sauv., *Révision des Épinoches*, dans *Nouv. Archiv. Muséum*, 1874, t. 10).

Le genre Épinoche comprend deux sous-genres, ou deux divisions suivant certains auteurs.

Épines précédant les rayons mous de la 2e dorsale au nombre de
{ moins de cinq.... 1. Épinoche.
{ plus de cinq..... 2. Épinochette.

SOUS-GENRE ÉPINOCHE — *GASTEROSTEUS*.

Nageoires; avant les rayons mous de la seconde dorsale il y a généralement trois aiguillons, rarement deux ou quatre.

L'ÉPINOCHE AIGUILLONNÉE — *GASTEROSTEUS ACULEATUS*.

Syn. : Gasterosteus aculeatus, Linn , p. 489, sp. 1 ; Bloch, pl. 53, fig. 3; CBp., *Cat.*, n° 662 ; Heckel et Kner, *Süsswasserfisch. Östreich. Monarch.*, p. 38; Günth., t. I, p. 2; Siebold, *Süsswasserfisch. Mitteleuropa*, p. 66 ; Schlegel, p. 52, pl. 4, fig. 4 ; Canestr., *Fn. Ital.*, p. 25.

Le Trois-épines, Gasterosteus aculeatus, Bonnat., p. 136, pl. 57, fig. 222.

Le Gastérosté épinoche, Gasterosteus teraculeatus, Lacép., t. VIII, p. 368.

Gastérostée épinoche, Gasterosteus aculeatus, Riss., *Ichth.*, p. 192.

Gasterosteus aculeatus, Épinoche aiguillonné, Riss., *Hist. nat.*, p. 427.

Three-spined Stickleback, Couch, t. I, p. 167.

N. vulg. : Épinoche à trois épines; Grande Épinoche; Épinarde; Picot; Rippe; Épinglotte; Épinaude; Savetier; Cordonnier; Arite, Charente-Inférieure; Crébo-Varlé; Espignaubé, Estrangla-Ca, Gard (Crespon); Sabatié, Nice.

Long. : 0,05 à 0,08.

Le corps est comprimé, plus ou moins fusiforme; il a une hauteur qui est comprise quatre fois et demie à cinq fois dans la longueur totale. Il y a sur le dos, entre la tête et les rayons mous de la seconde nageoire, cinq ou six plaques osseuses, et sur les côtés une série d'écussons en nombre variable de deux à trente-deux. Canestrini, rapporte Bonizzi, a constaté l'absence complète de pièces latérales, chez un petit individu, ayant $0^m,014$ de taille. Le tronc est entouré d'une cuirasse qui est constituée par des plaques dorsales, des écussons latéraux, les cubitus et les os du bassin ; la branche montante de l'os du bassin est en rapport généralement avec trois pièces latérales. Le bouclier formé par la réunion des os du bassin est très-variable dans ses proportions ; il est souvent plus large chez les femelles que chez les mâles. Le rachis se compose de trente-deux ou trente-trois vertèbres.

La longueur de la tête est contenue trois fois et demie à quatre fois dans la longueur totale. La région supérieure du crâne est finement striée. Le museau est assez effilé. La bouche est peu fendue. La mâchoire supérieure est légèrement protractile ; elle est plus courte que la mandibule ; elles portent l'une et l'autre une bande étroite de petites dents crochues.

En général le diamètre de l'œil est un peu moins grand que l'espace préorbitaire, il mesure un peu plus du quart de la longueur de la tête. Les sous-orbitaires sont au nombre de trois ; ils sont striés; ils forment une espèce de chaîne s'étendant de la bouche au préopercule ; le troisième osselet est le plus développé ; il est à peu près carré.

Plus rapprochés de l'orbite que du museau, les orifices de la narine sont voisins l'un de l'autre, placés dans une petite fossette.

La fente des ouïes est grande. La membrane branchiostège

est soutenue par trois rayons; elle est séparée de celle du côté opposé par un isthme assez étroit. L'opercule a le bord inférieur arrondi; il est couvert de stries nombreuses, parallèles, légèrement courbes. Le sous-opercule est peu développé ; l'interopercule est en forme d'Y. Le préopercule a deux branches, l'une horizontale, l'autre verticale, faisant un angle droit, dans lequel est reçue la partie postérieure et inférieure du grand sous-orbitaire ; son limbe est marqué de stries.

A l'état normal, deux épines isolées représentent la première nageoire du dos. La troisième épine est beaucoup plus courte que les autres, elle est plus fine, plus crochue ; elle appartient réellement à la seconde dorsale, qui est assez longue, étant soutenue par dix à douze rayons mous. L'anale est semblable et opposée à la seconde dorsale, en général elle commence un peu plus en arrière ; elle est presque triangulaire ; elle est composée d'une petite épine crochue, et de huit ou neuf rayons mous. La caudale est le plus souvent légèrement échancrée, parfois elle est carrée ; elle a une douzaine de grands rayons, plus trois ou quatre rayons basilaires en dessus comme en dessous. Les pectorales sont insérées assez loin de la fente branchiale ; elles comptent ordinairement douze rayons, articulés, non branchus. La ventrale est placée après le milieu de la longueur de la pectorale, elle est formée d'un petit rayon mou et d'une épine triangulaire bien développée, hérissée de dentelures assez fortes, principalement sur le bord supérieur, couverte à la face externe de stries et de granulations. Les épines des dorsales, des ventrales, présentent de fort grandes différences soit dans leurs proportions, soit dans la disposition de leurs dentelures.

Br. 3. — D. 2 (1 à 3) — 1/10 à 12 ; A. 1/8 ou 9 ; C. 3 ou 4/12/4 ou 3 ; P. 10 à 12. V. 1/1.

La coloration est variable suivant l'habitat et l'époque de l'année ; elle est verdâtre à pointillé noirâtre sur les flancs et le dos ; blanchâtre sous le ventre ; la teinte est souvent plus foncée chez les Épinoches qui vivent dans les eaux plus ou moins saumâtres. Chez les Épinoches à queue lisse de la Teste (près Arcachon), le dos et les côtés portent souvent des bandelettes brunâtres.

La vessie natatoire est argentée; elle est très-grande, ovoïde, à large extrémité tournée en avant; elle est pourvue de deux corps rouges réniformes. L'estomac est large, à parois épaisses. Il y a deux appendices pyloriques.

Habitat. L'Épinoche se trouve dans la plupart de nos départements; elle manque en Savoie, ainsi que l'Épinochette.

Proportions : long. totale 0,056; tronc, haut. 0,0112.

Tête, long. 0,0155, haut. 0,010. — OEil, diam. 0,004, esp. préorbit. 0,005, esp. interorbit. 0,003.

Existe-t-il en Europe plusieurs espèces d'Épinoches? Oui suivant certains ichthyológistes, non suivant d'autres. Ainsi les *Gasterosteus argyropomus*, *G. brachycentrus*, *G. tetracanthus* de Cuvier et Valenciennes sont regardés comme de simples variétés du *G. aculeatus* par Costa (*Fn. Napol.*), par Canestrini (*Spec. gen. Gasterosteus*, dans *Archiv. zool.*, 1865, t. 3, p. 308), par Bonizzi (*Variet. spec. Gasterosteus aculeatus*, dans *Archiv. zool.*, 1869, ser. 2, t. 1, p. 156). Le *Gasterosteus ponticus*, Nordm., est considéré par l'auteur lui-même comme une variété du *G. trachurus*; Nordmann, après avoir écrit que MM. Cuvier et Valenciennes ont divisé en plusieurs espèces le *Gasterosteus aculeatus* de Linnée, ajoute : M. Fries rejette la séparation du *Gasterosteus trachurus* et du *leiurus*, et dit expressément que non-seulement ces deux prétendues espèces se trouvent en Suède réunies au même endroit pendant le frai, mais encore que le nombre des bandes osseuses varie de cinq à vingt-sept (Nordm., *Fn. pont.*, p. 379.). Le *Gasterosteus spinulosus* de Yarrell est, suivant Couch, une variété du *G. aculeatus*.

En France, les principales variétés de l'Épinoche sont les suivantes: Épinoche à *queue nue*; *É. à queue armée*; *É. demi-armée*; *É. demi-cuirassée*: *É. à deux épines*; *É. à quatre épines*.

Var. : *Épinoche à queue nue, Gasterosteus leiurus.*

Syn. : L'ÉPINOCHE A QUEUE NUE, Gasterosteus leiurus, Cuv. et Valenc., t. IV, p. 481, pl. 98, fig. 4.

GASTEROSTEUS LEIURUS, CBp., *Cat.*, nº 662, *c ;* Géhin, *Poiss. Moselle*, p. 49; Sauvage, *Nouv. Archiv. Museum*, 1874, t. X, p. 16.

L'ÉPINOCHE A QUEUE LISSE, Gasterosteus leiurus, Blanchard, *Poiss. eaux douces... France*, p. 225; Soland, *Poiss. de l'Anjou*, p. 220, dans *Ann. Soc. Lin. Maine-et-Loire*, 1869.

L'ÉPINOCHE DE BAILLON, Gasterosteus Bailloni, Blanch., p. 231 ; Sauv., p. 17.

L'ÉPINOCHE ARGENTÉE, Gasterosteus argentatissimus, Blanch., p. 232; Sauv., p. 19.

L'ÉPINOCHE ÉLÉGANTE, Gasterosteus elegans, Blanch., p. 234; Sauv., p. 20.

THE SMOOTH-TAILED STICKLEBACK, Yarr., t. II, p. 83.

Les écussons latéraux sont au nombre de quatre à sept. Le tronçon de la queue est complétement nu.

Habitat. L'Épinoche à queue nue est la variété la plus commune ; elle se trouve dans les eaux douces, et dans les eaux saumâtres près d'Arcachon, de Bayonne ; elle n'est pas rare dans l'étang de Maguelonne (Hérault) ; c'est la seule variété qui se rencontre aux environs de Paris.

Var. : *Épinoche à queue armée, Gasterosteus trachurus.*

Syn. : L'ÉPINOCHE A QUEUE ARMÉE, Gasterosteus trachurus, Cuv. et Valenc., t. IV, p. 481, pl. 98, fig. 1.

GASTEROSTEUS TRACHURUS, Vallot, *Ichth. franç.*, p. 85 ; CBp., *Cat.*, n° 662, *a* ; Günth., t. I, p. 4, Var. D.

L'ÉPINOCHE AIGUILLONNÉE, Gasterosteus aculeatus, Blanch., p. 214 ; Soland, *Poiss. de l'Anjou*, p. 216 ; Sauv., p. 9.

THE ROUGH-TAILED STICKLEBACK, Yarr., t. II, p. 75.

Cette Épinoche ne présente pas de différences essentielles avec l'Épinoche à queue nue ni dans la forme du corps, ni dans la disposition et la composition des nageoires ; elle a seulement un plus grand nombre de boucliers sur les côtés. Les écussons latéraux sont au nombre de vingt-six à trente-deux ; ils vont en diminuant d'une façon régulière d'avant en arrière ; ceux qui se trouvent sur le tronçon de la queue sont très-petits ; ils sont tous plus ou moins carénés.

Habitat. Cette Épinoche vit dans quelques ruisseaux et dans certaines eaux saumâtres de la Picardie et de la Normandie, aux environs d'Ault, de Harfleur, de Caen ; elle est, écrit M. de Soland, très-commune dans certains petits ruisseaux de l'Anjou, l'Aubance, le Latham, l'Arcison, etc. Je ne l'ai jamais trouvée dans les eaux saumâtres des environs d'Arcachon, de Bayonne.

Var. : *L'Épinoche demi-armée, Gasterosteus semiarmatus.*

Syn. : L'ÉPINOCHE DEMI-ARMÉE, Gasterosteus semiarmatus, Cuv. et Valenc., t. IV, p. 493 ; Blanch., p. 224 ; Soland, p. 218.

GASTEROSTEUS SEMIARMATUS, CBp., *Cat.*, n° 662, *b* ; Günth., t. I, p. 3, Var. B ; Sauv., p. 15.

THE HALF-ARMED STICKLEBACK, Yarr., t. II, p. 82.

Suivant Cuvier et Valenciennes, les lames latérales sont au nombre de douze à quinze, et s'étendent jusque sous le commencement de la seconde dorsale ; la queue est nue. Dans la figure donnée par M. Blanchard, l'Épinoche a la partie postérieure du corps garnie d'écussons; il y a seulement un espace nu sous la seconde dorsale.

Habitat. Rivière de Braie, près d'Abbeville; environs du Havre; Anjou, ruisseau de Frotte-Pénil, en Saint-Laud (Soland).

Var. : *L'Épinoche demi-cuirassée, Gasterosteus semiloricatus.*

Syn. : L'Épinoche demi-cuirassée, Gasterosteus semiloricatus, Cuv. et Valenc., t. IV, p. 494; Blanch., p. 222; Soland, p. 218.

L'Épinoche neustrienne, Gasterosteus Neustrianus, Blanch., p. 220; Sauv., p. 14.

Gasterosteus semiloricatus, CBp., *Cat.*, n° 662, *d*; Günth., t. I, p. 4, Var. C.

Il y a sur les côtés une vingtaine de boucliers; certains auteurs en indiquent seulement treize ou quatorze, d'autres en comptent vingt-deux ou vingt-trois. Cuvier et Valenciennes disent fort justement à propos de cette Épinoche : Ce qui pourrait encore faire penser qu'il ne s'agit que de variétés, c'est que M. Baillon a pris dans la Somme d'autres Épinoches, qui ont vingt-deux ou vingt-trois lames sur chaque flanc, couvrant le corps jusqu'à l'origine de la carène de la queue.

Habitat. Somme; Seine-Inférieure, environs de Gournay, Harfleur; Maine-et-Loire, ruisseau de Mozé (Soland).

Var. : *L'Épinoche à deux épines, Gasterosteus Nemausensis.*

Syn. : ? Gasterosteus biaculeatus.

Épinoche a deux épines, Gasterosteus Nemausensis, Crespon, *Faune méridionale*, t. II, p. 283; (Nimoise) Soland, p. 219.

Son dos n'est armé que de deux épines (Crespon).

Habitat. Environs de Nîmes; Anjou, dans le Latham, le Gressillon et le Couasnon (Soland).

Var. : *L'Épinoche à quatre épines, Gasterosteus tetracanthus.*

Syn. : L'Épinoche a quatre épines, Gasterosteus tetracanthus, Cuv. et Valenc., t. IV, p. 499.

Épinoche a quatre épines, Gasterosteus quadrispinosa, Crespon, *Fn. mérid.*, t. II, p. 283; Soland, p. 219.

Gasterosteus tetracanthus, CBp., *Cat.*, n° 661; Günth., t. I, p. 5; Sauv., *Nouv. Arch. Muséum*, p. 24.

Gasterosteus spinulosus, Yarr., t. II, p. 89; Günth., t. I, p. 5; Sauv., p. 25.

Il y a quatre épines avant les rayons mous de la seconde dorsale; l'épine supplémentaire est plus ou moins développée. Canestrini a constaté que cette anomalie est parfois assez commune;

sur cinquante individus pris aux environs de Modène, il en a trouvé cinq ayant quatre épines sur le dos, et puis deux, portant un aiguillon rudimentaire entre la seconde épine et la troisième.

Habitat. Vistre (Crespon); cette espèce est fort commune en Anjou (Soland). J'ai vu cette variété parmi des Épinoches pêchées dans les fossés des environs de Bayonne. Géhin rapporte que plusieurs des Épinoches examinées par lui, et venant des ruisseaux de Mance et de Vaux, ont sur le dos quatre épines, deux grandes, et deux petites.

SOUS-GENRE ÉPINOCHETTE — *GASTEROSTEA*.

Nageoires; une dizaine d'épines avant les rayons mous de la seconde dorsale.

L'ÉPINOCHETTE — *GASTEROSTEA PUNGITIA*.

Syn. : GASTEROSTEUS PUNGITIUS, Linn., p. 491, sp. 8 ; Bloch, pl. 53, fig. 4 ; CBp., *Cat.*, n° 660 ; Günth., t. I, p. 6 ; Siebold, p. 72 ; Schlegel, p. 54, pl. 4, fig. 5.
L'ÉPINOCHE, Gasterosteus pungitius, Bonnat., p. 137, pl. 57, fig. 225.
LE GASTÉROSTÉE ÉPINOCHETTE, Gasterosteus pungitius, Lacép., t. VIII, p. 368.
L'ÉPINOCHETTE, ou petite Épinoche d'Europe à neuf épines, Gasterosteus pungitius, Cuv. et Valenc., t. IV, p. 506 ; Vallot, *Ichth. franç.*, p. 87.
THE TEN-SPINED STICKLEBACK, Yarr., t. II, p. 91 ; Couch, t. I, p. 176.

N. vulg. : Marichaud, Poitou (Lemarié).
Long. : 0,04 à 0,06, rarement 0,07.

Sans contredit l'Épinochette est le plus petit des poissons qui vivent dans les eaux douces. Son corps est allongé, fusiforme ; la hauteur du tronc est comprise cinq fois à cinq fois et demie dans la longueur totale. Les flancs ne sont pas garnis de lamelles verticales osseuses. En avant des rayons mous de la seconde dorsale est une série de petits écussons, qui sont chacun, excepté le premier, en rapport avec la base de l'un des aiguillons. Le tronçon de la queue est tantôt lisse, tantôt armé de pièces dures, plus ou moins carénées.

La tête est assez forte ; sa longueur est contenue environ quatre fois et demie dans la longueur totale. Les mâchoires sont pourvues de dents. Les pharyngiens ont de petites dents crochues.

L'iris est argenté. Le diamètre de l'œil mesure à peu près le quart de la longueur de la tête ; il est à peine plus grand que l'espace préorbitaire.

Avant les rayons mous de la seconde dorsale, il y a neuf à onze épines, qui sont à peu près égales, assez courtes, légèrement crochues, non dentelées sur les bords. L'anale est opposée et semblable à la seconde dorsale ; elle est composée d'un aiguillon et de huit ou neuf rayons mous. La caudale est carrée ou légèrement arrondie. Le bouclier abdominal présente en avant une échancrure parfois peu sensible, parfois très-profonde ; en arrière de l'insertion des ventrales, il figure un triangle tantôt large, tantôt fort étroit. La ventrale n'a qu'un petit rayon mou et une épine ; l'aiguillon a les bords ordinairement lisses, mais quelquefois denticulés, il est généralement plus court que le côté du bouclier sur lequel il s'appuie.

Br. 3. — D. 8 à 10 — 1/9 ou 10 ; A. 1/8 ou 9 ; C. 12 ; P. 10 ou 11 ; V. 1/1.

La teinte est variable, le plus souvent elle est d'un vert jaunâtre avec un pointillé noirâtre très-fin sur le dos et les côtés, blanchâtre sous le ventre.

La vessie natatoire est oblongue, moins large, plus allongée que dans l'Épinoche. L'estomac est large ; l'intestin est court et droit. Le péritoine est nacré, piqueté de noir.

Habitat. L'Épinochette se trouve dans la plupart de nos départements qui sont au nord du 45° de latitude.

Proportions : long. totale 0,050 ; tronc, haut. 0,009.
Tête, long. 0,011, haut. 0,008.

Var. : *Épinochettes à queue armée.*

Syn. : 1° L'ÉPINOCHETTE PIQUANTE, Gasterosteus pungitius, Blanch., p. 238.
GASTEROSTEA PUNGITIA, Sauv., *Rév. Épinoches*, p. 29.
2° L'ÉPINOCHETTE BOURGUIGNONNE, Gasterosteus Burgundianus, Blanch., p. 240 ; Sauv., p. 30.

La première de ces Épinochettes se trouve dans les départements du Nord, de l'Oise ; la seconde se rencontre aux environs de Dijon. A laquelle des deux faut-il rapporter l'Épinochette piquante de l'Anjou ? V. de Soland, *loc. cit.*, p. 220.

Var. : *Épinochettes à queue lisse.*

Syn. : 1° L'ÉPINOCHETTE LISSE, Gasterosteus lævis, Cuv., *Règ. an. ill.*, p. 76 ; Blanch., p. 242 ; Soland, *Poiss. Anjou*, p. 221 ; Géhin, p. 55.

2° L'Épinochette lorraine, Gasterosteus Lotharingus, Blanch., p. 241.

3° L'Épinochette a tête courte, Gasterosteus breviceps, Blanch., p. 245; Soland, p. 221.

Lesueur a laissé une très-jolie figure d'une Épinochette qu'il avait trouvée aux environs d'Étampes. La considérant comme une espèce nouvelle, il lui avait donné le nom d'*Épinochette solitaire*. Nous nous bornons à rappeler les caractères indiqués par le naturaliste : corps épais, assez large ; tête ramassée, à forte bosse charnue sur la nuque ; de larges taches jaunes sur les côtés ; la gorge et l'abdomen d'un violet très-foncé.

GENRE GASTRÉ OU SPINACHIE — *SPINACHIA*, Cuv.

Corps allongé, anguleux ; écussons osseux sur le dos, sur les flancs.

Tête longue, pointue ; mâchoire inférieure avancée.

Nageoires ; quinze épines avant les rayons mous de la seconde dorsale ; os du bassin ne formant pas de bouclier médian.

LE GASTRÉ ou ÉPINOCHE DE MER — *SPINACHIA VULGARIS.*

Fig. 164.

Syn. : Gasterosteus spinachia, Linn., p. 492, sp. 10 ; Bloch, pl. 53, fig. 1 ; Günth., t. I, p. 7 ; Schlegel, p. 54, pl. 4, fig. 3.

Le Quinze-épines, Gasterosteus spinachia, Bonnat., p. 137, pl. 57, fig. 226.

Le Gastérostée spinachie, Gasterosteus spinachia, Lacép., t. VIII, p. 368.

Le Gastré ou Épinoche de mer a museau allongé, Gasterosteus spinachia, Cuv. et Valenc., t. IV, p. 509, *Règ. an. ill.*, pl. 26, fig. 3.

Spinachia vulgaris, Flem., *Hist. Brit. Anim.*, p. 219 ; CBp., *Cat.*, n° 659.

The Fifteen-spined Stickleback, Yarr., t. II, p. 93 ; Couch, t. I, p. 180.

N. vulg. : Quinze-épines ; Étrangle-chat, Poitou (Lemarié).

Long. : 0,09 à 0,12, quelquefois 0,15.

Sur nos côtes de l'Ouest se trouve une Épinoche à taille allongée. Le corps est de forme pentagonale en avant de l'anus, tétragonale en arrière ; sa hauteur est comprise dix à douze fois dans la longueur totale. Le ventre est aplati ; les cubitus et les os du bassin laissent entre eux, à la région abdominale, un espace à peu près complétement libre. La peau n'est pas aussi nue qu'on le suppose généralement ; sur le dos, une série de boucliers s'étend de l'occipital à la caudale ; ces boucliers sont moins distincts au niveau des rayons mous de la seconde dorsale ; il y en a ordinairement trois avant le premier aiguillon ; sur le côté se trouve une rangée de plaques carénées ; en dessous existe une suite d'écussons, entre l'anale et la caudale. Le tronçon de la queue est très-long, déprimé, plus large que haut, à bords latéraux presque tranchants ; il est dans une assez grande partie de sa longueur entièrement enveloppé par les quatre séries de boucliers, qui se touchent par leurs bords. Les vertèbres sont au nombre d'une quarantaine 18 +.

La tête est aplatie en dessus ; elle a la forme d'une pyramide à quatre pans ; sa longueur mesure le quart de la longueur totale. Le museau est allongé, tubuleux. La bouche est étroite, à fente oblique, ne dépassant guère le tiers antérieur de l'espace préorbitaire. Les lèvres sont épaisses, elles font une espèce de bourrelet. La mâchoire supérieure est plus courte que la mandibule ; elles ont l'une et l'autre une bande de dents en velours.

Le diamètre de l'œil est compris quatre fois à quatre fois et demie dans la longueur de la tête ; il est égal à la moitié de l'espace préorbitaire. Le sous-orbitaire antérieur est allongé, couvert de stries.

Placés dans une petite fossette, les orifices de la narine sont assez difficiles à distinguer.

La membrane branchiostège s'unit sous la gorge à celle du côté opposé. L'opercule est large, strié.

En général les boucliers de la ligne latérale sont au nombre de quarante-quatre

Il y a quinze épines avant les rayons mous de la seconde dorsale ; elles sont crochues, séparées les unes des autres ; elles ont chacune en arrière une petite membrane triangulaire ; la première épine est au-dessus de la base de la pectorale ; la dernière, qui appartient en réalité à la seconde dorsale, est plus longue et plus grosse que les précédentes ; elle est opposée à l'aiguillon de l'anale. La seconde dorsale compte six, ou plus souvent sept rayons mous, plus hauts en avant ; le dernier rayon mou est attaché au dos par une large membrane. L'anale est opposée et semblable à la seconde dorsale ; elle est triangulaire ; son dernier rayon est aussi retenu par une membrane. La caudale est carrée, ou bien arrondie quand elle est étalée ; elle est soutenue par quatorze rayons. Le tronçon de la queue mesure le tiers environ de la longueur totale. Les pectorales sont arrondies ; elles sont éloignées de la fente branchiale ; elles comptent une dizaine de rayons. Les cubitus limitent un angle ouvert en arrière ; ils se terminent en pointe vers le milieu de la longueur des pectorales, et s'unissent aux os du bassin qui bordent en arrière les côtés de l'abdomen. Les os du bassin sont allongés, pointus à leurs extrémités ; ils figurent une sorte d'H majuscule, dont la branche transversale est formée par l'élargissement de la partie symphysaire ; ils finissent sous la dixième ou la onzième épine de la dorsale. La ventrale est attachée à la moitié de la longueur de l'os du bassin, très-en arrière de l'insertion de la pectorale : elle a une épine arquée, courte, et un fort petit rayon mou ; Cuvier et Valenciennes indiquent à la nageoire deux rayons mous ; je n'en ai jamais pu découvrir qu'un seul.

Br. 3. — D. 14 — 1/6 ou 7 ; A. 1/6 ; C. 14 ; P. 9 ou 10 ; V. 1/1.

Les nageoires sont d'un gris plus ou moins clair ; une tache noirâtre marque, à la partie antérieure, la dorsale, ainsi que l'anale. Le dos est verdâtre avec des teintes brunes d'un ton plus ou moins foncé ; les opercules, la région sous-orbitaire, la gorge et le ventre sont blanchâtres.

Il y a deux appendices pyloriques très-courts. La vessie natatoire est allongée, étroite ; elle est argentée.

Habitat. Manche, assez rare au nord de la Seine ; moins rare sur les côtes de la Basse-Normandie, et même commun près de Cherbourg, à l'île Peléc (Jouan) ; côtes de Bretagne, commun à Roscoff. Océan, assez rare vers le continent, plus commun vers les îles, Noirmoutiers, Ré ; golfe de Gascogne, rare, Arcachon.

Proportions : long. totale 0,090 ; tronc, haut. 0,008.

Tête, long. 0,023, haut. 0,007. — Œil, diam. 0.005, esp. préorbit. 0,010, esp. interorbit. 0,004.

Caudale, long. 0,0095 ; pectorale, long. 0,010.

Les Gastérostéidés ont vivement excité l'attention et la curiosité des observateurs, en raison du soin qu'ils mettent à construire le nid dans lequel leurs œufs doivent éclore. L'Épinoche établit son nid sur la vase, ou plutôt le fond ; l'Épinochette le suspend à des plantes ; le Gastré le place au milieu de touffes de varechs, dans un creux de rocher, qui souvent découvre à marée basse. Nous ne pouvons entrer à ce sujet dans de longues explications, et nous nous bornons à indiquer les ouvrages dans lesquels ces nids sont figurés : Épinoche, Épinochette, *Diction. Hist. nat.*, d'Orbigny, Atlas, t. 2, pl. 20 ; *Poiss. eaux douces de France*, Blanch., p. 192-197 ; Gastré, *Fish. Brit. Isl.*, Couch, t. 1, p. 180, pl. 38.

Famille des Aulostomidés, Aulostomidæ.

Corps de forme variable, couvert d'écailles rudes, ou d'une cuirasse incomplète, parfois nu.

Tête avancée en museau tubuleux, constitué par le prolongement du vomer, de l'ethmoïde, des ptérygoïdiens, des préopercules et des interopercules, terminé par une petite bouche.

Appareil branchial ; fente des ouïes grande ; rayons branchiostèges peu nombreux ; pseudobranchies.

GENRE CENTRISQUE — *CENTRISCUS*, Linn.

Corps ovale, comprimé, couvert de petites écailles rugueuses.

Tête écailleuse ; bouche très-petite, non dentée, à l'extrémité du tube rostral.

Nageoires ; première dorsale courte, très-reculée, à deuxième aiguillon dentelé, et fort développé ; ventrales petites, rapprochées l'une de l'autre, à quatre ou cinq rayons mous, épine nulle ou rudimentaire.

Vessie natatoire grande. — **Appendices pyloriques** manquant.

LE CENTRISQUE BÉCASSE — *CENTRISCUS SCOLOPAX.*

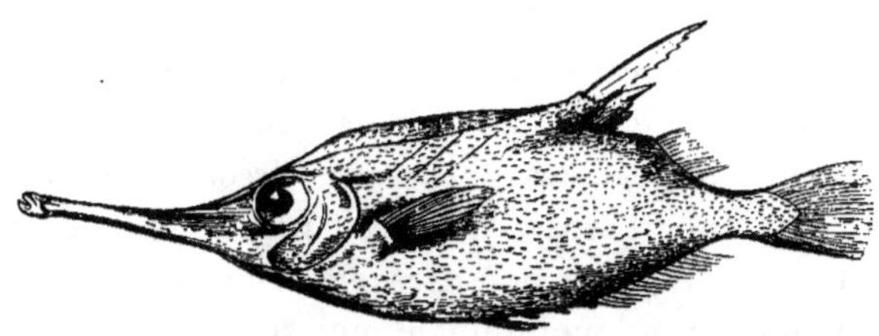

Fig. 165.

Syn. : DE LA BÉCASSE, Rondel., liv. XV, c. IV, p. 325 ; Bonnat., p. 30, pl. 21, fig. 69. SCOLOPAX, Aldrov., p. 298 ; Willugh., p. 160, pl. I. 25, fig. 2.
CENTRISCUS SCOLOPAX, Linn., p. 415, sp. 2 ; Brunn., *Ichth. Mass.*, p. 8, n° 17 ; Bloch, pl. 123, fig. 1 ; Cuv. *Règ. an. ill.*, p. 210 ; Rosenthal, pl. 10, fig. 11 ; CBp., *Cat.*, n° 658 ; Günth., t. III, p. 518 ; Canestr.. *Fn. Ital.*, p. 137.
LE CENTRISQUE BÉCASSE, Centriscus scolopax, Lacép., t. VI, p. 346 ; Riss., *Hist. nat.*. p. 476.
SOLÉNOSTOME BÉCASSE, Solenostomus scolopax, Riss., *Ichth.*, p. 80.
THE TRUMPET-FISH, Yarr., t. II, p. 190 ; Couch, t. III, p. 21.

N. vulg. : Trombetta, Nice ; Cardilagno, Marseille ; Peï troumpeta, Cette ; Bécasse de mer ; Soufflet.
Long. : 0,10 à 0,15.

Son bec allongé a fait donner à cet animal le nom de *Bécasse*. Il a le corps ovale, comprimé, garni de petites écailles rudes, fortement ciliées. La hauteur du tronc est contenue environ quatre fois et un tiers dans la longueur totale. La carène du ventre est saillante, très-étroite, presque tranchante en avant ; elle porte en arrière, entre les ventrales et l'anale, trois épines minces, aiguës ; l'épine du milieu est dentelée. Il y a vingt-trois ou vingt-quatre vertèbres.

La tête mesure une longueur égalant presque la moitié de la longueur totale sans la caudale ; elle est couverte d'écailles ; elle est comprimée ; elle se prolonge en un museau étroit, à peu près cylindrique, espèce de tube à l'extrémité duquel s'ouvre la bouche, qui est très-petite, fendue obliquement. La mâchoire inférieure est arrondie en dessous ; elle est relevée, et un peu plus avancée que la mâchoire supérieure. La mandibule et les intermaxillaires sont minces, comme tranchants; ils ne sont munis d'aucune espèce de dents. Le maxillaire supérieur est assez large, à peu près triangulaire.

En général l'iris est d'un blanc rougeâtre. Le diamètre de l'œil est compris cinq fois et demie dans la longueur de la tête; il mesure environ le quart de l'espace préorbitaire; il est un peu plus grand que l'espace interorbitaire. Le sourcil est assez large; il est strié, rugueux. L'espace interorbitaire est, au milieu, relevé par une crête longitudinale, qui se continue en arrière jusqu'à la ligne du dos. La peau, couvrant l'œil, porte une bande d'écailles ciliées, qui forme une espèce de croissant allongé, à concavité tournée en avant.

Les ouvertures de la narine sont dans une sorte de petite fossette entourée d'écailles, et assez rapprochée de l'orbite; elles sont à peu près arrondies, étroites.

La fente des ouïes est assez longue; la membrane branchiostège est peu développée; le battant operculaire paraît s'enfoncer dans l'échancrure formée par les os de la ceinture scapulaire. Les rayons branchiostèges sont grêles, assez difficiles à compter; Cuvier en indique deux ou trois, Yarrell, trois ou quatre, Günther, quatre; je n'en ai trouvé que trois. Les pièces operculaires, excepté l'interopercule, sont couvertes d'écailles; l'opercule et le sous-opercule sont peu distincts l'un de l'autre; le bord du battant operculaire est marqué de stries. Le préopercule a le bord postérieur relevé en arête tranchante et denticulée, dirigée obliquement de haut en bas et d'arrière en avant, confondue, pour ainsi dire, avec la moitié inférieure du bord postérieur de l'orbite. L'interopercule est fort étroit et très-allongé.

La première dorsale est fort reculée; elle commence sur le tiers postérieur de la longueur entière, caudale non comprise; elle affecte une forme tout à fait particulière; elle se compose de cinq épines; la première est assez mobile, très-petite; la troisième est insérée en quelque sorte parallèlement au profil antérieur du dos, sur un plan inférieur à celui de la première épine; elle est plus forte et plus longue que le premier aiguillon; la

quatrième est au-dessous de la troisième et un peu plus courte ;
la cinquième est très-réduite. Quant au deuxième rayon épineux, c'est un aiguillon excessivement développé ; il est comprimé, légèrement triangulaire ; il a le bord antérieur mince, le
côté postérieur creusé d'un sillon assez profond, garni de fortes
dentelures à pointe dirigée en arrière ; les faces latérales sont
marquées de stries longitudinales. Ce grand aiguillon peut se
relever plus ou moins, jamais cependant à angle droit ; quand
il est abaissé, son bord antérieur continue le profil du dos, et le
sillon de son bord postérieur couvre les derniers aiguillons de
la nageoire. La dimension extraordinaire de cette épine donne
une apparence singulière au poisson, qui fut rangé par Artédi
dans son genre *Balistes*, et par Linné dans ses *Amphibia nantes*.
La longueur proportionnelle de l'aiguillon paraît varier avec
l'âge. La seconde dorsale est au-dessous de la première ; elle est
assez courte ; elle est formée d'une petite épine et de dix ou
onze rayons mous. L'anale prend naissance au-dessous de la
base du grand aiguillon de la première dorsale ; elle est basse,
assez longue ; elle se porte en arrière plus loin que la seconde
nageoire du dos ; elle compte dix-huit à vingt rayons. La caudale est assez courte ; elle est coupée plus ou moins carrément ;
elle se compose de neuf grands rayons, et de six ou sept rayons
basilaires en dessus comme en dessous. Les pectorales sont insérées très-peu au-dessous du milieu de la hauteur du corps ;
elles sont assez développées ; elles ont seize ou dix-sept rayons.
Les ventrales sont fort petites, très-rapprochées l'une de l'autre ;
elles peuvent rester cachées dans une dépression du ventre ; elles
ont quatre ou cinq rayons mous, elles n'ont pas d'épine suivant
certains auteurs ; cependant l'aiguillon ne manque pas absolument, j'en ai trouvé un faible vestige.

Br. 3. — D. 5 — 1/10 ou 11 ; A. 18 à 20 ; C. 6 ou 7/9/7 ou 6 ; P. 16 ou 17 ;
V. 1/4 ou 5.

La coloration est d'un rose doré ou d'un gris doré sur le dos,
d'un rose argenté sur les côtés et le ventre. Les petits, d'après
Risso, brillent de l'éclat de l'argent le plus éblouissant.

Habitat. Méditerranée, assez rare, Nice, Marseille ; il est, suivant M. Doûmet, assez commun à Cette. Océan, excessivement rare, Bayonne ; en 1851, un de ces poissons a été pêché dans le Pertuis breton (Lemarié).

Proportions : long. totale 0,130 ; tronc, haut. 0,030, épais. 0,009.

Tête, long. 0,056, haut. 0,028. — Œil. diam. 0,010, esp. préorbit. 0,038, esp. interorbit. 0,008.

Caudale. long. 0,015 ; pectorale, long. 0,021 ; ventrale, long. 0,008 deuxième épine de la première dorsale, long. 0,021.

Famille des Tétragonuridés, Tetragonuridæ.

Corps allongé, couvert d'écailles dures, ciliées ; deux crêtes, ou carènes saillantes de chaque côté de la queue.

Tête allongée ; museau assez gros, arrondi ; mâchoires à dents sur une seule rangée ; vomer et palatins dentés.

Appareil branchial ; fente des ouïes grande ; joue et pièces operculaires écailleuses.

Nageoires ; deux dorsales très-rapprochées l'une de l'autre, la première longue, basse épineuse, la seconde plus courte et plus haute ; anale à peu près opposée à la seconde dorsale ; ventrales assez avancées, mais placées en arrière de l'insertion des pectorales.

GENRE TÉTRAGONURE — *TETRAGONURUS*, Riss.

Caractères de la famille.

LE TÉTRAGONURE DE CUVIER,

TETRAGONURUS CUVIERI, Riss.

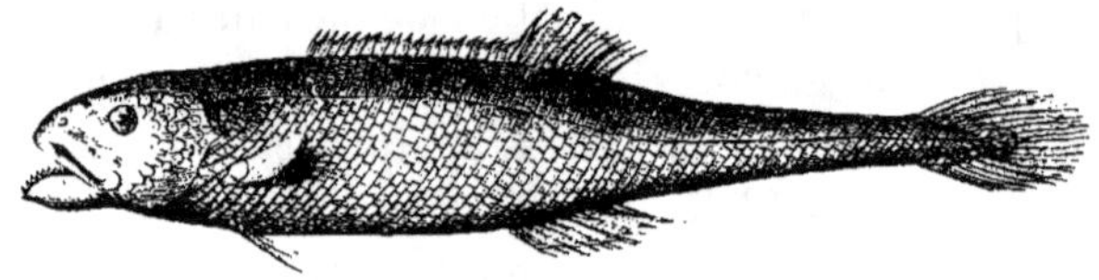

Fig. 166.

Syn. : Du Muge noir, Rondel., liv. XV, c. v, p. 326.

De Corvo Nilotico, Aldrov., p. 610.

Tétragonure Cuvier, Tetragonurus Cuvieri, Riss., *Ichth.*, p. 347, fig. 37, *Hist. nat.*, p. 382 ; Cuv. et Valenc., t. XI, p. 172, pl. 318, *Règ. an. ill.*, pl. 76, fig. 2 ; Guichen. *Expl. Algér.*, p. 68.

Tetragonurus Cuvieri, CBp., *Cat.*, n° 663 ; Günth., t. III, p. 408 ; Canestr., *Fn. Ital.*, p. 116.

? Tetragonurus Atlanticus, Lowe, *Fish. Madeira*, p. 129, pl. 19.

N. vulg. : Courpata, Nice.
Long. : 0,25 à 0,30, quelquefois 0,35.

Pendant le séjour qu'il fit à Nice, en 1809, Lesueur traça, avec son habileté ordinaire, une excellente figure de ce poisson, désigné sous le nom de *Chanos d'Aldrovande*, Risso. Le Tétragonure dessiné par Lesueur est très-probablement celui que Péron donna au Muséum de Paris, le premier des précieux spécimens que possède la riche collection. Le corps de cet animal est allongé, à peu près arrondi vers le dos, un peu comprimé sur les flancs, et légèrement conique depuis la seconde dorsale jusqu'à la base de la caudale. La hauteur du tronc est comprise six fois et un tiers à sept fois et demie dans la longueur totale. La peau est couverte d'écailles épaisses, dures, striées, rudes, disposées en verticilles obliques. Les côtes sont grêles ; il y a cinquante-huit vertèbres, 36 + 22 (CV.).

La longueur de la tête est contenue cinq à six fois dans la longueur totale. Le museau est comprimé, arrondi en avant. La bouche est grande. La mâchoire supérieure est plus avancée que l'inférieure ; elle a une lèvre bien développée, qui cache les dents en partie. La mandibule est remarquable par sa conformation ; le dentaire est mince, comprimé, mais excessivement élevé, et arqué sur le bord supérieur, dans la portion moyenne, qui est beaucoup plus haute que la portion rapprochée de la symphyse. Les deux mâchoires sont munies d'une rangée de dents, à pointe dirigée en arrière ; la mâchoire supérieure porte une cinquantaine de dents ; à la mandibule, les dents sont plus nombreuses, plus comprimées qu'à la mâchoire supérieure ; elles figurent une espèce de lame de scie. Le vomer et les palatins ont les dents placées en une série longitudinale. La langue est large ; elle est libre ; elle est relevée sur les bords et déprimée en gouttière dans sa région médiane.

Chez les sujets de moyenne taille, le diamètre de l'œil fait environ le cinquième de la longueur de la tête. L'iris paraît argenté ; sur le frais, d'après Laurillard, il est doré et entouré d'un cercle noir.

Les ouvertures de la narine sont arrondies, assez éloignées l'une de l'autre ; l'orifice antérieur est le plus large.

Il y a cinq rayons, branchiostèges. Les pièces operculaires sont écailleuses, ainsi que la joue ; les rangées d'écailles s'avancent sous l'orbite, jusqu'à l'angle de la bouche. L'espace jugulaire est fort étroit.

La ligne latérale est légèrement courbe jusqu'au-dessus de l'anale ; elle est droite dans le reste de son trajet. Éc., l. long. 100 à 120 ; l. transv. 30, environ.

La première dorsale prend naissance au-dessus de l'extrémité des pectorales, ou fort peu en arrière ; elle est longue, très-basse ; elle peut se cacher dans le sillon du dos ; elle est composée de courtes épines, en nombre variable de quinze à vingt et une. La seconde dorsale est beaucoup plus haute que la première, dont elle paraît la continuation ; elle est opposée à l'anale, mais elle commence un peu plus en avant ; elle est composée d'une épine et d'une douzaine de rayons mous. L'anale est semblable à la seconde dorsale ; elle compte une douzaine de rayons. Le tronçon de la queue est épais ; il s'enfonce dans la base de la caudale, et de chaque côté, vers la racine des rayons formant les lobes de la nageoire, il porte deux fortes carènes hérissées d'écailles. La caudale est échancrée, plutôt que fourchue ; elle a des lobes égaux, ou peu s'en manque, assez courts, ne mesurant guère plus du septième de la longueur totale. La pectorale est insérée assez bas, au-dessous de la ligne prolongeant le diamètre horizontal de l'œil. La ventrale est placée un peu en arrière de la base de la pectorale.

Br. 5. — D. 15 à 21 — 1/11 à 13 ; A. 11 ou 12 ; C. 28 à 30 ; P. 16 ; V. 1/5.

Le poisson frais, tel que le représente Lesueur est d'une teinte lie de vin ou lilas très-foncé sur le dos, presque noirâtre sur les pièces operculaires, d'un lilas plus clair sur les côtés, avec des reflets rougeâtres.

D'après Valenciennes, le péritoine pariétal est noirâtre ; l'estomac est conique ; les appendices pyloriques sont nombreux. La vessie natatoire manque.

Habitat. Méditerranée, très-rare, Nice, Toulon, Marseille.

Proportions : long. totale 0,285 ; tronc, haut. 0,045.

Tête, long. 0,051, haut. 0,044. — Œil, diam. 0,010, esp. préorbit. 0,020. — Mâchoire supérieure, long. 0,024.

La chair de ce poisson est blanche et tendre ; mais suivant Risso, qui en a fait deux fois l'expérience, elle est pendant l'été d'un usage très-dangereux ; elle détermine une espèce d'empoisonnement, dont les principaux symptômes sont une chaleur pénible dans la gorge et l'œsophage, des vomissements. A quoi attribuer ces accidents ? Probablement au genre d'alimentation du Courpata, qui se nourrit de Stéphanomies et autres radiaires mollasses dont la causticité et l'âcreté sont extrêmes (Risso).

Famille des Mugilidés, Mugilidæ.

Corps allongé, couvert d'écailles.

Tête écailleuse ; bouche en travers, peu fendue ; maxillaire supérieur très-étroit ; mâchoire inférieure à tubercule médian, plus ou moins saillant.

Appareil branchial ; ouïes largement ouvertes ; quatre branchies ; pseudobranchies.

Nageoires ; deux dorsales éloignées l'une de l'autre ; première dorsale à quatre aiguillons ; anale opposée à la seconde dorsale ; ventrales abdominales, ayant une épine et cinq rayons mous.

Vessie natatoire grande, sans conduit pneumatophore. — **Appendices pyloriques** peu nombreux.

GENRE MUGE — MUGIL, Arted.

Corps allongé, légèrement comprimé sur les côtés, couvert de grandes écailles très-finement pectinées. Vertèbres généralement au nombre de vingt-quatre à vingt-six.

Tête plus longue que haute, large en dessus ; museau obtus ; bouche assez petite, terminale, fendue transversalement, mais un peu arquée ; lèvre supérieure plus ou moins grosse, échancrée dans sa partie médiane pour recevoir le tubercule de la mâchoire inférieure ; maxillaire supérieur grêle, couvert en tout ou en partie par le sous-orbitaire antérieur ; intermaxillaire et dentaire munis d'appendices dentiformes. Ces appendices ressemblent à des soies, et figurent une espèce de brosse sur le bord des os, qui les supportent ; ils soutiennent les lèvres ; ordinairement ils restent cachés dans l'épaisseur de la lèvre inférieure, et dépassent la partie libre de la lèvre supérieure, qu'ils bordent comme d'une rangée de cils plus ou moins distincts.

Appareil branchial ; six rayons branchiostèges. Les os pharyngiens sont très-larges ; ils présentent une particularité fort curieuse dans la disposition de leurs surfaces et de leurs dentelures ; ils forment tout à la fois une espèce de presse et de crible servant à séparer les matières alimentaires de celles qui doivent être rejetées au dehors ; les os pharyngiens supérieurs sont convexes, les pharyngiens inférieurs sont concaves et garnis sur le bord externe de longues dentelures. Les pièces operculaires, entièrement couvertes d'écailles, sont peu distinctes les unes des autres ; elles sont très-bombées, très-développées ; quand elles se sont unies aux branches de la mandibule, elles cachent l'appareil hyoïdien et la gorge en partie ou presque complétement, elles laissent entre elles un espace plus ou moins étroit, c'est l'*espace jugulaire* ou *intramandibulaire* (V. fig. 167, *c*).

Ligne latérale manquant ; à la région latérale et même à la région inférieure du corps se montrent souvent des écailles pourvues d'un canal assez long.

Nageoires ; première dorsale à quatre aiguillons ; seconde dorsale ayant une épine et sept à neuf rayons mous ; anale composée de trois épines et de sept à onze rayons mous ; caudale échancrée ; pectorales insérées au-dessus du milieu de la hauteur du tronc ; ventrales non entièrement libres, retenues par une membrane, qui s'étend sur une partie plus ou moins longue de leur rayon interne ; os du bassin, rattaché à la ceinture scapulaire par le coracoïdien postérieur.

Appendices pyloriques au nombre de deux à huit ; estomac, ou plutôt région pylorique, ayant des parois très-charnues, très-épaisses, constituant une espèce de gésier bulbiforme ; intestin à plusieurs replis ; péritoine pariétal noirâtre.

Les poissons de ce genre portent différents noms ; ils sont appelés Muges, Mujons sur les bords de la Méditerranée, Meuils ou Meuilles snr les côtes de l'Océan, Mulets par les pêcheurs de la Manche.

Le genre Muge comprend sept espèces.

Espace jugulaire				
ovale. Paupière	double, verticale............................			1. M. CÉPHALE.
	circulaire, étroite. Maxillaire supérieur	caché par le sous-orbitaire..		2. M. DORÉ.
		dépassant le sous-orbitaire, qui a le bord antérieur	droit.	3. M. CAPITON.
			échancré..	4. M. SAUTEUR.
presque nul. Rayons mous de l'anale au nombre de	onze............................			5. M. LABÉON.
	neuf. Hauteur du tronc comprise dans la longueur totale		quatre fois et demie ou plus..	6. M. CHÉLON.
			quatre fois.	7. M. RACCOURCI.

LE MUGE CÉPHALE — *MUGIL CEPHALUS*.

Syn. : Du Cabot, Rondel., liv. IX, c. i, p. 207.
Muge Provençal, Mugil Provensalis, Riss., *Ic'th.*, p. 346.
Mugil cephalus, Muge à grosse tête, Riss., *Hist. nat.*, p. 388.
Mugil cephalus, Delaroche, *Ann. Muséum*, t. XIII, p. 358, *Mém.*, p. 72, Var. A,
fig. 4 ; Agass., *Poiss. foss.*, t. V, p. 120, pl. F, fig. 2 ; CBp., *Cat.*, nº 515, *Fn. ital.*,
fig ; Günth., t. III, p. 417 ; Canestr., *Fn. Ital.*, p. 113.
Le Muge céphale, Mugil cephalus, Cuv. et Valenc., *Règ. an. ill.*, p. 164 ; Blanch.,
p. 251.
Le Muge a large tête, Mugil cephalus, Cuv. et Valenc., t. XI, p. 19, pl. 307 ;
Guichen., *Expl. Algér.*, p. 67.

N. vulg.: Carida, Nice ; Cabot, Cette, et dans tout le Languedoc ; Sau-
tereau, Bayonne.
Long. : 0,30 à 0,50, quelquefois 0,70.

Facile à distinguer des autres Muges, le Céphale a le corps un
peu comprimé sur les côtés, arrondi vers le dos, qui est très-
épais en avant. Le profil supérieur est presque droit, l'inférieur
est légèrement et régulièrement convexe. La hauteur du tronc
est contenue cinq fois environ dans la longueur totale. Le rachis
se compose de vingt-quatre vertèbres, 12 + 12, d'après Valenciennes, de vingt-six 14 + 12, suivant Agassiz. La peau est couverte de grandes écailles à bord postérieur garni de plusieurs
rangées de spinules émoussées, qui ne sont guère visibles qu'à
l'aide d'un verre grossissant.

Excepté sur le bout du museau, sur les lèvres, et dans l'espace
jugulaire, la tête est garnie d'écailles ; elle est en dessus très-légèrement convexe ; sa longueur est comprise quatre fois et demie
à quatre fois et trois quarts dans la longueur totale. Le museau
est court, un peu abaissé, à bord antérieur semi-circulaire. La
bouche est petite, anguleuse. La mâchoire supérieure est protractile. La lèvre supérieure est peu épaisse ; elle porte une
rangée de cils, ainsi que la lèvre inférieure, qui est mince,
taillée en biseau, à bord presque tranchant. Le maxillaire supérieur est peu développé ; il est grêle, court ; il est terminé par
une petite pointe droite, qui ne dépasse pas la commissure des
lèvres ; il est complétement caché par le sous-orbitaire antérieur,

quand la bouche est fermée ; à elle seule, la conformation du maxillaire supérieur suffit pour faire reconnaître le Céphale. L'espace jugulaire est ovale ; il est assez large en avant ; sa longueur mesure le double environ du diamètre de l'œil, chez les sujets de moyenne taille. .

Au lieu d'avoir un repli palpébral étroit et circulaire comme dans les autres espèces, l'œil du Céphale est pourvu de deux paupières verticales, qui s'écartent vis-à-vis de la pupille, et se rejoignent en haut et en bas ; la partie postérieure de ce voile membraneux s'étend jusque sur le préopercule ; Rondelet a parfaitement indiqué cette disposition particulière au *Cabot*. L'iris est d'un jaune argenté. Le diamètre de l'œil est contenu quatre fois et demie à cinq fois dans la longueur de la tête ; il est à peu près égal à l'espace préorbitaire ; il fait la moitié ou les trois cinquièmes de l'espace interorbitaire.

Les ouvertures de la narine sont relativement éloignées l'une de l'autre. L'orifice postérieur est le plus grand ; il est ovale ; il se trouve au moins aussi rapproché de l'orbite que de l'orifice antérieur, qui est étroit et arrondi.

Les ouïes sont largement fendues. Les pièces operculaires, ainsi que la joue, sont couvertes d'écailles. Les interopercules ont le bord inférieur convexe ; ils ne se touchent, ou ne se recouvrent que dans une fort petite étendue ; ils limitent la partie postérieure de l'espace jugulaire.

Comme chez les autres Muges, la ligne latérale proprement dite manque chez le Céphale, et sur divers points du corps se trouvent des écailles pourvues d'un canal étroit, allongé. Éc., l. long. 43 à 45 ; l. transv. 14 à 15.

Généralement la première dorsale est un peu plus haute que longue ; elle commence vers la fin de la première moitié de la longueur totale, caudale non comprise ; les deux premières épines sont à peu près égales, et leur longueur mesure un peu plus de la moitié de la hauteur du tronc ; l'appendice écailleux de base de la nageoire est triangulaire, il est allongé, il dépasse l'insertion du quatrième aiguillon. La seconde dorsale est au

moins aussi haute que la première ; elle a le bord supérieur
échancré ; elle compte une huitaine de rayons mous. La caudale
est plutôt échancrée que fourchue ; elle a quatorze grands rayons,
plus trois ou quatre rayons basilaires. La pectorale est insérée
au-dessus du milieu de la hauteur du tronc ; sa longueur est comprise six fois et demie à sept fois dans la longueur totale ; elle est
soutenue par dix-sept rayons ; à l'aisselle de la nageoire, est un
appendice écailleux, triangulaire caréné, faisant à peu près le
tiers de la longueur de la pectorale. La ventrale est de même
longueur que la pectorale, ou peu s'en manque : l'appendice
axillaire externe est triangulaire, il ne mesure généralement pas
la moitié de la longueur de la nageoire ; entre les ventrales est
un appendice écailleux, assez développé, triangulaire.

Br. 6. — D. 4 — 1/8 ou 9 ; A. 3/8 ; C. 3 ou 4/14 ou 15/4 ou 3 ; P. 17 ; V. 1/5.

Les dorsales et la caudale sont d'un gris foncé ; l'anale et les
pectorales sont d'un gris plus pâle ; les ventrales sont blanchâtres. Le corps est gris plus ou moins foncé sur le dos et les
flancs, argenté sous le ventre ; six ou sept bandelettes brunâtres,
parallèles, s'étendent le long des côtés.

Il y a seulement deux appendices pyloriques.

Habitat. Méditerranée, très-commun, Nice, Cette. Océan, golfe de Gascogne, assez commun, Saint-Jean-de-Luz, Arcachon ; côtes du Poitou
(Aunis), rare, la Rochelle, les Sables-d'Olonne. Je ne l'ai pas trouvé au nord
de la Loire.

Proportions : long. totale 0,218 ; tronc, haut. 0,043, épais. 0,027.

Tête, long. 0,046, haut. 0,034. — Œil, diam. 0,010, esp. préorbit. 0,011, esp.
interorbit. 0,020. — Maxillaire supérieur, long. 0,012. — Espace jugulaire,
long. 0,019, larg. 0,004.

Caudale, long. 0,045 ; pectorale, long. 0,030 ; ventrale, long. 0,027. — Appendice écailleux de la : première dorsale, long. 0,011 ; pectorale, long. 0,010 ;
ventrale, long. 0,011.

LE MUGE DORÉ — *MUGIL AURATUS.*

Syn. : Muge doré, Mugil auratus, Riss., *Ichth.*, p. 344, *Hist. nat.*, p. 390 ; Cuv. et
Valenc., t. XI, p. 43, pl. 308, tête, *Règ. an. ill.*, p. 165, pl. 76, fig. 1 ; Guichen., *Expl.*
Algér., p. 67.

Mugil auratus, CBp., *Cat.*, n° 518. *Fn. ital.*, fig. ; Lowe, *Fish. Madeira*, p. 163, pl. 23 ; Günth, t. III, p. 442 ; Canestr., *Fn. Ital.*, p. 113.
Long-finned Grey Mullet, Couch., t. III, p. 19.

N. vulg. : Mugou Daurin, Daurin, Nice ; Gaouta-roussa, Calaga, Cette.
Long. : 0,30 à 0,45.

Chez le Muge doré, la hauteur du tronc est comprise cinq fois et un tiers à six fois dans la longueur totale.

La tête est large ; sa longueur est contenue cinq fois à cinq fois et demie dans la longueur totale. Le museau est large, déprimé, semi-circulaire en avant. La lèvre supérieure est assez grosse. La mâchoire supérieure est pourvue de petites dents sétiformes.

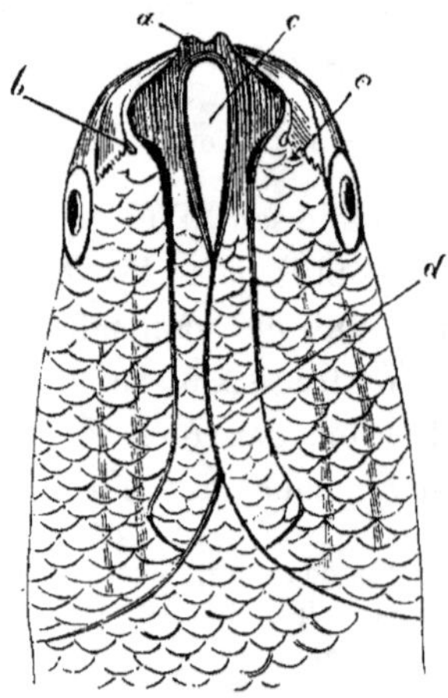

Fig. 167. — *Tête de Muge doré vue en dessous.*

a, symphyse de la mâchoire inférieure ; *b*, extrémité du maxillaire supérieur ; *c*, espace jugulaire ; *d*, interopercule gauche ; *e*, sous-orbitaire.

Le maxillaire supérieur est couvert à peu près complétement par le sous-orbitaire, quand la bouche est fermée ; parfois le maxillaire est tout à fait caché d'un côté, et un peu visible de l'autre. L'espace jugulaire est ovale ; il est plus grand que l'espace préorbitaire ; il dépasse en arrière le prolongement du diamètre vertical de l'œil. M. Günther s'est trompé en disant qu'une courte portion lancéolée du menton n'est pas couverte par les os mandibulaires ; il a confondu cette espèce avec une autre, ainsi que le prouve la figure jointe au texte. M. Günther donne l'esquisse d'une tête, qui assurément n'a jamais appartenu à un Muge doré.

Une paupière adipeuse est fixée au bord de l'orbite ; elle est étroite ; elle limite un espace libre circulaire. L'iris est argenté, avec une petite tache dorée en haut et en avant. Le diamètre de l'œil est compris quatre fois et quart à quatre fois et deux tiers dans la longueur de la tête ; il mesure la moitié environ de l'espace interorbitaire. Le bord antérieur du sous-orbitaire est droit, il n'est pas échancré, ni dentelé.

Les orifices de la narine sont très-rapprochés l'un de l'autre ; l'intervalle qui les sépare, est en général moins long que le grand diamètre de l'orifice postérieur.

Les interopercules ont le bord inférieur courbe ; ils se recouvrent en arrière, ils s'écartent l'un de l'autre en avant, et limitent la partie postérieure de l'espace jugulaire.

Il y a dans la ligne longitudinale 43 à 45 écailles, et 14 ou 15 dans la ligne transversale.

La première dorsale est plus haute que longue ; sa deuxième épine, qui est ordinairement la plus développée, mesure la moitié environ de la hauteur du tronc ; l'appendice écailleux est long, il se termine un peu avant la membrane de la nageoire. La seconde dorsale est aussi élevée que la première ; elle est aussi haute que longue. La pectorale est plus grande que dans le Capiton ; sa longueur est contenue six fois et un tiers environ dans la longueur totale ; il n'y a généralement pas de tache noire à l'aisselle de la nageoire ; l'écaille axillaire est nulle ou excessivement réduite, sa longueur ne faisant guère que le septième de la longueur de la pectorale. La ventrale est beaucoup plus courte que l'autre nageoire paire.

D. 4 — 1/8 ; A. 3/9 ; C. 14 ; P. 17 ; V. 1/5.

L'anale et les ventrales sont blanchâtres ; les autres nageoires sont d'un gris brunâtre. Le système de coloration est brunâtre sur le dos, gris foncé sur les flancs, avec six ou sept bandes longitudinales d'un brun assez foncé ; le ventre est blanc argenté. Il y a une tache jaune derrière l'œil ; il s'en trouve une autre plus large et plus brillante sur l'opercule.

Habitat. Méditerranée, très-commun, Nice, Cette. Océan, golfe de Gascogne, assez commun, Arcachon ; rare au-dessus de la Gironde. Manche très-rare. Dieppe, Saint-Valery-sur-Somme. Il est parfois apporté sur le marché de Paris.

Proportions : long. totale 0,43 ; tronc, haut. 0,074, épais. 0,042.

Tête, long. 0,079, haut. 0,055. — Œil, diam. 0,018, esp. préorbit. 0,023, esp. interorbit. 0,035. — Espace jugulaire, long. 0,035, larg. 0,005.

Caudale, long. 0,087 ; pectorale, long. 0,069 ; ventrale, long. 0,040. — Appendice écailleux de la : première dorsale, long. 0,031 ; pectorale, long. 0,010.

LE MUGE CAPITON — *MUGIL CAPITO*.

Syn. : Ramado, Riss., *Ichth.*, Var. A du Muge céphale, p. 344.

Mugil ramada, Muge ramade, Riss., *Hist. nat.*, p. 390.

Le Muge capito, *ou du* Ramado, Mugil capito, Cuv. et Valenc., t. XI, p. 36, pl. 308, tête, *Règ. an. ill.*, p. 165 ; Guichen., *Expl. Algér.*, p. 67 ; Blanch., p. 248.

Mugil capito, CBp., *Cat.*, n° 516, *Fn. ital.*, fig. ; Günth., t. III, p. 439 ; Canestr., *Fn. Ital.*, p. 113.

Mugil octo-radiatus, Günth, t. 3, p. 437.

The Grey Mullet, Yarr., t. II, p. 175 ; Couch, t. III. p. C.

N. vulg. : Ramada, Nice ; Vol négré et parfois Gaouta-roussa, Cette.

Long. : 0,30 à 0,50, quelquefois plus.

Cuvier a nettement démontré que le Capiton est une espèce distincte, et non pas une simple variété du Céphale, ou du Muge à grosses lèvres, comme le supposait Risso. Le corps de ce Muge est couvert d'écailles à peu près aussi longues que larges ; sa hauteur est comprise quatre fois et trois quarts à cinq fois et trois quarts dans la longueur totale. Le nombre des vertèbres est de vingt-quatre.

La tête est large en arrière, rétrécie en avant ; sa longueur est contenue quatre fois et demie à cinq fois dans la longueur totale. Le museau est court, gros ; son bord antérieur figure un angle obtus. La lèvre supérieure est bordée de cils d'une extrême finesse, à peine visibles. L'extrémité du maxillaire supérieur est courbe, elle dépasse le sous-orbitaire, et se montre à nu derrière et sous la commissure des lèvres, même quand la bouche est fermée. L'espace jugulaire est ovale, plus large en avant; sa largeur fait le cinquième de sa longueur, qui est environ deux fois et demie plus grande que le diamètre de l'œil.

L'iris est argenté, il a souvent deux taches jaunâtres en avant. La paupière est étroite, circulaire. Le diamètre de l'œil est compris quatre fois et demie à six fois dans la longueur de la tête, deux fois et demie, ou même plus, dans la largeur de l'espace interorbitaire; il est moins grand que l'espace préorbitaire. Le bord antérieur du sous-orbitaire est en partie dentelé; il est droit, sans échancrure arrondie.

Les ouvertures de la narine sont voisines; l'orifice antérieur est plus rapproché de l'orbite que du bout du museau.

Les interopercules limitent l'espace jugulaire dans la moitié à peu près de sa longueur; ils ont le bord inférieur convexe; l'interopercule gauche recouvre une partie de celui du côté opposé.

Dans une ligne longitudinale on compte en moyenne quarante-cinq écailles. É., l. long. 44 à 46; l. transv. 14 ou 15.

Généralement la première dorsale commence, chez le Capiton, plus en arrière que chez le Muge doré; elle est plus haute que longue; elle présente parfois quelques anomalies, chez un individu examiné par Valenciennes elle avait cinq épines, elle n'en avait que trois chez un sujet que j'ai acheté sur le marché de Paris; le premier aiguillon est ordinairement plus élevé que les autres; sa longueur égale au moins la moitié de la hauteur du tronc; l'appendice écailleux est bien développé, presque toujours il dépasse en arrière la membrane de la nageoire. La seconde dorsale est aussi haute, et même plus haute que la première; elle prend naissance un peu après l'origine de l'anale; elle compte sept ou huit rayons mous. L'anale est assez longue; elle a le plus souvent neuf rayons mous, parfois elle en a huit seulement, ainsi que je l'ai constaté sur un sujet; M. Günther a cru trouver dans cette anomalie un caractère suffisant pour créer une espèce nouvelle, à laquelle il a donné le nom de *Mugil octo-*

radiatus; M. Günther a eu l'occasion d'examiner deux spécimens du Muge à huit rayons, le second, écrit-il, venant de la collection de Yarrell, qui l'avait pris pour un *Mugil capito;* il était, nous pensons, difficile à Yarrell de ne pas déterminer ce Muge comme il l'a fait. La pectorale est plus courte que dans le Muge doré; sa longueur ne mesure guère que le septième ou le huitième de la longueur totale; l'appendice écailleux semble plus raccourci que dans le Céphale. La ventrale est en général moins longue que la pectorale.

D. 4. — 1/7 ou 8 ; A. 3/8 ou 9 ; C. 17 ; P. 17 ; V. 1/5.

L'anale est grisâtre; les ventrales sont blanchâtres; les autres nageoires sont d'un gris brunâtre plus ou moins foncé; une tache noire se montre presque toujours à l'angle supérieur de la pectorale, elle se prolonge même sur la base de la nageoire. Le dos est brunâtre; les flancs sont grisâtres, avec six ou sept bandes longitudinales brunâtres; le ventre est gris argenté.

Les appendices pyloriques sont courts, assez gros; ils sont au nombre de six à huit.

Habitat. Méditerranée, très-commun, Nice, Cette, Port-Vendres. Océan, golfe de Gascogne, très-commun; commun, côtes du Poitou, de Bretagne. Manche, moins commun; d'après Jouan, il est commun l'hiver à Cherbourg, il est probable que l'auteur a confondu le Capiton avec le Muge chélon, qu'il ne cite pas dans son catalogue; le Havre.

Proportions : long. totale 0,325 ; tronc, haut. 0,057, épais, 0,039.

Tête, long. 0,068, haut. 0,044. — Œil, diam. 0,012, esp. préorbit. 0,016, esp. interorbit. 0,030. — Espace jugulaire, long. 0,030, larg. 0,006.

Caudale, long. 0,065 ; pectorale, long. 0,046 ; ventrale, long. 0,035. — Appendice écailleux de la : première dorsale, 0,025 ; pectorale, long. 0,014 ; ventrale, long. 0,014.

Var. : *Le Muge blanc.*

On donne à Bayonne le nom de *Muge blanc* à une variété du Muge capiton. Chez l'individu que j'ai examiné, la première dorsale commence au milieu de la longueur totale, caudale non comprise ; l'appendice écailleux est moins long que la base de la nageoire, il se termine au milieu de l'espace qui sépare le quatrième aiguillon du bord postérieur de la dorsale. La pectorale est courte, assez large, elle paraît presque triangulaire; son appendice écailleux est très-réduit, presque nul. L'appendice écailleux de la ventrale est développé, il mesure près de la moitié de la longueur de la nageoire.

$$D. 4 — 1/8 ; A. 3/9.$$

La teinte générale est beaucoup plus pâle que dans les autres Muges. Les nageoires sont d'un gris pâle; la caudale est cependant d'un gris assez foncé. Le dos est gris-brunâtre; les côtés et le ventre sont argentés; les bandes longitudinales des flancs sont grises, peu marquées. Les joues et les opercules sont nacrés.

Il y a sept appendices pyloriques assez courts, ils mesurent en moyenne $0^m,016$. La vessie natatoire est pourvue de nombreux corps rouges.

Proportions : long. totale 0,298; tronc, haut. 0,054, épais. 0,035.
Tête, long. 0,058, haut. 0,043. — Œil, diam. 0,0105, esp. préorbit. 0,016, esp. interorbit. 0,0245. — Espace jugulaire, long. 0,0245, larg. 0,005.
Caudale, long. 0,056; pectorale, long. 0,0375; ventrale, long. 0,033. — Appendice écailleux de la : première dorsale, long. 0,020; pectorale, long. 0,007; ventrale, long. 0,015.

LE MUGE SAUTEUR — *MUGIL SALIENS*.

Syn. : Muge sauteur, Mugil saliens, Riss., *Ichth.*, p. 345, *Hist. nat.*, p. 391 ; Cuv. et Valenc., t. XI, p. 47, pl. 309, tête, *Reg. an. ill.*, p. 165; Guichen, *Expl. Algér.*, p. 67.
Mugil saliens, CBp., *Cat.*, n° 519, *Fn. ital.*, fig.; Günth., t. III, p. 443; Canestr., *Fn. Ital.*, p. 11.

N. vulg. : Mugou flavetoun, flavetin, flûte, Nice; Bayonetta, Russa, Cette.
Long. : 0,20 à 0,30, quelquefois 0,40, d'après Risso.

Sa forme grêle, allongée fait distinguer facilement le Muge sauteur de ses congénères. La hauteur du tronc est comprise cinq fois et demie à six fois et quart dans la longueur totale.

La longueur de la tête est contenue quatre fois et demie à cinq fois et demie dans la longueur totale. Le museau est relativement peu développé, il est étroit; la bouche est petite. La lèvre supérieure est peu épaisse; la lèvre inférieure est fort mince; chez les divers sujets que j'ai examinés, sujets d'assez grande taille, elles ne portent, ni l'une ni l'autre, aucune trace d'appendices sétiformes. Le maxillaire supérieur est plus à découvert que dans le Muge capiton ; il côtoie même, à partir de son angle, le sous-orbitaire, qui présente une échancrure arrondie sur la moitié externe de son bord antérieur. L'espace jugulaire est ovale ; il est généralement plus long que l'espace préorbitaire.

Ordinairement l'iris est rouge cuivré, un peu brunâtre en haut. Le diamètre de l'œil mesure environ le cinquième de la longueur de la tête, la moitié de l'espace interorbitaire, plus chez les jeunes animaux ; il est d'un tiers ou d'un cinquième moins long que l'espace préorbitaire. Le sous-orbitaire est dentelé sur le bord inférieur, et sur le bord antérieur, principalement au niveau de l'échancrure.

Les ouvertures de la narine sont voisines ; l'orifice postérieur est plus près de l'antérieur que de l'orbite ; l'orifice antérieur est un peu moins éloigné de l'orbite que de l'extrémité du museau.

Il est inutile de dire que le bord inférieur de l'interopercule est convexe.

On compte dans une ligne longitudinale 44 à 46 écailles, et 14 ou 15 dans une ligne transversale,

Un peu plus haute que longue, la première dorsale a ses deux épines antérieures égales, et à peu près aussi longues que la moitié de la longueur de la tête ; l'appendice écailleux n'atteint pas tout à fait le bord postérieur de la membrane de la nageoire. La seconde dorsale est en avant à peine moins haute que la première ; ses rayons décroissent graduellement, et par suite son bord supérieur n'est presque pas échancré. La pectorale est assez courte ; sa longueur ordinairement est un peu inférieure au septième de la longueur totale ; l'appendice écailleux de la nageoire est très-peu développé.

D. 4 — 1/8 ; A. 3/9 ; C. 14 ; P. 15 à 17 ; V. 1/5.

Une tache noire marque parfois, en haut, la base de la pectorale. La coloration est brunâtre sur le dos, grisâtre sur les flancs,

qui, d'après Risso, sont parcourus par cinq ou six raies longitudinales azurées; ces raies semblent disparaître fort promptement. Les pièces operculaires montrent plusieurs taches dorées.

Selon Valenciennes, les appendices pyloriques sont au nombre
de huit, disposés en deux groupes, cinq assez petits, et trois fort
gros, deux fois plus allongés que les autres.

Habitat. Méditerranée, assez commun, Nice; peu commun, Cette.
Océan, golfe de Gascogne, rare, Arcachon. Je ne l'ai pas trouvé au nord de
la Gironde.

Proportions : long. totale 0,24; tronc, haut. 0,040, épaiss. 0,024.

Tête, long. 0,050, haut. 0,034. — Œil, diam. 0,010, esp. préorbit. 0,015,
esp. interorbit. 0,020. — Espace jugulaire, long. 0,018, larg. 0,004.

Caudale, long. 0,045; pectorale, long. 0,032; ventrale, long. 0,030. — Appendice écailleux de la: première dorsale, long. 0,019; pectorale, long. 0,008;
ventrale, long. 0,012.

LE MUGE LABÉON — *MUGIL LABEO*.

Syn. : Le Muge sabounié, Var. A, Riss., *Ich'h.*, p. 346.
Mugil provençalis, Muge provençal, Riss., *Hist. nat.*, p. 391.
Le Muge labéon, Mugil labeo, Cuv. et Valenc., t. XI, p. 55, pl. 310.
Mugil labeo, CBp., *Cat.*, n° 521, *Fn. ital.*, fig.; Günth., t. III, p. 453; Canestr.,
Fn. Ital., p. 115.

N. vulg. : Sabounié, Nice.
Long. : 0,15 à 0,20.

Dans son *Ichthyologie*, Risso a, le premier, donné une courte
description de ce poisson, qu'il regardait comme une variété de
son Muge provençal. Toujours de taille assez petite, le Labéon a
le corps plus ou moins comprimé, couvert d'écailles plus larges
que longues. La hauteur du tronc est comprise quatre fois et un
tiers à cinq fois dans la longueur totale.

Relativement courte, la tête a sa longueur contenue cinq fois
à cinq fois et trois quarts dans la longueur totale. Le museau est
gros, tronqué en avant. La lèvre supérieure est fort épaisse, très-
échancrée sur le milieu, à bord un peu crénelé, garni de cils
très-courts et très-fins; la lèvre inférieure est forte. Le maxillaire supérieur dépasse de beaucoup le sous-orbitaire; il est fort

grêle et très-contourné. L'espace jugulaire est moins long que le diamètre de l'œil ; il est linéaire, presque nul.

L'iris est doré. Le diamètre de l'œil est contenu trois fois et demie à quatre fois dans la longueur de la tête ; il est aussi grand, quelquefois même plus grand que l'espace préorbitaire ; il mesure environ la moitié de l'espace interorbitaire. Le sous-orbitaire est fortement échancré pour loger l'extrémité inférieure et postérieure de la lèvre supérieure.

Très-voisines l'une de l'autre, les ouvertures de la narine sont séparées par un intervalle plus petit que leur diamètre ; l'orifice antérieur est un peu plus rapproché de l'orbite que du bout du museau.

Les interopercules se touchent par leur bord libre, qui est presque droit.

La première dorsale est plus haute que longue ; sa hauteur n'est cependant pas grande, car elle fait seulement un peu plus du tiers de la hauteur du corps ; l'appendice écailleux est plus court que la base de la nageoire. La seconde dorsale est d'un tiers environ plus élevée que la première. L'anale compte onze rayons mous. Ordinairement la pectorale a une longueur égale à la distance qui sépare sa base de l'orifice antérieur de la narine ; il n'y a pas d'écaille axillaire bien formée. La ventrale n'est pas très-développée ; l'écaille mesure un peu moins du tiers de la longueur de la nageoire.

D. 4 — 1/9 ; A. 3/11 ; C. 19 ; P. 16 ; V. 1/5.

Le dos et les côtés sont brunâtres ; le ventre est grisâtre ; les flancs sont parcourus par six lignes dorées longitudinales. Je ne vois pas de tache à l'aisselle de la pectorale.

Il y a, d'après Cuvier et Valenciennes, sept appendices pyloriques.

Habitat. Méditerranée assez rare, Nice, Cette. Océan, Arcachon ?
Proportions : long. totale 0,20 ; tronc, haut. 0,040.
Tête, long. 0,035, haut. 0,034. — Œil, diam. 0,009, esp. préorbit. 0,009, esp. interorbit. 0,018. — Maxillaire supérieur, long. 0,008 ; lèvre supérieure, haut. 0,007.
Caudale, long. 0,040 ; pectorale, long. 0,033.

LE MUGE A GROSSES LÈVRES — *MUGIL CHELO*, Cuv.

Syn. : Du Chaluc, Rondel., liv. IX, c. iv, p. 211 ; Duham., *Pêch.*, part. 2, sect. 6, p. 147.

Mugil cephalus, Var. B, Delaroche, *Ann. Muséum*, t. XIII, p. 358, *Mém.*, p. 72, fig. 7.

Muge céphale, Mugil cephalus, Riss., *Ichth.*, p. 343.

Mugil labrosus, Muge à grosses lèvres, Riss., *Hist. nat.*, p. 389.

Le Muge a grosses lèvres, Mugil chelo, Cuv. et Valenc., t. XI, p. 50, pl. 309, *Règ. an. ill.*, p. 165 ; Guichen., *Expl. Algér.*, p. 67.

Mugil chelo, CBp., *Cat.*, n° 520, *Fn. ital.*, fig. ; Günth., t. III, p. 454 ; Schlegel, p. 26, pl. 5, fig. 1 ; Canestr., *Fn. Ital.*, p. 114.

Mugil septentrionalis, Günth., t. III, p. 455.

The Thick-lipped Grey Mullet, Yarr., t. II, p. 182.

Lesser Grey Mullet, Couch, t. III, p. 15.

N. vulg. : Mugou labru, Labru, Nice ; Canuda, Lissa nigra, Sama, Cette.

Long. : 0,30 à 0,45, et parfois 0,60.

En comparant le texte des deux ouvrages de Risso, il est facile de se convaincre que le Muge provençal de l'*Ichthyologie* est bien celui qui, dans l'*Histoire naturelle*, est désigné sous le nom de *Muge à grosse tête*, et nullement le *Muge à grosses lèvres*, comme le supposent certains auteurs. La hauteur du tronc, chez ce Muge, est comprise quatre fois et deux tiers à cinq fois et un tiers dans la longueur totale. Le corps est couvert de grandes écailles plus hautes que longues.

La tête est large ; sa longueur est contenue cinq fois et un tiers à cinq fois et demie dans la longueur totale ; le museau est court, obtus. La lèvre supérieure est épaisse ; elle a le bord garni de cils très-visibles, courts, raides, disposés d'une façon régulière. La lèvre inférieure est peu renflée ; son bord est même fort aminci, presque tranchant, il n'est pas dépassé par les cils, qui cependant sont distincts par transparence. Chez ce poisson, il est très-facile d'étudier les appendices dentiformes qui soutiennent les lèvres. Les appendices sont placés sur deux rangées principales en haut comme en bas ; ils sont fixés sur le bord de l'intermaxillaire et du dentaire ; ils ressemblent à des soies ; ils sont blanchâtres, élastiques ; ils finissent au même niveau, souvent ils paraissent se bifurquer. L'extrémité postérieure du maxillaire supérieur dépasse le premier sous-orbitaire ; elle descend plus bas que la commissure des lèvres, elle se courbe en se rapprochant du bord externe du dentaire ; elle n'est guère plus éloignée de celle du côté opposé que de la symphyse de la mandibule. L'espace jugulaire est excessivement étroit, presque linéaire, il est moins long que le diamètre de l'œil.

L'iris est jaunâtre. Le diamètre de l'œil est compris cinq à six fois dans la longueur de la tête, deux fois à deux fois et trois quarts dans la longueur de l'espace interorbitaire, qui est convexe ; il mesure la moitié ou les trois quarts de l'espace préorbitaire. Le premier sous-orbitaire a le bord externe taillé obliquement ; il a l'angle antérieur obtus, et nécessairement l'angle postérieur aigu. M. Günther prétend que, dans le *Mugil chelo*, le sous-orbitaire a l'extrémité arrondie, et que l'angle antérieur n'est pas beaucoup plus ouvert que l'angle postérieur, et il écrit que, dans le *Mugil septentrionalis*, dont il fait une espèce nouvelle, le sous-orbitaire (ou préorbitaire) est coupé très-obliquement, de sorte que l'angle postérieur est aigu, tandis que l'angle antérieur est très-obtus et arrondi ; c'est précisément cette dernière forme qui est reproduite dans la figure du Muge chélon donnée par C. Bonaparte (V. *Fn. ital.*). Les orifices de la narine sont rapprochés l'un de l'autre.

L'interopercule a le bord inférieur à peu près droit, recouvrant presque toujours celui du côté opposé dans une certaine étendue.

On compte, dans une ligne longitudinale, un plus grand nombre d'écailles chez le Muge chélon que chez le Muge raccourci. Éc., l. long. 45 ou 46 ; l. transv. 16.

Suivant M. Günther, l'origine de la première dorsale est plus rapprochée de la caudale que du museau. Nous avons examiné un assez grand nombre de spécimens pêchés dans la Méditerranée, venant des côtes de France, d'Algérie, de Sicile, et chez la plupart d'entre eux, nous avons constaté que l'origine de la première dorsale n'est pas plus rapprochée de la caudale que du museau, que la nageoire occupe la même position que chez les Muges chélons de la Manche. La première dorsale prend nais-

sance au-dessus du milieu de la ligne allant du bout du museau
à l'insertion de la caudale, parfois un peu en avant, parfois un
peu en arrière. Elle est plus haute que longue. Ses deux premières épines semblent moins fortes que chez le Muge raccourci ;
leur longueur est égale, ou peu s'en manque, à la moitié de la
hauteur du tronc. L'appendice écailleux n'atteint pas en général
le bord postérieur de la nageoire. La seconde dorsale est plus
haute que longue ; elle est à peu près aussi élevée que la première.
L'anale est composée de trois épines et de neuf rayons mous.
M. Günther dit que la pectorale de son Muge septentrional est
considérablement plus courte que celle du Muge chélon, que la
longueur de la nageoire est à peu près égale à la distance qui
sépare l'orifice nasal postérieur de la fin de l'opercule ; nous
avons relevé les proportions sur une quinzaine de Muges chélons
venant soit de la Méditerranée, soit de la Manche, chez aucun
d'eux nous n'avons trouvé la longueur de la pectorale plus
grande que la distance séparant l'orifice postérieur de la narine
du bord postérieur de l'opercule, nous avons même remarqué que
généralement elle est plus courte. L'écaille axillaire de la pectorale est mousse, courte.

D. 4 — 1/8 ; A. 3/9 ; C. 16 ; P. 17 ; V. 1/5.

Le dos est gris bleuâtre, ainsi que les côtés, qui sont parcourus
longitudinalement par six ou sept bandes d'un brun parfois
jaunâtre ; le ventre est argenté. Les pectorales sont ordinairement jaunâtres avec une tache foncée vers la partie supérieure
de leur base.

Valenciennes indique sept appendices pyloriques ; j'avoue n'en
avoir jamais trouvé que six, et je crois que c'est le nombre
normal.

Habitat. Ce Muge est commun sur toutes nos côtes, Méditerranée, Océan,
Manche. Suivant M. Günther, le Muge chélon se trouve dans la Méditerranée,
à Madère, aux Canaries ; le Muge septentrional se rencontre sur les côtes
anglaises et scandinaves. Le Muge chélon est très-souvent apporté au marché de Paris, il est envoyé surtout des ports de la Manche.

Proportions : long. totale 0,430 ; tronc, haut. 0,085, épaiss. 0,060.

Tête, long. 0,081, haut. 0,070. — Œil, diam. 0,015, esp. préorbit. 0,025, esp. interorbit. 0,039. — Espace jugulaire, long. 0,010, larg. 0.002.

Caudale, long. 0,083 ; pectorale, long. 0,059 ; ventrale, long. 0,044. — Appendice écailleux de la : première dorsale, long. 0,025 ; pectorale, long. 0,011 ; ventrale, 0,019.

LE MUGE RACCOURCI — *MUGIL CURTUS*.

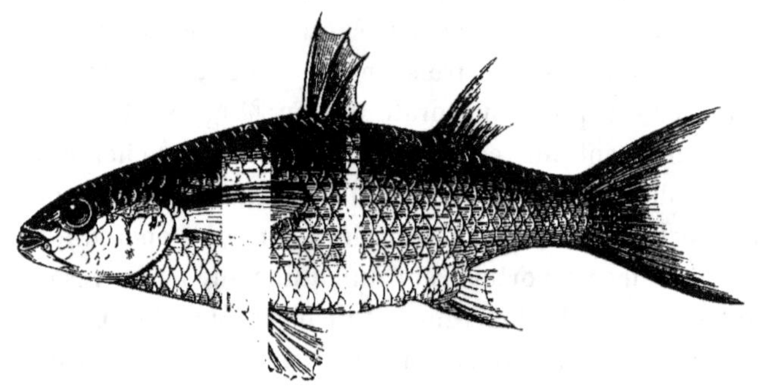

Fig. 168.

Syn. : Mugil curtus (*Short Grey Mullet*), Yarr., t. II, p. 186 ; Couch., t. III, p. 17 ; CBp., *Cat.*, n° 517 ; Günth., t. III, p. 439.

Muge raccourci, Mugil curtus, Cuv. et Valenc., t. XI, p. 70, pl. 311.

N. vulg. : Aubour mugé, Muge noir, Bayonne.
Long. : 0,20 à 0,28.

Au premier abord ce poisson paraît un Muge chélon contre-fait ; il est trapu ; il a le corps beaucoup plus haut, plus arqué que celui des autres espèces. La hauteur du tronc est comprise trois fois et demie à quatre fois dans la longueur totale. La peau est couverte de grandes écailles plus larges que longues.

La tête est grosse, large en dessus ; sa longueur, qui est plus grande que sa hauteur, est comprise quatre fois à quatre fois et un tiers dans la longueur totale. Le museau est court, obtus. La lèvre supérieure est épaisse ; elle porte une rangée de cils excessivement fins. La lèvre inférieure est mince ; sa carène médiane est très-saillante. Le maxillaire supérieur dépasse le sous-orbitaire ; son extrémité postérieure est très-visible. L'espace jugu-

laire est linéaire, presque nul ; il est moins long que le diamètre
de l'œil.

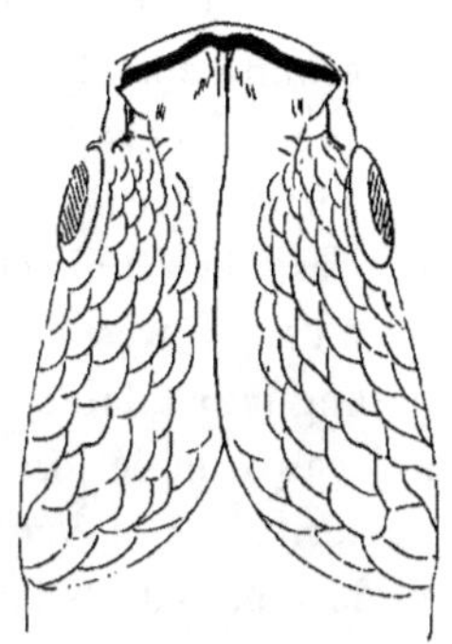

Fig. 169.

Tête vue en dessous.

Chez les sujets de grande taille, le diamètre de l'œil est contenu environ quatre fois et trois quarts dans la longueur de la
tête ; il mesure les deux tiers de l'espace préorbitaire, un peu
moins de la moitié de l'espace interorbitaire. L'iris est jaunâtre,
teinté de brun à sa grande circonférence. L'œil est pourvu d'une
paupière adipeuse, circulaire. Le sous-orbitaire a le bord antérieur légèrement échancré, et le bord externe finement dentelé.

Les orifices de la narine sont rapprochés l'un de l'autre ; l'orifice postérieur est ovale, et plus grand que l'autre.

L'opercule est entamé d'une échancrure assez large, au niveau de l'insertion de la pectorale.

Beaucoup d'écailles sont pourvues d'un petit canal. Éc., l.
long. 38 ou 39 ; l. transv. 14.

La première dorsale est fort reculée, elle commence sur la seconde moitié de la longueur totale, caudale non comprise ; le
premier aiguillon paraît toujours plus allongé que le deuxième,
sa longueur mesure à peu près la moitié de la hauteur du tronc ;
l'appendice écailleux de la base de la nageoire est bien développé, il dépasse en arrière la membrane de la dorsale. La seconde dorsale est plus ou moins rapprochée de la première ;

ses rayons antérieurs sont à peine moins hauts que le premier aiguillon de l'autre nageoire ; son bord supérieur est très-échancré ; il y a huit rayons mous. L'anale a neuf rayons mous ; elle est échancrée comme la seconde dorsale, à laquelle elle est opposée à peu près complétement ; ses rayons antérieurs sont très-allongés ; sa base est plus garnie d'écailles que celle des autres Muges. La pectorale ne présente à l'aisselle qu'un assez court appendice écailleux ; elle n'est pas très-longue ; sa longueur fait environ le sixième de la longueur totale ; son extrémité est plus éloignée du bout du museau que de l'insertion de la caudale. L'appendice écailleux externe de la ventrale a une longueur supérieure à la moitié de la longueur de la nageoire.

D. 4 — 1/8 ; A. 3/9 ; C. 3/16/3 ; P. 17 ; V. 1/5.

Les nageoires ont une teinte brunâtre, excepté les ventrales qui sont pâles. Le dos est d'un brun assez foncé ; les côtés sont gris ou plutôt d'un brun rougeâtre ; le ventre est argenté.

Habitat. Manche, excessivement rare ; un individu pris dans la baie de la Somme, a été envoyé par Baillon au Muséum de Paris. Océan, golfe de Gascogne, très-rare, Arcachon ; peu commun, Bayonne, Saint-Jean de Luz ; en 1873, j'ai trouvé deux spécimens sur le marché de Bayonne. Mon ami A. Lafont m'a dit que ce Muge est commun sur la côte d'Espagne, à Saint-Sébastien.

Proportions : long. totale 0,28 ; tronc, haut. 0,070, épaiss. 0,040.

Tête, long. 0,065, haut. 0,050. — Œil, diam. 0,014, esp. préorbit. 0,021, esp. interorbit. 0,031. — Espace jugulaire, long. 0,008, larg. 0,0015.

Caudale, long. 0,065 ; pectorale, long. 0,049 ; ventrale, long. 0,036. — Appendice écailleux de la : première dorsale, long. 0,020 ; pectorale, long. 0,009 ; ventrale, long. 0,016.

Les Muges peuvent vivre dans les eaux douces et dans les eaux fortement saumâtres ; ils se tiennent dans les marais salants ; ils remontent les fleuves, parfois à une longue distance. Ils s'engagent dans la Loire et ses affluents, la Maine, la Mayenne, la Sarthe, le Loir ; dans ces rivières, écrit M. de Soland, la pêche du Muge capiton commence à la mi-mars et finit à la fin d'octobre ; dans la Charente, ils dépassent Cognac ; dans l'Adour, ils vont plus haut que Dax ; ils s'avancent dans le Rhône au-dessus d'Avignon. Ils reviennent à la mer dès que les premiers froids se font sentir ; mais ce retour dans les eaux salées n'est pas absolument indispensable à leur existence, si l'on en juge d'après le fait suivant rapporté par Duhamel : M. Poivre

ayant mis des Mullets, pris à la mer, dans une rivière d'eau douce et cou-
rante, qui traversait son jardin, non-seulement les poissons y ont vécu,
mais ils s'y sont multipliés, et y sont devenus plus gros et meilleurs qu'ils
n'étaient au sortir de la mer (Duham., *Pêch.*, part. 2, sect. 6, p. 144).

Nous n'avons pas à indiquer les différents arts de pêche mis en usage pour
la capture de ces excellentes espèces. On se sert de la *fouane* soit le jour,
soit la nuit aux flambeaux; à Cette, aux Martigues, j'ai vu des hommes ma-
nier cet instrument avec une adresse merveilleuse; on emploie généralement les filets, *seines*, etc.; dans le Midi (étang de Thau, etc.) on a imaginé
des systèmes de filets, disposés d'une façon très-ingénieuse sur des roseaux,
et qui pour cela sont appelés *canas*; il s'agit avec ces derniers engins, qui
sont les meilleurs, d'entourer rapidement la bande que l'on poursuit. La
pêche de ces poissons donne des produits fort avantageux dans le bassin
d'Arcachon, et surtout dans les étangs salés qui se trouvent près du littoral
de la Méditerranée, depuis Marignane jusqu'à Saint-Laurent de la Salanque,
ou de l'étang de Berre à celui de Leucate. La chair des Muges est très-recherchée. Il existe, depuis fort longtemps, aux Martigues une industrie dont
parle Rondelet; on sale et on sèche les œufs de Muges; cette préparation
est vendue sous le nom de *Boutargue* ou *Poutargue*; Méry n'oublie pas d'en
célébrer le mérite : C'est de Martigues, écrit-il, que sort cette fameuse poutargue, espèce de caviar provençal, qui peut facilement faire concurrence
au véritable caviar moscovite.

Famille des Athérinidés, Atherinidæ.

Corps allongé, fusiforme, légèrement comprimé, couvert d'écailles
cycloïdes. Vertèbres nombreuses.

Tête, aplatie en dessus; bouche très-protractile, fendue obliquement;
mâchoire supérieure plus courte que la mandibule, n'ayant l'une et l'autre
que de fort petites dents; maxillaire supérieur terminé en pointe à son extrémité postérieure.

Appareil branchial; ouïes largement fendues; six rayons branchiostèges; pseudobranchies; joue et pièces operculaires écailleuses.

Ligne latérale nulle.

Nageoires; deux dorsales éloignées l'une de l'autre; la première ayant
de six à neuf aiguillons, commençant au-dessus, ou plus souvent en
arrière de l'insertion des ventrales; seconde dorsale opposée à l'anale,
comptant une épine et dix à douze rayons mous; anale ayant un ou plusieurs rayons mous de plus que la seconde dorsale; caudale fourchue; ventrale composée d'une épine et de cinq rayons mous.

Vessie natatoire allongée, se portant souvent, derrière l'anus, dans un
canal formé par les vertèbres caudales. — **Appendices pyloriques** manquant; estomac simple, membraneux, un peu plus large que l'intestin.

Coloration; une bande argentée très-brillante s'étend le long des côtés.

GENRE ATHÉRINE — *ATHERINA*.

Caractères de la famille.

Le genre Athérine comprend cinq espèces :

Opercule d'une teinte argentée	avec un pointillé noirâtre. Diamètre de l'œil faisant	moins du tiers de la longueur de la tête.....................		1. A. HEPSET.
		le tiers, ou plus, de la longueur de la tête. Écailles de la ligne longitudinale au nombre de	50 à 55..	2. A. DE BOYER.
			58 à 63..	3. A. PRÊTRE.
			43 à 45..	4. A. MOCHON.
	uniforme, sans pointillé noirâtre............			5. A. DE RISSO.

L'ATHÉRINE HEPSET ou SAUCLET — *ATHERINA HEPSETUS*.

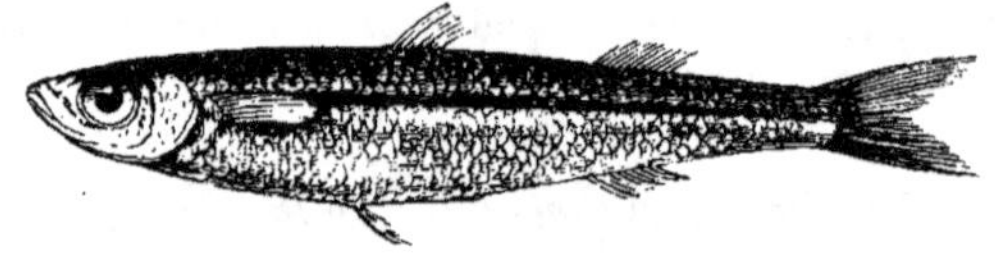

Fig. 170.

Syn. : Du MELET, Sauclés, Rondel., liv. VII, c. IX, p. 180.

ATHERINA HEPSETUS, Linn., p. 519, sp. 1 ; Bloch, pl. 393, fig. 3 ; Delaroche, *Ann. Muséum*, t. XIII, p. 357, *Mém.*, p. 71 ; CBp., *Cat.*, n° 506, *Fn. ital.*, fig. ; Günth., t. III, p. 393 ; Canestr., *Fn. Ital.*, p. 115.

Du SAUCLET, Duham., *Pêch.*, part. 2, sect. 6, p. 155, pl. 4, fig. 8.

L'ATHÉRINE JOËL, Atherina hepsetus, Lacép., t. XII, p. 145 (confus.) ; Riss , *Ichth.*, p. 337, *Hist. nat.*, p. 469.

LE SAUCLET, Atherina hepsetus, Cuv. et Valenc , t. X, p. 423, pl. 302, fig. 1 ; Guichen., *Expl. Algér.*, p. 66.

N. vulg. : Mellet, Nice ; Cabassoun, Toulon ; Saouclet, Cette ; Joueil, Port-Vendres.

Long. : 0,10 à 0,12, quelquefois 0,14.

Très-commun sur nos côtes de la Méditerranée, le Sauclet a le corps arrondi, allongé, avec le profil du dos presque droit et celui du ventre un peu convexe. La hauteur du tronc est comprise six fois et demie à sept fois dans la longueur totale. L'anus s'ouvre au milieu de la longueur totale ; sa position semble peu variable. Le nombre des vertèbres est de cinquante-quatre à cinquante-six.

Plus petite, plus effilée que dans les autres espèces, la tête a sa longueur contenue cinq fois à cinq fois et demie dans la longueur totale ; elle est écailleuse excepté sur le museau, les mâchoires, et sur l'espace interorbitaire en arrière duquel les écailles forment une ligne concave, une espèce de fer à cheval. La bouche est au bout du museau ; elle est fendue obliquement ; elle s'ouvre seulement jusque sous les narines, cependant elle est grande, car la mandibule peut beaucoup s'abaisser. La mâchoire supérieure se porte en arrière à l'aplomb du bord antérieur de l'orbite ; elle est plus courte que l'inférieure quand la bouche est fermée, mais elle devient plus longue, lorsque les intermaxillaires, qui ont la branche montante fort développée, sont en protraction.

L'apophyse supérieure de l'os dentaire est très-large et très-haute ; elle constitue en quelque sorte la paroi latérale de la bouche, lorsque la mandibule est abaissée. Les mâchoires ne sont pour ainsi dire pas armées, elles ne sont pourvues que de dents excessivement courtes, non visibles à l'œil nu.

En général le diamètre de l'œil est compris trois fois et demie dans la longueur de la tête ; il est à peine plus grand que l'espace préorbitaire, il est égal à l'espace interorbitaire. La peau qui recouvre le front et l'espace interorbitaire est nue et criblée de pores. Le sous-orbitaire antérieur est très-développé ; il garnit le côté du museau, et se porte sous l'orbite jusqu'au prolongement du diamètre vertical de l'œil.

Les ouvertures de la narine sont étroites, arrondies, assez éloignées l'une de l'autre ; elles sont en quelque sorte placées à chaque extrémité du tiers moyen de la ligne menée du bout du museau à l'orbite. L'orifice antérieur est assez difficile à voir.

Il y a six rayons branchiostèges. Les pièces operculaires sont assez peu distinctes ; ainsi que la joue, elles sont couvertes d'écailles. L'opercule est en forme de trapèze, à bord postérieur

court, sensiblement arrondi, à bord inférieur très-oblique d'arrière en avant, et de haut en bas. Le sous-opercule est mince,
allongé ; l'interopercule est allongé, triangulaire. Le préopercule a le bord postérieur presque droit, et perpendiculaire au
bord inférieur. Les os pharyngiens sont garnis de petites dents
coniques, légèrement crochues.

Entre l'épaule et la caudale, on compte une soixantaine d'é-
cailles. Éc., l. long. 60 ; l. transv., 11 ou 12, et même 14 d'après
Valenciennes.

Dans les mâles, la première dorsale paraît un peu plus avancée que chez les femelles ; elle commence au-dessus du milieu
de la longueur des ventrales, un peu avant, ou parfois sur le
milieu de la longueur du poisson, caudale non comprise ; elle
est courte, plus haute que longue ; elle est soutenue par huit ou
neuf rayons épineux excessivement grêles. La seconde dorsale
compte un petit aiguillon et une douzaine de rayons mous.
L'anale est semblable et opposée à la seconde dorsale. La caudale est fort échancrée, presque fourchue ; elle a dix-sept grands
rayons, plus trois rayons basilaires en dessus comme en dessous ;
sa longueur est comprise six fois et demie environ dans la longueur totale, parfois un peu moins. La pectorale est insérée sur
le tiers moyen de la hauteur du tronc ; elle mesure le septième
de la longueur totale ; elle est soutenue par une quinzaine de
rayons. La ventrale est reculée, elle ne prend naissance qu'a-
près ou à peine sous l'extrémité de la pectorale ; elle se compose
de cinq rayons mous, et d'un aiguillon fort grêle ; de chaque côté
de sa base est une écaille allongée, pointue.

Br. 6. — D. 8 ou 9 — 1/11 ou 12 ; A. 1/12 ; C. 2/17/3 ; P. 15 ou 16 ; V. 1/5.

Le dos est grisâtre, tacheté de points noirs formant un trait
régulier à la base de chacune des écailles ; les côtés et le ventre
sont blanchâtres. Une bande argentée, lisérée de bleu verdâtre, s'étend tout le long du corps ; elle occupe, sous la première dorsale, la moitié inférieure de la quatrième rangée
d'écailles, la cinquième rangée, et la moitié supérieure de la

sixième rangée. Chez l'animal vivant le corps est à demi-transparent, excepté au niveau de la bande argentée. La partie supérieure des opercules est marquée de points noirs, ainsi que le dessus de la tête. La joue et la partie inférieure des pièces operculaires sont d'un blanc argenté. Les nageoires sont d'un gris très-clair ; il y a souvent des points noirs arrondis à la base de la caudale.

La vessie natatoire est longue, à parois très-minces. L'estomac est large, oblong. Les œufs sont relativement fort gros.

Habitat. Méditerranée, le Sauclet est très-commun de Nice à Port-Vendres. Océan, golfe de Gascogne, assez rare, je l'ai trouvé à Arcachon, au mois de juillet 1869 ; je ne l'ai pas vu au-dessus de la Gironde.

Proportions : long. totale 0,110 ; tronc, haut. 0,016.

Tête, long. 0,021, haut. 0,013. — Œil, diam. 0,006, esp. préorbit. 0,0052, esp. interorbit. 0,006.

L'ATHÉRINE DE BOYER ou JOËL — *ATHERINA BOYERI*.

Syn. : Du Juoil, Rondel., liv. VII, c. viii, p. 179.

Du Jol de Languedoc, Duham., *Péch.*, part. 2, sect. 6, p. 155, pl. 4, fig. 6.

Atherina hepsetus, Var. 3, *Cabasuda*, Delaroche, *Ann. Muséum*, t. XIII, p. 357-358, *Mém.*, p. 71-72.

Athérine de Boyer, Atherina Boyeri, Riss., *Ichth.*, p. 338, *Hist. nat.*, p. 470 ; Guichen., *Expl. Algér.*, p. 66.

Le Joël, Atherina Boyeri, Cuv. et Valenc., t. X, p. 432, pl. 303, fig. 2.

Atherina Boyeri, CBp., *Cat.*, n° 508, *Fn. ital.*, fig. ; Günth., t. III, p. 394 ; Canestr., *Fn. Ital.*, p. 116.

? Boier's Atherine, Couch, t. III, p. 4.

N. vulg. : Cabasuc, Nice ; Tjol, Cette ; Cabot, Port-Vendres.

Long. : 0,08 à 0,10.

Plus trapu que celui du Sauclet, le corps du Joël a sa hauteur comprise cinq fois et demie à six fois dans la longueur totale. Le rachis est composé seulement de quarante-quatre vertèbres, rarement de quarante-six.

La tête est grosse, large, aplatie en dessus ; sa longueur est contenue quatre fois et demie à quatre fois et trois quarts dans la longueur totale. Le museau est court, obtus. La bouche est moins protractile que dans le Sauclet. La mâchoire supérieure devient verticale quand elle est en protraction ; la mandibule est large. Les dents sont très-visibles ; elles forment une bande étroite sur les mâchoires, et sur le chevron du vomer. Le maxillaire supérieur dépasse en arrière la verticale tangente au bord antérieur de l'orbite. La mâchoire inférieure est creusée de pores beaucoup plus marqués que dans les autres espèces.

Ainsi que le fait observer Delaroche, les yeux sont très-grands. Le diamètre de l'œil est compris deux fois et demie dans la longueur de la tête ; il est d'un tiers au moins plus grand que l'espace préorbitaire ; il est égal à l'espace interorbitaire ; les proportions indiquées par Günther sont inexactes ; jamais, dans cette espèce, l'espace préorbitaire n'est égal à l'espace interorbitaire. L'iris est d'un blanc d'argent mat, teinté de jaune et de noir à sa partie supérieure.

La fente des ouïes semble plus étendue que dans les autres espèces, elle s'avance jusque sous le bord antérieur de l'orbite.

Il y a dans la ligne longitudinale 50 à 55 écailles, et 10 ou 11 dans la ligne transversale.

Relativement les dorsales sont assez rapprochées l'une de l'autre. La première nageoire du dos commence souvent sur la seconde moitié de la longueur totale, caudale non comprise, au-dessus du tiers postérieur des ventrales ; elle a sept ou huit rayons. La seconde dorsale s'élève un peu en arrière de l'origine de l'anale ; elle compte une épine et une douzaine de rayons mous. L'anale a seulement un ou deux rayons mous de plus que la seconde dorsale. La caudale est moins échancrée que dans le Sauclet ; sa longueur est comprise environ cinq fois et demie dans la longueur totale. Les pectorales ont une quinzaine de rayons.

D. 7 ou 8 — 1/12 ; A. 1/13 ou 14 ; C. 17 ; P. 14 ou 15 ; V. 1/5.

Le dos est gris clair, pointillé d'une façon régulière ; le ventre est gris blanchâtre, ou d'une teinte nacrée. La bande argentée est fort brillante ; elle est quelquefois bordée inférieurement par une ligne de points noirs. La partie supérieure de l'opercule est marquée de points noirs.

La vessie natatoire est très-développée. L'estomac est assez large. Le tissu de l'ovaire est noirâtre; sur un animal pêché au mois de mars, je l'ai trouvé excessivement distendu, rempli d'œufs plus gros que des grains de millet.

Habitat. Méditerranée; le Joël est moins commun que le Sauclet; il se pêche sur toute la côte, de Menton à Banyuls. Océan, Arcachon?

Proportions : long. totale 0,090; tronc, haut. 0,015.

Tête, long. 0,019; haut. 0,014. — Œil, diam. 0,0078, esp. préorbit. 0,0044, esp. interorbit. 0,0078.

L'ATHÉRINE PRÊTRE — *ATHERINA PRESBYTER.*

Syn. : Prestre, Grados, Eperlan bâtard, Roseret de Caen, Duham., *Pêch.*, part. 2, sect. 6, p. 151-155, pl. 4, fig. 1-5, 7.

L'Athérine prêtre, Atherina presbyter, Cuv. et Valenc., t. X, p. 439, pl. 305, *Règ. an. ill.*, pl. 76, fig. 3; Guichen., *Expl. Algér.*, p. 66.

Atherina presbyter, CBp., *Cat.*, n° 513; Günth., t. III, p. 392; Schlegel, p. 23, pl. 2, fig. 5.

The Atherine, Yarr., t. II, p. 170; Couch, t. III, p. 1.

N. vulg. : Capelan, Éperlan, Faux Éperlan, Seine-Inférieure; Roseret, Calvados; Prêtre, Grados, Manche, Ille-et-Vilaine, Loire-Inférieure; Prêtre, Aubusseau, Abusseau, Vendée, Charente-Inférieure; Trogue, Noirmoutiers, Arcachon, Bayonne; Troque, Bayonne.

Long. : 0,12 à 0,15, quelquefois 0,17.

Ce n'est pas seulement dans la Manche et dans l'Atlantique que vit l'Athérine prêtre, elle se trouve aussi, d'après Guichenot, sur les côtes d'Algérie. Son corps présente des proportions assez variables. La hauteur du tronc est comprise cinq fois et demie à sept fois dans la longueur totale. Le nombre des vertèbres est de cinquante.

La tête a le profil supérieur peu déclive; elle est aplatie, large en dessus; sa longueur est contenue environ cinq fois et demie dans la longueur totale. Le museau est court. La bouche est fendue très-obliquement; elle est large. Les mâchoires n'ont que des dents excessivement petites; le vomer en porte souvent d'assez distinctes sur le chevron. L'extrémité de la mâchoire supérieure arrive, en arrière, jusqu'à l'aplomb du bord antérieur de l'orbite; elle n'est pas aussi complétement cachée par le sous-orbitaire que dans le Sauclet.

Le diamètre de l'œil mesure le tiers au moins de la longueur de la tête ; il est d'un tiers ou d'un quart plus grand que l'espace préorbitaire ; il est égal à l'espace interorbitaire.

Les ouvertures de la narine semblent un peu plus éloignées l'une de l'autre que l'antérieure ne l'est du bout du museau, la postérieure, du bord de l'orbite.

Il y a une soixantaine d'écailles dans une ligne longitudinale. Éc., l. long. 58 à 63 ; l. transv. 11.

La première dorsale commence sur la moitié antérieure de la longueur totale, caudale non comprise, à peu près au-dessus du milieu de la longueur des ventrales ; elle compte sept, et le plus souvent huit aiguillons fort grêles. La seconde dorsale est généralement un peu plus haute que la première ; elle prend naissance un peu plus en arrière que l'anale ; elle est soutenue par une épine et une douzaine de rayons mous. L'anale a trois ou quatre rayons mous de plus que la seconde nageoire du dos. La caudale mesure le sixième ou le septième de la longueur totale ; elle est composée de dix-sept grands rayons, et de quatre ou cinq rayons basilaires en dessus comme en dessous. Les pectorales ont une quinzaine de rayons. Les ventrales s'insèrent un peu avant la terminaison des pectorales : l'écaille axillaire externe semble un peu plus forte et plus pointue que l'écaille interne.

D. 7 ou 8 — 1/11 ou 12 ; A. 1/14 à 16 ; C. 4 ou 5/17/5 ou 4 ; P. 15 ; V. 1/5.

Le dos est verdâtre, semé d'un pointillé noirâtre moins fourni que dans les autres espèces ; le ventre est blanchâtre. La bande argentée des flancs est d'une teinte excessivement brillante. La partie supérieure de l'opercule est marquée de petits points noirâtres, généralement assez peu nombreux.

Habitat. Ce poisson est plus ou moins commun sur nos côtes de l'Ouest. Il se pêche en abondance, de juillet à septembre, dans la plupart des ports de la Manche, Dieppe, Saint-Valery en Caux, Fécamp, etc. Il est excessivement commun dans nos îles de l'Océan ; je l'ai trouvé en grande quantité dans les marais salants de Noirmoutiers ; il est fort commun à Arcachon, à Biarritz.

Proportions : long. totale 0,121 ; tronc, haut. 0,017.

Tête, long. 0,022, haut. 0,016. — Œil, diam. 0,008, esp. préorbit. 0,005, esp. interorbit. 0,008.

L'ATHÉRINE MOCHON — *ATHERINA MOCHON*.

Syn. : ATHERINA HEPSETUS, Var. 2, Delaroche, *Ann. Muséum*, t. XIII, p. 357-358, *Mém.*, p. 71-72.

LE MOCHON, Atherina mochon, Cuv. et Valenc., t. X, p. 434, pl. 304, fig. 1 ; Guichen.. *Expl. Algér.*, p. 66.

ATHERINA MOCHON, CBp., *Cat.*, n° 509, *Fn. ital.*, fig. ; Canestr., *Fn. Ital.*, p. 116.

ATHERINA MOCHO, Günth., t. III, p. 396.

Long. : 0,06 à 0,08.

Delaroche regarde comme une variété de l'Hepset une Athérine que, dit-il, les pêcheurs d'Iviça pensent être une espèce distincte, à laquelle ils donnent le nom de *Mocho* ou *Mochon*. Le corps du Mochon est moins développé que celui de l'Hepset ; il est couvert de grandes écailles. La hauteur du tronc est comprise six fois et demie à sept fois dans la longueur totale. D'après Valenciennes, le nombre des vertèbres est de quarante-six, $23 + 23$.

La tête est assez forte ; sa longueur est contenue quatre fois et demie à quatre fois et trois quarts dans la longueur totale. Le museau est assez large. L'ouverture de la bouche est très-oblique. Les mâchoires n'ont que de faibles dents, visibles toutefois à l'œil nu. La mâchoire supérieure se porte, en arrière, jusqu'à la perpendiculaire tangente au bord antérieur de l'orbite.

Voici les proportions de l'œil, telles que je les ai relevées sur des animaux rapportés par Delaroche. Le diamètre de l'œil est compris deux fois et demie à deux fois et deux tiers dans la longueur de la tête ; il est d'un tiers ou d'un quart plus grand que l'espace préorbitaire ; il mesure à peine un cinquième de plus que l'espace interorbitaire, et parfois moins encore. Suivant M. Günther, le diamètre de l'œil est un peu plus grand que l'espace préorbitaire, et beaucoup plus grand que l'espace interorbitaire ; les proportions indiquées par ce naturaliste ne sont pas exactes.

Dans le Mochon les écailles sont plus grandes, et par conséquent moins nombreuses que dans les autres espèces. Éc., l. long. 43 à 45 ; l. transv. 8.

La première dorsale commence au-dessus du tiers postérieur de la ventrale, vers le milieu de la longueur entière, caudale non comprise ; elle a sept ou huit rayons. L'anale est complétement opposée à la seconde dorsale ; elle a généralement quinze rayons mous ; d'après le prince de Canino, elle est composée de dix-huit rayons ; à ce propos, Günther prétend, sans preuve il est vrai, que C. Bonaparte a copié la formule des nageoires donnée par Valenciennes.

D. 7 ou 8 — 1/11 ; A. 1/14 à 17 ; C. 17 ; P. 15 ; V. 1/5.

Ainsi que le fait remarquer Delaroche, la bande argentée semble plus brillante que dans l'Athérine hepset ; elle est étroite ; elle se trouve placée sur la quatrième, la cinquième et la sixième rangée d'écailles, entre la première dorsale et les ventrales, parfois sur la troisième, la quatrième et la cinquième série d'écailles. L'opercule est marqué de points noirs assez nombreux.

Habitat. Méditerranée ; Cette, rare (Doùmet)? Canestrini signale le Mochon dans le golfe de Gênes ; il dit même qu'il est excessivement commun dans toutes les mers qui baignent les côtes d'Italie.

Proportions : long. totale 0,067 ; tronc, haut. 0,010.

Tête, long. 0,015, haut. 0,010. — Œil, diam. 0,006, esp. préorbit. 0,004, esp. interorbit. 0,005.

L'ATHÉRINE DE RISSO — *ATHERINA RISSO.*

Syn. : L'ATHÉRINE DE RISSO, Atherina Risso, Cuv. et Valenc., t. X, p. 435. ATHERINA RISSO, CBp., *Cat.*, n° 511.

Long. : 0,07 à 0,09.

Sa forme est celle du Sauclet, dit Valenciennes ; elle me paraît cependant un peu plus ramassée ; la hauteur du tronc n'est comprise que cinq fois à cinq fois et demie dans la longueur totale. Le nombre des vertèbres est bien différent dans chacune des deux espèces ; il y a seulement quarante-quatre vertèbres dans l'Athérine de Risso (CV.), tandis qu'il y en a cinquante-quatre à cinquante-six dans le Sauclet.

La tête est étroite ; sa longueur fait le cinquième environ de la longueur totale.

Le diamètre de l'œil mesure le tiers de la longueur de la tête ; il est à peine plus grand que l'espace préorbitaire ; il est égal à l'espace interorbitaire.

La première dorsale commence sur la première moitié de la longueur totale, caudale non comprise, à peu près au-dessus, ou à peine en arrière du milieu de la longueur des ventrales ; elle a sept rayons.

D. 7 — 1/10 ; A. 1/11 ou 12 ; C. 17 ; P. 15 ; V. 1/5.

La bande argentée est large, fort brillante ; elle tranche vivement sur la teinte générale, qui est d'un brun un peu rougeâtre sur le dos, plus pâle sous le ventre. L'opercule est d'une couleur argentée uniforme, sans le moindre pointillé noirâtre à la partie supérieure.

Habitat. Méditerranée, très-rare, Nice.

Proportions : long. totale 0,087 ; tronc, haut. 0,017.

Tête, long. 0,018, haut. 0,014. — Œil, diam. 0,006, esp. préorbit. 0,005, esp. interorbit. 0,006.

La délicatesse de leur chair fait partout rechercher les Athérines ; et comme elles se réunissent par bandes plus ou moins nombreuses, elles sont l'objet de pêches faciles, et parfois relativement assez productives. Sur nos bords de la Méditerranée, on prend en toute saison le Sauclet, qui est plus commun que le Joël, et qui, d'après Risso, fraye deux fois par an. Il y a sur nos côtes de l'Ouest deux époques de l'année où l'Athérine prêtre se montre près du rivage, c'est de février à avril et de la fin de juillet à la fin de septembre. En Normandie, la pêche de ces petits poissons se fait principalement dans les avant-ports, à marée montante.

Famille des Sphyrénidés, Sphyrænidæ.

Corps allongé, arrondi, couvert d'écailles cycloïdes, petites et minces.

Tête longue ; museau pointu ; fente de la bouche à peu près horizontale ; mâchoire supérieure plus courte que la mandibule qui est terminée par un tubercule saillant ; mâchoires et palatins dentés, munis de quelques dents aiguës, tranchantes, plus grandes et plus fortes que les autres ; vomer non denté.

Appareil branchial ; ouïes largement ouvertes ; pièces operculaires écailleuses ; sept rayons branchiostèges.

Nageoires ; deux dorsales, la première à cinq épines, répondant aux ventrales, éloignée de la seconde, qui est opposée à l'anale ; caudale fourchue ; ventrales en arrière des pectorales, ayant un aiguillon et cinq rayons mous.

Vessie natatoire grande, pointue en arrière, bifurquée en avant. — **Appendices pyloriques** nombreux.

GENRE SPHYRÈNE — *SPHYRÆNA*, Klein.

Caractères de la famille.

LE SPET ou SPHYRÈNE SPET — *SPHYRÆNA SPET*.

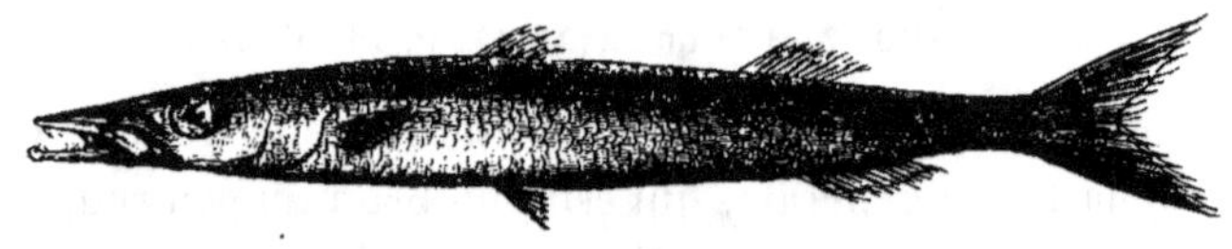

Fig. 171.

Syn. : Σφύραινα, Arist., *trad.*, Camus, liv. IX, c. II, p. 542.

SPHYRÆNA, Sudis, Bell., p. 165-167 ; Salvian., p. 70, P. 9.

DU SPET, Rondel., liv. VIII, c. I, p. 185 ; Bonnat., p. 173.

ESOX SPHYRÆNA, Linn., p. 515, sp. 1 ; Bloch, pl. 389 ; Brunn., *Spol. mar. Adriat.*, p. 100, n° 14, *Ichth. Mass.*, p. 78, n° 94.

LA SPHYRÈNE SPET, Sphyræna spet, Lacép., t. XII, p. 104 ; Riss., *Ichth.*, p. 332, *Hist. nat.*, p. 471.

LE SPET ou SPHYRÈNE DE LA MÉDITERRANÉE, Sphyræna vulgaris, Cuv. et Valenc., t. III, p. 327, *Règ. an. ill.*, pl. 18, fig. 1 ; Guichen., *Expl. Algér.*, p. 37.

SPHYRÆNA SPET, CBp., *Cat.*, n° 505, *Fn. ital.*, fig.

SPHYRÆNA VULGARIS, Günth., t. II, p. 334 ; Canestr., *Fn. Ital.*, p. 117.

N. vulg. : Lussi, Nice ; Espet, Poisson-cheville, Marseille ; Spet, Languedoc ; Broutchet de mer, Cette ; Peix escomer, Pyrénées-Orientales.

Long. : 0,30 à 0,40 et parfois 1,00.

Ses formes élancées et sa bouche bien armée ont fait comparer la Sphyrène au Brochet de rivière, et lui ont valu les noms de *Lussi*, de *Brochet de mer*. Le corps est couvert de petites écailles cycloïdes ; il est légèrement arrondi ; il est allongé ; la longueur fait neuf à dix fois la hauteur. Le nombre des vertèbres est de vingt-quatre (CV.).

Prise à partir du bout de la mâchoire supérieure, la longueur de la tête est contenue trois fois et demie à quatre fois dans la longueur totale. La région supérieure du crâne est aplatie, écail-

leuse. Le museau est allongé, étroit, conique. La fente de la
bouche est à peu près horizontale, elle ne s'étend pas jusqu'au
tiers postérieur de l'espace préorbitaire. La mâchoire supérieure
a le bout tronqué. La mandibule dépasse la mâchoire supérieure
d'une longueur égale au tiers ou parfois à la moitié du diamètre
de l'œil ; elle est terminée par un tubercule qui est élastique,
pointu, et relevé de façon à continuer la ligne du profil supérieur de la tête, quand la bouche est fermée. Les intermaxillaires
sont armés, en avant, chacun de deux longues dents comprimées,
tranchantes, aiguës, légèrement crochues ; latéralement ils ont
une seule rangée de dents courtes et fines. Les palatins portent
l'un et l'autre, en avant, trois ou quatre dents longues, pointues
et tranchantes, à la suite desquelles vient une série de fort
petites dents. A la mandibule, en arrière du tubercule terminal,
il y a parfois deux longues dents pointues, inclinées en arrière ;
mais le plus souvent il n'existe qu'une seule dent ; elle correspond aux longues dents de la mâchoire supérieure ; chez quelques individus, elle reste en avant, placée dans l'espèce d'encoche qui sépare l'une de l'autre l'extrémité des deux mâchoires.
Le vomer ne présente aucune trace de dents.

L'iris est d'un jaune très-pâle, argenté. Le diamètre de l'œil
varie suivant la taille des animaux ; il est compris six à sept fois
dans la longueur de la tête ; il mesure le tiers, ou un peu plus,
de l'espace préorbitaire ; il est à peu près aussi grand que l'espace interorbitaire.

Les orifices de la narine sont rapprochés l'un de l'autre, et
placés à une petite distance de l'orbite.

Il n'existe pas de dentelures, ni d'épines sur les pièces operculaires, qui sont couvertes d'écailles, ainsi qu'une grande partie
de la joue. Les ouïes sont largement fendues. La membrane branchiostège est soutenue par sept rayons.

La ligne latérale est bien marquée, légèrement saillante ; elle
est droite, à peine plus rapprochée du profil supérieur que du
profil inférieur ; ses écailles sont un peu plus fortes que les autres. Éc., l. long. 150 environ ; l. transv. 25 environ.

La première dorsale commence au-dessus des ventrales, vers la fin de la première moitié de la longueur entière, caudale non comprise ; elle est triangulaire, courte, aussi haute que longue ; elle est soutenue par cinq épines assez grêles. La seconde dorsale est éloignée de la première ; elle est placée au-dessus et un peu en avant de l'anale, à laquelle elle ressemble par la forme et la composition ; ces nageoires ont chacune un aiguillon et neuf rayons mous, dont le premier est simple mais articulé. Le tronçon de la queue mesure le sixième ou le septième de la longueur totale. La caudale est fourchue ; elle est à peu près de même longueur que le tronçon de la queue ; elle compte dix-sept rayons. Les pectorales sont courtes ; leur longueur est contenue onze à douze fois dans la longueur totale ; leurs rayons sont au nombre de treize. Les ventrales sont encore un peu plus courtes que les pectorales, dont elles sont éloignées ; elles sont libres, rapprochées l'une de l'autre ; elles ont une épine et cinq rayons mous, qui sont à peu près égaux.

Br. 7. — D. 5 — 1/9 ; C. 17 ; P. 13 ; V. 1/5.

Les dorsales et la caudale ont une teinte brunâtre ; l'anale et les nageoires paires sont d'un gris plus ou moins clair. La région supérieure du corps jusqu'à la ligne latérale est d'un brun verdâtre ; la région inférieure est d'un blanc argenté. Les jeunes animaux, comme le font observer Cuvier et Valenciennes, ont des marbrures brunâtres sur le dos et sur les côtés.

Habitat. Méditerranée, assez rare, Nice, Cette. Les proportions que je vais indiquer ont été relevées sur une des Sphyrènes qui m'ont été envoyées de Cette.

Proportions : long. totale (prise à la mâchoire supérieure) 0,358 ; tronc, haut. 0,037, épaiss. 0,025.

Tête, long. (mâch. supér.) 0,090, haut. 0,034. — Œil, diam. 0,015, esp. préorbit. mâch. supér. 0,040, mâch. infér. 0,046, esp. interorbit. 0,015. — Mâchoire supérieure, long. 0,033.

Caudale, long. 0,052 ; pectorale, long. 0,031 ; ventrale, long. 0,025.

Les Sphyrènes, ainsi que l'avait remarqué Aristote, vont en troupes plus ou moins nombreuses ; elles attaquent avec violence les poissons qu'elles rencontrent, surtout les bandes d'Anchois, de Sardines, les Gades de petite

dimension. A défaut de poissons elles dévorent des mollusques et des zoo-
phytes. On prétend parfois que la Bécune de la Martinique, espèce probablement identique à la Sphyrene d'Europe, devient vénéneuse quand elle s'est
nourrie de Méduses. Sur nos côtes, je ne pense pas qu'il y ait jamais eu
d'accidents causés par l'usage de la chair du Spet. Cette chair est blanche;
elle est de goût délicat suivant les uns, de qualité médiocre suivant les
autres; elle n'est généralement pas très-recherchée.

Sous-Ordre des Malacoptérygiens, Malacopterygii.

Nageoires; dorsale et anale sans véritables aiguillons; ventrales n'ayant
pas de rayon épineux, pouvant manquer.
Vessie natatoire nulle, ou plus ou moins développée, et tantôt pourvue,
tantôt privée de conduit pneumatophore.

Le sous-ordre des Malacoptérygiens est composé de trois
tribus, caractérisées d'après l'absence ou la présence et la position des ventrales.

		manquant	1. PSEUDAPODES.
Ventrales		en avant ou au-dessous des pectorales	2. SUBRACHIENS.
	placées	en arrière des pectorales	3. ABDOMINAUX.

TRIBU DES MALACOPTÉRYGIENS PSEUDAPODES, *MALACOPTERYGII PSEUDAPODES.*

Cette tribu comprend deux familles :

| | libre .... | 1. AMMODYTIDÉS. |
| Caudale | unie aux nageoires impaires .... | 2. OPHIDIIDÉS. |

Famille des Ammodytidés, Ammodytidæ.

Corps allongé, à peu près cylindrique; peau tantôt couverte de très-
petites écailles rangées par séries obliques, tantôt paraissant plus ou moins
nue; anus reculé.
Tête longue, conique; bouche grande; mâchoires non dentées; mâchoire supérieure plus courte que la mandibule, qui est terminée en pointe.
Narines à deux orifices.
Appareil branchial; fente des ouïes très-grande; quatre paires de

lamelles respiratoires ; sept rayons branchiostèges ; pseudobranchies ; opercules allongés, développés, plus ou moins striés.

Ligne latérale placée très-haut, près de la base de la dorsale.

Nageoires; dorsale fort longue, composée ainsi que l'anale de rayons articulés, simples, non branchus, pouvant se loger dans un sillon ; caudale libre, fourchue ; pectorales assez peu développées.

Vessie natatoire nulle. — **Appendice pylorique** unique.

GENRE AMMODYTE — *AMMODYTES*, Arted.

Caractères de la famille.

Le genre Ammodyte comprend trois espèces :

Màchoire supérieure	non protractile......................		1. A. LANÇON.
	protractile ; peau	couverte d'écailles disposées en séries obliques........	2. A. ÉQUILLE.
		nue, ou peu écailleuse.....	3. A. CICERELLE.

En raison de l'habitude qu'ils ont de se tenir dans le sable, ces animaux sont appelés par les Anglais *Sand Eels* (*Sandilz Anglorum*, Salvian., Gesner), dénomination que Gesner a traduite par celle d'*Ammodytes*. Sur nos côtes de l'Ouest, il y a deux espèces auxquelles on donne les noms d'Équille, de Lançon, d'Anguille de sable, et parfois même celui d'Appât de vase. Ces deux espèces, qui se trouvent aussi dans la mer du Nord, dans la Baltique, ont été confondues pendant longtemps, bien que Linné ait écrit : « Il me semble qu'il existe en Suède deux espèces distinctes, comme en Angleterre Ray l'a jadis soupçonné ». Klein admet les deux espèces, mais à tort suivant Bloch, qui n'en reconnait qu'une seule. Le docteur Lesauvage de Caen a su le premier nettement indiquer les caractères qui distinguent l'Équille du Lançon ; en 1824, il envoya à H. Cloquet une note, qui est insérée dans le *Bulletin des sciences par la Société philomatique de Paris*, 1824, p. 140. Nous donnons séparément la synonymie qui ne peut être rapportée d'une façon précise soit à l'Équille, soit au Lançon.

Syn. : DE PISCE SANDILZ DICTO, Salvian., p. 70, b, P. 10.
DE AMMODYTE PISCE, Anglico Sandilz, Gesner, p. 1260.
AMMODYTES GESNERI, Willugh., p. 113, pl. G. 8, fig. 1.
AMMODYTES TOBIANUS, Linn., p. 430, sp. 1 ; Bloch (*Lançon*), pl. 75, fig. 2 ; Cuv., *Règ*, *an*. 1817, t. II, p. 240.
L'APPAT DE VASE, Ammodytes tobianus, Bonnat., p. 39, pl. 26, fig. 88.
L'AMMODYTE APPAT, Ammodytes alliciens, Lacép., t. VII, p. 130.

L'AMMODYTE LANÇON — *AMMODYTES LANCEOLATUS*.

Syn. : Enchelyopus, Klein, *Historiæ Piscium naturalis Missus*, IV, p. 56, nᵒ 7,
pl. 12, fig. 10.

Ammodyte lançon, Ammodytes lanceolatus, Lesauvage, *Note sur une espèce nouvelle
du genre Ammodyte*, dans *Bullet. sc. Société philom. Paris*, 1824, p. 140-141.

Le Lançon, Ammodytes tobianus, Cuv., *Règ. an. ill.*, p. 328, pl. 110, fig. 2.

Ammodytes tobianus, Jenyns, *Man. Brit. verteb. Anim.*, p. 482; CBp., *Cat.*, nᵒ 339.

Ammodytes lanceolatus, Günth., t. IV, p. 384.

The Sand-Eel, Yarr., t. I, p. 89.

Larger Launce, Couch, t. III, p. 110.

Long. : 0,15 à 0,30.

Ainsi que le fait remarquer le Dr Lesauvage, le Lançon a le
corps plus long et plus grêle que l'Équille. La hauteur du tronc
est contenue treize fois et demie à dix-sept fois dans la longueur
totale. Les écailles sont excessivement petites, elles forment un
nombre de séries plus considérable que chez l'Équille.

Mesurée, comme toujours, de l'extrémité de la mâchoire supérieure à la fin du battant operculaire, la longueur de la tête
est comprise cinq fois à cinq fois et demie dans la longueur
totale. La mâchoire supérieure n'est pas protractile; la branche
montante de l'intermaxillaire est très-courte. Lorsque la bouche
s'ouvre largement, la mâchoire supérieure bascule sur le vomer,
relève le bout du museau, qui, devenant vertical, se trouve
placé dans le même plan perpendiculaire que les intermaxillaires. La pointe de la mandibule est fort allongée. Sur le devant
du vomer sont insérées deux dents crochues, à pointe tournée
en arrière; parfois elles semblent unies par la base.

L'œil est petit; son diamètre ne mesure guère que le septième
de la longueur de la tête.

Il y a de la ceinture scapulaire à la base de la caudale 165 à
180 séries d'écailles.

La dorsale commence au-dessus ou un peu en arrière de la
pointe de la pectorale. La nageoire thoracique paraît un peu
plus courte chez le Lançon que chez l'Équille.

D. 55 à 61; A. 29 à 33; C. 15 à 17; P. 13 à 15.

D'après Lesauvage, le Lançon a le dos verdâtre ; il manque de la tache cuivreuse, irrégulière, que l'on rencontre assez constamment près de l'anus de l'Équille.

Habitat. Manche, rare et même très-rare, le Havre (Lennier) ; Caen ; Cherbourg (Jouan) ; Agon, près Coutances (deux spécimens donnés au Muséum par Valenciennes). Océan, selon M. Lemarié, il est très-commun aux Sables-d'Olonne, malheureusement l'auteur indique comme seul caractère spécifique celui qui est tiré du point d'origine de la dorsale ; Arcachon (A. Lafont).

Proportions : long. totale 0,192 ; tronc, haut. 0,014, épaiss. 0,008.

Tête, long. à partir : du museau 0,036, de la mâchoire inférieure 0,040 ; haut. 0,012. — Œil, diam. 0,005, esp. préorbit. 0,012. — Mâchoire supérieure, long. 0,012.

Caudale, long. 0,016 ; pectorale, long. 0,013. — Distance du bout du museau à : l'origine de la dorsale 0,049 ; la fin de la pectorale 0,048.

L'AMMODYTE ÉQUILLE — *AMMODYTES TOBIANUS.*

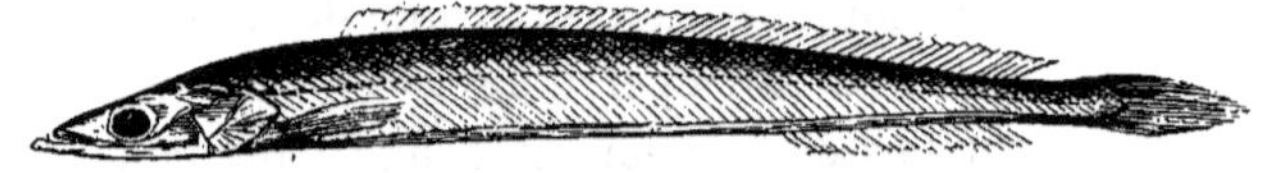

Fig. 172.

Syn. : Enchelyopus, Klein, *Hist. Pisc. nat. Miss.*, IV, p. 55, n° 6, pl. 12, fig. 8-9.
Ammodytes, Arted., Walb., *Spec. Piscium*, pars V, p. 55.
Ammodytes tobianus, Ammodyte-appât, Équille, Lesauv., *Bull. sc. Soc. philom. Paris*, 1824, p. 141.
L'Équille, Ammodytes lancea, Cuv., *Règ. an. ill.*, p. 328.
L'Équille commune, Ammodytes tobianus, Cuv. et Valenc , *Règ. an. ill.*, pl. 110, fig. 2.
Ammodytes lancea, CBp., *Cat.*, n° 340.
Ammodytes tobianus, Günth., t. IV, p. 385.
The Sand-Launce, Yarr., t. I, p. 94.
Lesser Launce, Couch, t. III, p. 137.

La figure donnée par Valenciennes dans l'atlas du *Règne animal*, représente plutôt l'Équille que le Lançon ; il y a confusion dans la synonymie.
N. vulg. : Allançon, Sables-d'Olonne ; Traouque-sable, Arcachon.
Long. : 0,12 à 0,20.

C'est à l'Équille évidemment que doit être rapportée la description de l'Ammodyte faite par Artedi. En général, le corps de l'Équille est plus ramassé que celui du Lançon ; la hauteur du tronc est contenue douze à treize fois dans la longueur totale. La peau est couverte d'écailles disposées en séries obliques, moins nombreuses que chez le Lançon. D'après Artedi, il y a soixante-trois vertèbres.

La longueur de la tête est comprise cinq fois à cinq fois et demie dans la longueur totale. La mâchoire supérieure jouit d'une grande protractilité ; elle s'abaisse lorsqu'elle se porte en avant ; les intermaxillaires ont leur branche montante fort longue. Le vomer n'est pas denté ; chez certains individus, l'extrémité interne du maxillaire supérieur est développée, rapprochée de celle du côté opposé, et semble, avec elle, former une espèce d'éminence bidentée sur le devant du vomer.

On compte de l'épaule à la caudale cent quatorze à cent trente séries d'écailles.

Presque toujours la dorsale commence avant la fin de la pectorale ; chez un sujet de grande taille, j'ai constaté que le premier rayon de la nageoire du dos était placé juste au-dessus de la pointe de la pectorale.

D. 54 à 60 ; A. 26 à 30 ; C. 15 ; P. 12.

Le dos est bleu verdâtre ; les flancs portent une large bande nacrée ; il y a souvent près de l'anus une tache cuivreuse, ainsi que le fait observer Lesauvage.

Habitat. Ce poisson est très-commun sur les plages de la Manche ; il est commun sur les côtes de l'Océan, au moins jusqu'à l'embouchure de la Gironde ; il paraît moins commun dans le golfe de Gascogne.

Proportions : long. totale 0,182 ; tronc, haut. 0,015, épaiss. 0,013.

Tête, long. à partir : du museau 0,035, de la mâchoire inférieure 0,037 ; haut. 0,015. — OEil, diam. 0,005, esp. préorbit. 0,011, esp. interorbit. 0,006. — Mâchoire supérieure, long. 0,010.

Caudale, long. 0,018 ; pectorale, long. 0,016. — Distance du bout du museau à : l'origine de la dorsale 0,049 ; la fin de la pectorale 0,050.

L'AMMODYTE CICERELLE — *AMMODYTES CICERELLUS.*

Syn. : CICIRELLUS MESSANIENSIS, P. Boccone, *Recherches et observations naturelles*, Amsterdam, 1674, p. 294, fig. pl. p. 287.

AMMODYTES CICERELLUS, Rafin , *Carat.*, p. 21, sp. 52, pl. 9, fig. 4, *Ind. itt. sicil.*, p. 38, nº 283.

Ammodyte appat, Ammodytes tobianus, Riss., *Ichth.*, p. 95.
Ammodytes argenteus, Ammodyte argenté, Riss., *Hist. nat.*, p. 209.
Ammodytes Siculus, Swainson, *Zoologic. Illustrations*, t. 1, pl. 63, *Treat. Geogr. Class. Anim.*, p. 39 ; CBp., *Cat.*, n° 341 ; Günth., t. IV, p. 386.
Ammodytes tobianus, Costa, *Fn. Napol.*, pl. 51 ; Canestr., *Fn. Ital.*, p. 191.

N. vulg. : Lussi, Nice.
Long. : 0,10 à 0,15.

Rafinesque, dont les travaux ne sont pas toujours appréciés autant qu'ils le méritent, a nettement démontré que l'Ammodyte vivant sur les côtes d'Italie est une espèce parfaitement différente de l'*Ammodytes tobianus*. Le Cicerelle a le corps lisse. La hauteur du tronc est contenue treize à seize fois dans la longueur totale. La peau n'est pas marquée de plis obliques ; chez beaucoup de spécimens, elle paraît avoir des écailles seulement vers le tronçon de la queue ; chez d'autres, elle semble en manquer d'une façon absolue ; mais si l'on examine attentivement les animaux, on distingue, çà et là, des plaques légèrement saillantes ; en dégageant avec précaution l'épiderme qui les recouvre, on met à nu une certaine quantité d'écailles. Il est probable que ces écailles deviennent caduques après avoir acquis leur développement ; il s'en trouve qui sont à peine visibles, d'autres au contraire ont un ou deux millimètres de largeur.

La longueur de la tête est comprise quatre fois et deux tiers à cinq fois et trois quarts dans la longueur totale. La mâchoire supérieure est protractile ; son extrémité postérieure arrive, ou peu s'en manque, sous le bord antérieur de l'orbite. Le vomer n'est pas denté.

Généralement la dorsale commence après la fin de la pectorale.

D. 53 à 59 ; A. 28 à 30 ; C. 1/19/1 ; P. 14.

Le dos est bleuâtre ; une large bande argentée, fort brillante, s'étend sur tout le côté ; une tache bleue se montre fréquemment sur la partie supérieure du crâne. Ainsi que le fait observer Rafinesque, il n'y a pas de tache foncée près de l'anus.

Habitat. Méditerranée, assez rare, Nice. Swainson prétend que l'*Ammodytes Siculus* est une espèce locale, qu'à certaines époques de l'année ce poisson est assez abondant pour fournir une large part à la nourriture des habitants de Messine. L'espèce n'est pas aussi localisée que le suppose Swainson ; Boccone dit que le *Cicirellus Messaniensis* se prend en plus grande quantité aux mois de février, mars, avril, qu'il se pêche par toutes les mers de Sicile et de Naples, où arrive le flux et le reflux du Phare de Messine. Rafinesque écrit également que l'*Ammodytes cicerellus* se trouve à Naples. Enfin Canestrini rapporte que son *Ammodytes tobianus* se rencontre dans toutes les mers d'Italie. Nous avons comparé des spécimens de Nice avec des Cicerelles venant soit de Sicile, soit de Naples, nous n'avons pu voir aucune différence entre les uns et les autres. Il est fâcheux que Swainson, au lieu de conserver les anciennes dénominations spécifiques, ait cru devoir, pour indiquer, suivant lui, l'habitat de ce poisson, introduire dans la science un nouveau nom, qui ne représente rien d'exact.

Proportions : long. totale 0,139 ; tronc, haut. 0,009, épaiss. 0,008.

Tête, long. à partir : du museau 0,025, de la mâchoire inférieure 0,026 ; haut. 0,009. — Œil, diam. 0,004, esp. préorbit. 0,008, esp. interorbit. 0,003. — Mâchoire supérieure, long. 0,008.

Caudale, long. 0,011 ; pectorale, long. 0,010. — Distance du bout du museau à : l'origine de la dorsale 0,039 ; la fin de la pectorale 0,033.

Suivant Risso, Canestrini, la chair de l'Ammodyte de la Méditerranée a fort peu de goût, elle est peu recherchée. Cependant Boccone, dans sa lettre à L. Bellini, lui disait à propos du *Cicirello* : « Si j'avais la commodité de vous en envoyer, vous goûteriez de ce poisson, le plus délicat qui soit autour de la Sicile. » Sur nos côtes de la Manche, les Équilles sont regardées, et à juste titre, comme d'excellents poissons ; on les prend à marée basse, en soulevant le sable avec des bêches, des pelles, des crochets ; dans le Calvados, à Arromanches, etc., on emploie une espèce de pioche, emmanchée d'un long bâton, appelée *charrue*, avec laquelle le chercheur creuse de longs sillons dans la grève.

Famille des Ophidiidés, Ophidiidæ.

Corps allongé, comprimé.

Tête petite ; museau court ; dents sur les mâchoires, le vomer.

Appareil branchial ; fente des ouïes grande ; sept rayons branchiostèges ; arcs branchiaux portant chacun une double série de lamelles respiratoires.

Nageoires ; dorsale très-longue ; nageoires impaires réunies, à rayons articulés, non branchus.

Vessie natatoire manquant de conduit pneumatophore, maintenue par des apophyses vertébrales.

Cette famille est composée de deux genres :

Barbillons sous la gorge
{ quatre..................... ... 1. OPHIDIE.
{ manquant.................. 2. FIÉRASFER.

GENRE OPHIDIE, OU DONZELLE — *OPHIDIUM*, Arted.

Corps comprimé, ensiforme, couvert de petites écailles cycloïdes; anus placé bien en arrière des pectorales.

Tête petite; dents sur les mâchoires, le vomer et les palatins; sous la gorge, quatre barbillons disposés par paires, et insérés sur une protubérance.

Ligne latérale rapprochée du profil supérieur du corps.

Les barbillons représentent les ventrales, qui ont éprouvé un léger changement dans leur position, ainsi que l'a parfaitement indiqué le D\u02b3 Jobert (V. Jobert, *Etudes sur les organes du toucher*, dans *Ann. sc. natur.*, 1872, t. 16, p. 95). Les os du bassin, il est facile de le voir au moyen de la dissection, conservent leurs rapports avec la ceinture scapulaire, ou plutôt avec le coracoïdien; chacun d'eux montre une facette articulaire, sur laquelle vient se mouvoir la base de la ventrale ou du faux barbillon.

La vessie natatoire des Ophidies affecte une disposition des plus extraordinaires. C'est un appareil très-compliqué Il est pourvu d'un squelette fort singulier. et d'un certain nombre de muscles; il présente, dans sa structure et dans sa forme, les modifications les plus prononcées non-seulement suivant les espèces, mais encore suivant l'âge et le sexe des animaux; pour s'en convaincre, il suffit de consulter les travaux des différents auteurs que nous nous bornons à citer : Willugh., *Hist. Piscium*, p. 113; A. Broussonet, *Phil. Transact. London*, 1781, t. 71, p. 446-447, pl. 23, fig. 4, 6 ; Delaroche, *Ann. Muséum*, 1809, t. 14, 275-278; J. Müller, *Abhand. Akad. Wissen. Berlin*, 1843 (1845), p. 151-152, p. 168, pl. 4, fig. 1-3, 5; Costa, *Fn. Napol.*, pl. 20\u1d57\u1d49\u02b3 A-B. Malgré les recherches auxquelles ont pu se livrer de savants naturalistes, l'examen que nous avons fait de la vessie natatoire chez plusieurs Ophidies, nous donne à penser que l'étude de cet organe est loin d'être achevée. Des observations nouvelles sont nécessaires pour compléter les connaissances acquises sur un sujet qui est aussi intéressant pour l'anatomiste que pour le physiologiste.

Le genre Ophidie est formé de deux espèces :

Espace postorbitaire
{ nu, barbillons très inégaux.............. 1. O. BARBU.
{ écailleux, barbillons à peu près égaux.... 2. O. VASSALI.

L'OPHIDIE BARBU — *OPHIDIUM BARBATUM.*

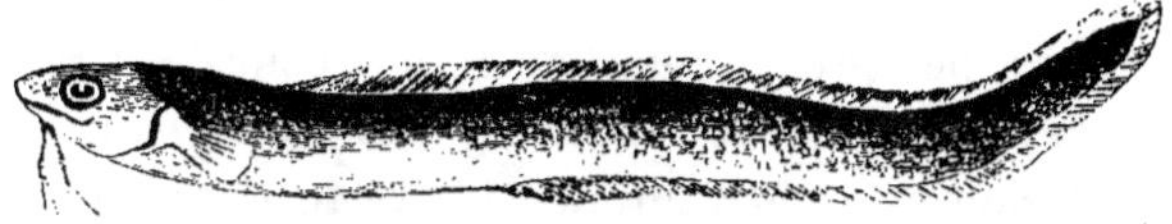

Fig. 173.

Syn. : Grillus vulgaris, Aselli species, Bell., p. 132-133.
De la Donzelle, Rondel., liv. XIII, c. ii, p. 310.
Ophidium barbatum, Linn., p. 431, sp. 1 ; Brunn., *Ichth. Mass.*, p. 15. n° 25 ; Broussonet, *Philosoph. Transact. London*, 1781, t. LXXI, p. 439, pl. 23; Bloch, pl. 159, fig. 1 ;
Rosenthal, *Ichthyol. Taf.*, pl. 22, fig. 7 ; Agass., *Poiss. foss.*, t. V, part. 2ᵉ,
p. 131, pl. H, fig. 1 ; J. Müller, *Abhand. Akad. Berlin*, 1843 (1845), p. 151, pl. 4,
fig. 1 (vessie nat.) ; CBp., *Cat.*, n° 346 ; Costa, *Fn. Napol.*, Var. a, O. acutirostre,
pl. 20ᵗᵉʳ A, fig. 6, pl. 20ᵗᵉʳ B, fig. 1 ; Kaup, *Apodal Fish*, p. 155 ; Günth., t. IV,
p. 377 ; Jobert, *Ann. sc. nat.*, 1872, t. XVI, p. 95, pl. 8, fig. 66, 68-72 ; Canestr., *Fn.
Ital.*, p. 190.
La Barbue, Ophidium barbatum, Bonnat., p. 40, pl. 26, fig. 89.
L'Ophidie barbu, Ophidium barbatum, Lacép., t. VII, p. 135 ; Riss., *Ichth.*, p. 96,
Hist. nat., p. 211.
La Donzelle commune, Ophidium barbatum, Cuv., *Règ. an. ill.*, p. 326; Guichen.,
Expl. Algér., p. 115.
?Ophidium Rochii, J. Müll., *Abhand. Akad. Berlin*, 1843, p. 152, pl. 4, fig. 2.
The bearded Ophidium, Yarr., t. I, p. 76; Couch, t. III, p. 131.

N. vulg. : Galegneiris, Nice ; Donzèla, Doumaïzella, Cette.
Long. : 0,15 à 0,25, quelquefois 0,030.

C'est avec raison que Bélon regardait la Donzelle comme une
espèce de Gade. Chez ce poisson la hauteur du tronc est contenue sept à neuf fois dans la longueur totale.

La tête est complétement nue ; elle est moins élevée que la
ligne du dos, ce qui donne au poisson un aspect légèrement
bossu ; sa longueur est comprise cinq fois et un tiers à cinq fois
et trois quarts dans la longueur totale. L'ethmoïde est surmonté
d'une crête triangulaire, qui se termine par une espèce de crochet à pointe mousse, dirigée en avant. Le museau est plus
pointu et plus avancé que dans l'autre espèce. Les mâchoires
portent une bande large de dents à peu près égales, fort aiguës.
La mâchoire supérieure n'arrive pas en arrière à l'aplomb du
bord postérieur de l'orbite. Les barbillons sont blanchâtres ; ils

sont très-inégaux ; les barbillons antérieurs sont d'un tiers environ plus courts que les postérieurs.

Chez le Barbu, l'espace postorbitaire est nu. Le diamètre de l'œil mesure à peu près le quart de la longueur de la tête.

Les orifices de la narine sont éloignés l'un de l'autre. L'ouverture antérieure est fort étroite ; l'ouverture postérieure est plus rapprochée de l'orbite que de la pointe du museau.

La moitié inférieure du premier arc branchial porte, sur le bord externe, du côté opposé aux lamelles respiratoires, cinq ou six tubercules ou appendices denticulés.

Ordinairement la dorsale commence en arrière de la terminaison de la pectorale. La pointe des rayons de la pectorale, retournée en avant, n'atteint pas l'extrémité postérieure de la mâchoire supérieure.

D. 135 à 140 ; A. 120 ; P. 20.

Les nageoires impaires sont bordées de noir. Tout le corps est pointillé de noir ; le dos est couleur chair, les flancs sont argentés.

Habitat. Méditerranée, commun, Nice ; assez commun, Cette. Océan ?
Proportions : long. totale 0,225 ; tronc, haut. 0,032, épaiss. 0,021.
Tête, long. 0,042, haut. 0,031. — Œil, diam. 0,010, esp. préorbit. 0,009, esp. interorbit. 0,007. — Mâchoire supérieure, long. 0,020.
Pectorale, long. 0,020. — Barbillons, long. : antérieur 0,014, postérieur 0,022.

L'OPHIDIE DE VASSALI — *OPHIDIU VASSALI.*

Syn. : Ophidie de Vassali, Ophidium Vassali, Riss., *Ichth.*, p. 97, pl. 5, fig. 12, *Hist. nat.*, p. 212.
La Donzelle brune, Ophidium Vassali, Cuv., *Règ. an. ill.*, p. 326 ; Guichen., *Expl. Algér.*, p. 115.
Ophidium Vassali, J. Müller, *Abhand. Akad. Berlin*, 1843-1845, p. 152, pl. 4, fig. 5 (vessie natatoire) ; CBp., *Cat.*, n° 315 ; Kaup, *Apod. Fish*, p. 155 ; Günth., t. IV, p. 378 ; Canestr., *Fn. Ital.*, p. 190.
Ophidium Broussoneti, J. Müller, *Abhand. Akad. Berlin*, 1843-1845, p. 152, pl. 4, fig. 3.
Ophidium barbatum, Costa, *Fn. Napol.*, Var. b, pl. 20ter A, fig. 1, pl. 20ter B, fig. 2.

N. vulg. : Calegneiris, Nice.
Long. : 0,15 à 0,25.

Suivant Costa, l'Ophidie Vassali n'est qu'une variété de l'Ophidie barbu; il existe cependant entre eux de sensibles différences. Chez l'Ophidie Vassali, la hauteur du tronc est contenue huit fois et trois quarts à neuf fois et trois quarts dans la longueur totale.

La tête est écailleuse dans sa région postorbitaire; sa longueur est comprise six fois à six fois et demie dans la longueur totale; son profil supérieur continue la ligne du dos. L'ethmoïde n'est pas surmonté d'une pointe saillante, dirigée en avant. Le museau est court, plus ou moins carré. Les mâchoires sont à peu près égales, garnies de dents fines; l'extrémité de la mâchoire supérieure dépasse, en arrière, la perpendiculaire tangente au bord postérieur de l'orbite. Les barbillons antérieurs sont aussi longs, ou à peine moins longs que les postérieurs.

Le diamètre de l'œil est contenu quatre fois et demie à cinq fois dans la longueur de la tête.

Presque toujours l'hypobranchial du premier arceau des branchies porte seulement quatre appendices denticulés, un ou deux, par conséquent, de moins que chez l'Ophidie barbu.

Chez la plupart des animaux, la dorsale commence un peu avant la terminaison de la pectorale. La caudale semble plus obtuse que dans le Barbu. La pointe des rayons de la pectorale, renversée en avant, atteint l'extrémité postérieure de la mâchoire supérieure.

D. 130 à 137; A. 100 à 110; P. 16 ou 17.

Les nageoires sont d'une couleur jaune rougeâtre, elles n'ont pas de bordure noire. La teinte générale est jaunâtre, excepté sous la gorge et le ventre qui sont d'un blanc rosé; les barbillons sont de la couleur du corps.

Habitat. Méditerranée, assez commun, Nice.

Proportions : long. totale 0,158; tronc, haut. 0,018, épais. 0,010.

Tête, long. 0,024, haut. 0,017. — Œil, diam. 0,005, esp. préorbit. 0,005, esp. interorbit. 0,0045. — Mâchoire supérieure, long. 0,015.

Pectorale, long. 0,0135. — Barbillons, long: antérieur 0,019, postérieur 0,021.

GENRE FIÉRASFER — *FIERASFER*, Cuv.

Corps allongé, comprimé; peau nue ; anus très-avancé.

Tête nue ; bouche grande ; dents sur les mâchoires, le vomer, les pala-tins ; pas de barbillons sous la gorge.

Nageoires ; anale commençant fort en avant.

LE FIÉRASFER IMBERBE — *FIERASFER IMBERBIS.*

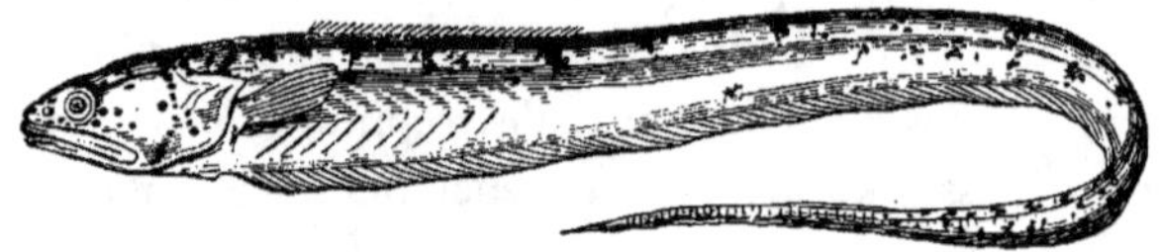

Fig. 174.

Syn. : Ophidion flavum vel Ophidion imberbe, Rondel. (édit. lat.), liv. XIV, c. II, p. 398.

Ophidium imberbe, Linn., p. 431, sp. 2.

Gymnotus acus, Brunn., *Ichth. Mass.*, p. 13, n° 24.

Notoptère Fontanes, Notopterus Fontanesii, Riss., *Ichth.*, p. 82, pl. 4, fig. 11.

Ophidium fierasfer, Ophidie fierasfer, Riss., *Hist. nat.*, p. 212.

De la Donzelle imberbe, Cuv., *Mém. Muséum*, 1815, t. I, p. 312. pl. 16, fig. 1-3.

Fiérasfer, Ophidium imberbe, Cuv., *Règ. an.*, 1817, t. II, p. 239, *Règ. an. ill.*, p. 327.

Fierasfer Fontanesii, Costa, *Fn. Napol.*, pl. 20 *bis*.

Fierasfer acus, Kaup, *Apod. Fish*, p. 157 ; Günth., t. IV, p. 381 ; Canestr., *Fn. Ital.*, p. 191.

Fierasfer imberbis, CBp., *Cat.*, n° 344 ; J. Müller, *Abhand. Akad. Berlin*, 1843-1845, p. 150, pl. 4, fig. 6.

N. Vulg. : Aurin, Nice.
Long. : 0,12 à 0,15.

Rondelet a parfaitement distingué de la Donzelle le Fiérasfer, auquel il a donné le nom caractéristique d'*Ophidion imberbe*. Ce poisson a le corps ensiforme ; la queue se termine en une pointe très-allongée. La hauteur du tronc mesure du onzième au treizième de la longueur totale. La peau est complète-ment nue. L'anus, excessivement avancé, s'ouvre en avant de l'insertion de la pectorale. Suivant Cuvier, le rachis se com-pose de cent dix vertèbres faciles à compter, et de dix ou quinze autres peu distinctes, 17 + .

La tête est petite, mince; elle a le profil antérieur courbe; sa longueur est comprise sept à huit fois dans la longueur totale. Le museau est arrondi; la bouche est grande, fendue obliquement. La mâchoire supérieure se porte en arrière au moins jusqu'à l'aplomb du bord postérieur de l'orbite; elle est plus avancée que la mandibule; elles sont l'une et l'autre garnies de dents en cardes, courtes et crochues, à peu près égales. La saillie du vomer est armée de dents assez fortes.

Relativement les yeux sont grands; leur diamètre est contenu quatre fois à quatre fois et demie dans la longueur de la tête. L'iris est argenté, tacheté de points roses.

La fente des ouïes est très-étendue. Le battant operculaire est mince; il se prolonge en pointe au-dessus de l'insertion de la pectorale.

La dorsale est plus basse et moins longue que l'anale; elle prend naissance après la fin de la pectorale; l'anale commence presque sous l'insertion de la pectorale; les deux nageoires se rejoignent à la pointe de la queue, de sorte qu'il n'y a pas de caudale distincte. Les pectorales sont assez développées.

Br. 7. — D. 140; A. 170; P. 18 (Riss.).

Les nageoires sont jaunâtres. Le corps est jaunâtre avec des points roses et quelques bandelettes de couleur ocre. Sur les côtés du tronc, il y a une quinzaine de plaques vert doré que Risso, comme le fait observer Costa, a prises pour des écailles. La peau de la région abdominale est d'un blanc nacré à reflets dorés, elle est mouchetée de points rougeâtres.

La troisième vertèbre, dit Cuvier, a deux apophyses élargies, légèrement arquées, qui embrassent la vessie natatoire (V. *Mém. Muséum*, t. I, p. 320, pl. 16, fig. 3).

Habitat. Méditerranée, assez rare, Nice.
Proportions : long. totale, 0,140; tronc, haut. 0,012, épais. 0,007.
Tête, long. 0,0185, haut. 0,010. — Œil, diam. 0,0045, esp. préorbit. 0,0035, esp. interorbit. 0,0034. — Mâchoire supérieure, long. 0,009.
Dorsale, long. 0,110; anale, long. 0,121; pectorale, long. 0,012.

TRIBU DES MALACOPTÉRYGIENS SUBRACHIENS,
MALACOPTERYGII SUBRACHII.

Cette tribu est formée de cinq familles :

Ventrales	non réunies en disque. Corps	symétrique, couvert d'écailles	lisses. Caudale	unie aux nageoires impaires..... 1. Ptéridiidés.
				libre...... 2. Gadidés.
			rudes............... 3. Macrouridés.
		non symétrique................... 4. Pleuronectidés.
	réunies en disque .... 5. Cycloptéridés.

Famille des Ptéridiidés, *Pteridiidæ.*

Corps allongé, couvert d'écailles cycloïdes.

Tête bien développée; mâchoires et vomer dentés.

Appareil branchial ; ouïes largement fendues ; huit rayons branchiostèges; pseudobranchies.

Ligne latérale double en avant.

Nageoires ; nageoires impaires réunies ; ventrales filiformes.

Vessie natatoire ovoïde, sans conduit pneumatophore.

GENRE PTÉRIDION — *PTERIDIUM*, Scopoli.

Caractères de la famille.

LE PTÉRIDION NOIR — *PTERIDIUM ATRUM.*

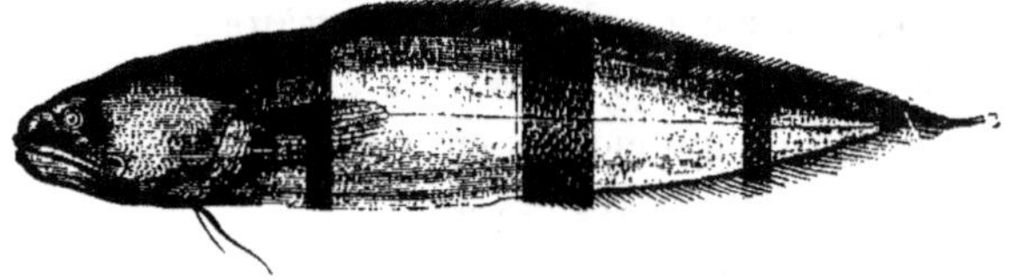

Fig. 175.

Syn. : Oligopode noir, Oligopus ater, Riss., *Ichth.*, p. 142, pl. 11, fig. 41 (O. Niger), *Hist. nat.*, p. 338.

Pteridium atrum, Filip. et Veran., *Alc. Pesc. Nota*, p. 11, fig. 6 ; Günth., t. IV, p. 376 ; Canestr., *Fn. Ital.*, p. 189.

N. Vulg. : Fanfré negré, Nice.
Long. : 0,08 à 0,10.

Ce poisson fut, pour la première fois, décrit et figuré par Risso, qui malheureusement le plaça dans le genre Oligopode, établi par de Lacépède. Il a le corps allongé, assez comprimé, diminuant par degrés de la tête à la queue, qui se termine en pointe. La hauteur du tronc mesure du cinquième au sixième de la longueur totale. La peau est couverte de petites écailles.

La tête est garnie d'écailles ; elle est forte, longue ; sa longueur fait le quart de la longueur totale. Le museau est gros, arrondi. La fente de la bouche est grande et oblique. L'extrémité postérieure du maxillaire supérieur se porte, en arrière, plus loin que la perpendiculaire tangente au bord postérieur de l'orbite. Les mâchoires sont à peu près égales ; elles ont une rangée de dents aiguës, bien séparées et peu nombreuses, au milieu d'autres dents très-petites et très-serrées. Le vomer est armé de deux à quatre grosses dents recourbées en arrière ; il est en outre muni de petites dents. La langue est lisse.

L'œil est arrondi. Son diamètre, chez les adultes, ne fait guère que le huitième de la longueur de la tête.

Double en avant, simple vers le tiers postérieur du corps, la ligne latérale figure une espèce d'Y ou de V allongé.

Les nageoires impaires sont réunies. La dorsale commence au-dessus du milieu des pectorales. La caudale est pointue. La pectorale est portée sur un pédoncule écailleux. Les ventrales sont rapprochées l'une de l'autre à leur insertion ; elles ont chacune deux rayons courts, filiformes.

Br. 8. — D. 64 ; A. 44 ; C. 14 ; P. 20 (Riss.) ; V. 2.

Les nageoires sont noirâtres. Le corps est d'un noir plus ou moins foncé, parfois uniforme, le plus souvent teinté de rougeâtre ou de marron.

Suivant de Filippi, la vessie natatoire est attachée par des muscles ou des ligaments particuliers à l'occipital latéral, au scapulaire, à l'os du bassin ; elle est en rapport, de chaque côté, avec un petit arc osseux, qui s'articule à la colonne vertébrale, entre la troisième vertèbre et la quatrième (V. fig., Filip.). Il y a deux appendices pyloriques.

Habitat. Méditerranée, très-rare, Nice.
Proportions : long. totale, 0,096 ; tronc, haut. 0,017, épais. 0,011.
Tête, long. 0,024, haut. 0,016. — Œil, diam. 0,003, esp. préorbit. 0,005, esp. interorbit. 0,007.
Caudale, long. 0,009 ; pectorale, long. 0,015 ; ventrale, long. 0,007.

Famille des Gadidés, Gadidæ.

Corps plus ou moins allongé, couvert d'écailles lisses, assez souvent caduques.

Tête continuant le profil du corps ; dents sur les mâchoires, et généralement sur le vomer.

Appareil branchial ; ouïes bien fendues ; rayons branchiostèges en nombre variable, sept le plus souvent ; pseudobranchies manquant, ou sous forme de ganglions vasculaires.

Nageoires ; une, deux ou trois dorsales, s'étendant sur une grande partie de la longueur du corps ; une ou deux anales ; caudale libre ; ventrales jugulaires.

Vessie natatoire manquant assez rarement, sans conduit pneumatophore.

La famille des Gadidés comprend cinq sous-familles :

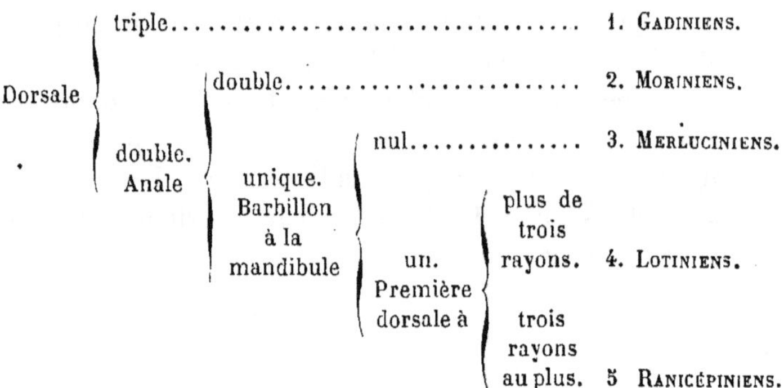

Sous-famille des Gadiniens, Gadini.

Tête ; dents sur les mâchoires et le vomer.
Appareil branchial ; sept rayons branchiostèges.
Nageoires ; trois dorsales ; deux anales.

Cette sous-famille comprend deux genres :

Barbillon à la mâchoire inférieure

{ plus ou moins long..... 1. GADE.

{ nul.................. 2. MERLAN.

GENRE GADE — *GADUS*.

Tête; un barbillon sous l'extrémité de la mandibule.

Le genre Gade se compose de quatre espèces :

Ventrale à deux rayons externes

très-allongés, dépassant l'anus ; première anale

complétement séparée de la deuxième.. 1. G. CAPELLAN.

unie à la deuxième par une membrane. 2. G. TACAUD.

ordinaires. Tache sur le côté, au-dessous de la première dorsale

nulle .... 3. G. MORUE.

bien marquée ..... 4. G. ÉGLEFIN.

LE GADE CAPELAN — *GADUS MINUTUS*.

Syn. : Du CAPELAN, Rondel., liv. VI, c. XII, p. 163.
ASELLUS MOLLIS MINOR, Willugh., p. 171, pl. L. m. I, n. 1, fig. 2.
GADUS *dorso tripterygio, ore cirrato*, Arted., *Syn.*, p. 36, sp. 8.
GADUS MINUTUS, Linn., p. 438, sp. 6 ; Brunn., *Ichth. Mass.*, p. 21, n° 32 ; Bloch, pl. 67, fig. 1 ; Costa, *Fn. Napol.* ; Fries et Ekström, *Skandin. Fisk.*, pl. 17 ; Nilsson, *Skand. Fn.*, t. IV, p. 547 ; CBp., *Cat.*, n° 387 ; Günth., t. IV, p. 335 ; Canestr., *Archiv. zool.*, t. II, p, 348, pl. 15-16, fig. 1, *Fn. Ital.*, p. 153.
Du CAPELAN DE LA MÉDITERRANÉE, Duham., *Pêch.*, part. 2, sect. 1, p. 139.
LE CAPELAN, Gadus minutus, Bonnat., p. 47, pl. 29, fig. 104 ; Lacép., t. VII, p. 265 ; Riss., *Ichth.*, p. 111.
GADUS LUSCUS, Var., Delaroche, *Ann. Muséum*, 1809, t. XIII, p. 334, *Mém.*, p. 48.
MORUA CAPELANUS, Morue capelan, Riss., *Hist. nat.*, p. 226.
THE POOR OR POWER COD, Yarr., t. I, p. 544.
POWER, Couch, t. III, p. 72.

N. Vulg. : Capelan, côtes de la Méditerranée.
Long. : 0,15 à 0,25.

De forme oblongue, le corps du Capelan est comprimé ; sa hauteur la plus grande, qui est au-dessus de l'anus, est contenue trois fois et trois quarts à quatre fois et quart dans la longueur totale. La peau est couverte d'écailles peu adhérentes. L'anus n'est jamais placé au milieu de la longueur du corps, ainsi que l'indiquent plusieurs auteurs, il est au contraire fort avancé, il se trouve sous le milieu de la base de la première dorsale.

La tête peut être comparée à une pyramide à quatre faces; ses faces latérales sont larges et plus rapprochées que les autres; sa longueur est comprise trois fois et trois quarts à quatre fois et un tiers dans la longueur totale. La bouche est grande, moins oblique que celle du Tacaud. La mâchoire supérieure est un peu plus avancée que la mandibule; elles portent l'une et l'autre plusieurs rangées de dents fines, très-acérées. Le barbillon de la mâchoire inférieure est à peu près de même grandeur que le diamètre de l'œil.

Égal, ou peu s'en faut, à l'espace préorbitaire, le diamètre de l'œil est contenu environ trois fois et demie dans la longueur de la tête. L'iris est argenté.

Au-dessus de la pectorale, la ligne latérale est légèrement courbe, puis elle devient droite sous la deuxième dorsale.

La première dorsale est plus courte que les suivantes; elle est, pour ainsi dire, triangulaire. La première anale est complétement séparée de la seconde; elle commence sous la fin de la première dorsale ou sous le commencement de la deuxième. La caudale est carrée, ou légèrement échancrée. La ventrale a ses deux rayons externes sétiformes, très-allongés; le deuxième rayon, qui est le plus développé, arrive à l'origine de la première anale.

Br. 7. — D. 12 à 14 — 19 à 21 — 17 à 20; A. 27 à 30 — 17 à 20; C. 2/26/2; P. 13; V. 6.

Les nageoires impaires sont brunâtres; les ventrales sont d'un gris rosé. Souvent chez les sujets adultes, une tache noirâtre, moins grande que chez le Tacaud, se montre à l'aisselle de la pectorale. Le corps est brun rougeâtre piqueté de noir sur le dos et les côtés, gris argenté sous le ventre.

Habitat. Méditerranée, très-commun de Nice à Port-Vendres. Océan,

excessivement rare. Manche, Boulogne (Bouchard-Chantereaux). J'avoue
n'avoir jamais vu le Capelan sur nos côtes de l'Ouest.

Proportions : long. totale 0,190 ; tronc, haut. 0,048, épais. 0,021.

Tête, long. 0,044, haut. 0,040. — OEil, diam. 0,013, esp. préorbit. 0,012,
esp. interorbit. 0,008. — Mâchoire supérieure, long. 0,020. — Barbillon,
long. 0,013.

Caudale, long. 0,029 ; pectorale, long. 0,030 ; ventrale, long. 0,033.

Distance du museau à : la première dorsale 0,056 ; l'anus 0,067. — Base
de la première dorsale, long. 0,020.

LE GADE TACAUD — *GADUS LUSCUS*.

Syn. : Asellus mollis latus, Willugh., *Append.*, p. 22, pl. L. m. 1, n. 4.
Bib et Blinds *Cornubiensibus*, Asellus luscus, Willugh., p. 169.
Gadus *dorso tripterygio, ore cirrato*, Arted., *Syn.*, p. 35, sp. 5, p. 37, sp. 12.
Gadus luscus, Linn., p. 437, sp. 4 ; CBp., *Cat.*, n° 386 ; Nilsson, *Skand. Fn.*, t. IV,
p. 545 ; Günth., t. IV, p. 335 ; Schlegel, p. 81, pl. 8, fig. 1 ; Canestr., *Fn. Ital.*, p. 154.
Gadus barbatus, Linn., p. 437, sp. 5 ; Bloch, pl. 166.
Du Tacaud, Duham., *Pêch.*, part. 2, sect. 1, p. 136, pl. 23, fig. 2 ; Bonnat., p. 47,
pl. 29, fig. 103.
Le Gade bibe, Gadus luscus, Bonnat., p. 47, pl. 29, fig. 102 ; Lacép., t. VII, p. 260.
Le Gade tacaud, Gadus barbatus, Lacép., t. VII, p. 265 ; Guichen., *Expl. Algér.*,
p. 101.
The Bib, Yarr., t. I, p. 540 ; Couch, t. III, p. 70.

N. Vulg. : Baraud-Godde ; Godde ou Gode ; Mollet ; Morue borgne ; petite
Morue ; Poule de mer, Normandie ; Moulet, Roscoff ; Officier, Bretagne ;
Tacaud, côtes de l'Océan ; Kiankiarquia, Biarritz.

Long. : 0,20 à 0,30.

Artédi avait judicieusement présumé que l'*Asellus luscus* et
l'*Asellus barbatus* ne doivent former qu'une seule espèce. Le
corps du Tacaud est ovale, comprimé ; la hauteur du tronc,
prise sous la première dorsale, mesure le quart environ de la
longueur totale. La peau est couverte d'écailles minces, adhérentes, plus grandes que celles du Capelan. L'anus est plus
avancé que chez le Capelan, il est placé sous le tiers antérieur
de la première dorsale. Le rachis se compose de quarante-sept à
quarante-huit vertèbres, 15 + . Il y a treize côtes, à la suite desquelles se trouvent des hémapophyses fort développées. Ces
hémapophyses forment le squelette des parois d'une large cavité
conique, dans laquelle vient se loger une partie des viscères
abdominaux.

La longueur de la tête est comprise quatre fois à quatre fois et deux tiers dans la longueur totale. Le museau est obtus ; la bouche relativement petite. La mâchoire supérieure est plus avancée que l'inférieure ; elles sont l'une et l'autre munies de dents en cardes ; à la rangée externe les dents sont fortes, aiguës et crochues, plus développées que chez le Capelan. La mandibule montre de chaque côté six, ou le plus souvent sept pores arrondis ; le barbillon est à peu près égal au diamètre de l'œil.

D'après l'opinion des pêcheurs de Cornouailles, rapportée par Willughby, le Tacaud peut à volonté gonfler, comme une vessie, la peau qui lui recouvre l'œil, d'où son nom vulgaire de *Blind*, aveugle ou borgne. La peau de cette région est excessivement lâche ; elle perd de sa transparence quand l'animal est mort, elle devient blanche et flasque, mais là s'arrête tout le phénomène. Le diamètre de l'œil est contenu trois fois à trois fois et demie dans la longueur de la tête ; il est ordinairement un peu plus grand que l'espace préorbitaire. L'iris est jaunâtre.

La ligne latérale est courbe en avant ; elle devient droite sous le milieu de la deuxième dorsale.

La première dorsale est triangulaire ; ses rayons les plus élevés mesurent les deux tiers de la hauteur du tronc. La première anale commence sous le milieu de la première dorsale ; elle est longue ; elle est unie à la seconde anale par une membrane assez 'développée ; de sorte que les deux nageoires n'en forment, pour ainsi dire, qu'une seule, fortement échancrée vers la réunion des deux tiers antérieurs au tiers postérieur. La caudale est carrée ou peu échancrée. Les deux rayons externes de la ventrale sont très-grands ; ils s'allongent en filaments qui sont excessivement fragiles ; le second est ordinairement le plus développé.

D. 12 — 20 à 23 — 19 ou 20 ; A. 27 à 31 — 17 à 20 ; C. 3/25/3 ; P. 17 ; V. 6.

Chez l'animal vivant, les nageoires verticales sont bordées de brun ; le système de coloration est un fond jaune noirâtre ou plutôt brunâtre, plus clair sous le ventre, avec trois larges bandes verticales d'un gris blanchâtre ; une première bande, formant ceinture avec celle du côté opposé, part de la moitié postérieure de la première dorsale et descend jusque sous le ventre ; la deuxième bande s'étend entre le milieu de la seconde dorsale et la première anale ; la troisième bande est moins nettement limitée que les autres, elle est placée entre la troisième dorsale et la seconde anale ; ces bandes disparaissent assez rapidement chez le poisson mort. Une tache noirâtre marque l'aisselle et la base de la pectorale.

Habitat. Manche, excessivement commun. Océan, commun. Méditerranée, très-rare, Nice.

Proportions : long. totale 0,227 ; tronc, haut. 0,055, épais. 0,023.

Tête, long. 0,049, haut. 0,045. — OEil, diam. 0,015, esp. préorbit. 0,014, esp. interorbit. 0,012. — Mâchoire supérieure, long. 0,023. — Barbillon, long. 0,014.

Caudale, long. 0,035 ; pectorale, long. 0,037 ; ventrale, long. 0,040.

Distance du museau à : la première dorsale 0,063 ; l'anus 0,066. — Base de la première dorsale, long. 0,023.

LE GADE MORUE — *GADUS MORHUA.*

Syn. : Morhua vulgaris, *maxima Asellorum species*, Bell., p. 128.

De la Molue, Rondel., liv. IX, c. xiii, p. 22?.

Asellus major vulgaris, *Morhua vulgaris*, Willugh., p. 165, pl. L. m. 1, n. 1, fig. 4.

Gadus *dorso tripterygio, ore cirrato*, Arted., *Syn.*, p. 35, sp. 6.

Gadus morrhua, Linn., p. 436, sp. 3 ; Bloch, pl. 64 ; CBp., *Cat.*, n° 384 ; Günth., t. IV, p. 328 ; Schlegel, p. 77, pl. 7, fig. 1.

De la morue franche, Duham., *Pêch.*, part. 2, sect. 1, p. 37, pl. 12, fig. 1.

Le Gade morue, Gadus morhua, Bonnat., p. 47, pl. 28, fig. 101 ; Lacép., t. VII, p. 230.

La Morue proprement dite, Gadus Morrhua, Cuv., *Règ. an. ill.*, p. 291, pl. 106, fig. 1.

The Common Cod, Yarr., t. I, p. 524.

Cod, Couch, t. III, p. 53.

Jeune.

Syn. : Asellus varius, *German. vulgo Dorsch*, Willugh., p. 172, pl. L. m. 1, n. 1 fig. 1.

Gadus *dorso tripterygio, ore cirrato*, Arted., *Syn.*, p. 35, sp. 4.

Gadus callarias, Linn., p. 436, sp. 2 ; Bloch, pl. 63 ; CBp., *Cat.*, n° 385.

Le Narvaga, Gadus callarius, Bonnat., p. 46, pl. 28, fig. 100.

Le Gade callarias, Gade callarias, Lacép., t. VII, p. 265.

Le Dorsch, Gadus callarias, Cuv., *Règ. an. ill.*, p. 292.

Dorse, Couch, t. III, p. 66.

N. vulg. : Morue franche, Cabeliau, Cabillaud ; Moulue, Poitou.
Long. : 0,50 à 0,80, quelquefois 1,50.

Entre les jeunes et les adultes, il existe dans l'ensemble des formes certaines différences, qui les ont fait considérer comme appartenant à deux espèces distinctes. Le corps de la Morue est épais en avant ; sa hauteur mesure environ le quart de la longueur totale. La peau est couverte de très-petites écailles. L'anus est placé sous les premiers rayons de la deuxième dorsale.

La longueur de la tête, qui l'emporte sur la hauteur, est comprise trois fois et demie à quatre fois et quart dans la longueur totale. Le museau est obtus ; la bouche grande. La mâchoire supérieure est plus longue que la mandibule ; elles sont armées l'une et l'autre de dents en fortes cardes. Le barbillon est de longueur assez variable, tantôt plus long, tantôt plus court que le diamètre de l'œil.

Relativement les yeux sont assez petits chez les sujets très-développés. L'iris est d'un jaune argenté, avec une teinte légèrement rougeâtre à la partie supérieure. Le diamètre de l'œil est contenu six à sept fois dans la longueur de la tête ; il fait près de la moitié de l'espace préorbitaire.

La ligne latérale décrit en avant une courbe très-allongée, se terminant sous la deuxième dorsale, puis elle se continue directement jusqu'au milieu de la base de la caudale.

La première dorsale est plus haute et moins longue que les suivantes. Les anales sont bien séparées l'une de l'autre. La hauteur et la longueur du tronçon de la queue sont à peu près égales. La caudale est carrée ou à peine échancrée ; elle est large et forte. La pectorale compte seize à dix-neuf rayons.

D. 13 à 15 — 17 à 19 — 18 à 21 ; A. 17 à 19 — 16 ou 17 ; C. 7/28/7 ; P. 16 à 19 ; V. 6.

Ordinairement les dorsales et la caudale sont d'un gris jaunâtre devenant brunâtre vers leur bord. Les anales sont d'un blanc pointillé de brun ; leur bord libre est brunâtre. Les pectorales sont d'un gris jaunâtre. Les ventrales sont blanchâtres,

avec un pointillé brun. La teinte générale est verdâtre, ou d'un
gris olive avec de nombreuses taches jaunâtres ou brunes sur le
dos et sur les côtés.

Habitat. Manche, assez commun. Océan, rare, côtes de Bretagne; très-
rare, côtes du Poitou; excessivement rare, golfe de Gascogne.

Proportions : long. totale 0,570; tronc, haut. 0,140, épais. 0,090.

Tête, long. 0,142, haut. 0,110. — Œil, diam. 0,024, esp. préorbit. 0,050,
esp. interorbit. 0,034. — Mâchoire supérieure, long. 0,050. — Barbillon,
long. 0,025.

Caudale, long. 0,092; pectorale, long. 0,078; ventrale, long. 0,070. — Distance du museau à : la première dorsale 0,172; l'anus 0,252. — Base de la
première dorsale, long. 0,074.

LE GADE ÉGLEFIN — *GADUS ÆGLEFINUS.*

Syn. : ÆGLEFINUS, *tertia Asellorum species,* Bell., p. 126-127.
DE L'EGREFIN, Rondel., liv. X, c. x, p. 219.
ONOS, *sive Asinus Antiquorum*, Willugh., p. 170, pl. L. m. 1, n. 2.
GADUS *dorso tripterygio, ore cirrato,* Arted., *Syn.*, p. 36, sp. 7.
GADUS ÆGLEFINUS, Linn., p. 435, sp. 1; Bloch, pl. 62; Günth., t. IV, p. 332;
Schlegel, p. 80, pl. 7, fig. 2.
DE L'ANON, Duham., *Pêch.*, part. 2, sect. 1, p. 133, pl. 23, fig. 1; Bonnat., p. 46,
pl. 28, fig. 99.
LE GADE ÆGLEFIN, Gadus æglefinus, Lacép., t. VII, p. 255.
L'EGREFIN, Gadus æglefinus, Cuv., *Règ. an. ill.*, p. 291.
MERLANGUS ÆGLEFINUS, CBp., *Cat.*, n° 383.
THE HADDOCK, Yarr., t. I, p. 536; Couch, t. III, p. 62.

N. Vulg. : Égrefin, Morue de Saint-Pierre, Morue noire.
Long. : 0,035 à 0,60.

Chez l'Églefin, les proportions semblent plus variables que
dans la Morue; la hauteur du corps est comprise quatre fois et
demie à six fois dans la longueur totale. En général, l'anus est
placé directement sous le commencement de la deuxième dorsale, rarement un peu plus en avant.

Plus longue que haute, la tête a sa longueur comprise quatre
fois à quatre fois et demie dans la longueur totale. Le museau
est arrondi. La mâchoire supérieure est plus avancée que l'inférieure; elles ont l'une et l'autre des dents en cardes. Le barbillon de la mandibule est ordinairement très-court.

Le diamètre de l'œil mesure environ le quart de la longueur

de la tête, chez les sujets de moyenne taille ; il fait les deux tiers de l'espace préorbitaire.

A partir de la tête jusque sous la fin de la deuxième dorsale, la ligne latérale décrit une longue courbure peu sensible, puis elle se continue directement jusqu'à la caudale ; elle est bien marquée, noirâtre.

Toutes les nageoires impaires sont nettement séparées les unes des autres. La première dorsale commence généralement au-dessus de l'insertion de la pectorale ; elle est triangulaire ; plus élevée que les autres nageoires du dos ; sa hauteur l'emporte sur la longueur de sa base. La deuxième dorsale est la plus longue des trois. La première anale finit à peu près dans le même plan vertical que la deuxième dorsale. La caudale est légèrement échancrée. Les ventrales sont assez courtes.

D. 14 à 16 — 21 à 23 — 19 ou 20 ; A. 24 ou 25 — 20 à 22 ; C. 25 ; P. 18 ; V. 6.

Les dorsales et la caudale sont d'un bleu foncé ; les anales et les nageoires paires, d'un gris pâle. La partie supérieure du corps est d'un gris foncé ; la partie inférieure est blanchâtre, légèrement teintée de gris. Sous la base de la première dorsale, entre la ligne latérale et le bord supérieur de la pectorale est une tache noire très-marquée ; parfois cette tache s'étend au-dessus de la ligne latérale ; elle est fort persistante ; elle se voit nettement chez des animaux conservés depuis longtemps dans l'alcool.

Habitat. Manche, assez commun. Océan, assez commun jusqu'à l'embouchure de la Gironde ; assez rare dans le golfe de Gascogne.

Proportions : long. totale 0,353 ; tronc, haut. 0,070, épais. 0,036.

Tête, long. 0,086, haut. 0,061. — Œil, diam. 0,021, esp. préorbit. 0,030, esp. interorbit. 0,020. — Mâchoire supérieure, long. 0,029. — Barbillon, long. 0,004.

Caudale, long. 0,073 ; pectorale, long. 0,054 ; ventrale, long. 0,039.

Distance du museau à : la première dorsale 0,098 ; l'anus 0,146. — Base de la première dorsale, long. 0,041.

GENRE MERLAN — *MERLANGUS*, Cuv.

Tête ; pas de barbillon à la mâchoire inférieure.

Le genre Merlan se compose de quatre espèces bien déterminées :

Deuxième dorsale plus	longue que la troisième. Mâchoire supérieure plus	longue que l'inférieure.		1. M. COMMUN.
		courte. Ligne latérale	courbe en avant...	2. M. JAUNE.
			droite....	3. M. NOIR.
	courte que la troisième................			4. M. POUTASSOU.

LE MERLAN COMMUN — *MERLANGUS VULGARIS*.

Syn. : DU MERLAN, Rondel., liv. IX, c. IX, p. 218 ; Duham., *Pêch.*, part. 2, sect. 1, p. 128, pl. 22 ; Bonnat., p. 48, pl. 29, fig. 105.
ASELLUS MOLLIS MAJOR SEU ALBUS, Willugh., p. 170, pl. L. m. 1, n. 5.
GADUS *dorso tripterygio, ore imberbi*, Arted., *Syn.*, p. 34, sp. 1.
GADUS MERLANGUS, Linn., p. 438, sp. 8 ; Bloch, p. 65 ; Günth., t. IV, p. 334 ; Schlegel, p. 75, pl. 8, fig. 2.
LE GADE MERLAN, Gadus merlangus, Lacép., t. VII, p. 281.
LE MERLAN COMMUN, Gadus merlangus, Cuv., *Règ. an. ill.*, p. 292, pl. 106, fig. 2.
MERLANGUS VULGARIS, CBp., *Cat.*, n° 381.
THE WHITING, Yarr., t. I, p. 548 ; Couch, t. III, p. 74.

N. Vulg. : Léaud, île de Ré (Lemarié).
Long. : 0,25 à 0,35, quelquefois 0,45.

De tous les Gades qui se pêchent sur nos côtes de l'Ouest, le Merlan est sans contredit le mieux connu. Il a le corps oblong, comprimé. La hauteur du tronc est contenue cinq à six fois dans la longueur totale. La peau est couverte de petites écailles, minces et molles. L'anus est placé sous le milieu de la première dorsale.

La longueur de la tête mesure le quart environ de la longueur totale. Le museau est avancé, légèrement conique. La bouche est grande. La mâchoire supérieure est plus longue que la mandibule ; elles sont toutes les deux munies de dents fort inégales ; elles ont de longues dents fortes, crochues, écartées, entre lesquelles s'en trouvent d'autres plus petites, et beaucoup plus nombreuses. Sous chacune des branches de la mandibule est une série de six à huit pores très-visibles.

Suivant la taille des animaux, le diamètre de l'œil est compris quatre fois à quatre fois et demie dans la longueur de la tête ; il fait les deux tiers, ou peu s'en manque, de l'espace préorbitaire. L'iris est argenté.

Les ouvertures de la narine sont grandes, voisines l'une de l'autre, plus rapprochées de l'orbite que du bout du museau.

En avant, la ligne latérale est placée sur le tiers supérieur de la hauteur du corps ; elle dessine, jusque sous la deuxième dorsale, une longue et faible courbure, puis elle se continue directement jusqu'à la caudale ; sur le frais elle paraît jaunâtre.

Les nageoires impaires sont bien séparées les unes des autres. Des trois dorsales la deuxième est de beaucoup la plus longue ; elle compte dix-huit à vingt-deux rayons ; elle en a un nombre à peu près égal à celui de la troisième.

D. 14 à 16 — 18 à 22 — 19 à 21 ; A. 30 à 34 — 20 à 24 ; C. 30 ; P. 19 ou 20 ; V. 6.

Les dorsales sont d'une teinte pâle légèrement jaunâtre ; les anales sont pâles, avec un très-fin pointillé brunâtre, et une bordure blanchâtre. La caudale est grisâtre à son origine, brune en arrière. La pectorale est d'un jaune très-clair nuancé de brun à son extrémité ; à la partie supérieure de sa base est une tache brune qui remonte sur le flanc ; parfois cette tache est peu marquée, et même elle peut manquer complétement. La ventrale est blanchâtre. Le dos est gris verdâtre ou jaunâtre ; les côtés sont d'un blanc souvent teinté de jaune ; le ventre est blanc argenté.

Habitat. Manche, très-commun. Océan, très-commun jusqu'à l'embouchure de la Gironde ; moins commun dans le golfe de Gascogne.

Proportions : long. totale 0,318 ; tronc, haut. 0,059, épais. 0,034.

Tête, long. 0,078, haut. 0,052. — Œil, diam. 0,019, esp. préorbit. 0,030, esp. interorbit. 0,019. — Mâchoire supérieure, long. 0,035.

Nageoires, long. : première dorsale 0,039 ; deuxième dorsale 0,064 ; troisième dorsale 0,043 ; caudale 0,052 ; pectorale 0,050 ; ventrale 0,034. — Distance entre la deuxième dorsale et la : première 0,013 ; troisième 0,007.

LE MERLAN JAUNE OU LIEU — *MERLANGUS POLLACHIUS.*

Syn. : Asellus Huitingo-Pollachius, Willugh., p. 167.

Gadus *dorso tripterygio, ore imberbi,* Arted., *Syn.,* p. 35, sp. 3.

Gadus pollachius, Linn., p. 439, sp. 10 ; Bloch, pl. 68 ; Günth., t. IV, p. 338 ; Schlegel, p. 74, pl. 7, fig. 4.

Du Lieu, Duham., *Pêch.,* part. 2, sect. 1, p. 121, pl. 20 ; Bonnat., p. 48, pl. 30, fig. 107.

Le Gade pollack, Gadus pollachius, Lacép., t. VII, p. 274.

Le Lieu *ou* Merlan jaune, Gadus pollachius, Cuv., *Règ. an.,* 1817, t. II, p. 214, *Règ. an. ill.,* p. 293.

Pollachius typus, CBp., *Cat.,* n° 378.

The Pollack, Yarr., t. I, p. 559 ; Couch, t. III, p. 80.

N. vulg. : Colin, Cherbourg, Granville ; Égrefin, marché de Paris.

Long. : 0,50 à 1,00, quelquefois 1,30.

De forme oblongue, le corps du Lieu est assez comprimé ; il est couvert de très-petites écailles. La hauteur du tronc est contenue quatre fois et quart à cinq fois dans la longueur totale. L'anus est placé sous la moitié antérieure de la première dorsale.

La tête est comprimée, aplatie en dessus, formant une espèce de pyramide à quatre pans ; sa longueur, mesurée du bout du museau au bord postérieur du battant operculaire, est comprise quatre fois à quatre fois et demie dans la longueur totale. Le museau est large ; la bouche, grande. La mâchoire supérieure est plus courte que l'inférieure ; elles portent l'une et l'autre des dents assez fines, très-aiguës, plus nombreuses à la mâchoire supérieure qu'à la mandibule. Le maxillaire supérieur est en partie caché par le sous-orbitaire quand la bouche est fermée ; il se prolonge, en arrière, jusqu'à la verticale tangente au bord antérieur de l'orbite.

Chez les sujets de moyenne taille, le diamètre de l'œil est contenu quatre fois et quart à cinq fois dans la longueur de la tête ; il mesure les trois cinquièmes de l'espace préorbitaire. L'iris est d'un brun jaunâtre, ou d'un blanc doré.

Les ouvertures de la narine sont voisines l'une de l'autre ; l'orifice antérieur est plus rapproché de l'orbite que du museau

Une muqueuse rosée tapisse la chambre respiratoire. Les pièces operculaires sont peu distinctes les unes des autres ; elles sont couvertes de petites écailles, ainsi que les joues. L'opercule se termine en pointe mousse.

A partir de la tête jusque sous le commencement de la deuxième dorsale, la ligne latérale décrit une courbure allongée, puis elle se continue directement vers le milieu de l'insertion de la caudale.

La première dorsale prend naissance un peu en arrière de la verticale élevée sur le milieu de la longueur de la pectorale ; elle est triangulaire ; la deuxième dorsale est plus longue que les autres ; elle est trapézoïde, ainsi que la troisième. La première anale commence sous la moitié postérieure de la première dorsale ; à la base, elle porte une bande de petites écailles. La caudale est peu échancrée. Les ventrales sont beaucoup plus courtes que les pectorales.

D. 11 à 13 — 16 à 19 — 15 à 17; A. 24 à 26 — 16 à 18; C. 7/32/5 ; P. 17; V. 6.

Chez les jeunes, les deux premières dorsales ont le fond azuré, traversé de deux bandes orangées ; la troisième est de même teinte, mais ne porte qu'une seule bande orangée ; ces nageoires sont lisérées de brunâtre ; les anales sont rougeâtres, bordées de brun ; la caudale est d'un rougeâtre teinté de brun ; les nageoires paires sont rougeâtres ; il y a souvent une petite tache noire à l'aisselle de la pectorale ; le dos est rouge grisâtre ; les côtés sont rougeâtres, avec plusieurs rangées de taches argentées, à peu près arrondies ; le ventre est d'un rouge clair ; parfois les taches argentées n'existent pas, et les côtés sont d'un gris argenté, avec un pointillé noirâtre. Chez les adultes, les nageoires sont d'un gris brunâtre plus ou moins foncé ; le dos est d'un vert jaunâtre, ou d'un gris foncé à reflets jaunâtres ; les flancs sont gris argenté ; le ventre est blanchâtre.

Habitat. Manche, commun. Océan, très-commun, côtes de Bretagne, du Poitou ; golfe de Gascogne, assez commun, Arcachon, Saint-Jean-de-Luz.

Proportions : long. totale 0,510 ; tronc, haut. 0119.

Tête, long. à partir du museau, 0,121, de la mâchoire inférieure 0,130; haut. 0,100. — Œil, diam. 0,026, esp. préorbit. 0,043, esp. interorbit. 0,029. — Mâchoire supérieure, long. 0,52.

Nageoires, long. : première dorsale 0,052; deuxième dorsale 0,086; troisième dorsale 0,064 ; caudale 0,087 ; pectorale 0,064 ; ventrale 0,030. — Distance entre la deuxième dorsale et la : première 0,023 ; troisième 0,024.

LE MERLAN NOIR OU COLIN — *MERLANGUS CARBONARIUS.*

Syn. : Colfisch *Anglorum*, Bell., p. 133.
Asellus niger, *Cole-fish*, Willugh., p, 168, pl. L. m. 1, n. 3.
Gadus *dorso tripterygio, imberbi*, Arted., *Syn.*, p. 34, sp. 2.
Gadus carbonarius, Linn., p. 438, sp. 9 ; Bloch, pl. 66 ; Costa, *Fn. Napol.;* Schlegel, p. 72, pl. 7, fig. 3.
Gadus virens, Linn., p. 438, sp. 7 ; Günth., t. IV, p. 339.
Le Colin, Duham., *Pêch.*, part. 2, sect. 1, p. 125, pl. 21, fig. 1 ; Bonnat., p. 48, pl. 29, fig. 106.
Le Sey, Gadus virens, Bonnat., p. 48 ; Lacép., t. VII, p. 274.
Le Gade colin, Gadus colinus, Lacép., t. VII, p. 274.
. Le Merlan noir, Gadus carbonarius, Cuv., *Rég. an. ill.*, p. 293.
Pollachius carbonarius, CBp., *Cat.*, n° 377.
Pollachius virens, CBp., *Cat.*, n° 379.
Merlangus carbonarius, Canestr., *Fn. Ital.*, p. 155.
The Coalfish, Yarr., t. I, p. 554 ; Couch, t. III, p. 84.
Young Coal-Fish or Green Cod, Yarr., t. I, p. 557.
Green Pollack, Couch, t. III, p. 87.

N. vulg. : Charbonnier; Grélin ; Merlan vert.
Long. : 0,25 à 0,50, quelquefois 0,80.

Pendant fort longtemps les ichthyologistes ont pensé que le Colin et le Sey constituent deux espèces distinctes ; on remarque, en effet, entre le Colin, qui est l'animal adulte, et le Sey, qui est le jeune, des dissemblances assez grandes soit dans l'ensemble des formes, soit dans le système de coloration. La hauteur du tronc est contenue quatre fois et quart à quatre fois et trois quarts dans la longueur totale. La peau est couverte de petites écailles. L'anus est sous la fin de la première dorsale, quelquefois même un peu en arrière.

Chez les adultes, la longueur de la tête est ordinairement plus grande que la hauteur du corps ; chez les jeunes, il n'y a parfois aucune différence entre les deux dimensions. Le museau est arrondi. La muqueuse tapissant la bouche et la chambre respiratoire est noirâtre ou d'un bleu très-foncé. La mâchoire supérieure est plus courte que l'inférieure ; chez les jeunes, la mandibule est à peine plus avancée que la mâchoire supérieure ; elles portent l'une et l'autre des dents en cardes.

Suivant la taille des animaux, le diamètre de l'œil mesure les deux tiers ou les quatre cinquièmes de l'espace préorbitaire.

La ligne latérale est droite, bien marquée, blanchâtre.

Les nageoires impaires sont bien séparées les unes des autres. La première dorsale est triangulaire ; la deuxième est plus longue que les autres. La première anale paraît commencer à peine plus en avant que la deuxième dorsale. La caudale est tronquée, ou légèrement échancrée.

D. 12 à 14 — 20 à 22 — 20 à 22 ; A. 24 à 27 — 20 à 22 ; C. 26 ; P. 20 ou 21 ; V. 6.

Les dorsales, la caudale et les pectorales sont, chez les adultes, d'un brun plus ou moins foncé ; les autres nageoires sont grisâtres ; la région supérieure du corps est noirâtre ; la région inférieure est d'une teinte moins foncée. Chez les jeunes, la coloration est verdâtre, ou d'un gris jaunâtre. Il y a généralement une tache noirâtre à l'aisselle de la pectorale.

Habitat. Manche, assez rare. Océan, assez commun sur la côte de Bretagne, baie d'Audierne ; beaucoup plus rare au-dessous de la Loire ; il est quelquefois pris dans le golfe de Gascogne, Arcachon.

Proportions : long. totale 0,254 ; tronc, haut. 0,056, épais. 0,035.

Tête, long. 0,056, haut. 0,046. — Œil, diam. 0,012, esp. préorbit. 0,015, esp. interorbit. 0,014. — Mâchoire supérieure, long. 0,020.

Nageoires, long. : première dorsale 0,025 ; deuxième dorsale 0,049 ; troisième dorsale 0,030 ; caudale 0,042 ; pectorale 0,033 ; ventrale 0,020. — Distance entre la deuxième dorsale et la : première 0,010 ; troisième 0,012.

LE MERLAN POUTASSOU — *MERLANGUS POUTASSOU.*

Fig. 176.

Syn. : GADE MERLAN, Gadus merlangus, Riss., *Ichth.*, p. 115.
MERLANGUS POUTASSOU, Merlan poutassou, Riss., *Hist. nat.*, p. 227.
GADUS MELANOSTOMUS, Nilsson, *Skandin. Fn.*, t. IV, p. 556.
MERLANGUS MELANOSTOMUS, Valenc., *Collect. Muséum.*
MERLANGUS COMMUNIS, Costa, *Fn. Napol. ;* Canestr., *Fn. Ital.*, p. 154.
MERLANGUS POUTASSOU, CBp., *Cat.*, n° 380 ; Günth., t. IV, p. 338.
MERLANGUS VERNALIS, Canestr., *Archiv. zool.*, 1863, t. II, p. 352.
COUCH'S WHITING, Yarr., t. I, p. 551.
POUTASSOU, Couch, t. III, p. 77.

N. vulg. : Gros Poutassou, Nice ; Merlan, Cette.
Long. : 0,20 à 0,35.

Des naturalistes d'un talent incontestable, Costa, Canestrini,
regardent le Poutassou comme étant de même espèce que le
Merlan des côtes occidentales de l'Europe ; cependant il existe
entre ces animaux des différences tellement prononcées qu'il
est facile, à première vue, de les distinguer l'un de l'autre. Chez
le Poutassou, l'anus est placé plus en avant que la première
dorsale. Le corps est couvert de petites écailles, minces, généralement plus hautes que longues. La hauteur du tronc est contenue cinq fois et trois quarts à six fois et demie dans la longueur totale.

Beaucoup moins haute que longue, la tête est aplatie en dessus, assez effilée, écailleuse ; sa longueur est comprise quatre
fois à quatre fois et quart dans la longueur totale. Le museau est
court, arrondi. La bouche est grande, à muqueuse bleuâtre, ou
d'un violet foncé. La mâchoire supérieure est généralement moins
avancée que l'inférieure ; elles portent, l'une et l'autre, une
bande de très-petites dents, et une rangée externe de dents assez

fortes, crochues, espacées. Le vomer a de chaque côté, ou plutôt
sur les angles du chevron, une ou deux dents chez les grands individus, trois ou quatre chez les jeunes, rarement une seule. La
mâchoire supérieure dépasse en arrière le bord antérieur de
l'orbite.

Une tache noirâtre, arquée, se voit ordinairement sur la peau
qui recouvre la partie supérieure du globe de l'œil. L'iris est
d'un jaune argenté assez pâle. Le diamètre de l'œil mesure le
quart, au moins, de la longueur de la tête; il est aussi grand,
ou peu s'en faut, que l'espace préorbitaire.

Les ouvertures de la narine sont très-voisines ; elles sont plus
rapprochées de l'orbite que du museau. En avant de la narine,
il y a souvent un pore assez large.

Chez les adultes, la muqueuse de la chambre branchiale est
d'un violet très-foncé, presque noirâtre ; elle est, chez les jeunes,
d'un violet pâle, rosé. Une tache noirâtre, peu marquée, se
trouve sur l'opercule.

La ligne latérale est droite, rapprochée du profil supérieur.

Il existe entre les nageoires du dos une distance à peu près
égale, ou supérieure à la longueur de la base de la seconde dorsale, qui est plus courte que les deux autres ; la première dorsale
commence en arrière du plan vertical dans lequel est placé
l'anus ; elle a, comme la deuxième, une douzaine de rayons ; la
troisième en compte de vingt-deux à vingt-quatre. La première
anale est très-avancée, très-longue ; elle est composée de trente-
quatre à trente-huit rayons. La caudale est carrée, ou peu échancrée. Les ventrales sont courtes.

D. 12 ou 13 — 12 ou 13 — 22 à 24 ; A. 34 à 38 — 20 à 25 ; C. 5/25/6 ; P. 20 ; V. 6.

Les dorsales sont grisâtres ; les anales, d'un gris pâle ; les
pectorales brunâtres. La teinte est d'un gris brunâtre, plus ou
moins foncé, sur le dos, argenté sur les côtés et le ventre. Une
tache noirâtre, plus ou moins marquée, se trouve assez souvent à
l'aisselle de la pectorale ; quelquefois elle n'existe que d'un
côté ; elle paraît manquer chez les jeunes animaux.

Habitat. Méditerranée, assez commun, Nice, Cette. Océan, excessivement rare.

Proportions : long. totale 0,295 ; tronc, haut. 0,050, épais. 0,032.

Tête, long. 0,070, haut. 0,045. — Œil, diam. 0,019, esp. préorbit. 0,022, esp. interorbit. 0,018. — Mâchoire supérieure, long. 0,032.

Nageoires, long. : première dorsale 0,023 ; deuxième dorsale 0,019, troisième dorsale 0,036 ; caudale 0,035 ; pectorale 0,041 ; ventrale 0,26. — Distance entre la deuxième dorsale et la : première 0,020 ; troisième 0,042.

Le Merlan printanier, Merlangus vernalis, Riss.

Syn. : Merlangus vernalis, Merlan printanier, Riss., *Hist. nat.,* p. 228.

Merlangus vernalis, CBp., *Cat.,* n° 382 ; Kaup, *Fam. Gadidæ,* dans *Arch. Natur.,* Wiegm., Troschel, 1858, t. I, p. 87.

Quel est ce poisson décrit par Risso d'abord sous le nom de Gade sey (*Ichth.,* p. 114), ensuite sous la dénomination de Merlan printanier ? Il est assez difficile de le savoir. Kaup regarde comme étant de même espèce le *M. vernalis* de Risso et le *M. melanostomus* de Valenciennes ; c'est une grave erreur ; le *M. melanostomus* de Valenciennes est le *M. poutassou* de Risso.

Voici d'après Risso les caractères spécifiques du Merlan printanier : mâchoires égales ; narines à trois ouvertures ; anus rapproché de la tête ; corps transparent sur le dos, azuré sur les côtés, et argenté sous le ventre ; nageoires translucides.

D. 11 — 20 — 16 ; A. 24 — 18 à 20 ; C. 36 à 38 ; P. 18 ; V. 6.

Habitat. Risso dit que cette espèce s'avance annuellement au printemps sur nos rivages, en troupes considérables ; et l'on prend alors de si grandes quantités de ce poisson, qu'il sert pendant plusieurs jours de nourriture à la classe la moins fortunée (Riss.). — Tous les prétendus Merlans printaniers que j'ai reçus des environs de Nice, sont des Poutassous.

Sous-famille des Moriniens, Morini.

Corps oblong, couvert d'écailles.

Tête écailleuse ; bouche grande ; dents sur les mâchoires, le vomer, les palatins ; barbillon simple à la mandibule.

Appareil branchial ; ouïes largement ouvertes ; sept rayons branchiostèges.

Nageoires ; deux dorsales ; deux anales ; ventrale à six rayons.

Un genre qui est représenté par une seule espèce.

GENRE MORA — *MORA*, Riss.

Caractères de la sous-famille.

LA MORA DE LA MÉDITERRANÉE — *MORA MEDITERRANEA.*

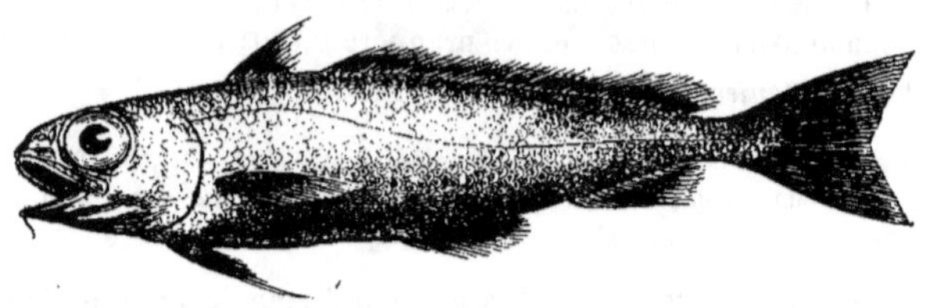

Fig. 177.

Syn. : Gade moro, Gadus moro, Riss., *Ichth.*, p. 116.
Mora mediterranea, Mora de la Méditerranée, Riss., *Hist. nat.*, p. 224.
Mora mediterranea, CBp., *Cat.*, n° 376, *Fn. ital.*, fig. ; Günth., t. IV, p. 341 ; Canestr., *Archiv. zool.*, t. II, p. 359, pl. 11 12, fig. 1, *Fn. Ital.*, p. 155 ; B. Capel., *Cat. Peix. Portug.*, n° 5, p. 8.
? L'Aselle canarien, Asellus Canariensis, Valenc., *Ichth. Canaries*, dans Webb et Berthel., p. 76, pl. 14, fig. 3.

N. vulg. : Moro, Mora, Nice.
Long. : 0,30 à 0,50, quelquefois 0,65.

De forme régulière, le corps de la Mora présente la figure d'un ovale très-allongé ; le profil supérieur et le profil inférieur ont une courbure égale. La hauteur du tronc est contenue quatre fois et demie à cinq fois dans la longueur totale. La peau est couverte de grandes écailles, plus longues que larges, à bord postérieur anguleux. L'anus est ouvert à peu près au milieu de la distance qui sépare le bout du museau de la base de la caudale.

Excepté sur le bout du museau et sur les mâchoires, la tête est garnie d'écailles ; sa longueur est sensiblement égale à la hauteur du tronc. Le museau est assez court. La bouche est grande ; elle s'ouvre jusque sous le tiers antérieur de l'orbite ; elle est tapissée, ainsi que la chambre branchiale, d'une muqueuse noirâtre ou d'un bleu très-foncé. La langue est large, terminée en pointe mousse. Les mâchoires sont arrondies ; elles sont garnies

de dents en velours ou en cardes très-fines; de pareilles dents
se voient sur le chevron du vomer, et sur l'extrémité antérieure
des palatins; les dents palatines semblent caduques; elles manquent parfois, surtout chez les jeunes animaux. Sous la symphyse
de la mandibule s'attache un barbillon fort grêle, beaucoup plus
court que le diamètre de l'œil.

Les yeux sont placés vers le profil supérieur de la tête. Le
diamètre de l'œil est compris deux fois et deux tiers à trois fois
et demie dans la longueur de la tête; il est plus grand que l'espace préorbitaire.

Les orifices de la narine sont grands, ovales, très-rapprochés
l'un de l'autre; l'orifice postérieur longe en quelque sorte le
bord antérieur de l'orbite.

Il est inutile de rappeler qu'il y a sept rayons branchiostèges.
La fente des ouïes s'avance jusque sous le milieu de l'œil. Les
pièces operculaires sont écailleuses.

En avant, la ligne latérale est rapprochée du dos et légèrement courbe; elle s'abaisse au-dessus de la première anale, et
se continue directement jusqu'à la caudale. Ses écailles ne paraissent fournir au tube membraneux qu'une gouttière et non
pas un canal complet; elles présentent une forme particulière;
elles ont le bord postérieur le plus souvent entamé d'une légère
échancrure, dans laquelle se trouve une petite languette, terminaison de la paroi de la gouttière; sur le tronçon de la queue,
elles ne sont plus échancrées, elles ont le bord postérieur arrondi
sur les côtés, et prolongé en pointe dans la partie centrale. Éc.,
l. long. 75 à 85; l. transv. $\frac{8 \text{ ou } 9}{15 \text{ ou } 16} + 1 = 24$ à 26.

La première dorsale est triangulaire; elle est plus haute que
longue; elle compte une huitaine de rayons; le premier est
fort petit. La seconde dorsale est moins haute que la première,
mais beaucoup plus longue; elle finit plus en arrière que la
seconde anale, assez près de la caudale; elle se compose de quarante-deux à quarante-cinq rayons. La première anale est plus
longue que la seconde; elles ont l'une et l'autre à peu près le
même nombre de rayons. La caudale est fourchue; elle est sou-

tenue par vingt-cinq grands rayons. Les pectorales ont une vingtaine de rayons. Les ventrales ont six rayons ; le premier est grand ; le deuxième est le plus allongé de tous ; le troisième est plus petit que le premier.

Br. 7. — D. 7 ou 8 — 42 à 45 ; A. 16 à 19 — 15 à 20 ; C. 6 ou 7/25/8 ou 9 ; P. 18 à 20 ; V. 6.

La première dorsale est noire ; la seconde d'un bleu sombre violacé ; les anales sont d'un brun violacé ; la caudale est brun foncé ; les pectorales sont noirâtres ; les ventrales, brunes à la base, ont leur deuxième rayon d'un gris blanchâtre. La teinte générale est un brun violacé à reflets argentés ; elle est plus claire sous le ventre, et paraît d'un bleu grisâtre.

Habitat. Méditerranée, assez rare, Nice ; se tient dans les grandes profondeurs.

Proportions : long. totale 0,355 ; tronc, haut. 0,072, épais. 0,053.

Tête, long. 0,074, haut. 0,061. — Œil, diam. 0,022, esp. préorbit. 0,017, esp. interorbit. 0,019. — Mâchoire supérieure, long. 0,040. — Barbillon, long. 0,009.

Caudale, long. 0,047 ; pectorale, long. 0,058 ; ventrale, long. 0,066.

Sous-famille des Merluciniens, *Merlucini*.

Corps allongé, couvert d'écailles lisses.

Tête plus ou moins écailleuse ; mâchoires dentées ; pas de barbillon à la mandibule.

Appareil branchial ; ouïes largement fendues ; sept rayons branchiostèges.

Nageoires ; deux dorsales ; seconde dorsale et anale très-longues.

Cette sous-famille est composée de deux genres :

Anale commençant { après la seconde dorsale.............	1. MERLUS.
{ avant la seconde dorsale...........	2. URALEPTE.

GENRE MERLUS OU MERLUCHE — *MERLUCIUS*, Cuv.

Corps allongé, plus ou moins arrondi, couvert d'écailles de moyenne grandeur.

Tête longue ; dents en plusieurs séries sur les mâchoires, et sur le vomer.

Nageoires ; seconde dorsale plus longue que l'anale.

LE MERLUS ORDINAIRE — *MERLUCIUS VULGARIS.*

Syn. : DE MARLUTIO VULGARI, Bell., p. 122-123.
DU MERLUS, Rondel., liv. IX, c. VIII, p. 216.
ASELLUS, Salvian., p. 73, P. 13 ; Willugh., p. 174, pl. L. m. 2, n. 1.
ASELLUS ALTER SIVE MERLUCIUS, Aldrov., p. 286.
GADUS *dorso tripterygio, maxilla inferiore longiore*, Artcd., *Syn.*, p. 36, sp. 10.
GADUS MERLUCCIUS, Linn., p. 439, sp. 11 ; Brunn., *Ichth. Mass.*, p. 20, n° 31 ; Bloch,
pl. 161 ; Schlegel, p. 76.
DU GRAND MERLUS DE BRETAGNE, Duham., *Péch.*, part. 2, sect. 1, p. 141, pl. 24.
LE GADE MERLUS, Gadus Merluccius, Lacép., t. VII, p. 300 ; Riss., *Ichth.*, p. 122.
MERLUCIUS ESCULENTUS, Merluche comestible, Riss., *Hist. nat*, p. 220.
LE MERLUS ORDINAIRE, Merluccius vulgaris, Cuv., *Règ. an. ill.*, p. 293.
MERLUCIUS VULGARIS, Costa, *Fn. Napol.* ; CBp., *Cat.*, n° 372 ; Günth., t. IV, p. 344.
MERLUCIUS ESCULENTUS, CBp., *Cat.*, n° 373 ; Canestr., *Archiv. zool.*, p. 354, *Fn.
Ital.*, p. 156.
MERLUCHE ORDINAIRE, Guichen., *Expl. Algér.*, p. 101.
THE HAKE, Yarr., t. I, p. 562 ; Couch, t. III, p. 99.

N. Vulg. : Merlan, côtes de la Méditerranée ; Merlus, Merluche, côtes de
l'Ouest ; Colin, marché de Paris.
Long. : 0,50 à 0,75.

Des écailles de moyenne grandeur, ovales, minces et très-lisses
recouvrent le corps du Merlus, qui est arrondi ou plutôt conique.
La hauteur du tronc est comprise six fois et quart à huit fois
dans la longueur totale. L'anus est ouvert au second tiers de la
longueur totale, sous la seconde dorsale.

La tête est plate en dessus ; elle a de très-petites écailles cachées dans la peau ; sa longueur est contenue quatre fois à quatre
fois et un tiers dans la longueur totale. Le museau est large ; la
bouche est grande, elle s'ouvre jusqu'à l'aplomb du bord antérieur de l'orbite, et même un peu plus en arrière. La mâchoire
supérieure est plus courte que la mandibule ; elles sont munies
l'une et l'autre de dents placées sur deux rangées ; les dents de
la série externe sont fixes, relativement courtes et peu pointues ;
celles de la rangée interne sont mobiles de dehors en dedans,
beaucoup plus longues et plus aiguës que les autres. Le vomer
porte également deux séries de dents, qui présentent les mêmes
dispositions ; toutefois les dents, à la rangée externe, sont encore,
proportion gardée, plus courtes et moins nombreuses que celles
des mâchoires. L'intérieur de la bouche est noirâtre.

En général, l'iris est jaunâtre, pointillé de brun à sa partie supérieure. Le diamètre de l'œil mesure le sixième ou le septième de la longueur de la tête, la moitié de l'espace préorbitaire, un peu moins chez les sujets de très-grande taille.

Chez les adultes, la muqueuse de la chambre branchiale est d'une teinte noirâtre tirant sur le violet ; elle est ordinairement grisâtre chez les jeunes.

La ligne latérale semble presque droite, elle est noirâtre.

La première dorsale est plus haute que la seconde, mais beaucoup moins longue ; ses rayons les plus élevés font plus de la moitié de la hauteur du tronc. La seconde dorsale et l'anale sont très-longues ; elles sont plus hautes à leur partie postérieure qu'à leur origine. La caudale est carrée. Les pectorales sont plus longues que les ventrales, qui ont sept rayons.

D. 10 — 36 à 40 ; A. 36 à 38 ; C. 5/23/5 ; P. 12 ; V. 7.

Le corps est grisâtre, quelquefois brunâtre sur le dos et les côtés, blanc sous le ventre.

Le péritoine pariétal est noirâtre. Le foie a deux lobes ; le lobe gauche est fort développé ; la vésicule du fiel est grande, oblongue ; le canal cholédoque s'ouvre un peu en arrière de l'appendice pylorique ; il est muni d'une valvule assez large. L'estomac est en cul-de-sac ; il est garni de replis longitudinaux fort épais. Il n'y a qu'un appendice pylorique, court et gros. La vessie natatoire est pourvue de corps rouges très-développés. Testicules et ovaires doubles.

Habitat. Méditerranée, très-commun, Nice, Cette. Océan, très-commun. Manche, commun, côtes de Bretagne ; assez commun, Normandie, Picardie.

Proportions : long. totale 0,910 ; tronc, haut. 0,130, épais. 0,120.

Tête, long. à partir : du museau 0,227, de la mâchoire inférieure 0,240 ; haut. 0,112. — Œil, diam. 0,034, esp. préorbit. 0,070, esp. interorbit. 0,055. — Mâchoire supérieure, long. 0,110.

Caudale, long. 0,100 ; pectorale, long. 0,120 ; ventrale, long. 0,104.

GENRE URALEPTE — *URALEPTUS*, Costa.

Corps allongé, effilé en arrière, couvert d'écailles petites, caduques.

Tête longue, aplatie en dessus ; dents sur les mâchoires seulement, pas sur le vomer.

Nageoires ; anale plus longue que la seconde dorsale.

L'URALEPTE DE MARALDI — *URALEPTUS MARALDI.*

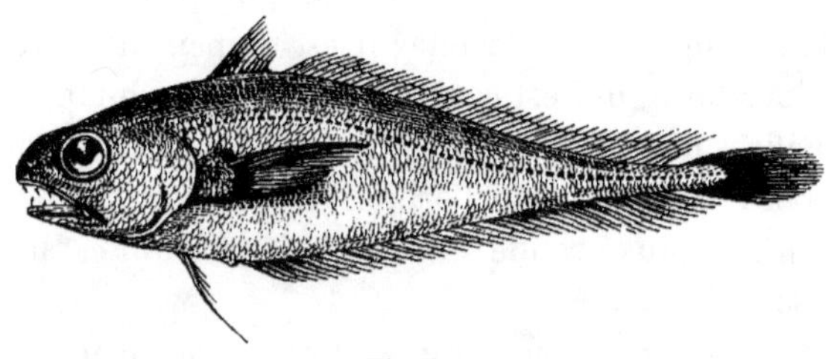

Fig. 178.

Syn. : Gade Maraldi, Gadus Maraldi, Riss., *Ichth.*, p. 123, pl. 6, fig. 13.
Merlucius Maraldi, Merluche de Maraldi, Riss., *Hist. nat.*, p. 220.
Uraleptus Maraldi, Costa, *Fn. Napol.*, pl. 37 A ; CBp., *Cat.*, nº 375 ; Günth.,
t. IV, p. 349 ; Canestr., *Archiv. zool.*, t. I, p. 357, *Fn. Ital.*, p. 156.

N. Vulg. : Moustella negra, Nice.
Long. : 0,20 à 0,30.

Parmi les nouvelles espèces de poissons découvertes par Risso, il en est une fort intéressante qu'il a, écrit-il, dédiée à son illustre compatriote, Jacques Maraldi. L'Uralepte a le corps épais en avant, comprimé et très-effilé en arrière, couvert de petites écailles caduques. La hauteur du tronc est contenue cinq fois à cinq fois et demie dans la longueur totale. L'anus, fort avancé, est sous le commencement de la première dorsale.

La tête est grosse, aplatie et large en dessus ; elle est complétement écailleuse, excepté sur le bout du museau, les lèvres et l'espace jugulaire ; sa longueur est comprise quatre fois et quart environ dans la longueur totale. Le museau est arrondi. La bouche est assez grande ; son ouverture, qui est oblique, dépasse le bord antérieur de l'orbite ; sa muqueuse, ainsi que celle de la chambre respiratoire, est d'un blanc rosé. La mâchoire supérieure est large, un peu plus avancée que l'inférieure ; elles portent l'une et l'autre une rangée de fortes dents, crochues, espacées, souvent brunâtres ; en outre, la mâchoire supérieure est munie d'une série interne de très-petites dents. Le vomer n'est pas armé. Le maxillaire supérieur arrive, en arrière, plus loin que le prolongement du diamètre vertical de l'œil.

En haut, le profil de la tête est entamé par l'orbite. L'iris est brunâtre. Le diamètre de l'œil mesure, ou peu s'en manque, le quart de la longueur de la tête ; il est un peu moindre que l'espace préorbitaire, qui est égal à l'espace interorbitaire.

Les orifices de la narine sont très-rapprochés l'un de l'autre, et du bord antérieur de l'orbite. L'ouverture postérieure est ovale, un peu plus grande que l'antérieure, qui est légèrement tubuleuse.

La fente des ouïes est grande. Les pièces operculaires sont écailleuses, peu distinctes les unes des autres. Les membranes branchiostèges sont unies sous l'isthme du gosier.

Légèrement sinueuse en avant, la ligne latérale devient droite sous la seconde dorsale. Éc., l. long. 120 à 130.

Immédiatement après la perpendiculaire tangente à la base de la pectorale, commence la première dorsale, qui est plus haute que longue en général. La seconde dorsale est très-rapprochée de l'autre ; elle est fort longue ; ses derniers rayons, ainsi que ceux de l'anale, arrivent, quand ils sont couchés, près de l'insertion de la caudale. L'anale prend naissance sous la moitié postérieure de la première dorsale. Le tronçon de la queue est grêle, un peu plus long que large. La caudale est en forme de spatule. La ventrale est moins longue que la pectorale ; elle compte sept rayons.

D. 9 ou 10 — 56 à 58 ; A. 58 à 60 ; C. 14 ; P. 20 ; V. 7.

Les nageoires impaires sont grises, bordées de noir ; la pectorale est grisâtre en grande partie ; elle a la base noirâtre ; sur le frais, les nageoires sont, d'après Risso, rougeâtres, finement pointillées et lisérées de noir. L'animal est rougeâtre lavé de

brun, sur le dos et les côtés ; il a la gorge, le ventre, le museau
et les lèvres noirâtres.

Habitat. Méditerranée, assez rare, Nice. D'après M. Doûmet, il est très-
commun à Cette ; il y a probablement confusion, le Poutassou a été pris
pour l'Uralepte de Maraldi.

Proportions : long. totale 0,195 ; tronc, haut. 0,039, épais. 0,026.

Tête, long. 0,046, haut. 0,035. — Œil, diam. 0,011, esp. préorbit. 0,014,
esp. interorbit. 0,014. — Mâchoire supérieure, long. 0,025.

Caudale, long. 0,020 ; pectorale, long. 0,030 ; ventrale, long. 0,022.

Sous-famille des Lotiniens, Lotini.

Corps plus ou moins allongé, couvert d'écailles lisses.

Tête de forme variable ; dents sur les mâchoires et le vomer ; un barbillon à la mâchoire inférieure.

Appareil branchial ; fente des ouïes grande ; sept ou huit rayons branchiostèges.

Nageoires : deux dorsales ; seconde dorsale et anale longues.

Cette sous-famille se divise en trois genres :

	ordinaires.	plus de cinq rayons.....	1. Lote.
Première dorsale à rayons	Ventrale à	un rayon bifide........	2. Phycis.
	crinoïdes, basse ; barbillons à la mâchoire supérieure................		3. Motelle.

GENRE LOTE OU LOTTE — *LOTA*, Cuv.

Corps allongé, arrondi en avant, comprimé en arrière, couvert de petites
écailles cycloïdes.

Tête continuant le profil du corps ; dents sur les mâchoires et le vomer.

Nageoires ; seconde dorsale et anale très-longues ; ventrale à six ou sept
rayons.

Le genre Lote est composé de quatre espèces :

		simple.	egales........	1. L. commune.
	plus de huit rayons.	Mandibule à dents	très-inégales...	2. L. molve.
Première dorsale à	Barbillon	bifide.................		3. L. allongée.
	quatre rayons, le premier très-allongé.....			4. L. lépidion.

LA LOTE COMMUNE — *LOTA VULGARIS.*

Syn. : Claria fluviatilis, Bell., p. 304.

De la Lote, Rondel., part. 2, liv. I, c.xviii, p. 120 ; Bonnat., p. 49, pl. 30, fig. 110 ; Jurine, *Poiss. Lac Léman*, p. 148, pl. 2 ; Vallot, *Ichth. franç.*, p. 283 ; Agass., *Poiss. foss.*, t. V, pl. H, fig. 2.

Gadus lota, Linn., p. 440, sp. 14 ; Bloch, pl. 70 ; Schlegel, p. 82, pl. 8, fig. 3.

Le Gade lote, Gadus lota, Lacép., t. VII, p. 291.

La Lotte commune ou de rivière, Cuv., *Règ. an. ill.*, p. 294, pl. 106, fig. 3 ; Blanch., p. 272.

Lota vulgaris, CBp., *Cat.*, n° 369 ; Heckel et Kner, p. 313 ; Günth., t. IV, p. 359 ; Siebold, p. 73 ; Canestr., *Fn. Ital.*, p. 28.

Lota lepidion, Canestr., *Archiv. zool.*, 1863, t. II, p. 366, pl. 13-14, fig. 2.

The Burbot, Yarr., t. I, p. 572.

Burbolt, Couch, t. III, p. 93.

N. Vulg. : Barbot ou Barbotte, Motelle ou Moutelle ; Palmo, Gard ; Azé, Avignon.

Long. : 0,35 à 0,70, rarement plus.

Seule parmi nos Gadidés, la Lote habite les eaux douces. Elle a le corps allongé, arrondi en avant, comprimé en arrière, couvert de petites écailles non imbriquées, cachées sous une épaisse mucosité. La hauteur du tronc est comprise six fois et demie à sept fois et trois quarts dans la longueur totale.

Beaucoup moins haute que longue, la tête est déprimée, large en dessus ; sa longueur est contenue cinq fois à cinq fois et demie dans la longueur totale. La bouche est assez grande. Généralement la mâchoire supérieure est plus avancée que l'inférieure ; elles sont l'une et l'autre garnies de dents en cardes fines. Le vomer est muni d'une bande fort large de dents égales, en cardes très-courtes. Sous la symphyse de la mandibule est attaché un barbillon, qui est ordinairement beaucoup plus grand que le diamètre de l'œil.

Les yeux sont arrondis, saillants. L'iris est doré, pointillé de noir. Chez les sujets de grande taille, le diamètre de l'œil est compris huit à neuf fois dans la longueur de la tête, il mesure un peu plus du tiers de l'espace préorbitaire, qui est sensiblement égal à l'espace interorbitaire.

L'orifice postérieur de la narine est circulaire, assez éloigné de l'orbite. L'orifice antérieur est ovale ; la membrane, qui le borde en arrière, se développe, et forme un tentacule assez allongé.

Il y a sept rayons branchiostèges ; les pièces operculaires sont peu distinctes.

La première dorsale prend naissance au-dessus de la terminaison des pectorales ; elle est assez courte. A peu près de même hauteur que la première, la seconde dorsale est fort longue ; elle commence avant et finit un peu après l'anale, vers la base de la caudale. Le tronçon de la queue est très-court. La caudale est arrondie, ainsi que la pectorale. La ventrale est soutenue par sept rayons ; le deuxième rayon est filiforme, plus allongé que les autres.

Br. 7. — D. 12 à 14 — 68 à 72 ; A. 60 à 70 ; C. 40 ; P. 21 ; V. 7.

Le système de coloration est excessivement variable, le plus souvent jaunâtre avec des marbrures ordinairement brunâtres plus ou moins foncées, parfois blanchâtres ; ou bien il est gris jaunâtre avec des taches noires arrondies, plus nombreuses sur le dos et la tête, plus rares sur les côtés ; des taches noires également arrondies se montrent sur les dorsales, les pectorales, la caudale, et parfois sur l'anale. Il y a une variété blanche, qui se trouve parfois dans la Seine ; elle est formée d'individus qui sont atteints d'albinisme.

Habitat. La Lote n'est pas très-commune dans nos rivières ; elle est fort abondante dans le lac de Genève, dans celui du Bourget ; elle n'est pas rare dans le lac d'Annecy.

Proportions : long. totale 0,580 ; tronc, haut. 0,082.

Tête, long. 0,110, haut. 0,065. — OEil, diam. 0,013, esp. préorbit. 0,036, esp. interorbit. 0,035. — Mâchoire supérieure, long. 0,048. — Barbillon, long. 0,027. — Tentacule de l'orifice antérieur de la narine, long. 0,008.

Caudale, long. 0,086 ; pectorale, long. 0,078 ; ventrale, long. 0,058.

L'animal dont je viens d'indiquer les proportions, a été pêché dans l'Yonne ; il pesait 1 kilogr. 200. Les Lotes peuvent acquérir un volume assez considérable ; il en est qui, suivant certains auteurs, atteignent une longueur de plus d'un mètre, et un poids de 4, 10, 15 et même 21 kilogrammes. Elles sont excessivement voraces ; elles paraissent chasser la nuit. Elles fournissent une chair des plus estimées.

LA LOTE MOLVE OU LINGUE — *LOTA MOLA*.

Syn. : Asellus longus, *Ling Anglis dictus*, Willugh., p. 175, pl. L. m. 2, n. 2.
Gadus *dorso dipterygio, ore cirrato*, Arted., *Syn.*, p. 36, sp. 9.
Gadus molva, Linn., p. 439, sp. 12 ; Bloch, pl. 69 ; Schlegel, p. 81, pl. 8, fig. 4.
Lingue *ou* Morue longue, Duham., *Pêch.*, part. 2, sect. 1, p. 145, pl. 25, fig. 1 ;
Bonnat., p. 49. pl. 30, fig. 108 ; Cuv., *Règ. an. ill.*, p. 294.
Le Gade molve, Gadus molva, Lacép., t. VII, p. 288.
Lota molva, CBp., *Cat.*, n° 367.
Molva vulgaris, Günth., t. IV, p. 361.
The Ling, Yarr., t. I, p. 569 ; Couch, t. III, p. 89.

N. Vulg. : Julienne ; Grande Morue barbue ; Morue longue ; Molve.
Long. : 1,00 à 1,50.

De forme allongée et à peu près cylindrique, le corps de la
Lingue est couvert de petites écailles très-adhérentes. La hauteur du tronc est contenue sept à huit fois dans la longueur
totale. L'anus est placé sous la partie antérieure de la première
dorsale.

Aplatie en dessus, la tête est effilée en avant ; sa longueur,
qui mesure le double de sa hauteur, fait environ le cinquième
de la longueur totale. Le museau est allongé, légèrement
arrondi en avant. La bouche est grande ; elle est presque fendue
jusque sous le bord antérieur de l'orbite. La mâchoire supérieure déborde la mandibule ; elle est garnie de dents en velours,
ou plutôt en cardes fines, disposées sur une large bande en
avant surtout. La mandibule porte une bande étroite de dents
en velours, puis une série de longues dents coniques, mobiles
pendant un certain temps, écartées les unes des autres et au
nombre d'une dizaine sur chaque moitié de la mâchoire. Le
vomer a sur le pourtour du chevron une bande de petites dents
en velours, puis une rangée interne de longues dents espacées,
au nombre de douze à quatorze ; au premier abord, quand on
ouvre la bouche du poisson, les longues dents seules sont visibles, les petites sont cachées dans le mucus. A l'extrémité de la
mâchoire inférieure se trouve un barbillon très-développé, en
général beaucoup plus grand que le diamètre de l'œil.

L'iris est jaunâtre, pointillé de brun. Le diamètre de l'œil est compris six à sept fois dans la longueur de la tête ; il fait la moitié environ de l'espace préorbitaire ; il est un peu moins grand que l'espace interorbitaire. Une série de pores se voit sur le bord inférieur du sous-orbitaire.

Les ouvertures de la narine sont bien séparées l'une de l'autre. L'orifice antérieur est éloigné du bout du museau ; il est large, tubuleux à la base ; le tube est coupé très-obliquement d'avant en arrière, et la paroi postérieure est allongée. L'orifice postérieur est ovale ; il est entouré d'un bourrelet assez mince.

On compte sept rayons branchiostèges. Les pièces operculaires sont cachées sous la peau. La fente des ouïes s'avance jusque sous le milieu de l'orbite.

Les dorsales ont à peu près la même hauteur ; la première est relativement assez courte ; elle est soutenue par une quinzaine de rayons ; la seconde est longue, elle finit en arrière dans le même plan vertical que l'anale, très-près de la caudale ; elle est régulière ; ses derniers rayons, ainsi que ceux de l'anale, sont un peu plus allongés que les autres. La caudale est arrondie, en forme d'éventail. Les pectorales et les ventrales sont à peu près de longueur égale.

Br. 7. — D. 14 à 16 — 63 à 68 ; A. 58 à 65 ; C. 38 ; P. 19 ; V. 6.

Excepté la caudale qui est brunâtre, les nageoires sont d'un gris jaunâtre plus ou moins foncé ; les nageoires impaires sont bordées de blanc ; la seconde dorsale et l'anale ont généralement une tache noirâtre sur leurs derniers rayons. La coloration est jaunâtre, quelquefois d'un brun jaunâtre sur le dos et les côtés, et blanchâtre sous le ventre.

La vessie natatoire est terminée en avant par deux cornes assez courtes, mais épaisses. Les ovaires sont allongés. Les œufs sont petits ; ils sont d'une teinte jaunâtre, tirant sur le chamois.

Habitat. Ce poisson se trouve sur nos côtes de l'Ouest. Manche, assez rare, Boulogne, le Havre, Cherbourg. Océan, rare, Noirmoutiers, île de Ré, la Rochelle ; golfe de Gascogne, excessivement rare, un individu a été pêché au large d'Arcachon, en 1873 ; en 1869, j'ai vu un de ces animaux à Saint-Jean-de-Luz. Parfois la Lingue est apportée sur le marché de Paris.

Proportions : tête, long. 0,200, haut. 0,100, épais. 0,109. — OEil, diam. 0,031, esp. préorbit. 0,064, esp. interorbit. 0,034. — Mâchoire supérieure, long. 0,088. — Barbillon, long. 0,047.

Pectorale, long. 0,085 ; ventrale, long. 0,085.

LA LOTE ALLONGÉE — *LOTA ELONGATA.*

Fig. 179.

Syn. : GADE MOLVE, Gadus molva, Riss., *Ichth.*, p. 119.
LOTTA ELONGATA, Lote alongée, Riss., *Hist. nat.*, p. 217, fig. 47.
LOTA MOLVA, Costa, *Fn. Napol.*, pl. 38.
LOTA ELONGATA, CBp., *Cat.*, n° 366 ; Canestr., *Archiv. zool.*, t. II, p. 367.
MOLVA ELONGATA, Günth., t. IV, p. 362 ; Canestr., *Fn. Ital.*, p. 157.

N. Vulg. : Stocofic, Nice.
Long. : 0,30 à 0,50, et même 0,90, Riss.

Couvert de très-petites écailles, cachées dans une peau visqueuse, le corps de ce poisson est anguilliforme ; sa hauteur, qui est un peu plus grande que son épaisseur, est contenue douze à quatorze fois dans la longueur totale.

Assez semblable à celle de l'Anguille à large bec, la tête est aplatie ; sa longueur est comprise cinq fois et demie à six fois dans la longueur totale. La bouche est largement fendue. La mâchoire supérieure est plus courte que l'inférieure ; elle est munie de dents en cardes assez petites ; outre ses petites dents, la mandibule en a une rangée d'autres, fortes et pointues. Le vomer est armé de dents, les unes très-fines, les autres fort développées. La mâchoire supérieure se porte en arrière vers le prolongement du diamètre vertical de l'œil ; sa longueur n'égale pas tout à fait la moitié de la longueur de la tête. Le barbillon de la mandibule est constitué par deux petits rayons, qui sont, à leur origine, enveloppés dans une gaîne commune ; ils sont placés l'un devant l'autre ; ils se terminent par un filament très-délié ; le rayon antérieur est ordinairement le plus allongé.

Les yeux sont ovales. L'iris est argenté. Le diamètre de l'œil est compris trois fois et quart à quatre fois et demie dans la longueur de la tête ; il est à peu près égal à l'espace préorbitaire.

De forme triangulaire, la première dorsale est courte ; elle est plus haute que la seconde, qui est fort longue, finissant près de la base de la caudale. L'anale commence plus en arrière que la seconde dorsale, et se termine dans le même plan vertical que l'autre nageoire. La caudale est à peu près arrondie ; sa longueur est contenue neuf à dix fois dans la longueur totale. Les pectorales sont assez courtes. Les ventrales ont six rayons ; le deuxième rayon est le plus grand, il fait presque le double du premier ; sa longueur est égale au huitième de la longueur totale.

D. 10 à 12 — 77 à 82 ; A. 70 à 77 ; C. 38 à 45 ; P. 18 ; V. 6.

Les nageoires sont grisâtres ; une tache noire se montre sur les rayons postérieurs de la seconde dorsale ; l'anale porte en arrière une bande noire près de son bord libre. Il y a sur la caudale deux larges taches, placées l'une en haut, l'autre en bas, et se joignant presque sur le milieu de la nageoire ; elles sont remarquables par leur teinte d'un noir brillant comme une espèce de vernis. La coloration est d'un gris rougeâtre, pointillé de noir, sur le dos, d'un blanc grisâtre sous le ventre. — Le péritoine est noirâtre.

Habitat. Méditerranée, ce poisson est assez commun à Nice.

Proportions : long. totale 0,443 ; tronc, haut. 0,032, épais. 0,025.

Tête, long. 0,079, haut. 0,028. — Œil, diam. 0,023, esp. préorbit. 0,022, esp. interorbit. 0,006. — Mâchoire supérieure, long. 0,034.

Caudale, long. 0,046 ; pectorale, long. 0,035 ; ventrale, long. 0,056.

LA LOTE LÉPIDION — *LOTA LEPIDION*.

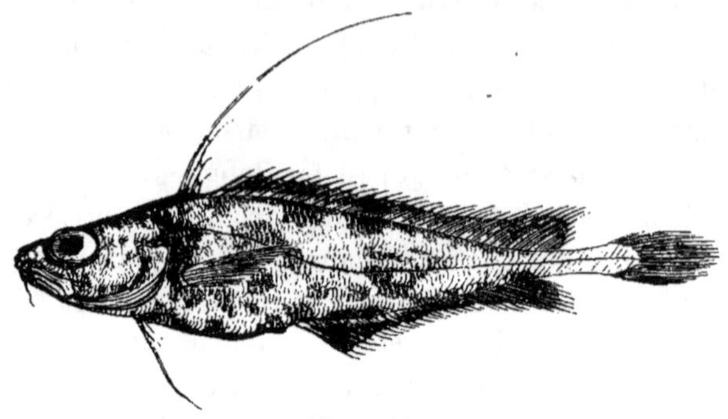

Fig. 180.

Syn. : GADE LÉPIDION, Gadus lepidion, Riss., *Ichth.*, p. 118, pl. 11, fig. 40.
LOTTA LEPIDION, Lotte lépidion, Riss., *Hist. nat.*, p. 218.
LOTA LEPIDION, CBp., *Cat.*, n° 368.
HALOPORPHYRUS LEPIDION, Günth., t. IV, p. 358 ; Canestr., *Fn. Ital.*, p. 157.

N. Vulg. : Moustella de fount, Nice.
Long. : 0,20 à 0,30.

Risso a donné à ce poisson le nom spécifique de *Lépidion,* à cause de la petitesse de ses écailles, qui sont lisses et fort adhérentes. Le corps est comprimé, aminci en arrière ; la hauteur, qui fait presque le double de l'épaisseur, est contenue quatre fois et demie à cinq fois et deux tiers dans la longueur totale.

La tête est écailleuse, grosse, aplatie, large, et relevée en carène dans sa région postérieure ; sa longueur est comprise quatre fois et demie dans la longueur totale. Le museau est déprimé, court obtus. La bouche est assez largement ouverte ; sa fente s'étend jusque sous le bord antérieur de l'orbite. La mâchoire supérieure est large, plus longue que la mandibule ; elle présente, dans sa partie médiane et antérieure, une dépression dans laquelle s'enfonce la symphyse de la mâchoire inférieure. Les dents sont en cardes très-fines sur les mâchoires, et sur le vomer. La mâchoire supérieure se porte en arrière jusque vers le prolongement du diamètre vertical de l'œil. Le barbillon de la mandibule paraît de longueur assez variable.

Les yeux sont grands, arrondis, cerclés de noir ordinairement. L'iris est brunâtre. Le diamètre de l'œil est compris trois fois et demie à quatre fois dans la longueur de la tête ; il est à peu près égal à l'espace préorbitaire.

L'orifice antérieur de la narine semble un peu plus large que l'orifice postérieur.

Il y a des écailles sur les pièces operculaires et sur la joue.

En avant la ligne latérale est un peu courbe ; elle devient droite vers la terminaison de la pectorale.

La première dorsale est avancée, elle commence au-dessus de l'insertion des pectorales ; elle est fort courte, à quatre rayons seulement ; le premier rayon se développe en un filament très-ténu et très-long, mesurant parfois les deux cinquièmes de la longueur totale ; le quatrième rayon est plus bas que le premier de la seconde dorsale. La seconde nageoire du dos est fort longue. Les rayons médians de l'anale sont plus courts que les autres ; il résulte de cette disposition que la nageoire est entamée d'une grande échancrure. La caudale est longue ; elle est arrondie d'après Risso, elle paraît plutôt carrée. Les pectorales ont une vingtaine de rayons. Les ventrales sont très-longues ; elles arrivent jusqu'à l'anus, mais ne dépassent pas ordinairement les pectorales en arrière ; elles ont six rayons.

D. 4 — 54 ; A. 48 ; C. 22 ; P. 20 ; V. 6.

Les nageoires sont plus ou moins brunes chez les sujets conservés ; la caudale et l'anale sont même noirâtres ; le pourtour des pièces operculaires est noirâtre ; la teinte générale est d'un gris brunâtre. Sur le frais, la teinte est d'un rouge plus ou moins vif ; la seconde dorsale est d'un bleu clair, elle est bordée de noir, d'après Risso.

Habitat. Méditerranée, assez rare, Nice.

Proportions : long. totale 0,250 ; tronc, haut. 0,045, épais. 0,024.

Tête, long. 0,056, haut. 0,042. — Œil, diam. 0,016, esp. préorbit. 0,017, esp. interorbit. 0,013. — Mâchoire supérieure, long. 0,027. — Barbillon, long. 0,010.

Caudale, long. 0,024 ; pectorale, long. 0,045 ; ventrale, long. 0,036. — Première dorsale, premier rayon, haut. 0,107 ; seconde dorsale, haut. 0,020.

GENRE PHYCIS — *PHYCIS*, Arted.

Corps oblong; écailles lisses, pas très-adhérentes.

Tête plus ou moins écailleuse; dents en velours sur les mâchoires et sur le chevron du vomer; un barbillon sous la symphyse de la mandibule, qui est plus courte que la mâchoire supérieure.

Appareil branchial; ouïes largement ouvertes; sept rayons branchiostèges.

Nageoires plus ou moins enveloppées dans une peau délicate; première dorsale assez courte; seconde dorsale très-longue, commençant avant l'anale; ventrale paraissant formée d'un seul rayon bifide.

Ce genre est composé de deux espèces :

Première dorsale	beaucoup plus haute que la seconde..	1. P. BLENNOÏDE.
	de même hauteur que la seconde...	2. P. MÉDITERRANÉEN.

LE PHYCIS BLENNOÏDE — *PHYCIS BLENNOIDES*.

Syn. : GADUS BLENNOIDES, Brunn., *Ichth. Mass.*, p. 24, n° 34.

DU PETIT LINGUE *ou* MERLU BARBU, Duham., *Pêch.*, part. 2, sect. 1, p. 147, pl. 25, fig. 4.

PHYCIS BLENNOIDES, Bl. Schneid., p. 56; CBp., *Cat.*, n° 354; Canestr., *Archiv. zool.*, t. II, p. 361, pl. 13-14, fig. 1.

PHYCIS TINCA, Bl. Schneid., p. 56, pl. 11.

BLENNIE GADOÏDE, Blennius gadoides, Lacép., t. VII, p. 334; Riss., *Ichth.*, p. 136.

BATRACHOÏDE GMELIN, Batrachoides Gmelini, Riss., *Ichth.*, p. 143, pl. 6, fig. 16.

PHYCIS BLENNOIDES, Phycis barbu, Riss., *Hist. nat.*, p. 222.

PHYCIS GMELINI, Phycis de Gmelin, Riss., *Hist. nat.*, p. 223.

LE MERLUS BARBU, Cuv., *Règ. an. ill.*, p. 296.

PHYCIS FURCATUS, CBp., *Cat.*, n° 355.

PHYCIS BLENNIOÏDE, Guichen., *Expl. Algér.*, p. 103.

PHYCIS BLENNOIDES, Günth., t. IV, p. 351; Canestr., *Fn. Ital.*, p. 156.

THE GREAT FORKED BEARD, Yarr., t. I, p. 595.

GREATER FORKBEARD, Couch, t. III, p. 125.

N. Vulg. : Moustella blanca, Moustella de rocca, Nice; Moula, Moûna, Cette.

Long. : 0,20 à 0,40, quelquefois 0,50.

Brünnich a fort bien décrit cette espèce sous le nom de Gade blennoïde. Le corps de ce poisson est oblong, comprimé, couvert d'écailles assez grandes, peu adhérentes. La hauteur du tronc est contenue quatre fois et demie à cinq fois dans la longueur totale. L'anus est sous la seconde dorsale.

La tête est aplatie en dessus ; la longueur, qui l'emporte sur la hauteur, est comprise quatre fois à quatre fois et demie dans la longueur totale. Le museau est avancé, arrondi ; la bouche, en haut et en arrière, a la muqueuse bleuâtre ; elle est fendue jusque sous le milieu de l'orbite. La mâchoire supérieure est plus longue que la mandibule ; elles sont pourvues l'une et l'autre de dents fines et pointues. Sous les branches de la mandibule se voient plusieurs pores. Le barbillon est grêle, et ordinairement moins grand que le diamètre de l'œil.

En général, l'iris est blanchâtre. Le diamètre de l'œil mesure le quart au moins de la longueur de la tête ; il est égal, ou peu s'en manque, à l'espace préorbitaire.

L'orifice postérieur de la narine est ovale, assez large ; il est à peu près à la même distance de l'orbite que de l'orifice antérieur, qui est étroit, et légèrement tubuleux.

La muqueuse tapissant les parois de la chambre respiratoire est bleuâtre.

En avant la ligne latérale est rapprochée du dos, elle décrit une longue courbure ; elle se redresse sous la seconde dorsale, et se continue directement jusqu'à la caudale.

La première dorsale a son troisième, ou son quatrième rayon beaucoup plus allongé que les autres, filiforme ; elle est beaucoup plus haute que la seconde. La caudale est à peu près arrondie. L'os du bassin est formé d'une barre transversale aplatie et d'une tige arrondie, longue et grêle, qui est dirigée en arrière. La ventrale n'est pas constituée par un seul rayon, ainsi qu'on l'écrit généralement ; elle en compte trois, il est facile de le voir en dégageant la peau ; le troisième rayon ou rayon interne est court relativement ; le deuxième rayon, qui est excessivement développé, arrive parfois jusque vers le milieu de l'anale.

Br. 7. — D. 9 à 11 — 56 à 60 ; A. 52 à 54 ; C. 3/21/4 ; P. 18 ; V. 1 (3).

Les nageoires impaires sont grisâtres, bordées de noir ; toutefois les trois ou quatre derniers rayons de la première dorsale restent d'une teinte uniforme grisâtre, ou gris blanchâtre ; les nageoires paires sont grises et pointillées de noir. Le dos et les côtés sont d'un gris rosé ou violacé ; le ventre est d'un gris argenté.

Habitat. Méditerranée, commun, Nice, Cette. Océan ? Manche (Lennier).
Proportions : long. totale 0,30 ; tronc, haut. 0,060, épais. 0,025.

Tête, long. 0,070, haut. 0,042. — OEil, diam. 0,018, esp. préorbit. 0,020, esp. interorbit. 0,010. — Mâchoire supérieure, long. 0,035. — Barbillon, long. 0,015.

Caudale, long. 0,032 ; pectorale, long. 0,044 : ventrale, long. : premier rayon 0,084, deuxième rayon 0,135. — Première dorsale, haut. 0,035, long. 0,020 ; seconde dorsale, haut. 0,021.

LE PHYCIS MÉDITERRANÉEN — *PHYCIS MEDITERRANEUS.*

Syn. : DE LA MOULE, Rondel., liv. VI, c. x, p. 159.
DE CALLARIA, Tenca marina, Salvian., p. 231, P. 93 ; Willugh., p. 205, pl. N. 12, fig. 3.
BLENNIUS PHYCIS, Linn., p. 442, sp. 7 ; Brunn., *Ichth. Mass.*, p. 28, n° 38.
PHYCIS MEDITERRANEUS, Delaroche, *Ann. Muséum*, t. XIII, p. 332, *Mém.*, p. 46 ; Costa, *Fn. Napol.* ; Lowe, *Fish. Madeira*, p. 191, pl. 27 ; Günth., t. IV, p. 354 ; Canestr., *Archiv. zool.*, ·t. II, p. 364, *Fn. Ital.*, p. 157.
BLENNIE PHYCIS, Blennius phycis, Riss., *Ichth.*, p. 175.
PHYCIS MEDITERRANEUS, Phycis méditerranéen, Riss., *Hist. nat.*, p. 222 ; Guichen., *Expl. Algér.*, p. 103.
MOLLE *ou* TANCHE DE MER, Cuv., *Règ an. ill.*, p. 296.
LE PHYCIS BORDÉ, Phycis limbatus, Valenc., dans Webb et Berthel., *Ichth. Canar.*, p. 78, pl. 14, fig. 2.
PHYCIS TINCA, CBp., *Cat.*, n° 356.

N. Vulg. : Moustella bruna, Nice.
Long. : 0,20 à 40.

D'après Costa, le Phycis méditerranéen n'est pas une espèce particulière, c'est tout simplement la femelle du Phycis blennoïde ; la manière de voir du savant naturaliste n'est généralement pas adoptée. Chez le Phycis méditerranéen, les écailles semblent un peu plus adhérentes que chez le Blennoïde. La hauteur du tronc est contenue quatre fois et trois quarts à cinq fois et demie dans la longueur totale.

La longueur de la tête est comprise quatre fois à quatre fois et demie dans la longueur totale. La mâchoire supérieure est plus avancée que la mandibule ; elles sont l'une et l'autre garnies de petites dents en velours. Chez des animaux qui ont séjourné dans l'alcool, la muqueuse de la bouche, ainsi que celle de la chambre respiratoire, m'a paru d'une teinte uniforme gris blanchâtre. Le barbillon est grêle, et ordinairement d'une longueur à peu près égale à celle du diamètre de l'œil.

Chez le Phycis méditerranéen l'œil paraît un peu moins grand que dans le Blennoïde ; son diamètre est contenu quatre fois et demie à cinq fois dans la longueur de la tête ; chez les individus de moyenne taille, il n'est pas égal à l'espace préorbitaire.

La première dorsale est triangulaire, de même hauteur que la seconde ; elle n'a pas de rayon filiforme dépassant les autres. La caudale est à peu près arrondie. La ventrale a une longueur égale, ou peu s'en manque, au quart de la longueur totale ; son premier rayon n'est pas beaucoup moins allongé que le second, qui se termine vers le commencement de l'anale.

D. 9 à 11 — 57 à 63 ; A. 55 à 60 ; C. 27 à 29 ; P. 17 à 19 ; V. 1 (2 ou 3).

La première dorsale est brunâtre ; les autres nageoires impaires sont brunes et bordées de blanc ; l'extrémité de la pectorale est blanchâtre. Le corps est d'un brun noirâtre ou rougeâtre, plus foncé à la région dorsale, plus clair sur les côtés et sous le ventre.

Habitat. Méditerranée, assez rare, Nice, Marseille.
Proportions : long. totale 238 ; tronc, haut. 0,048, épais. 0,027.
Tête, long. 0,053, haut. 0,040. — Œil, diam. 0,012, esp. préorbit. 0,015, esp. interorbit. 0,013. — Mâchoire supérieure, long. 0,027. — Barbillon, long. 0,012.
Caudale, long. 0,028 ; pectorale, long. 0,037 ; ventrale, long. : premier rayon, 0,051, deuxième rayon 0,058. — Première dorsale, haut. 0,015, long. 0,016 ; seconde dorsale, haut. 0,015.

GENRE MOTELLE OU MUSTÈLE — *MOTELLA*, Cuv.

Corps oblong, arrondi en avant, comprimé en arrière, à partir de l'anus, couvert de petites écailles lisses.
Tête aplatie en dessus, écailleuse ; mâchoire supérieure plus avancée que l'inférieure ; dents en velours, ou en cardes fines, sur les mâchoires et le chevron du vomer ; il y a toujours au moins trois barbillons : un sous

l'extrémité de la mandibule ; un sur le bord postérieur de l'orifice antérieur de chacune des narines ; en outre, chez certaines espèces, il existe un ou deux barbillons à la lèvre supérieure, ou plutôt au bout du museau ; les appendices, qui se trouvent près des narines ou sur le museau, au lieu d'être appelés barbillons, seraient mieux désignés sous les noms de *tentacules nasaux* ou *tentacules rostraux*.

Appareil branchial ; fente des ouïes grande ; membrane branchiostège s'unissant sous l'isthme du gosier à celle du côté opposé.

Nageoires ; deux dorsales ; la première logée, plus ou moins cachée dans un sillon, très-basse, formée de petits rayons crinoïdes très-déliés ; le premier rayon est plus allongé que les suivants ; seconde dorsale et anale finissant près de la caudale ; ventrale ayant de trois à huit rayons.

Ce genre comprend cinq espèces :

Barbillons au nombre de	trois. Longueur de la tête contenue dans la longueur totale	moins de cinq fois.......	1. M. A TROIS BARBILLONS.
		plus de cinq fois. / Taches brunes sur le corps : bien marquées....	2. M. TACHETÉE.
		manquant.	3. M. BRUNE.
	cinq. Ventrales à	plus de cinq rayons......	4. M. MUSTÈLE.
		moins de cinq rayons....	5. M. GLAUQUE.

<h2 style="text-align:center">LA MOTELLE A TROIS BARBILLONS,
MOTELLA TRICIRRATA.</h2>

Syn. : MUSTELA MARINA, Willugh., pl. H. 4, fig. 4.
GADUS TRICIRRATUS, Bloch, pl. 165.
GADE MUSTELLE, Gadus mustella, Riss., *Ichth.*, p. 120.
ONOS MUSTELLA, Onos mustelle, Riss., *Hist. nat.*, p. 215.
? MOTELLA TRICIRRATA, CBp., *Cat.*, n° 359 ; Günth., t. IV, p. 365 (confus).
THREE BEARBED ROCKLING, Yarr., t. 1, p. 575 ; Couch, t. III, p. 105.

N. Vulg. : Loche, Renard à Cherbourg (Jouan).
Long. : 0,20 à 0,030, quelquefois 0,35.

Arrondi en avant, comprimé en arrière, le corps est plus ou moins allongé. La hauteur du tronc est contenue cinq fois et demie à sept fois et demie dans la longueur totale. La peau est couverte de très-petites écailles.

Relativement la tête est plus longue dans cette espèce que dans les autres ; sa longueur est comprise quatre fois à quatre fois et demie dans la longueur totale. La bouche est grande ; elle est fendue jusque sous le bord postérieur de l'orbite. La mâchoire supérieure est plus développée que chez les autres Mustèles ; elle recouvre la mandibule qu'elle déborde beaucoup en avant ; sa longueur fait généralement plus de la moitié de la longueur de la tête. Outre leurs dents en velours, les mâchoires ont une série de dents plus fortes, crochues, plus développées que celles de la Mustèle tachetée. Le barbillon de la mandibule est plus ou moins allongé.

Chez les sujets de grande taille, le diamètre de l'œil mesure environ le septième de la longueur de la tête, la moitié de l'espace préorbitaire.

En général, les orifices de la narine sont plus éloignés l'un de l'autre dans cette espèce que dans les autres. Le barbillon, ou plutôt le tentacule de l'orifice antérieur de la narine est bien développé.

La ligne latérale est courbe en avant jusque sous la seconde dorsale ; elle se continue ensuite directement jusqu'à sa terminaison.

Toujours la première dorsale commence plus loin du museau chez cette Mustèle que chez les autres ; sa base est courte, moins longue que l'espace postorbitaire ; son premier rayon a généralement une longueur égale à celle du diamètre de l'œil. Les pectorales sont bien développées. Ordinairement la ventrale est sensiblement plus grande que la pectorale ; sa longueur mesure souvent le cinquième de la longueur totale ; cette nageoire est composée de sept rayons, chez tous les individus que j'ai examinés.

D. 50 à 60 — 55 à 60 ; A. 45 à 50 ; C. 26 ; P. 20 ; V. 7.

Toutes les nageoires sont rougeâtres, chez les sujets de grande taille, et la seconde dorsale est plus ou moins marquée de taches noirâtres. Chez les jeunes animaux, les nageoires sont moins rouges, parfois même la seconde dorsale est d'une teinte grisâtre avec une large bordure de couleur ocre ; l'anale est rose avec un liséré rouge-marron ; la caudale est grisâtre à la base, et rouge jaunâtre dans le reste de son étendue ; les pectorales sont rouges avec un peu de brun à leur base. Le système de coloration est d'un rouge orange finement pointillé de noir sur les parties supérieures du corps ; rose sous la gorge et le long de l'anale ; rose nuancé de bleu sous le ventre. A la région dorsale existe une série de taches noirâtres oblongues allant sur la base de la nageoire ; d'autres taches noirâtres, ou d'un brun marron chez les jeunes, se montrent sur les côtés, sans disposition régulière. La tête est d'un rouge pointillé de brun avec des taches noirâtres, plus ou moins arrondies, dans sa région supérieure, et des marbrures noirâtres sur les côtés. Les lèvres et les barbillons sont rougeâtres.

Habitat. Ce poisson se trouve sur toutes nos côtes. Méditerranée, commun, Nice, Cette, Port-Vendres. Océan, golfe de Gascogne, assez rare, Arcachon ; rare, au nord de la Gironde. Manche, assez commun, Roscoff, Cherbourg ; rare, le Havre.

Proportions : long. totale 0,225 ; tronc, haut. 0,040, épais. 0,031.

Tête, long. 0,055, haut. 0,030. — Œil, diam. 0,008, esp. préorbit. 0,015, esp. interorbit. 0,010, esp. postorbit. 0,032. — Mâchoire supérieure, long. 0,030.

Caudale, long. 0,031 ; pectorale, long. 0,32 ; ventrale, long. : deuxième rayon 0,047, troisième rayon 0,022.

Distance du museau à : première dorsale 0,050 ; seconde dorsale 0,077. — Base de la première dorsale, long. 0,022.

LA MOTELLE TACHETÉE — *MOTELLA MACULATA.*

Syn. : ? De la Mustelle vulgaire, Rondel., liv. IX, c. xiv, p. 223.
Onos maculata, Onos tachetée, Riss., *Hist. nat.*, p. 215.
Motella mediterranea, CBp., *Cat.*, n° 360.
Motella maculata, Costa, *Fn. Napol.*, 1846, novembr., p. 39, pl. 38 *bis;* Günth., t. IV, p. 366.
Motella communis, Canestr., *Archiv. zool.*, t. II, p. 369, pl. 15-16, fig. 2, *Fn. Ital.*, p. 158.

N. Vulg. : Moustella, Nice.
Long. : 0,20 à 0,30.

Il existe une assez grande ressemblance entre la Mustèle tachetée et la Mustèle brune. Chez la Mustèle tachetée, le corps est couvert d'écailles excessivement petites. La hauteur du tronc est contenue cinq fois et demie à six fois dans la longueur totale.

La longueur de la tête est comprise environ cinq fois et demie dans la longueur totale. La bouche est grande, mais sa fente ne s'étend pas jusque sous le bord postérieur de l'orbite. Les mâchoires sont garnies d'une bande assez large de dents à peu près égales. La longueur de la mâchoire supérieure ne mesure pas tout à fait la moitié de la longueur de la tête.

L'iris est blanc, teinté de noir ou de bleu foncé. Le diamètre de l'œil est à peu près aussi grand que l'espace interorbitaire ; il mesure, chez les sujets développés, le sixième de la longueur de la tête.

Les orifices de la narine paraissent plus voisins l'un de l'autre que chez la Mustèle à trois barbillons.

La première dorsale est plus rapprochée du museau que chez la Mustèle à trois barbillons ; sa base est plus longue que l'espace postorbitaire. La seconde dorsale est soutenue par cinquante-cinq à soixante rayons. La ventrale est à peine plus longue que la pectorale ; elle est composée de cinq ou six rayons.

D. — 55 à 60; A. 45 à 50: C. 22 à 24; P. 15 à 17; V. 5 ou 6.

Chez un sujet de grande taille, la première dorsale a ses effilés rougeâtres ; la seconde dorsale est brunâtre, avec un liséré blanc, et des taches blanchâtres à la base ; l'anale est brunâtre, bordée de blanc, et d'un gris jaunâtre à la base ; la caudale est d'un brun assez foncé ; les pectorales sont brunes avec des taches blanchâtres, elles ont le bord postérieur et le bord inférieur d'un gris légèrement jaunâtre ; les ventrales sont brunes à la base, grisâtres dans le reste de leur longueur. La gorge et le ventre sont d'un gris légèrement rosé. Le corps est d'un gris jaunâtre, semé de taches brunes assez grandes, et souvent marqué de points blanchâtres dispersés sans régularité.

Les œufs sont d'une teinte jaunâtre.

Habitat. Méditerranée; cette Mustèle est assez commune à Nice, à Cette. Océan, rare.

Proportions : long. totale 0,255 ; tronc, haut. 0,047, épais. 0,035.

Tête, long. 0,047, haut. 0,038. — Œil, diam. 0,0075, esp. préorbit. 0,010, esp. interorbit. 0,08, esp. postorbit. 0,030. — Mâchoire supérieure, long. 0,022.

Caudale, long. 0,034 ; pectorale, long. 0,029 ; ventrale, long. : deuxième rayon 0,031, troisième rayon 0,019.

Distance du museau à : première dorsale 0,043 ; seconde dorsale 0,088. — Base de la première dorsale, long. 0,035.

LA MOTELLE BRUNE — *MOTELLA FUSCA.*

Syn. : Sorghe marina *Venetiis*, Willugh., pl. H. 2, fig. 1.
Onos fusca, Onos brune, Riss., *Hist. nat.*, p. 216.
Motella communis, Costa, *Fn. Napol.*, 1841, juin, p. 17 (part.).
Motella fusca, CBp., *Cat.*, n° 361.
Onos (Mustèle) brun, Guichen., *Expl. Algér.*, p. 103.

N. Vulg. : Mouna négra, Cette ; Furet, Port-Vendres.
Long. : 0,15 à 0,25.

Cette Mustèle paraît devenir moins grande que les autres. La hauteur du tronc est comprise cinq fois et demie à six fois et demie dans la longueur totale. Les écailles sont plus longues que celles de la Mustèle tachetée.

La longueur de la tête est contenue environ cinq fois et demie dans la longueur totale. Les mâchoires ont les dents assez inégales. La mâchoire supérieure a une longueur moindre que la moitié de celle de la tête.

La première dorsale commence plus en avant que chez la Mustèle à trois barbillons, et la longueur de sa base est aussi longue ou plus longue que l'espace postorbitaire. La ventrale est à peine plus longue que la pectorale ; elle a six rayons.

D. — 52 à 53 ; A. 42 à 44 ; C. 26 ; P. 16 ou 17 ; V. 6.

La femelle est d'une teinte uniforme, brun noirâtre. Chez le mâle, le corps est d'un brun foncé, tirant parfois sur le marron ; il porte sur le côté une ou deux séries de petites taches blanchâtres, arrondies. Je ne vois pas de taches sur les nageoires.

Habitat. Méditerranée, Nice, Cette.
Proportions : long. totale 0,224 ; tronc, haut. 0,035, épais. 0,024.
Tête, long. 0,041, haut. 0,037. — Œil, diam. 0,005, esp. préorbit. 0,010, esp. interorbit. 0,008, esp. postorbit. 0,026. — Mâchoire supérieure, long. 0,018.

Caudale, long. 0,030 ; pectorale, long. 0,026 ; ventrale, long. : deuxième rayon 0,030, troisième rayon 0,019.

Distance du museau à : première dorsale : 0,036, seconde dorsale 0,065. — Base de la première dorsale, long. 0,026.

Les trois espèces de Mustèles dont j'ai donné les proportions, viennent d'une même localité, de Cette.

LA MOTELLE MUSTÈLE OU MUSTÈLE A CINQ BARBILLONS,
MOTELLA MUSTELA.

Syn. : Mustela vulgaris, Willugh., p. 121 (descript. part. non fig.).
Gadus mustela, Linn., p. 440, sp. 15.
La Brune, Gadus fuscus, Bonnat., p. 50.
Gadus quinquecirrhatus, Penn., *Brit. Zool.*, 1812, pl. 36 ; Cuv., *Règ. an.*, 1817, t. II, p. 216 (note).
Motella mustela, CBp., *Cat.*, n° 357 ; Günth., t. IV, p. 364.
Gadus mustelus, Schlegel, p. 85, pl. 8, fig. 5.
Five-Bearded Rockling, Yarr., t. I, p. 583 ; Couch, t. III, p. 108.

N. Vulg. : Loche de mer.
Long. : 0,15 à 0,25.

Dans cette espèce, les écailles semblent plus petites que chez les Mustèles à trois barbillons. La hauteur du tronc est comprise cinq fois et demie à six fois dans la longueur totale.

Chez les adultes, la longueur de la tête est à peu près égale à la hauteur du tronc. La bouche est fendue jusque vers le prolongement du diamètre vertical de l'œil. La mâchoire supérieure est plus avancée que la mandibule ; elles ont toutes les deux une bande assez large de dents en velours ras, et parfois une rangée externe de petites dents crochues, à peine plus longues que les autres. Le vomer porte une bande, une plaque de dents en velours ; cette plaque est moins développée que dans les Mustèles à trois barbillons. La longueur de la mâchoire supérieure ne mesure pas la moitié de la longueur de la tête. Il y a cinq barbillons, un barbillon mandibulaire, deux tentacules nasaux, deux barbillons à la lèvre supérieure, assez rapprochés l'un de l'autre, vers le bout du museau ; généralement les barbillons rostraux sont les plus courts.

Ordinairement l'iris est gris bleu foncé. Le diamètre de l'œil

III.   18

mesure environ le sixième de la longueur de la tête ; il est d'un tiers moins grand que l'espace préorbitaire.

Les ouvertures de la narine sont assez éloignées l'une de l'autre. Les tentacules nasaux sont bien développés.

La base de la première dorsale est à peine plus longue que l'espace postorbitaire ; la seconde dorsale et l'anale finissent en arrière très-près de la caudale, qui est arrondie. Les ventrales ont huit rayons, j'ai du moins toujours trouvé le même nombre.

D. — 50 à 52 ; A. 40 ou 41 ; C. 3/19/3 ; P. 14 à 16 ; V. 8.

La teinte générale est d'un brun assez foncé sur le dos et les côtés, grisâtre sous le ventre ; des marbrures noirâtres apparaissent sur le fond, mais elles ne sont pas nettement dessinées ; quelquefois la région supérieure du corps est d'un brun jaunâtre avec un pointillé noirâtre très-fourni ; la gorge, le ventre et les parties qui longent l'anale sont d'un gris pointillé de noir, ou d'un gris jaunâtre, assez pâle, chez les jeunes. Ordinairement les barbillons pairs sont d'un brun assez foncé ; le barbillon de la mandibule est parfois rougeâtre, ou d'un brun plus clair que les autres.

Habitat. Cette espèce est commune dans la Manche, très-abondante dans les endroits rocailleux, couverts de varechs ; côtes de Normandie, Saint-Valery-en-Caux, Fécamp, Cherbourg ; côtes de Bretagne, Roscoff. Océan, assez commune sur la côte de Bretagne, du Poitou ; très-commune à Noirmoutiers ; assez commune, bassin d'Arcachon, Biarritz, Guéthary.

Proportions : long. totale 0,192 ; tronc, haut. 0,035, épais. 0,024.

Tête, long. 0,036, haut. 0,025. — OEil, diam. 0,006, esp. préorbit. 0,009, esp. interorbit. 0,010, esp. postorbit. 0,022. — Mâchoire supérieure, long. 0,015.

Caudale, long. 0,035 ; pectorale, long. 0,024 ; ventrale, long. : deuxième rayon 0,025, troisième rayon 0,017.

Distance du museau à : première dorsale 0,033 ; seconde dorsale 0,060. — Base de la première dorsale, long. 0,023.

LA MOTELLE GLAUQUE — *MOTELLA GLAUCA.*

Syn. : Ciliata glauca, Couch, in *London's Magaz. Nat. Hist.*, t. V, p. 15, fig. 2.
Motella glauca, Jenyns, *Man. Brit. Vertebr.*, p. 451, sp. 137.
? Motella argenteola, Nilsson, *Skand. Fn., Fisk.*, t. IV, p. 590.
Couchia glauca, Günth., t. IV, p. 363.

Mackerel Midge, Yarr., t. I, p. 586.
Mackarel Midge, Couch, t. III, p. 113, pl. 151, fig. 1-2.

Long. : 0,03 à 0,05.

Au laboratoire de Roscoff, j'ai vu plusieurs de ces Motelles, qui paraissent être plutôt de jeunes animaux que des adultes. Le corps est comprimé, oblong ; il est couvert de petites écailles, qui ne semblent pas très-adhérentes.

La tête est comprimée. La mâchoire supérieure est plus avancée que l'inférieure ; elle porte quatre barbillons ; à la mandibule est attaché un cinquième barbillon.

Les yeux sont grands.

Il y a seulement trois ou quatre rayons à la ventrale.

Le dos est bleu verdâtre, quelquefois noirâtre ; le ventre et les nageoires sont d'un blanc argenté.

Habitat. Cette Motelle paraît excessivement rare sur nos côtes ; A. Lafont, au printemps de 1871, la découvrit pour la première fois dans le bassin d'Arcachon, au Banc-Blanc ; en 1877, M. Joyeux-Laffuïe, la trouva de nouveau à Roscoff.

Sous-famille des Ranicépiniens, *Ranicepini*, CBp.

Corps épais en avant, comprimé en arrière, couvert de très-petites écailles.

Tête développée, aplatie en dessus ; dents en cardes inégales sur les mâchoires et le vomer ; un barbillon à la mandibule.

Nageoires ; deux dorsales ; la première très-réduite ; la seconde semblable à l'anale, qui est fort longue ; caudale libre ; ventrale étroite, longue, à six rayons.

GENRE RANICEPS — *RANICEPS*, Cuv.

Caractères de la sous-famille.

LE RANICEPS TRIFURQUÉ — *RANICEPS TRIFURCATUS*.

Syn. : Trifurcated Hake, Penn., *Brit. Zool.*, t. III, pl. 32.
Gadus raninus, O. F. Müll., *Zool. Dan.*, 1788, pl. 45.
Gadus trifurcus, Arted. Walb., pars 3ª, p. 139.
Le Trident, Bonnat., p. 51, pl. 86, fig. 361.
Phycis ranina, Bl. Schneid., p. 57.
Le Batrachoïde blennioïde, Batrachoides blennioides, Lacép., t. VII, p. 309.

Le Blennie tridactyle, *Blennius tridactylus*, Lacép., t. VII, p. 334.
Raniceps niger, Fries et Ekström, *Skand. Fisk.*, 1838, part. 4, pl. 24.
Raniceps fuscus, CBp., *Cat.*, n° 388.
Raniceps trifurcus, Günth., t. IV, p. 367.
The Tadpole Hake, Yarr., t. I, p. 598.
Lesser Forkbeard, Couch, t. III, p. 122.

Long. : 0, 15 à 0,25, quelquefois 0,30.

Excessivement rare sur nos côtes, le Raniceps n'a pas, en France, de nom vulgaire. Le corps, large en avant, est effilé en arrière ; sa hauteur la plus grande est contenue quatre fois et demie environ dans la longueur totale. La peau est enduite d'une mucosité épaisse qui cache de fort petites écailles.

La tête est très-grosse, large, aplatie, couverte d'une peau écailleuse, comme celle du corps ; elle est variable dans ses proportions, suivant la taille des sujets ; chez les jeunes, sa longueur est comprise quatre fois à quatre fois et demie dans la longueur totale, trois fois et demie seulement, chez les grands individus. Le museau est épais, arrondi. La bouche est largement ouverte. La mâchoire supérieure est plus avancée que la mandibule ; les mâchoires et le vomer sont garnis de dents en cardes inégales ; la plupart des dents sont petites, mêlées à quelques autres plus fortes. Selon quelques auteurs, les dents sont rougeâtres quand le poisson est frais. Un petit barbillon est attaché sous la mandibule.

Les yeux sont arrondis ; ils sont placés en dessus plutôt que sur les côtés de la tête. Le diamètre de l'œil mesure le septième de la longueur de la tête, la moitié ou les deux tiers de l'espace préorbitaire, un peu moins de la moitié de l'espace interorbitaire. L'iris semble roussâtre.

Chez les jeunes, la ligne latérale est mieux dessinée que chez les adultes.

Enfoncée dans un sillon, la première dorsale est souvent peu distincte ; elle a seulement deux ou trois rayons ; chez les grands individus, les rayons, excessivement réduits, sont enveloppés dans la peau ; ils forment une espèce de petit tubercule, de petit tronçon noirâtre bien séparé de l'autre nageoire. La seconde dorsale est opposée à l'anale, qui est très-longue, s'étendant à peu près sous la moitié de la longueur du corps. La caudale est arrondie ; sa longueur ne fait guère que le dixième de la longueur totale. Les pectorales sont assez larges, pointues à leur extrémité. Les ventrales sont écartées l'une de l'autre ; elles sont effilées ; leur deuxième rayon est très-développé.

Br. 7. — D. 2 ou 3 — 65 ou 66 ; A. 60 ; C. 30 à 35 ; P. 21 ou 22 ; V. 6.

Les nageoires des sujets conservés dans l'alcool paraissent d'un brun foncé. La coloration est uniforme, d'un brun jaunâtre, ou gris foncé tirant sur le marron.

Habitat. Manche, excessivement rare ; deux des spécimens, qui sont au Muséum, viennent de Cherbourg, ils ont été envoyés par M. Jouan, en 1864 ; ils sont inscrits sous la dénomination de *Raniceps ranina* ; le Havre (Lennier).

Proportions : long. totale 0,240 ; tronc, haut. 0,055.

Tête, long. 0,070, haut. 0,048. — Œil, diam. 0,010, esp. préorbit. 0,018, esp. interorbit. 0,024.

De toutes les espèces composant la nombreuse famille des Gadidés, la plus utile à l'homme est assurément la Morue. Elle lui donne des produits variés, dont il fait usage pour son alimentation, souvent pour le rétablissement de sa santé, quelquefois pour les besoins de sa profession. La chair de ce poisson est consommée soit à l'état frais, soit, le plus généralement, après avoir subi diverses préparations, que Duhamel a longuement décrites dans son *Traité des Pêches*. — Les Morues se réunissent en troupes considérables sur certains points de la mer du Nord (*Doggers-Bank*, etc.), sur les côtes d'Islande, et principalement sur le *Grand-Banc* de Terre-Neuve, où nos marins vont de préférence faire la *Grande-pêche*. Le produit de cette pêche, disait Valenciennes, fournit à notre industrie environ 30,000,000 de kilogrammes de poisson.

Famille des Macrouridés, Macrouridæ.

Corps allongé, terminé en lame pointue, couvert d'écailles rudes.

Tête de forme variable ; mâchoires dentées ; palais lisse ; un barbillon à la mâchoire inférieure.

Appareil branchial ; fente des ouïes grande ; six ou sept rayons branchiostèges ; pas de pseudobranchies.

Nageoires ; deux dorsales ; la première est avancée, courte ; la seconde est très-longue, ainsi que l'anale, avec laquelle elle se confond à la pointe de la queue ; ventrales ayant six à huit rayons.

Cette famille est composée de deux genres :

Museau { conique; bouche en dessous.............. 1. Macroure.

{ tronqué; bouche terminale..... .... 2. Malacocéphale.

GENRE MACROURE — *MACROURUS*, Bloch.

Syn. : Lepidoleprus, Riss.

Corps allongé, couvert d'écailles de forme variable, carénées, épineuses.
Tête grosse, hérissée de crêtes plus ou moins saillantes; museau conique, avancé, débordant la bouche, qui est arquée; mâchoires garnies de
dents très-fines, plus ou moins crochues; un barbillon à la mandibule.
Nageoires; ventrales en avant, ou au-dessous des pectorales.

Le genre Macroure est formé de deux espèces :

Ventrales placées { sous les pectorales............ 1. M. célorhynque.

{ en avant des pectorales........ 2. M. trachyrhynque.

LE MACROURE CÉLORHYNQUE,
MACROURUS CÆLORHYNCHUS.

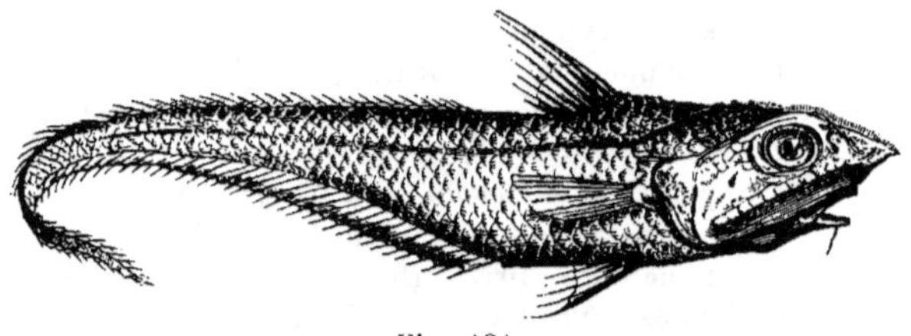

Fig. 181.

Syn. : Poissons d'espèces nouvelles, Giorna, *Mém. Acad. impér. sc. Turin*, 1803-
1809, p. 15, pl. 1, fig. 3-4.
Lépidolèpre cælorinque, Lepidoleprus cælorhincus, Riss., *Ichth.*, p. 200, pl. 7,
fig. 22.
Lepidoleprus cælorhyncus, Lépidolèpre célorhynque, Riss., *Hist. nat.*, p. 244.
Lepidoleprus cælorhynchus, Cuv., *Règ. an.*, 1817, t. II, p. 218.
Macrourus cælorhynchus, CBp., *Cat.*, n° 349, *Fn. ital.*, fig. ; Costa, *Fn. Napol.*,
pl. 39; Günth., t, IV, p. 392; Canestr., *Archiv. zool.*, t. II, p. 374, *Fn. Ital.*, p. 159.
Lépidolèpre cælorhynque, Guichen., *Expl. Algér.*, p. 104.

N. vulg. : Granadié, Nice.
Long. : 0,20 à 0,35.

Au commencement du siècle, le 20 septembre 1803, Giorna présenta à l'Académie des sciences de Turin un *Mémoire sur des Poissons d'espèces nouvelles*. Parmi les animaux décrits et figurés dans le travail de l'auteur, se trouvent, mais sans y être désignés sous aucun nom particulier, le Macroure célorhynque et le Macroure trachyrhynque. Le mauvais état dans lequel étaient ces poissons, desséchés, mal montés, n'a pas permis au naturaliste d'en faire une étude complète. Le Macroure célorhynque a le corps allongé, la queue étroite, comprimée, terminée en pointe. La hauteur du tronc est comprise six fois et quart à sept fois et demie dans la longueur totale. La peau est couverte d'écailles saillantes, qui sont, excepté en arrière, d'une extrême rudesse ; elles portent plusieurs rangées de denticules longs et fort pointus ; vers l'extrémité postérieure du corps, les écailles sont presque lisses, elles n'ont qu'une ou deux spinules à peine sensibles. L'anus est situé un peu après la terminaison de la première dorsale.

La tête est développée, beaucoup plus longue que haute, sa longueur mesurant le quart environ de la longueur totale ; elle est légèrement déprimée en dessus ; elle est garnie d'espèces de plaques osseuses, ou de très-larges écailles, hérissées d'épines ; ces écailles forment une crête fort saillante de l'extrémité du museau jusque sur le préopercule. Le museau est avancé, sinueux sur le bord, triangulaire, à profil déclive ; il porte sur le milieu une arête, qui se termine, en avant, par une sorte de tubercule. La bouche est en dessous, à fente arquée ; sa muqueuse n'est pas noire, mais couleur chair assez pâle. La mâchoire inférieure est plus étroite que la supérieure ; elles sont l'une et l'autre munies de très-petites dents, un peu crochues. Le barbillon de la mandibule est fort grêle ; il est en général beaucoup moins grand que le diamètre de l'œil.

Chez les adultes, le diamètre de l'œil est à peu près égal à l'espace préorbitaire ; il mesure presque le tiers de la longueur de la tête. L'iris est argenté.

Les orifices de la narine sont rapprochés de l'orbite ; l'ouver-

ture antérieure est étroite, à peine séparée de l'ouverture postérieure, qui est large, ovale.

Il y a six rayons branchiostèges. La muqueuse de la chambre
respiratoire est teintée de noir. L'opercule est mince, triangulaire. Le préopercule a le bord postérieur oblique, l'angle postérieur arrondi.

En avant, la ligne latérale est rapprochée du profil supérieur ;
elle est presque droite. Éc., l. long. environ 90 ; l. transv.
$\frac{4 \text{ ou } 5}{14 \text{ ou } 15} + 1 = 19 \text{ à } 21$.

La première dorsale est assez courte ; elle est beaucoup plus
élevée que la seconde, qui commence un peu plus en arrière
que l'anale. Les pectorales sont portées sur un petit moignon. Les
ventrales sont écartées l'une de l'autre ; en général, le premier
rayon est plus allongé que les autres, il est terminé en fil très-
délié.

Br. 6. — D. 9 — 65 à 68 ; A. 75 à 83 ; P. 18 ; V. 7.

Les nageoires sont grisâtres ; les dorsales et l'anale sont bordées de noirâtre ; en dedans, la base de la pectorale est d'un noir
violacé. Le dos est gris violacé ; les flancs sont gris argenté ; le
ventre est brunâtre.

Habitat. Méditerranée ; Nice, rare ; Cette, très-rare.

Proportions : long. totale 0,310 ; tronc, haut. 0,050, épais. 0,032.

Tête, long. 0,076, haut. 0,047. épais. 0,043. — Œil, diam. 0,023, esp.
préorbit. 0,024, esp. interorbit. 0,017. — Mâchoire supérieure, long. 0,024.
— Barbillon, long. 0,012.

1re dorsale, long. 0,015, haut. 0,038 ; 2e dorsale, haut. 0,006 ; pectorale,
long. 0,036 ; ventrale, long. 0,026.

Distance du bout du museau à : bouche 0,021, commissure des lèvres 0,036 ;
1re dorsale 0,081, 2e dorsale 0,124 ; anale 0,115.

LE MACROURE TRACHYRHYNQUE,
MACROURUS TRACHYRHYNCHUS.

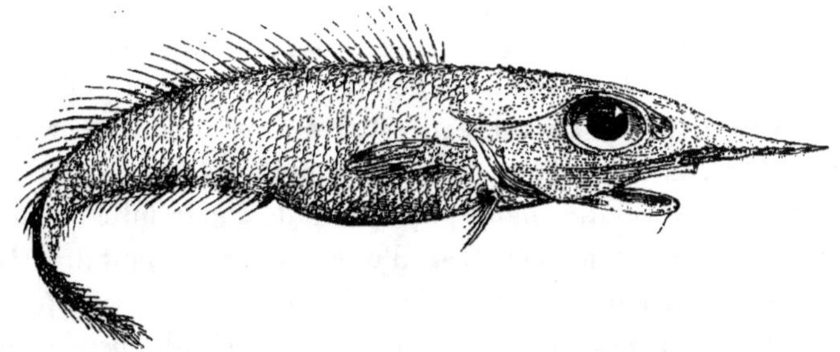

Fig. 182.

Syn. : Mysticetus, Aldrov., p. 342.

Poissons, esp. nouv., Giorna, *Mém. Acad. impér. sc. Turin*, 1803-1809, p. 9, pl. 1, fig. 1-2.

Oxycephas scabrus, Rafin., *Ind. i't. sicil.*, p. 13, n° 42, pl. 1, fig. 2.

Lépidolèpre trachyrinque, Lepidoleprus trachyrincus, Riss., *Ichth.*, p. 197, pl. 7, fig. 21.

Lepidoleprus trachirhynchus, Grenadier trachirhynque, Riss., *Hist. nat.*, p. 243.

Lepidoleprus trachyrhynchus, Cuv., *Règ. an.*, 1817, t. II, p. 218 ; CBp., *Cat.*, n° 352 ; Canestr., *Archiv. zool.*, t. II, p. 371, pl. 11-12, fig. 2.

Lépidolèpre trachyrhynque, Guichen., *Expl. Algér.*, p. 104.

Macrurus trachyrhynchus, Günth., t. IV, p. 395.

Macrourus trachyrhynchus, Canestr., *Fn. Ital.*, p. 159.

N. Vulg. : Granadié, Nice.

Long. : 0,30 à 0,45.

Bien que la figure ne soit pas d'une grande exactitude, il est cependant possible de reconnaître le Trachyrhynque dans le *Mysticetus* d'Aldrovande. Le corps est, en avant, assez haut et assez épais ; après l'anus, il est comprimé ; il se termine en pointe. La hauteur du tronc est comprise sept à huit fois dans la longueur totale. La peau est couverte d'écailles excessivement rudes, armées de dentelures, ou d'épines saillantes à pointe dirigée en arrière ; sur le tronc, chacune des écailles porte trois à six dentelures ; vers l'extrémité de la queue, il n'y a plus qu'une ou deux épines sur les écailles. L'anus est placé sous le commencement de la seconde dorsale.

En dessus, la tête est aplatie ; elle rappelle un peu la forme de celle d'un jeune Esturgeon ; elle est beaucoup plus longue que haute ; elle a sa longueur contenue trois fois et quart à trois fois et trois quarts dans la longueur totale ; elle est garnie d'écailles très-différentes de celles qui revêtent le corps ; ces écailles sont étroites, allongées, relevées en crêtes, ou plutôt en carènes denticulées. Le museau est très-proéminent, déprimé, triangulaire. La bouche est complètement en dessous, elle est arquée, étroite relativement, placée loin de l'extrémité du museau ; ses parois sont tapissées d'une muqueuse noirâtre. La mâchoire supérieure déborde l'inférieure dans tout son pourtour ; elles sont, l'une et l'autre, munies de nombreuses dents en velours, très-petites et très-fines ; le palais est lisse. Le barbillon de la mandibule est très-court.

Chez les animaux de grande taille, le diamètre de l'œil mesure environ le cinquième de la longueur de la tête ; il ne fait pas tout à fait la moitié de l'espace préorbitaire. L'iris est argenté.

Les ouvertures de la narine sont très-rapprochées l'une de l'autre, ainsi que de l'orbite ; l'orifice postérieur est grand, ovale.

Il y a sept rayons branchiostèges. La muqueuse de la chambre respiratoire est noirâtre. L'opercule est fort petit, triangulaire ; son angle postérieur et son angle inférieur sont aigus. Le préopercule est développé ; il a le bord postérieur convexe. L'interopercule est très-allongé ; il est caché à peu près complètement par le préopercule, dont il suit la courbure, il n'est visible qu'un peu en arrière.

La ligne latérale est bien marquée, rapprochée du profil supérieur ; elle est presque droite dans tout son trajet. Il y a environ cent vingt écailles dans une ligne longitudinale, et dix-huit dans la ligne oblique allant du dos au commencement de l'anale. Éc., l. long. 120 ; l. transv. $\frac{3}{14} + 1 = 18$.

Souvent les dorsales sont peu distinctes l'une de l'autre, quand les animaux sont un peu détériorés ; elles sont très-rapprochées ; la première dorsale compte une douzaine de rayons ;

elle est, ainsi que le commencement de la seconde nageoire, dans une espèce de sillon limité par des écailles à carène relevée, hérissée d'épines. L'anale est moins longue que la seconde dorsale; elle est bordée, de chaque côté, par une rangée d'écailles plus fortes que les autres, en forme d'écussons, ayant en avant une arête à plusieurs dentelures, et terminées, en arrière, par une pointe unique. Les ventrales sont insérées en avant des pectorales; elles sont fort étroites, très-fragiles.

Br. 7. — D. 10 à 12 — 108 à 110; A. 93 à 95; P. 18 ou 19; V. 6.

Les dorsales sont noirâtres; l'anale est brune; les nageoires paires sont grisâtres; sur le frais, d'après Risso, les pectorales sont bleuâtres; la seconde dorsale et l'anale sont bleues, lisérées de noir. Le corps est d'une teinte uniforme, il est gris nuancé de brunâtre.

Habitat. Méditerranée, rare, Nice; très-rare, Antibes. Le spécimen figuré dans les *Mémoires de l'Académie des sciences de Turin* avait été acheté par Giorna à un marchand empailleur, qui l'avait trouvé sur le marché de Marseille.

Proportions : long. totale 0,450; tronc, haut. 0,064, épais. 0,042.

Tête, long. 0,134, haut. 0,055, épais. 0,055.— Œil, diam. 0,028, esp. préorbit. 0,063, esp. interorbit. 0,038. — Mâchoire supérieure,. long. 0,034. — Barbillon, long. 0,006.

1re dorsale, long. 0,029, haut. 0,019; 2e dorsale, haut. 0,015; pectorale, long. 0,035; ventrale, long. 0,015.

Distance du bout du museau à : bouche 0,056, commissure des lèvres 0,063; 1re dorsale 0,145, 2e dorsale 0,173; anale 0,200.

GENRE MALACOCÉPHALE — *MALACOCEPHALUS.*

Corps allongé, couvert de petites écailles ciliées.

Tête grosse, sans crêtes saillantes; museau court, épais, tronqué; bouche terminale; mâchoires dentées; un barbillon à la mandibule.

Nageoires; première dorsale beaucoup plus haute que la seconde; ventrales jugulaires.

LE MALACOCÉPHALE LISSE — *MALACOCEPHALUS LÆVIS.*

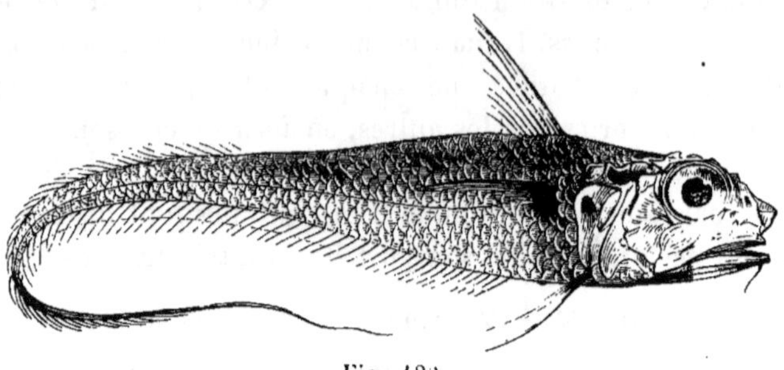

Fig. 183.

Syn. : Macrourus lævis, Lowe, *Fish. Madeira*, in *Proceed. Zool. Soc. London*, 1843, t. XI, p. 92.
Malacocephalus lævis, Günth., t. IV, p. 397.

Long. : 0,15 à...

De petites écailles pectinées couvrent le corps du Malaco-céphale, qui est allongé, grêle, très-effilé, en arrière surtout ; la queue se termine comme un crin. La hauteur du tronc est contenue huit à dix fois dans la longueur totale. L'anus est fort avancé, il est placé sous le commencement de la première dorsale.

La tête est forte, écailleuse dans la région supérieure ; sa longueur est comprise six fois environ dans la longueur totale. Le museau est court, gros, coupé un peu obliquement d'avant en arrière et de haut en bas ; il porte en dessus une espèce de tubercule conique, très-peu élevé, à base assez large. La bouche est terminale, grande ; sa muqueuse est d'un blanc rosé. La mâchoire supérieure est un peu plus large que l'inférieure, mais pas plus longue ; elles sont l'une et l'autre armées de dents. L'extrémité de la mâchoire supérieure arrive en arrière, jusque vers la perpendiculaire tangente au bord postérieur de l'orbite. Au bout de la mandibule est attaché un barbillon assez grand, mais fort grêle.

Placé vers le profil supérieur de la tête, l'œil est grand. Son diamètre est contenu trois fois à trois fois et quart dans la longueur de la tête ; il est un peu plus allongé que l'espace préorbitaire ; il est égal à l'espace interorbitaire.

Les ouvertures de la narine sont rapprochées de l'orbite.

Il y a huit rayons branchiostèges. La muqueuse de la chambre respiratoire est brunâtre. L'opercule est triangulaire ; son angle postérieur est terminé en une courte épine. Sur le préopercule est une arête peu saillante qui, en arrière, finit en pointe.

La première dorsale est très-avancée, elle s'élève au-dessus de l'insertion de la pectorale ; elle est très-haute en avant ; le deuxième rayon, qui est le plus allongé, a parfois une longueur égale à celle de la tête. La seconde dorsale est fort basse, surtout en avant, où elle est peu visible. L'anale est très-longue ; elle commence sous la première dorsale ; ses rayons sont plus développés que ceux de la seconde dorsale. Les pectorales sont assez grandes. Les ventrales sont insérées en avant des pectorales ; elles sont étroites, effilées, allongées.

Br. 8. — D. 14 — .... ; V. 8.

Les nageoires sont brunes. Le corps est d'un gris jaunâtre, avec une rangée de petits points noirs le long des nageoires perpendiculaires. La gorge est brunâtre ; les lèvres sont noirâtres, les joues argentées.

Habitat. Méditerranée, excessivement rare, Nice. Trois spécimens ont été trouvés par MM. Gal frères, naturalistes à Nice.

Proportions : long. totale 0,147; tronc, haut. 0,016.

Tête, long. 0,024, haut. 0,016. — Œil, diam. 0,008, esp. préorbit. 0,006.

1re dorsale, long. 0,008, haut. 0,018; pectorale, long. 0,016; ventrale, long. 0.019.

Distance du bout du museau à : 1re dorsale 0,025, 2e dorsale 0,048 anale 0,035.

Famille des *Pleuronectidés, Pleuronectidæ.*

Syn. : Poissons plats, Cuvier.
Hétérosomes, C. Duméril; de Blainville.
Diprosopes, Latreille.

Corps très-comprimé; bordé, sur une longue étendue, par la dorsale et par l'anale; coloré, à l'état normal, d'un seul côté, du côté supérieur, correspondant à celui où se trouvent les yeux, blanchâtre en dessous; peau ordinairement couverte d'écailles, parfois de tubercules; anus très-avancé.

Tête non symétrique; os plus ou moins inégalement développés sur chacun des côtés de la tête; dents parfois sur une seule moitié des mâchoires.

Yeux placés du même côté, soit à droite, soit à gauche.

Narines à deux orifices.

Appareil branchial; six à huit rayons branchiostèges; pseudobranchies.

Nageoires; dorsale commençant sur la tête, et finissant très en arrière, ainsi que l'anale, qui est fort longue (unies parfois l'une et l'autre à la caudale); nageoires paires généralement peu développées; pectorale manquant parfois d'un côté, ou même des deux côtés.

Vessie natatoire nulle. — **Cavité abdominale** se prolongeant plus ou moins en arrière de chaque côté des hémapophyses.

Dans la première période de leur existence, les Pleuronectes présentent la même conformation, exécutent les mêmes mouvements natatoires que les autres Poissons osseux. Ils ont la tête symétrique, les yeux placés l'un à droite, l'autre à gauche; ils nagent en se tenant dans une position verticale. Puis à mesure que se fait le développement, les modifications se manifestent, l'asymétrie se prononce de plus en plus; l'un des yeux passe du côté opposé à sa position normale, il se place au-dessus de l'autre œil; le dos et le ventre se trouvent dans le même plan horizontal, d'où un changement dans le mode de natation, et une plus grande épaisseur du côté supérieur du corps.

Plusieurs naturalistes ont étudié les diverses phases du passage de l'œil supérieur à travers la tête de ces poissons : V. Steenstrup, *Observations sur le développement des Pleuronectes*, dans *Annales... sc. nat.*, 1864, t. II, p. 253, pl. 19 B; Al. Agassiz, *Sur le développement des Pleuronectes*, dans *Journal... zoolog.* P. Gervais, 1877, t. VI, p. 193, *id.*, dans *Archiv. zool. expér.*, de Lacaze-Duthiers, 1877, t. VI, p. 305, fig. 1-10, et *Development of the Flounders*, dans *Proceed. Amer. Acad. arts and sc.*, Boston, 1878, t. XIV, pl. 3-10.

Chez les Pleuronectes, il existe certaines anomalies qu'il faut indiquer; dans les sujets d'une même espèce, les yeux ne sont pas toujours placés du même côté de la tête; ainsi parmi les Flets, qui ont à l'état ordinaire les yeux à droite, il se trouve des individus qui les ont à gauche; les spécimens qui présentent cette disposition sont dits *tournés* ou *retournés*. Quelques animaux ont le côté inférieur ou aveugle d'une teinte à peu près aussi foncée que le côté supérieur, ils sont appelés *doubles, difformes, monstrueux.*

La famille des Pleuronectidés se compose de huit genres.

<table>
<tr><td rowspan="12">Yeux à</td></tr>
</table>

Yeux à

droite. Dorsale commençant — au-dessus de l'œil supérieur et à base — sans tubercules épineux. Dents — Écailles pointues. — lisses.... 1. HIPPOGLOSSE.

Écailles pointues — pectinées. 2. LIMANDE.

Dents larges, coupantes... 3. PLIE.

armée de tubercules épineux..... 4. FLET.

en avant de l'œil supérieur................ 5. SOLE.

gauche. Espace interorbitaire — plus petit que le diamètre vertical de l'œil... 6. PLEURONECTE

égal au moins au diamètre vertical de l'œil. Côté gauche garni d'écailles — lisses ou de tubercules. 7. RHOMBE.

pectinées.. 8. BOTHUS.

GENRE HIPPOGLOSSE — *HIPPOGLOSSUS*, Cuv.

Corps oblong, couvert de petites écailles lisses.

Tête à peu près aussi haute que longue; mâchoires armées de dents pointues, écartées ; dents pharyngiennes aiguës.

Yeux sur le côté droit.

Nageoires ; dorsale commençant au-dessus de l'œil supérieur, finissant, ainsi que l'anale, avant la base de la caudale.

LE FLÉTAN — *HIPPOGLOSSUS VULGARIS.*

Syn. : DU FLETAN, Hippoglossus, Rondel., liv. XI, c. xv, p. 260.

HIPPOGLOSSUS, *Holibut*, Willugh., p. 99, pl. F. 6.

PLEURONECTES HIPPOGLOSSUS, Linn., p. 456, sp. 4; Bloch, pl. 47; Schlegel, p. 173 pl. 15, fig. 1.

DU FLETAN, Hippoglossus, Duham., *Péch.*, part. 2, sect. 9, p. 271, pl. 7, fig. 1 Cuv., *Règ. an.*, 1817, t. II, p. 221.

LE FLET, Pleuronectes hippoglossus, Bonnat., p. 74, pl. 39, fig. 156.

LE PLEURONECTE FLÉTAN, Pleuronectes hippoglossus, Lacép., t. XI, p. 20.

HIPPOGLOSSUS MAXIMUS, Gottsche, *Seelândischen Pleuronectes-Arten*, dans *Archiv für Natur.*, Wiegmann, 1835, t. II, p. 164.

HIPPOGLOSSUS GIGAS, CBp., *Cat.*, n° 394.

HIPPOGLOSSUS VULGARIS, Günth., t. IV, p. 403.

THE HOLIBUT, Yarr., t. I, p. 630 ; Couch, t. III, p. 149.

N. vulg. : Flétan, Fléton, Faiton, Holibut.

Long. : 1,00 à 2,00 et plus.

De tous les Pleuronectes c'est assurément le Flétan qui atteint la taille la plus grande. Il a le corps ovale, couvert de petites écailles lisses. La hauteur du tronc, sans la dorsale et sans l'anale, est contenue trois fois à trois fois et quart dans la longueur totale.

La longueur de la tête est comprise quatre fois à quatre fois et demie dans la longueur totale. La bouche est grande. La mâchoire supérieure est un peu moins avancée que la mandibule ; elles sont munies.l'une et l'autre de dents crochues, pointues, écartées.

Les yeux sont à droite. Le bord antérieur des orbites est sur la même ligne. Le diamètre de l'œil est plus court que l'espace préorbitaire, un peu plus grand que l'espace interorbitaire, qui est nu, aplati, assez large.

En avant, la ligne latérale décrit une courbe prononcée au-dessus de la pectorale, elle se continue ensuite directement jusqu'à la caudale.

La dorsale commence au-dessus du milieu de l'œil supérieur ; elle a, ainsi que l'anale, ses rayons médians plus élevés que les autres ; elle est soutenue par une centaine de rayons. La caudale est à peu près carrée, ou très-légèrement échancrée. Les pectorales sont oblongues. Les ventrales ont six rayons.

Br. 7. — D. 100 à 107 ; A. 75 à 82 ; C. 18 ; P. 14 à 17 ; V. 6.

Sur le côté droit, le Flétan est brun jaunâtre ; il est blanc grisâtre sur le côté gauche.

Habitat. Manche, assez rare ; j'ai vu à Boulogne plusieurs de ces poissons pouvant mesurer 1,20 de longueur ; le Havre. Océan excessivement rare ; en 1874, un Flétan a été pêché à Biarritz. Il est quelquefois apporté sur le marché de Paris.

Proportions : long. totale 0,171 ; tronc, haut. 0,52.

Tête, long. 0,43.

Dorsale, haut. 0,11 ; anale, haut. 0,14 ; caudale, long. 0,21, haut. (rayons écartés) 0,43 ; pectorale, long. 0,016 ; ventrale, long. 0,08.

Ces proportions ont été prises sur un sujet monté du Musée de Boulogne.

GENRE LIMANDE — *LIMANDA*, Gottsche.

Corps ovale, couvert d'écailles pectinées.

Tête; museau pointu; mandibule avancée; dents petites, aiguës sur les mâchoires et les os pharyngiens.

Yeux à droite.

Nageoires; dorsale commençant au-dessus de l'œil supérieur; anale pré-cédée d'une épine, finissant, ainsi que la dorsale, avant la base de la cau-dale.

LA LIMANDE COMMUNE — *LIMANDA VULGARIS*.

Syn. : LIMANDA, Bell., p. 145.

DE LA LIMANDE, Rondol., liv. XI, c. VIII, p. 254 ; Duham., *Pêch.*, part. 2, sect. 9, p. 267, pl. 6, fig. 1-2 ; Bonnat., p. 75, pl. 40, fig. 158.

PLEURONECTES LIMANDA, Linn., p. 457, sp. 8 ; Bloch, pl. 46 ; Günth., t. IV, p. 446 ; Schlegel, p. 169, pl. 16, fig. 3.

LE PLEURONECTE LIMANDE, Pleuronectes limanda, Lacép., t. XI, p. 38.

LA LIMANDA, Platessa limanda, Cuv., *Règ. an. ill.*, p. 301.

LIMANDA VULGARIS, Gottsche, *Archiv.*, Wiegmann, 1835, t. II, p. 160.

LIMANDA OCEANICA, CBp., *Cat.*, n° 412.

THE COMMON DAB, Yarr., t. I, p. 628.

DAB, Couch, t. III, p. 185.

N. vulg. : Lime.

Long. : 0,20 à 0,30.

Sur le côté droit, la peau est excessivement rude ; elle est couverte de petites écailles dont le bord postérieur est garni d'une rangée de spinules fort aiguës ; sur le côté opposé aux yeux, les écailles perdent assez facilement leurs spinules, et beaucoup d'entre elles sont complétement lisses. Les écailles sont minces, plus longues que larges, très-adhérentes. Le corps est ovale ; sa hauteur est comprise deux fois et un tiers à deux fois et trois quarts dans la longueur totale. Le nombre des vertèbres est de trente-neuf à quarante et une.

La tête est écailleuse, excepté sur le museau ; elle est petite ; sa longueur mesure environ le cinquième de la longueur totale. Le museau est court. La bouche est oblique ; elle est peu fendue ; du côté droit, sa commissure n'arrive pas à la perpendiculaire tangente au bord antérieur de l'orbite. La mâchoire supérieure est moins avancée que la mandibule ; elles sont munies l'une et l'autre de dents assez courtes, pointues.

III.   19

Une crête osseuse sépare les yeux ; elle est garnie d'écailles pectinées excessivement petites ; du côté du museau, elle se partage en deux branches, qui viennent former une partie du bord antérieur de chacune des orbites. L'œil inférieur est plus avancé que l'autre. Le diamètre de l'œil est compris quatre fois et quart à cinq fois dans la longueur de la tête ; il est plus grand que l'espace préorbitaire. L'iris est jaunâtre.

Sur le prolongement de la crête interorbitaire se trouve la narine droite ; son orifice antérieur est bordé en arrière d'une petite languette triangulaire, il est rapproché de l'autre orifice. L'ouverture postérieure de la narine gauche est placée un peu en avant de l'origine de la dorsale ; l'autre ouverture est un peu plus sur le côté droit, elle est munie d'un petit appendice cutané.

Il y a sept rayons branchiostèges. La fente des ouïes est grande, elle s'avance jusque sous le milieu de l'interopercule. Les dents pharyngiennes sont coniques, et légèrement crochues.

Au-dessus de la pectorale, la ligne latérale décrit une courbe très-prononcée, une espèce de demi-cercle ; puis elle se continue directement jusqu'à la caudale, par le milieu à peu près de la hauteur du corps.

La dorsale commence au-dessus du milieu de l'œil supérieur ; le nombre de ses rayons varie de soixante-cinq à soixante-seize. L'anale est précédée d'une épine fort aiguë ; elle finit, comme la dorsale, un peu avant la caudale. Le tronçon de la queue mesure un cinquième ou un quart de plus en hauteur qu'en longueur. La caudale est arrondie ; sa longueur fait le cinquième ou le sixième de la longueur totale. Les rayons des nageoires impaires sont garnis de petites écailles. La pectorale droite est un peu plus développée que l'autre. Les ventrales sont à peu près d'égale longueur.

Br. 7. — D. 65 à 76 ; A. 50 à 56 ; C. 2/14/2 ; P. 10 ou 11, 9 à 11 ; V. 6, 6.

Du côté des yeux, le corps est gris ou brun jaunâtre. marqué souvent de taches, de petites taches blanchâtres et de petites taches orangées ; du côté aveugle, il est gris blanchâtre.

Habitat. La Limande est très-commune dans la Manche ; elle est commune dans l'Océan sur les côtes de Bretagne, du Poitou, moins commune dans le golfe de Gascogne.

Proportions : long. totale 0,257 ; tronc, haut. 0,096, épaiss. 0,020.

Tête, long. 0,052. — OEil, diam. 0,012, esp. préorbit. 0,009, esp. interorbit. 0,002. — Mâchoire supérieure, long. 0,013.

Caudale, long. 0,045 ; tronçon de la queue, haut. 0,021, long. 0,015 ; pectorales, long. : d. 0,032, g. 0,025 ; ventrales, long. : d. 0,018, g. 0,018. — Dorsale, haut. 0,029 ; anale, haut. 0,028.

GENRE PLIE — *PLATESSA*, Cuv.

Corps de forme ovale ou rhomboïdale, couvert d'écailles généralement petites et lisses.

Tête ; museau court ; bouche assez peu fendue ; mâchoire supérieure moins longue que la mandibule, portant l'une et l'autre, au moins sur le côté gauche, une rangée de dents aplaties et coupantes.

Yeux à droite.

Appareil branchial ; ouïes largement ouvertes ; sept rayons branchiostèges ; dents pharyngiennes de forme variable.

Nageoires ; dorsale commençant au-dessus de l'œil supérieur, finissant, ainsi que l'anale, un peu avant la racine de la caudale.

Le genre Plie se compose de trois espèces.

Tubercules osseux sur l'espace interorbitaire	bien développés..........		1. P. FRANCHE.
	manquant.	nulle......	2. P. MICROCÉPHALE.
	Épine anale	apparente..	3. P. CYNOGLOSSE.

LA PLIE FRANCHE OU CARRELET — *PLATESSA VULGARIS*.

Syn. : Du QUARRELET, *Passer*, Rondel., liv. XI, c. VII, p. 253.

PLEURONECTES PLATESSA, Linn., p. 456, sp. 6 ; Bloch, pl. 42 ; Günth., t. IV, p. 440 ; Schlegel, p. 166, pl. 16, fig. 1.

DU CARRELET *ou* CARREAU, Duham., *Péch.*, part. 2, sect. 9, p. 264, pl. 5, fig. 1-2.

LA PLIE, Pleuronectes platessa, Bonnat., p. 74, pl. 40, fig. 157.

LE PLEURONECTE PLIE, Pleuronectes platessa, Lacép., t. XI, p. 45.

LA PLIE FRANCHE *ou* CARRELET, Pleuronectes platessa, Cuv., *Règ. an.*, 1817, t. II, p. 220.

PLATESSA VULGARIS, Gottsche, *Archiv.*, Wiegmann, 1835, t. II, p. 140 ; CBp., *Cat.*, p. 403.

THE PLAICE, Yarr., t. I, p. 605 ; Couch, t. III, p. 181.

N. vulg. : Flotau, Plic, Carrelet ; Lizen, Bretagne ; Fléau, Tardineau, Piaise, Hotant, Poitou (Lemarié).

Long. : 0,30 à 0,50, quelquefois 0,70.

C'est à la Plie, et non à la Barbue, que doit être appliqué le nom de Carrelet. Le corps de ce poisson est de forme rhomboïdale ; il est couvert de petites écailles lisses, minces, discoïdes, non imbriquées, sous-épidermiques. La hauteur du tronc est contenue deux fois et demie environ dans la longueur totale. L'anus est placé légèrement à gauche.

La tête est développée ; entre la fin de l'espace interorbitaire et le commencement de la ligne latérale, elle porte une série de cinq à sept tubercules osseux ; elle est, du côté droit, plus ou moins garnie de petites écailles, excepté sur les lèvres et sur l'espace interorbitaire ; sa longueur mesure le quart à peu près de la longueur totale. Le museau est court. La bouche est oblique, protractile ; elle est largement ouverte du côté gauche. Les lèvres sont épaisses. La mâchoire inférieure est plus avancée que la supérieure ; elles ont l'une et l'autre une série de dents régulière, qui commence sur le devant du côté droit et se continue sur tout le côté gauche. Les dents sont égales, quadrilatérales, aplaties, coupantes, en un mot, ce sont de véritables incisives ; chez les individus de grande taille, il y en a de cinq à neuf sur l'intermaxillaire droit, et de vingt à vingt-six sur l'intermaxillaire gauche ; le dentaire droit de la mandibule en a de trois à cinq, celui de gauche en porte de vingt-cinq à trente et une. Sous la symphyse de la mandibule se voit un tubercule osseux. La joue gauche est presque entièrement nue.

Une crête mousse, très-saillante, sépare les yeux, qui sont gros, couverts d'une peau lisse. L'œil inférieur est un peu plus avancé que le supérieur ; son diamètre, chez les très-grands animaux, ne fait guère que le neuvième de la longueur de la tête, les trois quarts de l'espace préorbitaire. A l'angle antérieur et interne, ou supérieur, de l'orbite inférieure est un tubercule fort développé. L'iris est de teinte cuivrée.

Sur le prolongement de la ligne médiane de l'espace interorbitaire, se trouvent les deux orifices de la narine droite ; ils sont placés l'un devant l'autre, et assez rapprochés ; l'orifice antérieur est tubuleux ; le postérieur est une fente presque transversale. Les ouvertures de la narine gauche sont voisines ; elles sont situées sur le museau, un peu à gauche de la ligne continuant la base de la dorsale.

Il y a sept rayons branchiostèges. La fente des ouïes s'avance, ou peu s'en faut, jusque sous le milieu du bord inférieur du préopercule. Les dents pharyngiennes sont obtuses, à peu près taillées comme des molaires.

La ligne latérale est un peu sinueuse au-dessus de la pectorale, ensuite elle se continue directement jusqu'à la caudale.

La dorsale commence au-dessus du milieu de l'œil supérieur ; elle décrit, ainsi que l'anale, une courbe qui a son maximum de hauteur vers le milieu de la longueur du corps ; les rayons de ces nageoires ne sont pas écailleux. Une épine fort aiguë précède l'anale ; elle a sa pointe dirigée en avant. Le tronçon de la queue est développé ; il a généralement un peu plus de hauteur que de longueur. La caudale est arrondie ; ses rayons sont plus ou moins garnis de petites écailles. Les pectorales sont à peu près égales.

Br. 7. — D. 67 à 75 ; A. 50 à 56 ; C. 2/17 ou 18/2 ; P. 10 ou 11, 9 ou 10 ; V. 6,6.

Ordinairement les nageoires impaires sont marquées de taches arrondies, orangées. Du côté des yeux, le corps est gris brunâtre avec plusieurs séries de taches ovales, ou bien arrondies, assez grandes, et d'une teinte rougeâtre ou orangée ; le côté aveugle est blanchâtre.

Habitat. La Plie est commune sur nos côtes de l'Ouest, et même très-commune dans la Manche, et dans l'Océan jusqu'à l'embouchure de la Gironde.

Proportions : long. totale 0,643 ; tronc, haut. 0,257, épais. 0,054.

Tête, long. 0,161. — Œil, diam. 0,018, esp. préorbit. 0,024, esp. interorbit. 0,011. — Mâchoire supérieure, long. 0,040 ; fente de la bouche, long. 0,022 (côté droit).

Caudale, long. 0,107 ; tronçon de la queue, haut. 0,042, long. 0,035 ; pectorales, long. : d. 0,046, g. 0,046 ; ventrales, long. : d. 0,043, g. 0,050. — Dorsale, haut. 0,071 ; anale, haut. 0,071.

? La Plie large, Platessa lata.

Syn. : La Plie large, Pleuronectes latus, Cuv., *Règ. an. ill.*, p. 300.
Platessa lata, CBp., *Cat.*, n° 405.
Pleuronectes latus, Günth., t. IV, p. 412.

Quelle est cette Plie? Une espèce particulière, ou bien une variété, une monstruosité de la Plie franche? — Elle a, sur la tête, les mêmes tubercules que la Plie, mais son corps n'est qu'une fois et demie aussi long qu'il est haut. On la prend très-rarement sur nos côtes (Cuvier).

LA PLIE MICROCÉPHALE — *PLATESSA MICROCEPHALUS*.

Syn. : La vraie Limandelle, Duham., *Péch.*, part. 2, sect. 9, p. 268, pl. 6, fig. 3-4; Bonnat., p. 75.

Pleuronectes microcephalus, Donov., *Nat. Hist. Brit. Fish.*, 1802, t. II, pl. 42; Nilsson, *Skand. Fn.*, t. IV, p. 609; Günth., t. IV, p. 447; Schlegel, p. 170, pl. 16, fig. 5.

Pleuronectes cynoglossus, Nilsson, *Prodr. Ichth. Scand.*, p. 53.

Pleuronectes microstomus, Nilsson, *Prodr. Ichth. Scand.*, p. 53.

La Pole, Pleuronectes pola, Cuv. et Valenc., *Règ. an. ill.*, p. 301, pl. 107 (*Pleuronectes cynoglossus*, Nilsson, *Prodr.*).

Microstomus latidens, Gottsche, dans *Arch. Natur.*, Wiegmann, 1835, t. II, p. 150.

Platessa pola, CBp., *Cat.*, n° 409.

Lemon Dab, Smooth Dab, Yarr., t. II, p. 622.

Smear Dab, Couch, t. III, p. 187.

N. vulg : Limande-Sole; Plie-Sole.
Long. : 0,20 à 0,35.

De chaque côté, le corps est couvert de petites écailles lisses, ovales; il est de forme presque rhomboïdale; sa hauteur est contenue deux fois et un tiers à deux fois et deux tiers dans la longueur totale. Le nombre des vertèbres est de quarante-six à quarante-huit, 12 +.

La tête est petite; sa longueur est comprise six fois à six fois et demie dans la longueur totale. Le museau est court. La bouche est très-peu fendue; sa commissure est sur la même ligne que l'ouverture antérieure de la narine droite; les lèvres sont épaisses, charnues. Les dents sont tranchantes, contiguës, disposées sur une seule rangée; généralement l'intermaxillaire droit n'a aucune dent, l'autre en porte de douze à quinze; il existe une ou deux dents sur le côté droit de la mandibule, il y en a douze à quinze sur le côté gauche; les dents de la mâchoire supérieure paraissent un peu moins larges que celles de la mâchoire inférieure.

Placés en quelque sorte sur la même ligne, les yeux sont seulement séparés par une crête lisse, qui ne dépasse pas le bord postérieur de l'orbite ; ils sont ovales ; leur diamètre mesure le quart environ de la longueur de la tête, il est plus grand que l'espace préorbitaire.

La narine droite a son ouverture antérieure pourvue d'un appendice tubuleux assez long, assez large, taillé obliquement ; la narine gauche a ses orifices placés sur la ligne qui va de la bouche à la dorsale ; l'orifice postérieur est un peu à gauche.

Relativement la fente branchiale est assez étroite. Les dents pharyngiennes sont aiguës, un peu recourbées.

La ligne latérale décrit une légère courbure au-dessus de la pectorale ; elle est droite dans le reste de son trajet.

La dorsale commence immédiatement en arrière de l'orifice postérieur de la narine gauche, en avant du prolongement vertical de l'œil supérieur ; elle est régulière ; elle dessine une courbe allongée. L'anale n'est précédée d'aucune épine ; elle est semblable à la dorsale. Le tronçon de la queue a beaucoup plus de hauteur que de longueur. La caudale est arrondie en éventail. Les rayons des nageoires impaires sont plus ou moins écailleux. Les pectorales sont à peu près égales. Les ventrales n'ont assez souvent que cinq rayons.

Br. 7. — D. 88 à 93 ; A. 70 à 74 ; C. 2/14 à 16/2 ; P. 10 ou 11, 9 ou 10 ; V. 5 ou 6, 5 ou 6.

Du côté des yeux, le corps est d'un jaune tirant un peu sur l'acajou très-clair, légèrement pointillé de noirâtre, surtout à la région voisine de l'anale. Les nageoires, excepté la pectorale, ont la même teinte ; la pectorale est d'un blanc rosé clair. Une bande jaune-orange s'étend sur le bord du battant operculaire et sur la ceinture scapulaire, à partir de l'insertion de la pectorale jusque vers le milieu de l'ouverture branchiale.

Habitat. Manche, assez rare, Boulogne, Abbeville, Cherbourg. Océan, rare, la Rochelle, Arcachon, Bayonne. Cette espèce est quelquefois apportée sur le marché de Paris.

Proportions : long. totale 0,298 ; tronc, haut. 0,116, épais. 0,027.

Tête, long. 0,048. — Œil, diam. 0,012, esp. préorbit. 0,009, esp. interorbit. 0,002. — Mâchoire supérieure, long. 0,010 ; fente de la bouche, long. 0,006.

Caudale, long. 0,053 ; tronçon de la queue, haut. 0,028, long. 0,008 ; pectorales, long. : d. 0,030, g. 0,027 ; ventrales, long. : d. 0,015, g. 0,015. — Dorsale, haut. 0,028 ; anale, haut. 0,028.

LA PLIE CYNOGLOSSE — *PLATESSA CYNOGLOSSUS.*

Syn. : Pleuronectes cynoglossus, Linn., p. 456, sp. 5 ; Nilsson, *Skand. Fn. Fisk.*, t. IV, p. 623 ; Günth., t. IV, p. 449 (confus.).

Pleuronectes nigromanus, Nilsson, *Prodr. Ichth. Scand.*, 1832, p. 55.

Glyptocephalus saxicola, Gottsche, *Pleuronectes*, dans *Arch. Natur.*, Wiegm., 1835, t. II, p. 156.

The Pole, Yarr., t. I, p. 616 ; Couch, t. III, p. 190.

Long. : 0,30 à 0,50.

De forme ovale, assez semblable à celui d'une Sole, le corps de ce poisson est régulier ; il est couvert d'écailles de moyenne grandeur, imbriquées, plus ou moins caduques. La hauteur du tronc est contenue trois fois et quart à trois fois et trois quarts dans la longueur totale. L'anus est placé sur le côté gauche ; en arrière et à droite se trouve l'ouverture du conduit génito-urinaire, qui est en avant et un peu au-dessus de l'épine anale.

Excepté sur le museau et sur l'espace interorbitaire, la tête paraît garnie de petites écailles imbriquées ; elle est peu développée ; sa longueur est comprise six à sept fois dans la longueur totale. Le museau est court ; la bouche est oblique, peu fendue ; les lèvres sont assez minces. Les deux côtés des mâchoires sont munis de petites dents égales, aplaties de dedans en dehors, coupantes, semblables à des incisives, rapprochées les unes des autres, disposées sur une seule rangée très-régulière ; les dernières dents de la série sont plus courtes et plus étroites que les autres. Chez un sujet d'assez grande taille, il y a quatorze à seize dents sur l'intermaxillaire droit, et vingt à vingt-deux sur l'autre ; le côté droit de la mandibule en porte une douzaine, le gauche une vingtaine. Il existe un petit tubercule sous la symphyse de la mandibule. Ainsi que le fait remarquer Gottsche, le côté gauche de la tête est creusé de nombreuses fossettes.

Les yeux sont grands; ils sont séparés l'un de l'autre seulement par une crête mince, non tuberculeuse, qui, en arrière, se dirige en haut et vient se terminer vers le prolongement du diamètre longitudinal de l'œil supérieur; ils ne sont pas placés sur une même ligne, l'inférieur est sensiblement plus avancé que le supérieur. Le diamètre de l'œil est contenu trois fois et demie à quatre fois dans la longueur de la tête; il est beaucoup plus long que l'espace préorbitaire. L'espace interorbitaire est fort étroit. Le bord antérieur des orbites est saillant. L'iris est d'un rouge jaunâtre.

Du côté droit les orifices de la narine sont placés en quelque sorte sur la ligne prolongée de la crête interorbitaire; ils sont assez rapprochés l'un de l'autre; l'orifice antérieur n'est pas tubuleux; en arrière, la membrane, qui le borde, forme un petit lobe triangulaire. Les orifices de la narine gauche sont situés, le postérieur près du bord de l'orbite supérieure, et l'autre un peu sur le côté gauche.

La fente des ouïes arrive jusqu'à la perpendiculaire tangente au bord postérieur du préopercule. Chez un individu, le préopercule du côté gauche montre cinq fossettes. D'après Gottsche, les dents pharyngiennes sont aiguës.

On peut dire que la ligne latérale est droite, c'est à peine si elle décrit une très-légère sinuosité au-dessus de la pectorale; elle se continue sur la caudale.

Les rayons des nageoires impaires n'ont que de très-petites écailles, parfois même peu distinctes. La dorsale commence au-dessus du milieu de l'œil supérieur; elle se termine, ainsi que l'anale, à une certaine distance de la base de la caudale; comme ceux de l'anale, ses rayons les plus développés se trouvent à peu près vers le milieu de la longueur du corps. Suivant M. Günther, il n'y a pas d'épine avant l'anale, c'est une grave erreur; du reste cet auteur introduit une singulière confusion dans la synonymie et dans la description qu'il donne du *Pleuronectes cynoglossus;* il rapporte à ce poisson la figure publiée par Valenciennes dans le *Règne animal*, et prétend qu'elle est mauvaise ; mais cette figure, et Valenciennes a bien soin de le faire observer dans le texte explicatif de la planche 107, cette figure est celle de la Pole (Cuv.), *Pleuronectes cynoglossus*, Nilsson (*Prod. Ichth. Scandin.*, non *Skand. Fn.*), et nullement celle du *Pleuronectes nigromanus*, Nilss. (*Prod.*). L'anale est précédée d'une épine fort aiguë, à pointe dirigée en avant. Le tronçon de la queue est dégagé, il a environ deux fois plus de hauteur que de longueur. La caudale est arrondie ; elle est écailleuse à la base. Les pectorales sont peu développées ; la nageoire droite est plus longue que la gauche. Les ventrales sont fort petites ; elles ont généralement six rayons ; Yarrell en indique sept ; Gottsche n'a pas trouvé ce dernier nombre.

Br. 7. — D. 102 à 116 ; A. 87 à 102 ; C. 2/18/2 ; P. 10 à 12, 10 à 12 ; V. 5 ou 6, 5 ou 6.

Du côté droit les nageoires impaires semblent brunâtres ; sur un individu conservé depuis longtemps dans l'alcool, la pectorale est pâle vers la base et noirâtre dans une certaine étendue ; la ventrale est brune. Le corps est d'un jaune brunâtre.

Habitat. Manche, très-rare, côtes de Picardie, Abbeville (Baillon). Océan, excessivement rare, Arcachon (Lafont).

Proportions : long. totale 0,372 ; tronc, haut. 0,106, épais. 0,015.

Tête, long. 0,055. — OEil, diam. 0,016, esp. préorbit. 0,007, esp. interorbit. 0,003. — Mâchoire supérieure, long. 0,012 ; fente de la bouche, long. 0,007.

Caudale, long. 0,066 ; tronçon de la queue, haut. 0,021, long. 0,012 ; pectorales, long. : d. 0,035, g. 0,026 ; ventrales, long. : d. 0,019, g. 0,018. — Dorsale, haut. 0,031 ; anale, haut. 0,030.

GENRE FLET — *FLESUS*.

Corps ovale, couvert d'écailles assez petites.

Tête traversée par une crête osseuse, plus ou moins rugueuse, allant de l'espace interorbitaire à la ligne latérale ; bouche oblique : mandibule plus avancée que la mâchoire supérieure, portant l'une et l'autre une rangée simple de dents presque cylindriques, tout à fait mousses.

Appareil branchial ; sept rayons branchiostèges ; dents pharyngiennes mousses.

Nageoires ; dorsale commençant au-dessus de l'œil supérieur, finissant, ainsi que l'anale, un peu avant la racine de la caudale ; dorsale et anale ayant à la base une série de tubercules épineux ; anale précédée d'une épine à pointe tournée en avant.

Ce genre est formé de deux espèces :

Ligne latérale {
bordée d'écailles rudes................ 1. F. commun.

non bordée d'écailles rudes............ 2. F. moineau.

LE FLET COMMUN — *FLESUS VULGARIS*.

Syn. : Passer fluviatilis, *vulgo Flesus*, Bell., p. 144.
Du Flez, Rondel., liv. XI, c. ix, p. 255.
Pleuronectes flesus, Linn., p. 457, sp. 7 ; Bloch, pl. 44 ; Nilsson, *Skand. Fn. Fisk.*, t. IV, p. 618 ; Günth., t. IV, p. 450 ; Schlegel, p. 168, pl. 16, fig. 2.
Pleuronectes passer, Linn., p. 459, sp. 15 (anim. tourné à gauche) ; Bloch, pl. 50.
Du Flet, Duham., *Pêch.*, part. 2, sect. 9, p. 273, pl. 7, fig. 2. .
Le Fleton, Pleuronectes flesus, Bonnat., p. 75, pl. 40, fig. 159.
Le Pleuronecte flez, Pleuronectes flesus, Lacép., t. XI, p. 50.
Le Flet ou Picaud, Cuv., *Rég. an.*, 1817, t. II, p. 220.
Platessa flesus, Gottsche, *Arch.*, Wiegm., 1835, t. II, p. 146 ; CBp., *Cat.*, n° 406 ; Siebold, *Süsswasserfische von Mitteleuropa*, p. 77.
Le Pleuronecte flet, Pleuronectes flesus, Blanch., *Poiss. eaux douces... France*, p. 267.
The Flounder, Yarr., t. I, p. 612 ; Couch, t. III, p. 195.

N. vulg. : Flet, Fléton, Flondre, Flondre d'eau douce, Picaud.
Long. : 0,20 à 0,35, quelquefois 0,45.

A l'état normal, le corps du Flet est tourné à droite ; il est ovale ; il est généralement couvert d'écailles lisses, excepté celles qui sont placées près de la ligne latérale, et celles qui se trouvent un peu au-dessus de la pectorale ; chez les très-vieux individus, il est parfois en avant, du côté des yeux, garni d'écailles dures et pectinées. La hauteur du tronc est contenue deux fois et demie à trois fois et quart dans la longueur totale.

Du côté aveugle, la tête est à peu près nue ; de l'autre côté, elle est ordinairement munie de petites écailles tuberculeuses, très-rudes, isolées les unes des autres ; sa longueur est comprise quatre fois et un tiers à quatre fois et trois quarts dans la longueur totale. Le museau est assez court. La bouche est fendue obliquement. La mâchoire supérieure est moins avancée que l'inférieure ; elles ont l'une et l'autre une rangée simple de dents cylindriques, mousses, rapprochées ; selon M. Günther, il y a deux séries de dents à la mâchoire supérieure ; c'est une disposition qui n'est pas indiquée par les ichthyologistes. L'intermaxillaire droit porte dix à douze dents, le gauche, quinze à dix-sept ; la mandibule a du côté droit quatorze à seize dents, et de l'autre dix-neuf à vingt et une.

Les yeux sont séparés par une crête qui se bifurque en avant, et qui en arrière se continue, plus ou moins rugueuse, jusqu'à la ligne latérale. L'œil inférieur est souvent un peu plus avancé que le supérieur. Suivant la taille des sujets, le diamètre de l'œil mesure du cinquième au septième de la longueur de la tête ; il est à peu près égal à l'espace préorbitaire. L'iris est jaunâtre.

La narine droite est placée sur la ligne prolongée de la crête interorbitaire ; l'orifice antérieur est légèrement tubuleux ; la membrane qui le borde s'allonge en arrière. La narine gauche est un peu en avant de l'origine de la dorsale ; son orifice antérieur ressemble à celui de l'autre narine.

La ligne latérale dessine une légère sinuosité au-dessus de la pectorale, puis elle se continue directement jusque sur la caudale ; soit dans la partie antérieure, soit dans toute la longueur de son trajet, elle est bordée d'écailles fort rudes. Sur la tête, elle se divise en deux branches ; l'une des branches décrit une forte courbure qui vient finir sous le bord inférieur de l'orbite inférieure ; l'autre est presque droite, elle se termine ordinairement près de la base du troisième ou du quatrième rayon de la dorsale.

La dorsale commence au-dessus du milieu de l'œil supérieur, et se termine ainsi que l'anale à une petite distance de la caudale ; elles décrivent l'une et l'autre une courbure régulière ; elles portent, à la base, près de l'insertion de leurs rayons, une série de tubercules garnis de petites épines ; ces tubercules sont ordinairement moins développés, et même peuvent manquer sur le côté aveugle. Le tronçon de la queue a généralement un peu moins de hauteur que de longueur. La caudale est arrondie ; chez certains sujets, elle est garnie, à la base, d'écailles pectinées.

Br. 7. — D. 58 à 64 ; A. 39 à 45 ; C. 2/14/2 ; P. 10 ou 11, 10 ou 11 ; V. 6, 6.

Du côté des yeux, le corps est d'un brun verdâtre, ou d'un gris jaunâtre ; souvent, à certaines époques, surtout au printemps, il est marqué de taches jaunâtres, parfois orangées ou rougeâtres.

Habitat. Manche, très-commun. Océan, très-commun sur les côtes de Bretagne, du Poitou ; golfe de Gascogne, assez commun, Arcachon.

Proportions : long. totale 0,395 ; tronc, haut. 0,140, épais. 0,028.

Tête, long. 0.088. — Œil, diam. 0,012, esp. préorbit. 0,013, esp. interorbit. 0,004. — Mâchoire supérieure, long. 0,020.

Caudale, long. 0,068 ; tronçon de la queue, haut. 0,028, long. 0,036 ; pectorales, long. : d. 0,045, g. 0,040 ; ventrales, long. : d. 0,025, g. 0,030. — Dorsale, haut. 0,038 ; anale, haut. 0,043.

LE FLET MOINEAU — *FLESUS PASSER*.

Syn. : DE LA PLIE, *Passer*, Rondel., liv. XI. c. VI, p. 251.

DE PASSERE, *Passeris effigies Venetiis facta*, Gesner, p. 781.

PLEURONECTES FLESUS, Var., Delaroche, *Ann. Muséum*, 1809, t. XIII, p. 357, *Mém.*, p. 71.

PLEURONECTE MOINEAU, Pleuronectes passer, Riss., *Ichth.*, p. 316.

PLATESSA PASSER, CBp., *Cat.*, n° 408, *Fn. ital.*, fig. ; Costa, *Fn. Napol.*: Canest., *Archiv. zool.*, t. I, p. 8, pl. 1, fig. 1, *Fn. Ital.*, p. 164.

PLEURONECTES ITALICUS, Günth., t. IV, p. 452.

N. vulg. : Plana, Cette.

Long. : 0,20 à 0,33, quelquefois 0,45.

Toujours le corps du Flet moineau est couvert d'écailles cycloïdes ; il présente à peu près les mêmes proportions que celui du Flet commun.

La longueur de la tête est comprise quatre fois et demie à cinq fois et demie dans la longueur totale. Les dents sont cylindriques, obtuses ; elles paraissent plus courtes que dans l'autre espèce ; chez un animal de grande taille, il y en a une douzaine sur l'intermaxillaire droit, et une vingtaine sur le gauche ; la mandibule en porte quatorze à droite et dix-neuf à gauche. Les dents pharyngiennes ont leur extrémité plus arrondie que chez le Flet commun ; sur les pharyngiens inférieurs. les dents semblent plus nombreuses que dans l'autre espèce.

Quelquefois l'œil supérieur est un peu plus avancé que l'inférieur. Le diamètre de l'œil est compris cinq à six fois dans la longueur de la tête.

Il n'y a pas d'écailles rudes sur le trajet de la ligne latérale, qui fait une sinuosité très-légère au-dessus de la pectorale, et sur la tête se partage en deux branches, comme dans l'autre espèce.

Quant aux tubercules épineux, qui sont à la base des nageoires dorsale et anale, ils paraissent moins développés que chez le Flet commun. Le tronçon de la queue a généralement un peu plus de hauteur que de longueur.

Br. 7. — D. 58 à 64 ; A. 43 à 48 ; C. 2/16/2 ; P. 10 à 12, 10 ou 11 ; V. 6, 6.

Le côté des yeux est gris brunâtre ou châtain, parfois brun olive, souvent teinté de marbrures plus foncées, quelquefois marqué de taches rondes assez claires ; les nageoires impaires ont assez souvent des macules brunâtres irrégulières. Le côté aveugle est blanchâtre.

Habitat. Méditerranée, commun, Nice ; très-commun, Cette. Océan, golfe de Gascogne, commun, Bayonne, Arcachon ; rere au-dessus de la Gironde. Il est quelquefois apporté sur le marché de Paris. M. Günther a jugé à propos de remplacer la dénomination spécifique de *passer*, depuis longtemps donnée à ce Pleuronecte, par le nom d'*Italicus*.

Proportions : long. totale 0,410 ; tronc, haut. 0,160, épais. 0,029.

Tête, long. 0,080. — Œil, diam. 0,013, esp. préorbit. 0,015, esp. interorbit. 0,004. — Mâchoire supérieure, long. 0,022.

Caudale, long. 0,071 ; tronçon de la queue, haut. 0,032, long. 0,030 ; pectorales, long. : d. 0,034, g. 0,036 ; ventrales, long. : d. 0,027, g. 0,029. — Dorsale, haut. 0,040 ; anale, haut. 0,042.

Les Flets ne se tiennent pas seulement dans les eaux saumâtres, ils entrent dans les eaux douces ; ils s'engagent même parfois assez loin dans les fleuves, les rivières ; ils remontent la Loire, la Charente, etc. M. Lacaze-Duthiers, écrit M. Blanchard, « m'en a procuré plusieurs individus pris dans la Dordogne à sa traversée dans le département du Lot. »

GENRE SOLE — *SOLEA*, Cuv.

Corps très-comprimé, plus ou moins ovale, couvert d'écailles ciliées.

Tête ayant sur le côté gauche des villosités plus ou moins nombreuses ; museau arrondi, avancé ; bouche arquée, irrégulière ; mâchoire supérieure plus longue que l'inférieure, formant à gauche une espèce de courbure prononcée, dans laquelle s'engage l'arc dentaire de la mandibule ; pas de dents sur le côté des mâchoires correspondant aux yeux ; sur le côté gauche un groupe ou une bande de petites dents en velours serré.

Yeux à droite ; œil supérieur plus avancé que l'autre.

Appareil branchial ; sept ou huit rayons branchiostèges ; dents pharyngiennes généralement pointues, très-fines.

Ligne latérale droite.

Nageoires ; nageoires impaires libres, plus ou moins écailleuses ; dorsale excessivement longue, commençant sur le museau, en avant de l'œil supérieur, et finissant près de la caudale, ainsi que l'anale.

Le genre Sole est divisé en trois sous-genres :

Pectorale existant
- de chaque côté et
  - développée . . . . 1. Sole.
  - très-réduite . . . . 2. Microchire.
- du côté droit seulement . . . . 3. Monochire.

SOUS-GENRE SOLE — *SOLEA*, Cuv.

Nageoires ; pectorales étant l'une et l'autre développées ; la pectorale gauche a toujours plus de quatre rayons.

Le genre Sole est composé de six espèces :

Taches ocellées sur le corps
- manquant. Hauteur du tronc comprise dans la longueur totale
  - au plus trois fois et un tiers. Orifices de la narine gauche
    - à peu près semblables. En dedans la base de la pectorale droite est
      - grisâtre. 1. S. commune.
      - noirâtre. 2. S. a pectorale noire.
    - dissemblables, l'antérieur très-large . . . . 3. S. Lascaris.
  - plus de trois fois et un tiers. Ligne latérale dessinant sur la tête
    - une courbe . . . . 4. S. de Klein.
    - un angle. 5. S. setau.
- bien marquées . . . . 6. S. ocellée.

LA SOLE COMMUNE — *SOLEA VULGARIS.*

Syn. : Solea, Sole, Bell., p. 145-147.
De la Sole, Rondel., liv. XI, c. x, p. 256.
Pleuronectes solea, Linn., p. 457, sp. 9 ; Brunn., *Ichth. Mass.*, p. 31, n° 47 ; Bloch, pl. 45.
Sole franche, Duham., *Pêch.*, part. 2, sect. 9, p. 257, pl. 1, fig. 1-2.
La Sole, Pleuronectes solea, Bonnat., p. 76, pl. 41, fig. 160.
Pleuronecte sole, Pleuronectes solea, Lacép., t. XI, p. 40 ; Riss., *Ichth.*, p. 307.
Solea vulgaris, Sole vulgaire, Riss., *Hist. nat.*, p. 247.
Solea vulgaris, Gottsche, *Archiv.*, Wiegmann, 1835, t. II, p. 182 ; CBp., *Cat.*, n° 423, *Fn. ital.*, fig. ; Canestr., *Archiv. zool.*, t. I, p. 41, pl. 4, fig. 2, *Fn. Ital.*, p. 165 ; Günth., t. IV, p. 463.
Sole, Yarr., t. I, p. 657 ; Couch, t. III, p. 200.

N. vulg. : Perdrix de mer ; Sole franche ; Secillet, Garlizen, Finistère ; Ruarde (catal.), Pyrénées-Orientales ; Palaiga, Sola, Hérault ; Sola, Nice.
Long. : 0,25 à 0,40 et plus.

Tout le monde connaît cet excellent poisson. Le corps est ovale, allongé ; il est couvert d'écailles rudes, à spinules développées ; sa hauteur est contenue trois fois à trois fois et un tiers dans la longueur totale. Les vertèbres sont au nombre de quarante-huit ou quarante-neuf, 9 +.

Du côté gauche, la tête est garnie de petits filaments, de villosités ; elle est plus haute que longue ; sa longueur est comprise cinq fois et trois quarts à six fois et quart dans la longueur totale. Le museau est arrondi ; sa partie avancée répond au milieu de l'espace interorbitaire. La bouche est arquée ; sa fente se termine sous le milieu de l'œil inférieur. Les mâchoires portent sur le côté gauche des dents en velours ; l'intermaxillaire et le maxillaire supérieur de ce côté jouissent d'une grande mobilité. Le vomer est lisse.

Les yeux sont petits, assez éloignés l'un de l'autre ; l'œil supérieur est plus avancé que l'inférieur. Le diamètre de l'œil ne mesure guère que le huitième de la longueur de la tête ; il est moins grand que l'espace interorbitaire. L'iris est doré.

Immédiatement en avant de l'œil inférieur sont les ouvertures de la narine droite ; l'orifice antérieur est à l'extrémité d'un appendice tubuleux. Les ouvertures de la narine gauche sont éloignées l'une de l'autre ; elles sont bordées d'un bourrelet épais, formant une espèce de petite verrue ; l'orifice postérieur est sur la ligne menée du quatrième rayon de la dorsale à l'angle de la bouche.

Il y a généralement sept rayons branchiostèges, quelquefois il peut s'en trouver huit, comme l'a constaté Gottsche.

La ligne latérale est droite sur le corps, qu'elle sépare en deux moitiés à peu près égales ; sur le tiers postérieur de la tête, elle se dirige vers la dorsale, en dessinant une courbe à concavité antérieure.

La dorsale commence en avant de l'œil supérieur, et se termine près de la caudale, dans le même plan que l'anale ; elles sont l'une et l'autre retenues par une membrane sur le tronçon de la queue. La caudale est arrondie. Les nageoires impaires ont leurs rayons couverts d'écailles.

D. 74 à 87 ; A. 60 à 69 ; C. 2/15/2 ; P. 8 à 10, 8 ou 9 ; V. 5 ou 6, 5 ou 6.

Le système de coloration semble varier suivant la nature des fonds ; il existe des Soles d'un brun très-foncé, il y en a d'un brun marron, d'un gris assez clair. En général le côté des yeux est brunâtre, parfois brun olivâtre avec des taches noirâtres souvent mal limitées ; le côté gauche est blanchâtre.

Habitat. La Sole est très-commune sur toutes nos côtes.

Proportions : long. totale, 0,362 ; tronc, haut. 0,110, épais. 0,023.

Tête, long. 0,058. — Œil, diam. 0,007, esp. préorbit. 0,019, esp. interorbit. 0,010. — Mâchoire supérieure, long. 0,017. — Longueur de la ligne oblique tirée de la commissure de la bouche au museau, et passant sur l'orifice antérieur de la narine gauche, 0,023 ; distance entre l'orifice antérieur de la narine gauche et : le museau 0,012 ; la commissure de la bouche 0,013.

Caudale, long. 0,046 ; pectorales, long. : d. 0,022, g. 0,018 ; ventrales, long. : d. 0,016, g. 0,015. — Dorsale, haut. 0,022 ; anale, haut. 0,021.

LA SOLE A PECTORALE NOIRE — *SOLEA MELANOCHIRA*.

Syn. : LA SOLE A PECTORALE NOIRE, Solea melanochira, E. Moreau, dans *Revue et Magasin de zoologie*, 1874, t. II, p. 115, pl. 15, fig. 1.

N. vulg. : Sole brusque, Arcachon.

Long. : 0,25 à 0,35.

Quant aux proportions du corps, cette espèce diffère à peine de la Sole commune. La hauteur du tronc est contenue trois fois à trois fois et quart dans la longueur totale. La peau est couverte d'écailles rudes, assez longues, mais étroites, beaucoup moins larges que celles de la Sole ordinaire. L'anus semble placé moins à gauche que dans les autres espèces. Le rachis se compose de quarante-cinq à quarante-six vertèbres, 9 +.

Relativement la tête est développée ; sa longueur est comprise cinq fois et un tiers à cinq fois et demie dans la longueur totale ; sur le côté gauche, les villosités sont beaucoup moins nombreuses que dans la Sole commune ; elles sont aussi plus déliées, et sont fixées sur des tubercules moins gros. La bouche est grande ; la fente s'étend un peu plus loin que le prolongement du diamètre vertical de l'œil inférieur. Les dents sont fines, aiguës.

Chez les sujets de grande taille, le diamètre de l'œil est compris six fois à six fois et demie dans la longueur de la tête ; il est égal à l'espace interorbitaire ; il mesure plus de la moitié de l'espace préorbitaire.

Un caractère spécifique est fourni par la position de l'orifice antérieur de la narine gauche. Cet orifice est placé sur le tiers antérieur d'une ligne menée de la commissure de la bouche au museau, en passant sur l'orifice lui-même ; tandis que chez la Sole commune, il est reculé vers le milieu de la ligne indiquée. Le tube de l'orifice antérieur de la narine droite est assez allongé ; sa base est noirâtre en arrière.

Il y a sept rayons branchiostèges.

Les pectorales sont relativement longues ; la nageoire du côté droit est un peu plus grande que l'autre ; elle est portée sur un pédoncule, qui mesure le tiers environ de sa longueur ; elle a huit rayons ainsi que celle du côté gauche. La ventrale droite a cinq rayons, l'autre quatre seulement.

Br. 7. — D. 77 ; A. 62 ou 63 ; C. 2/14/2 ; P. 8, 8 ; V. 5, 4.

Du côté des yeux, les nageoires impaires sont d'un gris jau-

nâtre avec une bordure blanchâtre. La pectorale a les rayons
teintés d'un beau noir bleuâtre ; cette coloration est intense sur la
face interne de la nageoire ; les espaces intraradiaires sont grisâtres dans leur partie moyenne ; ils sont noirs en arrière ; le
bord de la nageoire est blanchâtre, et en dedans la base est noirâtre. La coloration est d'un gris brunâtre, parfois assez foncé,
avec des taches azurées le long de la dorsale, de l'anale, et sur
le corps ; ces taches disparaissent assez promptement. Le côté
aveugle est d'un blanc laiteux assez pâle.

Habitat. Océan, golfe de Gascogne ; cette espèce se trouve principalement à l'entrée des passes du bassin d'Arcachon, près de la côte. Elle paraît
frayer en mai ou en juin.

Proportions : long. totale 0,282 ; tronc, haut. 0,091, épais. 0,017.

'Tête, long. 0,052. — OEil, diam. 0,008, esp. préorbit. 0,013, esp. interor
bit. 0,008. — Mâchoire supérieure, long. 0,016. — Longueur de la ligne oblique tirée de la commissure de la bouche au museau, et passant sur l'orifice
antérieur, de la narine gauche, 0,019 ; distance entre l'orifice antérieur de
la narine gauche et : le museau 0,006 ; la commissure de la bouche 0,013.

Caudale, long. 0,041 ; pectorales, long. : d. 0,025, g. 0,021 ; ventrales,
long. d. 0,013, g. 0,013. — Dorsale, haut. 0,020 ; anale, haut. 0,019.

LA SOLE LASCARIS — *SOLEA LASCARIS.*

Syn. : PLEURONECTE LASCARIS, Pleuronectes Lascaris, Riss., *Ichth.*, 1810, p. 311,
pl. 7, fig. 32.

? PLEURONECTE THÉOPHILE, Pleuronectes Theophilus (jeune), Riss., *Ichth.*, p. 313.

PLEURONECTES NASUTUS, Pallas (Tilesius), *Zoogr. Rosso-Asiat.*, 1811, t. III, p. 426,
n° 294.

SOLEA LASCARIS, Sole Lascaris, Riss., *Hist. nat.*, p. 249 ; Guichen., *Expl. Algér.*,
p. 106.

SOLEA LASCARIS, CBp., *Fn. ital.*, fig. ; Canestr., *Archiv. zool.*, t. I, p. 38, pl. 4,
fig. 1, *Fn. Ital.*, p. 165 ; Günth., t. IV, p. 467.

SOLEA NASUTA, Nordm., *Fn. pontique*, p. 536, pl. 31 ; CBp., *Cat.*, n° 427 ; Kaup,
Pleuronectidæ, dans *Arch. Natur.*, Wiegm., Troschel, 1858, t. I, p. 94.

SOLEA AURANTIACA, Günth., t. IV, p. 467.

SOLEA IMPAR, Günth., *ex* Benn., t. IV, p. 468.

THE LEMON SOLE, Yarr., t. I, p. 662 ; Couch, t. III, p. 205.

N. vulg. : Sole-pole, le Havre ; Verruga, Cette.

Long. : 0,20 à 0,40.

Suivant **M.** Günther, il existe trois espèces de Soles ayant
l'orifice antérieur de la narine gauche dilaté et largement frangé ;

elles sont, par lui, désignées sous les noms de *Solea aurantiaca*, *S. lascaris*, *S. impar*. Malheureusement les caractères différentiels, indiqués par l'auteur que nous venons de citer, ne présentent pas un grand degré de précision, et ne permettent pas, dans l'examen attentif des animaux, de nettement distinguer les unes des autres ces prétendues espèces, qui en réalité doivent rester réunies en une seule. La Sole Lascaris a le corps ovale, et peut-être un peu plus étroit en arrière que celui de la Sole ordinaire. La hauteur du tronc est contenue deux fois et trois quarts à trois fois et un cinquième dans la longueur totale. Des deux côtés, la peau est couverte d'écailles très-rudes, fort adhérentes, montrant, chez les sujets de même taille, et d'une même localité, de notables différences dans leurs dimensions, et par suite dans leur nombre. Il y a de quarante-six à quarante-huit vertèbres, 9 +.

La longueur de la tête est comprise cinq fois et demie à six fois et demie dans la longueur totale. Le museau est obtus. D'après M. Günther, la mâchoire supérieure ne s'avance pas en lobe allongé dans la *S. aurantiaca*, tandis qu'elle s'avance en lobe assez allongé dans la *S. Lascaris* et dans la *S. impar*; la mâchoire supérieure présente la même conformation chez tous les individus, qu'ils viennent de la Manche, de l'Océan ou de la Méditerranée. Les dents sont excessivement petites, si petites même, que Risso avait cru les mâchoires édentées.

Le diamètre de l'œil est contenu cinq fois et demie à six fois et demie dans la longueur de la tête ; il mesure la moitié environ de l'espace préorbitaire. L'espace interorbitaire est égal au diamètre vertical de l'œil.

Du côté gauche, au-dessus de la bouche, se montre une sorte de verrue, très-large, ayant un diamètre à peu près aussi grand que celui de l'œil. Cette verrue, ou plutôt cette cupule, est l'orifice antérieur de la narine gauche ; elle est, à l'intérieur, pourvue de replis convergents ; elle a le bord épais, garni de franges, d'appendices cutanés. M. Günther écrit que, dans la *S. aurantiaca*, cet orifice de la narine est entouré d'un cercle étroit de papilles, tandis que, chez la *S. Lascaris* et la *S. impar*, il est

entouré d'une large couronne de franges ; on ne peut vraiment
dire pour quel motif M. Günther donne tantôt le nom de papilles,
tantôt celui de franges aux appendices cutanés qui se trouvent
sur le bord de l'orifice de la narine ; il est inutile d'indiquer par
des termes particuliers des différences anatomiques qui n'existent pas. L'orifice postérieur de la narine est rapproché de
l'autre. L'orifice antérieur de la narine droite est tubuleux.

Ainsi que le fait observer Nordmann, le nombre des rayons
de la dorsale est aussi inconstant dans cette espèce que dans la
Sole commune. D'après les formules données par M. Günther,
le nombre des rayons de la nageoire est dans la *S. impar* inférieur à celui qui existe dans les *S. aurantiaca* et *S. Lascaris* ; il
est vrai que cet auteur reproduit inexactement la formule indiquée par C. Bonaparte ; il écrit : D. 70. A. 58 (Bonap.), au lieu
de : D. 78. A. 60, ainsi qu'il est facile de le vérifier dans la *Fauna
italica*. La dorsale et l'anale finissent très-près de la caudale.

Br. 7. — D. 65 à 89 ; A. 52 à 70 ; C. 2/15 ou 16/2 ; P. 9 ou 10, 8 ou 9 ; V. 5
ou 6, 5 ou 6.

La teinte est variable suivant l'habitat, et probablement aussi
suivant la taille des animaux ; chez les Soles de la Manche, elle
est, sur le côté des yeux, d'un jaune pâle avec des taches noires
petites et fort nombreuses ; chez les animaux pêchés dans l'Océan,
le ton général est gris jaunâtre, parfois brun jaunâtre, tacheté de
points noirs ; chez les spécimens venant de la Méditerranée, la
coloration est d'un cendré assez clair varié de verdâtre, aussi
Valenciennes avait-il donné le nom spécifique de *Sole grise*, ou
Sole cendrée, Solea cinerea, à quelques animaux rapportés de
Naples par Savigny, en 1823, et donnés au Muséum de Paris.
Suivant Risso, la couleur est fauve, tigrée de noir, avec des
reflets violets, et des points grisâtres. On rencontre, écrit Nordmann, des individus dont le côté des yeux est d'une seule nuance
de brun, d'autres qui l'ont semé de taches noires. La pectorale
est jaunâtre ou grisâtre à la base et sur les côtés, blanche à l'extrémité ; elle est marquée dans sa partie moyenne et postérieure

d'une tache noire, arrondie, bien circonscrite. Le côté aveugle est blanchâtre. Un des spécimens pêchés à Naples a le museau complétement noirâtre.

Habitat. Cette espèce se trouve sur toutes nos côtes. Manche, rare, Abbeville, ou plutôt baie de la Somme; le Havre. Océan, assez rare, la Rochelle; assez commune, Arcachon, et même commune aux mois de juillet, d'août. Méditerranée, assez commune, Cette; assez rare, Nice. Elle est parfois apportée sur le marché de Paris.

Proportions : long. totale 0,215; tronc, haut. 0,067, épais. 0,015.

Tête, long. 0,038. — Œil, diam. 0,007, esp. préorbit. 0,014, esp. interorbit. 0,003. — Mâchoire supérieure, long. 0,012.

Caudale, long. 0,028; pectorales, long. : d. 0,018, g. 0,017; ventrales, long. : d. 0,009, g. 0,008. — Dorsale, haut. 0,015; anale, haut. 0,015.

Au Muséum de Paris, cette espèce est inscrite sous le nom de *Sole à museau, Solea nasuta*, Pallas, Nordmann. — Nous avons cru devoir conserver la dénomination de *Solea Lascaris*, Risso, en raison du droit de priorité. L'*Ichthyologie de Nice* a été publiée en 1810; l'ouvrage du savant Pallas, *Zoographia Rosso-Asiatica*, a été, par les soins de Tilesius, imprimé en 1811 et n'a paru que longtemps après cette époque, après même l'*Histoire naturelle* de Risso, qui date de 1826.

LA SOLE DE KLEIN — *SOLEA KLEINII.*

Syn. : Rhombus Kleinii, Turbot de Klein, Riss., *Hist. nat.*, p. 255.

Solea Kleinii, CBp., *Cat.*, n° 426, *Fn. ital.*, fig.; Costa, *Fn. Napol.*, pl. 46; Kaup, *Pleuronectidæ*, dans *Arch. Natur.*, Wiegmann, Troschel, 1858, t. I, p. 94; Canestr., *Archiv. zool.*, t. I, p. 34, pl. 3, fig. 5, *Fn. Ital.*, p. 163; Günth., t. IV, p. 464.

N. vulg. : Rhombou, Nice.

Long. : 0,14, à 0,20.

Évidemment la Sole de Klein n'est pas, comme Risso le supposait, l'espèce qui a été décrite par Rondelet sous le nom de Pole. Son corps est de forme oblongue, non arquée; il va diminuant d'une façon régulière jusqu'à la base de la caudale; il est couvert de petites écailles, qui sont rudes en dessus, à peu près lisses en dessous par suite de la perte de leurs spinules. La hauteur du tronc est contenue trois fois et deux cinquièmes à trois fois et trois quarts dans la longueur totale.

Dans cette espèce, la tête semble avoir le profil supérieur plus courbe que chez le Séteau; elle est garnie d'écailles; sa longueur est comprise cinq fois et un tiers à cinq fois et trois quarts dans

la longueur totale. La fente de la bouche arrive sous le milieu
de l'œil inférieur. Les mâchoires ont les dents en velours, très-
fines et très-aiguës.

Chez les sujets d'assez grande taille, le diamètre de l'œil mesure environ le cinquième de la longueur de la tête ; il est beaucoup plus court que l'espace préorbitaire.

En avant de l'œil inférieur, se trouvent les orifices de la narine
droite ; l'orifice antérieur est à l'extrémité d'un tube assez allongé.
L'orifice antérieur de la narine gauche est vers le milieu de la
mâchoire supérieure ; il est entouré d'un bourrelet fort saillant,
très-épais, dont le diamètre fait le tiers environ du diamètre de
l'œil ; l'autre orifice est un peu au-dessus et en arrière de l'autre ;
il a le bord assez renflé ; il est parfois complétement caché par
les villosités, qui sont très-abondantes.

Sur le corps, la ligne latérale est droite ; au-dessus du prolongement du diamètre longitudinal de l'œil supérieur, elle décrit
une courbe régulière ; elle ne figure pas un angle, comme dans
le Séteau.

La dorsale et l'anale sont de même hauteur ; elles sont l'une
et l'autre unies à la base de la caudale par une petite membrane ;
le tronçon de la queue n'existe pas en quelque sorte. La caudale
est arrondie ; sa longueur fait environ le neuvième de la longueur totale.

D. 80 à 90 ; A. 64 à 70 ; C. 19 ; P. 8, 7 ou 8 ; V. 5, 5.

Du côté droit, les nageoires impaires sont d'une teinte brunâtre, presque noirâtre vers le bord libre ; à gauche, les rayons
sont blanchâtres, et les espaces intraradiaires noirâtres. La pectorale droite porte, à partir de la base jusque vers le tiers postérieur, une grande tache noirâtre. Les ventrales sont brunes. A
droite, ou en dessus, le corps est brunâtre, il est marqué de
points noirs, et semé de petites taches grisâtres ; du côté aveugle,
il est blanchâtre.

Habitat. Méditerranée, assez rare, Nice, Cette.
Proportions : long. totale 0,195 ; tronc, haut. 0,053, épais. 0,008.

Tête, long. 0.035. — Œil, diam. 0,007, esp. préorbit. 0,011, esp. interorbit. 0,004. — Mâchoire supérieure, long. 0,011.

Caudale, long. 0,022 ; pectorales, long. : d. 0,010, g. 0,009 ; ventrales,
long. : d. 0,008, g. 0,008. — Dorsale, haut. 0,015 ; anale, haut. 0,015.

LA SOLE SETAU — *SOLEA CUNEATA.*

Syn. : La Sole setau, Solea cuneata, de la Pylaie, *Recherches, en France, sur les
poissons de l'Océan, pendant les années 1832 et 1833,* dans *Congrès scientifique de
France*, session tenue à Poitiers en septembre 1834, 1835, p. 534.

Pleuronectes angulatus, Guichen., *Expl. Algér.,* p. 107.

Solea angulosa, Kaup, *Pleuronectidæ,* dans *Arch. Natur.*, Wiegmann, Troschel,
1858, t. I, p. 94.

N. vulg. : Séton, Séteau, Sables-d'Olonne, la Rochelle ; Languette, Langue d'avocat, Arcachon.

Long. : 0,20 à 0,30.

Plus allongé que dans la plupart des autres espèces, le corps
de la Sole setau est cunéiforme ; il est couvert, à droite comme à
gauche, d'écailles à plusieurs rangées de spinules. Sa plus
grande hauteur, qui est un peu en arrière de la pointe de la pectorale, est contenue trois fois et demie à quatre fois et un cinquième dans la longueur totale.

La longueur de la tête est comprise cinq fois et demie à six
fois et quart dans la longueur totale. Le museau est légèrement
avancé, arrondi. La fente de la bouche s'étend jusque sous le
milieu de l'œil inférieur. Les villosités, qui se trouvent sur le
côté gauche de la tête, sont moins nombreuses, mais un peu plus
longues que dans la Sole commune.

En général, l'iris est jaune teinté de grisâtre. Le diamètre de
l'œil, chez les sujets développés, mesure le sixième environ de
la longueur de la tête ; il est un peu moins grand que l'espace
préorbitaire.

Du côté gauche, les orifices de la narine ont le bord légèrement renflé ; ils paraissent plus rapprochés l'un de l'autre que
dans la Sole commune.

De la caudale à la tête, la ligne latérale est droite ; arrivée sur
le prolongement du diamètre longitudinal de l'œil supérieur,

elle se porte obliquement d'avant en arrière et de bas en haut ; elle monte près de la base de la dorsale qu'elle suit, après avoir changé de direction, jusque vers l'œil supérieur ; elle dessine de cette façon un angle très-aigu dont le sommet est en arrière.

La dorsale et l'anale sont de même hauteur ; elles finissent près de la base de la caudale, qui est arrondie, de longueur assez variable, faisant du huitième au dixième de la longueur totale. Les rayons de ces nageoires sont couverts d'écailles.

D. 85 ; A. 69 à 72 ; C. 2/16 à 18/2 ; P. 8, 7 ou 8 ; V. 6, 5 ou 6.

Du côté des yeux, les nageoires impaires ont les rayons d'un gris brunâtre, les espaces intraradiaires rosés, teintés de gris, ainsi que le bord libre, excepté la caudale qui est garnie d'un liséré blanchâtre. La pectorale est grisâtre, bordée de blanc ; une tache noire se montre vers le tiers postérieur des deux plus grands rayons, et sur deux espaces intraradiaires ; cette tache est plus longue que large ; chez quelques individus, elle s'avance jusqu'au milieu de la nageoire. Le corps est gris rosé chez les jeunes, brun grisâtre chez les animaux adultes, avec des taches noirâtres ; du côté aveugle il est blanchâtre.

Habitat. Le Séteau se trouve dans l'Océan ; il est rare au-dessus de la Loire ; il est commun sur la côte du Poitou, les Sables-d'Olonne, (Aunis) la Rochelle ; commun dans le golfe de Gascogne, Arcachon, Bayonne, Saint-Jean-de-Luz.

Proportions : long. totale 0,237 ; tronc, haut. 0,058, épais. 0,014.

Tête, long. 0,038. — OEil, diam. 0,006, esp. préorbit. 0,008, esp. interorbit. 0,005. — Mâchoire supérieure, long. 0,013.

Caudale, long. 0,023 ; pectorales, long. : d. 0,024, g. 0,017 ; ventrales, long. : d. 0,010, g. 0,009. — Dorsale, haut. 0,015 ; anale, haut. 0,015.

LA SOLE OCELLÉE — *SOLEA OCULATA.*

Syn. : De la Pegouse, Solea oculata, Rondel., liv. XI, c. XI, p. 257 ; Duham., *Pêch.*, part. 2, sect. 9, p. 259, pl. 2, fig. 4.

Solea oculata, Willugh., p. 100, pl. F: 8, fig. 4 ; CBp., *Cat.*, n° 425, *Fn. ital.*, fig. ; Canestr., *Archiv. zool.*, t. I, p. 37, pl. 4, fig. 1, écaille.

Pleuronecte pégouse, Pleuronectes pegusa, Lacép., t. XI, p. 50.

Pleuronecte œillé, Pleuronectes ocellatus, Riss., *Ichth.*, p. 309.

Sole ocellée, Solea oculata, Riss., *Hist. nat.*, p. 248 ; Valenc., *Ichthyol. Canaries*, dans Webb et Berthel., p. 84, pl. 18, fig. 2 ; Guichen., *Expl. Algér.*, p. 106.

Solea ocellata, Günth., t. IV, p. 465 ; Canestr., *Fn. Ital.*, p. 166.

N. vulg. : Pégouse, Marseille ; Sola de fount, Nice.
Long. : 0,15 à 0,020.

Cette espèce, dit Rondelet, s'appelle *Pegouse*, à raison que les écailles tiennent comme poix, et si fort qu'on ne peut les ôter, si devant elle n'est trempée en l'eau chaude. En effet les écailles sont très-adhérentes : elles sont très-rudes, plus grandes que celles de la Sole commune. Le corps est relativement épais ; il est ovale ; sa hauteur mesure environ le tiers de la longueur totale.

La tête est forte ; sa longueur est contenue cinq fois à cinq fois et un quart dans la longueur totale. Le museau est court. La fente de la bouche arrive à peine sous le bord antérieur de l'orbite inférieure.

En général l'iris est blanchâtre. Le diamètre de l'œil est compris quatre à cinq fois dans la longueur de la tête ; il est égal à l'espace préorbitaire. L'espace interorbitaire est étroit ; il est couvert d'écailles ciliées, ainsi que les paupières.

Les orifices de la narine gauche sont cachés sous les villosités, qui sont bien fournies.

La ligne latérale est droite ; ses écailles sont un peu plus développées que les autres.

Comme à l'ordinaire, la dorsale commence sur le museau, en avant de l'œil supérieur ; elle est de même hauteur que l'anale ; elles sont l'une et l'autre pourvues de rayons robustes, couverts d'écailles ; elles finissent à la base de la caudale.

D. 66 à 70 ; A. 55 à 58 ; C. 19 ; P. 7, 5 ou 6 ; V. 6, 6.

Du côté des yeux, les nageoires impaires sont d'un gris foncé teinté de roux ; la pointe de leurs rayons est blanchâtre ; la caudale porte sur la base une bande noirâtre, qui occupe toute la hauteur du tronçon de la queue. La pectorale est grise dans une partie de sa longueur ; elle devient noirâtre près de sa terminaison. La ventrale est grisâtre. Le corps est gris jaunâtre assez foncé, à reflets rougeâtres ; il est marqué de sept taches noirâtres. Il y a trois taches le long du dos, vers la base de la nageoire :

la première est au-dessus de l'extrémité de la pectorale ; la
deuxième se trouve au milieu de la longueur totale ; et la troisième au milieu de l'espace, qui sépare la deuxième tache de la
base de la caudale. Les taches, qui sont placées près de l'anale,
sont disposées, d'une façon symétrique, vis-à-vis des taches supérieures ; la première tache est mal limitée, parfois même elle
n'est pas bien distincte. Sur le milieu de la hauteur du corps,
entre les deux taches antérieures et les deux taches intermé-
diáires s'étale une large tache impaire, ovale plutôt qu'arrondie ;
elle est d'une teinte noirâtre peu foncée ; elle est entourée de
petits points d'un jaune très-clair. Les taches intermédiaires et
les deux dernières sont d'un noir d'ébène ; elles sont bordées
d'un cercle formé de points blanchâtres, ou légèrement jaunâtres.

Habitat. Méditerranée, assez rare, Nice, Marseille.

Proportions : long. totale 0,160 ; tronc, haut. 0,054, épais. 0,014.

Tête, long. 0,031. — Œil, diam. 0,007, esp. préorbit. 0,0065, esp. interorbit. 0,0025. — Mâchoire supérieure, long. 0,010.

Caudale, long. 0,022 ; pectorales, long. : d. 0,012, g. 0,008 ; ventrales,
long. : d. 0,007, g. 0,006. — Dorsale, haut. 0,015 ; anale, haut. 0,015.

SOUS-GENRE MICROCHIRE — *MICROCHIRUS*, CBp.

Nageoires ; pectorales peu développées, surtout celle du côté gauche.

Le sous-genre Microchire est composé de deux espèces.

Taches noires sur la dorsale et l'anale ⎰ manquant...... 1. M. JAUNE.
                                        ⎱ bien marquées.. 2. M. PANACHÉ.

LE MICROCHIRE JAUNE — *MICROCHIRUS LUTEUS.*

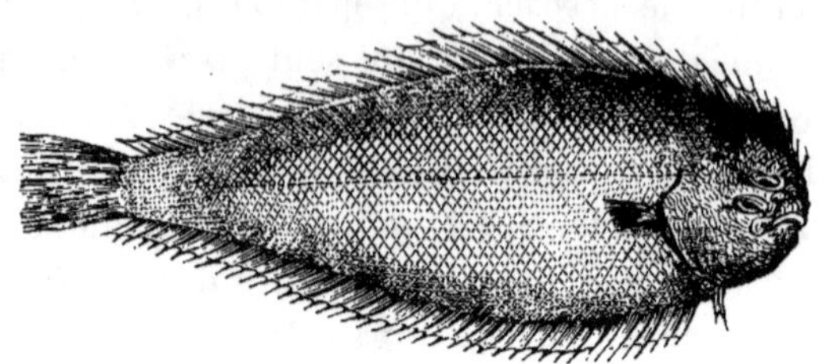

Fig. 184.

Syn. : ? DE LA PETITE SOLE, Rondel., liv. XI, c. XIV, p. 260.
PLEURONECTE JAUNE, Pleuronectes luteus, Riss., *Ichth.*, p. 312.
RHOMBUS LUTEUS, Turbot jaune, Riss., *Hist. nat.*, p. 257.
 SOLEA LUTEA, CBp., *Fn. ital.*, fig. ; Canestr., *Archiv. zool.*, t. I, p. 32, pl. 3, fig. 4,
Fn. Ital., p. 167; Günth., t. IV, p. 469.
 MICROCHIRUS LUTEUS, CBp., *Cat.*, n° 428.
 ? SOLEA MINUTA, Günth., t IV, p. 470.
 ? SOLENETTE, Yarr., t. I, p. 666; Couch, t. III, p. 207.

N. vulg. : Sola, Nice.
Long. : 0,08 à 0,12.

Toujours de taille fort exiguë, le Microchire jaune a le corps
ovale, couvert de petites écailles ciliées. La hauteur du tronc
mesure le tiers environ de la longueur totale.

La longueur de la tête est comprise cinq fois à cinq fois et un
tiers dans la longueur totale. Le museau est arqué ; la fente de
la bouche s'étend jusque sous le tiers antérieur de l'œil inférieur. Les dents sont excessivement petites.

Un peu moins grand que l'espace préorbitaire, le diamètre de
l'œil fait le cinquième de la longueur de la tête.

L'orifice postérieur de la narine droite est près de l'orbite
inférieure ; l'orifice antérieur est à l'extrémité d'un appendice
tubuleux assez allongé.

De la tête à la base de la caudale, la ligne latérale est droite.
Dans une ligne longitudinale, je compte soixante-dix ou soixante
et onze écailles.

La dorsale commence en quelque sorte sur le prolongement

du diamètre longitudinal de l'œil supérieur; elle finit, ainsi que
l'anale, fort près de la base de la caudale. La caudale est arrondie. Les pectorales sont peu développées, surtout celle du côté
gauche; le rayon supérieur de la pectorale semble être le plus
allongé.

D. 67 à 72; A. 53 à 56; C. 2/15/2; P. 5, 2 ou 3; V. 5.

Du côté des yeux la dorsale et l'anale ont la plupart de leurs
rayons d'un brun jaunâtre, ou roussâtre, séparés d'espace en
espace par des rayons d'un bleu très-foncé, presque noirâtre.
Sur la caudale se montrent quelques séries de points noirâtres.
La pectorale est souvent d'une teinte brunâtre. Le corps est
jaune doré, ou gris jaunâtre, tantôt d'une coloration uniforme,
tantôt marqué çà et là de fort petites taches noirâtres; le côté
gauche est blanchâtre.

Habitat. Méditerranée, assez rare, Nice, Cette.

Proportions : long. totale, 0,105; tronc, haut. 0,034, épais. 0,007.

Tête, long. 0,020. — Œil, diam. 0,004, esp. préorbit. 0,006; esp. interorbit. 0,002. — Mâchoire supérieure, long. 0,006.

Caudale, long. 0,013; pectorales, long. : dr. 0,005, g. 0,002; ventrale, long. 0,007. — Dorsale, haut. 0,008; anale, haut. 0,009.

LE MICROCHIRE PANACHÉ — *MICROCHIRUS VARIEGATUS.*

Syn. : Pole panachée, Duham., *Pêch.*, part. 2, sect. 9, p. 259, pl. 2, fig. 3.

Pleuronectes microchirus, Delaroche, *Ann. Muséum*, 1809, t. XIII, p. 356, *Mém.*, p. 70, fig. 2.

Pleuronecte Mangili, Pleuronectes Mangili, Riss., *Ichth.*, p. 310.

Rhombus Mangili, Turbot de Mangili, Riss., *Hist. nat.*, p. 255.

Solea Mangilii, CBp., *Fn. ital.*, fig. ; Canestr., *Archiv. zool.*, t. I, p. 29, pl. 3, fig. 3, *Fn. Ital.*, p. 166.

Microchirus lingula, CBp., *Cat.*, n° 429.

Monochire microchire, Guichen., *Expl. Algér.*, p. 107.

Solea variegata, Günth., t. IV, p. 469.

Variegated Sole, Yarr., t. I, p. 664; Couch, t. III, p. 203.

Long. : 0,12 à 0,15, quelquefois 0,22.

Ordinairement la hauteur du tronc est contenue trois fois
dans la longueur totale, plus rarement trois fois et demie. Le
corps est de forme elliptique; il est couvert d'assez grandes

écailles pectinées, très-rudes. Le nombre des vertèbres est de quarante, 10 + 30.

La longueur de la tête mesure environ le tiers de la longueur totale. Le museau est obtus. Les dents sont très-petites, peu visibles.

Suivant la taille des animaux, le diamètre de l'œil est compris cinq ou six fois dans la longueur de la tête; il est moins grand que l'espace préorbitaire; il est égal, ou peu s'en manque, à l'espace interorbitaire.

La ligne latérale va directement de la tête à la base de la caudale.

La dorsale et l'anale sont régulières. La caudale est arrondie; sa longueur fait le septième environ de la longueur totale, tantôt un peu plus, tantôt un peu moins. Les pectorales sont très-peu développées; la pectorale gauche surtout est excessivement réduite; elle n'a que trois rayons; l'autre en compte cinq, elle mesure souvent moins du vingtième de la longueur totale. Les ventrales sont aussi fort courtes; elles ont chacune cinq rayons.

D. 65 à 72 ; A. 53 à 56 ; C. 2/15/2 ; P. 5, 3 ; V. 5.

Sur le côté droit, la dorsale et l'anale sont marquées de taches noires qui s'étendent sur les parties voisines du corps ; en arrière, elles sont bordées d'un liséré blanchâtre. La caudale est teintée de noirâtre ; souvent elle porte une bande noire. La pectorale est d'un jaune grisâtre. Le corps est d'un gris brunâtre ou brun châtain ; presque toujours il est marqué de bandes transversales, ou de grandes taches noirâtres généralement peu limitées ; le côté gauche est d'un gris blanchâtre ou grisâtre.

Habitat. Méditerranée, commun, Nice, Marseille, Cette. Océan, golfe de Gascogne, commun, Arcachon ; excessivement rare au-dessus de la Gironde ; un spécimen a été pris à Concarneau, en 1878. Manche ?

Proportions : long. totale 0,214 ; tronc, haut. 0,069, épais. 0,014.

Tête, long. 0,036. — Œil, diam. 0,006, esp. préorbit. 0,010, esp. interorbit. 0,007. — Mâchoire supérieure, long. 0,014.

Caudale, long. 0,033 ; pectorales, long. : d. 0,009, g. 0,006 ; ventrales, long. : d. 0,009, g. 0,008. — Dorsale, haut. 0,017 ; anale, haut. 0,016.

SOUS-GENRE MONOCHIRE — *MONOCHIRUS*, Rafin.

Nageoires ; une seule pectorale, la droite.

LE MONOCHIRE VELU — *MONOCHIRUS HISPIDUS*.

Syn. : Monochirus hispidus, Rafin., *Précis des découvertes* (Riss.).
Pleuronecte pégouse, Pleuronectes pegusa, Riss., *Ichth.*, p. 308.
Monochirus pegusa, Monochire pégouse, Riss., *Hist. nat.*, p. 258, fig. 33 ; Guichen.,
Erpl. Algér., p. 108.
Solea monochir, CBp., *Fn. ital.*, fig. ; Günth., t. IV, p. 470 ; Canestr., *Fn. Ital.*,
p. 167.
Monochirus hispidus, CBp., *Cat.*, n° 430 ; Costa, *Fn. Napol.*, pl. 47-48.

N. vulg : Solla. d'arga, Nice ; Bourruda, Pialuda (Sole velue ou couverte
de bourre), Cette.
Long. : 0,10 à 0,15.

Il existe une certaine ressemblance entre ce poisson et le Microchire panaché. La hauteur du corps est contenue deux fois et
trois quarts à trois fois dans la longueur totale. La peau est
couverte d'écailles, qui sont plus développées sur le côté droit
que sur le gauche ; du côté coloré elles sont longues, beaucoup
plus larges à leur partie radicale qu'à leur extrémité postérieure ;
elles ont les spinules de la dernière rangée beaucoup plus saillantes que les autres ; ce qui fait paraître l'animal comme velu.

La tête est petite ; sa longueur est comprise cinq fois et demie
environ dans la longueur totale. Le museau est arrondi ; la
bouche est fendue jusque sous le tiers antérieur de l'orbite. Les
dents sont excessivement petites.

A peine si l'œil supérieur est plus avancé que l'inférieur ; ils
sont rapprochés l'un de l'autre ; leur diamètre est contenu environ cinq fois dans la longueur de la tête.

Près de l'œil inférieur, vers le bord antérieur et supérieur de
l'orbite est placé l'orifice postérieur de la narine droite ; il est
assez large ; il est voisin de l'orifice antérieur, qui est muni d'un
long appendice tubuleux.

La ligne latérale se porte directement de la tête à la base de la
caudale, sans former aucune flexuosité.

La dorsale commence à peu près au-dessus du milieu de la ligne qui sépare l'œil supérieur du bout du museau ; elle est régulière, ainsi que l'anale ; les rayons postérieurs ne sont guère moins longs que les autres. La caudale est arrondie ; elle compte une douzaine de rayons. Il n'y a qu'une seule pectorale, à rayons peu nombreux ; sur le côté gauche, il n'existe aucune trace de rayons. Les ventrales ont chacune cinq rayons.

D. 53 à 56 ; A. 40 à 44 ; C. 12 ; P. 6 ou 7 ; V. 5, 5.

Le côté droit est d'un brun rougeâtre ou marron avec des taches plus ou moins nombreuses, parfois confluentes. La dorsale et l'anale sont d'une teinte marron avec des macules noirâtres ; les espaces intraradiaires sont noirâtres des deux côtés. La caudale est marron ; la pectorale est noirâtre surtout vers son extrémité ; la ventrale droite est brune, presque noirâtre ; l'autre est blanchâtre, ainsi que la partie gauche du corps.

Habitat. Méditerranée, très-rare, Nice ; rare, Cette ; je vais indiquer les proportions relevées sur l'un des spécimens que j'ai reçus de Cette.

Proportions : long. totale 0,128 ; tronc, haut. 0,045, épais. 0,011.

Tête, long. 0,023. — Œil, diam. 0,005, esp. préorbit. 0,008, esp. interorbit. 0,002. — Mâchoire supérieure, long. 0,007.

Caudale, long. 0,018 ; pectorale, long. 0,015 ; ventrales, long. : d. 0,008, g. 0,007. — Dorsale, haut. 0,012 ; anale, haut. 0,012.

GENRE PLEURONECTE — *PLEURONECTES.*

Corps de forme ovale ou rhomboïdale.

Tête plus ou moins développée ; mandibule plus avancée que la mâchoire supérieure, munies l'une et l'autre de dents pointues ; vomer tantôt lisse, tantôt denté.

Yeux à gauche ; espace interorbitaire étroit, plus petit que le diamètre vertical de l'œil.

Nageoires ; dorsale commençant au-dessus ou en avant du bord antérieur de l'orbite supérieure.

Le genre Pleuronecte compte huit ou neuf espèces :

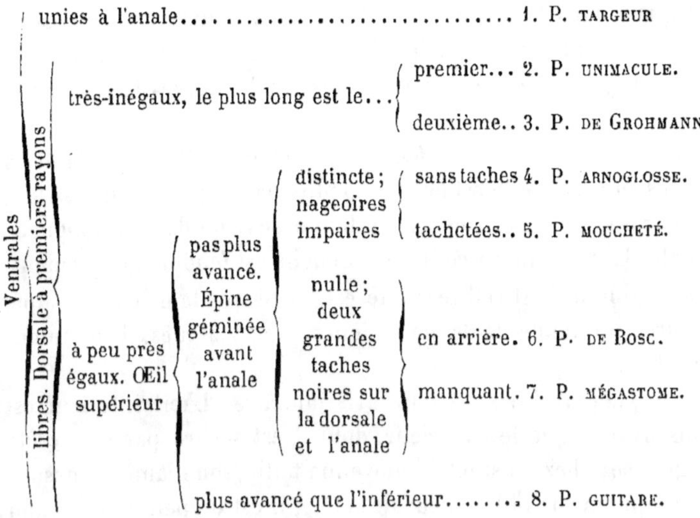

LE PLEURONECTE TARGEUR — *PLEURONECTES HIRTUS.*

Syn. : GROSSE PLIE *ou* TARGUER, Duham., *Péch.*, part. 2, sect. 9, p. 266, pl. 5, fig. 4.

PLEURONECTES HIRTUS, Abilgaard, dans O. F. Müller, *Zool. Danica*, t. III, p. 36, pl. 103.

LE TARGEUR, Cuv., *Règ. an. ill.*, p. 303.

ZEUGOPTERUS HIRTUS, Gottsche, *Arch. Natur.*, Wiegm., 1835, t. II, p. 178.

SCOPHTHALMUS HIRTUS, CBp., *Cat.*, n° 415.

RHOMBUS HIRTUS, Nilsson, *Skand. Fn.*, t. IV, p. 646.

RHOMBUS PUNCTATUS, Günth., t. IV, p. 413.

MÜLLER'S TOPKNOT, Yarr., t. I, p. 646; Couch, t. III, p. 170.

N. Vulg. : Grosse Plie; Targeur; Targie; Tarzot; Sole de rochers, Cherbourg.

Long. : 0,15 à 0,30, quelquefois 0,50.

Dans la Zoologie danoise de F. Müller, Abilgaard a donné une très-bonne description et une très-exacte figure de ce poisson, qu'il regarde comme étant d'une autre espèce que le *Pleuronectes punctatus* de Bloch. Le corps du Targeur est de forme ovale; sur le côté gauche, il est couvert de petites écailles dont les spinules relevées donnent à la peau l'apparence d'un velours très-rude. La hauteur du tronc est contenue deux fois à deux fois et quart dans la longueur totale. L'anus s'ouvre dans une sorte d'espace angulaire limité par les ventrales et par l'anale. D'après Gottsche, le nombre des vertèbres est de trente-six ou trente-sept.

Du côté des yeux, la tête est garnie d'écailles semblables à celles du corps ; elle est beaucoup plus haute que longue ; sa longueur est comprise trois fois et demie environ dans la longueur totale. Le museau est court. La bouche est fendue obliquement. La mandibule est relevée ; elle est, ainsi que la mâchoire supérieure, munie de dents en velours, fines, aiguës, légèrement crochues.

En général, l'iris est d'un gris jaunâtre. L'œil inférieur est plus avancé que le supérieur, dont il est séparé par une crête rugueuse ; chez un sujet de moyenne taille, son diamètre mesure le cinquième de la longueur de la tête, il est un peu moins grand que l'espace préorbitaire.

Les ouïes sont largement ouvertes. Le préopercule se distingue facilement des autres pièces operculaires.

La ligne latérale est assez peu visible ; elle est courbe au-dessus de la pectorale, droite dans le reste de son trajet.

Au-dessus de la mâchoire supérieure, commence la dorsale, qui se termine, comme l'anale, sur le côté droit du tronçon de la queue, assez près de la ligne latérale ; les rayons postérieurs de ces nageoires cachent en partie la base de la caudale, et au premier abord les nageoires impaires paraissent réunies. Le nombre des rayons de la dorsale varie de quatre-vingt-sept à quatre-vingt-dix-neuf. L'anale présente une particularité fort remarquable, en avant elle est unie aux ventrales, et ferme, en arrière, l'espace dans lequel se trouve l'anus ; c'est pour rappeler cette disposition que Gottsche a composé le nom de *Zeugopterus*. Le tronçon de la queue n'existe pas en quelque sorte. La caudale est arrondie. Les pectorales sont relevées, elles sont obliques de bas en haut et d'avant en arrière. La ventrale gauche est plus avancée et plus relevée que la droite. Les rayons, surtout ceux des nageoires impaires, sont couverts d'écailles très-rudes. La dorsale et l'anale ont leurs rayons les plus développés vers le tiers postérieur de la longueur du corps.

Br. 7. — D. 87 à 99 ; A. 70 à 80 ; C. 14 à 16 ; P. 11 ou 12, 10 ou 11 ; V. 6, 6.

Du côté gauche la teinte générale est d'un brun lie de vin, avec des taches arrondies ou ovales d'un noir d'ébène ; sur la tête se montrent aussi des bandes noires partant les unes des yeux, les autres des opercules, et allant sur le corps. Des taches noires, mal limitées, se remarquent sur les nageoires impaires.

Habitat. Le Targeur est très-rare sur nos côtes. Manche, Boulogne (Bouchard-Chantereaux) ; je l'ai trouvé une seule fois au Havre ; Cherbourg (H. Jouan) ; Roscoff. Océan, Bayonne (U. Darracq).

Proportions : long. totale 0,194 ; tronc, haut. 0,092, épais. 0,020.

Tête, long. 0,055. — Œil, diam. 0,011, esp. préorbit. 0,014, esp. interorbit. 0,003. — Mâchoire supérieure, long. 0,024.

Caudale, long. 0,024 ; tronçon de la queue, haut. 0,013, long. 0,002 ; pectorales, long. : g. 0,022, d. 0,015 ; ventrales, long. : g. 0,012, d. 0,011. — Dorsale, haut. 0,019 ; anale, haut. 0,020 ; distance séparant, sur le tronçon de la queue, la dorsale de l'anale 0,006.

LE PLEURONECTE UNIMACULÉ — *PLEURONECTES UNIMACULATUS.*

Syn. : DE LA PETITE LIMANDELLE *ou* CALIMANDE ROYALE, Duham., *Pêch.*, part. 2, sect. 9, p. 270, pl. 6, fig. 5.

? PLEURONECTES PUNCTATUS, Targeur, Bloch, pl. 189 ; Bonnat., p. 78, pl. 91, fig. 378 ; Lacép., t. XI, p. 68.

RHOMBUS UNIMACULATUS, Turbot unimaculé, Riss., *Hist. nat.*, p. 252, fig. 35.

RHOMBUS UNIMACULATUS, CBp., *Fn. ital*, fig. ; Nilsson, *Skand. Fn.*, t. IV, p. 645.

SCOPHTHALMUS PUNCTATUS, Sc. unimaculatus, CBp., *Cat.*, n° 416, n° 417.

PHRYNORHOMBUS UNIMACULATUS, Günth., t. IV, p. 414 ; Canestr., *Fn. Ital.*, p. 161.

BLOCH'S TOPKNOT, Rhombus punctatus, Yarr., t. I, p. 650 ; Couch, t. III, p. 173.

N. Vulg. : Rombou, Nice.

Long. : 0,10 à 0,15.

De forme ovale, le corps de ce Pleuronecte a le profil supérieur, ainsi que l'inférieur, très-arqué ; il est couvert d'écailles pectinées ; sur le côté gauche, les écailles ont leurs spinules plus ou moins relevées, ce qui donne à la peau une grande rudesse. La hauteur du tronc est contenue deux fois et quart à deux fois et deux tiers dans la longueur totale. L'anus s'ouvre un peu à droite, en dedans de la ventrale droite.

La tête est écailleuse; sa longueur, qui est d'un quart moindre que sa hauteur, mesure le quart environ de la longueur totale. Le museau est court; la bouche est petite, fendue très-oblique-ment. La mâchoire supérieure jouit d'une certaine protractilité; elle est moins avancée que la mandibule ; elles sont garnies, l'une et l'autre d'une bande étroite de petites dents coniques. Le vomer est lisse. Il existe un tubercule sous la symphyse de la mandibule.

Très-rapprochés l'un de l'autre, les yeux ne sont séparés que par une crête étroite, haute, arquée, couverte d'écailles sembla-bles à de petites épines. L'œil inférieur est un peu plus avancé que le supérieur; son diamètre fait, ou peu s'en manque, le quart de la longueur de la tête ; il est égal à l'espace préor-bitaire.

L'orifice antérieur de la narine gauche est tubuleux ; il est voisin de l'orifice postérieur, qui est ovale, bordé de noirâtre.

En arrière le battant operculaire est entamé d'une échan-crure, dans laquelle se loge la base de la pectorale.

Sur le côté gauche, la ligne latérale est peu visible; elle est très-bien marquée du côté aveugle ; elle est courbe en avant, au-dessus de la pectorale, et droite dans le reste de son trajet.

La dorsale est très-avancée, elle commence sur le museau ; les deux premiers rayons sont libres en grande partie ; le pre-mier rayon est plus allongé que le deuxième, sa longueur mesure le tiers, et plus, de la longueur de la tête ; les rayons qui sont en arrière, au-dessus de la tache ocellée, sont plus grands que ceux qui les précèdent, et que ceux qui les suivent; la nageoire compte de soixante-dix à quatre-vingts rayons. En arrière, l'anale présente la même disposition que la dorsale ; elles finis-sent l'une et l'autre du côté droit, vers la base de la caudale. La caudale est arrondie. Les rayons des nageoires impaires sont garnis de petites écailles. La pectorale gauche est beaucoup plus développée que la droite ; son rayon supérieur est sétiforme ;

il est très-allongé ; sa longueur, quand il est intact, est souvent plus grande que celle de la tête ; la pectorale droite n'atteint pas la courbure de la ligne latérale. La ventrale gauche est un peu plus grande que l'autre ; les ventrales sont fort rapprochées de l'anale, mais elles ne la joignent pas comme dans le Targeur.

D. 70 à 80; A. 65 à 68; C. 1/14/1 ; P. 10 à 12, 10 ou 11; V. 6, 6.

Du côté des yeux, la teinte générale est variable ; le plus souvent le corps est gris châtain ou rougeâtre, avec quelques taches noires, et parfois avec des points d'un rouge brunâtre. A peu près au tiers postérieur de la longueur totale, sur la ligne latérale se dessine une tache ocellée à pourtour noir, à centre blanchâtre ou rougeâtre; cette tache est arrondie et assez grande. Les nageoires sont d'un gris rougeâtre ; la dorsale et l'anale ont des rayons noirâtres espacés, alternant avec les autres, mais d'une façon irrégulière ; la caudale est tachetée de noir. Parfois la coloration est d'un brun assez foncé, avec des macules noirâtres ; la tache ocellée se détache mal sur le fond, d'autant plus que sa partie centrale est brunâtre.

Habitat. Méditerranée, rare, Nice, Cette. Océan ? Manche, Dieppe, Boulogne.

Proportions : long. totale 0,108 ; tronc, haut. 0,042, épais. 0,008.

Tête, long. 0,027. — Œil. diam. 0,007, esp. préorbit. 0,007, esp. interorbit. 0,001. — Mâchoire supérieure, long. 0,014.

Caudale, long. 0,022; tronçon de la queue, haut. 0,008, long. 0,002; pectorales, long. : g. 1er rayon 0,024, 2e rayon 0,019, d. 0,011 ; ventrales, long. : g. 0,008, d. 0,006. — Dorsale, haut. : 1er rayon 0,010, 2e rayon 0,008, au-dessus de la tache, 0,012; anale, haut. 0,013.

LE PLEURONECTE DE GROHMANN — *PLEURONECTES GROHMANNI*.

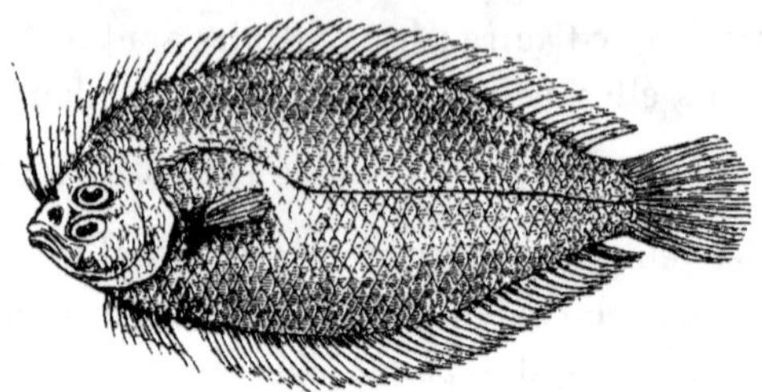

Fig. 185.

Syn. : Pleuronectes Grohmanni, CBp., *Cat.*, n° 401, *Fn. ital.*, fig.; Canestr., *Archiv. zool.*, 1861, t. I, p. 12, pl. 1, fig. 3.
Arnoglossus Grohmanni, Günth., t. IV, p. 417; Canestr., *Fn. Ital.*, p. 163.

N. Vulg. : Perpeïra, Cette.
Long. : 0,10 à 0,15.

Il est étonnant que Risso n'ait pas distingué cette espèce qui est assez commune dans la mer de Nice. Le Pleuronecte de Grohmann n'acquiert jamais une grande taille ; il a le corps ovale, couvert de larges écailles, très-imbriquées et, malgré cette disposition, fort caduques. Du côté des yeux, les écailles sont généralement munies, sur leur bord postérieur, de spinules très-fines, très-fragiles ; du côté aveugle, elles sont lisses. La hauteur du tronc est contenue deux fois et demie à trois fois dans la longueur totale.

Du côté des yeux, la tête est couverte d'assez petites écailles finement pectinées ; sa longueur est comprise quatre fois et demie à cinq fois et quart dans la longueur totale. Le museau est court. La bouche est oblique, petite ; sa fente n'arrive pas à la perpendiculaire tangente au bord antérieur de l'orbite infé-rieure. La mâchoire supérieure est moins avancée que la man-dibule ; elles portent l'une et l'autre une rangée de dents fines et pointues.

Les yeux sont très-rapprochés. L'œil inférieur est plus avancé

que l'autre ; son diamètre mesure le quart environ de la longueur
de la tête ; il est à peu près égal à l'espace préorbitaire. La crête
interorbitaire est étroite ; elle est saillante, surtout en avant et à
gauche.

La narine gauche est sur le milieu de l'espace préorbitaire ; la
narine droite est en quelque sorte placée sous la base du premier rayon de la dorsale.

Très-courbe au-dessus de la pectorale, droite dans le reste de
son trajet, la ligne latérale est très-nettement dessinée ; elle est
composée d'écailles un peu plus grandes, plus relevées que les
autres.

La dorsale commence sur le côté aveugle, très-près de la mâchoire supérieure ; elle a le deuxième rayon beaucoup plus
allongé que les autres. L'anale est précédée d'une épine double,
petite, à pointe dirigée en arrière ; elle finit, ainsi que la dorsale, près de la base de la caudale, qui est arrondie. Généralement la pectorale gauche est un peu plus développée que l'autre.

D. 84 à 90 ; A. 55 à 67 ; C. 1/15 à 17/1 ; P. 9 ou 10, 9 ; V. 6, 6.

Du côté des yeux le corps est gris cendré ou rougeâtre, mar-
bré de brun, semé parfois de petites macules noirâtres ; du côté
aveugle, il est blanc rosé. Les nageoires impaires sont ordinairement marquées de points noirâtres ; souvent les rayons antérieurs de la dorsale sont d'un brun très-foncé.

Habitat. Méditerranée, assez commun à Nice ; assez commun à Cette.
Proportions : long. totale 0,130 ; tronc, haut. 0,049, épais. 0,009.
Tête, long. 0,025. — OEil, diam. 0,0065, esp. préorbit. 0,006, esp. interor-
bit. 0,001. — Mâchoire supérieure, long. 0,0085.
Caudale, long. 0,018 ; tronçon de la queue, haut. 0,013, long. 0,003 ; pec-
torales, long. : g. 0,013, d. 0,011 ; ventrales, long. : g. 0,009, d. 0,007. —
Dorsale, haut. : 1er rayon 0,008, 2e rayon 0,018 ; anale, haut. 0,008.

LE PLEURONECTE ARNOGLOSSE — *PLEURONECTES ARNOGLOSSUS.*

Syn. : Du PERPEIRE, Arnoglossus lævis, Rondel., liv. XI, c. XIII, p. 259 ; ? Duham., *Pêch.*, part. 2, sect. 9, p. 259, pl. 2, fig. 5.

ARNOGLOSSUS, Gesn., p. 786 ; Willugh., p. 102, pl. F. 8, fig. 7.

PLEURONECTES LATERNA, Arted. Walb., *Gen.*, p. 121.

PLEURONECTES CASURUS, Pennant *Brit. Zool.*, 1812, t. III, p. 325, pl. 53 ; CBp., *Cat.*, n° 400.

PLEURONECTE LÉOTARDI, PLEURONECTES LEOTARDI, Riss., *Ichth.*, p. 318.

RHOMBUS NUDUS, Turbot nu, Riss., *Hist. nat.*, p. 251.

PLEURONECTES ARNOGLOSSUS, CBp., *Cat.*, n° 399, *Fn. ital.*, fig. ; Canestr., *Archiv. zool.*, 1861, t. I, p. 14, pl. 1, fig. 4.

ARNOGLOSSUS LATERNA, Günth., t. IV, p. 415 ; Canestr., *Fn. Ital.*, p. 162.

THE SCALDFISH, Yarr., t. I, p. 644.

MEGRIM, Couch, t. III, p. 177.

N. Vulg. : Rombou, Nice ; Perpeïre, Cette.
Long. : 0,10 à 15, quelquefois 0,18.

De grandes écailles très-minces, finement pectinées, couvrent le corps ; leur peu d'adhérence à la peau a fait donner au poisson, par Risso, le nom de *Turbot nu*, nom qui conviendrait aussi bien au Pleuronecte de Grohmann ; il est probable que le naturaliste de Nice a confondu les deux espèces sous une même dénomination. Le tronc est fort comprimé ; sa hauteur est contenue trois fois à trois fois et un tiers dans la longueur totale.

Relativement la tête a peu de hauteur ; sa longueur est comprise quatre fois à quatre fois et demie dans la longueur totale. Le museau est court. La bouche est largement ouverte ; elle est fendue très-obliquement. L'extrémité du maxillaire supérieur arrive sous le milieu de l'œil inférieur. La mandibule porte un tubercule à la symphyse ; ainsi que la mâchoire supérieure, elle est munie de dents égales, fines, très-aiguës, disposées sur une seule rangée. Le vomer est lisse.

Généralement l'œil inférieur est un peu plus avancé que le supérieur, dont il n'est séparé que par une crête mince. Le diamètre de l'œil est contenu quatre à cinq fois dans la longueur de la tête ; il est égal, ou peu s'en manque, à l'espace préorbitaire. L'iris est d'un gris jaunâtre

Les pièces operculaires, au moins du côté gauche, sont écailleuses ; elles sont très-minces. Les dents pharyngiennes sont très-fines. Il y a sept rayons branchiostèges.

La ligne latérale décrit une courbe au-dessus de la pectorale, puis elle se continue directement jusqu'à la caudale.

La dorsale commence en avant de l'œil supérieur, au-dessus de la narine droite ; elle finit, comme l'anale, très-près de la base de la caudale. Le tronçon de la queue a beaucoup plus de hauteur que de longueur. La caudale est arrondie. La pectorale gauche est plus développée que la droite. Les os du bassin ont chacun une apophyse aiguë, qui forme, en avant de l'anus, une épine double ou géminée, à pointe tournée en arrière ; cette disposition se montre également dans le Pleuronecte de Grohmann, et dans le Pleuronecte moucheté.

Br. 7. — D. 87 à 90 ; A. 64 à 68 ; C. 2/13/2 ; P. 10 ou 11, 8 ou 9 ; V. 6, 6.

Sur le côté gauche, la teinte est gris jaunâtre, ou gris rosé ; le côté aveugle est gris blanchâtre. Les nageoires ne sont pas tachetées.

Habitat. Méditerranée, assez commun, Nice, Cette. Océan ? Manche très-rare ; je l'ai trouvé au Havre.

Proportions : long. totale 0,147 ; tronc, haut. 0,045, épais. 0,007.

Tête, long. 0,036. — Œil, diam. 0,007, esp. préorbit. 0,008, esp. interorbit. 0,0015. — Mâchoire supérieure, long. 0,016 ; mandibule, long. 0,020.

Caudale, long. 0,020 ; tronçon de la queue, haut. 0,012, long. 0,003 ; pectorales, long. : g. 0,019, d. 0,012 ; ventrales, long. : g. 0,008, d. 0,007. — Dorsale, haut. 0,013 ; anale, haut. 0,012.

Le Pleuronecte de Grohmann et l'Arnoglosse sont, à cause de leur petite taille, mis toujours avec le fretin, le poisson de rebut, et souvent même rejetés par les pêcheurs.

LE PLEURONECTE MOUCHETÉ — *PLEURONECTES CONSPERSUS.*

Syn. : PLEURONECTES CONSPERSUS, Canestr., *Archiv. zool.*, 1861, t. I, p. 10, pl. 1, fig. 2, *Fn. Ital.*, p. 163 ; Günth., t. IV, p. 416 ; B. Capel., *Cat. Peix. Portug.*, n° 5, p. 11.

Long. : 0,08 à 0,14.

Sous le nom de *Pleuronectes conspersus*, M. Canestrini a décrit un poisson, qui a la plus grande ressemblance avec l'Arnoglosse, qui s'en distingue seulement par un léger changement dans le système de la coloration, et par une moindre longueur de la mâchoire inférieure. Dans la nouvelle espèce, le corps du côté des yeux est cendré, et semé, ainsi que les nageoires verticales, de points noirâtres. La longueur de la mandibule est comprise huit fois et demie au moins dans la longueur totale.

Habitat. Méditerranée, Port-Vendres.

Proportions : long. totale 0,085 ; tronc, haut. 0,027, épais. 0,003.

Tête, long. 0,019. — Œil, diam. 0,005, esp. préorbit. 0,0045, esp. interorbit. 0,001. — Mâchoire supérieure, long. 0,007 ; mandibule, long. 0,009.

Caudale, long. 0,015 ; tronçon de la queue, haut. 0,008, long. 0,003 ; pectorales, long. : g. 0,014 ; d. 0,008 ; ventrales, long. : g. 0,006, d. 0,0055.

LE PLEURONECTE DE BOSC — *PLEURONECTES BOSCII.*

Syn. : Pleuronecte Bosquien, Pleuronectes Boscii, Riss., *Ichth.*, p. 319, pl. 7, fig. 33 ; Cuv., *Règ. an.*, 1817, t. II, p. 221 (note).

Hippoglossus Boscii, Fletan de Bosc, Riss., *Hist. nat.*, p. 246.

Pleuronectes Boscii, CBp., *Cat.*, n° 396, *Fn. ital.*, fig. ; Canestr., *Archiv. zool.*, t. I, p. 19, pl. 2, fig. 2.

Arnoglossus Boscii, Günth., t. IV, p. 416 ; B. Capel., *Cat. Peix. Portug.*, n° 5, p. 11 ; Canestr., *Fn. Ital.*, p. 163.

N. Vulg. : Pampaloti, Nice ; Perpeira, Cette.

Long. : 0,20 à 0,35.

Il existe une certaine ressemblance entre le Pleuronecte de Bosc et la Cardine. Chez le Pleuronecte de Bosc, la peau est couverte d'écailles plus grandes que celles de la Cardine ; les écailles sont caduques ; elles sont finement ciliées sur le côté des yeux, et lisses sur le côté aveugle. Le corps est ovale ; sa hauteur est contenue trois fois à trois fois et un tiers dans la longueur totale. Les vertèbres sont au nombre de trente-neuf, 10 + 29.

La tête est écailleuse, au moins du côté des yeux ; sa longueur, qui est un peu moindre que sa hauteur, est comprise quatre fois à quatre fois et un tiers dans la longueur totale. Le museau est court. La bouche est très-oblique ; elle est largement fendue. Le maxillaire supérieur arrive en arrière au moins jusqu'au prolongement du diamètre vertical de l'œil inférieur. La mandibule porte à la symphyse un tubercule conique très-saillant ; elle est plus avancée que la mâchoire supérieure ; elles ont l'une et l'autre une bande de dents en velours plus nombreuses, moins fortes et moins crochues que dans la Cardine. Le chevron du vomer est muni d'un petit groupe de dents très-fines. La disposition du système dentaire n'est pas celle qui est indiquée par M. Günther comme l'un des caractères essentiels du genre *Arnoglossus* : une seule rangée de dents sur les mâchoires ; vomer non denté.

A peine si l'œil inférieur est plus avancé que le supérieur, dont il est séparé par un espace fort étroit, couvert de petites écailles très-pectinées. Les yeux sont développés ; leur diamètre est contenu trois fois à trois fois et demie dans la longueur de la tête ; il est plus grand que l'espace préorbitaire. L'iris est d'un jaune verdâtre.

Les narines sont placées comme dans la Cardine.

Les rayons des nageoires verticales sont garnis d'écailles. La dorsale commence au-dessus de la narine droite ; elle finit, ainsi que l'anale, à une certaine distance de la caudale ; ses rayons les plus développés sont, comme ceux de l'anale, vers le tiers postérieur de la longueur totale. La caudale est arrondie. La hauteur et la longueur du tronçon de la queue sont à peu près égales. La pectorale gauche est généralement plus grande que la droite. Les ventrales sont de même dimension.

Br. 7. — D. 75 à 82: A. 62 à 66 ; C. 17 à 19 ; P. 11, 9 à 11 ; V. 6, 6.

La dorsale et l'anale portent, en arrière, chacune deux taches noires, arrondies, placées symétriquement. Le côté des yeux est d'un gris jaunâtre, ou cendré ; le côté droit est jaunâtre.

Habitat. Méditerranée, assez commun, Nice, Cette.

Proportions : long. totale 0,290 ; tronc, haut. 0,094, épais. 0,020.

Tête, long. 0,068. — OEil, diam. 0,020, esp. préorbit. 0,015, esp. interorbit. 0,002. — Mâchoire supérieure, long. 0,035 ; mandibule, long. 0,039.

Caudale, long. 0,047 ; tronçon de la queue, haut. 0,017, long. 0,016 ; pectorales, long. : g. 0,0035, d. 0,023 ; ventrales, long. : g. 0,012, d. 0,012. — Dorsale, haut. 0,027 ; anale, haut. 0,032.

LE PLEURONECTE MÉGASTOME OU CARDINE,
PLEURONECTES MEGASTOMA.

Syn. : LIMANDELLE *ou* GRANDE CALIMANDE, Duham., *Pêch.*, part. 2, sect. 9, p. 270, pl. 6, fig. 6.

PLEURONECTES MEGASTOMA, Donov., *Brit. Fish.*, t. III, pl. 51; Schlegel, p. 165, pl. 15, fig. 4.

LA CARDINE *ou* CALIMANDE, Pleuronectes cardina, Cuv., *Règ. an. ill.*, p. 304.

PLEURONECTES MEGASTOMUS, CBp., *Cat.*, n° 402.

RHOMBUS MEGASTOMA, Nilsson, *Skand. Fn.*, t. IV, p. 641 ; Günth., t. IV, p. 411.

THE WHIFF, Yarr., t. I, p. 654.

CARTER, Couch, t. III, p. 167.

N. Vulg. : Pole, le Havre ; Liame, Poitou (Lemarié); Mère des Soles, Arcachon.

Long. : 0,25 à 0,40, quelquefois 0,50.

A demi transparent quand il sort de l'eau, le corps de la Cardine est couvert d'écailles minces ciliées, sur le côté gauche, et généralement lisses sur le côté droit ; il est ovale et relativement assez allongé ; sa hauteur est comprise trois fois à trois fois et demie dans la longueur totale. L'anus est ouvert presque sur le milieu de la carène du ventre. Le nombre des vertèbres est généralement de quarante, 10 + 30.

A peu près aussi haute que longue, la tête est effilée ; elle est écailleuse ; sa longueur est contenue quatre fois à quatre fois et un tiers dans la longueur totale. La bouche est oblique ; elle s'ouvre très-largement. La mâchoire supérieure est moins avancée que l'inférieure ; elle est fort protractile ; l'intermaxillaire est relativement assez peu développé ; le maxillaire supérieur, au moins du côté droit, est en partie couvert de petites écailles ciliées ; la mandibule est sinueuse, aiguë, elle porte un tubercule sous la symphyse ; les deux mâchoires sont munies d'une bande étroite de dents en velours, très-fines, un peu crochues. Le vomer a le chevron denté. La langue est libre, étroite et fort longue.

Les yeux sont grands ; leur diamètre est compris trois fois et quart à trois fois et deux tiers dans la longueur de la tête, il est en général plus grand que l'espace préorbitaire. L'œil inférieur est plus avancé que l'autre, dont il est séparé par une crête mousse, couverte de petites écailles. L'iris est jaunâtre. Le repli de la choroïde forme une palmette développée.

Sur le prolongement de l'espace interorbitaire est placée la narine gauche ; son orifice antérieur est bordé, en arrière, d'une grande languette cutanée ; l'autre narine est à droite de l'origine de la dorsale ; son orifice antérieur est aussi pourvu d'un long appendice.

Il y a sept rayons branchiostèges, qui soutiennent une membrane très-pâle. La fente branchiale est très-grande ; elle commence au-dessus de la base de la pectorale, et s'avance jusque sous le milieu de l'œil inférieur.

Au-dessus de la pectorale, la ligne latérale dessine une grande courbure, puis elle se continue directement vers la caudale ; elle est formée d'une centaine d'écailles ; on en compte une trentaine de la tête à la fin de la courbure.

La dorsale commence en avant de l'œil supérieur ; elle a son premier rayon en quelque sorte placé au-dessus de l'orifice postérieur de la narine droite ; elle finit dans le même plan que l'anale, sur le côté droit du tronçon de la queue ; ses douze ou quinze rayons antérieurs sont libres dans une assez grande partie de leur hauteur. Quand l'animal est en bon état, on ne trouve pas d'épine avant l'anale ; mais s'il est détérioré, il arrive parfois que l'apophyse grêle et longue du premier interépineux perce la peau, et se montre comme une espèce de tige pointue. Le tronçon de la queue est dégagé ; sa hauteur est à peu près égale à sa longueur. La caudale est arrondie. La pectorale gauche est plus grande que l'autre. Les ventrales sont placées très-en avant ; elles prennent naissance sous le tiers antérieur de l'interopercule ; l'étendue de leur base l'emporte sensiblement sur la longueur de leurs rayons. De petites écailles se montrent sur les rayons des nageoires, au moins près de leur insertion.

Br. 7. — D. 85 à 89 ; A. 67 à 70 ; C. 2/15/2 ; P. 11 ou 12, 10 à 12 ; V. 6, 6.

Les nageoires sont pâles. Le corps est gris jaunâtre teinté de brun, ou gris rosé.

Habitat. La Cardine se pêche sur toutes nos côtes. Manche, assez rare, je l'ai vue quelquefois sur le marché du Havre. Océan, très-rare au nord de la Loire ; rare entre la Loire et la Gironde, la Rochelle ; golfe de Gascogne, assez commune à Arcachon, au moins pendant les mois d'été. Méditerranée, excessivement rare, je l'ai trouvée à Cette. Elle est quelquefois apportée sur le marché de Paris.

Proportions : long. totale 0,365 ; tronc, haut. 0,108, épais. 0,020.

Tête, long. 0,086. — Œil, diam. 0,024, esp. préorbit. 0,022, esp. interorbit. 0,003. — Mâchoire supérieure, long. 0,039 ; mandibule, long. 0,048.

Caudale, long. 0,067 ; tronçon de la queue, haut. 0,019, long. 0,019 ; pectorales, long. : g. 0,044, d. 0,023 ; ventrales, long. : g. 0,015, d. 0,014. — Dorsale, haut. 0,033 ; anale, haut. 0,033.

En général la Cardine n'est pas estimée ; les pêcheurs d'Arcachon en font très-peu de cas ; on ne sait vraiment pour quelle raison, car cette espèce donne une chair des plus délicates.

LE PLEURONECTE GUITARE — *PLEURONECTES CITHARUS*.

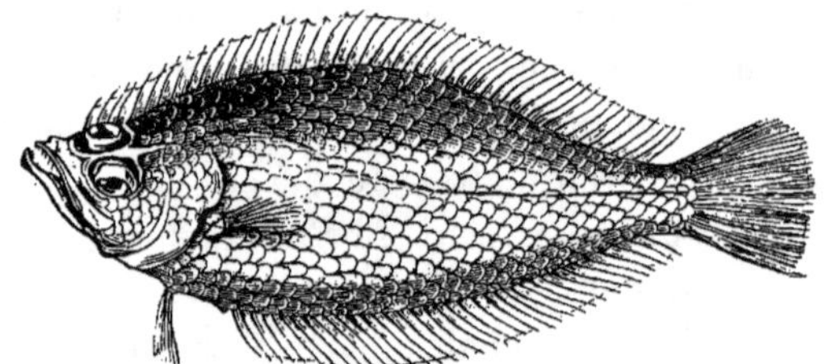

Fig. 186.

Syn : Du Folio, CITHARUS, Rondel , liv. XI, c. 4, p. 249.

CITHARUS, Gesner, p. 269 ; Willugh., p. 101.

PLEURONECTES MACROLEPIDOTUS, Delaroche, *Ann. Muséum*, 1809, t. 13, p. 353 ; CBp., *Fn. ital.*, fig. ; Canestr., *Archiv. zool.*, 1861, t. 1, p. 16, pl. 2, fig. 1.

PLEURONECTES CITHARUS (le Pleuronecte guitare), Max. Spinola, *Ann. Muséum*, 1807, t. 10, p. 374 ; CBp., *Cat.*, n° 397.

HIPPOGLOSSUS MACROLEPIDOTUS *ou* CITHARUS, Cuv. *Règ. an.*, 1817, t. 2, p. 221 (note).

HIPPOGLOSSUS CITHARUS, Fletan macrolépidote, Riss., *Hist. nat.*, p. 246.

HIPPOGLOSSUS CITHARUS, Costa. *Fn. Napol.*

FLÉTAN A GRANDES ÉCAILLES, Guichen., *Expl. Algér.*, p. 105.

CITHARUS LINGUATULA, Günth. (non Linn.), t. 4, p. 418 ; Canestr., *Fn. Ital.*, p. 161.

N. Vulg. : Pampoliti, Nice ; Perpeïra, Prétré, Cette.

Long. : 0,15 à 0,30.

Assurément ce poisson n'est pas le *Pleuronectes macrolepidotus*

de Bloch ; mais est-il bien, comme le supposent quelques ichthyologistes, le *Pleuronectes linguatula* de Linné ? Rien n'est moins
probable ; ainsi les yeux sont placés à droite chez le *Pleuronectes
linguatula* de Linné, tandis qu'ils sont à gauche chez le Pleuronecte que nous allons étudier. Le corps est ovale ; il est couvert
de très-grandes écailles, assez peu adhérentes, munies de spinules excessivement délicates ; du côté gauche, les spinules sont
fort nombreuses, il y en a de quinze à vingt dans les rangées
médianes ; du côté droit, il s'en trouve beaucoup moins, souvent
elles sont disposées sur un espace triangulaire, parfois elles sont
usées, elles disparaissent même plus ou moins complètement, et
la place qu'elles occupaient est à peine rugueuse. La hauteur du
tronc est contenue trois fois et un cinquième à trois fois et demie
dans la longueur totale.

Excepté sur le museau, la tête est garnie d'écailles ; elle est
à peine plus haute que longue ; sa longueur est comprise quatre
fois et demie dans la longueur totale. Le museau est pointu. La
bouche est grande, fendue obliquement. La mandibule est plus
avancée que la mâchoire supérieure ; elle porte un tubercule à
la symphyse ; le dentaire présente une disposition qui se rencontre également chez l'Arnoglosse, le Pleuronecte de Bosc et
chez la Cardine, il est percé d'une ouverture qui est rapprochée
du bord supérieur. Les mâchoires sont pourvues de dents crochues, inégales, disposées, le plus souvent, en rangée simple,
parfois irrégulière, ou double en avant surtout ; les dents antérieures paraissent généralement plus fortes que les autres. Le
vomer est saillant ; il porte, sur le chevron, un groupe de dents
crochues, à pointe tournée en arrière comme celles des mâchoires.
Le maxillaire supérieur dépasse, en arrière, le prolongement
du diamètre vertical de l'œil inférieur.

Suivant la taille des animaux, le diamètre de l'œil est compris
quatre fois et demie à six fois dans la longueur de la tête ; il est
moins grand que l'espace préorbitaire. L'œil supérieur est plus
avancé que l'autre, dont il n'est séparé que par une crête fort
étroite.

Les ouïes sont largement ouvertes. Le battant operculaire présente, en arrière, une grande échancrure vis-à-vis de la base de la pectorale. Il y a sept rayons branchiostèges.

Très-nettement dessinée, la ligne latérale forme une courbe au-dessus de la pectorale, puis elle se continue directement jusque sur la caudale. Elle est composée d'écailles plus petites que les autres, et carénées en quelque sorte ; le canal, qui les traverse, a la paroi externe saillante ; il est long et large, en arrière, il fournit de chaque côté un conduit coudé ; il résulte de cette disposition, qu'il y a sur le bord de chacune des écailles trois orifices, un médian, deux latéraux.

La dorsale commence du côté droit, vers le point correspondant au bord antérieur de l'orbite supérieure ; elle finit, ainsi que l'anale, près de la base de la caudale. Chez les animaux en bon état, aucune épine n'est saillante au dehors ; la pointe des os du bassin n'est pas à nu ; l'extrémité du premier interépineux de l'anale se laisse bien sentir sous le doigt, mais ne traverse pas la peau. Le tronçon de la queue a un peu moins de longueur que de hauteur. La caudale est arrondie ; sur la base elle a des écailles ; les autres nageoires en sont dépourvues. Les pectorales sont à peu près égales. La base des ventrales est relativement assez étroite.

Br. 7. — D. 64 à 68 ; A. 44 à 46 ; C. 2/16/2 ; P. 9 ou 10, 9 ; V. 6, 6.

En général, les nageoires n'ont pas de taches. Le côté des yeux est gris teinté de jaune, ou gris assez clair ; parfois sur le tronçon de la queue, il y a une double tache noirâtre, l'une placée vers la base des derniers rayons de la dorsale, l'autre près de la base des rayons correspondants de l'anale ; le côté gauche est blanchâtre.

Habitat. Méditerranée, assez commun, Nice, Cette, Port-Vendres.
Proportions : long. totale 0,250 ; tronc, haut. 0,080, épais. 0,015.
Tête, long. 0,060. — Œil, diam. 0,011, esp. préorbit. 0,015, esp. interorbit. 0,001. — Mâchoire supérieure, long. 0,030 ; mandibule, long. 0,036.
Caudale, long. 0,045 ; tronçon de la queue, haut. 0,017, long. 0,013 ; pectorales, long. : g. 0,030, d. 0,029 ; ventrales, long. : g. 0,017, d. 0,019. — Dorsale, haut. 0,019 ; anale, haut. 0,020.

LE PLEURONECTE ÉLÉGANT — *PLEURONECTES CANDIDISSIMUS.*

Syn.: Rhombus candidissimus, Turbot élégant, Riss., *Hist. nat.*, p. 253, fig. 34 ;
Guichen., *Expl. Algér.*, p. 105 ?
    Rhombus candidissimus, Canestr., *Fn. Ital.*, p. 161.

Voici les caractères indiqués par Risso :

Long. : 0,060.

Ce petit Turbot, semblable à de la gelée, a le corps ovale
arrondi, couvert de très-petites écailles, d'un blanc transparent ;
le museau est protractile, arrondi ; la bouche petite ; les yeux
relevés, placés sur une même ligne ; la ligne latérale droite d'un
blanc opaque ; les nageoires dorsale et anale ornées chacune de
cinq taches rouges, avec un liséré de la même couleur.

Br. 3. — D. 46 ; A. 28 ; C. 11 ; P. 9 ; V. 5.

Habitat. Méditerranée, excessivement rare, Nice.
M. Canestrini dit que E. A. Costa a donné la figure de ce poisson dans
Annuario del Museo zool. di Napoli, 1862, anno 1, tav. 1, fig. 1.

GENRE TURBOT OU RHOMBE — *RHOMBUS*, Klein.

Corps de forme ovale ou rhomboïdale ; du côté des yeux, peau garnie de
tubercules, ou couverte d'écailles lisses.
Tête ; bouche fendue obliquement ; mâchoire inférieure plus avancée que
la supérieure, munies l'une et l'autre de dents pointues en velours ou en
cardes fines ; vomer denté.
Yeux à gauche ; espace interorbitaire plus grand que le diamètre vertical
de l'œil.
Nageoires ; dorsale commençant sur le museau, en avant de l'œil supérieur, et finissant, comme l'anale, près de la caudale.

Ce genre comprend deux espèces :

Sur le côté gauche des { tubercules....................... 1. Turbot.
{ écailles lisses.................... 2. Barbue

LE TURBOT — *RHOMBUS MAXIMUS.*

Syn. : Rhombus, un Turbot, Bell., p. 139-140.

Rhombus aculeatus, Rondel., liv. XI, c. ii, p. 310; Gesner, p. 778; Willugh., p. 93, pl. F. 8, fig. 3; Gottsche, *Seeländischen Pleuronectes-Arten*, dans *Arch. Natur.*, Wiegm., 1835, t. II, p. 172.

Du Turbot piquant, Rondel., liv. XI, c. i, p. 245.

Pleuronectes maximus, Linn., p. 459, sp. 14; Brunn., *Ichth. Mass.*, p. 35, n° 49; Bloch, pl. 49; Schlegel, p. 162, pl. 15, fig. 2.

Du vrai Turbot bouclé, Rhombus aculeatus, Duham., *Pêch.*, part. 2, sect. 9, p. 261, pl. 3, fig. 1-2.

Le Turbot, Bonnat., p. 77, pl. 42, fig. 163; Cuv., *Règ. an.*, 1817, t. II, p. 222; Guichen., *Expl. Algér.*, p. 105.

Le Pleuronecte turbot, Pleuronectes maximus, Lacép., t. XI, p. 61; Riss., *Ichth.*, p. 314.

Rhombus maximus (Turbot épineux), Riss., *Hist. nat.*, p. 250; CBp., *Fn. ital.*, fig.; Costa, *Fn. Napol.*, pl. 43, fig. 1; Canestr., *Archiv. zool.*, 1861, t. I, p. 25, pl. 3, fig. 1, *Fn. Ital.*, p. 160; Günth., t. IV, p. 407.

Psetta maxima, CBp., *Cat.*, n° 419.

The Turbot, Yarr., t. I, p. 634; Couch, t. III, p. 155.

N. Vulg. : Grand Turbot; Faisan d'eau; Bertonneau; Tréboutet; Finistère; Eturbo, Poitou; Rum-clavellat (catalan), Pyrénées-Orientales; Rum clavélat, Cette; Rombou clavelat, Nice.

Long. : 0,40 à 0,70, et plus.

Dans sa forme générale, le corps représente un losange assez régulier; du côté des yeux, il est couvert de tubercules coniques, plus ou moins rugueux, qui ont fait donner à cette espèce le nom de Turbot piquant. La hauteur du tronc est comprise une fois et deux tiers à deux fois dans la longueur totale. L'anus est ouvert du côté aveugle, derrière la ventrale droite. Les vertèbres sont au nombre de vingt-neuf à trente et une, 12 +.

Du côté des yeux, la tête est garnie de nombreux tubercules, plus petits que ceux du corps; sa longueur, assez variable suivant la taille des animaux, est comprise trois fois et demie à quatre fois dans la longueur totale. Le museau est court. La bouche est oblique; elle s'ouvre largement, en raison de la grande mobilité des mâchoires. La mandibule est plus avancée que la mâchoire supérieure; elles portent l'une et l'autre une bande assez large en avant, étroite en arrière, de petites dents aiguës, en cardes fines, ayant la pointe tournée en dedans. Il y a, sur le chevron du vomer, un petit groupe de dents crochues.

La longueur du maxillaire supérieur mesure tantôt plus, tantôt moins de la moitié de la longueur de la tête.

En général, l'œil supérieur est un peu plus reculé que l'inférieur. L'iris est jaunâtre. Le diamètre de l'œil est compris six à dix fois dans la longueur de la tête, une fois et deux tiers à deux fois et demie dans la longueur de l'espace préorbitaire ; il est à peu près égal à l'espace interorbitaire, qui est aplati, et plus ou moins couvert de tubercules.

Sur le prolongement de la ligne médiane de l'espace interorbitaire, sont les orifices de la narine gauche ; l'ouverture antérieure est bordée, en arrière, d'un appendice cutané. La narine droite est placée sous les premiers rayons de la dorsale ; ses ouvertures sont grandes ; l'orifice antérieur est aux deux tiers entouré d'une large membrane valvulaire ; l'orifice postérieur a le bord saillant.

Les ouïes sont très-fendues. Les pièces operculaires sont garnies de tubercules. Les dents pharyngiennes sont en cardes fines.

La ligne latérale décrit une grande courbure au-dessus de la pectorale, puis se continue directement jusqu'à la caudale.

La dorsale commence sur le museau, un peu en avant de l'orifice antérieur de la narine droite ; elle se termine, comme l'anale, près de la base de la caudale ; les rayons antérieurs de la dorsale ne sont pas divisés, au moins en apparence. La caudale est arrondie. La pectorale gauche semble toujours plus grande que la droite. La ventrale gauche commence un peu plus en avant que l'autre ; ces nageoires ont une base très-étendue, plus longue que la hauteur de leurs rayons.

Br. 7. — D. 61 à 72 ; A. 45 à 56 ; C. 1/15 ou 16/1 ; P. 11 ou 12, 11 ou 12 ; V. 6, 6.

Du côté des yeux, la coloration est très-variable ; elle est d'un gris ou d'un brun jaunâtre avec de fort petites taches, les unes blanchâtres, les autres noires. Le côté aveugle est blanchâtre ; parfois il est coloré, et le Turbot, qui présente cette anomalie, est appelé *double* (V. Duham., *loc. cit.*, pl. III, fig. 3-4).

L'estomac est un sac allongé ; il y a deux appendices pyloriques gros, mais très-courts. L'orifice génital est du côté des yeux ; il est en quelque sorte opposé à l'anus ; cette disposition existe également chez la Barbue. Les globules du sang mesurent : grand diamètre 0^mm,013, petit diamètre 0^mm,008.

Habitat. Cet excellent poisson se pêche sur toutes nos côtes.

Proportions : long. totale 0,420 ; tronc, haut. 0,242, épais. 0,045.

Tête, long. 0,110. — Œil, diam. 0,012, esp. préorbit. 0,027, esp. interorbit. 0,013. — Mâchoire supérieure, long. 0,053 ; mandibule, long. 0,063.

Caudale, long. 0,082 ; tronçon de la queue, haut. 0,043, long. 0,009 ; pectorales, long. : g. 0,047, d. 0,040 ; ventrales, long. : g. 0,029, d. 0,023 ; base, g. 0,044, d. 0,035. — Dorsale, haut. 0,043 ; anale, haut. 0,042.

LA BARBUE — *RHOMBUS LÆVIS.*

Syn. : Rhombus alter Gallicus, Bell., p. 141.

Rhombus lævis, Rondel., liv. XI, c. iii, p. 312 ; Gesner, p. 779 ; Willugh., p. 96 ; Gottsche, *Arch.*, Wiegm., 1835, t. II, p. 175 ; CBp., *Fn. ital.*, fig. ; Canestr., *Archiv. zool.*, 1861, t. I, p. 27, pl. 2, fig. 4, *Fn. Ital.*, p. 161 ; Günth., t. IV, p. 410.

Du Turbot sans picquons, Rondel., liv. XI, c. ii, p. 247.

Pleuronectes rhombus, Linn., p. 458, sp. 12 ; Brunn., *Ichth. Mass.*, p. 35, n° 48 ; Bloch, pl. 43 ; Schlegel, p. 164, pl. 15, fig. 3.

De la Barbue, Duham., *Péch.*, part. 2, sect. 9, p. 262, pl. 4, fig. 1-2 ; Cuv., *Règ. an.*, 1817, t. II, p. 222.

Le Carrelet, Pleuronectes rhombus, Bonnat., p. 77, pl. 41, fig. 162 (mauv.).

Le Pleuronecte carrelet, Pleuronectes rhombus, Lacép., t. XI, p. 65 ; Riss., *Ichth.*, p. 315.

Rhombus barbatus, Turbot barbu, Riss., *Hist. nat.*, p. 251.

Rhombus vulgaris, Costa, *Fn. Napol.*, pl. 42.

Psetta rhombus, CBp., *Cat.*, n° 418.

The Brill, Yarr., t. I, p. 641 ; Couch, t. III, p. 161.

N. Vulg. : Turbot sans piquants ; Barbache, Barbuche ; quelquefois Carrelet ; Rum (catal.), Pyrénées-Orientales ; Passar, Roun, Cette ; Rombou, Nice.

Long. : 0,25 à 0,50 et plus.

Des deux côtés, le corps de la Barbue est couvert de petites écailles cycloïdes, minces, très-adhérentes ; il est de forme plutôt ovale que rhomboïdale. La hauteur du tronc est contenue deux fois et un cinquième à deux fois et un tiers dans la longueur totale. Le nombre des vertèbres est de trente-cinq ou de trente-six.

Excepté sur le museau, la tête est garnie d'écailles ; sa lon-

gueur est comprise trois fois et trois quarts à quatre fois et demie
dans la longueur totale. Le museau est court. La bouche est
oblique, bien fendue. La mandibule est un peu plus avancée
que la mâchoire supérieure ; elles portent l'une et l'autre une
bande assez étroite de dents en cardes fines, recourbées en dedans. L'extrémité du maxillaire supérieur dépasse, en arrière,
le prolongement du diamètre vertical de l'œil inférieur. Le
chevron du vomer est armé de dents crochues.

Ordinairement l'œil inférieur est un peu plus avancé que le
supérieur. Le diamètre de l'œil est contenu six fois et demie à
neuf fois dans la longueur de la tête ; chez les animaux de
moyenne taille, il est de moitié environ plus petit que l'espace
préorbitaire ; il est plus grand que l'espace interorbitaire, qui
est aplati. L'iris est jaunâtre, parfois argenté.

La disposition des narines est la même que chez le Turbot.

La fente branchiale s'avance jusque sous l'œil inférieur. Les
dents pharyngiennes sont en cardes fines.

Au-dessus de la nageoire thoracique, la ligne latérale décrit
une courbe, puis elle se continue directement jusque sur la
caudale.

La dorsale commence sur le museau, un peu en avant de
l'orifice antérieur de la narine droite ; elle a ses premiers rayons
plus ou moins profondément divisés ; elle finit, comme l'anale,
près de la caudale. Le tronçon de la queue a beaucoup plus de
hauteur que de longueur. La caudale est arrondie. Les ventrales
ont la base très-longue. Les rayons des nageoires, sur le côté
gauche, sont plus ou moins garnis d'écailles.

Br. 7. — D. 63 à 83 ; A. 50 à 61 ; C. 17 à 20 ; P. 11 ou 12, 10 à 12 ; V. 6, 6.

Du côté des yeux, la coloration est d'un gris jaunâtre, ou d'un
gris châtain avec des taches inégales plus ou moins nombreuses,
plus ou moins foncées ; parfois il existe des taches arrondies,
blanchâtres, le long de la base des nageoires dorsale et anale.
Le côté aveugle est blanchâtre.

Habitat. La Barbue se trouve sur toutes nos côtes ; elle s'y pêche en plus
grande quantité que le Turbot.

Proportions : long. totale 0,299 ; tronc, haut. 0,138.

Tête, long, 0,074. — Œil, diam. 0,010, esp. préorbit. 0,019, esp. interorbit. 0,009. — Mâchoire supérieure, long. 0,033 ; fente de la bouche, long. 0,027.

Caudale, long. 0,054 ; tronçon de la queue, haut. 0,032 : pectorales, long. : g. 0,034, d. 0,026 ; ventrales, long. : g. 0,021, d. 0,018.

Variété.

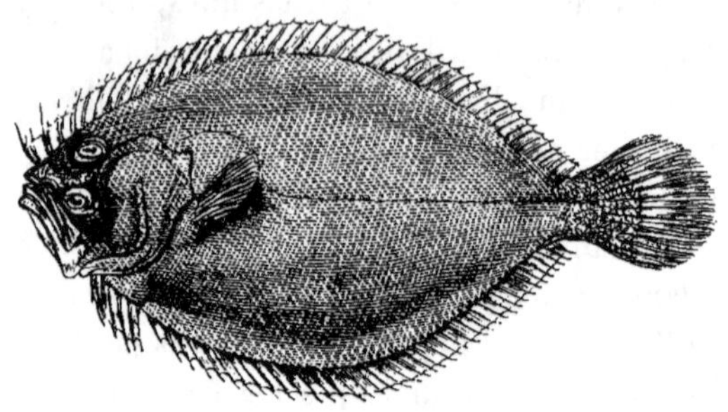

Fig. 187.

Il existe dans la Méditerranée une variété de Barbue, qui a les premiers rayons de la dorsale beaucoup moins divisés que ceux de la Barbue ordinaire, comme on peut le voir en comparant les figures 188-189.

Fig. 188. — *Barbue.*　　　　Fig. 189. — *Barbue, var.*

Rayons antérieurs de la dorsale.

La crête, qui est sous l'œil supérieur, est plus saillante que dans la Barbue ordinaire ; l'opercule a le bord inférieur moins échancré.

Les animaux, qui nous viennent de Nice, de Cette, présentent, du côté des yeux, une coloration uniforme lie de vin, d'une teinte foncée.

Quant aux proportions, elles sont à peu près les mêmes que

dans la Barbue ordinaire ; pour rendre la comparaison plus facile, nous avons pris soin de les relever sur des sujets de même taille.

Proportions : long. totale 0,290 ; tronc, haut. 0,137.

Tête, long. 0,077. — Œil, diam. 0,011, esp. préorbit. 0,019, esp. interorbit. 0,010. — Mâchoire supérieure, long. 0,036 ; fente de la bouche, long. 0,030.

Caudale, long. 0,049 ; tronçon de la queue, haut. 0,033 ; pectorales, long. : g. 0,032, d. 0,026 ; ventrales, long. : g. 0,023, d. 0,023.

GENRE BOTHUS — *BOTHUS*, CBp.

Corps ovale, couvert d'écailles pectinées sur le côté gauche, cycloïdes sur le côté droit ; anus s'ouvrant à droite de la carène du ventre.

Tête ; bouche petite, fendue obliquement ; dents fines, aiguës sur les mâchoires ; vomer lisse.

Yeux à gauche, très-écartés l'un de l'autre ; œil inférieur plus avancé ; espace interorbitaire concave.

Ligne latérale décrivant sur le côté gauche une courbure très-prononcée et très-courte, qui finit avant l'extrémité de la pectorale ; peu distincte ou nulle sur le côté droit.

Nageoires ; dorsale commençant sur le museau, et se terminant, comme l'anale, près de la racine de la caudale ; base de la ventrale gauche beaucoup plus longue que celle de la ventrale droite.

Le genre Bothus est composé de deux espèces :

Largeur de l'espace interorbitaire contenue dans la longueur de la tête
{ moins de trois fois.. 1. B. RHOMBOÏDE.
{ plus de trois fois.... 2. B. PODAS.

LE BOTHUS RHOMBOIDE — *BOTHUS RHOMBOIDES*.

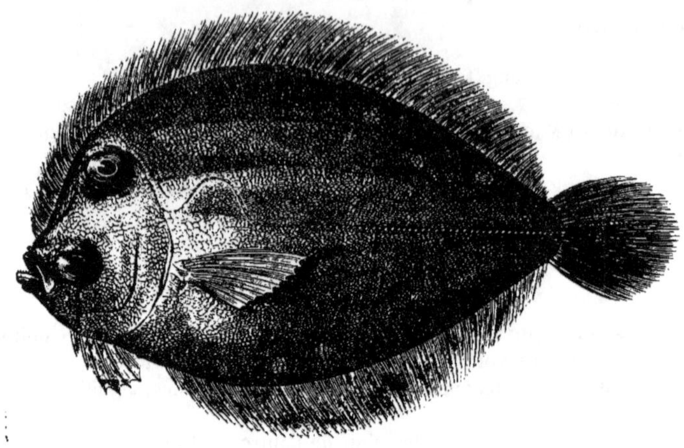

Fig. 190.

Syn. : Du Rhomboïde, Rhomboides, Rondel., liv. XI, c. III, p. 248.
Pleuronecte manchot, Pleuronecte mancus, Riss., *Ichth.*, p. 317.
Rhombus mancus, Turbot manchot, Riss., *Hist. nat.*, p. 253 ; Guichen., *Expl. Algér.*, p. 105.
Rhombus rhomboides, CBp., *Fn. ital.*, fig. ; Canestr., *Archiv. zool.*, t. I, p. 24, pl. 3, fig. 2.
Bothus rhomboides, CBp., *Cat.*, n° 422.
? Le Turbot a scie, Rhombus serratus, Valenc., *Ichth. Canaries*, dans Webb et Berthelot, p. 82, pl. 18, fig. 1.
Rhomboidichthys mancus, Günth., t. IV, p. 432 : Canestr., *Fn. Ital.*, p. 162.

N. Vulg. : Rombou, Nice.
Long. : 0,10 à 0,20.

De forme très-ovale, le corps a sa hauteur contenue deux fois environ dans la longueur totale ; il est couvert de petites écailles, qui sont pectinées sur le côté gauche, cycloïdes sur le côté droit.

Suivant la taille des animaux, la tête a le profil antérieur plus ou moins vertical ; sa longueur est comprise quatre fois et demie à cinq fois dans la longueur totale. Le museau est court ; la bouche est à peine fendue jusque sous le bord antérieur de l'orbite inférieure. Les mâchoires sont munies de dents pointues, très-fines. Le maxillaire supérieur gauche porte à son extrémité supérieure un tubercule épineux, qui fait, au-dessus de la bouche, une saillie plus ou moins prononcée.

Les yeux sont très-écartés l'un de l'autre ; la distance qui les sépare est variable, elle augmente d'une manière sensible à mesure que les individus se développent ; la largeur de l'espace interorbitaire est toujours plus grande que le diamètre de l'œil, elle est contenue une fois et demie à deux fois et demie dans la longueur de la tête. Le diamètre de l'œil est compris trois fois et demie à cinq fois dans la longueur de la tête ; il est plus grand que l'espace préorbitaire. Le sourcil de l'œil inférieur est fort prononcé ; il se termine en avant par une espèce d'épine, qu'une légère échancrure sépare de la saillie du bord antérieur de l'orbite. L'œil droit est très-rapproché du profil supérieur et antérieur de la tête ; le sourcil, ou le bord interne de l'orbite, est, chez les sujets de grande taille, plus haut que la courbe de la ligne latérale.

Sur le côté gauche, la ligne latérale est bien marquée ; sa courbure commence vers le milieu de la largeur de l'espace interorbitaire, et finit au-dessus de la pectorale, qui la dépasse.

La dorsale commence sur le museau ; du côté gauche, elle est, comme l'anale, garnie, à la base, d'une série de petites épines fort aiguës. Les épines qui sont placées en avant de la terminaison de la pectorale ont la pointe dirigée vers la tête ; les autres ont la pointe tournée en arrière ; chacun de ces aiguillons est formé par l'extrémité libre d'un interépineux, et n'appartient nullement à une écaille, ainsi que le suppose M. Günther. La même disposition se montre dans le Bothus podas. La caudale est légèrement arrondie ; sa longueur est comprise cinq fois à six fois et quart dans la longueur totale. Chez les vieux individus, la pectorale gauche est un peu plus grande que l'autre. La base de la ventrale gauche est beaucoup plus longue que celle de la nageoire droite.

Br. 7. — D. 85 à 92 ; A. 66 à 72 ; C. 1/15/1 ; P. 10 ou 11, 10 ; V. 6, 6.

Le côté des yeux est brunâtre ou brun verdâtre, semé de taches arrondies, inégales, de couleur jaune clair à contour brunâtre ; sur la tête, il y a souvent des points assez nombreux, d'un jaune doré. Parfois la teinte est uniforme. Le côté aveugle est blanc rosé.

Habitat. Méditerranée, rare, Nice, Cannes.
Proportions : long. totale 0,175 ; tronc, haut. 0,090, épais. 0,011.
Tête, long. 0,035. — Œil, diam. 0,009, esp. préorbit. 0,008, esp. interorbit. 0,024. — Mâchoire supérieure, long. 0,011.
Caudale, long. 0,028 ; pectorales, long. : g. 0,029, d. 0,023 ; ventrales, long. : g. 0,016, d. 0,016 ; long. base de la ventrale : g. 0,015, d. 0.005. — Dorsale, haut. 0,015 ; anale, haut. 0,012.

LE BOTHUS PODAS — *BOTHUS PODAS.*

Syn. : Pleuronectes podas, Delaroche, *Ann. Muséum*, 1809, t. XIII, p. 354, *Mem.*, p. 68, fig. 14.
Pleuronecte argus, Pleuronectes argus, Riss., *Ichth.*, p. 317.
Rhombus Gesneri, Turbot de Gesner, Riss., *Hist. nat.*, p. 254.
Rhombus podas, CBp., *Fn. ital.*, fig. ; Costa, *Fn. Napol.*, pl. 43, fig. 3 ; Guichen., *Expl. Algér.*, p. 105 ; Canestr., *Archiv. zool.*, t. I, p. 21, pl. 2, fig. 3.
Bothus podas, CBp., *Cat.*, n° 421.
Rhomboidichthys podas, Günth., t. IV, p. 432 : Canestr., *Fn. Ital.*, p. 162.

N. Vulg. : Rombou, Nice.
Long. : 0,10 à 0,20.

Comme chez le Rhomboïde, la hauteur du corps mesure la moitié environ de la longueur totale ; les écailles sont pectinées sur le côté gauche, lisses sur le côté droit.

La longueur de la tête est contenue quatre fois et demie à cinq fois dans la longueur totale. La saillie de l'extrémité supérieure du maxillaire gauche est beaucoup moins prononcée que dans le Rhomboïde.

Chez les sujets de moyenne taille, le diamètre de l'œil est compris trois fois et demie dans la longueur de la tête ; il est en général un peu plus grand que l'espace préorbitaire. L'espace interorbitaire est plus déprimé que chez le Rhomboïde : sa largeur est contenue trois fois et demie à quatre fois dans la longueur de la tête. Le sourcil ou le bord interne de l'œil supérieur semble plus saillant que chez le Rhomboïde.

Souvent la ligne latérale est double au-dessus de la pectorale gauche. Sa courbure paraît commencer sur le prolongement du bord interne de l'orbite supérieure ; elle se rapproche plus de la base de la dorsale que dans le Rhomboïde.

La caudale est à peu près arrondie ; sa longueur est comprise cinq fois et demie à six fois dans la longueur totale. La pectorale gauche est à peine plus longue que la droite. La disposition des ventrales est la même que dans l'autre espèce.

D. 76 à 88 ; A. 68 à 70 ; C. 1/14 ou 15/1 ; P. 9 ou 10, 9 ou 10, V. 6.

Le côté gauche est d'un brun olivâtre ou rougeâtre avec des taches d'un blanc jaunâtre, parfois ocellées, bordées de bleu ; parfois une tache noirâtre se montre sur la ligne latérale vers le tiers postérieur du corps. Le côté droit est blanchâtre.

Habitat. Méditerranée, très-rare, Nice.

Proportions : long. totale 0,126 ; tronc, haut. 0,060, épais. 0,007.

Tête, long. 0,028, haut. 0,044. — Œil, diam. 0,008, esp. préorbit. 0,006, esp. interorbit. 0,007. — Mâchoire supérieure, long, 0,008.

Caudale, long. 0,023 ; pectorales, long. : g. 0,020, d. 0,018 ; ventrales, long. : g. 0,012, d. 0,012 ; long. base de la ventrale : g. 0,014, d. 0,005. — Dorsale, haut. 0,012 ; anale, haut. 0,012.

La vessie natatoire manque-t-elle toujours chez les Pleuronectidés ? Non suivant Costa ; c'était, dit-il, une opinion communément admise par les Zoologistes et par les Zootomistes, qu'il ne se trouve, chez les *Poissons plats* ou *Pleuronectidés*, aucun vestige de vessie natatoire. Nous, contrairement à cette croyance générale, nous avons démontré que cet organe existe dans le *Rhombus podas*, chez lequel il est très-développé, dans le *Monochirus hispidus*, dans le *Microchirus lingula*, dans la *Plagiusa lactea*, chez laquelle elle est petite et échappe au regard, et dans la *Solea rudis* ; nous avons remarqué à sa place, quand elle manque, une ou plusieurs glandes lymphatiques très-distinctes ; ou bien il y a un gros tronc de vaisseaux chylifères, qui en remplit les fonctions, comme cela se voit dans notre *Solea rudis* et dans le *Rh. maximus* (V. pl. 48, 49, 50). — De ces observations, ajoute Costa, il résulte très-clairement que la vessie natatoire n'est en réalité qu'un ganglion lymphatique plus ou moins creux et plus ou moins volumineux ; c'est à travers ses tuniques que s'opère le mélange du chyle au sang ; le mélange se fait par l'intermédiaire des glandes sanguines, ou corps rouges, que sert précisément à former un peloton de vaisseaux sanguins et de vaisseaux lymphatiques.

Les Pleuronectes sont essentiellement carnivores. — En raison de leur conformation, ils sont assez mauvais nageurs ; ils restent généralement près des côtes ; ils se tiennent souvent immobiles sur le fond, en prenant le soin de se cacher sous une couche de sable plus ou moins épaisse ; quelques espèces, nous l'avons vu, remontent les fleuves. — La chair de ces poissons est plus ou moins recherchée.

Famille des Cycloptéridés, Cycloptéridœ.

Syn. : Plécoptères, Chondrostés ptéropodes, part., C. Duméril.
Discoboles, part., Cuvier ; Latreille ; Van der Hoeven ; Günther.
Gobiésocidés, Yarrell ; part., Günther.

Corps de forme variable ; peau lisse et nue, ou couverte de granulations, de tubercules.

Tête large ; mâchoires garnies de petites dents en velours ou en cardes fines.

Appareil branchial ; fente des ouïes latérale, peu étendue ; cinq à sept rayons branchiostèges ; quatrième arc branchial n'ayant qu'une seule rangée de lamelles rèspiratoires.

Nageoires ; dorsale unique ou double ; pectorales ayant une base plus ou moins étendue ; sous l'abdomen, un *appareil acétabulaire* ou *cotyloïde* formé d'un disque simple ou double, faisant l'office de ventouse, servant aux animaux à se fixer aux corps solides ; dorsale et ventrale n'ayant aucun rayon épineux.

Cette famille se divise en deux sous-familles :

Disque abdominal
{ simple..................... .... 1. Cycloptériniens.
{ double.................... .... 2. Lépadogastériniens.

La place que doivent occuper les Cycloptéridés dans le cadre ichthyologique, n'est pas nettement déterminée. Ils ont été rangés par Artédi dans les *Branchiostèges*, entre les *Coffres* et les *Baudroies* ; par Linné dans les *Amphibies nageants* ; par de Lacépède, Swainson dans les *Cartilagineux* ; par Goüan, Cuvier, Valenciennes, Van der Hoeven, Costa, Nordmann dans les *Malacoptérygiens* ; par Rafinesque dans son ordre des *Dactiples*, avec les *Trigles* ; par C. Duméril dans les *Fibro-cartilagineux* ou *Chondrostés* ; par Risso parmi les *Malacoptérygiens*, dans la famille des *Gobioïdes* ; par J. Müller, Troschel (avec les *Gobioïdes*), C. Bonaparte (avec les *Blennies*), Günther (avec les *Discoboles* et les *Gobiésocidés*) dans les *Acanthoptérygiens* ; par Canestrini dans son ordre des *Haploptères*, qui comprend des *Malacoptérygiens* et des *Acanthoptérygiens*. Nous laissons les Cycloptéridés dans le sous-ordre des *Malacoptérygiens* ; il nous semble impossible de placer parmi les *Acanthoptérygiens* des Poissons qui n'ont aucune nageoire épineuse.

Sous-Famille des Cycloptériniens, Cyclopterini.

Disque simple ; formé par les ventrales.

La sous-famille des Cycloptériniens est composée de deux genres :

Peau { couverte de tubercules, deux dorsales............ 1. CYCLOPTÈRE.

{ nue, une dorsale............................... 2. LIPARIS.

GENRE CYCLOPTÈRE — *CYCLOPTERUS*, Arted.

Corps trapu ; peau épaisse, couverte de granulations et de tubercules ; squelette d'une très-faible consistance.

Tête large, aplatie en dessus ; museau court ; bouche terminale ; mâchoires garnies de petites dents en velours ; palais lisse.

Appareil branchial ; fente des ouïes courte ; pseudobranchies ; six rayons branchiostèges.

Nageoires ; deux dorsales (la première est cachée sous la peau chez le Lompe adulte) ; seconde dorsale au-dessus de l'anale ; ventrales ayant chacune six rayons semblables, formant par leur réunion un disque simple, ovale.

Vessie natatoire nulle. — **Appendices** pyloriques nombreux.

LE LOMPE — *CYCLOPTERUS LUMPUS.*

Syn. : LUMPUS ANGLORUM, Gesner, p. 1284 ; Aldrov., p. 479 ; Jonston, *Hist. natur. Pisc.*, p. 24, pl. 13, fig. 1 ; Willugh., p. 208, pl. N. 11.

CYCLOPTERUS, Arted., *Syn.*, p. 87, *Gen.*, p. 483.

CYCLOPTERUS LUMPUS, Linn., p. 414, sp. 1 ; Bloch, pl. 90 ; Desmoulins, *Anat. syst. nerv. anim. vert.*, 1825, *Atlas*, pl. 8, fig. 1 ; Rosenth., *Ichthyot. Taf.*, pl. 19, fig. 1 ; Günth., t. III, p. 155 ; Schlegel, p. 58, pl. 6, fig. 1 ; CBp., *Cat.*, n° 603.

? CYCLOPTERUS MINUTUS, Pallas, *Spicileg. zool.*, fasc. 7, p. 12, pl. 3, fig. 7-9.

DU TOUIN, Lumpus Anglorum, Duham., *Pêch.*, part. 2, sect. 9, p. 308, pl. 24.

LE LOMPE, Cyclopterus lumpus, Bonnat., p. 26, pl. 20, fig. 63.

LE CYCLOPTÈRE LOMPE, Cyclopterus lumpus, Lacép., t. VI, p. 307.

LE LUMP DE NOS MERS, Cuv., *Règ. an.*, 1817, t. II, p. 226.

THE LUMP SUCKER, Yarr., t. II, p. 343.

LUMPFISH, Couch, t. II, p. 183.

N. vulg. : Gros-Mollet ; Lièvre de mer.
Long. : 0,030 à 0,70.

Son apparence singulière fait de suite reconnaître le Lompe. Il a le corps trapu, très-épais, aplati en dessous, légèrement convexe sur les côtés, anguleux sur le dos, avec une longue crête tuberculeuse, qui s'étend de la nuque à l'aplomb de l'anus. Il est couvert d'une peau très-dure, rendue encore plus résistante par la présence d'une quantité considérable de petites granulations coniques, ou de tubercules à base plus ou moins étoilée. Il porte, de chaque côté, trois rangées longitudinales de tubercules très-développés, presque triangulaires ; la première rangée s'étend du bord supérieur de l'orbite à la base de la caudale ; la série moyenne commence un peu au-dessus de l'insertion de la pectorale et se termine près de la caudale ; la rangée inférieure est plus courte, elle part assez loin des ventrales et finit avant l'anale. Entre la crête du dos et la seconde dorsale, il y a deux rangées de trois ou quatre tubercules. La hauteur du tronc est contenue deux fois et un tiers à deux fois et trois quarts dans la longueur totale.

Plus haute que longue, la tête est volumineuse ; elle est large, aplatie en dessus ; elle est couverte de tubercules coniques, très-serrés ; sa longueur est comprise trois fois et trois quarts à cinq fois dans la longueur totale. Le museau est court, large. La bouche est transversale, ouverte au bout du museau, bien fendue. Les mâchoires sont à peu près égales ; elles sont garnies de dents en velours, fines et pointues ; à la mandibule, les dents de la rangée externe paraissent un peu plus grandes que les autres. Le vomer est lisse. La langue est épaisse, adhérente ; en arrière, il y a de chaque côté un groupe de dents aiguës ; les pharyngiens supérieurs sont également munis de petites dents. La mâchoire supérieure est légèrement protractile. Le voile du palais est développé.

Sur le bord supérieur de l'orbite, il y a des tubercules assez gros. L'iris est jaunâtre. Les yeux sont arrondis ; ils sont couverts par la peau. Le diamètre de l'œil est contenu six à sept fois dans la longueur de la tête ; il ne mesure pas la moitié de l'espace préorbitaire ; il fait, chez les sujets de grande taille, le quart, ou un peu plus, de l'espace interorbitaire, qui est large, aplati, couvert de tubercules.

L'orifice antérieur de la narine est large, tubuleux ; il est éloigné de l'orifice postérieur, qui est bordé d'un petit bourrelet.

La fente branchiale est presque verticale ; elle est courte, elle finit vers le milieu de la base de la pectorale ; elle est très-éloignée de celle du côté opposé. Les pièces operculaires ne sont pas distinctes ; elles sont cachées sous une peau épaisse, couverte de tubercules. Les pseudobranchies sont bien développées. La membrane branchiostège est mince ; elle est soutenue par six rayons.

Il n'y a pas de ligne latérale apparente.

Chez les jeunes animaux, la première dorsale se voit parfaitement bien ; elle disparaît chez les grands individus ; elle est, pour ainsi dire, perdue dans la peau qui forme la crête du dos ; elle est composée de six ou sept rayons qu'il est facile de reconnaître par la dissection. La seconde dorsale est reculée ; elle est séparée de la crête du dos par un espace assez étroit, limité de chaque côté par la courte série de tubercules. L'anale finit un peu plus en arrière que la seconde dorsale. La caudale est arrondie. Le tronçon de la queue est assez développé. Les pectorales sont insérées sur le tiers inférieur de la hauteur du tronc ; elles comptent une vingtaine de rayons ; leurs rayons inférieurs longent les côtés du disque ; l'étendue de leur base est à peu près égale à la longueur de leurs plus grands rayons. Les ventrales se composent de six rayons semblables ; il n'y a pas d'épine, comme le suppose M. Günther ; les rayons sont cachés dans la peau ; ils sont disposés, de chaque côté, sur les os du bassin, et forment avec eux la charpente d'un disque simple, ovale, légèrement concave, plus long que large, couvert d'une peau très-résistante et complètement nue. Les rayons des nageoires libres sont garnis de petits tubercules.

Br. 6. — D. 6 ou 7 — 9 à 11 ; A. 9 ou 10 ; C. 10 ou 11 ; P. 20 ou 21 ; V. 6.

La coloration semble variable, elle est parfois d'un gris brunâtre à peu près uniforme ; parfois les parties supérieures du

corps sont d'un bleu assez clair teinté de rouge, les parties inférieures et les nageoires sont d'un jaune peu foncé.

Les appendices pyloriques sont au nombre d'une quarantaine
au moins. La rate est très-petite. En arrière, les reins se confondent ; ils ont un uretère commun, qui s'ouvre dans une large
vessie. Les œufs sont de la grosseur d'un grain de millet, ils
sont couleur saumon ; ils sont fort nombreux ; Bloch en a
compté 207,700, chez un poisson qui pesait six livres et demie ;
ils forment une masse considérable qui, au moment de la ponte,
est déposée autour d'un corps solide, d'une souche de varech.
Les globules du sang ont en moyenne : grand diamètre $0^{mm},017$;
petit diamètre $0^{mm},008$

Habitat. Manche, assez rare, Boulogne, le Havre, Roscoff. Océan, rare,
Vendée, Noirmoutiers, Charente-Inférieure, la Rochelle : très-rare, golfe de
Gascogne, Arcachon. Il est parfois apporté sur le marché de Paris.

Proportions : long. totale 0,400 ; tronc, haut. 0,162, épais. 0,102.

Tête, long. 0,102, haut. 0,117, larg. 0,099. — Œil, diam. 0,016, esp.
préorbit. 0,010, esp. interorbit. 0,060. — Mâchoire supérieure, long. 0,035.

Caudale, long. 0,076 ; pectorale, long. 0,057, long. de la base 0,058 ; disque long. 0,060, larg. 0,048.

La chair de ce poisson est, dans certains pays, vendue pour la table ; elle
n'est pas mangée en France, du moins je le suppose ; elle est molle, peu
appétissante ; elle répand une odeur qui assurément ne doit pas la faire
rechercher. — Au moyen de son disque ventral, le Lompe peut adhérer aux
corps unis avec une très-grande puissance ; selon le calcul de Hanov, rapporté par Bloch, un animal, long de huit pouces, était attaché avec une force
de soixante-quatorze livres.

? *Le Cycloptère épineux, Cyclopterus spinosus.*

Syn. : CYCLOPTERUS SPINOSUS, Bl. Schneid., p. 198, pl. 46 ; Günth., t. III, p. 157 ;
Cuv., *Règ. an.*, 1817, t. II, p. 227 (note).

LE BOUCLIER ÉPINEUX, Cyclopterus spinosus, Bonnat., p. 27.

LE CYCLOPTÈRE ÉPINEUX, Cyclopterus spinosus, Lacép., t. VI, p. 313 ; Desvaux,
Essai d'Ichthyologie des côtes océaniques et de l'intérieur de la France, Angers,
1851, p. 39.

Parmi les Poissons qui vivent sur nos côtes, Desvaux signale le *Cycloptère
épineux*; il en donne la description suivante : Forme générale du Lompe ;
tubercules non sériés, aiguillonnés au milieu ; première dorsale avec six
rayons ; dos brun foncé ; côtés et dessous blanc grisâtre. — Nous n'avons vu
qu'un seul individu de 24 centimètres de long ; nous ne le pensions pas
aussi rare qu'il l'est (Desv.).

Desvaux n'indique pas l'endroit où ce poisson a été pêché ; est-il bien certain que l'animal, qu'il a vu, soit un *Cycloptère épineux* pris sur les côtes de France ?

GENRE LIPARIS — *LIPARIS*, Arted.

Corps plus ou moins allongé, épais en avant, comprimé en arrière de l'anus, couvert d'une peau nue, gluante.

Tête large ; bouche terminale ; mâchoires garnies de dents en velours ; palais lisse.

Appareil branchial ; ouïes peu fendues ; six ou sept rayons branchiostèges.

Nageoires ; dorsale et anale longues ; disque abdominal simple, formé par les ventrales, ovale ou circulaire, concave, en partie bordé par les rayons inférieurs des pectorales.

LE LIPARIS COMMUN — *LIPARIS VULGARIS*.

Syn. : Liparis nostras, Willugh., *Append.*, p. 17 ; Arted., *Syn.*, p. 117.
Cyclopterus liparis, Linn., p. 414, sp. 3 ; Bloch, pl. 123, fig. 3-4 ; Schlegel, p. 60, pl. 6, fig. 2.
Le Liparis, Cyclopterus liparis, Bonnat., p. 27, pl. 20, fig. 67 ; Cuv., *Règ. an.*, 1817, t. II, p. 227.
Le Cycloptère liparis, Cyclopterus liparis, Lacép., t. VI, p. 322.
Liparis vulgaris, CBp., *Cat.*, n° 605 ; Günth., t. III, p. 159.
Liparis barbatus, Nilsson, *Skand. Fn.*, t. IV, p. 237.
The Unctuous Sucker, *or* Sea-Snail, Yarr., t. II, p. 349.
Sea Snail, Couch, t. II, p. 190.

Long. : 0,07 à 0,12, quelquefois 0,15.

Épais et assez arrondi en avant, le corps du Liparis est comprimé en arrière ; sa hauteur est contenue quatre à cinq fois dans la longueur totale. Il est couvert d'une peau nue, molle et visqueuse, d'où le nom de *Limace de mer*, *Sea-Snail*, donné par les Anglais à ce poisson. L'anus est placé sous la moitié antérieure de la longueur de l'animal. Le nombre des vertèbres est de trente-deux ou trente-trois.

La tête est forte, large ; sa longueur est comprise quatre fois à quatre fois et deux tiers dans la longueur totale. Le museau est obtus. La bouche est fendue transversalement. La mâchoire supérieure est un peu plus avancée que la mandibule ; elles

portent l'une et l'autre une bande de dents en velours très-nombreuses.

Le diamètre de l'œil est contenu cinq fois et deux tiers à sept
fois dans la longueur de la tête ; il mesure la moitié environ de
l'espace préorbitaire, qui est égal à l'espace interorbitaire. L'iris
paraît d'un jaune doré.

En arrière, le battant operculaire se termine par un angle
très-aigu. La fente des ouïes est petite, verticale. Il y a généralement sept rayons branchiostèges.

Les nageoires impaires sont contiguës. La dorsale commence
au-dessus du milieu de la longueur de la pectorale ; elle se
termine, ainsi que l'anale, un peu après la base de la caudale, à
laquelle elle est unie par une petite membrane. La caudale est
arrondie. Les pectorales ont une base très-étendue ; elles descendent sous la gorge ; elles sont échancrées près de leur bord
inférieur ; elles ont les rayons supérieurs allongés, finissant, ou
peu s'en manque, à l'aplomb du commencement de l'anale,
beaucoup plus développés que les rayons placés au-dessous de
l'échancrure. Le disque ventral est à peine moins large que
long ; il a le bord épais, garni de treize ou quatorze boutons
aplatis ; sous la peau, on compte facilement les six rayons de
chacune des nageoires soutenant l'appareil acétabulaire.

D. 32 à 36 ; A. 26 à 30 ; C. 10 ; P. 27 à 30 ; V. 6.

La coloration paraît très-variable. D'après Yarrell, le corps
est d'un brun pâle, marqué de lignes irrégulières d'une teinte
plus foncée ; parfois les lignes manquent. Chez les animaux
conservés dans l'alcool, la coloration est d'un brun tirant quelquefois sur le jaune ou le rouge ; on voit, sur quelques sujets,
des points noirâtres ou d'un brun très-foncé.

Habitat. Manche très-rare, Abbeville, ou baie de la Somme ; Trou-
ville.

Proportions : long. totale 0,077 ; tronc, haut. 0,019, épais. 0.014.

Tête, long. 0,017, haut. 0,016, larg. 0,015. — Œil, diam. 0,003,
esp. préorbit. 0,007, esp. interorbit. 0,007. — Mâchoire supérieure,
long. 0,009.

Caudale, long. 0,010 ; pectorale, long. : rayons supérieurs 0,014, à l'échancrure, 0,005, au-dessous de l'échancrure 0,010, long. de la base 0,011 ; disque, long. 0,008, larg. 0,007.

Sous-famille des Lépadogastériniens, Lepadogasterini.

Corps peu développé ; peau nue, très-lisse.

Tête de forme variable ; mâchoires dentées ; palais lisse.

Appareil branchial ; fente des ouïes étroite ; rayons branchiostèges au nombre de quatre à six.

Nageoires ; dorsale unique, à rayons antérieurs articulés ; caudale arrondie ; pectorales unies aux ventrales ; ventrales ayant chacune quatre rayons assez forts, articulés, plus, en avant, un rayon court, ou plutôt un tronçon de rayon caché dans la peau, ne pouvant être vu qu'après dissection. — *Appareil acétabulaire* composé de deux disques séparés par un sillon transversal. Le disque antérieur est soutenu par les ventrales, les os du bassin, et même par l'extrémité antérieure de la ceinture scapulaire. Le disque postérieur a pour squelette le coracoïdien postérieur, qui est formé de deux pièces : une pièce latérale recouverte par la peau, constituant un appendice plus ou moins saillant, auquel Goüan a donné le nom de *petite pectorale* ; une pièce inférieure à laquelle s'attachent les rayons qui garnissent le bord postérieur de l'appareil ; cette dernière pièce est en rapport en dedans avec celle du côté opposé, en avant avec l'extrémité postérieure des os du bassin, en dehors et en dessus avec la pièce latérale du coracoïdien postérieur.

Vessie natatoire nulle. — **Appendices pyloriques** manquant ; estomac large ; intestin court.

Cette sous-famille comprend deux genres :

Dorsale et anale à rayons	{ très-distincts............	1. LÉPADOGASTÈRE.
	{ peu distincts...........	2. GOUANIE.

GENRE LÉPADOGASTÈRE — *LEPADOGASTER*, Goüan.

Corps plus ou moins allongé, cunéiforme, aplati en dessous, relevé et arrondi sur le dos.

Tête large, déprimée ; bouche généralement bien fendue.

Nageoires ; dorsale et anale à rayons distincts ; caudale arrondie, jamais entièrement confondue avec les deux autres nageoires impaires.

Le genre Lépadogastère se compose de quatre ou cinq espèces :

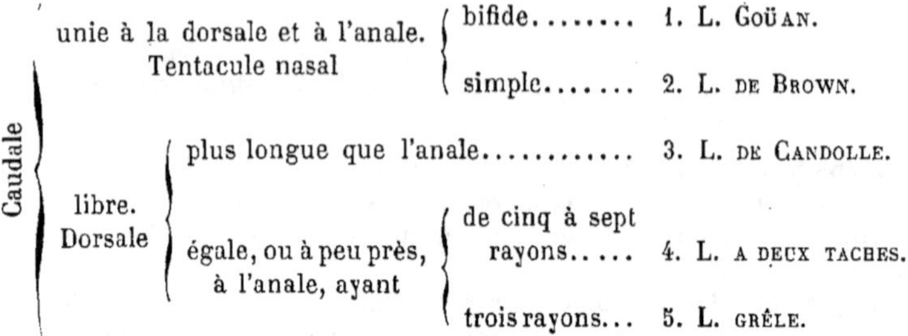

Après avoir étudié avec beaucoup de soin les Lépadogastères, qui font partie de la collection du Muséum de Paris, Brisout de Barneville a reconnu que les espèces décrites par les ichthyologistes ne présentent pas toujours des caractères bien déterminés, qu'elles sont trop nombreuses; en effet, il a clairement démontré que de simples variétés ont été regardées comme des espèces distinctes, et, de plus, que des sujets d'une même espèce ont été désignés sous des noms différents. — Voir l'excellent travail publié par ce naturaliste : *Note sur les espèces du genre Lepadogaster de Goüan*, par M. Brisout de Barneville, dans *Revue zoologique*, 1846, p. 278-283.

LE LÉPADOGASTÈRE GOÜAN — *LEPADOGASTER GOUANII.*

Syn. : Le Barbier *ou* Porte-écuelle, Lepadogaster, Goüan, *Hist. Poissons*, 1770, p. 177, pl. 1, fig. 6-7.

Le Porte-écuelle, Cyclopterus lepadogaster, Bonnat., p. 29, pl. 86, fig. 356.

Lepadogaster rostratus, Bl. Schneid., 1801, p. 1 ; CBp., *Cat.*, n° 588.

Le Lépadogastère Gouan, Lepadogaster Gouanii, Lacép. (1798, éd. in-12, t. II. pl. 14), t. VI, p. 326; Riss., *Ichth.*, p. 72, *Hist. nat.*, p. 271; Cuv., *Règ. an. ill.*, p. 308 (note), pl. 108, fig. 2 ; Guichen., *Expl. Algér.*, p. 108.

Lepadogaster Gouanii, Costa, *Fn. Napol.*, pl. 23, fig. 1-3 ; CBp., *Cat.*, n° 590 ; Brisout de Barneville, *Rev. zoolog.*, 1846, p. 279; Günth., t. III, p. 510; Canestr., *Archiv. zool.*, 1864, t. III, p. 183, pl. 3, fig. 2, *Fn. Ital.*, p. 186.

Lépadogastère Balbis, Lepadogaster Balbis, Riss., *Ichth.*, p. 73, pl. 4, fig. 9, *Hist. nat.*, p. 274.

Lepadogaster Balbis, Rosenthal, *Ichthyob. Taf.*, pl. 20, fig. 11-12; Costa, *Fn. Napol.*, pl. 22, fig. 1-5; CBp., *Cat.*, n° 591.

Lépadogastère bicilié, Lepadogaster biciliatus, Riss., *Hist. nat.*, p. 272; Nordm., *Fn. pont.*, p. 537, pl. 15, fig. 4-6.

? Le Lépadogastère de Webb, Lepadogaster Webbianus, Valenc., *Ichth. Canaries*, dans Webb et Berthel., p. 85.

The Cornish Sucker, Yarr., t. II, p. 335 ; Couch, t. II, p. 196.

N. vulg. : Pei puorc, Nice ; Marchand d'ésca (Marchand d'amadou), Cette ;
Appéchart, Guéthary.
Long. : 0,05 à 0,08.

Dans son *Histoire des Poissons*, Goüan a décrit et figuré cette
espèce, sous le nom de *Barbier* ou *Porte-écuelle*. Le corps est à
peu près cunéiforme ; il est large et assez haut en avant, comprimé en arrière ; sa hauteur est contenue cinq fois et demie à
neuf fois dans la longueur totale.

La tête est aplatie ; elle est plus large que le tronc ; sa longueur est comprise deux fois et demie à deux fois et trois quarts
dans la longueur totale. Le museau est presque droit ; il est
allongé, tronqué ou plutôt arrondi à son extrémité. La bouche
est grande, elle est fendue jusque sous le bord inférieur de l'orbite ; elle est horizontale, semblable, dit Goüan, à celle d'un
canard. La mâchoire supérieure est plus développée que la mandibule ; elles sont l'une et l'autre munies de dents, qui sont
disposées sur plusieurs rangées en avant, sur une seule en
arrière.

En général, l'iris est verdâtre. Les yeux sont placés très-
haut ; l'orbite entame le profil supérieur de la tête. Le diamètre
de l'œil est contenu cinq fois et demie à huit fois dans la longueur de la tête ; il ne mesure pas la moitié de l'espace préorbitaire ; il est moins grand que l'espace interorbitaire.

A l'orifice antérieur de la narine est un appendice plus ou
moins développé, et plus ou moins profondément divisé en deux
tentacules ; le tentacule antérieur est plus court et plus grêle
que le postérieur, qui se partage souvent en ramifications secondaires.

La dorsale commence en avant de l'anus ; elle est composée
de rayons articulés ; elle est, ainsi que l'anale, unie à la caudale
par une membrane assez lâche. La caudale est arrondie. Le
nombre des rayons paraît assez variable dans les nageoires impaires. Les pectorales sont bien développées, arrondies ; elles
sont unies aux ventrales par une membrane résistante, et bordent avec elles les parois latérales de l'appareil acétabulaire.

Sous chacune des pectorales existe un appendice cutané attaché à l'aisselle de la nageoire, au côté du tronc et à la face supérieure du second disque ; cet appendice est soutenu par des rayons très-déliés ; il a été désigné par Goüan sous le nom de *petite nageoire pectorale*. Les ventrales ont quatre rayons robustes, articulés ; elles sont réunies, en avant, par un repli de la peau qui forme le bord antérieur du premier disque ; ce repli est large, épais, semi-lunaire ; il est couvert de fines granula-

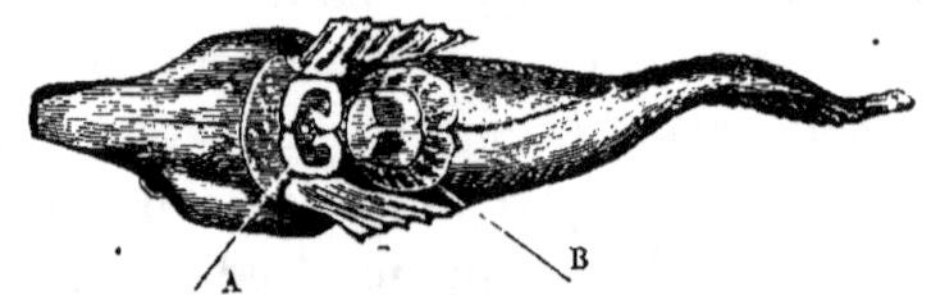

Fig. 191. — *Lépadogastère de Goüan tourné en dessous pour montrer l'appareil acétabulaire.*

A, disque antérieur ; *B*, disque postérieur.

tions ; en arrière se trouve une dépression avec deux espèces de petites cupules. Le disque postérieur a le pourtour assez épais, comme granuleux ; il présente une dépression à peu près quadrilatérale ; sur les côtés et en arrière, il paraît tout garni de petites franges ; ces franges sont les extrémités des nombreux rayons qui sont attachés sur la pièce inférieure du coracoïdien postérieur ; on en compte, à droite et à gauche, au moins une vingtaine.

Br. 6. — D. 15 à 20 ; A. 9 à 12 ; C. 1/20/1 ; P. 20 à 22 ; V. 4.

Chez ces animaux, la coloration est très-variable. Le corps est gris verdâtre, ou gris rosé avec des points rougeâtres ; parfois il est rougeâtre ou rouge jaunâtre sur le dos, semé de points ou de taches d'un brun plus ou moins foncé ; le ventre est d'un jaune clair. Sur la tête, il y a souvent, en arrière des yeux, deux bandes en croissant d'un brun assez clair, ou deux taches ocellées à centre bleu, à contour brun rougeâtre. Parfois la nuque est d'une teinte brunâtre, avec des points ou des taches d'une teinte plus ou moins sombre.

Habitat. Méditerranée, assez rare, Nice, Toulon, Marseille, Cette. Océan, golfe de Gascogne, assez commun, Guéthary ; Finistère, Brest. Manche, assez commun, Roscoff ; assez commun, Cherbourg ; rare, le Havre.

Proportions : long. totale 0,074 ; tronc, haut. 0,009, épais. 0,014.

Tête, long. 0,030, haut. 0,008, larg. 0,016. — Œil, diam. 0,004, esp. préorbit. 0,011, esp. interorbit. 0,005. — Mâchoire supérieure, long. 0,014.

Caudale, long. 0,011 ; appareil acétabulaire, long. 0,019, larg. 0,010. — Distance du museau à : appareil acétabulaire 0,021 ; dorsale 0,043 ; anus 0,046 ; anale 0,049.

LE LÉPADOGASTÈRE DE BROWN — *LEPADOGASTER BROWNII.*

Syn. : LEPADOGASTER BROWNII (L. de Brown), Riss., *Hist. nat.*, p. 272 ; CBp., *Cat.*, n° 599 ; Canestr., *Archiv. zool.*, 1864, t. III, p. 186, *Fn. Ital.*, p. 186.

Long. : 0,046 à 0,060.

La tête est aplatie ; le museau arrondi ; la bouche ample (Riss.).

Le tentacule nasal est simple (Riss.) ; il est plus grand que le diamètre de l'œil (Canestr.).

L'appareil acétabulaire est muni de granulations ; le disque antérieur est ovale ; le disque postérieur est carré et divisé en trois parties ; une antérieure granuleuse et deux postérieures lissès ; son bord porte de très-fines granulations (Canestr.).

Les opercules sont ornés de deux taches oblongues, violettes, cerclées de bleu, et placées sur un fond noirâtre ; le corps est d'un jaune transparent, finement pointillé de noir et parsemé de taches d'un rouge aurore (Riss.).

D. 22 ; P. 18 ; V. 4 ; A. 10 ; C. 14. — Br. 3 (Riss.).
D. 19 ; A. 12 ; V. 4 ; P. 23 ; C. 23. — Br. 6 (Canestr.).

Habitat. Méditerranée, excessivement rare, Nice.

Proportions : long. totale 0,054 ; tronc, haut. 0,0062. — Tête, long. 0,022, larg. 0,011. — Œil, diam. 0,0038. — Tentacule nasal, long. 0,0041 (Canestr.).

LE LÉPADOGASTÈRE DE CANDOLLE — *LEPADOGASTER CANDOLLII.*

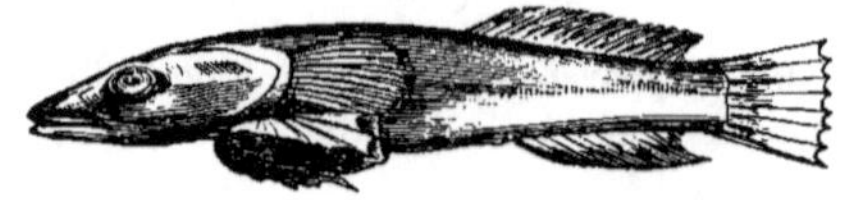

Fig. 192.

Syn. : Lépadogastère de Candolle, Lepadogaster Candollii, Riss., *Ichth.*, p. 76, *Hist. nat.*, p. 275 ; Cuv., *Règ. an. ill.*, p. 308 ; Guichen., *Expl. Algér.*, p. 109.
Lepadogaster Candollii, Brisout, *Rev. zool.*, 1846, p. 281 ; Günth., t. III, p. 513.
Lépadogastère de Jussieu, Lepadogaster Jussieui, Riss., *Hist. nat.*, p. 273.
Lépadogastère olivàtre, Lepadogaster olivaceus, Riss., *Hist. nat.*, p. 274.
Lepadogaster Rafinesquii, Costa, *Fn. Napol.*, pl. 24, fig. 1-3.
Lepadogaster adhærens, L. olivaceus, L. Jussieui (?), CBp., *Cat.*, n° 593, n° 595, n° 600.
Mirbelia Decandollii, Canestr., *Archiv. zool.*, 1864, t. III, p. 189, pl. 3, fig. 1, (*M. Jussieui*, fig. 3), fig. 4 (jeune), *Fn. Ital.*, p. 187.

N. vulg. : Pei Sant-Peire, Nice ; Appêchart, Guéthary.
Long. : 0,06 à 010.

Suivant la taille des sujets, les proportions sont très-variables. La hauteur du tronc est contenue de six à dix fois dans la longueur totale.

La longueur de la tête est comprise deux fois et deux tiers à trois fois et demie dans la longueur totale. Le museau est large, déprimé, semi-circulaire en avant. Les lèvres sont épaisses. La bouche est fendue jusque sous le bord inférieur de l'orbite. Les mâchoires sont à peu près égales, ou la mâchoire supérieure est à peine plus avancée que la mandibule ; elles portent l'une et l'autre des dents en velours sur le devant ; en arrière, elles ont une seule rangée de dents inégales.

Chez les adultes, le diamètre de l'œil est contenu cinq à sept fois dans la longueur de la tête ; il mesure environ la moitié de l'espace préorbitaire, qui est un peu plus grand que l'espace interorbitaire ; chez les jeunes individus, il est parfois égal à l'espace interorbitaire.

Les tentacules des narines sont très-petits, parfois même peu visibles ; ils sont ramifiés.

Les nageoires impaires sont libres. La dorsale est assez haute. La caudale est arrondie. L'appareil acétabulaire semble relativement moins développé que dans le Lépadogastère de Goüan ; le disque antérieur est circulaire ; le disque postérieur est demi-circulaire ; chacune des moitiés de son bord postérieur est soutenue par une douzaine de rayons.

D. 14 à 16 ; A. 9 à 11 ; C. 1/16 à 18/1 ; P. 21 à 24 ; V. 4.

D'après le professeur Canestrini, le Lépadogastère de Jussieu doit être le mâle en habit de noces, et le Lépadogastère de Candolle, la femelle qui a passé l'époque du frai. Le système de coloration n'a rien de fixe ; le corps est gris jaunâtre avec des taches rougeâtres, parfois olive avec des taches blanchâtres ; il y a parfois sur la dorsale des bandes rougeâtres, et sur l'opercule une tache rouge plus ou moins grande, plus ou moins bien dessinée, avec des raies de longueur variable ; quelquefois il existe une bande noirâtre sur la tête. La dorsale et la caudale sont tachetées de rouge ; l'anale est d'un jaune clair ; chez certains individus, les nageoires sont rouges entièrement.

Habitat. Méditerranée, assez commun, Nice, Toulon, Port-Vendres. Océan, golfe de Gascogne ; je l'ai trouvé à Guéthary, où il me paraît assez commun.

Proportions : long. totale 0,071 ; tronc, haut. 0,008, épais. 0,012.

Tête, long. 0,025, haut. 0,007, larg. 0,014. — Œil, diam. 0,004, esp. préorbit. 0,009, esp. interorbit. 0,008. — Mâchoire supérieure, long. 0,012.

Caudale, long. 0,012 ; appareil acétabulaire, long. 0,013, larg. (disque postérieur) 0,006. — Distance du museau à : appareil acétabulaire 0,016 ; dorsale 0,040 ; anus 0,040 ; anale 0,045.

LE LÉPADOGASTÈRE A DEUX TACHES — *LEPADOGASTER BIMACULATUS.*

Syn. : CYCLOPTERUS BIMACULATUS, Pennant, *Brit. Zool.*, t. III, p. 397, pl. 22, Arted. Walb., *Gen.*, p. 490.

LE BOUCLIER A DEUX TACHES, Cyclopterus bimaculatus, Bonnat., p. 29, pl. 86, fig. 355.

LE CYCLOPTÈRE BIMACULÉ, Cyclopterus bimaculatus, Lacép., t. VI, p. 320.

LEPADOGASTER BIMACULATUS, Flem., *Hist. Brit. Anim.*, 1828, p. 190 ; CBp., *Cat.,* n° 589 ; Brisout, *Rev. zool.*, 1846, p. 281 ; Nilsson, *Skand. Fn.*, t. IV, p. 241 ; Günth., t. III, p. 514.

Lepadogastère ocellé, Lepadogaster ocellatus, Riss., *Ichth.*, p. 74 ; Guichen., *Expl. Algér.*, p. 109.

Lépadogastère réticulé, Lepadogaster reticulatus, Riss., *Ichth.*, p. 77, *Hist. nat.*, p. 277.

Lépadogastère de Desfontaines, Lepadogaster Desfontanii, Riss., *Hist. nat.*, p. 275.

Lepadogaster desfontainii, L. mirbeli (?), CBp., *Cat.*, n° 597, n° 598.

Lépadogastère de Mirbel, Lepadogaster Mirbelii, Riss., *Hist. nat.*, p. 277.

Mirbelia Desfontainii, Canestr., *Archiv. zool.*, 1864, t. III, p. 192, pl. 3, fig. 5-6, *Fn. Ital.*, p. 187.

The Bimaculated Sucker, Yarr., t. II, p. 339.

Doubly spotted Sucker, Couch, t. II, p. 198.

N. vulg. : Pei Sant-Peire, Nice.

Long. : 0,035 à 0,06.

Chez ce Lépadogastère, la hauteur du tronc est contenue six fois et demie à neuf fois et demie dans la longueur totale.

Relativement la tête est très-large : elle est aplatie en dessus, de forme à peu près triangulaire ; sa longueur est comprise trois fois et quart à quatre fois dans la longueur totale. Le museau est assez court, terminé en pointe arrondie. La mâchoire supérieure est un peu plus avancée que la mandibule ; la bouche est fendue jusque sous le bord antérieur de l'orbite. La disposition dentaire est à peu près la même que dans les autres espèces.

En général l'iris est jaunâtre. Le diamètre de l'œil mesure environ le cinquième de la longueur de la tête.

Les narines ont les orifices très-étroits ; elles ont des tentacules rudimentaires, parfois peu visibles.

La dorsale et l'anale sont très-reculées ; elles n'ont qu'un petit nombre de rayons ; la dorsale en compte de cinq à sept ; l'anale, de quatre à six, cinq le plus souvent. La caudale est complétement libre ; elle est longue et large ; elle paraît avoir des rayons en nombre assez variable ; Couch en indique huit, Yarrell, dix, Thompson, douze ou treize, Canestrini, dix-huit ; sur un sujet, j'en trouve vingt-deux, quatorze grands, huit petits. Le tronçon de la queue a généralement un peu moins de hauteur que de longueur. Le disque antérieur est cordiforme, avec une fente longitudinale, et une petite cupule de chaque côté ; le disque postérieur est losangique.

D. 5 à 7 ; A. 4 à 6 ; C. 3 ou 4/12 à 14/4 ou 3 ; P. 18 ou 19 ; V. 4.

Le système de coloration présente beaucoup de variétés ; le plus souvent il est rougeâtre, parfois brun clair ; il y a souvent du bleu près des orbites. Ordinairement les côtés portent une tache arrondie, violacée, entourée de blanc ; cette tache n'est pas toujours bien marquée ; elle manque chez les jeunes animaux. Dans le Lépadogastère réticulé, le dos est, d'après Risso, brun jaunâtre et gris jaunâtre avec des ondulations de petits points ; les côtés inférieurs et la gorge sont d'un blanc nacré, varié de petites lignes noirâtres, qui forment une espèce de réseau ; les nageoires sont pointillées de jaune et de rougeâtre (Riss.).

Habitat. Méditerranée, assez rare, Nice, Marseille. Océan, golfe de Gascogne, assez rare, Arcachon, dans les crassats. Manche, très-rare ; Cherbourg?
Proportions : long. totale 0,046 ; tronc, haut. 0,005, épais. 0,006.
Tête, long. 0,013, haut. 0,005, larg. 0,010. — Œil, diam. 0,025, esp. préorbit. 0,004, esp. interorbit. 0,005. — Mâchoire supérieure, long. 0,007.
Caudale, long. 0,009 ; appareil acétabulaire, long. 0,008, larg. 0,004. — Distance du museau à : appareil acétabulaire 0,008 ; dorsale 0,028 ; anus 0,024 ; anale 0,029.

LE LÉPADOGASTÈRE GRÊLE — *LEPADOGASTER GRACILIS.*

Syn. : Mirbelia gracilis, Canestr., *Archiv. zool.*, 1864, t. III, p. 195, pl. 3, fig. 7, *Fn. Ital.*, p. 188.

Le professeur Canestrini a vu un seul exemplaire, pris à Nice, long de trois centimètres, et présentant les caractères suivants : les tentacules nasaux manquent. Le museau est pointu. En avant et en arrière de chacun des yeux existe une arête (*spigolo*) longitudinale. Les nageoires dorsale et anale ont chacune trois rayons. L'appareil acétabulaire est privé de granulations.

D. 3 ; A. 3 ; V. 4 ; P. 14 ; C. 10. — Br. 6.

Le corps de ce poisson, conservé dans l'alcool, est rouge-violet, avec des points blancs (Canestr.).

Habitat. Méditerranée, excessivement rare, Nice.

GENRE GOUANIE — *GOUANIA*, Nardo.

Syn. : Rupisuga, Swainson, 1839.
Leptopterygius, Troschel, 1860.
Corps allongé, plus ou moins arrondi en avant.
Tête courte ; museau très-court, large, arrondi.
Nageoires ; dorsale et anale très-basses, à rayons peu distincts, unies à
la caudale ; appareil acétabulaire peu développé.

.LE GOUANIE DE WILDENOW — *GOUANIA WILDENOWII.*

Syn. : Lépadogastère de Wildenow, Lepadogaster Wildenowii, Riss., *Ichth.*,
p. 75, pl. 4, fig. 10, *Hist. nat.*, p. 276.
Lepadogaster piger, Nardo, *Prodrom. Observat. Adriat. Ichthyol.*, 1827, p. 9 ;
Brisout de Barneville, *Note sur les espèces du genre Lepadogaster de Goüan*, dans
Revue zoologique, 1846, p. 282.
Gouania prototypus, Nardo ; Filippi, *Nota sopra il genere Leptopterygius di Troschel*,
dans *Archiv. zool.*, 1861, t. I, p. 73 ; Canestr., *Archiv. zool.*, 1864, t. III, p. 181, *Fn.
Ital.*, p. 186.
Rupisuga nicensis, Swainson, *Nat. Hist. Fish. Amphib. Reptiles*, London, 1839, t. II,
p. 339.
Gouania piger, CBp., *Cat.*, n° 587.
Leptopterygius Wildenowi, Troschel, dans *Arch. Natur.*, Wiegm., 1860, t. I, p. 206.
? Leptopterygius Coccoi, Troschel, *Arch.*, Wiegm., 1860, t. I, p. 207, pl. 7.
Leptopterygius piger, Günth., t. III, p. 515.

N. vulg. : Pei Sant-Peire, Nice.
Long. : 0,04 à 0,06.

Il est facile de reconnaître dans cette espèce le Lépadogastère
de Wildenow, décrit par Risso dès 1810. Le corps est assez
arrondi en avant, il conserve à peu près la même forme jusqu'à
la dorsale ; il est beaucoup moins comprimé en arrière que celui
des Lépadogastères ; il est allongé ; sa hauteur, qui est égale à sa
largeur, est contenue neuf à dix fois dans la longueur totale.

Relativement la tête est courte, et assez étroite ; sa largeur
mesure les deux tiers de sa longueur, qui est comprise quatre
fois à quatre fois et demie dans la longueur totale. Le museau
est court, large, arrondi et déprimé en avant. Les lèvres sont
assez épaisses. Les mâchoires sont à peu près égales, ou plutôt la
mâchoire supérieure est à peine plus avancée que la mandibule ;

elles sont munies de dents placées sur plusieurs rangées ; les
dents de la série externe sont plus fortes et plus pointues que les
autres.

Le diamètre de l'œil est contenu six à sept fois dans la longueur de la tête ; il fait environ la moitié de l'espace préorbitaire
qui est égal à l'espace interorbitaire, ou un peu plus grand.

A l'orifice antérieur de la narine est un appendice assez court,
parfois difficile à distinguer ; l'autre ouverture est près du bord
supérieur de l'orbite, elle a le bord saillant.

Dans son *Ichthyologie*, Risso avait indiqué nettement que les
nageoires impaires sont réunies, *pinnis imparibus connexis ;* dans
son *Histoire naturelle*, par suite évidemment d'une faute d'impression, la diagnose paraît changée, le mot *imparibus* est remplacé par celui de *paribus*, qui ne peut avoir aucun sens, qui
n'exprime aucun caractère différentiel, puisque chez les Lépadogastères les nageoires paires sont toujours unies, et même
tellement unies que beaucoup de naturalistes ont considéré les
rayons des ventrales comme appartenant aux pectorales. La dorsale et l'anale sont très-basses ; leurs rayons, enveloppés dans la
peau, ne sont guère visibles que par transparence. La caudale
est peu développée. Les pectorales sont très-courtes. L'appareil
acétabulaire est étroit, petit, avancé sous le premier tiers de la
longueur totale ; il a une longueur moindre que la distance qui
le sépare de l'anus ; le disque antérieur a, de chaque côté, deux
plis arrondis ; le disque postérieur est ovale ; il porte quelques
granulations à son pourtour, et montre deux petites cupules vers
le bord antérieur.

D. 13 à 15 ; A. 10 à 12 ; C. 17 ; P. 16 ; V. 4.

La coloration est grisâtre, gris jaunâtre, ou feuille morte avec
un pointillé rougeâtre.

Habitat. Méditerranée, très-rare, Nice.
Proportions : long. totale 0,054 ; tronc, haut. 0,006, épais. 0,006.
Tête, long. 0,012, haut. 0,005, larg. 0,009. — Œil, diam. 0,002, esp.
préorbit. 0,004, esp. interorbit. 0,004.
Caudale, long. 0,007 ; appareil acétabulaire, long. 0,006, larg. (disque

postérieur) 0,004. — Distance du museau à : appareil acétabulaire 0,008, dorsale 0,037 ; anus 0,028 ; anale 0,038.

Les Lépadogastères sont essentiellement carnivores, très-voraces, ils avalent des proies relativement fort volumineuses. — Ils se tiennent près du rivage, dans les endroits peu profonds, au milieu des rochers. Sur nos côtes de l'Ouest, on les prend à marée basse, mais, comme ils ne sont d'aucune utilité, il faut aller soi-même faire la pêche ; sur les bords de la Méditerranée, ils sont vendus avec le fretin ; j'en ai trouvé plusieurs fois sur le marché de Nice.

TRIBU DES MALACOPTÉRYGIENS ABDOMINAUX, *MALACOPTERYGII ABDOMINALES.*

Cette tribu est composée de dix familles.

Dorsale :

- unique (rarement suivie de pinnules) et
  - nonopposée à l'anale. Rayons branchiostèges au nombre de
    - trois. Barbillons
      - quatre au plus ou manquant. 1. CYPRINIDÉS.
      - six au moins. 2. COBITIDÉS.
    - plus de cinq. Barbillons
      - plusieurs.. 3. SILURIDÉS.
      - manquant. 4. CLUPÉIDÉS.
  - opposée à l'anale. Barbillon sous la gorge
    - nul. Pharyngiens inférieurs
      - non soudés.
        - nu ...... 5. ALÉPOCÉPHALIDÉS
        - Opercule écailleux. 6. ÉSOCÉTIDÉS.
      - soudés .... 7. EXOCÉTIDÉS.
    - développé .... 8. STOMIATIDÉS.
- double ; seconde dorsale
  - soutenue par quelques rayons. 9. SCOPÉLIDÉS.
  - adipeuse .... 10. SALMONIDÉS.

Famille des Cyprinidés, *Cyprinidæ.*

Corps de forme ovale ou allongée, couvert d'écailles cycloïdes, enduit d'un mucus plus ou moins épais.

Tête nue ; bouche petite ; bord de la mâchoire supérieure formé par les intermaxillaires ; mâchoires dépourvues de dents ; il n'y a de dents que sur les pharyngiens inférieurs ; une plaque dure, composée de cellules épithé-

liales, est fixée dans une dépression de la face inférieure de l'occipital basilaire.

Yeux latéraux ; orbite à voûte élargie par un os sur-orbitaire.

Narines à deux orifices.

Appareil branchial ; pièces operculaires nues ; trois rayons branchiostèges ; quatre arcs branchiaux portant une série double de lamelles respiratoires ; pharyngiens inférieurs développés, coudés ou relevés en arrière,
munis de dents placées sur une, deux ou trois rangées, opposées à la plaque
de l'occipital basilaire.

Ligne latérale bien marquée en général.

Nageoires ; dorsale unique ; anale commençant plus en arrière que la
dorsale.

Vessie natatoire grande, divisée en deux lobes par un étranglement prononcé ; lobe antérieur en rapport avec les *osselets de Weber* ; lobe postérieur
communiquant avec l'œsophage au moyen d'un conduit pneumatophore. —
Appendices pyloriques manquant ; estomac sans cul-de-sac.

La famille des Cyprinidés se compose d'espèces très-variées,
qui forment la population la plus nombreuse de nos eaux douces ;
elle se divise en trois sous-familles.

Des barbillons à la
bouche, ou un rayon
dentelé à l'anale
{
et à la dorsale.............. 1. CYPRININIENS.

manquant. { molles.......... 2. LEUCISCINIENS.
Lèvres   { cartilagineuses... 3. CHONDROSTOMINIENS.
}

Sous-famille des Cyprininiens, Cyprinini, CBp.

Barbillons à la bouche, ou rayon dentelé à l'anale et à la dorsale.

Cette sous-famille comprend quatre genres.

Rayon dentelé à
l'anale
{
plus ou moins fort..................... 1. CYPRIN.

Nul. Barbillons { quatre................... 2. BARBEAU.
au nombre de
{
deux. { carrée .... 3. TANCHE.
Caudale { très-échancrée.. 4. GOUJON.
}
}

GENRE CYPRIN — *CYPRINUS*.

Corps généralement ovale, couvert de larges écailles.
Nageoires ; dorsale longue, ayant, ainsi que l'anale, un rayon dentelé avant le premier rayon branchu.

Le genre Cyprin se divise en deux sous-genres.

Barbillons à la bouche { plus ou moins développés.......... 1. CARPE.

{ manquant..................... 2. CARASSIN.

SOUS-GENRE CARPE — *CYPRINUS*.

Tête developpée ; museau obtus ; bouche peu fendue ; barbillons généralement au nombre de quatre.
Appareil branchial ; opercule strié ; dents pharyngiennes le plus souvent au nombre de cinq, et placées sur deux ou trois rangées.

Barbillons postérieurs { développés................. 1. C. COMMUNE.

{ courts, grêles .... 2. C. DE KOLLAR.

LA CARPE COMMUNE — *CYPRINUS CARPIO*.

Syn. : CYPRINUS, Bell., p. 273.
DE LA CARPE, Rondel., *Hist. Poiss.*, part. 2, p. 106 ; Duham., *Pêch.*, part. 2, sect. 3, p. 509, pl. 26, fig. 1 ; Bonnat., p. 190, pl. A, fig. 1, pl. A, B, anat. ; Jurine, *Poiss. lac Léman*, p. 204, pl. 9 ; Vallot, *Ichth. franç.*, p. 93.
CYPRINUS CARPIO, Linn., p. 525, sp. 2 ; Bloch, pl. 16 ; Hartmann, *Helvetische Ichthyologie*, Zurich, 1827, p. 174 ; Costa, *Fn. Napol.*, pl. 21 ; Nordmann, *Fn. pontique*, p. 476 ; CBp., *Cat.*, nº 140 ; Nilsson, *Skand. Fn.*, t. IV, p. 284 ; Heckel et Kner, *Süsswasserfish. östreich. Monarch.*, p. 54, fig. 21 ; Siebold, *Süsswasserfisch. Mitteleuropa*, p. 84, fig. 1, dents pharyng. ; Canestr., *Prospet. crit. Pesc. acqua dolce d'Italia*, dans *Archiv. zool.*, 1866, t. IV, p. 64, *Fn. Ital.*, p. 10 ; Günth., t. VII, p. 25 ; Schlegel, p. 96, pl. 10, fig. 1.
LE CYPRIN CARPE, Cyprinus carpio, Lacép., t. XII, p. 267.
DE LA CARPE COMMUNE, Cyprinus carpio, Cuv. et Valenc., t. XVI, p. 23, *Règ. an. ill.*, p. 215, pl. 93, fig. 1 ; Blanch., p. 322, fig. 65.
THE COMMON CARP, Yarr., t. I, p. 354.
CARP, Couch, t. IV, p. 4.

N. Vulg. : Escarpa, Escarpo, Gard.
Long. : 0,30 à 0,50 et plus.

De toutes les espèces de poissons vivant dans nos eaux douces, la Carpe est assurément celle qui présente les modifications les plus nombreuses dans l'ensemble de ses formes, les variations les plus marquées dans son système de coloration, et même dans le développement de ses écailles. Elle a le corps légèrement comprimé, arqué et aminci sur le dos, assez épais et un peu courbe sous le ventre. La hauteur du tronc est contenue trois fois à quatre fois et demie dans la longueur totale. Les écailles, à l'état normal, sont grandes, finement striées ; elles ont le bord postérieur arrondi. Le nombre des vertèbres est de trente-six à trente-huit, 20 ou 21 + 16 ou 17.

La tête est nue ; elle est un peu bombée dans la région supérieure ; sa longueur est comprise quatre fois à quatre fois et deux tiers dans la longueur totale. Le museau est obtus ; les lèvres sont épaisses ; la bouche est peu fendue. La mâchoire supérieure est un peu plus avancée que la mandibule. De chaque côté il y a deux barbillons ; le barbillon antérieur est assez court, il est placé vers le milieu de la longueur du maxillaire supérieur ; l'autre est plus développé, il est attaché un peu au-dessus et un peu en arrière de la commissure des lèvres.

En général, l'iris est jaunâtre. Le diamètre de l'œil est contenu quatre fois et demie à six fois et deux tiers dans la longueur de la tête ; il mesure les deux tiers de l'espace préorbitaire, chez les jeunes animaux, les deux cinquièmes, et moins encore, chez les sujets très-développés ; l'espace préorbitaire est égal, ou peu s'en manque, à l'espace interorbitaire.

La narine est assez rapprochée de l'œil ; ses ouvertures sont voisines l'une de l'autre ; l'orifice antérieur est un peu en dedans de l'orifice postérieur ; il est entouré d'un bourrelet qui est coupé obliquement d'avant en arrière, de bas en haut, et forme une espèce de valvule triangulaire.

La fente des ouïes est grande ; elle s'avance jusqu'à l'aplomb du bord postérieur du préopercule. Le battant operculaire est bordé d'une membrane molle, assez épaisse. L'opercule est marqué de stries, qui partent en rayonnant de son angle antérieur et

III.   24

supérieur. Les rayons branchiostèges sont larges, aplatis. Les dents pharyngiennes sont des espèces de molaires ; elles sont au nombre de cinq de chaque côté, et placées sur deux rangées perpendiculaires l'une à l'autre, ou plutôt sur trois rangées ; la grande rangée se compose de trois dents bien développées, la première est tuberculeuse, arrondie, la deuxième, qui est la plus grosse, a sa couronne terminée par une large surface aplatie et généralement marquée de sillons parallèles, la troisième dent ressemble à la seconde, elle est seulement moins grosse ; la deuxième rangée et la troisième n'ont qu'une seule dent chacune ; la dent de la deuxième rangée a sa partie libre sillonnée ; la dernière dent est grêle, et, quand elle a servi, elle est nettement tronquée à son extrémité ; la disposition dentaire peut être formulée ainsi : 3 — 1 — 1.

La ligne latérale est presque droite ; elle est bien marquée. Éc., l. long. 35 à 40 ; l. transv. $\frac{5 \text{ ou } 6}{5 \text{ ou } 6} + 1 = 11$ à 13.

La dorsale est longue ; elle est composée de trois ou quatre rayons simples et de dix-sept à vingt-deux rayons ramifiés ; le premier rayon branchu est le plus allongé. L'anale est reculée ; elle est courte ; elle a trois rayons simples et cinq rayons ramifiés. Le dernier rayon simple de chacune de ces nageoires est très-robuste ; en arrière, il est creusé en gouttière, et garni, sur l'un et l'autre de ses bords, d'épines ou de dentelures, qui se développent de plus en plus à mesure qu'elles approchent de l'extrémité du rayon. La caudale est fort échancrée. Les pectorales ont un rayon simple et quinze à dix-sept rayons branchus. Les ventrales ont une dizaine de rayons.

Br. 3. — D. 3 ou 4/17 à 22 ; A. 3/5 ; C. 3/17 à 19/3 ; P. 1/15 à 17 ; V. 2/7 ou 8.

La coloration de la Carpe est très-variable ; elle est généralement d'un brun verdâtre, à reflets bleuâtres sur le dos, à reflets dorés sur les côtés. Il existe des animaux qui sont d'une teinte blanchâtre. Le *Cyprin Anne-Caroline*, de Lacépède, est doré avec quelques taches noirâtres. En Auvergne se trouve une Carpe jaune, mais elle est très-rare ; il y a quelques années, à l'École

de Pisciculture de Clermont-Ferrand, dirigée alors par M. Rico,
j'ai vu une quantité considérable de spécimens de cette jolie variété, que l'habile pisciculteur avait eu soin de faire reproduire.

Habitat. La Carpe est un des poissons les plus communs. Elle ne se tient
pas seulement dans les eaux douces ; on en prend un nombre considérable
dans la mer Noire, on la trouve dans quelques-uns des lacs salés de la Nou-
velle-Russie, suivant Nordmann.

Proportions : long. totale 0,400 ; tronc, haut. 0,092, épais. 0,053.

Tête, long. 0,088, haut. 0,081. — Œil, diam. 0,013, esp. préorbit. 0,030,
esp. interorbit. 0,031. — Mâchoire supérieure, long. 0,022.

Caudale, long. 0,071 ; pectorale, long. 0,063 ; ventrale, long. 0,055. —
Dorsale, haut. 0,042, long. 0,132 ; anale, haut. 0,041, long. 0,025.

Variétés. — Monstruosités.

Syn. : DE L'ESTRANGE ESPÈCE DE CARPE, Rondel., *Hist. Poiss.*, part. 2, p. 110.

CARPE A MIROIR, Duham., *Pêch.*, part. 2, sect. 3, pl. 26, fig. 2 ; Vallot, p. 108.

REX CYPRINORUM, Reine des Carpes, Bloch, pl. 17 ; Bonnat., p. 189, pl. 76, fig. 318.

CYPRINUS NUDUS, ALEPIDOTUS, la Carpe à cuir, Bloch, *Ichth.*, part. 3, p. 154.

LE CYPRIN SPÉCULAIRE, Cyprinus specularis, Lacép., t. XII, p. 289.

LE CYPRIN A CUIR, Cyprinus coriaceus, Lacép., t. XII, p. 289.

LE CYPRIN VERDÂTRE, Cyprinus viridescens, Lacép., t. XII, p. 300.

LE CYPRIN ANNE-CAROLINE, Cyprinus Anna-Carolina, Lacép., p. 303.

CYPRINUS REGINA, CBp., *Cat.*, n° 141, *Fn. ital.*, fig. ; Cuv. et Valenc., t. XVI, p. 63 ;
Heckel et Kner, p. 6?, fig. 26.

CYPRINUS ELATUS, CBp., *Cat.*, n° 146, *Fn. ital.*, fig. ; Cuv. et Valenc., t. XVI, p. 62

On donne le nom de *Carpes dauphins*, ou de *Carpes à tête de
dauphin*, à des sujets dont la face est raccourcie, et dont la partie
antérieure du crâne fait saillie en avant des yeux, au-dessus du
museau. Ces cas de monstruosité ne sont pas rares chez les Carpes qui vivent dans certains parages ; on les remarque assez souvent aux environs de Pont-d'Ain, d'après ce qui m'a été affirmé
par un fermier de la pêche.

Chez la *Carpe à miroir*, chez la *Reine des Carpes*, les écailles
prennent un très-grand développement, et par cela même sont
beaucoup moins nombreuses qu'à l'état normal ; parfois elles
manquent sur une partie du corps, et ne forment plus que deux
ou trois rangées. — Chez la *Carpe nue* ou *Carpe à cuir*, les
écailles au contraire sont atrophiées, et le derme, qui acquiert
une grande épaisseur, a l'apparence d'un cuir brunâtre.

C. Bonaparte a décrit sous la dénomination de *Carpe bossue*,

Cyprinus elatus, des individus qui ont le dos très-élevé, et sous le nom de *Carpe reine*, *Cyprinus regina*, des sujets qui ont le corps relativement allongé. La Carpe bossue est commune dans les Basses-Pyrénées.

LA CARPE DE KOLLAR — *CYPRINUS KOLLARII.*

? Alterius generis Karas, Karpkarass, Gesner, p. 1275; Bloch, part. 1, p. 82 (note).

Carpio Kollarii, Heckel et Kner, p. 64, fig. 27, anim., fig. 28, dents pharyng.; Siebold, p. 91, fig. 2, dents pharyng.

Carouche blanche, Cyprinus striatus, et *var.*, Holandre, *Notice sur plusieurs espèces non décrites de poissons du genre Cyprin, observées dans le département de la Moselle*, 1837, p. 2.

Cyprinus striatus, Cyprin strié, Selys-Longchamps, *Faune belge*, part. 1, p. 198, pl. 9; CBp., *Cat.*, n° 148.

La Carpe de Kollar, Cyprinus Kollarii, Cuv. et Valenc., t. XVI, p. 76, pl. 458; Blanch., p. 331, fig. 66, tête; Géhin, p. 67.

Cyprinus kollari, CBp., *Cat.*, n° 147.

Hybrid between Cyprinus carpio and Cyprinus carassius, Günth., t. VII, p. 31.

N. vulg. : Carousche blanche, Lorraine ; Carreau, Paris.
Long. : 0,20 à 0,50.

Depuis longtemps les pêcheurs de certaines contrées ont émis l'opinion que les œufs de la Carpe peuvent être fécondés par la laitance du Carassin ; et ils ont donné aux produits de cette fécondation anormale les noms de *Demi-Carassin*, *Carpe-Carassin*, pour en rappeler ainsi la double origine. Cette manière de voir a été acceptée par quelques naturalistes, repoussée par d'autres. Malheureusement des expériences directes ne paraissent pas avoir été faites pour lever tous les doutes ; toutefois, lorsqu'on examine un certain nombre de spécimens venant de localités différentes, on constate que les uns ressemblent à des Carpes, les autres à des Carassins, et, dans ces conditions, il devient difficile de ne pas considérer comme des hybrides les animaux qu'on a sous les yeux. — C'est probablement le poisson que nous allons étudier que Gesner a décrit, comme une seconde espèce de Carassin, sous la dénomination de *Halbkarass, Karpkarass*.

Tantôt le corps de la Carpe de Kollar est de forme rhomboïdale, tantôt il est de forme ovale plus ou moins allongée ; sa hauteur est contenue deux fois et trois quarts à quatre fois dans la longueur totale. La peau est couverte de grandes écailles, qui parfois sont ornées d'une bordure noirâtre. Le nombre des vertèbres est de trente-cinq ou trente-six.

La longueur de la tête est comprise quatre fois et quart à cinq fois dans la longueur totale. La bouche est peu fendue. La mâchoire supérieure est un peu plus avancée que la mandibule. Les barbillons sont peu développés ; chez certains individus les barbillons antérieurs manquent, ou sont fort peu visibles. Les barbillons postérieurs semblent généralement les plus allongés ; sur l'un des spécimens que j'ai examinés, il existe du côté gauche un barbillon court et grêle, il n'y en a pas du côté droit. Suivant Holandre, la *Carousche blanche* n'a point de barbillons ; la variété appelée aussi *Carousche blanche*, en a un rudiment à la commissure des lèvres.

Chez les sujets de moyenne taille, le diamètre de l'œil mesure environ le cinquième de la longueur de la tête. L'iris est doré.

Des stries radiées se montrent sur l'opercule ; quant aux stries du sous-opercule, elles ne sont pas toujours aussi prononcées que l'indique Holandre, parfois même elles manquent complétement. Les dents pharyngiennes sont ordinairement, de chaque côté, au nombre de cinq, placées sur deux rangées ; il y en a quatre sur la longue rangée, une vers la branche montante du pharyngien ; la dent antérieure est tuberculeuse ; les autres sont plus ou moins comprimées, elles ne sont pas toujours caliciformes, elles ont même assez souvent la partie triturante de la couronne entièrement plane ; chez certains individus, le pharyngien ne porte qu'une seule rangée de quatre dents, qui ressemblent beaucoup à celles du Carassin.

La ligne latérale est bien marquée. Éc., l. long. 33 à 38 ; l. transv. $\frac{5 \text{ à } 7}{5 \text{ à } 7} + 1 = 11$ à 15.

Parfois le rayon dentelé de la dorsale, comme celui de l'anale, est assez faible ; il en est de même du grand rayon simple de la ventrale.

D. 3 ou 4/17 à 21 ; A 3/5 ou 6 ; C. 5/17 ou 18/5 ; P. 1/15 à 17 ; V. 2/7 ou 8.

Le système de coloration paraît assez variable ; ordinairement le dos et les côtés sont d'un brun verdâtre à reflets dorés ; le ventre est d'un blanc rougeâtre ou d'un jaune assez clair ; parfois les parties latérales et inférieures du corps sont d'un gris jaunâtre.

Habitat. Ce poisson est assez rare ; il existe dans quelques départements de l'Est et du Nord, dans le département de la Somme, particulièrement aux environs de Péronne, d'où il en est assez souvent expédié vivant sur le marché de Paris. Il y a une vingtaine d'années, il était très-abondant dans le lac d'Enghien ; et comme le rappelle Valenciennes, les pêcheurs le distinguaient de la Carpe commune, en lui donnant le nom de *Carreau*. Comment se trouvait-il dans le lac de Saint-Gratien ? A-t-il été apporté à l'état d'alevin ? Est-il né sur place, de l'œuf de la Carpe fécondé par la laitance de la Gibèle ? Aujourd'hui, d'après les renseignements qui m'ont été fournis, il a disparu complétement du lac ; les propriétaires de la pêche n'ont pas jugé à propos de conserver ce poisson moins estimé que la Carpe.

Proportions : long. totale 0,268 ; tronc, haut. 0,069, épais. 0,035.

Tête, long. 0,058, haut. 0,071. — Œil, diam. 0,011, esp. préorbit. 0,018, esp. interorbit. 0,023.

Caudale, long. 0,057 ; pectorale, long. 0,047 ; ventrale, long. 0,042. — Dorsale, haut. 0,038, long. 0,085 ; anale, haut. 0,036, long. 0,023.

SOUS-GENRE CARASSIN — *CARASSIUS*, Nilsson.

Barbillons manquant. — **Dents pharyngiennes** au nombre de troi ou quatre de chaque côté, placées sur une seule rangée.

Le sous-genre Carassin est formé de deux espèces.

<table>
<tr><td rowspan="2">Hauteur du tronc comprise dans
la longueur totale</td><td>moins de trois fois .....   1. C. COMMUN.</td></tr>
<tr><td>au moins trois fois .....   2. C. DORÉ.</td></tr>
</table>

LE CARASSIN COMMUN — *CARASSIUS VULGARIS*.

Syn. : KARASS, Gesner, p. 377, p. 1275.
CARASSIUS, Willugh., p. 249.
CYPRINUS CARASSIUS, Linn., p. 526, sp. 5 ; Bloch, pl. 11 ; Hermann, *Observationes zoologicæ*, 1804, p. 317 ; Fries, Ekström et Sundevall, *Skand. Fisk.*, p. 71, pl. 31 ; Nilsson, *Skand. Fn.*, t. IV, p. 291 ; Schlegel, p. 104, pl. 10, fig. 2.
L'HAMBURGE, Cyprinus carassius, Bonnat., p. 192, pl. 78, fig. 322 ; Lacép., t. XII, p. 308.
LA CARPE CARASSIN, Cyprinus carassius, Cuv. et Valenc., t. XVI, p. 82, pl. 459.
CARASSIUS LINNÆI, CBp., *Cat.*, n° 149.
CARASSIUS VULGARIS, Nilsson, *op. cit.*, p. 291 ; Nordmann, p. 479 ; Heckel et Kner, p. 67, fig. 29 ; Siebold, p. 98, fig. 4, dents pharyng. ; Canestr., *Archiv. zool.*, t. IV, p. 66, *Fn. Ital.*, p. 13 ; Günth., t. VII, p. 29.

Le Cyprinopsis carassin, Cyprinopsis carassius, Blanch., p. 336, fig. 67, anim.,
fig. 68, écaille.
The Crucian Carp, Yarr., t. I, p. 364.
Crucian, Couch, t. IV, p. 28.

N. Vulg. : Carasche, Carousche, Carousche noire, Carreau, Lorraine.
Long. : 0,20 à 0,30.

Très-variable dans ses proportions, le corps du Carassin est
plus ou moins élevé ; il a le profil supérieur plus arqué, plus
convexe que le profil inférieur ; il affecte souvent une forme
à peu près rhomboïdale ; il est comprimé ; il est couvert de
grandes écailles, qui ont, en général, la partie libre finement
striée. La hauteur du tronc est contenue deux fois et un septième à deux fois et trois quarts dans la longueur totale.

La tête est plus haute que longue ; elle est petite ; sa longueur
est comprise quatre fois et un tiers à quatre fois et trois quarts
dans la longueur totale. Le museau est court, obtus. La bouche
est peu fendue ; son ouverture est oblique. La mâchoire supérieure est à peine plus avancée que la mandibule. Les barbillons manquent.

Chez les sujets de grande taille, le diamètre de l'œil mesure
du cinquième au sixième de la longueur de la tête ; il fait environ les deux tiers de l'espace préorbitaire. L'iris est d'un jaune
doré, pointillé de noir.

Les orifices de la narine sont plus rapprochés de l'orbite que
du museau ; l'ouverture antérieure est petite, arrondie ; elle est
entourée d'un bourrelet, qui forme, en arrière, une valvule presque triangulaire ; l'ouverture postérieure est large, à peu près
semi-lunaire.

L'opercule est granuleux et strié ; le sous-opercule est couvert
de stries et de granulations, qui le rendent plus ou moins rugueux. L'ouverture des ouïes s'avance jusque sur le bord inférieur du préopercule. Sur chacun des pharyngiens inférieurs,
est une série de quatre dents qui, suivant certains auteurs, sont
scalpriformes; en général, la première dent est conique ; les trois
suivantes ont la couronne comprimée, à surface triturante légèrement déprimée.

De la fente des branchies à la base de la caudale, la ligne latérale est presque droite ; elle est plus rapprochée du profil ventral que du profil dorsal. Éc., l. long. 31 à 35 ; l. transv. $\frac{7\ ou\ 8}{5\ a\ 7} + 1 = 13$ à 16.

La dorsale est longue ; elle commence au-dessus des ventrales et finit au-dessus de l'anale ; son dernier rayon simple, qui est le quatrième généralement, a le bord postérieur garni de fines dentelures. L'anale se termine un peu plus en arrière que la dorsale ; elle est courte ; son grand rayon simple est légèrement dentelé en arrière. La caudale est échancrée. Ordinairement la ventrale est un peu plus longue que la pectorale.

D. 3 ou 4/15 à 20 ; A. 3/5 ou 6 ; C. 4/18 à 20/4 ; P. 1/12 à 15 ; V. 2/7 ou 8.

Ordinairement le dos et les côtés sont d'un brun verdâtre, le ventre est jaunâtre, parfois d'un jaune rougeâtre ; chez certains individus, toutes les nageoires sont d'un jaune roux teinté de noir ; au reste le système de coloration varie suivant la saison.

Habitat. Ce poisson est rare ; il se trouve dans quelques départements de l'Est et du Nord, Meurthe, Aisne, etc.; suivant l'opinion généralement admise, il a été introduit dans les eaux de la Lorraine par le roi Stanislas. Il est quelquefois apporté sur le marché de Paris.

Proportions : long. totale 0,278 ; tronc, haut. 0,104, épais. 0,047.

Tête, long. 0,063, haut. 0,084. — OEil, diam. 0,011, esp. préorbit. 0,018, esp. interorbit. 0,026. — Mâchoire supérieure, long. 0,018.

Caudale, long. 0,052 ; pectorale, long. 0,042 ; ventrale, long. 0,048. — Dorsale, haut. 0,048, long. 0,080 ; anale, haut. 0,031, long. 0,025.

Variétés.

Syn. : Cyprinus gibelio, Bloch, pl. 12 ; Fries, Ekström et Sundevall, *Skand. Fisk.*, var. b, p. 72, pl. 32 ; Selys-Longchamps, *Faune belge*, part. 1, p. 199 ; Nilsson, *Skand. Fn.*, t. IV, p. 294 ; Schlegel, p. 196.

La Gibèle, Cyprinus gibelio, Bonnat., p. 194, pl. 79, fig. 329 ; Lacép., t. XII, p. 321.

La Carpe Gibèle, Cyprinus gibelio, Cuv. et Valenc., t. XVI, p. 90.

Carassius gibelio, CBp., *Cat.*, n° 150 ; Nordmann, p. 479 ; Heckel et Kner, p. 70, fig. 30, anim., fig. 31, dents pharyng. ; Siebold, p. 104, fig. 6.

Le Cyprinopsis gibèle, Cyprinopsis gibelio, Blanch., p. 340, fig. 69, fig. 70, écaille.

The Prussian Carp, Yarr., t. I, p. 368 ; Couch, t. IV, p. 31.

Cyprinus moles, Agass., *Cypr. lac de Neuchâtel*, p. 5 ; Selys-Longchamps, *op. cit.*, p. 200.

La Carpe meule, Cyprinus moles, Cuv. et Valenc., t. XVI, p. 89.

Carassius moles, Nordmann, p. 480 ; Heckel et Kner, p. 71, fig. 32.

Carassius oblongus, Heckel et Kner, p. 73, fig. 33.

Dans une communication, faite en 1838 à l'Académie des sciences de Stockholm, Ekström a démontré que la *Gibèle* n'est pas une espèce particulière ; c'est une simple variété du Carassin dont elle diffère par la moindre hauteur du corps, et par la longueur un peu plus grande de la mâchoire inférieure.

Le *Carassin meule*, écrit Valenciennes, se distingue du Carassin commun par sa dorsale plus basse, et son corps moins haut ; les écailles n'ont pas de stries.

D'après de Siebold, le *Carassin oblong*, de Heckel et Kner, est encore une variété du Carassin commun, à corps plus allongé.

LE CARASSIN DORÉ — *CARASSIUS AURATUS.*

Syn : Cyprinus auratus, Linn., p. 527, sp. 7 ; Bloch, pl. 93-94.

Le Poisson doré de la Chine, Cyprinus auratus, Bonnat., p. 193, pl. 78, fig. 324-326, pl. 79, fig. 327.

Le Cyprin doré, Cyprinus auratus, Lacép., t. XII, p. 312 ; Riss., *Ichth.*, p. 364, *Hist. nat.*, p. 436.

La Dorade de la Chine, Cyprinus auratus, Vallot, p. 112.

La Carpe dorée *ou* la Dorade de la Chine, Cyprinus auratus, Cuv. et Valenc., t. XVI, p. 101.

Le Cyprinopsis doré, Cyprinopsis auratus, Blanch., p. 343, fig. 71 ; Géhin, p. 70 ; Soland, p. 239.

Carassius auratus, Günth., t. VII, p. 32 ; Canestr., *Fn. Ital.*, p. 13.

The Gold Carp, Yarr., t. I, p. 371.

Goldfish, Couch, t. IV, p. 33.

N. vulg. : Poisson rouge ; Daurat, Nice.
Long. : 0,10 à 0,20.

A l'état normal, la hauteur du tronc est contenue trois à quatre fois dans la longueur totale. Le corps est assez épais ; il est couvert de grandes écailles, à bord libre arrondi.

La tête est forte ; elle est grosse ; sa longueur est comprise quatre fois à quatre fois et trois quarts dans la longueur totale. Le museau est court ; la bouche petite ; les mâchoires sont égales.

En général, l'iris est jaunâtre. Le diamètre de l'œil mesure le quart environ de la longueur de la tête ; il est plus petit que l'espace interorbitaire ; il est égal ou peu s'en manque à l'espace préorbitaire.

Des stries assez fines se voient sur l'opercule. Les dents pharyngiennes, placées sur un seul rang, sont au nombre de trois, ou de quatre le plus . souvent ; la dent antérieure est presque cylindrique ; les suivantes ont la couronne comprimée, à surface triturante ovale et légèrement déprimée.

En avant, la ligne latérale décrit une très-faible courbure, et se trouve un peu plus rapprochée du dos que du ventre. Éc., l. long. 26 à 30 ; l. transv. $\frac{5 \text{ ou } 6}{6 \text{ ou } 7} + 1 = 12$ à 14.

La dorsale est longue ; la caudale est très-échancrée.

D. 3 ou 4/16 à 18 ; A. 3/5 ou 6 ; C. 4/17 à 19/4 ; P. 1/15 à 17 ; V. 2/7 ou 8.

La coloration est des plus variables ; elle est généralement d'un beau rouge vermillon, parfois elle est rosée ; il y a des sujets qui sont blanchâtres, d'autres qui sont verdâtres plus ou moins marqués de noir. Lorsqu'ils sont mis en liberté, ces poissons perdent rapidement leur brillante parure.

Habitat. C'est au siècle dernier que le Cyprin de Chine a été introduit en France ; il s'est parfaitement acclimaté, car il vit non seulement captif dans un aquarium, dans les bassins des jardins publics, mais encore à l'état libre dans plusieurs de nos cours d'eau. de nos étangs, où il se multiplie facilement. M. Blanchard dit qu'on le pêche assez fréquemment dans la Seine et ses affluents. — Suivant Géhin, le poisson rouge est très-fécond, il croise volontiers avec la Carpe. Les métis ressemblent à la Carpe. mais ils restent toujours petits, et leur chair n'est plus bonne qu'en friture. Ce poisson croise aussi avec le Carassin. — Il se multiplie très-bien dans nos pays, écrit M. de Soland, mais il ne faut pas le mettre dans une pièce d'eau avec des Carpes, car on est sûr de voir son espèce complétement dégénérer. — D'après M. Lemarié, il se trouve dans les rivières et les étangs de plusieurs de nos départements de l'Ouest, Charente, Charente-Inférieure, etc. — Selon le Frère Ogérien, on le prend, mais rarement, dans la Seille, la Vallière. — Il est parfois apporté sur le marché de Paris.

Proportions : long. totale 0,140 ; tronc, haut. 0,045, épais. 0,025.

Tête, long. 0,034, haut. 0,042. — Œil, diam. 0,008, esp. préorbit. 0,009, esp. interorbit. 0,015. — Mâchoire supérieure, long. 0,009.

Caudale, long. 0,034 ; pectorale, long. 0,022 ; ventrale, long. 0,022. — Dorsale, haut. 0,018, longueur, 0,042 ; anale, haut. 0,015 ; long. 0,013.

Avec une rare patience, avec un art merveilleux, les Chinois sont parvenus à modifier la forme du corps, à changer la disposition des nageoires chez le Cyprin doré. De ces poissons, il en est qui ont la caudale divisée en trois lobes, d'autres qui ont l'anale double ; il s'en trouve qui ne portent plus trace de nageoire dorsale, qui ont le tronc raccourci, monstrueux. — D'après Sauvigny, il existe sept espèces de *Poissons dorés* ou de *Kin-yu*; le *Kin-yu* proprement dit, cette espèce, qui est la plus commune, a été apportée dans le dix-huitième siècle au port de l'Orient, à l'hôtel de la Compagnie des Indes; l'*OEuf de cane*; les *Yeux de Dragon* (*Télescope*, de Lacépède); le *Dormeur*; le *Cabrioleur*; la *Nymphe*; le *Poisson lettré*. (*Histoire naturelle des Dorades de la Chine*, avec figures gravées par Martinet, de Sauvigny. Paris, 1780.)

GENRE BARBEAU — *BARBUS*, Cuv.

Corps allongé, fusiforme, couvert d'écailles minces.

Tête longue; bouche en dessous; quatre barbillons bien développés.

Appareil branchial; fente des ouïes grande; dents pharyngiennes au nombre de neuf ou dix, de chaque côté, disposées sur trois rangées 5 — 3 — 1 ou 2, elles sont plus ou moins coniques, crochues à leur extrémité.

Nageoires; dorsale à dernier rayon simple tantôt dentelé, tantôt non dentelé; anale courte, sans rayon dentelé; caudale fourchue.

Ce genre est composé de deux espèces.

Dorsale
- avec un rayon dentelé.................... 1. B. COMMUN.
- sans rayon dentelé .... 2. B. MÉRIDIONAL.

LE BARBEAU COMMUN — *BARBUS FLUVIATILIS*.

Syn. : DU BARBEAU, Rondel., part. 2, p. 140; Duham., *Pêch.*, part. 2, sect. 3, p. 519, pl. 27, fig. 1; Bonnat., p. 189, pl. 76, fig. 317; Lacép., t. XII, p. 285; Büchner, *Mémoire sur le système nerveux du Barbeau*, Strasbourg, 1836; Vallot, p. 125. .

CYPRINUS BARBUS, Linn., p. 525, sp. 1; Bloch, pl. 18; Schlegel, p. 99, pl. 10, fig. 3.

BARBUS FLUVIATILIS, Agass., *Descript. de quelques espèces de Cyprins du lac de Neuchâtel*, 1834, p. 5; CBp., *Cat.*, n° 154; Heckel et Kner, p. 79, fig. 36, anim., fig. 37, dents pharyng.; Siebold, p. 109, fig. 8, dents pharyng.; Canestr., *Archiv. zool.*, t. IV, p. 79, *Fn. Ital.*, p. 12; Günth., t. VII, p. 88.

LE BARBEAU COMMUN, Barbus fluviatilis, Cuv. et Valenc., t. XVI, p. 125; Blanch., p. 302, fig. 60, anim., fig. 61, écaille.

THE BARBEL, Yarr., t. I, p. 378; Couch, t. IV, p. 16.

N. Vulg. : Barbillon, Barbio, Barbet, Barbarin.

Long. : 0,25 à 0,50, quelquefois 1,00.

Doué d'une grande agilité, le Barbeau a des formes élancées. Son corps, assez épais en avant, est aminci en arrière; il est couvert d'écailles minces, ogivales, de petite dimension, surtout à la région pectorale. La hauteur du tronc est contenue cinq fois et trois quarts à six fois et demie dans la longueur totale.

La tête est longue ; elle est lisse, assez large en dessus et légèrement convexe ; sa longueur est comprise quatre fois à quatre fois et trois quarts dans la longueur totale. Le museau est proéminent. La bouche est tout à fait en dessous, semi-circulaire ; elle est peu protractile ; elle est bordée de lèvres épaisses et charnues ; de chaque côté, elle a deux grands barbillons, qui sont éloignés l'un de l'autre ; le barbillon antérieur est inséré vers l'extrémité du museau, et se trouve, de cette façon, assez rapproché de celui du côté opposé ; le barbillon, qui est le plus développé, paraît attaché à l'angle inférieur et antérieur du maxillaire supérieur.

En général, l'iris est jaune doré. Les yeux sont assez écartés l'un de l'autre. Le diamètre de l'œil est contenu de cinq fois et demie à dix fois dans la longueur de la tête ; il mesure le tiers ou les deux cinquièmes de l'espace préorbitaire, chez les sujets de moyenne taille.

Les ouvertures de la narine sont contiguës, elles ne sont séparées que par un appendice cutané, une espèce de valvule ; elles sont plus rapprochées de l'orbite que du museau.

La fente des ouïes s'avance jusque sous le bord inférieur du préopercule. Les dents pharyngiennes sont, de chaque côté, au nombre de neuf ou dix ; elles sont placées sur trois rangées ; il y en a cinq sur la première rangée, trois sur la seconde, et une ou deux sur la troisième ; elles sont cylindriques ou coniques, terminées par un petit crochet, excepté parfois la première, qui est conique, à pointe mousse.

La ligne latérale est à peu près droite. Éc., l. long. 55 à 70 ; l. transv. $\frac{11 \text{ à } 13}{7 \text{ à } 12} + 1 = 19$ à 26.

Ordinairement la dorsale commence au-dessus du milieu de l'insertion des ventrales ; elle se termine en avant de l'origine de l'anale ; son dernier rayon simple est très-fort, dentelé en arrière. L'anale est deux fois environ plus haute que longue. La caudale est fourchue ; le lobe supérieur est généralement plus court que l'inférieur.

D. 3 ou 4/8 ou 9 ; A. 3/5 ou 6 ; C. 3 ou 4/19 ou 20/4 ou 3 ; P. 1/14 ou 15 ;
V. 2/7 ou 8.

La dorsale est grisâtre, marquée de quelques points bruns ;
l'anale, la caudale et les ventrales sont d'une teinte orangée ; des
points brunâtres se montrent dans les espaces intraradiaires de la
caudale. La coloration du corps est variable ; le plus souvent le
dos est gris bleuâtre ou verdâtre ; les côtés sont d'un blanc argenté nuancé de gris ou de jaune ; le ventre est blanchâtre ;
quelquefois la teinte générale est d'un gris perle plus foncé vers
le dos, plus clair vers le ventre.

Habitat. Le Barbeau est commun dans la plupart de nos cours d'eau ; il
ne se trouve pas dans le lac Léman, ni dans le lac d'Annecy.

Proportions : long. totale, 0,335 ; tronc, haut. 0,057, épais. 0,036.

Tête, long. 0,074, haut. 0,045. — OEil, diam. 0,010, esp. préorbit. 0,032,
esp. interorbit. 0,021. — Mâchoire supérieure, long. 0,026.

Caudale, long. 0,068 ; pectorale, long. 0,045 ; ventrale, long. 0,043. —
Dorsale, haut. 0,056, long. 0,036 ; anale, haut. 0,039, long. 0,021.

LE BARBEAU MÉRIDIONAL — *BARBUS MERIDIONALIS.*

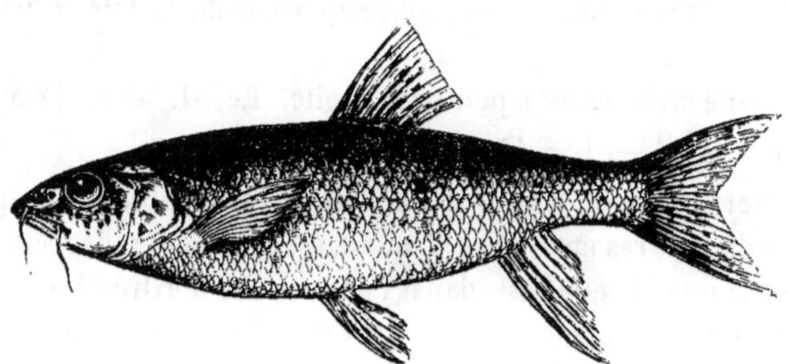

Fig. 193.

Syn. : CYPRIN BARBEAU, Cyprinus barbus, Riss., *Ichth.*, p. 360.

BARBEAU MÉRIDIONAL, Barbus meridionalis, Riss., *Hist. nat.*, p. 437 ; Blanch., *Poiss.
eaux douces de la France*, p. 313, fig. 62, anim., fig. 63, écaille.

LE BARBEAU CANIN, Barbus caninus, Cuv. et Valenc., t. XVI, p. 142, pl. 464.

BARBUS CANINUS, CBp., *Cat.*, n° 158, *Fn. ital.*, fig. ; Heckel et Kner, *Süsswasserfische östreich. Monarchie*, p. 85, fig. 40 ; Canestr., *Archiv. zool.*, 1866, t. IV, p. 77,
Fn. Ital., p. 11 ; Günth., t. VII, p. 95.

N. vulg. : Durgan, Nice ; Barp, Pyrénées-Orientales.
Long. : 0,15 à 0,25.

Jamais ce poisson n'acquiert une aussi grande taille que le Barbeau commun. Il a le corps plus ou moins allongé, couvert d'écailles minces, très-imbriquées, à bord postérieur arrondi. Le profil supérieur est légèrement arqué; l'inférieur est droit jusqu'à l'anale, relevé au tronçon de la queue. La hauteur du tronc est contenue quatre fois et trois quarts à cinq fois et demie dans la longueur totale.

En général, la tête est plus longue que haute; sa longueur est comprise quatre fois et demie à cinq fois dans la longueur totale. Le museau est assez gros, arrondi; il est plus court que dans le Barbeau commun. La bouche est en dessous; elle est de moyenne grandeur. Les barbillons sont de longueur très-variable; parfois ils sont grêles, courts; parfois ils sont développés, surtout les barbillons postérieurs, qui, ramenés en avant, peuvent dépasser l'extrémité du museau.

Suivant la taille des sujets, le diamètre de l'œil est contenu de quatre à six fois dans la longueur de la tête; il est toujours d'un tiers ou de moitié plus petit que l'espace préorbitaire. L'orbite est placée très-haut, vers le profil supérieur de la tête. L'iris est doré.

La ligne latérale est à peu près droite. Éc., l. long. 48 à 52 ; l. transv. $\frac{9 \text{ à } 11}{7 \text{ à } 9} + 1 = 17$ à 21.

Le dernier rayon simple de la dorsale est flexible; il ne porte pas de dentelures en arrière. L'anale est beaucoup plus haute que longue; quand elle est dans l'adduction, l'extrémité de ses rayons arrive, ou peu s'en manque, à la base de la caudale. La caudale est fourchue. Les pectorales et les ventrales sont assez courtes.

D. 3/7 ou 8; A. 3/5; C. 3/16/3; P. 1/15 à 17; V. 2/8.

Les parties supérieures du corps sont d'un gris verdâtre, ou d'un gris teinté soit de rose, soit de jaune; les parties inférieures sont argentées; le tronc et la tête sont semés de gros points ou plutôt de taches noirâtres. Les nageoires impaires sont jaunâtres, et marquées de taches noires disposées en séries transversales. Les nageoires paires sont blanchâtres, et portent quelques taches noirâtres, souvent peu distinctes. Suivant Canestrini, les pectorales et les ventrales sont orangées, les barbillons sont rouges ; ce naturaliste a probablement étudié les animaux à l'époque du frai.

Habitat. Le Barbeau méridional est assez commun dans les départements des Alpes-Maritimes. Suivant M. Blanchard, on le pêche fréquemment dans le Lez et dans l'Hérault ; on le prend également dans la Sorgue, près d'Avignon. Il se trouve dans l'Hérault avec le Barbeau commun. Il est très-commun dans les cours d'eau des Pyrénées-Orientales, principalement dans le Tech et dans la Tet.

Proportions : long. totale 0,208 ; tronc, haut. 0,042, épaiss. 0.027.

Tête, long. 0,042, haut. 0,032. — Œil, diam. 0,008, esp. préorbit. 0,016, esp. interorbit. 0,014. — Mâchoire supérieure, long. 0,012.

Caudale, long. 0,036 ; pectorale, long. 0,035 ; ventrale, long. 0,028. — Dorsale, haut. 0,032, long. 0,025 ; anale, haut. 0,035, long. 0,016.

En général, la chair des Barbeaux n'est pas très-estimée ; les œufs, mangés à l'époque du frai, peuvent déterminer des accidents plus ou moins sérieux. Bloch prétend que c'est un préjugé de regarder ces œufs comme étant *venimeux*, il en a mangé, dit-il, avec toute sa famille, et personne n'en a jamais été incommodé.

GENRE TANCHE — *TINCA*, Cuv.

Corps trapu, couvert de petites écailles très-adhérentes.

Tête assez large ; bouche terminale ; un petit barbillon vers la commissure des lèvres.

Appareil branchial ; ouïes largement ouvertes ; dents pharyngiennes légèrement claviformes, munies d'un petit crochet à leur angle interne, placées de chaque côté, sur une seule rangée, au nombre de quatre ou cinq.

Nageoires ; dorsale et anale courtes, arrondies, ainsi que les nageoires paires ; caudale à peu près carrée.

LA TANCHE VULGAIRE — *TINCA VULGARIS*.

Syn. : Tinca, Bell., p. 324 ; Salvian., p. 90, P. 21.

De la Tenche, Rondel., part. 2, p. 113.

Cyprinus tinca, Linn., p. 526, sp. 4 ; Bloch, pl. 14 ; Schlegel, p. 102, pl. 11, fig. 1.

La Tanche, Duham., *Péch.*, part 2, sect. 3, p. 506, pl. 25, fig. 2 ; Bonnat., p. 191, pl. 77, fig. 320 ; Jurine, p. 205, pl. 10 ; Vallot, p. 131.

Cyprinus Tinca-auratus, Dorée d'étang, Bloch, pl. 15 ; Bonnat., p. 191, pl. 77, fig. 321 ; Vallot, p. 135.

Le Cyprin tanche, Cyprinus tinca, Lacép., t. XII, p. 293.

Le Cyprin tanchor, Cyprinus tincauratus, Lacép., t. XII, p. 300.

La Tanche vulgaire, Tinca vulgaris, Cuv., *Règ. an. ill.*, p. 218, pl. 94, fig. 1 ; Cuv. et Valenc., t. XVI, p. 322, pl. 484 ; Blanch., p. 317, fig. 64.

Tinca chrysitis, Agass., *Cyprins du lac de Neuchâtel*, p. 5 ; Selys-Longchamps, *Fn. belge*, p. 202 ; CBp., *Fn. ital.*, fig.

Tinca vulgaris, Costa, *Fn. Napol.*, pl. 12, Var. *Maculata* ; CBp., *Cat.*, n° 164 ; Heckel et Kner, p. 75, fig. 34, anim., fig. 35, dents pharyng. ; Siebold, p. 106, fig. 7, dents pharyng. ; *Canestr., Archiv. zool.*, 1866, t. IV, p. 69, *Fn. Ital.*, p. 13, fig. 1, ventrales (m., f.) ; Günth., t. VII, p. 264.

Tinca italica, CBp., *Fn. ital.*, fig.

The Tench, Yarr., t. I, p. 389 ; Couch, t. IV, p. 22.

N. Vulg. : Tinche, dans quelques parties du Poitou (Lemarié) ; Tenca, Tenco, Gard, etc.

Long. : 0,20 à 0,35.

Ses petites écailles font distinguer facilement la Tanche des autres Cyprininiens. Elle est de forme ovale ; elle est enduite d'une mucosité fort épaisse. Le corps est légèrement comprimé ; sa hauteur est comprise trois fois et trois quarts à quatre fois, rarement quatre fois et demie dans la longueur totale.

La tête est pyramidale ; sa longueur est contenue quatre fois et un tiers à cinq fois dans la longueur totale. Le museau est obtus. La bouche, de moyenne grandeur, est fendue obliquement. Les mâchoires sont à peu près égales. De chaque côté, à l'angle de la bouche, est un petit barbillon.

Ordinairement l'iris est d'un rouge cuivré. Le diamètre de l'œil est compris cinq fois et demie à sept fois et demie dans la longueur de la tête ; chez les sujets de grande taille, il ne mesure guère que la moitié de l'espace préorbitaire.

Les ouvertures de la narine sont voisines l'une de l'autre, et plus rapprochées de l'orbite que du museau. Le bord de l'orifice antérieur forme, en arrière, un appendice assez développé.

La fente des ouïes est longue, elle s'avance jusque sous le bord inférieur du préopercule. Les rayons branchiostèges sont larges. Le battant operculaire est bordé d'une membrane épaisse. Les dents pharyngiennes sont disposées sur une seule rangée ; elles sont généralement au nombre de quatre de chaque côté, rarement au nombre de cinq ; parfois, il s'en trouve quatre d'un côté et cinq de l'autre, mais alors, elles ne sont pas toujours, comme Yarrell l'indique, au nombre de quatre sur le côté droit, de cinq sur le côté gauche ; elles sont comprimées ; elles sont plus élargies vers leur extrémité, qui est aplatie, et terminée en petit crochet vers le bord interne.

En avant, la ligne latérale est légèrement oblique de haut en bas ; elle descend un peu au-dessous du milieu de la hauteur du corps, puis se continue directement jusqu'à la base de la caudale. Éc., l. long. 90 à 120 ; l. transv. $\frac{22 \text{ à } 33}{19 \text{ à } 25} + 1$.

Presque toujours la dorsale commence au-dessus de la fin de l'insertion des ventrales, et finit avant l'origine de l'anale ; elle est courte. Comme la dorsale, l'anale est plus haute que longue. La caudale est carrée, ou très-légèrement échancrée. Les pectorales sont de moyenne dimension. Ainsi que l'ont fait remarquer divers naturalistes, le deuxième rayon de la ventrale, chez les animaux adultes, est beaucoup plus robuste dans les mâles que dans les femelles.

D. 4/8 ou 9 ; A. 3 ou 4/6 ou 7 ; C. 3/19/3 ; P. 1/16 à 18 ; V. 2/8 ou 9.

En général, le système de coloration est olivâtre, plus foncé sur le dos, plus clair sur les côtés, blanc jaunâtre ou vert clair sous le ventre ; du reste la teinte varie suivant la nature des eaux ; quelquefois on trouve des Tanches d'une couleur dorée très-belle, avec des taches noires ; c'est un de ces spécimens que Bloch a décrit et figuré sous le nom de *Dorée d'étang*.

Habitat. La Tanche est répandue dans la plupart de nos rivières ; elle se développe dans les eaux stagnantes, vaseuses, dans les mares ; elle peut vivre dans une eau plus ou moins saumâtre ; j'ai reçu de Cette plusieurs de ces poissons qui ont été pêchés dans l'étang de Maguelonne.

Proportions : long. totale 0,328 ; tronc, haut. 0,085, épais. 0,044.

Tête, long. 0,075, haut. 0,070. — Œil, diam. 0,012, esp. préorbit. 0,023, esp. interorbit. 0,027. — Mâchoire supérieure, long. 0,019.

Caudale, long. 0,058 ; pectorale, long. 0,053 ; ventrale, long. 0,045. — Dorsale, haut. 0,050, long. 0,035 ; anale, haut. 0,045, long. 0,025.

Aujourd'hui, comme du temps d'Ausone, la Tanche n'est guère recherchée, cependant elle fournit une chair assez bonne.

GENRE GOUJON — *GOBIO*, Cuv.

Corps plus ou moins allongé, couvert d'assez larges écailles.

Tête grosse ; museau arrondi ; bouche en dessous ; de chaque côté, à l'angle de la bouche, un barbillon plus ou moins développé.

Appareil branchial ; ouïes largement ouvertes ; dents pharyngiennes, coniques ou légèrement crochues, placées, de chaque côté, sur deux rangées, au nombre de sept ou huit, 5-2 ou 3.

Nageoires ; dorsale et anale courtes, sans rayon dentelé ; caudale fourchue.

LE GOUJON DE RIVIÈRE — *GOBIO FLUVIATILIS.*

Le Goujon de rivière, Gobio fluviatilis, Bell., p. 320 ; Rondel., part. 2, p. 151 ; Duham., *Pêch.*, part. 2, sect. 3, p. 497, pl. 23, fig. 5 ; Blanch., p. 293.

Cyprinus gobio, Linn., p. 526, sp. 3 ; Bloch, pl. 8, fig. 2 ; Schlegel, p. 100, pl. 10, fig. 4.

Le Goujon, Cyprinus gobio, Bonnat., pl. 191, pl. 77, fig. 319 ; Lacép., t. XII, p. 293 ; Jurine, *Poiss. lac Léman*, p. 217, pl. 14 ; Vallot, *Ichth. franç.*, p. 128.

Gobio fluviatilis, Agass., *Cyprins du lac de Neuchâtel*, p. 4 ; CBp., *Cat.*, n° 161, *Fn. ital.*, fig. ; Nilsson, *Skand. Fn.*, t. IV, p. 300 ; Siebold, p. 112, fig. 9, dents pharyng. ; Canestr., *Archiv. zool.*, t. IV, p. 80, *Fn. Ital.*, p. 12 ; Günth., t. VII, p. 172.

Le Goujon ordinaire, Gobio fluviatilis, Cuv. et Valenc., t. XVI, p. 300, pl. 481.

Le Goujon a tête obtuse, Gobio obtusirostris, Cuv. et Valenc., t. XVI, p. 311.

Gobio vulgaris, Heckel et Kner, p. 90, fig. 42, anim., fig. 44, dents pharyng.

Gobio venatus, CBp., *Cat.*, n° 162, *Fn. ital.*, fig.

Gobio lutescens, Filippi, *Cenni sui Pesci d'aqua dolce della Lombardia*, 1844, p. 7.

Gobio Pollinii, de Betta, *Ittiologia veronese*, 1862, p. 77.

The Gudgeon, Yarr., t. I, p. 383 ; Couch, t. IV, p. 20.

N. Vulg. : Goiffon ou Goeffon, Lyon ; Boffi, Goffi, Gard ; Jol, Hérault (Crespon) ; Tragan (catal.), Pyrénées-Orientales ; Chabroua, Biarritz.

Long. : 0,10 à 0,15, quelquefois 0,20.

Suivant les eaux qu'il habite, le Goujon présente certaines modifications dans sa forme générale, certaines différences dans son système de coloration. Il a le corps plus ou moins allongé, arrondi vers le dos qui est presque droit, aplati légèrement sur les flancs, élargi dans la région abdominale, couvert d'écailles assez grandes relativement à sa taille. La hauteur du tronc est contenue cinq fois à six fois et quart dans la longueur totale. Le nombre des vertèbres est variable ; sur des animaux que j'ai rapportés des environs de Bayonne, je trouve trente-six vertèbres 18 + 18, et quatorze paires de côtes; sur des individus pris au nord de la Loire, je compte, en général, trente-neuf vertèbres 19 + 20, et quinze paires de côtes. Canestrini indique trente-huit vertèbres; d'après Günther, il y en a de trente-sept à quarante et une.

La tête est large, aplatie en dessus; sa longueur est comprise quatre fois et demie à cinq fois dans la longueur totale. Le museau est gros, arrondi. La bouche est assez large, protractile. La mandibule est moins avancée que la mâchoire supérieure. Vers la commissure des lèvres est un barbillon de longueur très-variable, rarement plus grand que l'espace préorbitaire.

Ordinairement l'iris est blanc argenté dans sa moitié inférieure, blanc grisâtre à sa partie supérieure. Le diamètre de l'œil mesure du quart au cinquième de la longueur de la tête, la moitié ou les deux tiers de l'espace préorbitaire.

Les ouvertures de la narine sont voisines l'une de l'autre. L'orifice antérieur est étroit; il est séparé de l'orifice postérieur par une membrane à demi-tubuleuse, à bord supérieur flottant.

Quant à la fente des ouïes, elle s'avance jusque sous le bord inférieur du préopercule. Les dents pharyngiennes, disposées en deux séries, sont généralement, de chaque côté, au nombre de sept 5-2; parfois il y en a trois à la petite rangée; la première dent de la longue rangée est conique, les autres sont légèrement comprimées et crochues, sans dentelures; les dents de la petite rangée sont coniques, assez courtes.

La ligne latérale est bien marquée; elle est à peu près droite. Éc., l. long. 36 à 42; l. transv. $\frac{5 \text{ ou } 6}{3 \text{ à } 5} + 1 = 9$ à 13.

Presque toujours, la dorsale commence un peu en avant de l'insertion des ventrales, au milieu de la distance qui sépare le bout du museau de la base de la caudale; elle est plus haute que longue. L'anale est assez éloignée de l'anus. La caudale est fourchue.

D. 2 ou 3/7 ou 8; A. 2 ou 3/5 à 7; C. 4/17 à 19/4; P. 1/12 à 16; V. 2/6 à 8.

La dorsale et la caudale sont grisâtres ; elles portent, sur leurs rayons, des séries plus ou moins régulières de points noirâtres. L'anale est pâle, ainsi que les ventrales. Les pectorales sont d'un gris rosé. Le dos est d'un brun verdâtre à reflets métalliques, et marqué de six ou sept taches noirâtres ; au-dessous de la ligne latérale, le corps est argenté ; le ventre est grisâtre. Le long des côtés se montrent dix à douze taches noires. Les joues et les opercules sont argentés.

Habitat. Le Goujon est commun dans la plupart de nos rivières, dans nos lacs ; il ne paraît pas se trouver dans la partie des Alpes-Maritimes située à l'est du Var ; Risso n'en parle pas dans ses ouvrages ; il manque dans le lac d'Annecy, d'après les renseignements que m'ont fournis les pêcheurs du pays.

Proportions : long. totale 0,141 ; tronc, haut. 0,023, épais. 0,015.

Tête, long. 0,030, haut. 0,019. — Œil, diam. 0,007, esp. préorbit. 0,012, esp. interorbit. 0,007. — Mâchoire supérieure, long. 0,009.

Caudale, long. 0,023 ; pectorale, long. 0,021 ; ventrale, long. 0,019. — Dorsale, haut. 0,023, long. 0,014 ; anale, haut. 0.017, long. 0,008.

D'après Valenciennes, le Goujon fraie à plusieurs reprises, depuis le mois d'avril jusqu'à la fin de juillet ou le milieu d'août. Il croît assez vite ; atteint sept à huit pouces à trois ans ; cinq à six à deux, et quatre et moins à un an ; les pêcheurs de notre Seine assurent même qu'il ne vit pas au delà de trois années. — Le Goujon aime les eaux courantes et limpides ; il multiplie avec facilité, autrement il deviendrait rare, tant sont nombreux les ennemis qui le poursuivent à cause de la délicatesse de sa chair.

Sous-famille des Leucisciniens, Leuciscini.

Syn. : ABLES, Valenciennes.

Tête de forme variable ; pas de barbillons à la bouche ; lèvres molles.
Nageoires ; dorsale et anale sans rayon dentelé.

Cette sous-famille se compose de huit genres.

Ligne latérale {
incomplète. Corps {
ovale .... 1. Bouvière.
cylindracé......................... 2. Vairon.

complète. Dorsale commençant {
en arrière de l'insertion des ventrales. Bord de la carène abdominale, {
nu. Mâchoire supérieure {
avancée... 3. Brème.
non avanc. 4. Ablette.

entre les ventrales écailleux .... 5. Rotengle.

au-dessus de l'insertion des ventrales. Dents pharyngiennes sur {
1 rangée........... 6. Gardon.
2 rangées {
5 — 3..... 7. Ide.
4 ou 5 — 2. 8. Chevaine.

GENRE BOUVIÈRE — *RHODEUS*, Agass.

Corps ovale, comprimé, couvert de grandes écailles.

Tête petite ; museau court ; mâchoire supérieure avancée.

Appareil branchial ; ouïes bien fendues ; dents pharyngiennes comprimées, au nombre de cinq de chaque côté, disposées sur une seule rangée.

Ligne latérale très-courte, ne dépassant pas la cinquième ou la sixième écaille.

Nageoires ; dorsale et anale de moyenne longueur, sans rayon dentelé ; caudale échancrée.

La dénomination de *Bubulca* employée par Bélon, par Valmont de Bomare, aurait dû être conservée soit comme nom de genre, soit comme nom d'espèce ; elle est d'ailleurs la traduction du mot *Bouvière*.

LA BOUVIÈRE — *RHODEUS AMARUS*.

Syn. : Bubulca, Bell., p. 325 ; Gesner, p. 27 ; Willugh., p. 267.

Bouvier *ou* Peteuse, Bubulca, Valmont de Bomare, *Diction. Hist. nat.*, 1775, t. II, p. 52.

De la Bouvière *ou* Peteuse, Cyprinus minimus, Duham., *Péch.*, part. 2, sect. 3, p. 514, pl. 26, fig. 5.

Cyprinus amarus, Bouvière, Bloch, pl. 8, fig. 3.

La Bouvière, Cyprinus amarus, Bonnat., p. 197, pl. 80, fig. 333 ; Lacép., t. XII, p. 340 ; Vallot, p. 120 ; Cuv. et Valenc., t. XVII, p. 81 ; Crespon, *Fn. méridion.*, t. II, p. 287.

Rhodeus amarus, Agass., *Cyprins du lac de Neuchâtel*, p. 5 ; Selys-Longchamps, *Fn. belge*, p. 201 ; CBp., *Cat.*, n° 153 ; Heckel et Kner, p. 100, fig. 52, anim., fig. 53, dents pharyng. ; Siebold, p. 116, fig. 10, dents pharyng., pl. 1, m. f. ; Günth., t. VII, p. 279 ; Schlegel, p. 110, pl. 10, fig. 5.

La Bouvière commune, Rhodeus amarus, le Frère Ogérien, *Hist. nat. du Jura et des départements voisins*, t. III, p. 356 ; Blanch., p. 346 ; Géhin, p. 71.

N. Vulg. : Carpe de Vallières, Lorraine ; Pelletet, Peultet, Haute-Bourgo-gogne ; Rosière, Picardie ; Péteuse, environs de Paris ; Piastro, Gard (Cres-pon).

Long. : 0,060 à 0,080.

Bélon a donné une très-bonne description de cette espèce. La Bouvière a le corps ovale, comprimé, assez semblable à celui d'une jeune Bordelière ou d'une petite Brême. La hauteur du tronc est contenue trois fois à trois fois et demie dans la longueur totale. La peau est couverte d'écailles minces et larges, poin-tillées de noir.

La tête est petite, cunéiforme ; sa longueur est comprise cinq fois à cinq fois et demie dans la longueur totale. Le museau est court, obtus. La bouche est peu fendue ; elle est légèrement pro-tractile. La mâchoire supérieure est plus avancée que la man-dibule.

Chez l'adulte, le diamètre de l'œil est contenu trois fois et quart à quatre fois dans la longueur de la tête ; il est égal à l'espace préorbitaire ; il mesure environ les deux tiers de l'espace interor-bitaire. L'iris est blanc argenté, avec une tache supérieure demi-circulaire, piquetée de noir.

Les pièces operculaires sont minces. Les dents pharyngiennes, au nombre de cinq de chaque côté, sont placées sur une seule rangée ; elles sont comprimées, taillées en biseau, ou plutôt lé-gèrement sécuriformes, ayant l'angle interne terminé en crochet.

Excessivement courte, la ligne latérale ne semble jamais dé-passer la sixième écaille ; elle s'arrête parfois à la cinquième. Éc., l. long. 34 à 38 ; l. transv. 9 à 12.

La dorsale et l'anale comptent une douzaine de rayons ; la dorsale commence au-dessus des ventrales, et son huitième rayon correspond généralement à l'origine de l'anale que vient toucher, ou peu s'en manque, l'extrémité de la ventrale. La caudale est plutôt échancrée que fourchue.

D. 3/9 ; A. 3/9 ; C. 5/19 ou 20/5 ; P. 1/10 ou 11 ; V. 2/6 ou 7.

En temps ordinaire, la caudale et la dorsale sont grisâtres ; l'a-
nale est d'un gris très-pâle ; le dos est verdâtre ou brunâtre, le
ventre est argenté. A l'époque du frai, le mâle se revêt d'une brillante parure ; la dorsale et l'anale prennent une teinte rouge-
orange, ou jaune avec des taches d'un ton orangé vers l'extrémité
des rayons antérieurs ; les nageoires paires sont couleur chair,
parfois les ventrales sont d'un jaune très-pâle ; le corps est rosé
teinté de bleu clair sur les côtés, rose assez tendre sous le ventre ;
une bandelette d'un bleu verdâtre s'étend sur le milieu du
tronçon de la queue. Chez la femelle, la coloration est toujours
moins vive et moins variée ; au moment de la ponte, il se produit, en arrière de l'anus, un appendice tubuleux, légèrement
conique, pouvant atteindre plusieurs centimètres de longueur ;
cet appendice, qui semble être la continuation directe de l'oviducte, s'atrophie après la sortie des œufs ; je doute qu'il soit en
communication avec les conduits urinaires, ainsi que l'écrivent
divers auteurs. Les œufs sont à peu près aussi gros que des
graines de moutarde.—Les mâles sont beaucoup moins nombreux
que les femelles. (V. Siebold, *op. cit.*, pl. 1, mâle et femelle à
l'époque du frai.)

Habitat. Ce poisson, qui est le plus petit de nos Cyprinidés, est assez
commun dans la Seine et ses affluents, Yonne, Marne, etc., *Sequanæ alum-
nus*, écrivait Bélon ; il se trouve dans la plupart des cours d'eau de l'Est, du
Nord-Ouest, et d'une partie du Centre de la France ; il n'est pas indiqué
dans les Faunes de la Bretagne, de l'Anjou, du Poitou ; il paraît manquer en
Savoie, aussi bien qu'en Suisse.

Proportions : long. totale 0,071 ; tronc, haut. 0,022, épais. 0,008.

Tête, long. 0,014, haut. 0,017. — Œil, diam. 0,004, esp. préorbit. 0,004,
esp. interorbit. 0,006. — Mâchoire supérieure, long. 0,004.

Caudale, long. 0,014 ; pectorale, long. 0,010 ; ventrale, long. 0,009.— Dorsale, haut. 0,010, long. 0,013 ; anale, haut. 0,008, long. 0,011.

La chair de la Bouvière n'est pas estimée, et Bélon pense que c'est à cause
de son goût amer, qui provient de la rupture de la vésicule du fiel lors de
la préparation du poisson. — Bélon dit que la Bouvière est plus commune
au printemps que dans une autre saison ; il signale la grande longueur de
l'intestin, qui fait de nombreuses circonvolutions ; il indique l'origine de
la dénomination de *Peteuse, etymologia a bombis obscœnis tracta* ; certains naturalistes prétendent que la Bouvière ne fait pas entendre le moindre bruit.

GENRE VAIRON ou VÉRON, *PHOXINUS*, Agass.

Corps allongé, cylindracé, couvert de très-petites écailles.

Tête grosse ; museau arrondi ; bouche terminale.

Appareil branchial ; dents pharyngiennes crochues, au nombre, de chaque côté, de six ou sept, placées sur deux rangées 4 ou 5-2.

Ligne latérale incomplète le plus souvent.

Nageoires ; dorsale commençant en arrière de l'insertion des ventrales, courte, ainsi que l'anale ; caudale fourchue.

LE VAIRON — *PHOXINUS LÆVIS.*

Syn. : Phoxinus, *qui vulgo Veronus*, Bell., p. 322.

Du Veron, *Phoxinus*, Rondel., part. 2, p. 150.

Cyprinus *biuncialis, iridibus rubris, pinna ani ossiculorum* 9, Arted., *Descript. spec.*, p. 30, n° 16, *Syn.*, p. 12, n° 22, n° 23, p. 13, n° 29.

Cyprinus phoxinus, Linn., p. 528, sp. 10 ; Bloch, pl. 8, fig. 5 ; Hartmann, *Helvet. Ichth.*, p. 197.

Du Véron *ou* Vairon, Duham., *Pêch.*, part. 2, sect. 3, p. 515, pl. 26, fig. 7.

Le Véron, Cyprinus phoxinus, Bonnat., p. 194, pl. 79, fig. 328 ; Lacép., t. XII, p. 327 ; Cuv., *Règ. an.*, 1817, t. II, p. 195 ; Jurine, p. 229, pl. 14 ; Vallot, p. 218 ; Crespon, t. II, p. 296.

L'Able rivulaire, Cyprinus rivularis, Millet, *Fn. Maine-et-Loire*, t. II, p. 727.

Phoxinus lævis, Agass., *Cypr... Neuchâtel*, p. 5 ; Filippi, *Cenni sui Pesci... Lombardia*, p. 10 ; Selys-Longchamps, *Fn. belge*, p. 203 ; CBp., *Cat.*, n° 171 ; Heckel et Kner, p. 210, fig. 119, anim., fig. 120, dents pharyng. ; Betta, *Ittiolog. veronese*, p. 93 ; Siebold, p. 222, fig. 37, dents pharyng. ; Canestr., *Archiv. zool.*, 1866, t. IV, p. 116, *Fn. Ital.*, p. 16.

Du Véron, Leuciscus phoxinus, Cuv. et Valenc., t. XVII, p. 363.

Le Vairon commun, Phoxinus lævis, Frère Ogérien, p. 361 ; Blanch., p. 410, fig. 100 ; Géhin, p. 84 ; Soland, p. 249.

Leuciscus phoxinus, Nilsson, *Skand. Fn.*, t. IV, p. 319 ; Günth., t. VII, p. 237.

The Minnow, Yarr., t. I, p. 442 ; Couch, t. IV, p. 64.

N. vulg. : Véron, Verdon, Arlequin ; Gravier, Aube ; Erling on Edingle, Vosges ; Lebette, Meillerie ; Sardine, Annecy ; Verdelet, Auvergne ; Loco, Loco-Verniëro, Roujhë, Gard ; Cippe, Cippa, Basses-Pyrénées.

Long. : 0,07 à 0,10.

De forme à peu près cylindrique, le corps du Vairon est allongé ; sa hauteur est contenue cinq fois à cinq fois et trois quarts dans la longueur totale. La peau est couverte d'écailles très-petites, peu distinctes sur le frais, semblant perdues sous une épaisse couche de mucosité.

La tête est forte, moins haute que longue ; sa longueur est comprise quatre fois et demie à cinq fois dans la longueur totale. Le museau est gros, arrondi. La bouche est protractile, assez petite. La mâchoire supérieure est légèrement plus avancée et plus large que la mandibule.

Chez les sujets de grande taille, le diamètre de l'œil mesure le quart environ de la longueur de la tête ; il est à peine moindre que l'espace préorbitaire, qui est égal à l'espace interorbitaire. L'iris est d'un blanc jaunâtre, marqué dans sa moitié supérieure d'une tache semi-circulaire, noirâtre, plus foncée en avant et en arrière qu'en haut.

Quant aux dents pharyngiennes, elles sont, de chaque côté, au nombre de six ou sept, placées sur deux rangées 4 ou 5-2 ; ordinairement la grande série du côté droit est formée de quatre dents, et celle du côté gauche en compte cinq. Les dents sont grêles, coniques, légèrement comprimées, terminées en un petit crochet fort aigu.

Généralement la ligne latérale est incomplète, au moins d'un côté ; chez un individu, que j'examine, elle se montre, à gauche, jusque sur l'avant-dernière écaille placée vers la base de la caudale, à droite, elle finit sur le milieu de la longueur du tronçon de la queue ; elle disparaît tantôt avant, tantôt après l'anale ; elle est légèrement courbe en avant des ventrales. Éc., l. long. 80 à 90 ; l. transv. 28 à 31.

La dorsale commence en arrière de l'insertion des ventrales, et finit ordinairement au-dessus de l'origine de l'anale ; elle est haute en avant. L'anale ressemble à la dorsale, elle est seulement un peu plus longue. La caudale est bien développée ; elle est fourchue ; le lobe supérieur est souvent un peu plus allongé que l'autre. Les pectorales sont assez larges.

D. 3/6 ou 7 ; A. 3/7 ou 8 ; C. 4/19/5 ; P. 1/14 ou 15 ; V. 2/6 à 8.

La dorsale et l'anale sont d'un gris assez clair. La caudale est gris clair avec une large tache noirâtre au milieu de la base, et une petite tache brune à la racine de ses rayons supérieurs. Les pectorales sont d'un gris pâle teinté de jaune très-clair. Les ventrales sont couleur chair. Le système de coloration est des plus variables. En général, le dos est gris bronzé ; les flancs sont verdâtres, azurés vers les pectorales ; la région abdominale est d'un gris blanchâtre tirant au jaune clair ; des lignes noirâtres descendent de la région dorsale vers les flancs ; une bande azurée s'étend parfois de la tête à la queue, en séparant le dos des côtés ; au-dessous de cette bande, surtout en arrière, se montrent de larges taches noirâtres, se continuant jusqu'à la tache de la base de la caudale ; parfois ces taches sont confondues, et figurent une espèce de bande ; elles sont formées de points noirs assez gros et fort rapprochés. Tout le corps, excepté sous le ventre, est marqué d'un pointillage noirâtre très-fin. A l'époque du frai, la coloration, chez le mâle, devient des plus brillantes ; le dos est bleu d'acier ; la base des nageoires paires, ainsi que celle de l'anale, prend une teinte d'un rouge plus ou moins vif.

Habitat. Le Vairon est plus ou moins commun dans nos cours d'eau, surtout dans les petites rivières ; il est très-abondant dans les petits ruisseaux qui se jettent dans le lac d'Annecy, aux environs de Doussard.

Proportions : long. totale 0,089 ; tronc, haut. 0,017, épais. 0,010.

Tête, long. 0,018 ; haut. 0,013. — Œil, diam. 0,005, esp. préorbit. 0,006, esp. interorbit. 0,006. — Mâchoire supérieure, long. 0,006.

Caudale, long. 0,016 ; pectorale, long. 0,013 ; ventrale, long. 0,011. — Dorsale, haut. 0,013, long. 0,007 ; anale, haut. 0,012, long. 0,009.

Le Vairon montagnard, Phoxynus montanus.

Syn. : VERNHE, Bonnat., p. 194.

VAIRON MONTAGNARD, Phoxynus montanus, Frère Ogérien, *Hist. nat. du Jura*, t. III, p. 362.

N. Vulg. : Vernhe, Verre, Vare, Saint-Claude.

Bonnaterre a, dit-il, eu l'occasion d'observer plusieurs individus d'une variété du *Véron*, appelée *Vernhe* sur les montagnes d'Aubrac. — Le corps est oblong, arrondi vers la queue ; la tête est allongée, comprimée latéralement, et striée sur le sommet ; la mâchoire supérieure dépasse un peu celle d'en bas. Le dos est grisâtre mêlé de brun ; les côtés sont ornés de taches bleues, jaunes, verdâtres ; les côtés sont argentés au-dessous de la ligne latérale ; on trouve une belle tache rouge sur l'angle de la gueule ; on en voit une autre de même couleur à la base des nageoires du ventre et de la poitrine ; les unes et les autres sont de forme ovale. (Bonnat.) — La pectorale a seulement dix rayons ; le nombre des rayons est-il indiqué d'une manière exacte ? C'est fort douteux.

D. 9 ; A. 8 ; C. 19 ; P. 10 ; V. 7.

Suivant Bonnaterre, il y a trente-quatre vertèbres, et seize côtes.

GENRE BRÊME — *ABRAMIS*, Cuv.

Corps ovale, comprimé, couvert d'assez grandes écailles ; carène abdominale, entre les ventrales ou plutôt entre l'insertion des ventrales et l'anus, à bord non garni d'écailles imbriquées et pliées en chevron.

Tête ; mâchoire supérieure protractile, plus avancée que la mandibule.

Appareil branchial ; dents pharyngiennes placées, de chaque côté, sur une ou deux rangées 5 ou 5-2, comprimées, échancrées ou crochues à leur extrémité.

Ligne latérale bien marquée, rapprochée du profil inférieur.

Nageoires ; dorsale courte, commençant en arrière de l'insertion des ventrales ; anale longue.

Ce genre comprend deux espèces :

Dents pharyngiennes sur
- une seule rangée............ 1. B. COMMUNE.
- deux rangées............... 2. B. BORDELIÈRE.

LA BRÊME COMMUNE — *ABRAMIS BRAMA*.

Syn. : ABRAMIS FLUVIATILIS, Bell., p. 317.
DE LA BRAME, Rondel., part. 2, p. 109.
CYPRINUS *pinnis omnibus nigrescentibus, pinna ani ossiculorum* 27, Arted., *Descript. spec.*, p. 20, n° 10.
CYPRINUS BRAMA, Linn., p. 531, sp. 27 ; Bloch, pl. 13 : Hartmann, *Helvet. Ichthyol.*, p. 228 ; Rosenthal, *Ichthyot. Taf.*, pl. 1-3 ; Schlegel, p. 106, pl. 12, fig. 3.
DE LA BRÊME, Duham., *Pêch.*, part. 2, sect. 3, p. 504, pl. 25, fig. 1 ; Bonnat., p. 202, pl. 84, fig. 346 ; Lacép., t. XII, p. 340 ; Vallot, p. 137.
ABRAMIS BRAMA, Agass., *Cypr. Neuchâtel*, p. 7 ; Nordmann, p. 503 ; CBp., *Cat.*, n° 237 ; Nilsson, *Skand. Fn.*, t. IV, p. 324 ; Heckel et Kner, p. 104, fig. 54, anim. fig. 55, dents pharyng. ; Siebold, p. 121 ; Günth., t. VII, p. 300.

De la Brême commune, Cyprinus brama, Cuv. et Valenc., t. XVII, p. 9 ; Crespon, t. II, p. 291 ; Anjubault, *Revue des espèces de Poissons qui vivent dans le département de la Sarthe*, le Mans, 1855, p. 18.

Brême commune, Abramis vulgaris, Mauduyt, *Ichthyologie de la Vienne*, dans *Bulletin de la Société académique d'agriculture*, etc., de Poitiers, 1848, t. III, p. 30.

De la Brême commune ou grande Brême, Abramis brama, Malherbe, *Zoologie du département de la Moselle*, Metz, 1854, p. 63.

Brême ordinaire, Abramis brama, Marcotte, *Animaux vertébrés de l'arrondissement d'Abbeville*, 1860, p. 428.

La Brême commune, Abramis brama, Blanch., p. 351, fig. 73 ; Soland, p. 240.

La Brême de Géhin, Abramis Gehini, Blanch., p. 356, fig. 74 ; Géhin, p. 72.

The Bream, Yarr., t. I, p. 397.

Lake Bream, Couch, t. IV, p. 36.

N. Vulg. : Brèmo, Dâourado d'aou Rosë, Gard (Crespon).
Long. : 0,25 à 0,50.

Le corps de la Brême est ovale, comprimé, couvert d'écailles assez grandes, plus hautes que longues. La hauteur du tronc est contenue trois fois à trois fois et deux tiers dans la longueur totale. La crête du dos est nue en avant ; la carène abdominale, qui est placée entre l'insertion des ventrales et l'anus, a le bord nu, ou pour mieux dire, n'a pas le bord garni d'écailles imbriquées et pliées en chevron. Le nombre des vertèbres est de quarante-trois à quarante-cinq.

La tête est petite ; sa longueur, qui est à peu près égale à sa hauteur, est comprise cinq à six fois dans la longueur totale. Le museau est court, arrondi. La bouche est protractile, elle est petite ; les lèvres sont épaisses. La mâchoire supérieure déborde la mandibule.

Chez les sujets de moyenne taille, le diamètre de l'œil est contenu quatre fois et demie à cinq fois et demie dans la longueur de la tête ; il mesure les deux tiers environ de l'espace préorbitaire. L'iris est argenté, teinté de jaune, à bord pupillaire doré, ordinairement très-finement pointillé de noirâtre à sa partie postérieure et supérieure. La chaîne des sous-orbitaires est visible sous la peau.

Les orifices de la narine ne sont séparés que par une cloison membraneuse très-mince ; ils sont plus rapprochés de l'orbite que du museau.

La fente des ouïes est grande, elle s'avance jusque sous le bord inférieur du préopercule. Les pièces operculaires sont bien distinctes. Entre le bord antérieur de l'opercule et l'angle inférieur et postérieur du préopercule, il existe un intervalle triangulaire, dans lequel on aperçoit l'extrémité postérieure et supérieure de l'interopercule. Les dents pharyngiennes sont, de chaque coté, au nombre de cinq, placées sur une seule rangée ; elles sont comprimées ; elles ont l'extrémité échancrée, crochue à l'angle interne.

La ligne latérale décrit une courbe qui la rapproche du profil abdominal. Éc., l. long. 50 à 55 ; l. transv. $\frac{11 \text{ ou } 12}{6 \text{ ou } 7} + 1 = 18$ à 20.

Vers le milieu de la longueur totale s'élève la dorsale.; elle commence un peu en arrière de l'insertion des ventrales, et finit ordinairement au-dessus des premiers rayons de l'anale ; elle est plus haute que longue ; le premier rayon simple est très-court ; le troisième rayon simple est le plus développé. L'anale est presque falciforme ; elle est d'un tiers environ moins haute que longue. La caudale est fourchue ; le lobe inférieur est plus allongé que le supérieur. Sous le nom de *Brême de Géhin*, M. Blanchard a décrit une variété de Brême, qui a les nageoires impaires fort développées.

D. 3/9 ; A. 3/24 à 28 ; C. 5/19/5 ; P. 1/15 à 17 ; V. 2/8.

Les nageoires sont plus ou moins brunâtres. Le dos est brunâtre ou brun verdâtre ; les côtés sont gris bleuâtre ; le ventre est blanc argenté, teinté de rose ; le tout semé d'un pointillé noirâtre très-fin. Les joues sont dorées.

Habitat. La Brême est commune dans la plupart des eaux douces de la France ; elle ne paraît pas se trouver en Savoie, ni dans le département des Alpes-Maritimes.

Proportions : long. totale 0,310 ; tronc, haut. 0,090, épais. 0,031.

Tête, long. 0,062, haut. 0,067. — Œil, diam. 0,013, esp. préorbit. 0,019, esp. interorbit. 0,022. — Mâchoire supérieure, long. 0,015.

Caudale, long. 0,072 ; pectorale, long. 0,050 ; ventrale, long. 0,040. — Dorsale haut. 0,058, long. 0,032 ; anale, haut. 0,045, long. 0,068.

LA BRÊME BORDELIÈRE — *ABRAMIS BJŒRKNA.*

Syn. : DE LA BORDELIÈRE, *Ballerus*, Rondel., part. 2, p. 111.

CYPRINUS *quincuncialis, pinna ani ossiculorum* 25 (*Biörka, Biörkna*), Arted., *Descript. spec.*, p. 20, n° 9.

CYPRINUS BJŒRKNA, Linn., p. 532, sp. 29.

CYPRINUS BLICCA, Bloch, pl. 10 ; Hartmann, *Helvet. Ichthyol.*, p. 233 ; Fries et Ekström, *Skand. Fisk.*, pl. 12 ; Schlegel, p. 108, pl. 12, fig. 4.

LA PLESTIE, Cyprinus blicca, Bonnat., p. 202, pl. 83, fig. 345.

LE CYPRIN LARGE, Cyprinus latus, Lacép., t. XII, p. 356.

LA BORDELIÈRE, Cuv., *Règ. an.*, 1817, t. II, p. 194 ; Cuv. et Valenc., t. XVII, p. 31 ; Vallot, p. 141 ; Anjubault, p. 18.

ABRAMIS BLICCA, Agass., *Cypr. Neuchâtel*, p. 7 ; CBp., *Cat.*, n° 249 ; Günth., t. VII, p. 306.

BLICCA ARGYROLEUCA, Heckel et Kner, p. 120, fig. 62, anim., fig. 63, dents pharyng.

BLICCA BJÖRKNA, Siebold, p. 138, fig. 17, dents pharyng.

LA BRÈME BORDELIÈRE, Abramis bjœrkna, Blanch., p. 359 ; Géhin, p. 75 ; Soland, p. 241.

THE WHITE BREAM, Yarr., t. I, p. 403 ; Couch, t. IV, p. 40.

N. Vulg. : Brême blanche, Brêmette, Brême gardonnée, Petite Brême, Harriot, Hazelin ; Sans-nom, Anjou ; Brêmo, Bramo, Gard.

Long. : 0,15 à 0,25.

Ainsi que l'indique son nom de *Petite Brème,* la Bordelière a, dans l'ensemble de ses formes, beaucoup de rapport avec la Brême commune. Elle a le corps ovale, comprimé, garni d'écailles assez grandes et assez minces. La hauteur du tronc est contenue trois fois et quart à trois fois et quatre cinquièmes dans la longueur totale. Le profil supérieur va, en s'élevant par une courbure régulière, du museau à l'origine de la dorsale, puis il s'abaisse, suivant une ligne oblique ou plutôt légèrement concave, jusqu'à la caudale. Le profil inférieur est presque droit jusqu'au commencement de l'anale, il se relève ensuite. La carène, qui s'étend de l'insertion des ventrales à l'anus, est mince, tranchante, comme dans la Brême commune ; son bord n'est pas couvert d'écailles imbriquées, pliées en chevron.

La tête est petite ; sa longueur est comprise cinq fois et quart à cinq fois et trois quarts dans la longueur totale. Le museau est arrondi. La bouche est protractile ; les lèvres sont épaisses. La mâchoire supérieure est plus longue et plus large que la mandibule ; son extrémité, quand la bouche est fermée, se trouve à peu près sur le même niveau que le bord inférieur de l'orbite.

Relativement l'œil est plus grand que celui de la Brême commune ; son diamètre est contenu trois fois à trois fois et demie dans la longueur de la tête ; chez les sujets de moyenne taille, il a une longueur supérieure à celle de l'espace préorbitaire. L'iris est jaunâtre, pointillé de noir.

Entre l'opercule et le préopercule, on ne voit pas, comme chez la Brême, l'extrémité supérieure de l'interopercule. Les dents pharyngiennes sont généralement, de chaque côté, au nombre de sept ; elles sont disposées sur deux rangées, 5-2 ; parfois elles sont ainsi placées 5-2, 5-3 ou 4-2, 5-2, il s'en trouve une de plus ou de moins.

La ligne latérale décrit une courbe assez légère, qui la rapproche du profil inférieur. Éc., l. long. 43 à.50 ; l. transv. $\frac{8 \text{ à } 10}{5 \text{ ou } 6}$ + 1 = 14 à 17.

La dorsale commence bien en arrière de l'insertion des ventrales ; les premiers rayons branchus sont beaucoup plus allongés que les suivants ; ils dépassent les derniers, quand la nageoire est abaissée. L'anale est presque falciforme ; elle prend naissance sous la fin de la dorsale ; elle est composée de vingt-deux à vingt-six rayons. La caudale est fourchue ; son lobe inférieur est le plus grand. L'écaille axillaire de la ventrale est triangulaire ; elle est plus développée que celle que porte la Brême.

D. 3/8 ; A. 3/19 à 23 ; C. 4/17 à 19/4 ; P. 1/14 ou 15 ; V. 2/8.

Un gris bleuâtre ou verdâtre colore la région supérieure du corps ; les côtés sont d'un gris blanc rosé, légèrement pointillé de noirâtre. La dorsale est bordée de noir, et marquée de petits points noirs. L'anale est noirâtre en avant, blanchâtre en arrière. La caudale est bordée de noir bleuâtre, et pointillée de noir. Les nageoires paires sont rougeâtres, teintées de noir.

Habitat. Ce poisson est commun dans la plupart de nos rivières.
Proportions : long. totale 0,175 ; tronc, haut. 0,048, épais. 0,017.

Tête, long. 0,033, haut. 0,035. — Œil, diam. 0,011, esp. préorbit. 0,009, esp. interorbit. 0,013. — Mâchoire supérieure, long. 0,008.

Caudale, long. 0,040; pectorale, long. 0,027; ventrale, long. 0,025. — Dorsale, haut. 0,036, long. 0,017; anale, haut. 0,025, long. 0,032.

LA BRÊME DE BUGGENHAGEN — *ABRAMIS BUGGENHAGII.*

Syn. : Cyprinus Buggenhagii, Bloch, pl. 95.

La Brême de Buggenhagen, Abramis Buggenhagii, Millet, *Fn. Maine-et-Loire*, 1828, t. II, p. 722 ; Desvaux, p. 133 ; Fre Ogérien, p. 359 ; Blanch., p. 357 ; Soland, p. 241.

Abramis Buggenhagii, Agass., *Cypr. Neuchâtel*, p. 7 ; CBp., *Cat.*, n° 251 ; Nilsson, *Skand. Fn.*, t. IV, p. 334.

Abramis Leuckartii, Heckel, dans *Annalen des Wienner Museum der naturgeschichte*, 1836, t. I, p. 229, pl. 20, fig. 5 ; Heckel et Kner, p. 117, fig. 61 ; Nordmann, p. 508 ; CBp., *Cat.*, n° 243.

Abramis Heckelii, Brême de Heckel, Selys-Longchamps, *Fn. belge*, part. 1, p. 217, pl. 8 ; CBp., *Cat.*, n° 244 ; Marcotte, *Anim. vert. Abbeville*, p. 430.

La Brême de Buggenhagen, Leuciscus Buggenhagii, Cuv. et Valenc., t. XVII, p. 53 ; Anjubault, *Poiss. Sarthe*, p. 18.

La Brême de Leuckart, Abramis Leuckartii, Cuv. et Valenc., t. XVII, p. 53.

Abramidopsis Leuckartii, Siebold, p. 134, fig. 15.

Cyprinus Heckeli, Schlegel, p. 109. pl. 12, fig. 5.

La Brême de Buggenhagen, Cyprinus Buggenhagii, Lunel, *Histoire naturelle des Poissons du bassin du Léman*, 1874, p. 194.

Hybrid between Abramis brama and Leuciscus rutilus, Günth., t. VII, p. 214.

N. Vulg. : Omblais, Anjou (Soland).
Long. : 0,15 à 0;30.

Ce poisson paraît être un hybride de la Brême commune et du Gardon commun. Il a le corps oblong, comprimé ; il est couvert d'écailles plus hautes que longues, à bord libre arrondi. La hauteur du tronc est contenue trois fois et trois quarts à quatre fois et quart dans la longueur totale. En avant la crête du dos est garnie d'écailles.

La longueur de la tête est comprise quatre fois et demie à cinq fois et demie dans la longueur totale. Le front est bombé. Le museau est arrondi ; la bouche petite. La mâchoire supérieure est plus avancée que la mandibule.

Relativement l'œil est grand ; son diamètre est contenu trois fois à trois fois et deux tiers dans la longueur de la tête ; chez les sujets de moyenne taille, il est au moins égal à l'espace préorbitaire. L'iris est rougeâtre.

En général, les dents pharyngiennes sont, de chaque côté, disposées sur une seule rangée et sont au nombre de cinq ; parfois il y en a six, principalement du côté gauche.

La ligne latérale décrit une courbe qui la rapproche du profil inférieur. Éc., l. long. 45 à 52 ; l. transv. $\frac{8 \text{ à } 11}{4 \text{ ou } 5} + 1 = 13$ à 17.

La dorsale commence en arrière de l'insertion des ventrales, et finit en avant de l'origine de l'anale ; elle est plus haute que longue. L'anale est reculée ; sa hauteur et sa longueur sont à peu près égales. La caudale est très-fourchue ; le lobe inférieur semble un peu plus allongé que le supérieur.

D. 3 ou 4/10 ; A. 3/14 à 18 ; C. 4/19/5 ou 4 ; P. 1/15 à 17 ; V. 2/7 ou 8.

Le dos et les nageoires sont d'un gris verdâtre assez foncé ; les côtés sont d'un gris argenté ; la tête et le corps sont semés de points brunâtres.

Habitat. Rare en France, ce poisson se trouve dans la Moselle, dans la Meuse, dans la Somme. D'après le frère Ogérien, il se rencontre de temps en temps dans la Loue et le Doubs. Il n'existe pas dans le lac Léman, dit M. Lunel, mais il n'est pas rare dans le lac de Sylans (ou Silan) situé près de celui de Nantua ; les riverains le considèrent comme un métis de la Brême commune et du Gardon. On le pêche dans la Loire (Desvaux) ; dans la Sarthe (de Soland) ; dans la Mayenne (Millet)?

Proportions : long. totale 0,152 ; tronc, haut. 0,039, épais. 0,015.

Tête, long. 0,028, haut. 0,030. — Œil, diam. 0,009, esp. préorbit. 0,007, esp. interorbit. 0,011. — Mâchoire supérieure, long. 0,008.

Caudale, long. 0,036 ; pectorale, long. 0,021 ; ventrale, long. 0,020. — Dorsale, haut. 0,026, long. 0,016 ; anale, haut. 0,016, long. 0,017.

LA BRÊME-ROSSE — *ABRAMIS ABRAMO-RUTILUS.*

Syn.: ? La Brême sope, Abramis ballerus, Millet, *Fn. Maine-et-Loire*, t. II, p. 721.

La Brême-rosse, Cyprinus abramo-rutilus, Holandre, *Notice sur plusieurs espèces du genre Cyprin*, p. 2 ; Vallot, *Supplém. Ichth. franç.*, 1850, p. 28.

Abramis Buggenhagii, Brême de Buggenhagen, Selys-Longchamps, *Fn. belge*, part. 1, p. 216 ; Malherbe, *Zoologie du département de la Moselle*, p. 63 ; Marcotte, *Anim. vert. Abbeville*, p. 429 ; Godron, *Zoologie de la Lorraine*, p. 26.

La Brême-rosse, Abramis abramo-rutilus, Blanch., p. 361 ; Géhin, p. 76 ; Soland, p. 242.

Bliccopsis abramo-rutilus, Siebold, p. 142, fig. 18.

The Pomerian Bream, Yarr., t. I, p. 407 ; Couch, t. IV, p. 42.

Hybrid between Abramis blicca and Leuciscus rutilus, Günth., t. VII, p. 215.
Hybrid between Leuciscus erythrophthalmus and Abramis |blicca, Günth., t. VII,
p. 233.

Suivant quelques auteurs, la Brême-rosse est un hybride de la Bordelière et du Gardon ou du Rotengle. Elle a les mêmes proportions·à peu près que la Brême de Buggenhagen; et dans sa jeunesse, d'après Holandre, elle ressemble au Spirlin. La partie antérieure du dos paraît écailleuse, pas ou peu tranchante. La carène abdominale, qui est placée entre les ventrales, a le bord antôt nu, tantôt couvert d'écailles imbriquées et pliées en chevron.

Les dents pharyngiennes sont, de chaque côté, au nombre de sept ou huit; elles sont placées sur deux rangées, 5-2 ou 3. Cependant, M. Günther écrit qu'il peut n'y avoir qu'une seule rangée de dents; il dit encore que l'hybride de la Bordelière et du Gardon ressemble beaucoup à celui de la Brême et du Gardon, que certains spécimens ne peuvent être positivement rapportés à tel ou tel type. Valenciennes pense que la *Brême-rosse* (Holandre) et la *Brême de Heckel* (Selys-Longchamps) ne sont que des variétés de la Brême de Buggenhagen.

Quant au nombre des écailles, il n'a rien de fixe, pas plus dans la ligne longitudinale que dans la ligne transversale. Éc., l. long. 41 à 50; l. transv. $\frac{8\ \text{à}\ 10}{4\ \text{ou}\ 5} + 1 = 13$ à 16.

D. 3/8 à 10; A. 3/14 à 16; C. 4/19/5; P. 1/15 à 17; V. 2/7 ou 8.

D'après Holandre, la Brême-rosse a le dos d'un vert bleuâtre, les côtés bleuâtres, les flancs et le ventre argentés, la dorsale bleu noirâtre, la caudale et les pectorales d'un gris·noirâtre, les ventrales et l'anale d'un orangé rougeâtre. Le poisson, décrit par Holandre, est de moyenne taille, il mesure 6 pouces 3 lignes de longueur, 1 pouce 6 lignes de hauteur.

Habitat. Rare, Moselle, Somme, Mayenne? Est-ce bien la *Virvolle*, que les pêcheurs de la Mayenne considèrent, d'après Millet, comme un hybride de la Brême et de la Bordelière?

GENRE ABLETTE — *ALBURNUS*.

Corps plus ou moins allongé, garni d'écailles minces; entre l'insertion des ventrales et l'anus, la carène de l'abdomen est tranchante, et n'a pas le bord couvert d'écailles imbriquées.

Tête de forme variable; bouche fendue obliquement; mâchoire supérieure moins avancée ou pas plus longue que l'inférieure.

Appareil branchial; dents pharyngiennes comprimées, crochues à leur extrémité, au nombre de sept de chaque côté, placées sur deux rangées 5-2.

Ligne latérale bien marquée, rapprochée du profil du ventre.

Nageoires; dorsale courte, commençant en arrière de l'insertion des ventrales; anale généralement assez longue; caudale fourchue.

Le genre Ablette est formé de deux espèces.

Ligne latérale { ordinaire............................. 1. A. COMMUNE.

placée entre deux séries de points noirs.. 2. A. SPIRLIN.

L'ABLETTE COMMUNE — *ALBURNUS LUCIDUS*.

Syn. : ALBURNUS, *Ablette*, Bell., p. 318.

DE L'ABLE, Alburnus, Rondel., part. 2, p. 152; Duham., *Pêch.*, part. 2, sect. 3, p. 493, pl. 23, fig. 2.

CYPRINUS ALBURNUS, Linn., p. 531, sp. 24; Bloch, pl. 8, fig. 4; Hartmann, *Helvet. Ichth.*, p. 206; Schlegel, p. 117, pl. 12, fig. 1.

L'ABLE, Cyprinus alburnus, Bonnat., p. 201, pl. 83, fig. 343; Lacép., t. XII, p. 340; Jurine, p. 219, pl. 14; Vallot, p. 208; Crespon, *Fn. méridion.*, t. II, p. 295.

ASPIUS ALBURNUS, Agass., *Cypr. Neuchâtel*, p. 6.

ASPIUS ALBURNOIDES, Aspe alburnoïde, Selys-Longchamps, *Fn. belge*, part. 1, p. 214; Marcotte, *Anim. vert. Abbeville*, p. 428.

L'ABLETTE, Leuciscus alburnus, Cuv. et Valenc., t. XVII, p. 272, *Règ. an. ill.t* pl. 94. fig. 2; Charvet, *Catalogue des Animaux qui se trouvent dans le départemen de l'Isère*, Grenoble, 1846, liv. II, p. 246; Malherbe, *Fn. Moselle*, p. 64.

L'ABLETTE ALBURNOÏDE, Leuciscus alburnoides, Malherbe, *Fn. Moselle*, p. 64.

ABRAMIS ALBURNUS, Nilsson, *Skand. Fn.*, p. 337.

ALBURNUS LUCIDUS, Heckel et Kner, p. 131, fig. 67, anim., fig. 68, dents pharyng.; CBp., *Cat.*, n° 256; Siebold, p. 154, fig. 22, dents pharyng.; Günth., t. VII, p. 312; Géhin, p. 77.

ASPE ABLE, Aspius alburnus, Marcotte, *op. cit.*, p. 427.

L'ABLETTE COMMUNE, Alburnus lucidus, Blanch., p. 364, fig. 78, anim., fig. 79, écail.; Soland, p. 243; Lunel, *Poiss. bassin du Léman*, p. 53, pl. 6, fig. 2.

L'ABLETTE MIRANDELLE, Alburnus mirandella, Blanch., p. 369, fig. 80, anim.

L'Ablette de Fabre, *Alburnus Fabræi*, Blanch., p. 370, fig. 81, écaille.
The Bleak, Yarr., t. I, p. 438; Couch, t. IV, p. 56.

N. vulg. : Ovelle, Blanchet, Blanchaille; Ablet, Aublet, Côte-d'Or; Sardine, lac du Bourget, lac de Genève; Mirandelle, lac du Bourget; Zyeux de verre, Harlipantin, Isère (Charvet); Nablo, Vaucluse; Ravanënco, Gard.
Long. : 0,10 à 0,20.

L'Ablette commune, dit M. Blanchard, varie assez dans les proportions pour qu'on ait pu croire à l'existence dans notre pays de plusieurs espèces voisines, comme l'Ablette alburnoïde (*Leuciscus alburnoides*, Sélys-Longch., Valenc.), dont le corps est plus long que chez les Ablettes ordinaires, comme les Ablettes du département de la Sarthe signalées par M. Anjubault (*Soc. de la Sarthe*, 1860). La manière de voir du savant membre de l'Institut est parfaitement exacte; nous l'admettons sans la moindre difficulté; nous pensons même qu'il faut considérer l'Ablette mirandelle et l'Ablette de Fabre comme de simples variétés de l'espèce commune.

Le corps de l'Ablette est allongé, comprimé; il est couvert d'écailles brillantes, minces, assez peu adhérentes. La hauteur du tronc est contenue cinq fois et quart à six fois et quart dans la longueur totale. Le profil du dos est presque droit; celui du ventre est arqué; la carène abdominale, entre les ventrales, a le bord excessivement étroit, tranchant pour ainsi dire, placé entre deux rangées d'écailles qui ne se recouvrent pas, qui ne sont pas pliées en chevron.

Généralement la tête est plus longue que haute; sa longueur est comprise cinq fois et demie à six fois et quart dans la longueur totale. Le museau est court. La bouche est légèrement protractile; elle est assez grande; elle est ouverte obliquement. La mâchoire supérieure est moins allongée que l'inférieure; elle présente en avant, dans sa partie médiane, une échancrure destinée à recevoir le tubercule de la symphyse de la mandibule.

Suivant la taille des animaux, le diamètre de l'œil est contenu trois fois à trois fois et demie dans la longueur de la tête; il est ordinairement un peu plus grand que l'espace préorbitaire, et que l'espace interorbitaire chez les sujets de moyenne taille. L'iris est d'un jaune argenté.

Les orifices de la narine sont voisins l'un de l'autre; ils sont placés dans une petite fossette, qui se trouve au milieu de l'espace préorbitaire.

L'opercule et le sous-opercule sont bien développés ; ils sont d'un blanc argenté fort brillant, ainsi que le préopercule. Les ouïes sont largement ouvertes. Les dents pharyngiennes sont, de chaque côté, au nombre de sept, disposées sur deux rangées 5-2 ; elles sont minces, plus ou moins crochues à leur extrémité, et finement dentelées sur le bord concave.

En avant, la ligne latérale décrit une courbure à concavité supérieure, qui la rapproche du profil abdominal. Éc., l. long. 48 à 59 ; l. transv. $\frac{8 \text{ ou } 9}{2 \text{ à } 4} + 1 = 11$ à 14.

La dorsale est reculée ; elle commence au-dessus de la moitié postérieure de la longueur des ventrales ; elle est courte, trapézoïde ; l'anale prend naissance sous la fin de la dorsale. La caudale est fourchue ; et généralement la longueur des rayons médians ne mesure pas la moitié de la longueur des rayons des lobes. A l'aisselle de la ventrale est une écaille triangulaire.

D. 3/7 ou 8 ; A. 3/16 à 20 ; C. 4/19 ou 20/5 ; P. 1/15 ou 16 ; V. 2/7 ou 8.

Chez la plupart des Ablettes, le dessus de la tête et le dos sont d'un gris verdâtre ; mais chez certains de ces animaux pêchés soit dans le lac du Bourget, soit dans le Gard, le dos est d'un bleu foncé, qui rappelle, comme le dit M. Blanchard, la coloration de la Sardine. Les côtés, le ventre et les joues sont d'une teinte argentée à reflets très-brillants. La dorsale est grise ; la caudale est brunâtre, bordée de noir ; l'anale et les nageoires impaires sont pâles.

Habitat. L'Ablette se trouve dans la plupart des rivières de France ; elle est très-abondante dans la Seine, dans l'Yonne.

Proportions : long. totale 0,173 ; tronc, haut. 0,033, épais. 0,015.

Tête, long. 0,028, haut. 0,025. — Œil, diam. 0,008, esp. préorbit. 0,007, esp. interorbit. 0,008. — Mâchoire supérieure, long. 0,008.

Caudale, long. 0,032 ; pectorale, long. 0,028 ; ventrale, long. 0,021. — Dorsale, haut. 0,020, long. 0,012 ; anale, haut. 0,020, long. 0,021.

L'Ablette ne donne pas une chair estimée, mais elle fournit, ainsi que l'Argentine, l'*essence d'Orient* qui sert à la fabrication des fausses perles. Chez l'Ablette, l'essence d'Orient est tirée de la matière argentée qui revêt la face interne des écailles, et qui est formée de petits cristaux aciculaires. On a soin, pour obtenir de beaux produits, d'enlever seulement les écailles du ventre, qui ne sont pas, comme celles du dos, enduites d'un pigment verdâtre. Sur les bords de la Seine, les pêcheurs se livrent à ce genre d'industrie, principalement depuis Mantes jusqu'à Pont-de-l'Arche.

·L'ABLETTE SPIRLIN — *ALBURNUS BIPUNCTATUS.*

Syn. : EPELANUS FLUVIATILIS, Bell., p. 291, fig., EPELANUS SEQUANÆ, p. 323.

CYPRINUS BIPUNCTATUS (*Spirlin*), Bloch, pl. 8, fig. 1 ; Hartmann, *Helvet. Ichth.*, p. 219.

LE SPIRLIN, Cyprinus bipunctatus, Bonnat., p. 200, pl. 82, fig. 340 ; Lacép., t. XII, p. 340 ; Jurine, *Poiss. lac Léman*, p. 226, pl. 14 ; Holandre, *Fn. départ. Moselle*, Metz, 1826, part. 1, p. 8 ; Vallot, p. 214 ; Crespon, t. II, p. 296.

ASPIUS BIPUNCTATUS, Agass., *Cypr. Neuchâtel*, p. 6 ; (Aspe biponctué), Selys-Longchamps, *Fn. belge*, part. 1, p. 215 ; Marcotte, *Anim. vert. Abbeville*, p. 428.

L'ABLE ÉPERLAN, Leuciscus bipunctatus, Cuv. et Valenc., t. XVII, p. 259 ; Anjubault, *Poiss. départ. Sarthe*, p. 20.

L'ABLE DE BALDNER, Leuciscus Baldneri, Cuv. et Valenc., t. XVII, p. 262, pl. 497 ; Anjub., *op. cit.*, p. 20.

ALBURNUS BIPUNCTATUS, Heckel et Kner, p. 135, fig. 70 ; CBp., *Cat.*, n° 263 ; Siebold, p. 163 ; Géhin, p. 78.

L'ABLETTE SPIRLIN, Alburnus bipunctatus, Blanch., p. 371, fig. 82 ; Soland, p. 243 ; Lunel, *Poiss. bassin du Léman*, p. 61, pl. 6, fig. 3, 3ª.

ABRAMIS BIPUNCTATUS, Günth., t. VII, p. 307.

N. Vulg. : Able grise, Concie, Riotte, Sarthe ; Rieland, Eure ; Éperlan de Seine, Seine ; Louvotte, Yonne ; Lurette, Aube ; Mézaigne, Blanc, Lorraine ; Vairon de Saône, Lignotte, Lugnotte, Able bordé, Able rayé, Côte-d'Or ; Mirli, Jura ; Sofio plato, Avignon ; Sofio, Gard.

Long. : 0,08 à 0,15.

Plus haut que celui de l'Ablette, le corps du Spirlin est comprimé ; il est couvert d'écailles minces, à peine striées. Le profil du ventre et celui du dos sont arqués. La hauteur du tronc est contenue quatre à cinq fois dans la longueur totale. Entre les ventrales, le bord de la carène abdominale porte, chez certains sujets, quelques écailles pliées en chevron, mais non imbriquées ; cette disposition est assez rare.

La tête est courte ; sa longueur est comprise cinq fois à cinq fois et demie dans la longueur totale. Le museau est arrondi. Généralement la mâchoire supérieure est un peu moins avancée que la mandibule.

Presque toujours le diamètre de l'œil est plus grand que l'espace préorbitaire; il mesure, ou peu s'en manque, le tiers de la longueur de la tête. L'iris est doré ou jaune argenté, piqueté de noir dans sa partie supérieure.

La narine est un peu plus rapprochée de l'orbite que du museau.

Chaque pharyngien est armé de petites dents minces, fort crochues, parfois légèrement dentelées sur le bord interne, au nombre de sept, placées sur deux rangées 5-2; rarement il y a seulement quatre dents à la grande rangée.

La ligne latérale dessine, du côté du ventre, une forte courbe; elle est bordée, sur tout son trajet, d'une double série de petites taches ou de traits noirâtres, qui ont valu à cette espèce les noms d'*Able rayé*, d'*Able bordé*. Ces marques noirâtres persistent quelquefois chez les animaux qui ont perdu leurs écailles. Éc., l. long. 44 à 54 ; l. transv. $\frac{8 \text{ à } 10}{3 \text{ ou } 4} + 1 = 12$ à 15.

La dorsale commence en arrière de l'insertion des ventrales, et se termine au-dessus de l'origine de l'anale, rarement un peu plus en avant. L'anale a généralement moins de hauteur que de longueur; elle a le bord légèrement convexe. La caudale est fourchue. La pectorale est pointue; elle est un peu plus allongée que la ventrale.

D. 3/7 ou 8; A. 3/15 à 17; C. 5/19/6; P. 1/12 à 14; V. 2/7 ou 8.

La coloration est variable; elle est plus ou moins brillante suivant la saison, suivant l'habitat dans les eaux de telle ou telle nature. Le dos est gris verdâtre; les côtés et le ventre sont argentés; chez certains individus, une bande cuivrée ou brunâtre s'allonge au-dessus de la ligne latérale, qui limite un segment argenté pointillé de noir; une tache vert de gris se montre sur le haut de chacun des opercules; l'aisselle de la pectorale est d'un jaune orangé; la base de l'anale est jaunâtre; j'ai constaté ce système de coloration sur des animaux pêchés dans la Marne, dans la Dore. Chez des Spirlins, pris à Pacy-sur-Eure, le dos est d'un gris bleuâtre fort brillant; les côtés sont d'un gris clair pointillé de noir. L'Able de Baldner, qui est paré de si brillantes couleurs, est un mâle en habit de noces.

Habitat. Le Spirlin est commun dans la plupart des eaux douces de la France. J'en ai vu de très-beaux spécimens à Remiremont, au Puy ; M. Rico m'en a donné de fort grands qui ont été pêchés dans la Dore. Je n'ai pas trouvé ce poisson dans le lac d'Annecy.

Proportions : long. totale 0,140 ; tronc, haut. 0,034, épais. 0,014.

Tête, long. 0,026, haut. 0,025. — Œil, diam. 0,008, esp. préorbit. 0,006, esp. interorbit. 0,008. — Mâchoire supérieure, long. 0,008.

Caudale, long. 0,028 ; pectorale, long. 0,023 ; ventrale, long. 0,020. — Dorsale, haut. 0,024, long. 0,013 ; anale, haut. 0,019, long. 0,024.

L'ABLETTE HACHETTE — *ALBURNUS DOLABRATUS.*

Syn. : CYPRIN HACHETTE, Cyprinus dolabrata, Holandre, *Notice... Cyprin*, p. 3 ; Vallot, *Supplément à l'Ichthyologie française*, 1850, p. 36.

LEUCISCUS DOLABRATUS (Meunier hachette), Selys-Longchamps, *Fn. belge*, part. 1, p. 207, pl. 5, fig. 5 ; CBp., *Cat.*, n° 210.

L'ABLE HACHETTE, Leuciscus dolabratus, Cuv. et Valenc., t. XVII, p. 248.

LA HACHETTE, Leuciscus dolabratus, Malherbe, *Zool. Moselle*, p. 63 ; Godron, *Zool. Lorraine*, p. 26.

ALBURNUS DOLABRATUS, Siebold ; p. 164, fig. 23, anim., fig. 24, dents pharyng.

L'ABLETTE HACHETTE, Alburnus dolabratus, Blanch., p. 375 ; Géhin, p. 79.

HYBRID BETWEEN LEUCISCUS DOBULA AND ALBURNUS LUCIDUS, Günth., t. VII, p. 223.

N. Vulg. : Hachette.

Long. : 0,10 à 0,15.

Selon nos pêcheurs, écrit Géhin, la *Hachette* est un métis de l'Ablette, *Alburnus lucidus* et de la Vandoise, *Squalius leuciscus*. Suivant certains auteurs, c'est un hybride de l'Ablette, *A. lucidus* et du Chevaine, *Squalius cephalus* ; suivant d'autres, un hybride de l'Ablette et du Rotengle, *Scardininius erythrophthalmus.*

En général, le corps de la Hachette est allongé, légèrement comprimé ; il est couvert d'écailles minces, finement striées. La ligne du dos est médiocrement courbe ; le profil abdominal est presque droit en avant de l'anale, à l'origine de la nageoire, il se relève jusqu'à la base de la caudale. La hauteur du tronc est contenue cinq fois et quart à six fois dans la longueur totale. Le plus souvent la carène abdominale, entre les ventrales et l'anus, a le bord garni d'écailles pliées en chevron et imbriquées.

La tête est assez petite ; elle est un peu aplatie en dessus ; sa longueur est comprise cinq fois à cinq fois et trois quarts dans la longueur totale. Le museau est court, obtus. La bouche est légèrement protractile; elle est fendue obliquement. A l'état de repos, le bout de la mâchoire supérieure est au-dessus du prolongement du diamètre horizontal de l'œil. Quand la bouche est fermée, les mâchoires sont de longueur égale. La mandibule est ascendante; elle est assez large.

Rapproché du profil supérieur de la tête, l'œil est arrondi; il est grand; son diamètre mesure à peu près le tiers de la longueur de la tête; il est égal à l'espace préorbitaire. L'iris est d'un jaune argenté assez clair.

La narine est rapprochée de l'orbite; elle a ses deux ouvertures voisines l'une de l'autre.

La fente des ouïes s'avance jusque sous le bord inférieur du préopercule. L'opercule est légèrement échancré sur le bord postérieur. Quant aux dents pharyngiennes, elles présentent certaines différences dans leur nombre, dans leur disposition; Holandre écrit à Vallot qu'il y a : « de chaque côté cinq dents crochues et un peu crénelées le long de leur bord intérieur sur un seul rang; une seule dent fixe plus petite intérieurement. » « Les dents pharyngiennes, dit M. Blanchard, diffèrent peu de celles de l'Ablette commune ; terminées davantage en crochet recourbé, elles ressemblent davantage à celles des Vandoises. » Les dents alors sont au nombre de sept, placées sur deux rangées 5-2.

La ligne latérale décrit une courbe à convexité tournée en bas. Éc., l. long. 45 à 54 ; l. transv. $\frac{7 \text{ ou } 8}{3 \text{ ou } 4} + 1 = 11$ à 13.

La dorsale commence en arrière de l'insertion des ventrales, et finit au-dessus ou plutôt un peu en avant de l'origine de l'anale; elle est haute. L'anale est de forme quadrilatérale. La caudale est fourchue. Le tronçon de la queue a une hauteur à peu près double de son épaisseur. L'écaille axillaire de la ventrale est assez développée.

D. 3/7 à 9; A. 3/9 à 16; C. 4/19/4; P. 1/14 ou 15; V. 2/8 ou 9.

Sur le dos, la teinte est d'un gris bleuâtre à reflets métalliques ; d'un gris assez clair sur les côtés ; d'un gris argenté sous le ventre. La tête est en dessus d'un brun olivâtre ; les joues sont argentées. La dorsale et la caudale sont d'un gris assez clair ; la fourche de la caudale est brune ; les autres nageoires sont pâles ; d'après de Selys-Longchamps, la dorsale et la caudale sont verdâtres, les autres nageoires, d'un blanc jaunâtre.

Habitat. Ce poisson est rare ; il se trouve dans la Moselle et ses affluents ; il a été pris dans la Meuse, en Belgique.

Proportions : long. totale 0,122 ; tronc, haut. 0,021, épais. 0,010,

Tête, long. 0,023, haut. 0,019. — Œil, diam. 0,007, esp. préorbit, 0,007, esp. interorbit. 0,008. — Mâchoire supérieure, long. 0,008.

Caudale, long. 0,023 ; pectorale, long. 0,019 ; ventrale, long. 0,014. — Dorsale, haut. 0,019, long. 0,009 ; anale, haut. 0,016, long. 0,011.

GENRE ROTENGLE — *SCARDINIUS*, CBp.

Corps ovale, comprimé, couvert de larges écailles ; entre l'insertion des ventrales et l'anus, la carène abdominale a le bord garni d'écailles imbriquées et pliées en chevron.

Appareil branchial ; ouïes largement ouvertes ; dents pharyngiennes au nombre de huit de chaque côté, placées sur deux rangées 5-3, à couronne plus ou moins comprimée, dentelée sur le bord interne, terminée en crochet.

Ligne latérale bien marquée, continue.

Nageoires ; dorsale courte, commençant en arrière de l'insertion des ventrales, et finissant au-dessus ou un peu en avant de l'origine de l'anale.

LE ROTENGLE — *SCARDINIUS ERYTHROPHTHALMUS*.

Syn. : CYPRINUS *iride, pinnis omnibus, caudaque rubris,* Arted., *Descript.,* p. 9, n° 2.

CYPRINUS ERYTHROPHTHALMUS, Linn., p. 530, sp. 19 ; Bloch, pl. 1 ; Fries et Ekström, *Skand. Fisk.,* pl. 16 ; Schlegel, p. 112, pl. 11, fig. 5.

LA SARVE, Cyprinus erythrophthalmus, Bonnat., p. 199, pl. 81, fig. 337.

LE CYPRIN ROTENGLE, Cyprinus erythrophthalmus, Lacép., t. XII, p. 327.

LE ROTENGLE, Cyprinus erythrophthalmus, Jurine, *Poiss. lac Léman,* p. 209, pl. 12 ; Vallot, p. 173.

LEUCISCUS ERYTHROPHTHALMUS, Agass., *Cypr. Neuchâtel,* p. 6 ; (Meunier rotengle), Selys-Longchamps, *Fn. belge,* p. 213 ; Filippi, *Cenn. Pesc. aq. dolce,* p. 15 ; Nilsson, *Skand. Fn.,* t. IV, p. 313 ; Günth., t. VII, p. 231.

DU ROTENGLE, Leuciscus erythrophthalmus, Cuv. et Valenc., t. XVII, p. 107 ; Anjubault, p. 19.

Scardinius hesperidicus, CBp., *Cat.*, n° 234.

Scardinius erythrophthalmus, CBp., *Cat.* n° 236 ; *Fn. ital.*, fig. ; Heckel et Kner, p. 153, fig. 79, anim., fig. 80, dents pharyng.; Betta, *Ittiol. veronese*, p. 82 ; Siebold, p. 180, fig. 29, dents pharyng. ; Canestr., *Archiv. zool.*, 1864, t. III, p. 106, 1866, t. IV, p. 89, *Fn. ital.*, p. 14 ; Géhin, p. 79.

Meunier rotengle, Leuciscus erythrophthalmus, Marcotte, *Anim. vert. Abbeville*, p. 427.

La Rotengle commune, Scardinius erythrophthalmus, Blanch., p. 377, fig. 83, dents pharyng., fig. 84, anim.; Soland, p. 244.

Le Rotengle, Scardinius erythrophthalmus, Lunel, *Poiss. bassin du Léman*, p. 65, pl. 7.

The Red-eye, Yarr., t. I, p. 411.

Rudd, Couch, t. IV, p. 49.

N. vulg. : Rosse, Rousse, Roche, Rossette, Gardon rouge, Gardon de fond ; Rousseau, Rossat, Yonne ; Chérin, Charin, Côte-d'Or, Jura ; Rotengle, Sarve, Salougne, Lorraine ; Platelle, Plate, lac Léman ; Sangar, Gard ; Sergent, Landes, Basses-Pyrénées.

Long. : 0,15 à 30.

Souvent confondu avec le Gardon commun, le Rotengle s'en distingue cependant assez facilement par son corps plus élevé et plus comprimé ; il est couvert de grandes écailles. La hauteur du tronc est contenue trois fois à trois fois et deux tiers dans la longueur totale, et même quatre fois, chez les jeunes individus. Entre les ventrales et l'anus, la carène abdominale est garnie d'écailles imbriquées, pliées en chevron.

La longueur de la tête est comprise cinq fois et quart à six fois dans la longueur totale. La région supérieure du crâne est convexe. La bouche, assez petite, est légèrement protractile, fendue obliquement. Le museau est obtus. La mâchoire supérieure est un peu moins avancée que la mandibule ; à l'état de repos, son extrémité antérieure semble placée un peu au-dessus du prolongement du diamètre horizontal de l'œil.

Généralement l'iris est d'un rouge éclatant, parfois il est d'un jaune doré. Le diamètre de l'œil est contenu trois fois et demie à quatre fois et quart dans la longueur de la tête ; il est à peu près égal à l'espace préorbitaire ; suivant la taille des animaux, il est d'un tiers ou de moitié moins grand que l'espace interorbitaire.

Des stries assez fines se voient ordinairement sur l'opercule.

De chaque côté, les dents pharyngiennes sont, à l'état normal, au nombre de huit, placées sur deux rangées 5-3 ; parfois à la série externe, il y a six dents au lieu de cinq. A la longue rangée, la dent antérieure est à peu près droite, légèrement crochue ; les dents suivantes ont la couronne comprimée, très-dentelée sur le bord interne, et terminée en crochet pointu ; les dentelures sont moins prononcées sur la dent antérieure et sur les dents de la courte rangée. La forme des dents fournit, à elle seule, le moyen de facilement reconnaître le Rotengle.

La ligne latérale est courbe, rapprochée du profil inférieur à l'aplomb des ventrales. Éc., l. long. 40 à 44, rarement 45 ; l. transv. $\frac{7 \text{ ou } 8}{3 \text{ à } 5} + 11 = 1$ à 14.

Chez le Rotengle, la dorsale est plus reculée que chez le Gardon commun ; elle ne commence guère qu'au-dessus de la moitié postérieure des ventrales ; elle est d'un tiers environ plus haute que longue. L'anale prend naissance au-dessous, ou plus souvent en arrière de la fin de la dorsale. La caudale est fourchue.

D. 3/8 ; A. 3/10 à 12 ; C. 3/18 ou 19/4 ; P. 1/14 à 16 ; V. 2/7 ou 8.

Le système de coloration est brun verdâtre sur le dos, plus clair sur les flancs, argenté sous le ventre ; souvent il brille de reflets dorés ou rougeâtres. La dorsale est d'un gris bleuâtre à la base, rouge à l'extrémité de ses rayons. L'anale et les ventrales sont rouges. La caudale est grisâtre vers la base, rougeâtre dans le reste de son étendue. Les pectorales sont parfois jaunâtres, le plus ordinairement elles sont d'un gris rosé assez pâle.

Habitat. Le Rotengle vit dans les eaux courantes et dans les eaux stagnantes. Il est fort commun aux environs de Bayonne, dans le lac d'Yrieu (Landes), dans le lac Mariscot ou de la Négresse (Basses-Pyrénées). Je ne l'ai pas trouvé dans le lac d'Annecy.

Proportions : long. totale 0,197 ; tronc, haut. 0,061, épais. 0,023.

Tête, long. 0,037, haut. 0,043. — OEil, diam. 0,010, esp. préorbit. 0,010, esp. interorbit. 0,017. — Mâchoire supérieure, long. 0,011.

Caudale, long. 0,041 ; pectorale, long. 0,034 ; ventrale, long. 0,032. — Dorsale, haut. 0,032, long. 0,020 ; anale, haut. 0,026, long. 0,022.

GENRE GARDON — *LEUCISCUS*.

Corps ovale, plus ou moins comprimé, couvert d'assez grandes écailles.

Tête; mâchoire supérieure généralement plus avancée que la mandibule.

Appareil branchial; dents pharyngiennes sur une seule rangée, et le plus souvent au nombre de six du côté gauche, de cinq du côté droit.

Ligne latérale bien marquée, continue.

Nageoires ; dorsale commençant au-dessus de l'insertion des ventrales.

LE GARDON COMMUN — *LEUCISCUS RUTILUS*.

Syn. : Du Gardon, Leuciscus, Rondel., part. 2, p. 138.

Cyprinus, *iride, pinnis ventralibus ac ani plerumque rubentibus*, Arted., *Descript.*, p. 10, n° 3.

Cyprinus rutilus, Linn., p. 529, sp. 16; Bloch, pl. 2; Fries et Ekström, *Skand. Fisk.*, pl. 15; Schlegel, p. 113, pl. 11, fig. 4.

Du Gardon, Duham., *Péch.*, part. 2, sect. 3, p. 498, pl. 24, fig. 1.

La Rousse, Cyprinus rutilus, Bonnat., p. 198, pl. 80, fig. 334.

Le Cyprin rougeâtre, Cyprinus rutilus, Lacép., t. XII, p. 327.

La Rosse, Cyprinus rutilus, Jurine, *Poiss. lac Léman*, p. 211, pl. 13 ; Vallot, p. 162.

Leuciscus rutilus, Agass., *Cypr. Neuchâtel*, p. 6; (*Meunier rosse*), Selys-Longchamps, *Fn. belge*, p. 211, pl. 7, fig. 2; Nilsson, *Skand. Fn.*, p. 316 ; Heckel et Kner, p. 169, fig. 91 ; Siebold, p. 184, fig. 30, dents pharyng.; Günth., t. VII, p. 212 ; Géhin, p. 80.

Le Gardon, Leuciscus rutilus, Cuv. et Valenc., t. XVII, p. 130; Anjubault, p. 19; Lunel, *Poiss. bassin du Léman*, p. 71, pl. 8, fig. 1.

Gardonus rutilus, CBp., *Cat.*, n° 193.

Meunier rosse, Leuciscus rutilus, Marcotte, *Anim. vert. Abbeville*, p. 426.

Le Gardon commun, Leuciscus rutilus, Blanch., p. 382, fig. 86, dents pharyng.; Soland, p. 245.

The Roach, Yarr., t. I, p. 433; Couch, t. IV, p. 47.

N. vulg. : Gardon blanc, Roche, Rousse, Rossette; Français, Blanchet, Évian.

Long. : 0,15 à 0,30.

Le corps du Gardon est ovale, comprime, couvert d'assez grandes écailles. La hauteur du tronc est contenue trois fois et trois quarts à quatre fois et deux tiers dans la longueur totale, rarement plus.

A peu près aussi longue que haute, la tête est assez forte; sa longueur est comprise cinq fois et quart à cinq fois et trois quarts dans la longueur totale. Le museau est arrondi, un peu saillant. La bouche est protractile ; la mâchoire supérieure est plus avancée que l'inférieure ; son extrémité est généralement placée au-dessous du prolongement du diamètre horizontal de l'œil. La mandibule est légèrement ascendante.

Ordinairement l'iris est jaune doré, parfois il est rougeâtre. Le diamètre de l'œil est contenu trois fois et demie à quatre fois et demie dans la longueur de la tête ; il est égal, ou peu s'en manque, à l'espace préorbitaire ; il mesure les deux tiers environ de l'espace interorbitaire, chez les sujets de moyenne taille.

De chaque côté, les dents pharyngiennes sont placées sur une seule rangée ; elles sont généralement au nombre de six à gauche, de cinq à droite ; chez certains individus, les dents sont au nombre de cinq, rarement de six, sur chaque pharyngien ; chez d'autres, il y en a quatre seulement à gauche ou à droite. Elles présentent quelques différences dans leur forme ; ordinairement la première dent est conique et légèrement crochue à la pointe ; la seconde est souvent tuberculeuse ; les suivantes sont un peu comprimées, elles ont l'extrémité de leur couronne échancrée ou arquée, terminée en petit crochet ; elles ont parfois sur le bord quelques dentelures, qui disparaissent assez promptement ; il est souvent facile de voir les dentelures sur les germes des dents postérieures ou sur les couronnes, qui sont au milieu de la muqueuse pharyngienne.

La ligne latérale est courbe, rapprochée du profil inférieur ; entre elle et l'insertion de la ventrale, il y a, le plus ordinairement, trois grandes écailles, plus une petite. Éc., l. long. 42 à 45 ; l. transv. $\frac{7}{4} + 1 = 12$.

La dorsale est plus haute que longue ; elle commence à peu près au-dessus du milieu de l'insertion des ventrales, et finit avant l'origine de l'anale, qui est assez courte. La caudale est fourchue. A l'aisselle de la ventrale est une écaille bien développée.

D. 3/8 à 10 ; A. 3/9 à 11 ; C. 3 ou 4/18 ou 19/5 à 3 ; P. 1/15 à 18 ; V. 2/7 ou 8.

Le dos est verdâtre, à reflets rosés, le ventre est argenté. La

dorsale et les pectorales sont d'un vert grisâtre ; la caudale est
verdâtre, teintée de rouge à son extrémité et le long du bord interne de ses lobes ; l'anale et les ventrales sont, le plus ordinairement, d'un rouge jaunâtre. Le système de coloration varie suivant la saison, suivant les eaux.

Habitat. Le Gardon est plus ou moins commun dans les lacs et dans les
rivières. Je ne l'ai pas trouvé dans le département des Basses-Pyrénées.
Proportions : long. totale 0,206 ; tronc, haut. 0,052, épais. 0,026.
Tête, long. 0,037, haut. 0,039. — OEil, diam. 0,010, esp. préorbit. 0,010,
esp. interorbit. 0,014. — Mâchoire supérieure, long. 0,010.
Caudale, long. 0,045 ; pectorale, long. 0,029 ; ventrale, long. 0,028. —
Dorsale, haut. 0,036, long. 0,024 ; anale, haut. 0,029, long. 0,019.
Variétés.
Le Vangeron, Leuciscus prasinus.

Syn. : Du Vangeron, Rondel., part. 2, p. 112, fig. transp., p. 120.
Leuciscus prasinus, Vengeron, Agass., *Cypr. Neuchâtel*, p. 14, pl. 2.
Le Vengeron, Leuciscus prasinus, Cuv. et Valenc., t. XVII, p. 153 ; (var.) Blanch.,
p. 386.
Leucos prasinus, CBp., *Cat.*, n° 190.

N. vulg. : Français à Évian (Jurine).

Le Vangeron a le corps relativement allongé. La hauteur du
tronc est comprise cinq fois à cinq fois et demie dans la longueur
totale. — Ainsi que le fait observer Agassiz, le dos est d'un
beau vert pomme foncé ; les côtés sont d'un vert clair à reflets
argentés ; le ventre est argenté. La dorsale et la caudale sont d'un
brun verdâtre ; l'anale et les nageoires paires sont jaunâtres.
D'après Jurine, les pectorales, les ventrales, l'anale et la caudale conservent toute l'année une couleur rougeâtre.

Habitat. Le Vangeron se trouve dans le lac Léman.
Le Gardon de Selys, Leuciscus Selysii.

Syn. : Leuciscus Selysii, Meunier de Selys (Heckel), Selys-Longchamps, *Fn. belge*,
p. 210, pl. 6, fig. 1 ; Godron, *Zool. Lorraine*, p. 26.
L'Able de Selys, Leuciscus Selysii, Cuv. et Valenc., t. XVII, p. 198.
Leucos Selysii, CBp., *Cat.*, n° 179.
Le Gardon de Selys, Leuciscus Selysii (var.), Blanch., p. 386.

La hauteur du tronc est contenue quatre fois et demie à cinq
fois dans la longueur totale. — D'après Valenciennes, la couleur est bleu d'acier, à reflets argentés, jusque sous le ventre ;

les ventrales et l'anale sont blanchâtres, les autres nageoires sont grises. Les nageoires, suivant de Selys-Longchamps, sont d'un rouge moins vif que celles du *Leuciscus rutilus.*

Habitat. Meuse.
Le Gardon rutiloïde, Leuciscus rutiloides.

Syn. : Leuciscus rutiloides, Meunier rutiloïde, Selys-Longchamps, *Fn. belge,* p. 212, pl. 7, fig. 1 ; Marcotte, *op. cit.,* p. 427.
L'Able rutiloïde, Leuciscus rutiloides, Cuv. et Valenc., t. XVII, p. 149, pl. 493.
Leucos? rutiloides, CBp., *Cat.,* n° 180.
Le Gardon rutiloïde, Leuciscus rutiloides (var.), Blanch., p. 385 ; (petit Gardon), Soland, p. 246.

Peut-être, écrit de Selys-Longchamps, est-ce une variété accidentelle du *Rutilus?* Les nageoires ne sont pas colorées de rouge ni d'orangé ; ces couleurs sont remplacées par du jaune de gomme-gutte terne.

Habitat. Somme ; rivières de l'Anjou.
Le Gardon pâle, Leuciscus pallens.

Syn. : Le Gardon pâle, Leuciscus pallens, Blanch., p. 386, fig. 88 ; Soland, p. 246.

N. vulg. : Vairon, Annecy.

M. le professeur Blanchard distingue sous le nom de *Gardon pâle,* le Gardon qui se trouve dans le lac d'Annecy, et qui ne me semble qu'une simple variété de l'espèce commune. — Après avoir décrit le système de coloration, la composition des nageoires, M. Blanchard ajoute : « le Gardon pâle à des dents pharyngiennes au nombre de six de chaque côté, et ce dernier caractère paraîtra le plus important aux yeux de la plupart des zoologistes. » Malheureusement ce caractère tiré de la dentition pharyngienne n'a rien de fixe ; sur un certain nombre des Gardons que j'ai rapportés d'Annecy, j'ai compté six dents sur le pharyngien gauche, et cinq sur le pharyngien droit. — Chez les animaux vivants, que j'ai examinés sur place et au mois d'août, toutes les nageoires étaient d'une teinte grisâtre.

Habitat. Très-commun dans le lac d'Annecy.
Proportions : long. totale, 0,210 ; tronc, haut. 0,054, épais. 0,024.
Tête, long. 0,038, haut. 0,039. — Œil, diam. 0,010, esp. préorbit. 0,010, esp. interorbit. 0,014. — Mâchoire supérieure, long. 0,010.

Caudale, long. 0,045; pectorale, long. 0,029 ; ventrale, long. 0,028. — Dorsale, haut. 0,035, long. 0,024; anale, haut. 0,023, long. 0,019.

Dans le département de la Sarthe, il existe une variété de Gardon, *à nageoires et iris blancs*. Très-rare. Eaux calcaires stagnantes. (V. Anjubault, *op. cit.*, p. 19.)

GENRE IDE — *IDUS*, Heck.

Corps ovale, couvert d'écailles de moyenne grandeur.

Tête; mâchoire supérieure un peu plus longue que l'inférieure.

Appareil branchial; dents pharyngiennes au nombre de huit de chaque côté, placées sur deux rangées 5-3.

Nageoires; dorsale assez courte, ainsi que l'anale.

L'IDE JESSE — *IDUS JESES.*

Syn. : Cyprinus, Arted., *Syn.*, p. 14, n° 30, *Descript.*, p. 6, n° 1.

Cyprinus idus, Linn., p. 529, sp. 17 ; Hartmann, *Helvet. Ichth.*, p. 210; Fries et Ekström, *Skand. Fisk.*, pl. 11.

Cyprinus jeses, Linn., p. 530, sp. 20 ; Bloch, pl. 6; Schlegel, p. 115, pl. 11, fig. 3.

La Jesse, Cyprinus jeses, Bonnat., p. 199, pl. 81, fig. 338.

Leuciscus idus (Meunier ide), Selys-Longchamps, *Fn. belge*, part. 1, p. 209 ; Nilsson, *Skand. Fn.*, t. IV, p. 306; Marcotte, *Anim. vert. Abbeville*, p. 426; Günth., t. VII, p. 229.

Leuciscus neglectus, Meunier négligé, Selys-Longchamps, *op. cit.*, p. 209.

L'Able jesse, Leuciscus jeses, Cuv. et Valenc., t. XVII, p. 160 ; (Meunier jesse), Marcotte, *op. cit.*, p. 426.

L'Able ide, Leuciscus idus, Cuv. et Valenc., t. XVII, p. 228.

Idus jeses, CBp., *Cat.*, n° 225.

Le Gardon ou Ide, Leuciscus idus, Malherbe, *Zool. Moselle*, p. 63 ; Godron, *Zool. Lorraine*, p. 26.

Idus melanotus, Heckel et Kner, p. 147, fig. 77, anim., fig. 78, dents pharyng. ; Siebold, p. 176, fig. 28, dents pharyng.

? L'Able chevanne, Leuciscus chub, frère Ogérien, *Hist. nat. Jura*, p. 360.

L'Ide mélanote, Idus melanotus, Blanch., p. 389 ; Géhin, p. 81.

? The Ide, Yarr., t. I, p. 418 ; Couch, t. IV, p. 63.

The Chub, Yarr., t. I, p. 421 ; Couch, t. IV, p. 41.

Jeune.

Cyprinus orfus, Arted., *Syn.*, p. 6, n° 8 ; Linn., p. 530, sp. 18 ; Bloch, pl. 96.

L'Orfe, Cyprinus orfus, Bonnat., p. 198, pl. 80, fig. 336; Lacép., t. XII, p. 321.

L'Orphe, Leuciscus orphus, Cuv. et Valenc., t. XVII, p. 224 ; (Meunier orphe), Marcotte, p. 426.

Idus ? orfus, CBp., *Cat.*, n° 226.

Long. : 0,25 à 0,45.

Comme le fait observer Valenciennes, l'Ide ressemble au Gardon par sa forme générale, mais il a des écailles plus petites, il atteint une plus grande taille. Il a le corps ovale, le dos arrondi, le ventre légèrement comprimé. La hauteur du tronc est comprise quatre fois environ dans la longueur totale.

Beaucoup plus courte que la hauteur du corps, la tête a sa longueur comprise cinq fois à cinq fois et demie dans la longueur totale. Le museau est épais, arrondi. La bouche est protractile, terminale, légèrement oblique. La mâchoire supérieure est un peu plus avancée que la mandibule; son extrémité paraît, en général, placée un peu au-dessous du prolongement du diamètre horizontal de l'œil.

Ordinairement l'iris est jaune-doré, pointillé de noir, marqué d'une petite tache noirâtre dans sa partie supérieure. L'œil est de grandeur moyenne. Son diamètre est contenu de quatre à cinq fois dans la longueur de la tête; chez les sujets de moyenne taille, il est égal à l'espace préorbitaire; il mesure les trois cinquièmes de l'espace interorbitaire.

Les dents pharyngiennes sont, de chaque côté, au nombre de huit, disposées sur deux rangées 5-3; la première dent de la série externe est à peu près conique, à pointe mousse; les suivantes sont légèrement comprimées, et se terminent par un petit crochet; aucune dent n'a de dentelures sur le bord interne. Chez les jeunes individus, les dents de la courte rangée ne sont pas toujours au complet, elles semblent même parfois manquer entièrement.

La ligne latérale est bien marquée; elle décrit une courbe assez faible, à concavité supérieure. Éc., l. long. 52 à 61; l. transv. $\frac{9}{4 \text{ ou } 5} + 1 = 14$ ou 15.

Généralement la dorsale commence au-dessus de la fin de l'insertion des ventrales; elle est, comme l'anale, plus haute que longue. La caudale est fourchue. L'écaille de l'aisselle de la ventrale est bien développée.

D. 3/8 ou 9 ; A. 3/10 ou 11 ; C.3/19/4 ; P. 1/15 à 18 ; V. 2/8.

Chez les jeunes, la partie supérieure du corps est rouge-doré, les nageoires sont d'un rouge plus ou moins vif. Chez les sujets développés, le dos est d'un brun bleuâtre, s'affaiblissant sur les côtés ; le ventre est argenté ; la dorsale et la caudale sont d'un rose grisâtre ; l'anale et les ventrales sont d'un beau rouge avec un peu de jaune vers le bord ; les pectorales sont d'un rose jaunâtre.

Habitat. L'Ide est rare dans nos rivières ; il se pêche dans la Somme, dans la Meuse, la Moselle, et peut-être dans le Doubs. On le trouve parfois sur le marché de Paris, au milieu d'autres poissons expédiés de Hollande.

Proportions : long. totale 0,372 ; tronc, haut. 0,094, épais. 0,042.

Tête, long. 0,068, haut. 0,074. — Œil, diam. 0,015, esp. préorbit. 0,017, esp. interorbit. 0,025. — Mâchoire supérieure, long. 0,019.

Caudale, long. 0,062 ; pectorale, long. 0,059 ; ventrale, long. 0,049. — Dorsale, haut. 0,058, long. 0,043 ; anale, haut. 0,049, long. 0,037.

GENRE CHEVAINE — *SQUALIUS*.

Corps allongé, plus ou moins fusiforme, légèrement comprimé.

Tête de forme variable ; mâchoire supérieure généralement plus avancée que l'inférieure.

Appareil branchial ; dents pharyngiennes un peu comprimées, crochues à leur extrémité, ordinairement au nombre de sept de chaque côté, placées sur deux rangées 5-2.

Nageoires ; dorsale commençant au-dessus de l'insertion des ventrales, courte ainsi que l'anale ; caudale fourchue.

Le genre Chevaine est composé de trois espèces.

Bande brunâtre le long des flancs :
- bien dessinée...................... 1. C. SOUFIE.
- nulle. Diamètre de l'œil faisant :
  - la moitié de l'espace interorbitaire..... 2. C. COMMUN.
  - les deux tiers de l'espace interorbitaire 3. C. VANDOISE.

LE CHEVAINE SOUFIE — *SQUALIUS SOUFFIA.*

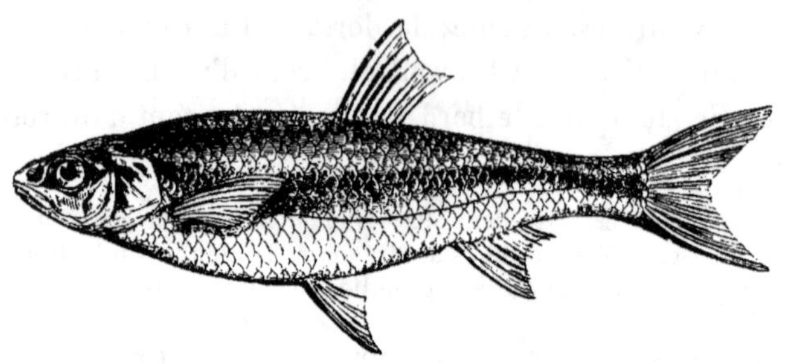

Fig. 194.

Syn. : Ryserle, Ryssling, Gesner, p. 479.

Grislagine, Willugh., p. 263, pl. Q. 1, fig. 1.

Cyprin vandoise, Cyprinus leuciscus, Riss., *Ichth.*, p. 362.

Leuciscus souffia, Able soufie, Riss., *Hist. nat.*, p. 438.

Le Ryssling, Cyprinus jaculus, Vallot, p. 204.

Telestes Savignyi, CBp., *Cat.*, n° 201, *Fn. ital.*, fig.; Heckel et Kner, p. 208, fig. 117, anim., fig. 118, dents pharyng.; Betta, *Ittiol. veronese*, p. 91.

L'Able de Savigny, Leuciscus Savignyi, Cuv. et Valenc., t. XVII, p. 238, pl. 494.

L'Able d'Agassiz, Leuciscus Agassizii, Cuv. et Valenc., t. XVII, p. 254, pl. 495.

Leuciscus muticellus, CBp., *Fn. ital.*, fig.; Filippi, *Cenn. Pesc. aq. dolc. Lombardia*, p. 13; Günth., t. VII, p. 234.

Telestes Agassizii, Heckel et Kner, p. 206, fig. 116; Siebold, p. 212, fig. 35, tête vue en dessous, fig. 36, dents pharyng.

Telestes muticellus, CBp., *Cat.*, n° 202; Canestr., *Archiv. zool.*, 1866, t. IV, p. 111, *Fn. Ital.*, p. 16.

Le Blageon commun, Squalius Agassizii, Blanch., p. 406, fig. 98, anim., fig. 99, écaille.

N. vulg. : Seuffe, Blanc, Côte-d'Or; Sars, lac du Bourget, Aix; Blageon, Annecy; Soufia, Alpes-Maritimes; Soffi, Vaucluse, Drôme, Gard.

Long. : 0,12 à 0,20.

Dans son *Histoire naturelle*, Risso a décrit cette espèce sous le nom de *Soufie*, nom qui, suivant nous, doit être conservé. — Le corps de ce poisson est plus ou moins allongé; il est couvert d'écailles assez petites. La hauteur du tronc est contenue quatre fois à cinq fois et demie dans la longueur totale. Le profil du dos est presque droit; celui du ventre est plus arqué.

La longueur de la tête est comprise cinq fois à cinq fois et deinie dans la longueur totale. Le museau est court, arrondi. La bouche est légèrement protractile et plus ou moins oblique. La mâchoire supérieure est un peu plus avancée que l'inférieure.

En général, chez les sujets de grande taille, le diamètre de l'œil mesure le quart de la longueur de la tête; il est un peu moins grand que l'espace préorbitaire, qui est égal, ou peu s'en manque, à l'espace interorbitaire.

La fossette des narines est large et profonde.

Quant aux dents pharyngiennes, elles sont, de chaque côté, placées sur deux rangées, et sont en nombre variable de cinq à sept. D'après Valenciennes, il y en a cinq dans l'*Able d'Agassiz* 4-1, à droite comme à gauche. Dans le *Telestes Savignyi*, C. Bonaparte indique des deux côtés cinq dents à la série externe, deux à la série interne, 5-2; dans la diagnose du genre *Telestes*, Heckel et Kner écrivent: dents pharyngiennes sur deux rangées 5-2 et 4-2; de Siebold et Canestrini rappellent le même caractère. Le professeur Blanchard a trouvé un nombre toujours égal de dents sur chacun des pharyngiens, 5-2; M. de Siebold, dit-il, déclare avoir rencontré cette similitude sur trente-sept individus, et avoir observé seulement quatre dents à la rangée externe du côté droit chez trente-trois individus. Chez plusieurs sujets, j'ai constaté que le nombre de dents est le même des deux côtés; chez d'autres, j'ai vu les dents ainsi disposées : sur le pharyngien gauche 5-2, sur le droit 5-1 et 4-1. Les dents sont finement denticulées sur leur bord interne et crochues à leur extrémité.

La ligne latérale est d'une teinte jaunâtre; elle est légèrement courbe. Éc., l. long. 45 à 56; l. transv. $\frac{8 \text{ ou } 9}{4 \text{ ou } 5} + 1 = 13$ à 15.

La dorsale commence au-dessus de l'insertion des ventrales. La caudale est fourchue. L'écaille axillaire de la ventrale est de longueur variable.

D. 2 ou 3/7 ou 8 ; A. 2 ou 3/8 ou 9 ; C. 4/18 à 20/5 ; P. 1/13 ou 14 ; V. 2/7 ou 8.

Le dos est gris-cendré ou violacé, le ventre est argenté. Une large bande brunâtre s'étend de l'opercule à la base de la caudale; elle est, excepté en avant, placée au-dessus de la ligne latérale. Chez certains sujets, se trouve une bande jaunâtre, assez peu marquée, commençant un peu au-dessus de la fente branchiale, et finissant sur le tronçon de la queue. La dorsale et la caudale sont pâles, légèrement teintées de gris; l'anale et les pectorales sont pâles, teintées d'un jaune très-clair; au moment du frai, la base des nageoires est d'un jaune rougeâtre chez les femelles, d'un rouge assez éclatant chez les mâles.

Le péritoine est noir. — Les œufs sont gros; ils sont d'un blanc grisâtre. L'époque du frai commence en mars et finit en avril.

Habitat. Le Soufie se trouve dans le Var, dans le Rhône et la plupart de ses affluents; il est assez commun dans le Gard; il est commun dans le lac du Bourget, dans le lac d'Annecy; il est très-commun dans l'Ouche; M. A. Morelet a eu l'amabilité de m'envoyer de fort beaux spécimens pris dans cette rivière, à Velars, près de Dijon. M. Blanchard écrit en avoir reçu un très-grand spécimen pêché dans l'Allier, qu'il a hésité à reconnaître comme de la même espèce; dans une semblable circonstance, l'hésitation est permise, c'est en effet pour la première fois que la présence de ce poisson est signalée dans l'Allier; quant à moi, j'avoue n'avoir trouvé le Soufie, ni à Vichy, ni à Moulins, ni parmi les poissons que j'ai rapportés ou qui m'ont été envoyés du Puy-de-Dôme ou de la Haute-Loire. — Il n'existe pas dans le lac Léman, et Vallot a commis une erreur en supposant que son *Ryssling* est le *Cyprinus jaculus* de Jurine.

Proportions : long. totale 0,160; tronc, haut. 0,037, épais. 0,022.

Tête, long. 0,0032, haut. 0,023. — Œil, diam. 0,008, esp. préorbit. 0,010, esp. interorbit. 0,010. — Mâchoire supérieure, long. 0,010.

Caudale, long. 0,028; pectorale, long. 0,023; ventrale, long. 0,019. — Dorsale, haut. 0,021, long. 0,013; anale, haut. 0,017, long. 0,011.

LE CHEVAINE COMMUN OU MEUNIER — *SQUALIUS CEPHALUS*.

Syn. : Squalus, *Chevesne, Musnier*, Bell., p. 315.

Du Munier *ou* Vilain, *Cephalus fluviatilis*, Rondel., part. 2, p. 137.

Cyprinus *oblongus macrolepidotus, pinna ani ossiculorum* 11, Arted., *Syn.*, p. 7, n° 10.

Cyprinus cephalus, Linn., p. 527, sp. 6; Fries et Ekström, *Skand. Fisk.*, 1837, p. 67, pl. 13 (*C. jeses*, Jurine).

De la Chevanne *ou* Chevesne, Duham., *Pêch.*, part. 2, sect. 3, p. 502, pl 24, fig. 4.

Cyprinus idus, Bloch, pl. 36.

La Chevanne, Cyprinus chub, Bonnat., p. 195, pl. 77, fig. 323.

Cyprinus jeses, Chevesne, Jurine, *Poiss. lac Léman*, p. 207, pl. 11.

LEUCISCUS CABEDA, Able cabède, Riss., *Hist. nat.*, p. 438.

LEUCISCUS CAVEDANUS, CBp., *Fn. ital.*, fig. ; Filippi, *Cenn. Pesc. aq. dolce*, p. 12.

LEUCISCUS DOBULA, Agass., *Cypr. Neuchâtel*, p. 6 ; (Meunier chevaine), Selys-Long-champs, *Fn. belge*, part. I, p. 206.

LA DOBULE, Cyprinus dobula, Vallot, p. 149.

DU CHEVAINE *ou* MEUNIER, Leuciscus dobula, Cuv. et Valenc., t. XVII, p. 172 ; Marcotte, *Anim. vert. Abbeville*, p. 425.

L'ABLE CAVEDANO, Leuciscus cavedanus, Cuv. et Valenc., t. XVII, p. 196.

GARDONUS CEPHALUS, CBp., *Cat.*, n° 199.

SQUALIUS CAVEDANUS, CBp., *Cat.*, n° 222 ; Heckel et Kner, p. 184, fig. 101 ; Canestr., *Archiv. zool.*, 1866, t. IV, p. 103, *Fn. Ital.*, p. 15.

SQUALIUS DOBULA, Heckel et Kner, p. 180, fig. 99, anim., fig. 100, dents pharyng.

LEUCISCUS LATIFRONS, Nilsson, *Skand. Fn.*, t. IV, p. 309.

SQUALIUS CEPHALUS, Siebold, p. 200, fig. 33, dents pharyng. ; Géhin, p. 82.

ABLE MEUNIER, Leuciscus dobula, Bert. *Catalogue méthodique des Animaux ver-tébrés qui vivent à l'état sauvage dans le département de l'Yonne*, 1864, p. 101.

LA CHEVAINE COMMUNE, Squalius cephalus, Blanch., p. 392, fig. 91, anim., fig. 92, écaille ; Soland, p. 246 ; Lunel, *Poiss. bassin du Léman*, p. 81, pl. 9.

LA CHEVAINE MÉRIDIONALE, Squalius meridionalis, Blanch., p. 396, fig. 93, écaille.

LA CHEVAINE TREILLAGÉE, Squalius clathratus, Blanch., p. 398, fig. 94, écailles.

LEUCISCUS CEPHALUS, Günth., t. VII, p. 220.

THE DOBULE ROACH, Yarr., t. I, p. 425.

DOBULE, Couch, t. IV, p. 51.

N. vulg. : Cabot, Chabot, Chaboisseau, Chavanne, Chevanne, Chevau-neau, Chevasson, Juène, Testard ; Cavergne, Somme ; Rotisson, Yonne ; Vilain, Vilna, Aube ; Vilain, Voiron, Franche-Comté ; Bouxey, Toul (Meur-the) ; Cherenne, Bonneville (Haute-Savoie) ; Cabès, Arestou, Gard ; Cabeda, Nice.

Long. : 0,30 à 0,50.

Assez épais dans la région dorsale, le corps du Meunier est lé-gèrement comprimé sur les côtés ; il est couvert d'assez grandes écailles, qui sont marquées de stries radiées. Sa hauteur est con-tenue quatre fois et un tiers à cinq fois et quart dans la longueur totale.

La tête est grosse, large en dessus ; sa longueur est comprise quatre fois trois quarts à cinq fois dans la longueur totale. Le museau est obtus, arrondi. La bouche est légèrement oblique, assez petite ; sa fente s'arrête en arrière sous l'orifice postérieur de la narine. La mâchoire supérieure est un peu plus avancée que la mandibule ; son extrémité est placée sur le prolongement du diamètre horizontal de l'œil.

Ainsi que le fait remarquer Valenciennes, le dernier sous-orbitaire est le plus développé de tous les osselets qui forment le bord de la moitié inférieure de l'orbite. Le diamètre de l'œil est contenu cinq fois à cinq fois et demie dans la longueur de la tête; chez les individus de moyenne taille, il mesure environ la moitié de l'espace préorbitaire, qui est moins grand que l'espace interorbitaire; chez les jeunes animaux, le diamètre de l'œil fait les deux tiers de l'espace préorbitaire et la moitié de l'espace interorbitaire. L'iris est jaunâtre, teinté d'argent dans ses deux tiers inférieurs.

Les ouvertures de la narine sont rapprochées de l'orbite; l'orifice antérieur est arrondi et moins large que l'orifice postérieur, qui est ovale.

En général, l'opercule est finement strié; son bord inférieur dessine une courbe légère. Les dents pharyngiennes sont, de chaque côté, au nombre de sept, disposées sur deux rangées 5-2; elles sont assez longues, un peu comprimées, crochues à leur extrémité; quelques-unes d'entre elles, principalement la deuxième de la grande rangée, portent de petits tubercules sur le bord interne ou supérieur.

La ligne latérale décrit une courbe qui la rapproche du profil inférieur. Il y a, le plus souvent, trois écailles entre la ligne latérale et la base de la ventrale, parfois il s'en trouve quatre, et ordinairement l'écaille inférieure est plus étroite que les autres. Éc., l. long. 43 à 48; l. transv. $\frac{7 \text{ ou } 8}{3 \text{ ou } 4} + 1 = 11$ à 13.

La dorsale commence au-dessus et en arrière du milieu de l'insertion des ventrales; elle est composée de trois rayons simples et d'une huitaine de rayons branchus. La caudale est échancrée. A l'aisselle de la ventrale est une écaille pointue, de moyenne longueur.

D. 3/8; A. 3/7 à 9; C. 4/18 ou 19/4 ou 5; P. 1/15 à 17; V. 2/8.

En temps ordinaire, la dorsale et la caudale sont d'un vert sombre teinté de noirâtre; les pectorales sont d'un gris verdâtre; l'anale et les ventrales sont rosées. Le dos est d'un brun verdâtre plus ou moins foncé; le ventre argenté; les côtés sont grisâtres.

La ceinture scapulaire est assez souvent marquée d'une bande
noirâtre, qui descend jusqu'à l'aisselle de la pectorale. Les
écailles, sur le dos et les flancs, sont bordées de brun.

Habitat. Cette espèce est répandue dans les eaux douces de toute la
France.

Proportions : long. totale 0,400 ; tronc, haut. 0,090, épais. 0,050.

Tête, long. 0,080, haut. 0,070. — Œil, diam. 0,015, esp. préorbit. 0,029,
esp. interorbit. 0,034. — Mâchoire supérieure, long. 0,028.

Caudale, long. 0,067 ; pectorale, long. 0,057 ; ventrale, long. 0,047. — Dorsale, haut. 0,035, long. 0,037 ; anale, haut. 0,045, long. 0,029.

LE CHEVAINE VANDOISE — *SQUALIUS LEUCISCUS*.

Syn. : Leuciscus, Vandoise, Bell., p. 313-314.

De la Vandoise *ou* Dard, Rondel., part. 2, p. 138.

De Leucisci secunda specie, Rondel., part. 2, p. 192 ; Gesner, p. 30.

Cyprinus, Arted., *Syn.*, p. 5, n° 4 (*Grislagine*), p. 9, n° 16 (*Vandoise*), p. 10, n° 17
(*Hassle, Schnot*).

Cyprinus leuciscus, Linn., p. 528, sp. 12 ; Bloch, pl. 97, fig. 1.

Cyprinus dobula, Linn., p. 528, sp. 13 ; Bloch, pl. 5.

Cyprinus grislagine, Linn., p. 529, sp. 14 ; Fries et Ekström, *Skand. Fisk.*, pl. 14.

De la Vandoise *ou* Dard, Duham., *Pêch.*, part. 2, sect. 3, p. 501, pl. 24, fig. 3.

La Vaudoise, Cyprinus leuciscus, Bonnat., p. 196, pl. 79, fig. 331 ; Lacép., t. XII,
p. 327.

Leuciscus argenteus, Agass., *Cypr. Neuchâtel,* p. 6 ; (Meunier argenté), Selys-
Longchamps, *Fn. belge*, p. 205 ; Marcotte, *Anim. vert. Abbeville*, p. 425.

Cyprin mugile, Cyprinus mugilis, Vallot, p. 196.

La Vandoise, Leuciscus vulgaris, Cuv. et Valenc., t. XVII, p. 202 ; Charvet, *Catal.
Anim. Isère*, liv. II, p. 246.

Leuciscus saltator, L. argenteus, CBp., *Cat.*, n° 208, n° 212.

Squalius dobula, CBp., *Cat.*, n° 218.

Leuciscus grislagine, Nilsson, *Skand. Fn.*, t. IV, p. 303.

Squalius leuciscus, Heckel et Kner, p. 191, fig. 105 ; Siebold, p. 203 ; Géhin, p. 83.

La Vandoise Aubour, Squalius Bearnensis, Blanch., p. 400, fig. 95.

La Vandoise commune, Squalius leuciscus, Blanch., p. 401, fig. 96.

Leuciscus vulgaris, Günth., t. VII, p. 226.

The Dace, Yarr., t. I, p. 428 ; Couch, t. IV, p. 54.

N. vulg. : Seuffe, Côte-d'Or ; Gravelet, Dard, Lorraine ; Sœffe, Doubs ;
Cabotin, Jura ; Suiffe, Rhône ; Soiffe, Bourget ; Véron à Laffrey, Suiffe,
Isère (Charvet) ; Sofio, Avignon ; Gandoise, Landoise, Gard, Vaucluse ; Tur-
gan, Gard ; Sofi, Hérault ; Aubour, Landes, Basses-Pyrénées ; Dard, Au-
bourne, Saintonge ; Accourci, Poitou (Lemarié) ; Dard, Anjou.

Long. : 0,20 à 0,35.

Dans le département des Landes, et dans celui des Basses-Pyrénées, on
donne le nom d'*Aubour* à la Vandoise commune et à ses variétés ; ce nom

d'*Aubour*, en basque *Albournia* ou plutôt *Alburnoá*, rappelle le mot *Albur-nus*, et répond jusqu'à un certain point aux expressions *Blanc, Blanchaille*, employées dans certains départements du centre de la France.

Il existe une assez grande ressemblance entre la Vandoise et le Meunier. Le corps de la Vandoise est couvert d'écailles médiocres, moins arquées sur le bord postérieur que dans le Meunier; il est arrondi vers le dos et vers le ventre, légèrement comprimé sur les côtés; sa hauteur est contenue quatre fois et quart à cinq fois et demie dans la longueur totale.

Beaucoup plus étroite que celle du Meunier, la tête de la Vandoise a le profil supérieur courbe; sa longueur est comprise quatre fois et trois quarts à cinq fois et demie dans la longueur totale. Le museau est avancé, terminé en pointe mousse. La bouche est protractile; elle est placée en dessous; sa fente est assez petite, à peu près horizontale. La mâchoire supérieure est plus longue et plus large que l'inférieure; son extrémité est au-dessous du prolongement du diamètre horizontal de l'œil. La lèvre supérieure est assez épaisse; elle forme un bourrelet qui entoure la mandibule, quand les mâchoires sont rapprochées.

Généralement le premier sous-orbitaire est plus développé que le dernier. Le diamètre de l'œil est contenu quatre fois et un tiers à quatre fois et trois quarts dans la longueur de la tête; il est moins grand que l'espace préorbitaire qui est ordinairement plus petit que l'espace interorbitaire. L'iris est doré.

De chaque côté, les dents pharyngiennes sont au nombre de sept; elles sont placées sur deux rangées 5-2; elles sont assez fortes, légèrement crochues à leur extrémité, non dentelées. L'interopercule est étroit. Le bord inférieur du préopercule est presque droit.

La ligne latérale est légèrement courbe, rapprochée du ventre. Éc., l. long. 47 à 54; l. transv. $\frac{7 \text{ à } 9}{4 \text{ ou } 5} + 1 = 12$ à 15.

La dorsale commence au-dessus de l'insertion des ventrales; elle est, ainsi que l'anale, plus haute que longue. La caudale est échancrée.

D. 3/7; A. 3/8 ou 9; C. 4/19/4; P. 1/15 à 17; V. 2/8 ou 9.

La dorsale et la caudale sont grisâtres, ou d'un gris verdâtre teinté de jaune ; l'anale est d'un jaune rosé à la base, plus clair vers la pointe des rayons ; les nageoires paires sont couleur chair. Le dos est gris verdâtre lavé de bleu ; les flancs sont d'un vert pâle argenté ; le ventre est d'un blanc fort éclatant.

Habitat. La Vandoise est commune dans nos eaux douces. Elle ne semble pas se trouver dans le lac d'Annecy. Elle manque dans le lac Léman, et le *Cyprinus jaculus*, la *Vandoise* de Jurine, est le Gardon commun, *Leuciscus rutilus*, ainsi que le fait remarquer M. Lunel.

Proportions : long. totale 0,228 ; tronc, haut. 0,052, épais. 0,023.

Tête, long. 0,043, haut. 0,037. — Œil, diam. 0,010, esp. préorbit. 0,013, esp. interorbit. 0,015. — Mâchoire supérieure, long. 0,014.

Caudale, long. 0,034 ; pectorale, long. 0,028 ; ventrale, long. 0,025. — Dorsale, haut. 0,032, long. 0,022 ; anale, haut. 0,025, long. 0,018.

Variétés.

La Vandoise rostrée, Squalius rostratus.

Syn. : Leuciscus rostratus, Agass., *Cypr. Neuchâtel*, p. 6.
L'Able rostré, Leuciscus rostratus, Cuv. et Valenc., t. XVII, p. 201.
Leuciscus rostratus, CBp., *Cat.*, n° 215.
Squalius rostratus, Heckel et Kner, p. 192, fig. 106.

Le museau est allongé, pointu. La nuque est brusquement relevée, et fait paraître l'animal plus ou moins bossu. — Le diamètre de l'œil mesure à peine les deux tiers de l'espace préorbitaire, qui est au moins aussi grand que l'espace interorbitaire. La caudale et les pectorales sont assez développées.

Habitat. Basses-Pyrénées, Nive, rare.
La Vandoise de la Gironde, Squalius Burdigalensis.

Syn. : L'Able de la Gironde, Leuciscus Burdigalensis, Cuv. et Valenc., t. XVII, p. 218.
La Vandoise bordelaise, Squalius Burdigalensis, Blanch., p. 405, fig. 97, tête.
Aturius Dufourii, Dubalen, *Note sur un poisson mal connu du bassin de l'Adour*, dans *Bulletin de la Société de Borda*, Dax, 1878, 2ᵉ trimestre, p. 157, fig. tête.

N. Vulg. : Siéjo, Toulouse.

La tête est effilée ; le museau est allongé, pointu, il s'avance au-dessus de la bouche, qui est retirée ; la lèvre supérieure est très-épaisse, elle forme un bourrelet arrondi. — Le diamètre de l'œil mesure les deux tiers de l'espace préorbitaire, qui est presque toujours un peu plus grand que l'espace interorbitaire

— La caudale et les pectorales sont ordinairement plus développées que dans la Vandoise commune.

Habitat. Ce poisson est fort commun dans la Garonne; je l'ai vu, en
grande quantité sur le marché de Toulouse, où il est désigné sous le nom de
Siéjo. Il est commun dans le département des Landes, dans celui des Basses-
Pyrénées ; il se trouve dans les eaux à courant rapide.

Poportions : long. totale 0,310 ; tronc, haut. 0,073, épais. 0,035.

Tête, long. 0,060, haut. 0,055. — Œil, diam. 0,013, esp. préorbit. 0,0205,
esp. interorbit, 0,020.

Caudale, long. 0,056 ; pectorale, long. 0,044; ventrale, long. 0,037. — Dorsale, haut. 0,045, long. 0,029 ; anale, haut. 0,034, long. 0,025.

Les Vandoises à long museau ne se rencontrent pas dans les eaux dor-
mantes, ni dans les eaux à courant peu rapide ; malgré nos recherches, nous
n'avons jamais pu réussir à en trouver un seul spécimen dans le lac d'Yrieu
(ou Irieu), dans le lac de Mariscot, ni dans les petites rivières, les ruisseaux
des environs de Bayonne, que nous avons explorés avec M. de Folin.

Les Vandoises ne semblent pas trop redouter l'eau saumâtre ; on en pêche
dans le port de Bayonne à marée montante.

M. de Folin a eu l'extrême obligeance de me communiquer des renseignements relatifs à la montée, à l'époque du frai des Vandoises ou des *Aubours*.
Dans la Nive, une partie des Aubours fraie en décembre, l'autre en mars. J'ai
en effet reçu, par les soins de M. de Folin, à la fin de novembre, une Vandoise qui avait les œufs très-développés, arrivés à maturité. Les poissons ne
remontent pas tous au même point ; ceux qui s'avancent le plus loin ne
dépassent pas le confluent des trois Nives ; les autres s'arrêtent sur diverses
frayères. A leur retour, ils se réunissent en quantité plus ou moins considérable à certains endroits, au pont de Cambo, etc. Dans le gave de Pau, les
Aubours, au moment de la descente, sont tellement pressés, qu'ils forment,
pour ainsi dire, une masse compacte aux environs de Pau ; la pêche est si
abondante, que des gens viennent avec des charrettes pour en emporter le
produit. — Suivant un de nos correspondants d'Agde, pêcheur expérimenté,
les Vandoises ou *Sofies* remontent l'Hérault, pour frayer, depuis le mois d'avril
jusqu'en juin ; elles frayent à la même époque dans le canal du Midi.

Sous-famille des Chondrostominiens, Chondrostomini.

Corps allongé, garni d'écailles assez grandes.

Tête ; museau avancé ; bouche en dessous, à fente transversale et arquée ;
mâchoire inférieure à bord tranchant, couvert d'un étui corné ou cartilagineux.

Appareil branchial ; dents pharyngiennes sécuriformes, sans dentelures,
au nombre de cinq à sept de chaque côté, placées sur une seule rangée.

Nageoires ; dorsale courte ; caudale fourchue.

GENRE CHONDROSTOME — *CHONDROSTOMA*, Agass.

Caractères de la sous-famille.

LE CHONDROSTOME NASE — *CHONDROSTOMA NASUS.*

Syn. : Nasus, Gesner, p. 731; Aldrov., p. 610-611.
Cyprinus nasus, Linn., p. 530, sp. 21; Bloch, pl. 3; Hartmann, *Helvet. Ichth ,*
p. 212; Schlegel, p. 120, pl. 11, fig. 2.
Le Nase, Cyprinus nasus, Bonnat., p. 199, pl. 81, fig. 339; Lacép., t. XII, p. 340.
Chondrostoma nasus, Agass., *Cypr. Neuchâtel,* p. 6; Schinz, *Naturgeschichte und
Abbildungen der Fische,* p. 214, pl. 74, fig. 3; CBp., *Cat.,* n° 165; Heckel et Kner,
p. 217, fig. 123, anim., fig. 125, dents pharyng.; Siebold, p. 225, fig. 38, tête vue en
dessous, fig. 39, dents pharyng.; Günth., t. VII, p. 272; Géhin, p. 88.
Cyprin bouche-en-croissant, Cyprinus toxostoma, Vallot, p. 188.
Chondrostoma nasus, Chondrostome nase, Selys-Longchamps, *Fn. belge,* p. 204;
Marcotte, *Anim. vert. Abbeville,* p. 424.
Le Nez, Chondrostoma nasus, Cuv. et Valenc., t. XVII, p. 384.
Le Chondrostome nase, Chondrostoma nasus, Blanch., p. 413, fig. 101, dents
pharyng., fig. 102, anim.
Le Chondrostome bleuâtre, Chondrostoma cœrulescens, Blanch., p. 416, fig. 104,
tête vue en dessous.
Le Chondrostome de Drème, Chondrostoma Dremæi, Blanch., p. 418, fig. 105,
anim., fig. 106, écail., fig. 107, dents pharyng.
Le Chondrostome du Rhône, Chondrostoma Rhodanensis, Blanch., p. 420, fig. 108,
tête vue en dessous.

N. Vulg. : Nez, Écrivain; Mulet, Yonne; Alonge, Ame noire, Seuffle grise,
Côte-d'Or; Aucon, Nase, Chiffe, Hotu, Lorraine; Siège, Hérault.
Long. : 0,20 à 0,40.

De forme assez élégante, le corps du Nase est allongé ; il est
couvert d'écailles minces, finement striées, assez grandes. Le dos
est peu arqué; le ventre est plus convexe. La hauteur du tronc
est contenue quatre fois et un tiers à cinq fois et demie dans la
longueur totale.

Chez les sujets de grande taille, la tête mesure environ le
sixième de la longueur totale. Le museau est gros, avancé, arrondi.
La bouche est placée tout à fait en dessous; elle est transversale et
légèrement arquée. La mâchoire supérieure est un peu protractile ; elle n'est pas au-dessus, mais plutôt en avant de la mandibule ; les mâchoires ont le bord mince, tranchant, couvert

d'un étui corné, qui se détache facilement après la mort de l'animal. La mandibule présente un peu la figure d'un fer à cheval, élargi en avant; elle porte en dedans, sur la symphyse, une petite carène formée par la saillie du bord interne de chacune de ses branches.

Le premier sous-orbitaire est développé; il cache une partie du maxillaire supérieur; les autres sous-orbitaires sont étroits, même le dernier. Le diamètre de l'œil est compris quatre à cinq fois dans la longueur de la tête; chez les animaux développés, il est d'un tiers environ moins grand que l'espace préorbitaire. L'iris est de couleur argentée, parfois jaunâtre, teinté de brun dans sa partie supérieure.

En général, il y a sur chaque pharyngien une rangée de six dents; chez quelques individus, j'ai trouvé les dents au nombre de sept du côté gauche; sur un spécimen, pêché dans l'Allier, j'en ai compté seulement cinq du côté droit. Les dents sont comprimées, surtout chez les jeunes; elles sont sécuriformes, sans dentelures sur le bord interne; elles s'engrènent, ou plutôt les dents d'un côté s'enfoncent dans les intervalles qui séparent les dents du côté opposé.

La ligne latérale est légèrement courbe, rapprochée du profil inférieur au-dessus de l'insertion des ventrales; elle remonte ensuite, et vient se placer sur le milieu de la hauteur du tronçon de la queue. Éc., l. long. 54 à 62; l. transv. $\frac{8\ ou\ 9}{5\ ou\ 6} + 1 = 14$ à 16.

La dorsale commence au-dessus et presque toujours un peu en avant de l'insertion des ventrales; elle est d'un tiers ou d'un quart plus haute que longue. La caudale est fourchue. L'écaille de l'aisselle de la ventrale est développée.

D. 3/8 ou 9; A. 3/9 à 11; C. 4 ou 5/19 à 21/5 ou 4; P. 1/14 à 16; V. 2/7 à 9.

Le dos est gris foncé, parfois brunâtre; les côtés sont d'un gris assez clair; le ventre est argenté. Chez les animaux pris dans la Garonne, dans le canal du Midi (Agde), le système de coloration m'a semblé plus pâle que chez les individus pêchés dans l'Yonne ou dans la Meurthe. La dorsale est brune, marquée parfois de points rougeâtres ; la caudale est ordinairement rougeâtre vers la base, noirâtre ou brunâtre sur les bords ; l'anale et les nageoires paires sont d'une teinte rougeâtre, passant quelquefois au jaune, la teinte est plus claire à l'extrémité des nageoires.

La couleur du péritoine, qui est d'un noir très-foncé, a fait donner au Nase les noms vulgaires d'*Écrivain*, d'*Ame noire*.

Habitat. Le Nase est plus ou moins commun dans beaucoup de nos cours d'eau : Meurthe ; Moselle ; Meuse ; Somme ; Rhône et la plupart de ses affluents, Saône, Gardon, Durance ; Var ; Hérault ; canal du Midi ; Aude ; Garonne. Il ne semble pas exister dans le bassin de l'Adour. Il y a une vingtaine d'années, il ne se trouvait pas dans les rivières qui se jettent soit dans l'Atlantique, soit dans la Manche, entre l'embouchure de la Gironde et celle de la Somme. Au mois de juin 1860, on reconnut à Sens un poisson d'espèce nouvelle, pêché dans l'Yonne, auquel on donna le nom de *Mulet* ; depuis cette époque, le Nase a pullulé d'une façon prodigieuse dans l'Yonne et dans la Seine. En 1876, j'ai été fort surpris de voir, sur le marché de Moulins, plusieurs spécimens de cette espèce ; à la question que je lui adressai, pour savoir d'où venaient ces poissons, la marchande répondit qu'ils avaient été pris dans l'Allier ; ces poissons, qui sont des *Ombres*, ajouta-t-elle, ont été mis dans la rivière en 1872 ou 1873 ; probablement la Loire, ainsi que ses affluents, sera dans peu de temps, envahie par des hôtes assez peu estimés. — Chez les nombreux animaux que j'ai examinés, animaux provenant de localités les plus diverses, je ne suis jamais parvenu à découvrir, soit dans l'ensemble des proportions, soit dans la disposition du système dentaire, soit dans la forme de la bouche, des caractères différentiels assez fixes, assez nettement marqués pour permettre de distinguer plusieurs espèces parmi les Chondrostomes qui vivent dans les eaux douces de la France.

Proportions : long. totale 0,322 ; tronc, haut. 0,066, épais. 0,032.

Tête, long. 0,055, haut. 0,048. — Œil, diam, 0,011, esp. préorbit. 0,018, esp. interorbit. 0,022. — Mâchoire supérieure, long. 0,014.

Caudale, long. 0,060 ; pectorale, long. 0,049 ; ventrale, long. 0,043. — Dorsale, haut. 0,045, long. 0,030 ; anale, haut. 0,036, long. 0,029.

Les Nases ou *Sièges* remontent l'Hérault, pour frayer, en février ou mars. — D'après Vallot, dans les villages des bords de la Saône, du côté de Pontailler, les *Seufles*, c'est-à-dire les Nases et les Vandoises, que les pêcheurs confondent sous un même nom, sont préparés comme les Harengs, ils sont salés et fumés.

Famille des Cobitidés, *Cobitidæ*.

Corps allongé, couvert de très-petites écailles.

Tête nue ; bouche en dessous, petite, entourée de six à dix barbillons, mâchoires non dentées ; bord de la mâchoire supérieure formé par les inter-maxillaires.

Appareil branchial ; ouverture des ouïes peu fendue, presque verticale ; trois rayons branchiostèges ; dents pharyngiennes aiguës, disposées, de chaque côté, sur une seule rangée.

Nageoires ; dorsale unique, sans rayon osseux, insérée au-dessus des ventrales.

GENRE LOCHE — *COBITIS*, Arted.

Vessie natatoire simple, enfermée dans une capsule osseuse adhérente à la colonne vertébrale. — **Canal intestinal** court, sans appendices pyloriques.

Le genre Loche se compose de trois espèces.

Barbillons au nombre de — six. Sous-orbitaire non épineux ..... 1. L. FRANCHE.
épineux.......... 2. L. DE RIVIÈRE.
dix............................... 3. L. D'ÉTANG.

LA LOCHE FRANCHE — *COBITIS BARBATULA*.

Syn. : LOCHE, Cobites barbatula, Rondel., part. 2, p. 148-149.

COBITIS BARBATULA, Linn., p. 499, sp. 2 ; Bloch, pl. 31, fig. 3 ; Agass., *Cypr. Neuchâtel*, p. 4 ; CBp., *Cat.*, n° 137 ; Heckel et Kner, p. 301, fig. 162 ; Siebold, p. 337 ; Canestr., *Archiv. zool.*, 1866, t. IV, p. 144, *Fn. Ital.*, p. 20 ; Géhin, p. 57.

LA FRANCHE-BARBOTTE, Duham., *Péch.*, part. 2, sect. 3, p. 521, pl. 27, fig. 4 et 3 ; Bonnat., p. 148, pl. 61, fig. 241.

LE COBITE LOCHE, Cobitis barbatula, Lacép., t. XI, p. 87.

LA LOCHE FRANCHE, Cobitis barbatula, Cuv., *Règ. an.*, 1817, t. II, p. 196 ; Cuv. et Valenc., t. XVIII, p. 14, pl. 520 ; Jurine, *Poiss. lac Léman*, p. 156, pl. 2 ; Vallot, p. 225 ; Sclys-Longchamps, *Fn. belge*, p. 193 ; Crespon, *Fn. mérid.*, t. II, p. 297 ; Marcotte, *Anim. vert. Abbeville*, p. 434 ; Blanch., p. 280, fig. 52 ; Soland, p. 227 ; Lunel, *Poiss. bassin du Léman*, p. 98, pl. 20.

NEMACHILUS BARBATULUS, Günth., t. VII, p. 354.

THE LOACH, Yarr., t. I, p. 446 ; Couch, t. IV, p. 69.

N. vulg. : Loche franche, Barbette, Barbotte, Petit Barbot ; Mouteulle, Moutaille, Lorraine ; Moutelle, Côte-d'Or ; Moustache, Saône et Loire ; Moutelle, Berling, Saint-Claude (Jura) ; Dormille, Endormille, Savoie ; Dormille fine, Lanceron, Isère ; Lochou, Provence ; Locho, Loquo Trenquo, Gard ; Loutchia et Loursoua (basque), Basses-Pyrénées.

Long. : 0,08 à 0,12.

Épais, arrondi en avant, le corps est comprimé en arrière de la dorsale ; il est couvert d'écailles excessivement petites. La hauteur du tronc est contenue six à huit fois dans la longueur totale.

En dessus, la tête est large, aplatie ; sa longueur est comprise cinq fois à cinq fois et demie dans la longueur totale. Le museau est mousse. La bouche est en dessous ; elle est entourée de six barbillons, qui sont au nombre de quatre sur la lèvre supérieure, deux de chaque côté, rapprochés l'un de l'autre ; le premier barbillon est court ; le second est beaucoup plus allongé ; le troisième barbillon, ou le barbillon de la troisième paire, est à l'angle de la bouche ; il est plutôt attaché à la lèvre supérieure qu'à la lèvre inférieure ; il est aussi grand, parfois même plus grand que le barbillon de la deuxième paire, dont il est éloigné.

Les yeux sont un peu saillants. L'iris est grisâtre. Le diamètre de l'œil est contenu cinq à sept fois dans la longueur de la tête ; il est beaucoup plus petit que l'espace préorbitaire.

On voit l'ouverture antérieure de la narine entourée d'un appendice tubuleux, coupé obliquement d'avant en arrière, de bas en haut, taillé comme une plume à écrire. L'orifice postérieur, qui est voisin de l'autre, est assez grand, circulaire.

La fente des ouïes est presque verticale ; l'isthme de la gorge est large par conséquent. Les dents pharyngiennes sont excessivement fines, crochues ; elles sont, de chaque côté, au nombre de huit à dix ; elles sont placées sur une seule rangée.

La ligne latérale est droite ; elle est composée d'écailles plus visibles que les autres.

La dorsale commence au-dessus de l'insertion des ventrales ; elle est haute. La caudale est coupée à peu près carrément, ou elle est à peine échancrée. Les pectorales sont d'un tiers environ plus longues que les ventrales.

Br. 3. — D. 3 ou 4/6 ou 7 ; A. 3/5 ; C. 3/15 à 17/3 ; P. 1/10 à 12 ; V. 1/7 ou 8.

Le système de coloration est très-variable ; tantôt le corps est gris jaunâtre, marqué de taches d'un brun très-foncé sur le dos et les côtés ; tantôt il est jaune rougeâtre avec des taches nuageuses, mal définies, d'un brun assez pâle ; quelquefois les taches brunes sont réunies par rangées écartées les unes des autres, et formant des bandes transversales, qui descendent de la région dorsale sur les flancs; le ventre est blanchâtre. Les barbillons sont jaunâtres, parfois orangés. A la base de la caudale, il y a généralement une ligne noire perpendiculaire à l'axe du corps, avec une tache noire au-dessus, et une autre au-dessous. La dorsale et la caudale sont pâles, semées de petites taches brunes disposées ordinairement par séries. L'anale est pâle. Les nageoires paires sont d'un jaune rougeâtre assez clair; très-souvent les pectorales sont pointillées de noirâtre.

Habitat. La Loche franche est commune dans les eaux douces de notre pays, excepté dans la partie des Alpes-Maritimes qui se trouve à l'est du Var; elle se tient de préférence dans les eaux peu profondes, surtout dans les petits ruisseaux, où parfois ne se rencontre aucun autre poisson.

Proportions : long. totale 0,102; tronc, haut. 0,016, épais. 0,013.

Tête, long. 0,019, haut. 0,012. — Œil, diam. 0,003, esp. préorbit. 0,008, esp. interorbit. 0,004.

Caudale, long. 0,017; pectorale, long. 0,016; ventrale, long. 0,010. — Dorsale, haut. 0,014, long. 0,009; anale, haut. 0,011, long. 0,005.

La chair de ce petit poisson est fort délicate. — La Loche franche est d'une grande fécondité; elle fraye en mars et avril.

LA LOCHE DE RIVIÈRE — *COBITIS TÆNIA.*

Syn. : Cobitis aculeata, Rondel., part. 2, p. 148.

Cobitis tænia, Linn., p. 499, sp. 3 ; Bloch, pl. 31, fig. 2 ; Heckel et Kner, p. 303, fig. 163; Siebold, p. 338 ; Canestr., *Archiv. zool.*, 1866, t. IV, p. 146, *Fn .Ital.*, p. 20, fig. 2, pectorales (m. f.); Günth., t. VII, p. 362 ; Géhin, p. 58 ; Schlegel, p. 124, pl. 9, fig. 6.

La Loche, Cobitis tænia, Bonnat., p. 148, pl. 61, fig. 242.

Le Cobite tænia, Cobitis tænia, Lacép., t. XI, p. 87.

La Loche de rivière, Cobitis tænia, Cuv., *Règ. an.*, 1817, t. II, p. 197 ; Cuv. et Valenc., t. XVIII, p. 58 ; Vallot, p. 230; Crespon, t. II, p. 298 ; Mauduyt, *Ichth. de la Vienne*, p. 40 ; Sinéty, *Fn. Seine-et-Marne*, p. 96 ; Bert, *Cat. Anim. vert. Yonne*, p. 102 ; Blanch., p. 285, fig. 54; Soland, p. 228.

Acanthopsis tænia, Agass., *Cypr. Neuchâtel*, p. 4; (Acanthopsis rubannée) Selys-Longchamps, *Fn. belge*, p. 192; CBp., *Cat.*, n° 139; (Acanthopsis rubannée) Marcotte, *Anim. vert. Abbeville*, p. 434.

La Loche de rivière a queue rouge, Cobitis spilura, Malherbe, *Fn. Moselle*, p. 64; Godron, *Zool. Lorraine*, p. 27.

The Spined Loche, Yarr., t. I, p. 452.

Spined Loach, Couch, t. IV, p. 72.

N. vulg. : Satouille, Lorraine ; Moutelle de rivière, Dormille, Moustache,

Petit Barbet, Jura (F^re Ogérien) ; Lotza, Haute-Loire ; Loquo-Tënco, la Tëncho, Gard.

Long : 0,08 à 0,12.

De forme élégante, la Loche de rivière a le corps très-comprimé, surtout en arrière de la dorsale. La hauteur du tronc est contenue six fois et demie à neuf fois dans la longueur totale. La peau est couverte d'écailles excessivement petites.

La tête est étroite ; sa longueur est comprise cinq à six fois dans la longueur totale. Le museau est abaissé. La bouche est très-petite, garnie de six barbillons. Les barbillons de la paire antérieure sont fort voisins l'un de l'autre, et placés vers l'extrémité du museau. Le barbillon de la seconde paire est rapproché de celui de la troisième paire, qui est à l'angle de la bouche ; ces barbillons sont plus grands que les barbillons antérieurs. La lèvre inférieure est échancrée sur le milieu.

Chez les sujets de moyenne taille, le diamètre de l'œil est contenu de cinq à six fois dans la longueur de la tête. En arrière et au-dessous de l'orifice postérieur de la narine, est une petite fente qui donne sortie, au gré de l'animal, à une épine fourchue ; cette épine, arme fort peu redoutable, est l'extrémité de l'os sous-orbitaire, qui jouit d'une assez grande mobilité.

Chaque pharyngien est armé de huit à dix petites dents aiguës.

La ligne latérale n'est pas bien marquée ; elle est sur le milieu de la hauteur du corps.

La dorsale commence au-dessus de l'insertion des ventrales, vers le milieu de la distance qui sépare le bout du museau de la base de la caudale ; elle est assez haute. La caudale est à peu près carrée, avec les angles arrondis. Chez les mâles, écrit M. Canestrini, le deuxième rayon de la pectorale est beaucoup plus développé que chez la femelle ; en outre, il porte à la face interne, vers la base, un processus osseux, en forme d'écaille, qui manque chez la femelle, ou n'est que rudimentaire.

D. 3/6 à 8 ; A. 3/5 ; C. 4/15 ou 16/2 ; P. 1/7 ou 8 ; V. 1/5 ou 6.

Une tache noire, plus ou moins arquée, se montre ordinairement à la base des rayons supérieurs de la caudale, qui est, comme la dorsale, marquée de taches foncées, rangées en séries plus ou moins régulières. Les nageoires paires sont d'un jaune blanchâtre. Le dos est gris verdâtre avec des taches noirâtres plus ou moins rapprochées ; les côtés et le ventre sont grisâtres, pointillés de brun ; le long des flancs se voit une série de douze à dix-huit taches noirâtres, commençant à la ceinture scapulaire et finissant à la base de la caudale.

Habitat. Cette Loche se trouve dans la plupart de nos rivières, elle est moins commune que la Loche franche ; il y a quelques années, on la pêchait assez souvent à Saint-Cloud.

Proportions : long. totale 0,077 ; tronc, haut. 0,010, épais. 0,005.

Tête, long. 0,014, haut. 0,007. — Œil, diam. 0,003, esp. préorbit. 0,006, esp. interorbit. 0,003.

Caudale, long. 0,012 ; pectorale, long. 0,012 ; ventrale, long. 0,010. — Dorsale, haut. 0,010, long. 0,007 ; anale, haut. 0,008, long. 0,005.

La Loche de rivière donne une chair assez peu estimée. — Elle fraye en avril et en mai. — Les femelles sont infiniment plus nombreuses que les mâles ; sur plusieurs milliers de ces poissons examinés par de Filippi, il ne se rencontra pas un seul mâle. Sur une très-grande quantité d'exemplaires de cette espèce, Canestrini ne trouva, dit-il, que des femelles parmi les animaux dont le sexe était reconnaissable. Il a cité un seul individu mâle, dans sa *Revue critique des poissons d'eau douce d'Italie.* Cette Loche, ajoute-t-il, fait souvent entendre un sifflement très-aigu, comme un coup de sifflet, produit par l'expulsion subite de l'acide carbonique par l'anus.

LA LOCHE D'ÉTANG OU MISGURNE — *COBITIS FOSSILIS.*

Syn. : MISGURN *seu* FISGURN, Willugh., p. 118.

COBITIS FOSSILIS, Linn., p. 500, sp. 4 ; Bloch, pl. 31, fig. 1 ; Hartmann, *Helvet. Ichth.*, p. 79 ; (Loche d'étang) Selys-Longchamps, *Fn. belge*, p. 193 ; CBp., *Cat.*, n° 136 ; Heckel et Kner, p. 298, fig. 161 ; Siebold, p. 335 ; Géhin, p. 59.

LE MISGURN, Cobitis fossilis, Bonnat., p. 149, pl. 61, fig. 243 ; (Misgurne) Cuv. et Valenc., t. XVIII, p. 46.

LE MISGURNE FOSSILE, Misgurnus fossilis, Lacép., t. XI, p. 96.

LA LOCHE D'ÉTANG, MISGURN, Cobitis fossilis, Cuv., *Règ. an.*, 1817, t. II, p. 197 ; ?) Fréminville, *Voyage dans le Finistère par Cambry*, p. 470 ; Crespon, t. II, p. 298 ; (?) Companyo, *Hist. nat. Pyrénées-Orientales*, t. III, p. 378 ; Blanch., p. 289, fig. 55 ; Soland, p. 228 ; Lemarié, p. 24.

MISGURNUS FOSSILIS, Günth, t. VII, p. 344.

N. vulg. : Grande Kerliche, environs de Douai ; Palmo, Gard.

Long. : 0,15 à 0,25, quelquefois 0,35.

De ses congénères la Loche d'étang est celle qui atteint la
plus grande taille. Elle a le corps en forme de prisme très-allongé, ayant plus de hauteur que d'épaisseur. La hauteur du
tronc est contenue sept fois et demie à neuf fois et quart dans la
longueur totale. La peau est couverte d'écailles très-petites, mais
cependant fort distinctes à l'œil nu.

Légèrement comprimée, la tête est moins haute que longue ;
sa longueur est comprise de sept à huit fois dans la longueur
totale. Le museau est avancé. La bouche est en dessous ; elle est
entourée de dix barbillons. Il y a de, chaque côté, deux barbillons à la lèvre supérieure, et un autre vers l'angle de la bouche ;
ils sont bien développés, surtout celui qui est placé près de la
commissure des lèvres ; la lèvre inférieure est fortement échancrée dans sa partie médiane, et chacun de ses lobes est divisé
en deux appendices, qui forment de petits barbillons ; le barbillon
interne est plus court que l'externe.

Les yeux sont petits. Le diamètre de l'œil est contenu de six
fois à sept fois et quart dans la longueur de la tête.

Chacun des pharyngiens porte dix à douze petites dents, fines
et crochues.

Il est impossible de distinguer la trace d'une ligne latérale.

Généralement, la dorsale est placée tout entière sur la seconde moitié de la longueur totale ; elle commence au-dessus de
la base des ventrales. La caudale est arrondie. La pectorale est
plus longue que la ventrale.

D. 3/5 ou 6 ; A. 3/5 ; C. 3/14/3 ; P. 1/10 ; V. 1/5 ou 6.

La région dorsale est d'un brun verdâtre, avec des taches
noires, formant parfois des zigzags, parfois disposées latéralement en séries continues ; au-dessous est une bande d'un jaune
assez terne, souvent tachetée de noir, allant de l'angle supérieur de la fente branchiale à la racine de la caudale ; le long
des flancs est une large bande noire, qui s'étend de la ceinture
scapulaire à la nageoire de la queue ; elle est séparée, par une
bande jaune, d'une autre bande noirâtre, assez étroite, qui suit

le profil inférieur du corps ; le ventre est jaunâtre, marqué de taches noires plus ou moins nombreuses. La dorsale et la caudale sont semées de points noirâtres.

Suivant un habile pisciculteur, M. Carbonnier, la mue, chez la Loche d'étang, se fait très-souvent ; elle a lieu tous les huit jours.

Habitat. La Loche d'étang est rare et même très-rare en France ; elle se rencontre dans quelques localités de la Lorraine, aux environs de Toul. Dans sa *Faune méridionale*, Crespon dit : Cette espèce se trouve dans nos étangs et nos marais ; on la pêche aussi quelquefois dans le canal du Languedoc. D'après M. de Soland, elle est commune dans l'étang de Saint-Nicolas (Maine-et-Loire). Elle existe dans le département du Nord, dans le marais d'Aubigny ; M. Delplanque, directeur du Musée d'Histoire naturelle de Douai, a eu la gracieuseté de m'en procurer plusieurs beaux spécimens ; je vais indiquer les proportions que j'ai relevées sur l'un de ces exemplaires.

Proportions : long. totale 0,200 ; tronc, haut. 0,022, épais. 0,014.

Tête, long. 0,029, haut. 0,018. — Œil, diam. 0,004, esp. préorbit. 0,011, esp. interorbit. 0,006.

Caudale, long. 0,028 ; pectorale, long. 0,025 ; ventrale, long. 0,018. — Dorsale, haut. 0,020, long. 0,010 ; anale, haut. 0,019, long. 0,012.

Famille des Siluridés, Siluridœ.

Corps plus ou moins allongé ; couvert d'une peau nue ou garnie de plaques osseuses.

Tête de forme variable ; bord de la mâchoire supérieure formé seulement par les intermaxillaires ; maxillaire supérieur très-réduit ; barbillons plus ou moins développés.

Appareil branchial ; sous-opercule manquant ; rayons branchiostèges assez nombreux.

GENRE SILURE — *SILURUS*, Linn.

Corps allongé, couvert d'une peau complétement nue.

Tête nue, aplatie ; museau large et court ; bouche horizontale ; maxillaire supérienr rudimentaire, portant un barbillon fort développé ; deux ou quatre barbillons à la mandibule ; dents en cardes sur les mâchoires et le vomer ; pas de dents sur les palatins.

Nageoires ; dorsale unique, courte, sans rayon osseux, insérée en avant des ventrales ; anale très-longue, unie à la caudale ; pectorale armée d'une forte épine, dentelée à son extrémité.

Vessie natatoire grande, en rapport avec les osselets de Weber. — **Appendices pyloriques** manquant.

LE SILURE GLANIS — *SILURUS GLANIS.*

Fig. 195.

Syn. : Silurus, Bell., p. 105; Gesner, p. 1041, 1046, 1051.
Du Glanis *et du* Saluz, Rondel., part. 2, p. 133.
Silurus glanis, Linn., p. 501, sp. 2; Bloch, pl. 34; Hartmann, *Helvet. Ichth.*, p. 83 ; Schinz, *Naturges. Abbild. Fische*, p. 223, pl. 76, fig. 2 ; Rosenthal, *Ichthyot. Taf.*, pl. 9, fig. 1-7; CBp., *Cat.*, n° 314; Heckel et Kner, p. 308, fig. 165 ; Siebold, p. 79; Günth., t. V, p. 32; Schlegel, p. 93, pl. 9, fig. 3.
Le Mal, Silurus glanis, Bonnat., p. 150, pl. 61, fig. 244.
Le Silure glanis, Silurus glanis, Lacép., t. XI, p. 134 ; Fre Ogérien, *Hist. nat. Jura*, p. 365.
Le Silure d'Europe, *Saluth* des Suisses, Silurus glanis, Cuv. et Valenc., t. XIV, p. 323, pl. 400, *Règ. an. ill.*, p. 241, pl. 96, fig. 1.
The Sly Silurus, Yarr., t. I, p. 454.
Sheatfish, Couch, t. IV, p. 74.

Long. : 0,80 à 2,00 et plus.

Le Silure a le corps allongé, arrondi en avant, comprimé après l'anus ; il a le dos légèrement arrondi, la partie inférieure tranchante à partir du commencement de l'anale. Le profil supérieur est presque droit. La hauteur du tronc est contenue six à huit fois dans la longueur totale. L'anus est placé entre les ventrales, un peu en arrière de leur insertion.

Comme le corps, la tête est couverte d'une peau lisse et visqueuse ; elle est large, déprimée, surtout en avant ; elle a la région supérieure un peu convexe transversalement ; sa longueur est comprise cinq à six fois dans la longueur totale. Le museau est aplati, court, arqué. La bouche n'est pas protractile ;

elle est arquée, largement fendue en travers ; sa commissure dépasse en arrière l'insertion du grand barbillon, mais n'arrive pas tout à fait sous le bord antérieur de l'orbite. La mandibule est plus avancée que la mâchoire supéricure ; elles sont garnies l'une et l'autre d'une large bande de dents en petites cardes ; le vomer en porte une bande, à peu près semblable, à la partie antérieure ; les palatins sont lisses ; la langue est arrondie, blanche et nue. Il y a six barbillons, deux à la mâchoire supérieure, quatre sous la mandibule. Les barbillons supérieurs sont excessivement développés ; ils ont une longueur qui égale ou dépasse le quart de la longueur totale ; ils sont effilés, et jouissent d'une grande mobilité ; chacun d'eux est inséré sur une pièce osseuse, espèce de maxillaire tentaculaire, pourvue de deux petits condyles, qui sont en rapport avec deux fossettes correspondantes du maxillaire supérieur proprement dit. Les barbillons de la mandibule, surtout les antérieurs, sont beaucoup plus courts que les barbillons de la mâchoire supérieure.

Chez les animaux de grande taille, le diamètre de l'œil ne mesure guère que le treizième de la longueur de la tête ; chez les jeunes, il en fait le dixième, et le cinquième de l'espace interorbitaire.

Les orifices de la narine sont éloignés l'un de l'autre ; l'ouverture antérieure est beaucoup plus rapprochée du bord du museau que de l'ouverture postérieure.

Il est inutile de rappeler que le sous-opercule manque. Le battant operculaire est enveloppé dans une peau épaisse, et bordé en arrière d'une large membrane. La fente des ouïes est fort grande ; elle s'avance au-delà du bord antérieur de l'orbite. Les rayons branchiostèges sont minces et grêles ; ils sont au nombre de seize.

La ligne latérale est rapprochée du dos ; elle est à peu près droite.

La dorsale est courte et basse ; elle commence en avant des ventrales. L'anale est très-longue, elle prend naissance sous le tiers postérieur des ventrales ; elle s'unit à la caudale ; elle con-

serve à peu près la même hauteur, en avant comme en arrière.
La caudale est assez longue; elle est coupée carrément, ou médiocrement arrondie. Le tronçon de la queue est assez haut,
mais très-mince. Les pectorales sont légèrement arrondies; leur
rayon osseux est bien développé, finement dentelé vers l'extrémité de son bord interne; il est moins long que les rayons
mous. Les ventrales sont courtes, étroites, placées de chaque
côté de l'anus, qu'elles couvrent quand elles sont rapprochées
l'une de l'autre.

Br. 16. — D. 1/4; A. 90 à 92; C. 2 ou 3/16 à 18; P. 1/15 à 17; V. 11 à 13.

Les nageoires sont plus ou moins brunâtres; parfois l'anale
est grise avec une large bordure noirâtre, et les pectorales,
comme les ventrales, sont d'un gris blanchâtre avec l'extrémité
brunâtre. Le corps est d'une teinte variable; il est brun verdâtre sur le dos, ou plutôt olive, comme l'indique Ausone; il
est gris jaunâtre sur les flancs avec des taches brunes mal dessinées; parfois la coloration est plus claire, elle est d'un gris
jaunâtre avec peu ou pas de taches brunes. La tête est d'un gris
ardoisé ou brunâtre; la gorge d'un gris blanchâtre; l'abdomen
est gris blanchâtre, souvent tacheté de brun.

Habitat. Le Silure est très-rare en France; il est de temps en temps pêché dans le Doubs, principalement aux environs de Dôle. Il se trouve en
Suisse, dans les lacs de Morat, de Bienne, de Neuchâtel.

Proportions : long. totale, 0,120 ; tronc, haut. 0,015, épais. 0,014.

Tête, long. 0,023, haut. 0,013. — OEil, diam. 0,0024, esp. préorbit. 0,008,
esp. interorbit. 0,012.

Caudale, long. 0,014 ; pectorale, long. 0,017 ; ventrale, long. 0,012. — Dor-
ale, haut. 0,009, long. 0,002 ; anale, haut. 0,009, long. 0,063.

Le Silure est un poisson extrêmement vorace. — Il est parfois apporté sur
le marché de Paris. — Il fournit une chair plus ou moins estimée, qui a été
comparée à celle de la Lote, à celle de l'Anguille.

Famille des Clupéidés, Clupeidæ.

Corps allongé, couvert d'écailles lisses et généralement caduques ; ventre
excepté chez l'Anchois, à carène dentelée.

Tête nue, comprimée ; mâchoire supérieure constituée dans son milieu par des intermaxillaires peu développés, et latéralement par les maxillaires, ordinairement composés de trois pièces ; elle est, excepté chez l'Anchois, plus courte que la mandibule.

Narines à deux orifices.

Appareil branchial ; fente des ouïes très-longue ; appendices lamelliformes des arcs branchiaux fort développés, principalement sur le premier arc branchial ; pseudobranchies.

Nageoires ; dorsale unique, opposée aux ventrales ; caudale fourchue.

Vessie natatoire allongée, communiquant avec le tube digestif. — **Appendices pyloriques** nombreux ; estomac en forme de sac conique.

La famille des Clupéidés se compose de six genres :

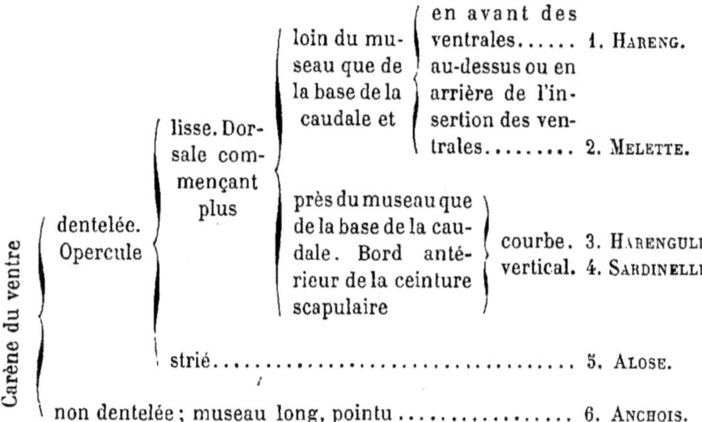

Risso place dans sa famille des *Clupéoïdes* l'*Alpismaris Risso* et l'*Alpismaris marmoratus*. Quels peuvent être ces poissons ? Nous n'en savons absolument rien. Suivant C. Bonaparte, Günther, Canestrini, l'*Alpismaris* est le *Lebias calaritana* (l'*Alpismaris Risso* est le mâle, l'*A. marmoratus* la femelle). Il suffit de jeter un coup d'œil sur la figure donnée par Risso (*Ichth.*, f. 36 ; *Hist. nat.*, f. 36), pour se convaincre que l'opinion que nous venons de rapporter est inexacte. En outre, d'après Risso, la chair de l'*Alpismaris* est exquise ; selon plusieurs naturalistes, celle du *Lebias calaritana* est vénéneuse ; elle détermine, suivant Costa, chez les personnes qui en mangent des douleurs plus ou moins vives, des nausées, des vomissements ; les chats la refusent ; mais s'ils en mangent, ils périssent. Ninni et Canestrini disent également que la chair du *Lebias* est malsaine, que les petits mammifères qui en mangent (chats, petits chiens) meurent empoisonnés. — Dans notre pays, la famille des Cyprinodontidés n'est encore représentée par aucune espèce.

GENRE HARENG — *CLUPEA*, Cuv.

Corps allongé, comprimé ; ventre à carène dentelée.

Tête ; mâchoire inférieure plus longue que la supéricure ; dents sur le vomer, la langue, et en général sur les mâchoires, les palatins.

Appareil branchial ; opercule lisse, à bord inférieur très-oblique ; sous-opercule beaucoup plus haut que long.

Nageoires ; dorsale commençant un peu avant l'insertion des ventrales, sur la seconde moitié de la longueur totale, caudale non comprise.

LE HARENG COMMUN — *CLUPEA HARENGUS*.

Syn : Du Hareng, Rondel., liv. VII, c. xiii, p. 183 ; Duham., *Pêch.*, part. 2, sect. 3, p. 335, pl. 4, fig. 1-2 ; Bonnat., p. 184, pl. 75, fig. 310.

Clupea harengus, Linn., p. 522, sp. 1 ; Bloch, pl. 29, fig. 1 ; CBp., *Cat.*, n° 269 ; Günth., t. VII, p. 415 ; Schlegel, p. 138, pl. 14, fig. 1.

La Clupée hareng, Clupea harengus, Lacép., t. XII, p. 197 ; (Clupe hareng) Marcotte, *Anim. vert. Abbeville*, p. 430.

Le Hareng commun, Clupea harengus, Cuv. et Valenc., t. XX, p. 30, pl. 591, *Règ. an. ill.*, p. 273, pl. 104, fig. 1.

The Herring, Yarr., t. I, p. 98 ; Couch, t. IV, p. 95.

Jeune.

La Rogénie blanche, Rogenia alba, Cuv. et Valenc., t. XX, p. 341, pl. 598.

The Whitebait, Yarr., t. I, p. 121 ; Couch, t. IV, p. 114.

Long. : 0,20 à 0,30.

En général, la hauteur du tronc est contenue quatre fois et trois quarts à cinq fois et un tiers dans la longueur totale ; mais chez les Harengs appelés *Harengs de Calais*, la hauteur mesure seulement le sixième de la longueur totale. Le dos est arrondi ; le ventre plus ou moins comprimé. Le corps est couvert d'écailles minces, assez grandes, très-caduques.

La longueur de la tête est comprise cinq fois à cinq fois et demie dans la longueur totale. Le museau est court ; la bouche assez grande. La mâchoire supérieure est moins avancée que l'inférieure ; elle est légèrement échancrée. Les mâchoires, le vomer, les palatins et la langue n'ont que de très-petites dents, qui s'arrachent assez facilement, qui peuvent même tout à fait manquer. Le maxillaire supérieur se porte en arrière jusque sous le milieu de l'œil.

A peu près aussi grand que l'espace préorbitaire, le diamètre de l'œil est contenu trois fois et deux tiers à quatre fois et quart dans la longueur de la tête.

La fente des ouïes est très-étendue. Le sous-opercule est trapézoïde, il est beaucoup plus haut que long. La forme du sous-opercule et la place de la dorsale fournissent, pour distinguer le Hareng des autres Clupes, des caractères plus nets, moins variables que ceux que donne la disposition du système dentaire, sujette à se modifier avec l'âge des animaux ; souvent, en effet, les vieux individus n'ont plus de dents sur les mâchoires ni sur les palatins. L'échancrure sous-operculaire n'est pas très-profonde. L'opercule a le bord postérieur non échancré et le bord inférieur très-oblique.

On compte cinquante-trois à cinquante-neuf écailles dans une ligne longitudinale.

La dorsale est reculée, elle est sur le commencement de la seconde moitié de la longueur totale, caudale non comprise ; ses premiers rayons sont insérés un peu plus en avant que la base des ventrales. L'anale est assez longue, mais basse ; la distance qui la sépare de la base de la caudale est à peine plus grande que la hauteur du tronçon de la queue. La caudale est fourchue. Il y a en dedans, comme en dehors, une petite écaille pointue à l'aisselle de la ventrale. Le bord antérieur de la ceinture scapulaire est courbe.

Br. 8. — D. 4/14 ou 15 ; A. 3/14 à 16 ; C. 2/17 à 19/3 ou 2 ; P. 1/16 ; V. 1/8.

Le dos est vert-bleuâtre ; les flancs sont argentés.

Habitat. Mer du Nord ; Manche, très-commun au large, pendant l'automne et l'hiver, rare près des côtes ; il remonte parfois la Seine jusque vers Quillebeuf, mais après avoir frayé. Océan, assez commun sur la côte de Bretagne ; il ne dépasse guère l'embouchure de la Loire ; cependant on le prend de temps à autre à Noirmoutiers, à l'île de Ré, et même dans le golfe de Gascogne, vers le mois de septembre, à Arcachon. — Companyo prétend qu'on en pêche quelquefois sur les côtes de Roussillon ; ne confond-il pas le Hareng avec la Sardinelle auriculée ?

Proportions : long. totale 0,240; tronc, haut. 0,049, épais. 0,023.

Tête, long. 0,045 ; haut. 0,036. — Œil, diam. 0,011, esp. préorbit. 0,012, esp. interorbit. 0,008. — Mâchoire supérieure, long. 0,020.

Caudale, long. 0,041 ; pectorale, long. 0,029 ; ventrale, long. 0,019. — Dorsale, haut. 0,021, long. 0,023; anale, haut. 0,014, long. 0,021.

La pêche du Hareng est d'une importance considérable. — Sur le marché de Paris, on distingue deux sortes de Harengs, le *Hareng de Calais* qui est allongé, le *Hareng de Dieppe* qui est relativement plus gros et plus court. — Dans certaines villes du Nord, à Dunkerque, etc., le Hareng jeune est vendu pour de la Sardine; il est bien plus délicat que l'autre poisson ; il sert à faire une excellente friture. Que de personnes, sans s'en douter, mangent comme si elles étaient à Greenwich ou à Blackwal, le *Whitebait* si recherché des Anglais. J'ai comparé le fretin de Hareng pêché à Dunkerque à Granville avec le *Whitebait* pris dans la Tamise, et je me suis assuré qu'il n'existe entre eux aucune différence spécifique.

GENRE MELETTE — *MELETTA*.

Corps peu développé, allongé, couvert d'écailles caduques ; carène du ventre dentelée.

Tête ; mâchoire supérieure plus courte que la mandibule, légèrement échancrée dans son milieu; vomer non denté ; langue dentée ; quelquefois de petites dents, ou plutôt des rugosités, sur les maxillaires, sur les palatins.

Appareil branchial ; sous-opercule plus long que haut.

Nageoires ; dorsale commençant au-dessus ou en arrière de l'insertion des ventrales, sur la seconde moitié de la longueur totale, caudale non comprise.

Ce genre est composé de deux espèces.

Sous-opercule
{ deux fois moins haut que long .... 1. M. PHALÉRIQUE.
{ trois fois moins haut que long........ 2. M. COMMUNE.

LA MELETTE PHALÉRIQUE — *MELETTA PHALERICA*.

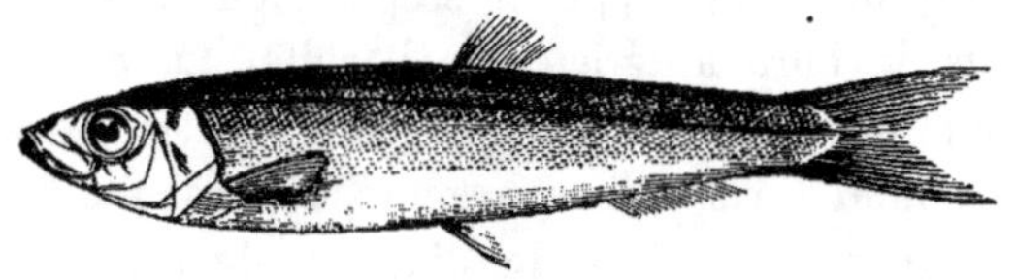

Fig. 196.

Syn. : DE L'APHYE PHALÉRIQUE, Rondel., liv. VII, c. IV, p. 177.

De la Melette de Marseille, Duham., *Péch.*, part. 2, sect. 3, p. 468, pl. 16, fig. 6, sect. 6, pl. 3, fig. 4.

Clupanodon phalerica, Clupanodon phalérique, Riss., *Hist. nat.*, p. 452.

La Melette de la Méditerranée, Meletta Mediterranea, Cuv. et Valenc., t. XX, p. 369.

Clupea phalerica, CBp., *Cat.*, n° 276.

Alosa papalina, Canestr., *Fn. Ital.*, p. 135.

Dans la synonymie du *Clupea Maderensis* (Lowe), M. Günther, par suite d'une erreur difficile à expliquer, cite la *Meletta Mediterranca* (Cuv. et Valenc.). Les caractères spécifiques du *Clupea Maderensis*, tels que les indique M. Günther, ne conviennent nullement à la *Meletta Mediterranea*, mais se rapportent bien à la *Sardinella aurita* ; il est probable que c'est la *Sardinella aurita* qui a été décrite sous le nom de *Clupea Maderensis* : la position de la dorsale, plus rapprochée du bout du museau que de la racine de la caudale, l'insertion de la ventrale sous le milieu de la base de la dorsale et la teinte noirâtre de la chambre branchiale ne semblent laisser aucun doute à cet égard.

N. vulg. : Meleta, Nice ; Meletta, Cette.

Long. : 0,09 à 0,12.

Comme du temps de Rondelet, ce petit poisson est encore aujourd'hui désigné sous le nom de *Melette* par nos pêcheurs de la Méditerranée. Il a le corps allongé, couvert d'écailles minces, caduques. La hauteur du tronc est contenue cinq fois et un tiers à cinq fois et trois quarts dans la longueur totale. La carène du ventre, à dentelures fort saillantes, est formée de trente boucliers. Il y a généralement quarante-sept vertèbres ; sur un individu, j'ai compté quarante-six vertèbres et vingt-deux paires de côtes.

La longueur de la tête mesure le cinquième environ de la longueur totale. La région frontale est marquée de deux ou trois petites saillies ; elle est transparente. Le museau est court ; la bouche petite. Les mâchoires ne sont pas dentées. Le maxillaire supérieur est bien développé, il se porte en arrière au moins jusque sous le bord antérieur de l'orbite. La mandibule est avancée ; elle est épaisse à la symphyse, haute sur les côtés.

Ordinairement l'iris, qui est argenté, est marqué d'une tache noire à la partie supérieure. Le diamètre de l'œil est compris trois fois à trois fois et demie dans la longueur de la tête ; il est égal à l'espace préorbitaire.

La fente des ouïes est très-grande. L'opercule a le bord postérieur entamé d'une échancrure qui semble plus profonde que dans l'Esprot ; il a le bord inférieur un peu concave ; sa longueur fait environ les trois cinquièmes de sa hauteur. Le sous-opercule est allongé, deux fois plus long que haut ; il est presque triangulaire ; son bord inférieur est courbe. Les rayons branchiostèges s'arrêtent au bord antérieur du sous-opercule sans former un angle bien prononcé ; l'échancrure sous-operculaire est donc peu dessinée.

Il est difficile de voir la ligne latérale.

La dorsale commence sur la seconde moitié de la longueur totale, caudale non comprise, un peu en arrière de l'insertion des ventrales. L'anale est basse et longue ; elle est séparée de la base de la caudale par un espace ayant, en général, une longueur moindre que la hauteur du tronçon de la queue. La caudale est fourchue, bien développée. Les ventrales sont fort petites.

Br. 7. — D. 16 à 18 ; A. 18 à 21 ; C. 5/16/5 ; P. 14 ; V. 8.

Le dos est d'un bleu ardoisé, qui se fond avec le gris argenté, colorant les côtés, sans former une ligne de démarcation bien tranchée. Le bout du museau, ainsi que celui de la mandibule, est noirâtre.

Habitat. La Melette est assez commune dans la Méditerranée, Nice, Toulon, Cette.

Proportions : long. totale 0,118 ; tronc, haut. 0,021, épais. 0,010.

Tête, long. 0,023, haut. 0,018. — Œil, diam. 0,007, esp. préorbit. 0,007, esp. interorbit. 0,005. — Mâchoire supérieure, long. 0,010.

Caudale, long. 0,018 ; pectorale, long. 0,015 ; ventrale, long. 0,009. — Dorsale, haut. 0,009, long. 0,012 ; anale, haut. 0,005, long. 0,015.

LA MELETTE COMMUNE OU ESPROT,
MELETTA VULGARIS SIVE SPRATTUS.

Syn. : CLUPEA SPRATTUS, Linn., p. 523, sp. 2 ; Bloch, pl. 29, fig. 2 ; CBp., *Cat.*, n° 273 ; Günth., t. VII, p. 419 ; Schlegel, p. 146, pl. 14, fig. 2.

Du SPRAT, Duham., *Péch.*, part. 2, sect. 3, p. 471, pl. 16, fig. 2.

DE L'ESPROT, Duham., *op. cit.*, p. 472, pl. 17, fig. 4.

Du Franc-Blaquet *ou de la Franche-Blanche*, Duham., *op. cit.*, p. 478, pl. 17, fig. 6.

La Harengule esprot, Harengula sprattus, Cuv. et Valenc., t. XX, p. 285 ; Marcotte, *Anim. vert. Abbeville*, p. 431.

La Spratelle naine, Spratella pumila, Cuv. et Valenc., t. XX, p. 357, pl. 600.

La Melette commune, Meletta vulgaris, Cuv. et Valenc., t. XX, p. 366 (non pl. 603) ; Marcotte, *op. cit.*, p. 431.

The Sprat, Yarr., t. I, p. 115 ; Couch, t. IV, p. 109.

N. vulg. : Esprot, Melet, Harenguet, côtes de la Manche.
Long. : 0,08 à 0,12.

Il existe une très-grande ressemblance entre la Melette phalérique et l'Esprot. Les proportions sont les mêmes. Chez l'Esprot, la carène du ventre est formée de trente à trente-trois boucliers épineux ; le nombre des vertèbres est de quarante-sept ou quarante-huit ; l'opercule a le bord postérieur à peine échancré, il ne présente vers le haut qu'une fort petite sinuosité ; l'échancrure sous-operculaire est très-peu marquée ; le sous-opercule a trois fois plus de longueur que de hauteur.

La dorsale commence au-dessus ou un peu en arrière de l'insertion des ventrales, et toujours sur la seconde moitié de la longueur totale. La distance qui sépare la fin de l'anale de la racine de la caudale est d'une longueur à peu près égale à la hauteur du tronçon de la queue. La caudale est fourchue.

Br. 6 ou 7. — D. 16 à 18 ; A. 18 à 20 ; C. 3/17 à 19/4 ; P. 14 à 16 ; V. 7.

Le dos est bleu teinté de vert clair ; les flancs sont argentés, ornés d'une bande dorée au temps du frai.

Habitat. Manche, commun ; Océan, assez commun jusqu'à l'embouchure de la Loire ; assez rare, côtes de Vendée, Charente-Inférieure ; excessivement rare au sud de la Gironde.

Proportions : long. totale 0,082 ; tronc, haut. 0,0145.

Tête, long. 0,018, haut. 0,013. — Œil, diam. 0,0055, esp. préorbit. 0,0045, esp. interorbit. 0,004. — Mâchoire supérieure, long. 0,009.

Caudale, long. 0,014 ; pectorale, long, 0,011 ; ventrale, long. 0,0065. — Dorsale, haut. 0,009, long. 0,008 ; anale, haut. 0,005, long. 0,009.

Dans le Calvados, à Arromanches, ce petit poisson est vendu comme étant de la Sardine.

GENRE HARENGULE — *HARENGULA*, Valenc.

Corps peu développé, haut, couvert d'écailles adhérentes.

Tête ; dents sur les mâchoires, les palatins, la langue, et sur les ptérygoïdens (Valenc.), pas sur le vomer ; mâchoire supérieure moins avancée que l'inférieure.

Nageoires ; dorsale assez avancée, commençant avant les ventrales.

LA HARENGULE BLANQUETTE — *HARENGULA LATULUS*.

Syn. : De la Menise de Grandville, Duham., *Péch.*, part. 2, sect. 3, p. 476, pl. 17, fig. 3.

La Harengule blanquette, Harengula latulus, Cuv. et Valenc., t. XX, p. 280, pl. 595 ; Marcotte, *Anim. vert. Abbeville*, p. 431.

Clupea latula, Günth., t. VII, p. 422.

N. vulg. : Blanquette, Menise et Menuise, Normandie.
Long. : 0,07 à 0,10.

La dénomination de *latulus* convient parfaitement à ce petit poisson, dont le corps est relativement assez large. La hauteur du tronc est contenue quatre fois à quatre fois et demie dans la longueur totale. Les écailles sont assez fermes ; elles sont adhérentes. La carène du ventre est munie de dentelures très-prononcées, saillantes, plus développées que dans le Hareng, et surtout que chez l'Esprot.

La longueur de la tête est égale, ou peu s'en manque, au quart de la longueur totale. La bouche est moyenne ; la mâchoire supérieure légèrement échancrée. Les maxillaires supérieurs sont larges, ils ont quelques dents très-faibles ; les intermaxillaires, la mandibule, les palatins et la langue sont munis de petites dents ; le vomer est lisse.

Le diamètre de l'œil est compris trois fois à trois fois et demie dans la longueur de la tête.

En général, l'opercule a deux fois plus de hauteur que de longueur ; il est entamé, sur le bord postérieur, d'une échancrure assez profonde. Le sous-opercule est très-petit. Le préopercule est fort large, arrondi dans sa partie postérieure et inférieure.

La ligne latérale est à peu près droite; elle est placée assez haut. Éc., l. long. 43 ; l. transv. $\frac{5 \text{ ou } 6}{9 \text{ ou } 10} + 1 = 15$ à 17.

La dorsale est assez avancée, elle commence un peu après le tiers antérieur de la longueur totale, en avant de l'insertion des ventrales. L'anale est basse, reculée. La caudale est fourchue. Les ventrales sont courtes.

Br. 6. — D. 17 à 19 ; A. 19 à 22 ; C. 4/18 ou 19/5 ; P. 14; V. 8.

Une teinte verdâtre très-faible s'étend sur la région dorsale ; les flancs sont argentés. Toutes les nageoires sont blanches.

Habitat. Ce poisson se trouve sur nos côtes de l'Ouest ; Manche, commun ; Océan, moins commun, la Rochelle, Arcachon, Bayonne.

Proportions : long. totale 0,072 ; tronc, haut. 0,016, épais. 0,006.

Tête, long. 0,017, haut. 0,013. — Œil, diam. 0,005, esp. préorbit. 0,004, esp. interorbit. 0,003. — Mâchoire supérieure, long. 0,008.

Caudale, long. 0,015 ; pectorale, long. 0,011 ; ventrale, long. 0,006. — Dorsale, haut. 0,011, long. 0,008 ; anale, haut. 0,005, long. 0,010.

GENRE SARDINELLE — *SARDINELLA*, Valenc.

Corps allongé, couvert de grandes écailles caduques.

Tête ; dents, en général, sur les palatins, les ptérygoïdiens et sur la langue, manquant aux mâchoires et sur le vomer ; mâchoire supérieure plus courte que la mandibule.

Nageoires ; dorsale commençant plus près du bout du museau que de la racine de la caudale ; ventrales insérées sous le milieu de la base de la dorsale. Ceinture scapulaire à bord antérieur vertical.

LA SARDINELLE AURICULÉE — *SARDINELLA AURITA*.

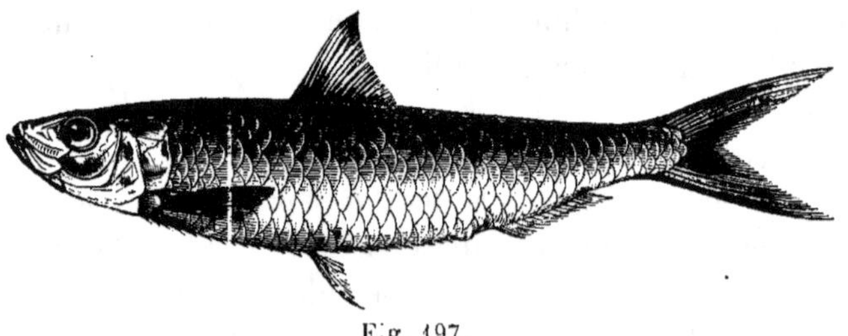

Fig. 197.

Syn. : ? Clupea harengus, Brunn., *Ichth. Mass.*, p. 81, n 99.

Engraulis Desmaresti, Anchois de Desmarest, Riss., *Hist. nat.*, p. 455, fig. 22.
La Sardinelle auriculée, Sardinella aurita, Cuv. et Valenc., t. XX, p. 263, pl. 594.
Clupea aurita, Günth., t. VII, p. 420.
Clupea maderensis, Günth., t. VII, p. 440, excl. syn.
Sardinella aurita, Canestr., *Fn. Ital.*, p. 134.

N. vulg. : Arenc, Nice ; Alléchart, Cette.
Long. : 0,15 à 0,30.

Évidemment, la Sardinelle auriculée est l'espèce qui a été décrite par Risso sous le nom d'Anchois de Desmarest, *Engraulis Desmaresti*. Elle a le corps allongé, épais dans la région dorsale, comprimé dans la région abdominale. La hauteur du tronc est contenue cinq fois à cinq fois et trois quarts dans la longueur totale. Les écailles sont grandes, lisses, caduques. Les dentelures de la carène ventrale ne sont pas très-prononcées.

En dessus la tête est aplatie ; sa longueur mesure environ le cinquième de la longueur totale. Le museau est mince ; la bouche assez grande. La mâchoire supérieure est légèrement échancrée au milieu ; elle n'est pas dentée ; Valenciennes cependant signale quatre ou cinq petites scabrosités vers l'extrémité libre du maxillaire, qui, en arrière, arrive un peu au delà du bord antérieur de l'orbite. La mandibule n'a pas de dents ; sa pointe est noirâtre, ainsi que la petite valvule formée par un repli de la muqueuse. Le vomer est lisse. La langue est un peu noirâtre sur les bords ; elle est garnie d'une plaquette de très-petites dents. Les palatins, en général, portent une plaque de dents très-fines, se continuant sur les ptérygoïdiens ; ils en manquent parfois chez les sujets d'assez grande taille.

Chez les spécimens de grande taille, le diamètre de l'œil a une longueur un peu moindre que celle de l'espace préorbitaire ; il fait environ le quart de la longueur de la tête. La paupière adipeuse est fort développée. L'iris est argenté.

Les ouïes sont largement ouvertes ; les parois de la chambre branchiale sont noirâtres, au moins chez les individus qui ont acquis un certain degré de croissance. Les derniers rayons branchiostèges, qui sont larges et plats, se terminent brusquement en arrière, un peu en avant du sous-opercule ; ils limitent ainsi, avec le bord inférieur de cette pièce, une large échancrure sous-operculaire. Le préopercule est développé, arrondi à son angle inférieur et postérieur ; il cache l'interopercule à peu près complétement. L'opercule forme une espèce de quadrilatère, dont la hauteur fait au moins le double de la longueur ; son bord postérieur est échancré, et la membrane qui le couvre est, sur l'échancrure, d'une teinte noirâtre ; cette teinte est parfois, chez les jeunes surtout, à peine sensible. Le sous-opercule est à peu près aussi long que l'opercule, mais il est fort étroit, très-bas ; sa longueur mesure le double de sa hauteur ; son angle postérieur est arrondi.

On compte une cinquantaine d'écailles dans une ligne longitudinale. La ligne latérale est peu distincte. Éc., l. long. 48 à 52 ; l. transv. 10 à 12.

La dorsale est assez avancée, elle prend naissance un peu après ou vers la fin du tiers antérieur de la longueur totale, en avant de l'insertion des ventrales ; elle est plus haute que longue. L'anale est assez longue, mais fort basse ; elle est très-reculée ; elle est séparée de la base de la caudale par une distance dont la longueur est un peu plus grande que la hauteur du tronçon de la queue ; son dernier rayon est un peu plus allongé que les précédents. La caudale est fourchue. Le bord antérieur de la ceinture scapulaire est vertical, légèrement échancré dans sa partie moyenne ; il forme avec le bord inférieur un angle droit. Les pectorales sont assez longues ; quand elles sont dans l'adduction, leur bord supérieur est logé dans une dépression assez profonde. Les ventrales sont très-courtes ; elles commencent à peu près sous le milieu de la base de la dorsale.

Br. 6. — D. 20 ou 21 ; A. 15 ou 16 ; C. 3/21/3 ; P. 16 ; V. 9.

Le dos est bleuâtre ; les flancs sont argentés ; une petite tache noire plus ou moins marquée se trouve à l'échancrure de l'opercule. La dorsale est brunâtre ; la caudale est d'un gris rayé de noir ; l'anale et les nageoires paires sont blanchâtres.

Habitat. Ce poisson se trouve dans la Méditerranée ; il est assez rare sur nos côtes, Nice ; il se pêche quelquefois à Cette.

Proportions : long. totale, 0,282 ; tronc, haut. 0,055, épais. 0,029.

Tête, long. 0,055, haut. 0,043. — Œil, diam. 0,013, esp. préorbit. 0,016, esp. interorbit. 0,012. — Mâchoire supérieure, long. 0,022.

Caudale, long. 0,058 ; pectorale, long. 0,039 ; ventrale, long. 0,019. — Dorsale, haut. 0,028, long. 0,016 ; anale, haut. 0,010, long. 0,030.

Dans certains ports de la Méditerranée, on fait subir à la Sardinelle les mêmes préparations qu'à la Sardine.

GENRE ALOSE — *ALOSA*, Cuv.

Corps plus ou moins allongé ; écailles caduques ; carène du ventre garnie de boucliers épineux.

Tête ; mâchoire supérieure moins avancée que l'inférieure ; pas de dents sur la langue, ni sur les palatins.

Appareil branchial ; opercule marqué de stries divergentes.

Nageoires ; dorsale commençant au-dessus ou en avant des ventrales, sur la première moitié de la longueur totale, caudale non comprise.

Ce genre est représenté par deux ou trois espèces.

Rayons branchiostèges au nombre de	huit. Appendices lamelliformes du premier arc branchial au nombre de	plus de 50. 1. A. COMMUNE. moins de 50 2. A. FEINTE.
	sept......................	3. A. SARDINE.

L'ALOSE COMMUNE — *ALOSA VULGARIS*.

Syn. : Alosa, Bell., p. 309-310.

De l'Alose (part.), Rondel., liv. VII, c. XII, p. 182 ; Duham., *Péch.*, part. 2, sect. 8, p. 316, pl. 1, fig. 1 ; Bonnat., p. 185, pl. 75, fig. 312 ; Vallot, p. 268.

Clupea alosa (part.), Linn., p. 523, sp. 3 ; Günth., t. VII, p. 433 ; Schlegel, p. 148, pl. 14, fig. 3.

La Clupée alose, Clupea alosa, Lacép., t. XII, p. 215 ; Riss., *Ichth.*, p. 353.

Clupanodon alosa, Clupanodon alose, Riss., *Hist. nat.*, p. 453.

L'Alose proprement dite, Clupea alosa, Cuv. *Règ. an. ill.*, p. 275 ; Agass., *Poiss. foss.*, t. V, part. 2, p. 111, pl. L.

L'Alose commune, Alosa vulgaris (part.), Cuv. et Valenc., t. XX, p. 391, pl. 604 ; Selys-Longchamps, *Fn. belge*, p. 220 ; Guichen., *Expl. Algér.*, p. 99 ; Marcotte, *Anim. vert. Abbeville*, p. 432 ; Blanch., p. 480, fig. 127.

Alosa communis, CBp., *Cat.*, n° 279.

Alosa vulgaris, Troschel, dans *Archiv für Naturgeschichte*, Wiegm., 1852, t. I,

p. 228; (part.) Heckel et Kner, p. 228, fig. 133; Siebold, p. 328; (part.) Canestr., *Archiv. zool.*, 1866, t. IV, p. 141, *Fn. Ital.*, p. 22.

THE ALLICE-SHAD, Yarr., t. I, p. 133.

ALLIS SHAD, Couch, t. IV, p. 117.

N. vulg. : Poisson de mai, Lorraine ; Lacia, Nice ; Alâouso, Gard ; Alaousa, Hérault ; Coulacqua (basque), Basses-Pyrénées ; Gatte, Alouše, Vienne ; quelquefois Sabre, Loire-Inférieure.

Long. : 0,30 à 0,70 et plus.

Le corps de l'Alose est comprimé, plus ou moins allongé. La hauteur du tronc est contenue de quatre à cinq fois dans la longueur totale. La carène du ventre est fortement dentelée ; entre la ceinture scapulaire et l'anus, on compte de trente-sept à quarante-deux boucliers épineux ; il y en a de quinze à dix-sept en arrière de l'insertion des ventrales.

En général, la longueur de la tête est comprise cinq fois et demie dans la longueur totale. Le museau est court ; la bouche oblique, largement ouverte. Les mâchoires n'ont que des dents fort petites, qui disparaissent ordinairement chez les animaux adultes, mais elles n'en manquent pas toujours, comme le suppose M. Günther. La langue et les palatins sont lisses. La mâchoire supérieure a dans le milieu une petite échancrure. Le maxillaire supérieur est mince, large, surtout en arrière ; son extrémité postérieure se porte plus loin que le prolongement du diamètre vertical de l'œil.

Une paupière adipeuse protège l'œil ; elle laisse au-devant de la pupille une ouverture verticale de forme elliptique. Le diamètre de l'œil est contenu cinq fois et demie environ dans la longueur de la tête ; il est d'un cinquième, ou d'un tiers plus petit que l'espace préorbitaire.

Depuis longtemps on soupçonnait, on admettait l'existence de deux espèces d'Aloses, l'*Alose commune* et la *Feinte*, mais on ne connaissait pas de caractères permettant de les distinguer sûrement l'une de l'autre. Le professeur Troschel essaya de résoudre la question ; il démontra que les appendices lamelliformes, qui garnissent le bord interne des arcs branchiaux, sont beaucoup plus nombreux dans l'Alose commune que dans la Feinte ; il fit

observer que le nombre des appendices est : chez l'Alose, sur le
1er arc branchial de 99 à 118 ; sur le 2e de 96 à 112 ; sur le 3e de
74 à 88 ; chez la Feinte, sur le 1er arc branchial, comme sur le
2e, de 39 à 43 ; sur le 3e, de 33 ou 34. M. Canestrini examina
quatre spécimens pêchés dans le lac de Garde, et compta sur le
1er arc branchial de 52 à 61 appendices ; sur le 2e de 59 à 68 ;
sur le 3e de 46 à 54. En présence de ce résultat, le naturaliste
fait la réflexion suivante : la raison veut donc ou que l'on considère les exemplaires du lac de Garde, que j'ai examinés, comme
appartenant à une troisième espèce différente de l'*Alosa vulgaris*
et de l'*A. finta*, ou que l'on regarde les appendices branchiaux
comme variables et les deux espèces nommées comme identiques. J'inclinerais à croire, ajoute M. Canestrini, d'après ce
qu'il m'a été permis de voir, que le nombre des appendices branchiaux augmente avec l'âge du poisson. Le fait est exact. Le
nombre des appendices lamelliformes est généralement plus
grand chez les animaux développés que chez les jeunes ; après
la description, je donnerai un résumé de diverses observations
que j'ai faites à ce sujet. L'opercule est marqué de stries fort
prononcées, dirigées obliquement de haut en bas et d'avant en
arrière. Le sous-opercule montre ordinairement une forme particulière, il présente la figure d'un parallélogramme, dont la hauteur est d'un tiers environ moins grande que la longueur. Il y a
huit rayons branchiostèges ; les deux derniers sont très-larges.

Assez rarement on peut compter les rangées d'écailles. Éc.,
l. long. 70 à 80.

La dorsale commence au-dessus, ou à peine en avant de la
base des ventrales ; elle est insérée dans une espèce de gouttière,
dont les bords sont formés par une membrane couverte d'é-
cailles ; le premier rayon est excessivement court ; le quatrième
rayon n'est pas branchu, mais il montre de nombreuses articu-
lations, il est un peu moins haut que le premier rayon ramifié.
L'anale est très-basse. La caudale est fourchue ; elle est écailleuse à la base. Les pectorales sont peu développées. Les
ventrales sont fort petites ; leur extrémité ne dépasse guère, en

général, l'aplomb du neuvième ou du dixième rayon de la dorsale ; à leur aisselle, en dedans comme en dehors, est une grande écaille ; l'écaille axillaire interne a parfois une longueur égale à la moitié de celle de la nageoire.

Br. 8. — D. 4/15 à 17 ; A. 3/17 à 21 ; C. 8/19 ou 20/8 ; P. 15 ou 16 ; V. 9 ou 10.

Le dos est d'un vert bleuâtre ; les flancs et le ventre sont d'un vert clair argenté ; les écailles sont piquetées de noir. Une tache irrégulière d'un vert très-foncé, ou plutôt noirâtre, se montre vers l'épaule ; quelquefois cette tache se partage en deux ; elle est souvent suivie, principalement chez les jeunes, de taches plus petites.

Habitat. Au commencement du printemps, l'Alose quitte les eaux saumâtres pour aller frayer dans les eaux douces ; elle remonte les fleuves (ou leurs affluents) parfois à une très-longue distance de leur embouchure. Il est de ces poissons qui sont pêchés jusque dans les départements suivants : Yonne, Côte-d'Or, Haute-Saône, Jura, Savoie, Isère, Haute-Loire ; pour arriver dans le département de la Haute-Loire, il leur faut parcourir un trajet de plus de huit cents kilomètres.

Proportions : long. totale 0,575 ; tronc, haut. 0,140, épais. 0,068.

Tête, long. 0,105, haut. 0,114. — Œil, diam. 0,019, esp. préorbit. 0,030, esp. interorbit. 0,030. — Mâchoire supérieure, long. 0,049.

Caudale, long. 0,103 ; pectorale, long. 0,065 ; ventrale, long. 0,040. — Dorsale, haut. 0,048, long. 0,066 ; anale, haut. 0,027, long. 0,079.

Nombre des appendices lamelliformes que porte le premier arc branchial d'animaux venant de :

1º (Type *Alose*), Noirmoutiers, taille 0ᵐ,150 ; appendices 72, — sur l'hypobranchial, 50.

2º Bayonne, tail. 0ᵐ,205, append. 87, — sur l'hypobranchial, 60.

3º Bayonne, tail. 0ᵐ,225, append. 81, — sur l'hypobranchial, 54.

4º Marché de Paris, tail. 0ᵐ,575, append. 118, — sur l'hypobranchial, 74.

1º (Type *Feinte*), Nice, tail. 0ᵐ,158, append. 31, — sur l'hypobranchial, 21.

2º Cette, tail. 0ᵐ,176, append. 32, — sur l'hypobranchial, 22.

3º Nice, tail. 0ᵐ,262, append. 34, — sur l'hypobranchial, 23.

4º Bayonne, tail. 0ᵐ,271, append. 39, — sur l'hypobranchial, 25.

L'ALOSE FEINTE OU FINTE — *ALOSA FINTA*.

Syn. : Trichis, Gallis pulchella, Bell., p. 306.

De la Feinte, Alosa ficta aut falsa, Duham., *Péch.*, part. 2, sect. 3, p. 320, pl. 1, fig. 5.

CLUPEA ALOSA, Bloch, pl. 30, fig. 1.

LA CLUPÉE FEINTE, Clupea fallax, Lacép., t. XII, p. 220.

LA FINTE, Clupea finta, Cuv., *Règ. an. ill.*, p. 275 ; Valenc., *Diction. Hist. nat.*, d'Orbigny.

ALOSA FINTA (Alose finte), Selys-Lonchamps, *Fn. belge*, p. 220 ; CBp., *Cat.*, n° 281 ; Troschel, *Arch. Natur.*, Wiegm., 1852, t. I, p. 228 ; Siebold, p. 332.

ALOSE FINTE, Alosa finta, Marcotte, *Anim. vert. Abbeville*, p. 432 ; Blanch., p. 481 , Soland, p. 256.

CLUPEA FINTA, Günth., t. VII, p. 435.

THE TWAITE-SHAD, Yarr., t. I, p. 127.

TWAIT SHAD, Couch, t. IV, p. 122.

N. Vulg. : Gation, île de Ré ; Jacquine, Vendée ; Alouse de Châtellerault, Vienne (Lemarié).

Long. : 0,30 à 0,50.

Très-semblable à l'Alose, la Feinte est parfois de forme un peu plus allongée. Le nombre des boucliers qui constituent la carène abdominale, est de trente-huit environ ; il y en a quinze à dix-sept entre l'insertion des ventrales et l'anus.

Chez certains individus, on voit des dents très-fines sur les mâchoires. La langue est nue. La mâchoire supérieure se porte, en arrière, à peu près à l'aplomb du bord postérieur de l'orbite.

Le diamètre de l'œil est compris quatre fois et demie à cinq fois et quart dans la longueur de la tête.

Il y a, sur le premier arc branchial, trente et un à quarante-trois appendices lamelliformes ; chez un individu, j'en compte vingt-cinq sur l'hypobranchial et quatorze sur l'épibranchial. Le sous-opercule est de forme trapézoïde ; et sa hauteur est égale à sa longueur.

Les ventrales sont petites ; elles commencent sous le troisième ou le quatrième rayon de la dorsale, et finissent parfois sous le quatorzième.

Br. 8. — D. 4 ou 5/14 à 16 ; A. 3/18 à 22 ; C. 19 à 21 ; P. 15 ou 16 ; V. 9.

Le dos est d'un gris bleuâtre plus ou moins foncé ; les flancs et le ventre sont argentés. Une grande tache noire s'étale sur l'épaule ; elle est suivie de quatre à six taches plus petites, arrondies en général, d'un noir plus ou moins foncé. La dorsale est d'un gris pâle teinté de brun ; la caudale est grisâtre, bordée de brun foncé ; l'anale et les nageoires paires sont pâles.

Habitat. La Feinte habite les mêmes eaux que l'Alose ; elle paraît faire sa montée plus tard.

Proportions : long. totale 0,271 ; tronc, haut. 0,052, épais. 0,022.

Tête, long. 0,054, haut. 0,045. — OEil, diam. 0,012, esp. préorbit. 0,014, esp. interorbit. 0,012. — Mâchoire supérieure, long. 0,027.

Caudale, long. 0,058 ; pectorale, long. 0,034 ; ventrale, long. 0,023. — Dorsale, haut. 0,019, long. 0,030 ; anale, haut. 0,014, long. 0,035.

Les Aloses et les Feintes donnent une chair assez estimée. Elles sont généralement apprêtées aujourd'hui comme du temps d'Ausonne. Qui ne connaît, dit le chantre de la Moselle,

Stridentesque focis, opsonia plebis, Alausas.

L'ALOSE SARDINE — *ALOSA SARDINA.*

Syn. : Sardina, Bell., p. 170 ; Cetti, *Stor. nat. Sardegna*, t. III, p. 197.

De la Sardine, Rondel., liv. VII, c. x, p. 181 ; Duham., *Pêch.*, part. 2, sect. 3, p. 418, pl. 16, fig. 4 ; Bonnat., p. 185, pl. 75, fig. 311.

Harengus minor *seu* Pilchardus, Willugh., p. 223.

Clupea sprattus, Brunn., *Ichth. Mass.*, p. 82, n° 100.

Clupea pilchardus, Arted. Walb., pars 3ª, p. 38 ; Bloch, pl. 406 ; CBp., *Cat.*, n° 271 ; Günth, t. VII, p. 439.

La Clupee sardine, Clupea sprattus, Lacép., t. XII, p. 212 ; Riss., *Ichth.*, p. 352.

Clupanodon sardina, Clupanodon sardine, Riss., *Hist. nat.*, p. 451.

Le Pilchard des Anglais *ou* le Célan de nos côtes, Clupea pilchardus, Cuv., *Règ. an. ill.*, p. 274.

La Sardine, Clupea sardina, Cuv., *Règ. an. ill.*, p. 274, pl. 104, fig. 2.

De la Sardine, Alausa pilchardus, Cuv. et Valenc., t. XX, p. 445, pl. 605 ; Guichen., *Expl. Algér.*, p. 100 ; C. Millet, *Culture de l'eau*, p. 190.

Clupea sardina, CBp., *Cat.*, n° 274.

Alose pilchard, Alosa pilchardus, Marcotte, *Anim. vert. Abbeville*, p. 432.

The Pilchard, Yarr., t. I, p. 137 ; Couch, t. IV, p. 79.

N. Vulg. : Célan, Célerin, quelquefois Pilchard, Hareng de Bergues, Picardie, Normandie ; Royan, Charente-Inférieure, Gironde ; Sarda, Sardinyola, Pyrénées-Orientales.

Long. : 0,12 à 0,20, quelquefois 0,25.

Ce poisson a le corps assez allongé, épais et arrondi vers le dos, comprimé dans la région ventrale, couvert de grandes écailles, minces, caduques. Le profil supérieur est presque droit. La hauteur du tronc est contenue cinq à six fois dans la longueur totale. Les boucliers, qui forment la carène du ventre, sont en quelque sorte dans une gouttière écailleuse, empêchant les épines, qui d'ailleurs sont horizontales, de faire saillie au dehors. Les boucliers sont au nombre d'une trentaine ; il y en a onze à quatorze entre la racine des ventrales et l'anus.

La longueur de la tête est comprise quatre fois et trois quarts à cinq fois et demie dans la longueur totale. Les mâchoires ne sont pas dentées, ou n'ont que des dents excessivement peu visibles. Sur le milieu, la mâchoire supérieure n'est pas échancrée ou l'est à peine.

Chez les animaux de moyenne taille, le diamètre de l'œil mesure environ le quart de la longueur de la tête ; il est égal, ou peu s'en manque, à l'espace préorbitaire.

La fente des ouïes s'avance jusque sous le bord antérieur de l'orbite. L'opercule est marqué de stries plus ou moins prononcées, qui partent, en divergeant, de son angle antérieur et supérieur. Les rayons branchiostèges sont réellement au nombre de sept ; les quatre premiers sont grêles, effilés ; les trois derniers, sont larges, aplatis, le dernier surtout, qui limite, avec le sous-opercule, une échancrure profonde. Le sous-opercule présente la forme d'un parallélogramme ; il a plus de longueur que de hauteur.

On ne peut guère distinguer de ligne latérale.

La dorsale commence un peu avant le milieu de la longueur totale, caudale non comprise ; elle est insérée dans une espèce de gouttière bordée d'écailles. L'anale est basse, placée aussi dans une gouttière. La caudale est très-fourchue ; elle a, de chaque côté de la base, deux ou trois longues écailles. Les ventrales sont petites ; leur insertion est sous la moitié antérieure de la base de la dorsale.

Br. 7. — D. 3/14 ou 15 ; A. 17 à 21 ; C. 4/18 ou 19/4 ; P. 14 à 17 ; V. 6 à 8.

Le dos est d'un vert olivâtre avec une bande bleue ; les côtés sont blanchâtres.

Habitat. La Sardine se trouve sur toutes nos côtes. A certaines époques de l'année, du commencement de juin à la fin de septembre, rarement jusqu'en novembre, on en fait des pêches plus ou moins considérables en divers endroits : Hérault (Cette) ; Vendée (les Sables-d'Olonne, Saint-Gilles-sur-Vie) ; Bretagne, depuis l'embouchure de la Loire jusqu'à la baie de Morlaix (principalement entre Belle-Isle et la côte du Morbihan ; dans le Finistère, à Concarneau, dans la baie de Douarnenez). — Dans la Méditerranée on la prend sans appât ; dans l'Océan, les pêcheurs se servent de *Rogue* qu'ils font venir de Norwège à grands frais.

Proportions : long. totale 0,180 ; tronc, haut. 0,035, épais. 0,018.

Tête, long. 0,038, haut. 0,028. — Œil, diam. 0,010, esp. préorbit. 0,011, esp. interorbit. 0,009.

Caudale, long. 0,028 ; pectorale, long. 0,022 ; ventrale, long. 0,003. — Dorsale, haut. 0,019, long. 0,017 ; anale, haut. 0,006, long. 0,022.

Sur l'œil de certains de ces animaux, j'ai trouvé fixé un Crustacé, une espèce de *Lernée.*

La Sardine est un excellent poisson. Elle est mangée fraîche, et surtout après avoir subi diverses préparations, que nous n'avons pas à faire connaître.

GENRE ANCHOIS — *ENGRAULIS*, Cuv.

Corps allongé, plus ou moins arrondi ; ventre sans carène dentelée.

Tête ; museau avancé, pointu ; bouche très-fendue ; mâchoire supérieure débordant l'inférieure, toutes les deux généralement dentées ; intermaxillaire supérieur fort allongé.

Appareil branchial ; ouïes largement ouvertes ; une douzaine de rayons branchiostèges.

L'ANCHOIS VULGAIRE — *ENGRAULIS ENCRASICHOLUS.*

Syn. : Halecula, Anchoy, Bell., p. 168-169.

Des Anchoies, Encrasicholi, Rondel., liv. VII, c. iii, p. 176.

Clupea encrasicolus, Linn., p. 523, sp. 4 ; Bloch, pl. 30, fig. 2 ; Brunn., *Ichth. Mass.*, p. 83, n° 101.

Anchois, Duham., *Pêch.*, part. 2, sect. 3, p. 457, pl. 17, fig. 5.

Melet, Duham., *Pêch.*, part. 2, sect. 6, p. 157, pl. 3, fig. 5.

L'Anchois, Clupea encrasicolus, Bonnat., p. 185, pl. 75, fig. 313.

La Clupée anchois, Clupea encrasicholus, Lacép., t. XII, p. 223 ; Riss., *Ichth.*, p. 354.

De la Mèlette, Cuv., *Mém.*, *Muséum*, 1815, t. I, p. 457.

Le Mélet, Engraulis meletta, Cuv., *Règ. an. ill.*, p. 279 ; CBp., *Cat.*, n° 283.

L'Anchois vulgaire, Engraulis encrasicholus, Cuv., *Règ. an.*, 1817, t. II, p. 175, *Règ. an. ill.*, p. 279, pl. 104, fig. 3 ; Cuv. et Valenc., t. XXI, p. 7, pl. 607 ; Riss., *Hist. nat.*, p. 454 ; Selys-Lonchamps, *Fn. belge*, p. 243 ; Guichen., *Expl. Algér.*, p. 100.

? Engraulis amara, Anchois amer, Riss., *Hist. nat.*, p. 456 ; CBp., *Cat.*, n° 284.

Engraulis encrasicholus, CBp., *Cat.*, n° 282 ; Günth., t. VII, p. 385 ; Schlegel, p. 150, pl. 14, fig. 4 ; Canestr., *Fn. Ital.*, p. 135.

The Anchovy, Yarr., t. I, p. 151 ; Couch, t. IV, p. 125.

L'*Engraulis Desmaresti*, Riss., n'est pas un *Engraulis encrasicholus*, ainsi

que l'indiquent MM. Günther et Canestrini ; pour en donner la preuve, il
suffit de rappeler que l'*Engraulis Desmaresti* a la mâchoire supérieure échancrée, et moins longue que l'inférieure.

N. Vulg. : Amplova, Nice ; Antchoia, Ladrot (jeune), Cette ; Anxova,
Pyrénées-Orientales ; Goulard, Poitou.

Long. : 0,15 à 0,20.

Allongé, un peu plus épais vers le dos que vers l'abdomen, le
corps de l'Anchois est légèrement conique ; il est garni d'assez
grandes écailles, fort minces, peu adhérentes. La hauteur du
tronc est contenue sept à huit fois dans la longueur totale. Il n'y
a pas, sous le ventre, de carène dentelée.

En dessus, la tête est un peu aplatie ; elle présente la forme
d'un losange fort allongé ; sa longueur est comprise quatre fois
et demie à cinq fois dans la longueur totale. Le museau est très-
proéminent, pointu. La bouche est excessivement ouverte ; sa fente
dépasse le bord postérieur de l'orbite. La mâchoire supérieure
est beaucoup plus avancée que l'inférieure ; elle est très-finement dentée. Suivant M. Günther, la mandibule n'est pas dentée,
c'est une erreur ; elle a le bord garni de dents, qui sont excessivement grêles, il est vrai, encore plus délicates que celles de la
mâchoire supérieure ; mais on peut les voir et les sentir. Il y a
des dents sur les palatins, souvent encore sur le vomer ; elles
sont tellement petites qu'il est parfois difficile de les distinguer
à l'œil nu.

Il n'y a pas de paupière adipeuse ; la peau ne fait pas de repli
devant l'œil. L'iris est argenté. Le diamètre de l'œil mesure environ le quart de la longueur de la tête ; il est plus grand que l'espace préorbitaire.

La fente des ouïes est très-longue, elle s'avance jusque sous
le milieu de l'œil. Il y a une douzaine de rayons branchiostèges.

On compte une cinquantaine d'écailles dans une ligne longitudinale.

La dorsale commence vers le milieu de la longueur totale,
caudale non comprise, un peu en arrière de l'insertion des ventrales. L'anale est très-basse. La caudale est fourchue ; elle

porte, de chaque côté, près de ses rayons médians, deux grandes écailles oblongues.

Br. 12 ou 13. — D. 15 à 18 ; A. 16 à 18 ; C. 2/21 ou 22/3 ; P. 15 à 17 ; V. 7.

Quand il sort de l'eau, ce poisson a le dos verdâtre et le ventre argenté ; peu d'instants après, il change de teinte, au moins dans la région supérieure du corps, qui devient d'un bleu parfois très-foncé, presque noir.

Habitat. L'Anchois se trouve sur toutes nos côtes, mais il est en quantité bien plus considérable dans la Méditerranée que dans la Manche. Valenciennes fait cependant observer qu'il est en grande abondance à l'embouchure de la Seine, qu'il remonte jusqu'à Quillebeuf ; aujourd'hui, je crois, l'Anchois est beaucoup plus rare dans ces parages de la Normandie ; il paraît aussi avoir extrêmement diminué sur la côte de Bretagne ; dans le Finistère, pour le remplacer, on prépare la *Sardine anchoitée*.

Proportions : long. totale 0,155 ; tronc, haut. 0,022, épais. 0,014.

Tête, long. 0,031, haut. 0,018. — Œil, diam. 0,008, esp. préorbit. 0,006, esp. interorbit. 0,006. — Mâchoire supérieure, long. 0,021.

Caudale, long. 0,020 ; pectorale, long. 0,016 ; ventrale, long. 0,010. — Dorsale, haut. 0,016, long. 0,014 ; anale, haut. 0,010, long. 0,020.

L'Anchois est mangé frais assez rarement ; il est ainsi moins bon que la Sardine, mais il est meilleur quand il a été conservé. — Duhamel indique la manière d'apprêter les Anchois : on leur enlève la tête et les intestins, on les lave, on les fait égoutter, puis on les range dans des barils en les *alitant*, en mettant des couches alternatives de sel et de poissons. Le sel employé pour la préparation de l'Anchois contient un pour cent de son poids d'ocre rouge.

Il n'est pas nécessaire de le dire ; la famille des Clupéidés est l'une des plus utiles à l'homme ; elle fournit des produits considérables à l'alimentation publique. Sans compter les marins qui vont à la pêche, que de personnes sont occupées aux diverses préparations que l'on fait subir aux Harengs, aux Anchois, aux Sardines.

Famille des *Alépocéphalidés, Alepocephalidæ*.

Corps oblong, comprimé, garni d'écailles minces et lisses.

Tête nue ; bord de la mâchoire supérieure formé par les intermaxillaires et les maxillaires ; mandibule, intermaxillaires et palatins dentés.

Nageoires ; dorsale unique, opposée à l'anale, reculée, insérée sur le tiers postérieur de la longueur totale ; caudale échancrée.

GENRE ALÉPOCÉPHALE — *ALEPOCEPHALUS*, Riss.

Appareil branchial ; fente des ouïes très-longue ; six rayons branchio-stèges.

Vessie natatoire nulle. — **Estomac** sans cul-de-sac ; une douzaine d'appendices pyloriques.

L'ALÉPOCÉPHALE A BEC — *ALEPOCEPHALUS ROSTRATUS*.

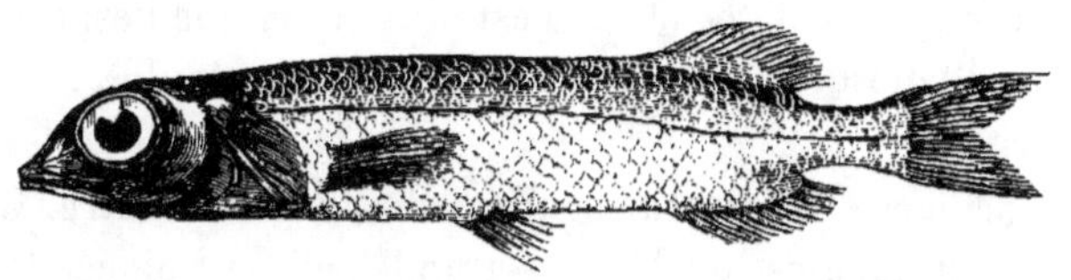

Fig. 198.

Syn. : Alepocephalus rostratus, Alépocéphale à bec, Riss., *Hist. nat.*, p. 449, fig. 27.

Alépocéphale a bec, Alepocephalus rostratus, Cuv. et Valenc., t. XIX, p. 172, pl. 566.

Alepocephalus rostratus, CBp., *Cat.*, n° 285 ; Günth., t. VII, p. 477 ; Canestr., *Fn. Ital.*, p. 136.

N. Vulg. : Caussinié, Nice.
Long. : 0,20 à 0,35.

Risso, qui le premier décrivit ce poisson, le rangea parmi les Clupes. L'Alépocéphale a le corps oblong, comprimé, couvert d'écailles assez grandes, très-minces, peu adhérentes, bordées de noir. La hauteur du tronc est contenue cinq fois et deux tiers à six fois et demi dans la longueur totale.

La tête est entièrement nue ; sa longueur est comprise trois fois et deux tiers environ dans la longueur totale. Le museau est court, étroit ou plutôt resserré en dessus, plus large en avant. La bouche, de moyenne grandeur, est à l'intérieur d'une teinte noirâtre. La mâchoire supérieure est arrondie en avant, relevée sur les côtés. Le maxillaire supérieur forme une petite partie du bord de la mâchoire, il est assez développé, il se termine, en arrière, au milieu de l'intervalle qui sépare le bord antérieur de l'orbite du diamètre vertical de l'œil. La mandibule porte, à la symphyse, un tubercule qui fait saillie en avant, et dépasse un peu la mâchoire supérieure, quand la bouche est fermée. Les intermaxillaires, les palatins et la mandibule ont une rangée de dents excessivement fines ; les maxillaires supérieurs en sont dépourvus, ainsi que la langue et le vomer.

Une paupière circulaire protège l'œil. L'iris est noirâtre. Le diamètre de l'œil est contenu trois fois à trois fois et trois quarts dans la longueur de la tête ; il est plus grand que l'espace préorbitaire ; il mesure, ou peu s'en manque, le double de l'espace interorbitaire.

Les orifices de la narine sont voisins l'un de l'autre. L'ouverture postérieure est ovale, très-grande ; elle est placée tout près du bord de l'orbite. L'ouverture antérieure est beaucoup plus étroite, et située plus en dedans que l'autre.

Comme celle de la bouche, la muqueuse de la chambre branchiale est noirâtre. Les ouïes sont largement fendues. Les pièces operculaires sont très-minces, pour ainsi dire, foliacées ; le préopercule a le bord postérieur arrondi ; l'opercule est triangulaire, marqué de stries divergentes ; le sous-opercule est peu distinct sous la peau. Les rayons branchiostèges sont au nombre de six ; ils ne sont pas recourbés ; ils forment, en quelque sorte, la paroi inférieure de la chambre respiratoire, avec la membrane qui les enveloppe, et qui se continue, en arrière, sur le battant operculaire, auquel elle fournit une large bordure. L'espace jugulaire est allongé, ovale, assez large en avant.

Un peu plus rapprochée du dos que du ventre, la ligne latérale est droite ; elle est indiquée par une suite d'écailles légèrement carénées. Éc., l. long. 50 à 52 ; l. transv. $\frac{6}{8} + 1 = 15$.

Placée sur le tiers postérieur de la longueur totale, la dorsale est opposée à l'anale, mais elle commence et finit un peu plus en avant ; ces deux nageoires ont à peu près la même hauteur ; elles ont la base garnie d'écailles et les rayons terminés en soies.

La caudale est fourchue ou très-échancrée. Les pectorales sont insérées sur le quart inférieur de la hauteur du tronc ; elles sont peu développées, ainsi que les ventrales.

Br. 6. — D. 14 à 16 ; A. 18 ; C. 5/19/5 ; P. 11 ; V. 7 ou 8.

Valenciennes indique seulement huit rayons à l'anale ; il y a sans doute une erreur de typographie.

La tête est d'un bleu très-foncé presque noir ; le corps est brun violacé ; la peau est noire sous les écailles. Les nageoires sont noirâtres.

Il n'y a pas de vessie natatoire. Les appendices pyloriques sont au nombre de douze. Le péritoine est noirâtre. Le rectum, dit Valenciennes, est muni d'une valvule en spirale.

Habitat. Méditerranée ; très-rare, Nice.

Proportions : long. totale 0,340 ; tronc, haut. 0,054, épais. 0,027.

Tête, long. 0,094, haut. 0,052. — Œil, diam. 0,027, esp. préorbit. 0,024, esp. interorbit. 0,014. — Mâchoire supérieure, long. 0,031.

Caudale, long. 0,031 ; pectorale, long. 0,040 ; ventrale, long. 0,028. — Dorsale, haut. 0,028, long. 0,040 ; anale, haut. 0,025, long. 0,045.

Suivant Risso, l'Alépocéphale se tient dans les grandes profondeurs ; il apparaît en juillet, août.

Famille des Ésocidés, Esocidæ.

Corps allongé, couvert de petites écailles lisses.

Tête ; bouche très-fendue, bien dentée ; bord de la mâchoire supérieure formé par les intermaxillaires et les maxillaires.

Appareil branchial ; ouverture des ouïes très-grande ; rayons branchiostèges nombreux ; pseudobranchies ganglionnaires ; os pharyngiens supérieurs et inférieurs dentés.

Nageoires ; dorsale unique, reculée vers l'extrémité postérieure du tronc, opposée à l'anale ; caudale fourchue, ou plutôt échancrée.

Vessie natatoire développée, pourvue d'un conduit s'ouvrant dans l'œsophage.

Canal intestinal ; estomac très-grand, sans cul-de-sac ; appendices pyloriques manquant.

GENRE ÉSOCE — *ESOX*, Cuv.

Tête allongée ; bord supérieur de la bouche formé en avant par le

III.   30

vomer, latéralement par les intermaxillaires et les maxillaires ; mâchoire supérieure plus courte que l'inférieure ; maxillaires supérieurs allongés, non dentés ; intermaxillaires peu développés, garnis de dents pointues, ainsi que les palatins, le vomer et la langue ; mandibule armée de dents inégales.

LE BROCHET COMMUN — *ESOX LUCIUS*.

Syn. : Lucius, Bell., p. 296-297 ; P. Jovius, *De Romanis Piscibus libellus*, 1531, p. 127 ; Salvian., p. 94-95, P. 23 ; Willugh., p. 236, pl. P. 5, fig. 2.

Du Brochet, Rondel., part. 2, p. 135 ; Duham., *Pêch.*, part. 2, sect. 3, p. 522, pl. 27, fig. 6 ; Bonnat., p. 174. pl. 72, fig. 296 ; Vallot, p. 234.

Esox lucius, Linn., p. 516, sp. 5 ; Bloch, pl. 32 ; Jurine, *Poiss. lac Léman*, p. 231, pl. 15 ; Rosenthal, *Ichthyot. Taf.*, pl. 7 ; Nordmann, *Fn. pontique*, p. 513 ; Selys-Longchamps, *Fn. belge*, p. 223 ; Agass., *Poiss. foss.*, t. V, part. 2, p. 60, pl. J et K ; CBp., *Cat.*, n° 133 ; Heckel et Kner, p. 287, fig. 157 ; Siebold, p. 325 ; Günth, t. VI, p. 226 ; Canestr., *Archiv. zool.*, 1866, t. IV, p. 138, *Fn. Ital.*, p. 21 ; Géhin, p. 96 ; Schlegel, p. 152, pl. 13, fig. 4.

L'Esoce brochet, Esox lucius, Lacép., t. XI, p. 356.

Brochet commun, Esox lucius, Cuv. et Valenc., t. XVIII, p. 279 ; Crespon, *Fn. méridion.*, p. 299 ; Marcotte, *Anim. vert. Abbeville*, p. 435 ; Blanch., p. 483, fig. 128 ; Soland, p. 257 ; Lunel, *Poiss. bassin du Léman*, p. 161, pl. 19.

The Pike, Yarr., t. I, p. 342 ; Couch, t. IV, p. 150.

N. vulg. : Buché, Brouché, Gard ; Pognau, Poitou.
Long. : 0,40 à 0,80, quelquefois 1,00 et plus.

De forme allongée, le corps du Brochet est prismatique depuis la ceinture scapulaire, jusqu'à l'origine de la dorsale ; il est arrondi, épais dans la région dorsale, légèrement comprimé sur les côtés ; il est couvert d'écailles minces, petites, fort adhérentes. La hauteur du tronc est contenue six fois et demie à sept fois dans la longueur totale. Le nombre des vertèbres est de soixante à soixante-trois.

En dessus, la tête est nue ; elle est large, aplatie ; elle est beaucoup plus longue que la hauteur du corps, surtout chez les jeunes individus ; sa longueur mesure le quart environ de la longueur totale. Le museau est un peu échancré. La bouche est très-grande. La mâchoire supérieure est moins avancée que l'inférieure. L'intermaxillaire est court, grêle ; il a deux ou trois fois moins de longueur que le maxillaire supérieur ; il est séparé de celui du côté opposé par le vomer, qui forme en quel-

que sorte l'extrémité du museau. Le maxillaire supérieur est
très-mobile et fort allongé ; il se porte, en arrière, sous le bord
inférieur de l'orbite ; il n'est pas denté ; il est composé de deux
os ; l'osselet supplémentaire, ou le surmaxillaire, se termine en
palette arrondie, qui dépasse un peu l'extrémité postérieure du
maxillaire principal. Le vomer, les palatins et souvent les ptérygoïdiens sont munis de dents acérées, plus ou moins fortes, pouvant se renverser en arrière puis se redresser, suivant les besoins
de l'animal ; les palatins sont les mieux pourvus, ils sont héris-
sés de dents très-nombreuses et très-développées, surtout vers
leur côté interne. La mandibule est armée de dents inégales,
les unes assez petites, les autres très-longues, fort pointues ; elle
a sur la symphyse une espèce de tubercule, ou de petit renflement qui semble continuer le museau, quand la bouche est
fermée. La langue est échancrée ; elle montre, en arrière, un
écusson couvert de dents assez fines. Sous les branches de la
mandibule et sur la tête se voient de petits orifices, qu'on a
appelés pores muqueux ; il s'en trouve d'autres sur le préopercule, et sur les sous-orbitaires.

Le diamètre de l'œil est compris de sept à onze fois dans la
longueur de la tête ; il mesure les deux tiers environ de l'espace
interorbitaire ; il ne fait guère que le tiers de l'espace préorbitaire, chez les animaux de moyenne taille. Un os sur-orbitaire
mobile soutient le repli de la peau, qui protège la partie supérieure de l'œil.

Les orifices de la narine sont larges ; ils sont voisins l'un de
l'autre, et rapprochés de l'orbite.

La fente des ouïes est fort longue, elle s'avance plus loin que
la commissure de la bouche. Les os pharyngiens inférieurs sont
séparés : ils sont garnis de dents en cardes fines, ainsi que les
pharyngiens supérieurs et les basibranchiaux. Les pièces operculaires sont lisses. Le sous-opercule, l'interopercule, le limbe
du préopercule et la membrane branchiostège sont nus, de
même que la moitié inférieure de l'opercule ; la moitié supérieure de l'opercule et la joue sont couvertes d'écailles. Il y a

quatorze rayons branchiostèges. La pseudobranchie a l'aspect d'une glande ; elle est oblongue, rougeâtre ; elle est composée d'espèces de lobules assez faciles à isoler les uns des autres.

On distingue très-bien la ligne latérale, qui est droite ou plutôt légèrement courbe ; elle est plus rapprochée du dos que du ventre. Éc., l. long. 120 à 130 ; l. transv. 30 à 40 ; sur un sujet de moyenne taille, je compte $\frac{12}{17} + 1 = 30$ écailles.

La dorsale est opposée et semblable à l'anale ; elle est rapprochée de la caudale. Le tronçon de la queue a un peu plus de longueur que de hauteur. La caudale est fourchue, ou plutôt échancrée ; ses lobes sont égaux. Les pectorales sont placées vers le profil inférieur du corps. Les ventrales sont insérées à peu près vers le milieu de la longueur totale.

Br. 14. — D. 20 à 23 ; A. 17 à 19 ; C. 4/19/4 ; P. 13 ou 14 ; V. 9 à 11.

La coloration est très-variable ; le plus souvent le dos est vert foncé ou vert jaunâtre, marqué de grandes taches oblongues d'un gris jaunâtre assez clair ; les côtés sont verdâtres ; le ventre est argenté. Certains individus ont une teinte sombre, et même noirâtre dans la région dorsale. Les nageoires impaires sont ordinairement rougeâtres, tachetées de vert foncé ou de noir ; les nageoires paires sont roses ou d'un rouge assez clair.

Habitat. Commun dans la plupart de nos eaux douces, rivières, étangs. Il manque dans le département des Pyrénées-Orientales ; dans la partie du département des Alpes-Maritimes qui est à l'est du Var, dans le Var, dans le lac d'Annecy. Il ne se trouve pas encore, aux environs d'Agde, ni dans le canal du Midi, ni dans l'Hérault, mais il paraît, chaque année, s'en approcher davantage ; et les pêcheurs redoutent fort l'arrivée, dans les eaux de leur pays, d'un poisson aussi vorace. Les Brochets semblent bien supporter l'eau saumâtre ; Canestrini en a vu dans les lagunes de la Vénétie.

Proportions : long. totale 0,534 ; tronc, haut. 0,082, épais. 0,045.

Tête, long. 0,131, haut. 0,075. — Œil diam. 0,018, esp. préorbit. 0,055, esp. interorbit. 0,028. — Mâchoire supérieure, long. 0,060 ; intermaxillaire, long, 0,018.

Caudale, long. 0,072 ; pectorale, long. 0,059 ; ventrale, long. 0,059. — Dorsale, haut. 0,065, long. 0,060 ; anale, haut. 0,053, long. 0,042.

Le Brochet fraie en février, mars et avril. Il donne une chair plus ou moins recherchée. Ses œufs sont vénéneux, d'après l'opinion généralement admise ; suivant Bloch, de Lacépède, H. Cloquet, ils servent, dans certaines contrées de l'Allemagne, à composer une espèce de *caviar*.

Il est inutile de rappeler que les armes de la ville de Luçon sont : *d'azur à trois Brochets d'argent posés en fasce*.

Famille des Exocétidés *Exocœtidæ*.

Corps allongé, couvert d'écailles lisses ; de chaque côté du ventre, une carène constituée par une série d'écailles plus relevées, plus adhérentes que les autres, traversées par un canal.

Tête de forme variable.

Narines ayant chacune leurs orifices dans une petite fossette triangulaire rapprochée de l'orbite.

Appareil branchial ; ouïes largement fendues ; os pharyngiens inférieurs soudés.

Ligne latérale saillante, suivant le profil du ventre depuis la ceinture scapulaire jusque sur le tronçon de la queue.

Nageoires ; dorsale unique, très-reculée, opposée à l'anale, suivies parfois l'une et l'autre de pinnules.

Vessie natatoire généralement présente, sans conduit pneumatophore.

Canal intestinal ; estomac sans cul-de-sac ; appendices pyloriques manquant.

La famille des Exocétidés se partage en deux sous familles.

Museau { en forme de bec fort allongé................ 1. Béloniniens.

{ court ; pectorales très-développées.......... 2. Exocétiniens.

Sous-famille des Béloniniens, *Belonini*.

Corps très-allongé, couvert d'écailles plus ou moins caduques.

Tête se prolongeant en un bec extrêmement grêle, dont la partie supérieure est constituée par les intermaxillaires soudés l'un à l'autre, la partie inférieure par les branches de la mandibule également soudées ; mâchoire supérieure plus courte et plus étroite que l'inférieure ; en arrière, son bord est, dans une très-petite étendue, formé, de chaque côté, par le maxillaire supérieur, qui est soudé à l'intermaxillaire, et plus ou moins caché par le sous-orbitaire antérieur ; mandibule terminée par une espèce d'appendice élastique.

Cette sous-famille comprend deux genres :

Pinnules après la dorsale { manquant................. 1. Orphie.
et l'anale

{ plusieurs.................. 2. Scombrésoce.

Il est nécessaire d'appeler l'attention sur un phénomène très-curieux, que depuis longtemps connaissent les pêcheurs. Le singulier développement du bec, chez les Béloniniens, se produit postérieurement à la naissance des animaux. Les très-jeunes spécimens n'ont pas les mâchoires allongées ; quand ils grandissent, la mandibule prend un accroissement beaucoup plus rapide que la mâchoire supérieure ; cette différence dans le mode d'évolution de chacune des moitiés du rostre, explique l'erreur de certains naturalistes qui ont considéré de petites *Orphies* comme étant des *Hémiramphes*.

GENRE ORPHIE — *BELONE*, Cuv.

Tête aplatie en dessus, étroite en dessous ; mâchoires très-allongées ; toutes les deux garnies de nombreuses dents coniques.

Nageoires ; dorsale et anale fort reculées, non suivies de pinnules.

Le genre Orphie est composé de trois espèces.

Tronçon de la queue — sans carène latérale. Vomer — denté...... 1. O. VULGAIRE. — non denté.. 2. O. AIGUILLE. — portant une carène de chaque côté ..... 3. O. DE CANTRAINE.

L'ORPHIE VULGAIRE — *BELONE VULGARIS.*

Syn. : Esox BELONE, Linn., p. 517, sp. 6 ; Bloch, pl. 33 ; Rosenthal, *Ichthyot. Taf.,* pl. 8.

LA BÉLONE, Esox belone, Bonnat., p. 175, pl. 72, fig. 297.

L'ÉSOCE BÉLONE, Esox belone, Lacép., t. XI, p. 366.

BELONE VULGARIS (Orphie commune), Selys-Longchamps, *Fn. belge*, p. 244 ; Günth., t. VI, p. 254 ; Schlegel, p. 156, pl. 13, fig. 5.

L'ORPHIE VULGAIRE, Belone vulgaris, Cuv. et Valenc., t. XVIII, p. 399 ; Marcotte, *Anim. vert. Abbeville*, p. 436.

BELONE ROSTRATA, Faber, *Naturgeschichte der Fische Islands*, 1829, p. 152 ; CBp., *Cat.*, p. 97, n° 723.

GARFISH, Yarr., t. I, p. 459 ; Couch, t. IV, p. 146.

Jeune.

HEMIRAMPHUS EUROPÆUS, Yarr., t. I, p. 469 ; Couch, t. IV, p. 135.

N. vulg. : Aiguille de mer, Aiguillette, Bécasse ou Bécassine de mer, côtés de l'Ouest.

Long. : 0,50 à 0,80, quelquefois plus.

A peu près anguilliforme, le corps de l'Orphie est fort allongé, légèrement déprimé sur le dos, arrondi sur les côtés, aplati sous le ventre, qui est séparé des flancs par une carène très-marquée. Il est couvert d'écailles minces, lisses, caduques. Sa hauteur est contenue de quatorze à dix-neuf fois dans la longueur totale. Le tronçon de la queue est, pour ainsi dire, quadrangulaire.

Chez les adultes, lorsque le bec a pris son développement, la longueur de la tête est comprise trois fois et demie à quatre fois dans la longueur totale. En dessus, le crâne est aplati. La mâchoire supérieure est beaucoup moins longue que l'inférieure ; elle porte une bande étroite de dents coniques, fort pointues ; les dents les plus petites sont fixées sur le bord externe. La mandibule est armée d'une rangée de dents aiguës, plus fortes que celles de la mâchoire supérieure, qu'elles débordent quand la bouche est fermée ; à partir du milieu de la mandibule jusqu'à la commissure de la bouche, se trouvent encore des dents excessivement petites, qui forment une bande fort étroite. Le vomer a, sur le devant, une plaque garnie de dents coniques ; cette plaque est généralement ovale ; parfois elle est allongée, elle se continue sur le corps du vomer, et sa longueur est à peu près égale au diamètre de l'œil. La langue est libre ; elle est large, creusée en gouttière ; son bord antérieur est arrondi.

L'iris est argenté. Le diamètre de l'œil est à peu près égal à l'espace interorbitaire ; généralement, il ne mesure pas tout à fait la moitié de l'espace postorbitaire.

Les ouïes sont largement fendues. Ordinairement, chez les animaux nouvellement pêchés, on voit sur la moitié antérieure de l'opercule deux saillies, ou plutôt deux canaux parallèles qui se dirigent vers le bord postérieur du préopercule.

De l'extrémité antérieure de chacune des clavicules, part la carène longitudinale qui sépare les côtés du ventre ; elle passe sur l'insertion de la ventrale, et vient disparaître sur le tronçon de la queue. Cette carène est une véritable ligne latérale, ainsi que le démontre la disposition des écailles qui la constituent. Les écailles sont traversées par un canal, qui, en arrière, se termine par une large ouverture, après avoir donné naissance à un conduit secondaire dirigé obliquement. La forme de ces écailles est exactement la même chez l'Orphie commune que chez l'Orphie aiguille.

La dorsale et l'anale sont très-reculées ; elles ont leurs rayons antérieurs un peu plus allongés que les autres ; elles sont légèrement falciformes. La caudale est échancrée. La pectorale est large, courte. La ventrale est insérée sur la seconde moitié de la longueur totale ; elle est tronquée.

Br. 12. — D. 17 à 19 ; A. 21 ou 22 ; C. 3/15 à 17/3 ; P. 12 ou 13 ; V. 6.

La coloration est verdâtre sur le dos ; d'un blanc nacré sous le ventre. La mâchoire inférieure et les joues sont d'un blanc rosé. La dorsale et la caudale sont d'un gris plus ou moins foncé ; les autres nageoires sont d'un blanc sale.

Habitat. L'Orphie vulgaire n'a pas seulement pour habitat les mers qui baignent les côtes occidentales de l'Europe, elle existe aussi dans la Méditerranée ; elle est même fort commune à Cette ; je possède de fort beaux spécimens qui me viennent de ce pays.

Proportions : long. totale 0,651 ; tronc, haut. 0,046, épais. 0,029.

Tête, long. 0,165, haut. 0,033. — Œil, diam. 0,017, esp. préorbit. 0,109, esp. interorbit. 0,017, esp. postorbit. 0,039. — Distance de la commissure de la bouche à l'extrémité de la mâchoire : supérieure 0,101 ; inférieure 0,112.

Caudale, long. 0,061 ; pectorale, long. 0,037 ; ventrale, long. 0,023. — Dorsale, haut. 0,023, long. 0,071 ; anale, haut. 0,030, long. 0,079.

L'ORPHIE AIGUILLE — *BELONE ACUS.*

Syn. : DE L'ÉGUILLE, Rondel., liv. XI, c. III, p. 187.
Esox BELONE, Brunn., *Ichth. Mass.*, p. 79, n° 95.
ÉSOCE BÉLONE, Esox belone, Riss., *Ichth.*, p. 330.
ORPHIE AIGUILLE, Belone acus, Riss., *Hist. nat.*, p. 443; Cuv. et Valenc., t. XVIII, p. 414 ; Guichen., *Expl. Algér.*, p. 95.
BELONE ACUS, CBp., *Cat.*, p. 97, n° 853, *Fn. ital.*, fig.; Günth., t. VI, p. 251 ; Canestr., *Fn. Ital.*, p. 131.

N. vulg. : Aguglia, Nice ; Aguïa, Cette.
Long. : 0,40 à 0,70.

Valenciennes a distingué de l'Orphie vulgaire l'Orphie aiguille, qui a pour caractère spécifique « de manquer de dents au vomer. » Chez certains individus, cependant, il y a parfois quelques petites dents sur le vomer, mais elles sont peu visibles. Ainsi que le fait encore observer Valenciennes, les mâchoires de l'Orphie aiguille sont munies de dents un peu plus fortes que celles de l'Orphie vulgaire.

L'anale est ordinairement un peu plus avancée que la dorsale, elle est plus longue.

Quant aux proportions générales, elles se montrent sensiblement les mêmes dans les deux espèces.

Br. 12. — D. 16 à 18 ; A. 20 ou 21 ; C. 3/18 ou 19/3 ; P. 12 à 15 ; V. 6.

Le système de coloration est le même que dans l'Orphie vulgaire.

Habitat. L'Orphie aiguille est excessivement commune dans la Méditerranée ; mais elle n'est pas confinée dans cette mer, comme Valenciennes semblait le croire ; je l'ai trouvée dans le golfe de Gascogne, et même assez souvent, à Arcachon.

Proportions : long. totale 0,535 ; tronc, haut. 0,028, épais. 0,022.

Tête, long. 0,141, haut. 0,027. — Œil, diam. 0,014, esp. préorbit. 0,094, esp. interorbit. 0,014, esp. postorbit. 0,035. — Distance de la commissure de la bouche à l'extrémité de la mâchoire : supérieure 0,085 ; inférieure 0,098.

Caudale, long. 0,046 ; pectorale, long. 0,030 ; ventrale, long. 0,030. — Dorsale, haut. 0,022, long. 0,060 ; anale, haut. 0,022, long. 0,072.

La chair de ces deux Orphies, bien qu'elle soit bonne, est assez peu recherchée ; cela tient probablement à la teinte verte des os, qui inspire de la répugnance à beaucoup de personnes. Suivant Littré et Robin, la chair de l'Orphie commune est vénéneuse à certaines époques (V. Lit. Rob., *Diction. Méd.*, art. *Vénéneux*) ; sur nos côtes on mange ce poisson en abondance, et sans la moindre crainte de danger ; je ne pense pas que la chair de l'Orphie ait jamais déterminé de sérieux accidents chez les personnes qui en font usage, à moins qu'elle n'ait subi un commencement de décomposition.

L'ORPHIE IMPÉRIALE — *BELONE IMPERIALIS.*

Syn. : Esox imperialis, Rafin., *Carat. alc. nuov. gener.*, p. 59, sp. 157, pl. 9, fig. 2, *Ind. itt. sicil.*, p. 34, n° 251.

Tylosurus Cantrainii, Cocco, *Lettr. in Giorn. Sc. Lett. Sicil.* XLII, n° 124, p. 18, pl. 1, fig. 4, CBp., *Fn. ital.*, fig.

Tylosurus imperialis, CBp., *Cat.*, n° 721; Canestr., *Fn. Ital.*, p. 132.

L'Orphie de Cantraine, Belone Cantrainii, Cuv. et Valenc., t. XVIII, p. 418.

Belone cantrainii, Günth., t. VI, p. 242.

Long. : 0,60 à 1,00.

Ce poisson, dit le prince de Canino, a le corps moins haut que celui de l'Orphie, à peu près arrondi. La hauteur du tronc est contenue vingt-deux fois dans la longueur totale.

La tête, en forme de pyramide, est large en dessus, étroite en dessous. Le bec est relativement assez gros. La mâchoire inférieure est d'un sixième plus longue que la supérieure. Les dents sont très-aiguës, inégales ; les plus grandes se trouvent vers le milieu de la longueur du bec.

Le diamètre de l'œil mesure environ le dixième de la longueur de la tête (CBp.).

Les deux lignes latérales se réunissent près de la caudale.

La dorsale est sur le tiers postérieur de la longueur totale ; elle a un lobe antérieur, puis elle est entamée d'une profonde échancrure, elle est relevée à partir du huitième rayon ; elle se termine près de la caudale. L'anale est opposée à la dorsale ; elle a un lobe antérieur assez élevé, puis une échancrure, qui répond à celle de la dorsale ; après l'échancrure, elle reste basse. La caudale est fourchue ; elle a le lobe inférieur d'un tiers environ plus allongé que le supérieur. De chaque côté, le tronçon de la queue porte une crête, ou plutôt une carène, qui n'existe pas chez nos autres Orphies. Pour rappeler cette disposition, Cocco a donné à son genre nouveau le nom de *Tylosurus*.

Br. 14. — D. 23 ; A. 24 ; C. 16 ; P. 12 ; V. 6 (CBp.).

Le dos est d'un bleu foncé à reflets verdâtres, le ventre est argenté. La dorsale est noirâtre sur la moitié postérieure de ses plus grands rayons ; les pectorales sont brunâtres ; l'anale et les ventrales sont blanches ; la caudale est transparente et teintée de noir à la base de ses rayons.

Habitat. Méditerranée, excessivement rare ; en 1878, un spécimen de cette espèce a été trouvé, sur le marché de Nice, par MM. Gal frères, naturalistes ; il avait $0^m,87$ de longueur, $0^m,15$ de circonférence, et pesait $0^k,800$.

GENRE SCOMBRÉSOCE — *SCOMBRESOX*, Lacép.

Tête fort allongée ; mâchoire supérieure très-grêle, plus étroite que l'inférieure, portant, l'une et l'autre, une rangée de très-petiles dents ; langue et palais non dentés.

Nageoires ; dorsale et anale très-reculées, suivies, l'une et l'autre, de plusieurs pinnules ; caudale fourchue.

Le Scombrésoce, comme on l'a dit, est une Orphie qui a la queue ou les fausses nageoires d'un Maquereau.

Le genre Scombrésoce est formé de deux espèces.

Vessie natatoire { développée.......................... 1. S. SAURUS.

{ nulle.......................... 2. S. DE RONDELET.

LE SCOMBRÉSOCE SAURUS — *SCOMBRESOX SAURUS.*

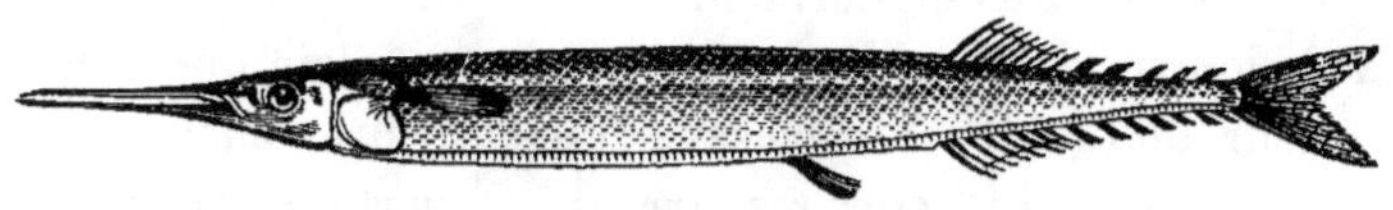

Fig- 199.

Syn. : LACERTUS *vel* SAURUS, Willugh., p. 232.

ESOX SAURUS, ex Pennant, *Brit. Fish.*, t. III, p. 325, Arted. Walb., pars 3ᵃ, p. 93 ; Bl. Schneid., p. 394, pl. 78, fig. 2 ; Donov., *Nat. Hist, Brit. Fish.*, 1808, t. V, pl. 116.

LE SCOMBRÉSOCE CAMPÉRIEN, Scombresox Camperii, Lacép., t. XII, p. 121 ; Cuv. et Valenc., t. XVIII, p. 464, pl. 551 ; Marcotte, *Anim. vert. Abbeville*, p. 436..

BELONE SAURUS, Jenyns, *Man. Brit. vert. Animals*, p. 419.

SCOMBRESOX SAURUS, Fleming, *Hist. Brit. Animals*, p. 184 ; Günth., t. VI, p. 257.

SAYRIS CAMPERI, CBp., *Cat.*, p. 96, n° 852.

SCOMBRESOX CAMPERI, Nilsson, *Skand. Fn.*, t. IV, p. 358.

BELONE CAMPERI, Schlegel, p. 157.

THE SAURY PIKE, Yarr., t. I, p. 465.

SKIPPER, Couch, t. IV, p. 141.

Long. : 0,20 à 0,35.

Depuis la ceinture scapulaire jusqu'à l'origine de la dorsale, le corps garde la même hauteur, puis il se rétrécit et s'effile à mesure qu'il se rapproche de la base de la caudale ; il est allongé, comprimé ; il est couvert d'écailles minces, lisses, plus hautes que longues, caduques. La hauteur du tronc est contenue dix à treize fois dans la longueur totale. La carène latérale du ventre finit à l'aplomb de la quatrième, ou de la cinquième pinnule anale.

Chez les animaux adultes, la longueur de la tête est comprise trois fois et un tiers à trois fois et demie dans la longueur totale. Le bec est excessivement grêle, fort allongé ; sa longueur mesure environ la moitié de la longueur de la tête. La mâchoire supérieure est plus mince, plus étroite et un peu plus courte que l'inférieure ; elles sont l'une et l'autre garnies de dents extrêmement fines. La mandibule se termine par un petit appendice élastique. La face supérieure du crâne est aplatie.

Le sous-orbitaire est mince, trapézoïde, entamé d'une entaille profonde sous la narine ; il cache en partie le maxillaire supérieur. Le diamètre de l'œil est moins grand que l'espace interorbitaire ; il est contenu deux fois et demie environ dans la longueur de l'espace postorbitaire. L'iris est argenté.

Très-longue, la fente des ouïes s'avance plus loin que le bord antérieur de l'orbite. Les pièces operculaires se touchent sous la gorge ; en arrière, elles recouvrent une partie de la ceinture scapulaire.

Généralement, la dorsale commence au-dessus du cinquième rayon de l'anale, sur le tiers postérieur de la longueur totale ; elle est basse, ainsi que l'anale. Le tronçon de la queue est grêle. La caudale est fourchue, assez peu développée. La pectorale est insérée au niveau de l'angle supérieur de la fente branchiale ; son premier rayon est large, robuste, de même que le rayon externe de la ventrale.

Br. 13. — D 10 à 12 + V ou VI ; A. 12 ou 13 + VI ou VII ; C. 3/14/4 ; P. 12 ou 13 ; V. 6.

Le dos est coloré d'un bleu d'outremer brillant ; les côtés et le ventre sont argentés. La dorsale, l'anale, les pinnules inférieures, et les nageoires paires sont d'un bleu assez clair. A l'aisselle de la pectorale se voit une petite tache d'un bleu foncé. La caudale et les pinnules supérieures sont d'un gris bleuâtre.

La vessie natatoire est allongée, très-facile à distinguer ; elle est fort développée.

Habitat. Côtes de l'Ouest, excessivement rare ; un spécimen, pris dans la baie de la. Somme, a été envoyé, par Baillon d'Abbeville, au Muséum de Paris ; un autre spécimen, celui dont je vais indiquer les proportions, a été pêché, par M. de Folin, au Boucau, près de Bayonne, le 10 octobre 1873.

Proportions : long. totale 0,284 ; tronc, haut. 0,023, épais. 0,012.

Tête, long. 0,083, haut. 0,022. — Œil diam. 0,009, esp. préorbit. 0,050, esp. interorbit. 0,011, esp. postorbit. 0,023. — Distance de la commissure de la bouche à la pointe de la mâchoire : [supérieure 0,040 ; inférieure 0,042

Caudale, long. 0,029 ; pectorale, long. 0,017 ; ventrale, long. 0,014. — Dorsale, haut. 0,012, long. 0,019 ; anale, haut. 0,010, long. 0,020.

LE SCOMBRÉSOCE DE RONDELET — *SCOMBRESOX RONDELETII.*

Syn. : DE ACU ALTERA MINORI, Bell., p. 163-164.

DE LA BÉCASSE, ou autre espèce d'Éguille, *Saurus*, Rondel., liv. VIII, c. v, p. 189.

SAYRIS HIANS, Sayris bec-ouvert, Rafin., *Carat. nuov. generi*, p. 61, sp. 161, pl. 9, fig. 1, *Ind. itt. sicil.*, p. 34, sp. 246.

SAYRIS SERRATA *et* SAYRIS RECURVIROSTRA, Rafin., *Carat.*, p. 61, sp. 159, 160, *Ind. itt. sicil.*, p. 33, 34, sp. 245, 247.

SCOMBRÉSOCE CAMPÉRIEN, Scombresox Camperii, Riss., *Ichth.*, p. 334, *Hist. nat.*, p. 414.

LE SCOMBRÉSOCE CAMPÉRIEN, Scombresox saurus, Valenc., Cuv., *Règ. an. ill.*, p. 234, pl. 98, fig. 1.

LE SCOMBRÉSOCE DE RONDELET, Scombresox Rondeletii, Cuv. et Valenc., t. XVIII, p. 472.

SAYRIS CAMPERI, CBp., *Fn. ital.*, fig. ; Canestr., *Fn. Ital.*, p. 131.

SAYRIS RONDELETII, CBp., *Cat.*, p. 96, n° 722.

SCOMBRESOX RONDELETII, Günth., t. VI, p. 258.

N. vulg. : Gastodello, Gastaudela, Nice.

Long. : 0,20 à 0,35.

Il n'existe pas de caractères extérieurs qui permettent de distinguer sûrement le Scombrésoce de Rondelet du Scombrésoce saurus . Les dents, comme le fait remarquer Valenciennes, paraissent sans doute plus fines dans l'espèce de la Méditerranée que dans celle de l'Océan ; Rondelet disait même en décrivant la Bécasse, le bec de ce poisson n'a pas de dents, mais les mâchoires sont faites en scie. Malheureusement la petitesse des dents ne fournit pas un signe différentiel d'une bien grande valeur ; une disposition anatomique, signalée par Valenciennes, peut, elle seule, faire reconnaître le Scombrésoce de Rondelet ; dans l'espèce de la Méditerranée, il n'y a pas de vessie natatoire.

J'ai vérifié les observations de Valenciennes ; je les ai trouvées parfaitement exactes.

D. 10 à 12 + V ou VI ; A. 12 ou 13 + V à VII ; C. 3/15/4 ; P. 12 ou 13 ; V. 6.

Habitat. Méditerranée ; très-rare, Cette ; assez rare, Nice. Ce poisson, écrit le professeur Canestrini, est, dit-on, commun dans la mer de Sicile ; mais il est rare dans toutes les autres mers d'Italie ; je ne croyais pas l'espèce aussi rare dans la mer de Ligurie, j'en ai vu plusieurs spécimens sur le marché de Gênes.

Proportions : long. totale 0,241 ; tronc, haut. 0,024, épais. 0,011.

Tête, long. 0,068, haut. 0,020. — Œil, diam. 0,008, esp. préorbit. 0,040, esp. interorbit. 0,009, esp. postorbit. 0,020. — Distance de la commissure de la bouche à la pointe de la mâchoire : supérieure 0,030 ; inférieure 0,034.

Caudale, long. 0,024 ; pectorale, long. 0,014 ; ventrale, long. 0,015. — Dorsale, haut. 0,008, long. 0,020 ; anale, haut. 0,008, long. 0,019.

Sous-famille des *Exocétiniens, Exocœtini.*

Corps allongé, couvert d'écailles lisses.

Tête aplatie en dessus ; museau court ; bouche petite, non protractile ; mâchoire supérieure moins avancée que l'inférieure, à bord formé par les intermaxillaires, qui ne sont pas soudés aux maxillaires supérieurs ; dents excessivement petites sur les mâchoires, paraissant quelquefois manquer.

Nageoires ; dorsale reculée, opposée à l'anale ; pectorales extrêmement développées.

Vessie natatoire grande, sans conduit pneumatophore.

GENRE EXOCET — *EXOCOETUS*, Linn.

Caractères de la sous-famille.

Le genre Exocet se compose de cinq espèces.

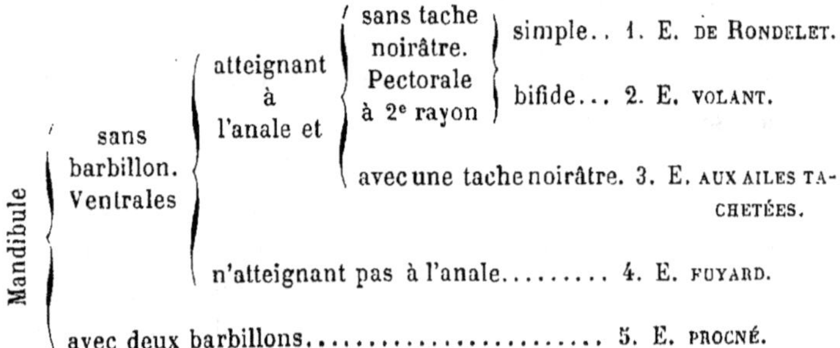

Dans son travail sur la *Diagnose des Poissons volants*, M. Lutken a vivement appelé l'attention des naturalistes sur la disposition du deuxième rayon de la pectorale, qui est simple ou fendue. La disposition de ce deuxième rayon fournit, pour reconnaître des espèces voisines, un caractère de grande valeur, bien qu'elle ne soit pas absolument constante ; ainsi, chez un *E. spilopus*, j'ai trouvé le deuxième rayon de la nageoire thoracique simple à droite, bifide à gauche ; c'est, je l'ajoute, une exception excessivement rare.

L'EXOCET DE RONDELET — *EXOCŒTUS RONDELETII.*

Syn. : Du Muge volant, Rondel., liv. IX, c. v, p. 211.

L'Exocet de Rondelet, Exocœtus Rondeletii, Cuv. et Valenc., t. XIX, p. 115, pl. 562.

Exocœtus Rondeletii, Günth., t. VI, p. 293 ;? Lutken, *Contributions à la diagnose des Poissons volants ou Erocets*, dans *Journ. zool.*, Gervais, 1877, t. VI, p. 121.

Exocœtus brachycephalus, Lutken (non Günth.), *op. cit.*, p. 122.

Long. : 0,18 à 0,23.

Cet Exocet est fort probablement le poisson qui a été décrit par Rondelet sous le nom de *Muge volant*. Son corps est couvert de grandes écailles caduques ; il a la forme d'une pyramide à quatre pans jusqu'à la dorsale, il est un peu arrondi en arrière. Le dos est d'un tiers environ plus large que la partie de l'abdomen qui est bordée par les carènes latérales. La hauteur du tronc est contenue sept fois à neuf fois et demie dans la longueur totale.

La tête est grosse ; elle est large, aplatie en dessus ; sa longueur est comprise six fois à six fois et demie dans la longueur totale. Le museau est court ; la bouche très-petite. La mâchoire supérieure est moins avancée que l'inférieure ; elles paraissent l'une et l'autre manquer de dents, mais elles en ont qui sont excessivement fines, très-visibles à la loupe. La mandibule est, en avant, terminée par un petit renflement.

En général, l'iris est jaunâtre. Le diamètre de l'œil est contenu trois fois à trois fois et demie dans la longueur de la tête ; il est aussi grand, ou même plus grand que l'espace préorbitaire ; il est d'un quart environ plus petit que l'espace interorbitaire, qui est légèrement concave, et parcouru, d'arrière en avant, par deux petites carènes bordant une espèce de cannelure. Le sourcil est assez large.

Fort reculée, la dorsale commence après la perpendiculaire élevée sur le bord postérieur de l'orifice anal, parfois au-dessus ou un peu en arrière de l'origine de l'anale ; elle compte dix à douze rayons assez petits ; ordinairement les deux rayons antérieurs sont simples. L'anale est courte, assez basse ; son premier rayon est simple. La caudale a le lobe inférieur très-développé, mesurant le quart ou le cinquième de la longueur totale. Les pectorales forment de longues ailes, qui atteignent, ou peu s'en manque, à la base de la caudale ; elles ont le bord supérieur de leur insertion très-rapproché du profil du dos ; elles sont soutenues par dix-sept ou dix-huit rayons ; les deux premiers rayons, ou les·deux rayons supérieurs sont simples. Les ventrales sont longues ; elles finissent généralement un peu moins en arrière que les pectorales ; elles ont leur base sur la seconde moitié de la longueur·du poisson, caudale non comprise, répondant à peu près au milieu de la longueur des pectorales quand elles sont appliquées sur les côtés.

Br. 11. — D. 10 à 12 ; A. 10 à 12 ; C. 2/16 à 18/2 ; P. 2/15 ou 16 ; V. 6.

Sur le dos, la coloration est d'un brun bleuâtre ou d'un bleu foncé, et d'un blanc argenté sous le ventre. La dorsale est brunâtre ; l'anale est blanche ; la caudale est d'un gris brunâtre lavé de roux ; les pectorales sont d'un roux assez clair, teintées de bleu ou de brun, souvent elles ont un petit liséré blanc à la pointe de leurs rayons ; les ventrales sont brunâtres ou noirâtres, excepté vers le bord interne, qui est blanchâtre.

Habitat. Méditerranée, assez rare, Cette, Nice.

Proportions : long. totale 0,243 ; tronc, haut. 0,025, épais. 0,0.25.

Tête, long. 0,040, haut. 0,027. — OEil, diam. 0,013, esp. préorbit. 0,011, esp. interorbit. 0,018. — Mâchoire supérieure, long. 0,010.

Caudale, long. lobe : supérieur 0,043, inférieur 0,055 ; pectorale, long. du 1er rayon 0,057, 2e rayon 0,083, plus grand rayon 0,150 ; ventrale, long. 0,058. — Dorsale, haut. 0,017, long. 0,034 ; anale, haut. 0,015, long. 0,029.

Distance du bout du museau à : dorsale 0,144 ; anus 0,140 ; anale 0,148 ; pectorale 0,041 ; ventrale 0,112.

L'EXOCET VOLANT — *EXOCŒTUS VOLITANS*.

Syn. : HIRUNDO, Rondine, Salvian., p. 185, P. 67.

EXOCŒTUS VOLITANS, Linn., p. 520, sp. 1 ; Günth., t. VI, p. 293 ; Canestr., *Fn. Ital.*, p. 132 ; Lutken, *Contribut. diagnose des Poissons volants ou Exocets*, dans *Journ. zool.*, Gervais, 1877, t. VI, p. 118.

DU POISSON VOLANT, Hirondelle de mer, Duham., *Pêch.*, part. 2, sect. 3, p. 480, pl. 22, fig. 2.

EXOCŒTUS EXSILIENS, Bloch, pl. 397 ; CBp., *Cat.*, n° 724.

? L'EXOCET VOLANT, Exocœtus volitans, Lacép., t. XII, p. 174.

? EXOCŒTUS EXILIENS, Exocet sauteur, Riss., *Hist. nat.*, p. 446.

L'EXOCET VOLANT, Exocœtus volitans, Cuv. et Valenc., t. XIX, p. 83, pl. 559 ; Guichen., *Expl. Algér.*, p. 96.

THE GREATER FLYING FISH, Yarr., t. I, p. 479 ; Couch, t. IV, p. 128.

N. Vulg. : Hirondelle de mer, Hareng volant ; Peix volant (catal), Pyrénées-Orientales ; Peï voulan, Cette ; Arendoula, Nice.

Long. : 0,25 à 0,45.

De forme un peu variable, le corps de ce poisson est tantôt arrondi dans sa région supérieure, tantôt large, aplati jusqu'à l'origine de la dorsale, et alors présente la figure d'une pyramide quadrangulaire ; le ventre est aplati, mais il est beaucoup moins large que le dos. La hauteur du tronc est contenue sept fois à sept fois et demie dans la longueur totale. La peau est couverte d'écailles grandes et minces.

La tête est forte ; elle est aplatie en dessus ; sa longueur est comprise cinq fois et quart à cinq fois et trois quarts dans la longueur totale. Le museau est court ; la bouche petite. La mâchoire supérieure est moins avancée que l'inférieure ; le maxillaire supérieur est complétement caché par le sous-orbitaire, quand la bouche est fermée. La mandibule est plus ou moins arrondie, à bord mince. Les dents des mâchoires sont excessivement petites, à pointe souvent mousse.

Chez les animaux qui viennent d'être pris, l'iris est doré. Le diamètre de l'œil est contenu trois fois à trois fois et quart dans la longueur de la tête ; il est plus grand que l'espace préorbitaire, plus petit que l'espace interorbitaire. Le sous-orbitaire est développé ; il a le bord antérieur légèrement courbe.

III. 31

La dorsale commence en avant du plan qui est perpendiculaire à l'anus ; elle est soutenue par une douzaine de rayons assez bas, dont le premier est simple ; le deuxième rayon m'a toujours semblé branchu. L'anale est plus courte que la dorsale ; elle a aussi le premier rayon simple. La caudale est très-profondément divisée en deux lobes fort inégaux, dont les proportions varient suivant les individus. Les pectorales sont excessivement développées ; elles atteignent, ou peu s'en manque, à la racine de la caudale ; elles ont le deuxième rayon bifide ; cette disposition suffit pour faire distinguer facilement ce poisson de l'Exocet de Rondelet. Les ventrales sont insérées un peu en arrière du milieu de la longueur totale, sans la caudale ; M. Günther écrit cependant le contraire, il prétend que la base de la ventrale est plus rapprochée de l'extrémité du museau que de la racine de la caudale. M. Günther n'a jamais vu un seul spécimen d'*Exocœtus volitans ;* et, bien qu'il ne l'indique pas, il a évidemment emprunté sa description à l'*Histoire naturelle des Poissons ;* seulement il a mal compris le texte de Valenciennes qui dit : la nageoire ventrale est insérée un peu en avant de la moitié de la longueur du tronc ; ce qui signifie : la base de la ventrale est plus près de la ceinture scapulaire que de la racine de la caudale.

Br. 10 ou 11. — D. 11 à 13 ; A. 9 ; C. 3 ou 4/18 à 20/5 ; P. 1/14 à 17 ; V. 6.

Le dos est d'un gris bleuâtre ; le ventre est argenté. La dorsale est d'un gris blanchâtre ; l'anale est blanchâtre ou bleuâtre ; la caudale est brune ; la pectorale est d'un gris plombé, plus ou moins violacé sur la face interne, avec une bordure blanche à la pointe de ses rayons ; la ventrale est d'une teinte bleuâtre très-pâle, presque blanche.

Habitat. Manche, excessivement rare ; l'Exocet décrit par Duhamel avait seize pouces de long (0^m,433). Océan, très-rare, Charente-Inférieure, la Rochelle. Méditerranée, assez rare, Cette, Marseille, Nice.

Proportions : long. totale 0,352 ; tronc, haut. 0,047, épais. 0,031.

Tête, long. 0,062, haut. 0,042. — Œil, diam. 0,019, esp. préorbit. 0,017, esp. interorbit. 0,026. — Mâchoire supérieure, long. 0,012.

Caudale, long. lobe : supérieur 0,068, inférieur 0,086 ; pectorale, long. du : 1er rayon 0,110, 2e rayon 0,178, plus grand rayon 0,198 ; ventrale, long. 0,096. — Dorsale, haut. 0,035, long. 0,054 ; anale, haut. 0,019, long. 0,029.

Distance du bout du museau à : dorsale 0,195 ; anus 0,203 ; anale 0,221 ; pectorale 0,063 ; ventrale 0,151.

L'EXOCET AUX VENTRALES TACHETÉES,
EXOCŒTUS SPILOPUS.

Syn. : L'EXOCET AUX VENTRALES TACHETÉES, Exocœtus spilopus, Cuv. et Valenc., t. XIX, p. 118 ; Guichen., *Poiss. île de Cuba*, p. 152, pl. 4, fig. 2, dans Ramon de la Sagra, *Hist. phys. polit. nat. île de Cuba*.

? L'EXOCET AUX AILES BICOLORES, Exocœtus bicolor, Cuv. et Valenc., t. XIX, p. 111.

EXOCŒTUS NIGRICANS, Günth., t. VI, p. 290.

EXOCŒTUS SPILOPUS, Lutken, *Diagn. Poiss. vol.*, dans *Journ. zool.*, Gervais, t. VI, p. 117.

Long. : 0,20 à 0,30.

Le corps présente la forme d'une espèce de parallélipipède un peu comprimé latéralement ; il est couvert de grandes écailles caduques ; sa hauteur est contenue six fois et demie à sept fois et demie dans la longueur totale.

En dessus, le crâne est large, aplati. La longueur de la tête est comprise cinq fois à cinq fois et trois quarts dans la longueur totale. Le museau est court ; il est coupé à peu près carrément. La bouche est peu fendue. Le maxillaire supérieur n'arrive pas, en arrière, à l'aplomb du bord antérieur de l'orbite. Les mâchoires sont garnies de dents très-fines.

Chez les sujets développés, le diamètre de l'œil mesure, ou peu s'en manque, le tiers de la longueur de la tête ; il est un peu plus grand que l'espace préorbitaire ; il fait environ les quatre cinquièmes de l'espace interorbitaire, qui est légèrement concave.

Les orifices de la narine sont plus rapprochés du bord de l'orbite que du bout du museau.

La dorsale commence bien plus en avant que l'anale ; elle compte une quinzaine de rayons. L'anale est assez courte. La caudale a le lobe inférieur beaucoup plus allongé que le supérieur. Les pectorales sont excessivement développées ; quand elles sont dans l'adduction, leur extrémité arrive près de la base de la caudale ; le deuxième rayon est généralement divisé ; chez un individu, je l'ai trouvé simple à droite, bifide à gauche. Les ventrales ne vont pas, en arrière, aussi loin que les pectorales.

D. 15 ; A. 9 à 11 ; C. 3/17/4 ; P. 1/14 ; V. 6,

En avant la dorsale est blanche ; elle est noirâtre en arrière. L'anale est blanchâtre. La caudale a le lobe supérieur grisâtre, l'inférieur brunâtre. La pectorale est brunâtre, elle est traversée obliquement, de dedans en dehors et d'avant en arrière, par une large bande d'un gris blanchâtre, ou verdâtre, d'après Valenciennes. La ventrale a le fond blanchâtre ; elle est marquée d'une grande tache noirâtre, qui s'étend vers l'extrémité libre de ses rayons internes principalement ; il est probable que cette tache noirâtre s'efface plus ou moins chez certains sujets. Le dos est brunâtre ou bleu foncé ; les côtés et le ventre sont d'un blanc argenté. Les joues et les opercules sont argentés.

Habitat. Océan, excessivement rare, Charente-Inférieure, Gironde.
Proportions : long. totale 0,292 ; tronc, haut. 0,041, épais. 0,030.
Tête, long. 0,056, haut. 0,035. — Œil, diam. 0,018, esp. préorbit. 0,015, esp. interorbit. 0,022. — Mâchoire supérieure, long. 0,012.
Caudale, long. lobe : supérieur 0,053, inférieur 0,070 ; pectorale, long. du : 1er rayon 0,093, 2e rayon 0,154, plus grand rayon 0,158 ; ventrale, long. 0,059. — Dorsale, haut. 0,032, long. 0,049 ; anale, haut ? 0,012, long. 0,028.
Distance du bout du museau à : dorsale 0,156 ; anus 0,171 ; anale 0,185 ; pectorale 0,063 ; ventrale 0,138.

L'EXOCET FUYARD — *EXOCŒTUS EVOLANS.*

Syn. : Exocœtus evolans, Linn., p. 521, sp. 2 ; Bloch, pl. 398 ; CBp., *Cat.*, n° 725 ; Günth., t. VI, p. 282 ; Canestr., *Fn. Ital.*, p. 132 ; Lutken, *Diagn. Poiss. vol.*, dans *Journ. zool.*, Gervais, t. VI, p, 110.
Hirondelle de mer, Duham., *Pêch.*, part. 2, sect. 3, pl. 22, fig. 1.
Poisson volant, Duham., *op. cit.*, part. 2, sect. 4, p. 7, pl. 1, fig. 3.
Le Pirabe, Exocœtus evolans, Bonnat., p. 182, pl. 100, fig. 400.
L'Exocet volant, Exocœtus volitans (part.), Lacép., t. XII, p. 174 ; Riss., *Ichth.*, p. 350.
L'Exocet fuyard, Exocœtus evolans, Cuv. et Valenc., t. XIX, p. 138.
Exocœtus obtusirostris, Günth., t. VI, p. 283 ; Lutken, *op. cit.*, p. 110.
The Flying Fish, Yarr., t. 1, p. 474.

Long. : 0,18 à 0,25.

La position relativement avancée, ainsi que la brièveté de ses ventrales, fait aisément reconnaître l'Exocet fuyard. Son corps est épais, couvert d'assez grandes écailles. La hauteur du tronc est contenue six à sept fois dans la longueur totale.

Valenciennes fait observer que les mâles ont la nuque plus large que les femelles. En dessus la tête est aplatie ; sa longueur est comprise cinq fois à cinq fois et demie dans la longueur totale. Le museau est court. Suivant Bloch, les mâchoires n'ont pas de dents ; cependant elles en ont qui sont excessivement petites, il est vrai, et assez difficiles à distinguer.

Chez les sujets développés, le diamètre de l'œil est contenu trois à quatre fois dans la longueur de la tête ; il est plus grand que l'espace préorbitaire ; il est moindre que l'espace inter-orbitaire.

D'après Valenciennes, le nombre des rayons branchiostèges varie de neuf à onze.

La dorsale est opposée à l'anale ; elle commence tantôt directement au-dessus de l'origine de l'anale, tantôt un peu plus en avant, ou un peu plus en arrière ; les deux nageoires sont basses et longues. La caudale a son lobe inférieur bien développé. Les pectorales sont très-longues ; leur extrémité atteint à la base de la caudale ; le deuxième rayon est bifurqué. Les ventrales sont fort courtes, elles n'arrivent pas à l'anale, quand elles sont appliquées contre le corps ; elles sont insérées vers le tiers antérieur de la longueur totale.

Br. 9 à 11. — D. 12 à 14 ; A. 13 à 15 ; C. 2/19 ou 20/3 ; P. 1/14 ou 15 ; V. 6.

Le dos est bleuâtre ; le ventre, blanc argenté. Les nageoires sont d'un bleu assez foncé.

Habitat. Océan, très-rare, côtes du Morbihan, de la Vendée, de la Charente-Inférieure, la Rochelle (Musée Fleuriau). Méditerranée, très-rare, Toulon, Nice.

Proportions : long. totale 0,212 ; tronc, haut. 0,032, épais. 0,022.

Tête, long. 0,041, haut. 0,030. — Œil, diam. 0,013, esp. préorbit. 0,011, esp. interorbit. 0,015. — Mâchoire supérieure, long. 0,009.

Caudale, long. lobe : supérieur 0,033, inférieur 0,050 ; pectorale, long. du : 1er rayon 0,088, 2e rayon 0,110, plus grand rayon 0,116 ; ventrale, long. 0,020. — Dorsale, haut. 0,015, long. 0,034 ; anale, haut. 0,016, long. 0,036.

Distance du bout du museau à : dorsale 0,114 ; anale 0,114 ; pectorale 0,045 ; ventrale 0,071 ; bord postérieur du préopercule 0,029.

L'EXOCET PROCNÉ — *EXOCŒTUS PROCNE.*

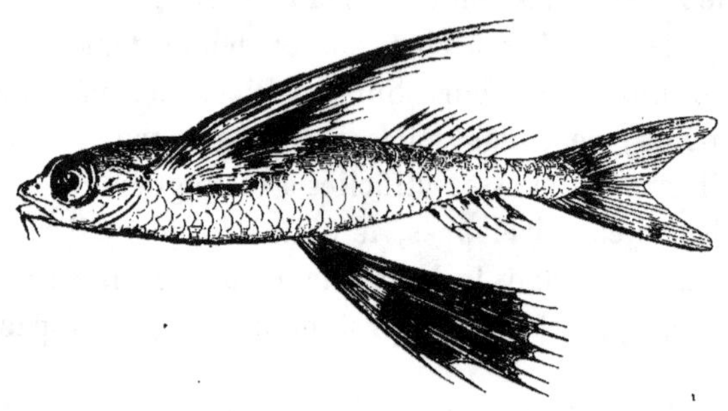

Fig. 200.

Syn. : Exocœtus procne, Filippi e Verany, *Sopr. alc. pesc. nuov... Mediter. Nota,* p. 10, fig. 5, et dans *Mem. Real. Accad. sc. Torino,* 1859, t. XVIII, p. 194 ; Canestr., *Fn. Ital.,* p. 133.

? Exocœtus furcatus, Mitchill, *Fishes of New-York,* p. 449, pl. 5, fig. 2 ; Günth., t. VI, p. 286 ; Lutken, *Diagn. Poiss. vol.,* dans *Journ. zool.,* Gervais, 1877, t. VI, p. 116.

? Exocœtus Nuttallii, Le Sueur (Lesueur), dans *Journ. Acad. nat. sc. Philadelphia,* 1821, t. II, part. 1, p. 10, pl. 4, fig. 1.

? L'Exocet de Nuttall, Exocœtus furcatus, Cuv. et Valenc., t. XIX, p. 135.

Il est possible que l'*Exocœtus procne* de de Filippi et de Vérany soit de même espèce que l'*Exocœtus furcatus* de Mitchill. Malheureusement les descriptions incomplètes données par les auteurs ne permettent pas de décider sûrement la question. Avant de remplacer la dénomination de *procne* par celle de *furcatus,* nous croyons qu'il faut encore examiner si l'Exocet de New-York et celui de Nice sont réellement identiques.

Long. : 0,08 à 0,12.

Il est inutile de décrire la forme du corps de ce poisson, qui est sensiblement la même que celle des autres Exocets. La hauteur du tronc est contenue sept fois à sept fois et demie dans la longueur totale. Les écailles sont relativement grandes ; elles sont très-caduques, ainsi que j'ai pu le constater sur plusieurs

spécimens ; elles semblent, par conséquent, différentes de celles
de l'*Exocœtus furcatus*, qui, d'après Mitchill, sont petites et
adhérentes.

La longueur de la tête est comprise six à sept fois dans la longueur totale. La région supérieure du crâne est large. Les
mâchoires sont munies de petites dents. A la symphyse de la
mandibule sont attachés deux barbillons, ou deux lobes membraneux, plus ou moins noirâtres, frangés sur leur bord, assez
larges, et généralement assez courts, ou du moins, chez les divers
animaux que j'ai examinés, ils ont une longueur très-inférieure
à celle de la tête ; de Filippi et Vérany signalent également le
peu de longueur de ces appendices.

Ordinairement l'iris est argenté. L'œil est développé ; son
diamètre est contenu deux fois et demie à trois fois dans la longueur de la tête, il est plus grand que l'espace préorbitaire.

La dorsale commence plus en avant que l'anale ; ses deux
premiers rayons paraissent simples. La caudale est fourchue ;
son lobe supérieur est plus court que l'inférieur. Les pectorales
sont fort développées ; elles arrivent à la base de la caudale ;
leur deuxième rayon est divisé. Les ventrales sont longues ; elles
finissent, parfois, un peu plus loin, en arrière, que les pectorales.

D. 12 à 14; A. 9 ou 10; C. 4/17/5 ; P. 1/13 à 15 ; V. 6.

La coloration est grisâtre sur le dos, argentée sur les côtés et
sous le ventre. Les joues et les opercules sont argentés. La dorsale est grisâtre, marquée de noir. L'anale est grisâtre, teintée
de noir à l'extrémité de ses derniers rayons. La caudale est grisâtre, son lobe inférieur est traversé par deux bandes noirâtres.
Les pectorales sont noirâtres, elles ont une bande ou de larges
taches d'un gris blanchâtre. Les ventrales sont noirâtres, elles
portent une large bande transversale d'un gris blanchâtre. Parfois les pectorales et les ventrales ont des bandes noires et blanches ; la disposition des teintes paraît assez variable.

Habitat. Méditerranée, très-rare, Nice.

Proportions : long. totale 0,107 ; tronc, haut. 0,015, épais. 0,008.

Tête, long. 0,018, haut. 0,013. — Œil, diam. 0,007, esp. préorbit. 0,005, esp. interorbit. 0,008. — Mâchoire supérieure, long. 0,004. — Barbillons, long. 0,003.

Caudale, long. lobe : supérieur 0,019, inférieur 0,025 ; pectorale, long. du : 1er rayon 0,028, 2e rayon 0,055, plus grand rayon 0,056 ; ventrale, long. 0,042. — Dorsale, haut. 0,016, long. 0,020 ; anale, haut. 0,012, long. 0,013.

Distance du bout du museau à : dorsale 0,060 : anale 0,063 ; pectorale 0,021 ; ventrale 0,044.

Famille des Stomiatidés, Stomiatidœ.

Corps allongé, couvert d'écailles très-minces, non imbriquées, plus ou moins caduques ; points brillants, disposés en séries, le long de la partie inférieure du tronc.

Tête comprimée ; museau court ; bouche large, fendue obliquement ; bord de la mâchoire supérieure formé par les intermaxillaires et les maxillaires ; dents inégales, espacées, crochues, très-longues sur les intermaxillaires et la mâchoire inférieure ; langue, vomer, palatins dentés.

Appareil branchial ; fente des ouïes très-grande ; sous la gorge, un barbillon allongé.

Nageoires ; dorsale unique, rapprochée de la caudale, opposée à l'anale ; pectorales étroites ; ventrales très-reculées.

GENRE STOMIAS — *STOMIAS*, Cuv.

Caractères de la famille.

Le genre Stomias n'est représenté, dans nos mers, que par une seule espèce.

LE STOMIAS BOA — *STOMIAS BOA.*

Syn. : Ésoce boa, Esox boa Riss., *Ichth.*, p. 330, pl. 10, fig. 31 ; Cuv., *Règ. an.*, 1817, t. II, p. 184, *Règ. an. ill.*, p. 232.

Stomias boa, Stomias boa, Riss., *Hist. nat.*, p. 440, fig. 40 ; Cuv. et Valenc., t. XVIII, p. 368, pl. 545.

Stomias barbatus, *ex* Risso, Cuv., *Règ. an. ill.*, p. 232 ; CBp., *Fn. ital.*, fig., *Cat.*, n° 288 ; Günth., t. V, p. 426 ; Canestr., *Fn. Ital.*, p. 128.

Stomias boa, CBp., *Cat.*, n° 290 ; Günth., t. V, p. 426 ; Canestr., *Fn. Ital.*, p. 128.

N. Vulg. : Anchova ou Anxova, Banyuls-sur-Mer (Pyrénées-Orientales) ; Vipera de Mar, Nice.

Long. : 0,15 à 0,25.

Ce singulier poisson a le corps fort allongé, comprimé. La hauteur du tronc est contenue de onze à quatorze fois dans la longueur totale. La peau est couverte d'écailles minces, caduques, non imbriquées, paraissant garnir des compartiments hexagonaux.

En général, la tête est plus haute que le corps ; sa longueur est comprise sept fois et demie à huit fois dans la longueur totale. Le museau est court. La bouche est largement ouverte ; sa fente est oblique. La mâchoire supérieure est peu avancée ; la mandibule est très-développée, relevée en avant de la mâchoire supérieure ; les deux mâchoires sont armées de longues dents, espacées, coniques, recourbées. Chez un individu, je trouve les dents placées à peu près comme elles sont disposées dans la figure donnée par Valenciennes ; sur chacun des inter-maxillaires il y a, en partant de la branche montante de ces os, une dent de moyenne grandeur, une deuxième excessivement allongée, une troisième de moyenne longueur, une quatrième qui est plus grande que la précédente, et suivie de quelques autres dents, qui vont en décroissant à mesure qu'elles approchent du maxillaire supérieur. Le maxillaire supérieur est garni de fines dentelures. Chacune des branches de la mandibule porte six dents, parfois sept ; la deuxième dent, en commençant à les compter de la symphyse, est la plus longue. Sur le devant du vomer, il y a deux dents crochues. Les palatins et la langue sont dentés.

L'iris est argenté. Le diamètre de l'œil est contenu cinq à six fois dans la longueur de la tête ; il est ordinairement un peu moins grand que l'espace préorbitaire, et que l'espace interorbitaire.

La fente des ouïes est très-grande. La muqueuse, tapissant la chambre branchiale, paraît d'une teinte foncée, d'un bleu noirâtre. Sous la gorge, à l'extrémité de l'os hyoïde est attaché un barbillon cylindrique, terminé par deux ou trois filaments coniques. Le barbillon est fort développé ; il est parfois moins long, parfois plus long que la tête. D'après M. Günther, le barbillon est plus court que la tête dans le *Stomias boa;* il est deux fois aussi long que la tête dans le *Stomias barbatus;* il semble extraordinaire de voir M. Günther établir les caractères spécifiques d'animaux qu'il n'a jamais eu l'occasion d'étudier. M. Canestrini, et cela est fâcheux, paraît avoir traduit les diagnoses imaginées par M. Günther ; en consultant l'excellent travail de Valenciennes, il aurait pu éviter de reproduire de semblables erreurs.

La dorsale et l'anale sont fort reculées, elles se terminent à une courte distance de la base de la caudale. Le tronçon de la queue a un peu moins de hauteur que de longueur. La caudale est fourchue ; ses rayons sont très-faibles ; quand ils sont mouillés, ils se rapprochent les uns des autres, et font paraître la nageoire pointue. Les pectorales sont étroites, soutenues par des rayons peu nombreux. Les ventrales sont placées fort en arrière ; elles sont insérées vers le commencement du tiers postérieur de la longueur totale ; elles sont étroites, plus longues que les pectorales, effilées, très-fragiles ; suivant certains auteurs, elles sont longues dans le *Stomias boa*, et très-courtes dans le *Stomias barbatus ;* quand elles sont aussi courtes, elles sont tout simplement brisées.

Br. 17. — D. 18 ; A. 18 ou 19 ; C. 5/20/4 ; P. 6 ; V. 5.

Les nageoires sont blanchâtres ; les rayons de la dorsale et ceux de l'anale sont grisâtres. La teinte générale est d'un bleu noirâtre, plus foncé sur le dos et sous le ventre que sur les flancs. Depuis l'insertion du barbillon jusqu'à l'anale, parfois jusqu'à la base de la caudale, il y a, de chaque côté de la ligne du ventre, deux séries de points dorés très-brillants. Ainsi que le fait remarquer Valenciennes, il y a encore un petit point doré vers la base de chacun des rayons branchiostèges. Le barbillon est rosé ; ses filaments sont noirâtres.

Habitat. Méditerranée, très-rare, Nice. Dans le département des Pyrénées-Orientales, à Banyuls-sur-Mer, j'ai vu deux spécimens de cette curieuse espèce ; d'après les renseignements qui m'ont été donnés, ces poissons avaient été pris, avec des Anchois, dans un abîme dont jamais on n'avait pu trouver le fond ; il est inutile de dire que le nom d'*Anxova*, sous lequel ces Stomias m'ont été désignés, est le nom de l'Anchois en catalan.

Proportions : long. totale 0,185 ; tronc, haut. 0,014, épais. 0.005.

Tête, long. 0,024, haut. 0,018. — Œil, diam. 0,004, esp. préorbit. 0,005, esp. interorbit. 0,005. — Mâchoire supérieure, long. 0,018. — Barbillon, long. 0,019.

Caudale, long. 0,014 ; pectorale, long. 0,016 ; ventrale, long. 0,022. — Dorsale, haut. 0,008, long. 0,016 ; anale, haut. 0,009, long. 0,017.

Distance du bout du museau à : dorsale 0,150 ; anale 0,149 ; pectorale 0,025 ; ventrale 0,127.

Famille des Scopélidés, *Scopelidœ*.

Corps de forme variable ; peau nue, ou couverte d'écailles ordinairement lisses, rarement ciliées.

Appareil branchial ; fente des ouïes très-grande.

Nageoires ; deux dorsales ; second dorsale fort petite, à rayons très-peu développés.

Vessie natatoire manquant souvent. — **Ovaires** pourvus d'un oviducte.

Cette famille se divise en quatre sous-familles :

1ère dorsale commençant sur la	1ère moitié de la longueur totale. Mandibule armée de dents	inégales, q. q. unes excessivement longues.. 1. CHAULIODONTINIENS.		
		à peu près égales. Carène du ventre	formée par des boucliers.. 2. STERNOPTYGINIENS.	
			nulle ..... 3. SCOPÉLINIENS.	
	2e moitié de la longueur totale .... 4. PARALÉPIDINIENS.			

Sous-famille des Chauliodontiniens, *Chauliodontini*.

Corps allongé, comprimé ; peau couverte d'écailles minces, caduques, ou paraissant complétement nue.

Tête ; bouche largement fendue ; mâchoires et palatins dentés ; mandibule armée de dents espacées, inégales, dont quelques-unes excessivement longues.

Vessie natatoire nulle.

La sous-famille des Chauliodontiniens est représentée par deux genres :

$$1^{re} \text{ dorsale placée} \begin{cases} \text{très-en avant des ventrales}\ldots\ldots 1.\ \text{C{\scriptsize HAULIODE}.} \\ \text{au-dessus des ventrales}\ldots\ldots\ldots 2.\ \text{O{\scriptsize DONTOSTOME}.} \end{cases}$$

GENRE CHAULIODE — *CHAULIODUS*, Schneid.

Corps allongé, comprimé, couvert d'écailles très-minces, caduques ; plusieurs rangées de points brillants le long de la partie inférieure du tronc.

Tête courte, haute, comprimée ; museau très-court ; bouche à fente oblique, fort grande ; bord de la mâchoire supérieure formé par les intermaxillaires et les maxillaires ; dents très-longues sur les intermaxillaires et sur la mandibule ; maxillaires supérieurs et palatins dentés ; langue lisse.

Appareil branchial ; ouïes largement ouvertes ; pièces operculaires minces ; rayons branchiostèges nombreux.

Nageoires ; première dorsale placée sur la région antérieure du tronc, en avant des ventrales ; seconde dorsale opposée à l'anale ; anale reculée, finissant près de la caudale ; caudale fourchue.

LE CHAULIODE DE SLOANE — *CHAULIODUS SLOANI.*

Syn. : V{\scriptsize IPERA MARINA}, Catesby, *Supplementum Carolinensium descriptiones*, Nürnberg, 1777, p. 9, pl. 9 (2ᵉ dorsale non figurée).

C{\scriptsize HAULIODUS} S{\scriptsize LOANI}, Bl. Schneid., p. 430 ; Günth., t. V, p. 392 ; Canestr., *Fn. Ital.*, p. 121.

C{\scriptsize HAULIODUS} (C{\scriptsize HOLIODUS}) {\scriptsize SETINOTUS}, Bl. Schneid., pl. 85 ; CBp., *Cat.*, n° 287, *Fn. ital.*, fig.

C{\scriptsize HAULIODUS} S{\scriptsize CHNEIDERI}, Chauliode de Schneider, Riss., *Hist. nat.*, p. 442, fig. 37.

L{\scriptsize E} S{\scriptsize TOMIAS DE} S{\scriptsize CHNEIDER}, Stomias Schneideri, Valenc., dans Cuv., *Règ. an. ill.*, pl. 97, fig. 3 (2ᵉ dorsale oubliée).

L{\scriptsize E} C{\scriptsize HAULIODE DE} S{\scriptsize LOANE}, Chauliodus Sloani, Cuv. et Valenc., t. XXII, p. 382, pl. 647.

N. vulg. : Masca, Nice.
Long. : 0,15 à 0,30.

Plus ou moins ensiforme, le corps du Chauliode est fort comprimé, allongé ; sa hauteur est contenue de sept fois et demie à onze fois dans la longueur totale. La peau est garnie d'écailles peu adhérentes, larges, très-minces, paraissant hexagonales.

A peu près aussi haute que longue, la tête est courte ; sa longueur est comprise de huit à neuf fois dans la longueur totale. Le museau est excessivement court. La bouche est fendue obli-

quement ; elle est très-grande, armée d'une façon redoutable.
Le bord de la mâchoire supérieure est formé moitié par les
intermaxillaires, moitié par les maxillaires. Les intermaxillaires
sont munis de dents espacées, très-grandes, très-fortes, aiguës,
qui sont au nombre de quatre sur chacun d'eux ; la dent antérieure est conique, dirigée en bas et en avant ; elle passe, quand
la bouche est fermée, sur le bord interne de la longue canine
de la mandibule ; la deuxième dent est très-développée, à pointe
recourbée en avant et dépassant le bord de la mandibule, quand
les mâchoires sont rapprochées l'une de l'autre ; à la suite viennent deux autres dents un peu moins longues. Sur le maxillaire
supérieur il y a, en général, une dent assez forte, puis en arrière
s'en trouvent d'autres très-petites. La mandibule est ascendante ;
la symphyse est relevée, et forme une espèce d'épine ou de
pointe entre les deux dents antérieures, qui sont excessivement
longues ; ces dents ont parfois une longueur supérieure à la
moitié de celle de la tête ; elles se dressent au-devant du museau
qu'elles longent de chaque côté, elles arrivent, lorsque la bouche
est fermée, jusque sur l'espace interorbitaire. En arrière de
cette espèce de défense, il existe, sur chaque branche de la
mandibule, une ou deux autres dents un peu moins longues ;
après, on en voit qui sont assez petites. Toutes ces longues dents,
en haut comme en bas, sont en dehors de la bouche ; elles ne
sont pas mobiles sur les mâchoires, comme dans le Stomias.
Les palatins sont pourvus d'une rangée de dents écartées,
courtes, pointues. La langue est lisse.

Le diamètre de l'œil est compris trois fois et demie à quatre
fois dans la longueur de la tête ; il est un peu plus grand que
l'espace préorbitaire, qui est égal à l'espace interorbitaire.

Quant aux pièces operculaires, elles sont excessivement
minces ; elles sont transparentes. La membrane branchiostège
est soutenue par des rayons assez courts, qui sont ordinairement
au nombre de dix-sept.

La ligne latérale est peu distincte. On compte environ cinquante-six écailles dans une ligne longitudinale.

Insérée sur le quart antérieur de la longueur totale, la première dorsale se termine à peu près au-dessus de la moitié de la distance qui sépare la base des pectorales de celle des ventrales ; elle est composée de six rayons ; le rayon antérieur est sétiforme, très-allongé. La seconde dorsale est au-dessus de l'anale ; elle a des rayons très-réduits, peu visibles. L'anale est soutenue par une douzaine de rayons ; elle est fort reculée ; ses derniers rayons arrivent presque jusqu'à la base de la caudale. La nageoire de la queue est fourchue, à lobe inférieur plus allongé. La ceinture scapulaire est-elle attachée au crâne ? Je n'ai pu le constater ; j'ai vu un scapulaire long, grêle, qui m'a paru s'enfoncer dans les chairs, être à peu près libre. Les pectorales sont avancées sous la gorge ; elles se relèvent obliquement vers le dos ; elles sont assez larges. Les ventrales sont très-fragiles ; elles ont les rayons bien développés, surtout les rayons internes.

Br. 17. — D. 6 — ? ; A. 11 ou 12 ; C. 4/23/4 ; P. 14 ; V. 7.

La teinte générale est noirâtre. Il y a de chaque côté, sous le ventre deux séries de points argentés, qui se prolongent sous la gorge ; ces points semblent réguliers ; ils sont très-brillants ; ceux de chacune des lignes internes paraissent se correspondre.

Habitat. Méditerranée, très-rare, Nice.

Proportions : long. totale 0,270 ; tranc, haut. 0,025, épais. 0,008.

Tête, long. 0,031, haut. 0,032. — OEil, diam. 0,009, esp. préorbit. 0,007, esp. interorbit. 0,007. — Mâchoire supérieure, long. 0,032. — Dents, long. : mâchoire supérieure 1re 0,009, 2e 0,014 ; mandibule 1re 0,019, 2e 0,009.

Caudale, long. 0,035 ; pectorale, long. 0,026 ; ventrale, long. 0,051. — Première dorsale, haut. : 1er rayon (un peu cassé) 0,051, 2e 0,020, long. 0,012 ; anale, haut. 0,017, long. 0,018.

Distance du bout du museau à : première dorsale 0,058 ; anale 0,205 ; pectorale 0,034 ; ventrale 0,106.

Le curieux spécimen qui fut, pour la première fois, décrit et figuré par Catesby, sous le nom de *Vipera marina*, avait été pris dans le port de Gibraltar. Il fit partie de la célèbre collection de Hans Sloane. La figure donnée par Catesby serait excellente, si la seconde dorsale n'avait pas été oubliée ; une écaille et une longue dent ont aussi été représentées.

GENRE ODONTOSTOME — *ODONTOSTOMUS*, Cocco.

Corps allongé, comprimé.

Tête assez courte ; bouche très-fendue ; bord de la mâchoire supérieure formé par les intermaxillaires, qui sont garnis de dents courtes, égales ; mâchoire inférieure, vomer, palatins armés de longues dents mobiles.

Nageoires ; première dorsale insérée au-dessus des ventrales ; anale très-longue ; caudale fourchue.

L'ODONTOSTOME BALBO — *ODONTOSTOMUS BALBO.*

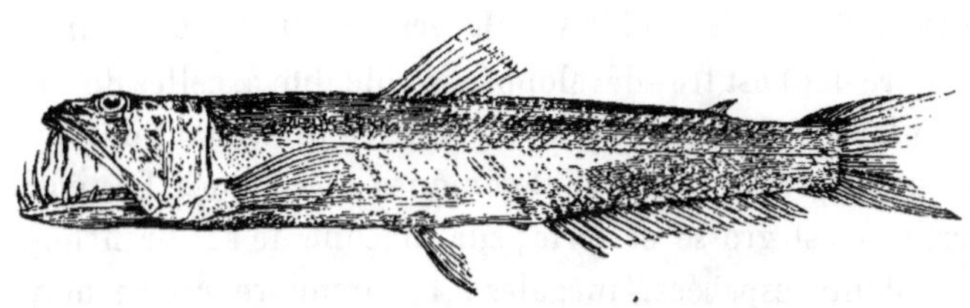

Fig. 201.

Syn. : Scopèle Balbo, Scopelus Balbo, Riss., *Mém. nouv. esp. Scopèles*, dans *Mem. Accad. sc. Torino*, 1820, t. XXV, p. 268, pl. 10, fig. 3, *Hist. nat.*, p. 466.

Odontostomus hyalinus, Cocco, *Lettera su alcun. Salmon. mare di Messina*, Messina, 1838, p. 32, pl. 4, fig. 11 ; CBp., *Fn. ital.*, fig., *Cat.*, n° 311 ; Günth., t. V, p. 417 ; Canestr., *Fn. Ital.*, p. 126.

Odontostomus balbo, CBp., *Cat.*, n° 312.

L'Odontostome Balbo, Odontostomus hyalinus, Cuv. et Valenc., t. XXII, p. 424.

N. vulg. : Maire d'Amplova, Nice.

Long. : 0,15 à 0.20.

Sous le nom de *Scopèle Balbo,* ce singulier poisson fut, pour la première fois, en 1820, décrit et figuré par Risso dans les *Mémoires de l'Académie des sciences* de Turin. Il a le corps allongé, comprimé. La hauteur du tronc est contenue six fois à six fois et demie dans la longueur totale. La peau semble toujours complétement nue, cependant Risso dit qu'elle est couverte de très-petites écailles.

Aussi haute que le corps, la tête a sa longueur comprise quatre fois et trois quarts à cinq fois dans la longueur totale. Le museau est assez gros. La bouche est ouverte obliquement, très-largement fendue ; elle est armée de dents mobiles fort longues. Les maxillaires supérieurs sont grêles, ils s'aplatissent et forment une petite palette vers leur extrémité postérieure. Le bord de la mâchoire supérieure est constitué seulement par les inter-maxillaires, qui ont des dents fines, courtes, égales, recourbées en arrière, disposées comme les dents d'une scie. Le chevron du vomer porte deux dents fort longues, mobiles, pouvant se replier dans la bouche ; ces dents sont comprimées ; elles sont sécuriformes ; elles ont une double courbure, et se terminent en fer de lance à pointe dirigée en avant. Les palatins sont aussi pourvus de dents mobiles, placées sur une seule rangée ; la première dent est très-développée, semblable à celles du vomer ; les dents suivantes, plus petites, vont en diminuant de longueur d'avant en arrière ; elles sont coniques et crochues. La mâchoire inférieure est grosse et forte ; sur chacune de ses branches, il y a six dents espacées, inégales ; la première est de moyenne grandeur ; la deuxième est la plus développée, elle a une longueur à peu près égale à celle du diamètre de l'œil ; ensuite, comme longueur, vient la troisième dent ; les dents suivantes sont relativement courtes, elles sont coniques et crochues ; les trois premières dents sont courbes, à pointe redressée, présentant un petit talon en arrière, elles se terminent comme une espèce d'hameçon, ayant la pointe un peu avancée et pourvue en arrière d'une petite encoche.

L'orbite est ovale ; elle a le diamètre longitudinal beaucoup plus petit que le vertical ; son bord supérieur est dans le même plan horizontal que le dessus de la tête. Les yeux sont très-rapprochés l'un de l'autre ; ils sont à moitié voilés par une paupière adipeuse, qui est fixée sur tout le bord inférieur de l'orbite, de sorte que le champ de la vision est à peu près vertical. Le diamètre horizontal de l'œil mesure le quart environ de la longueur de la tête, il fait le triple de l'espace interorbitaire ; il est à peine moins grand que l'espace préorbitaire.

La fente des ouïes est très-étendue, elle s'avance jusque sous le milieu de la longueur de la mandibule. Le bord postérieur du battant operculaire est vertical ; il est garni d'une petite membrane. Il y a sept ou huit rayons branchiostèges.

La première dorsale commence sur la première moitié de la longueur totale ; elle est placée en avant et au-dessus de l'insertion des ventrales ; la seconde dorsale a deux à cinq rayons très-faibles. L'anale est falciforme ; elle est fort longue ; elle se termine près de la base de la caudale. La nageoire de la queue est petite, fourchue ; à la base, elle porte, en dessus comme en dessous, un assez grand nombre de petits rayons. Les pectorales sont assez développées. Les ventrales ont leur insertion sous la première dorsale.

Br. 7 ou 8. — D. 12 à 14 — 2 à 5 ; A. 32 à 35 ; C. 10/19/10 ; P. 11 ou 12 ; V. 9.

La teinte générale est un gris jaunâtre pointillé de noir ; la région abdominale paraît brune. Les nageoires impaires sont grisâtres, pointillées de noir. Les pectorales sont d'un gris assez pâle avec des points noirâtres. Les ventrales sont pâles.

Le péritoine est d'un noir très-foncé.

Habitat. Méditerranée, Nice excessivement rare. La femelle, dit Risso, fraye en été sur nos plaines de galets.

Proportions : long. totale 0,182 ; tronc, haut. 0,028, épais. 0,012.

Tête, long. 0,038, haut. 0,028. — Œil, diam. : long. 0,009 (vertical 0,013), esp. préorbit. 0,010, esp. interorbit. 0,003. — Mâchoire supérieure, long. 0,032. — Dents, long. : vomériennes, 0,009 ; 1re palatine 0,011 ; 2e mandibulaire 0,010, 3e 0,006.

Caudale, long. 0,019 ; pectorale, long. 0,027 ; ventrale, long. 0,019. — Première dorsale, haut. 0,022, long. 0,020 ; anale, haut. 0,015, long. 0,043.

Distance du bout du museau à : première dorsale 0,074 ; seconde dorsale 0,148 ; anale 0,113 ; pectorale 0,043 ; ventrale 0,087.

Sous-famille *des Sternoptyginiens, Sternoptygini.*

Corps très-comprimé, très-élevé, brusquement rétréci après les ventrales ; carène du ventre constituée par des boucliers osseux ; peau entièrement nue ; points brillants sur la région inférieure du corps.

Tête haute, développée ; bouche presque verticale ; bord de la mâchoire

III.   32

supérieure formé par les intermaxillaires et les maxillaires, qui sont dentés les uns et les autres.

Nageoires ; première dorsale ayant de sept à neuf rayons ; seconde dorsale à rayons peu ou pas distincts.

GENRE ARGYROPELECUS — *ARGYROPELECUS*, Cocco.

Tête comprimée ; mâchoire inférieure plus avancée que la supérieure, portant l'une et l'autre des dents placées sur une seule rangée ; palatins dentés.

Appareil branchial ; ouïes largement fendues ; neuf rayons branchiostèges.

Nageoires ; pectorales longues ; extrémité de la ceinture scapulaire saillante en avant et en bas ; ventrales très-petites ; os pelviens terminés l'un et l'autre en pointe libre, dirigée en arrière.

Vessie natatoire assez grande.—**Appendices pyloriques** au nombre de quatre.

L'ARGYROPELECUS DEMI-NU,
ARGYROPELECUS HEMIGYMNUS.

Syn. : Argyropelecus hemigymnus, Cocco, *in Giorn. sc. etc. Sicil.*, 1829, fasc. LXXVII, art. iii, p. 146, CBp., *Fn. ital., Cat.*, n° 313 ; Günth., t. V, p. 385 ; Canestr., *Fn. Ital.*, p. 119.

Sternoptyx mediterranea, Cocco, *in Giorn. il Faro*, 1838, t. IV, fasc. xv, p. 7, fig. 2, a, b, CBp., *Fn. ital.*, fig.

Le Sternoptyx de Messine, Sternoptyx hemigymnus, Valenc., dans Cuv., *Règ. an. ill.*, pl. 103, fig. 3, anim., fig. 3ª, dents de la mâchoire inférieure.

L'Argyropelecus de la Méditerranée, Argyropelecus hemigymnus, Cuv. et Valenc., t. XXII, p. 398.

Long. : 0,03 à 0,05.

La singulière conformation de ce poisson l'a fait comparer a une hache, dont le manche serait la queue de l'animal. Le corps est très-comprimé, très-haut ; le profil inférieur se relève brusquement à l'anus. Le tronc proprement dit et la tête forment une espèce de disque aussi haut que long, mesurant la moitié de la longueur totale, caudale non comprise. Le profil supérieur est légèrement arrondi. En avant de la dorsale existe une série de petites pièces osseuses, qui sont les interépineux faisant saillie au-dessus de la peau. Ces interépineux sont au nombre de sept,

parfois de huit ; ils vont en augmentant de force et de longueur
d'avant en arrière ; le dernier est le plus développé ; il est large ;
il finit par une petite épine. Le ventre a le bord presque droit,
garni d'une carène osseuse, composée d'une dizaine de boucliers
ou d'écussons. Après le dernier bouclier est une petite plaque
triangulaire, à bord inférieur dentelé, terminé, en arrière, par
une épine assez forte, assez longue, qui dépasse le disque du
corps, et se trouve placée au-dessous des ventrales. Cette plaque
est formée par la réunion des os pelviens.

Comme le corps, la tête est fort comprimée ; elle est haute et
longue ; sa longueur mesure environ le quart de la longueur
totale. Le museau est très-court ; la bouche est grande, presque
verticale. La mâchoire supérieure a le bord formé par les intermaxillaires et les maxillaires, qui sont garnis de petites dents
crochues ; en arrière, à l'extrémité, et sur le bord supérieur du
maxillaire se trouve un osselet supplémentaire, un surmaxillaire.
La mandibule est très-longue, relevée verticalement ; elle porte,
à la symphyse, un tubercule pointu ; elle est munie de dents en
crochets, plus fortes que celles de la mâchoire supérieure. Les
palatins ont aussi des dents en crochets.

Placés très-haut, les yeux sont rapprochés l'un de l'autre ; ils
sont très-développés ; leur diamètre mesure au moins le tiers de
la longueur de la tête ; il est beaucoup plus grand que l'espace
préorbitaire ; quant à l'espace interorbitaire, il est excessivement réduit. Les sous-orbitaires sont très-minces.

Les ouvertures de la narine sont fort près de l'orbite.

Les ouïes sont largement fendues. Les pièces operculaires
sont très-minces ; le préopercule a l'angle inférieur et postérieur
armé d'une petite épine. Il y a neuf rayons branchiostèges. La
muqueuse de la chambre respiratoire paraît noirâtre, au moins
chez les sujets qui sont conservés dans l'alcool.

A la suite de la saillie des interépineux antérieurs, commence
la première dorsale ; elle est soutenue par sept ou huit rayons ;
en arrière, sur le tronçon de la queue, se trouve une seconde
dorsale excessivement réduite, c'est une espèce de repli de la

peau sans rayons visibles. L'anale est bien développée ; elle occupe la moitié de la longueur du tronçon de la queue ; elle compte une douzaine de rayons ; les derniers rayons sont au-dessous de six petites plaques argentées. La caudale est fourchue ; elle est large ; elle a une vingtaine de rayons, plus trois ou quatre rayons basilaires en dessus comme en dessous ; à l'insertion de ses rayons inférieurs se voient quatre petites taches argentées. Les pectorales sont longues, elles dépassent la base des ventrales ; elles ont neuf ou dix rayons ; la ceinture scapulaire est large ; les clavicules se terminent en bas et en avant par une pointe assez fine. Les ventrales sont placées immédiatement au-dessus de l'épine pelvienne ; elles sont petites, à cinq rayons. Au-dessus des ventrales, dans l'angle formé par le disque du corps et le tronçon de la queue, est l'anus ; il s'ouvre entre deux petites membranes, sur lesquelles se montrent six petites taches argentées.

Br. 9. — D. 7 ou 8 — ? ; A. 11 ou 12 ; C. 3 ou 4/20 ou 21/4 ou 3 ; P. 9 ou 10 ; V. 5.

Le dos est bleuâtre ; les flancs et le ventre sont argentés. Sur la partie inférieure du tronc et de la queue, existent des taches, ou plutôt de petites plaques, de teinte argentée, parfois légèrement violacée.

D'après Valenciennes, il y a une vessie natatoire, et les œufs paraissent assez gros.

Habitat. Méditerranée, Nice, excessivement rare.

Proportions : long. totale 0,036 ; tronc, haut. 0,015, épais. 0,004.

Tête, long. 0,010, haut. 0,014. — Œil, diam. 0,004, esp. préorbit. 0,0025. — Mâchoire supérieure, long. 0,009.

Caudale, long. 0,007 ; tronçon de la queue, long. 0,013 ; pectorale, long. 0,009.

Un naturaliste d'une fort grande valeur a émis l'opinion que l'*Argyropelecus hemigymnus* est le jeune âge du *Zeus faber*. Il est inutile d'insister pour démontrer l'inexactitude de cette manière de voir.

Sous-famille des Scopéliniens, Scopelini.

Corps plus ou moins allongé, tantôt nu, tantôt écailleux.

Tête de forme variable ; mâchoires dentées.

Appareil branchial ; ouïes largement fendues.

Nageoires ; première dorsale placée au-dessus ou en arrière des ventrales, à peu près sur le milieu de la longueur totale.

Cette famille se compose de quatre genres :

Points brillants sur le ventre	plus ou moins nombreux. Bord de la mâchoire supérieure formé par les intermaxillaires	seuls............ 1. Scopèle. et les maxillaires.. 2. Macrolicus.	
	nuls. Écailles	lisses......................... 3. Saurus. ciliées .... 4. Aulope.	

GENRE SCOPÈLE — *SCOPELUS*, Cuv.

Corps plus ou moins allongé, comprimé, couvert d'écailles lisses, assez peu adhérentes ; points brillants épars sur les côtés, et rangés en séries vers le profil du ventre.

Tête comprimée ; museau court ; bouche largement fendue ; intermaxillaires très-allongés, formant tout le bord de la mâchoire supérieure ; maxillaires supérieurs longs et grêles, chacun d'eux caché derrière l'intermaxillaire correspondant ; mâchoires garnies de petites dents en velours ; palatins, ptérygoïdiens et langue dentés.

Appareil branchial ; fente des ouïes très-grande ; rayons branchiostèges au nombre de huit à dix.

Nageoires ; première dorsale commençant au-dessus ou en arrière de l'insertion des ventrales ; seconde dorsale peu développée ; caudale échancrée ou fourchue.

Le genre Scopèle se compose de trois espèces :

Sourcil	non épineux. Diamètre de l'œil faisant au	plus le quart de la longueur de la tête....... 1. S. crocodile. moins le tiers de la longueur de la tête.... 2. S. de Humboldt.	
	armé d'une épine dirigée en avant......... 3. S. de Bonaparte.		

LE SCOPÈLE CROCODILE — *SCOPELUS CROCODILUS*.

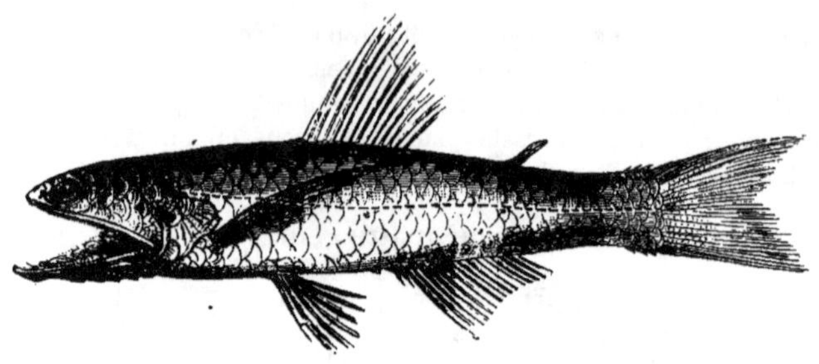

Fig. 202.

Syn. : Serpe crocodile, S. crocodilus, Riss., *Ichth.*, p. 357.

Scopèle crocodile, Scopelus crocodilus, Riss., *Mémoire sur deux nouvelles espèces de poissons du genre Scopèle, observées dans la mer de Nice*, dans Mem. Reale Accad. sc. Torino, 1820, t. XXV, p. 265, pl. 10, fig. 1, *Hist. nat.*, p. 466; Cuv. et Valenc., t. XXII, p. 447.

Nyctophus Bonapartii, Cocco, *Lettera su alcuni Salmonidi del mare di Messina*, Messina, 1838, p. 29, pl. 3, fig. 10.

Lampanyctus Bonapartii, CBp., *Fn. ital.*, fig.

Lampanyctus crocodilus, CBp., *Cat.*, n° 296.

Scopelus Bonapartii, Günth., t. V, p. 414 ; Canestr., *Fn. Ital.*, p. 125.

Il semble, dit M. Günther (t. 5, p. 414), que Valenciennes a décrit le *Scopelus Bonapartii* sous le nom de *Scopelus Rafinesquii*; et cette supposition devient presqu'une certitude quand on s'aperçoit que sa description du *Scopelus Bonaparlii* ne convient pas le moins du monde à l'espèce ainsi désignée par Cocco. — Si M. Günther avait pris la peine de consulter les travaux du prince de Canino, il aurait pu voir que le nom spécifique du *Scopelus Bonapartii*, Cocco, ne devait pas être conservé à un poisson, qui précédemment avait été décrit par Risso, dans trois ouvrages différents, sous le nom spécifique de *S. crocodilus*, qui de plus avait été figuré d'une façon très-reconnaissable dans les *Mémoires de l'Académie des sciences de Turin*. — Valenciennes a fait l'histoire du *Scopelus crocodilus* d'après les spécimens rapportés de Nice par Laurillard, étiquetés par Risso, spécimens qui sont déposés dans la collection du Muséum de Paris. — Quant au *Scopelus Rafinesquii*, Valenciennes dit nettement qu'il doit à la bienveillance du prince de Canino la facilité de décrire d'après nature son *Nyctophum Rafinesquii*. — Valenciennes n'a donc pas confondu le *Nyctophus Rafinesquii*, Cocco, avec le *Nyctophus Bonapartii* du même naturaliste.

N. vulg. : Maire d'amplova, Nice.

Long. : 0,15 à 0,25.

Des Scopèles qui vivent sur nos côtes de la Méditerranée, celui qui acquiert la plus grande taille est le Crocodile. Il a le corps allongé, comprimé, garni de grandes écailles, très-minces, plus hautes que longues, caduques. La hauteur du tronc, qui fait le double au moins de l'épaisseur, est contenue cinq fois et quart à six fois dans la longueur totale.

D'un tiers environ plus longue que haute, la tête a le profil supérieur oblique, assez abaissé; sa longueur est comprise quatre fois à quatre fois et un tiers dans la longueur totale ; la région supérieure du crâne et l'espace interorbitaire sont couverts d'écailles plus petites que celles du corps, peu adhérentes. Le museau est court, un peu pointu, relevé par un petit tubercule au-dessus de l'espace intermaxillaire. La bouche est très-largement ouverte, assez semblable, d'après Risso, à celle d'un Crocodile ; sa fente, qui est légèrement oblique, s'étend, ou peu s'en manque, jusqu'à l'angle inférieur du préopercule. La mâchoire supérieure est un peu moins avancée que l'inférieure ; elles sont pourvues, l'une et l'autre, de plusieurs rangées de dents très-fines ; la mandibule est un peu relevée en avant, elle porte une petite saillie qui s'enfonce dans l'échancrure de la mâchoire supérieure. Le vomer est denté. Les palatins sont munis d'une large plaque de dents. La langue est très-longue ; elle est garnie de petites dents. La muqueuse de la bouche est d'un violet foncé, presque noirâtre, de même que celle de la chambre respiratoire.

Chez les sujets de grande taille, le diamètre de l'œil est contenu quatre fois et trois quarts à cinq fois et demié dans la longueur de la tête; il est un peu plus grand que l'espace préorbitaire, qui mesure environ la moitié de l'espace interorbitaire ; en général, il est un peu moins grand que l'espace qui sépare l'orbite du bord postérieur du préopercule. L'iris est argenté.

Les orifices de la narine sont rapprochés du bord antérieur de l'orbite ; l'ouverture postérieure est assez large, ovale ; l'antérieure est arrondie.

Extrêmement grande, la fente des ouïes s'avance assez près de la symphyse de la mâchoire inférieure. Les pièces operculaires sont fort minces. L'opercule porte quelques écailles ; il a le bord postérieur très-oblique et un peu échancré. Le préopercule a le bord postérieur excessivement oblique. Les rayons branchiostèges sont, en général, au nombre de neuf. Les joues sont garnies de pièces écailleuses, ou plutôt de grandes écailles, qui sont, en avant, peu distinctes des os sous-orbitaires.

La ligne latérale est presque droite ; elle est formée d'écailles beaucoup plus grandes que les autres. Éc., l. long. 32 à 36 ; l. transv. $\frac{3 \text{ ou } 4}{4} + 1 = 8$ ou 9.

La première dorsale commence sur la première moitié de la longueur totale, caudale non comprise ; elle est de forme quadrilatérale ; ses rayons les plus élevés sont le troisième, le quatrième, et le cinquième. La seconde dorsale est d'un tiers environ plus rapprochée de la première que de la caudale. L'anale prend naissance à peu près sous le onzième rayon de la première dorsale. Le tronçon de la queue est élevé. La caudale est échancrée, ou plutôt fourchue ; elle est précédée, en dessus comme en dessous, de trois à cinq petites épines crochues. Les pectorales sont effilées, très-longues ; leur pointe atteint aux premiers rayons de l'anale. Les ventrales sont longues ; leur extrémité se porte, en arrière, à peu près aussi loin que celle des pectorales.

Br. 9. — D. 13 à 15 — 4 ou 5 ; A. 15 à 18 ; C. 2/20 ou 21/2 ; P. 14 ; V. 8 ou 9.

La première dorsale, l'anale, les pectorales et les ventrales sont d'une teinte grise, marquées d'un pointillé noirâtre ; la caudale est brune à la base, grisâtre dans le reste de son étendue. La teinte générale est d'un marron assez foncé, glacé d'argent ; les joues et les pièces operculaires sont argentées. Une série de points argentés, brillants, se montre de chaque côté du profil du ventre. Il y a quelques points brillants épars sur les flancs, au-dessous de la ligne latérale ; il s'en montre ordinairement quelques-uns sur les joues.

Habitat. Méditerranée, Nice, assez rare.

Proportions : long. totale 0,210 ; tronc, haut. 0,035, épais. 0,016.

Tête, long. 0,049, haut. 0,033. — OEil, diam. 0,010, esp. préorbit. 0,008, esp. interorbit. 0,015. — Mâchoire supérieure, long. 0,039.

Caudale, long. 0,037 ; pectorale, long. 0,049 ; ventrale, long. 0,029. — Première dorsale, haut. 0,038, long. 0,029 ; anale, haut. 0,034, long. 0,036.

Distance du bout du museau à : première dorsale 0,080 ; anale 0,100 ; pectorale 0,053 ; ventrale 0,072.

LE SCOPÈLE DE HUMBOLDT — *SCOPELUS HUMBOLDTI.*

Syn. : Serpe Humboldt, S. Humboldti, Riss., *Ichth.*, p. 358, pl. 10, fig. 38 ; Cuv., *Règ. an.*, 1817, t. II, p. 170.

Scopèle de Humboldt, Scopelus Humboldti, Riss., *Mem. Accad. sc. Torino*, 1820, t. XXV, p. 266, pl. 10, fig. 2, *Hist. nat.*, p. 467 ; Cuv. et Valenc., t. XXII, p. 431, *Règ. an. ill.*, pl. 103, fig. 2 ; Guichen., *Expl. Algér.*, p. 98.

? Scopelus Benoiti (Benoisti), Cocco, *Let. Salmon. mare di Messina*, p. 12, pl. 2, fig. 4 ; CBp., *Fn. ital.*, fig., *Cat.*, n° 305 ; Günth., t. V, p. 406 ; Canestr., *Fn. Ital.*, p. 123.

? Scopelus Humboldti, Günth., t. V, p. 407 ; Canestr., *Fn. Ital.*, p. 124.

N. Vulg. : Maire d'amplova, Nice.
Long. : 0,07 à 0,10.

Ce Scopèle a le corps à peu près cunéiforme. La hauteur du tronc est contenue quatre fois et trois quarts à cinq fois et demie dans la longueur totale. La peau est couverte d'écailles relativement assez épaisses.

La tête est grosse ; sa longueur est comprise environ quatre fois et quart dans la longueur totale ; sa hauteur, comme le fait remarquer Valenciennes, est sensiblement égale à la distance qui sépare le bout du museau du bord postérieur du préopercule. Le profil antérieur et supérieur de la face est fortement arqué ; une crête verticale descend de l'espace interorbitaire sur la mâchoire supérieure. Le museau est court, tronqué. La bouche est très-largement ouverte ; sa fente arrive au moins jusqu'à la perpendiculaire tangente au bord antérieur de l'orbite ; elle est à peu près horizontale, ou à peine oblique. La mâchoire supérieure est un peu moins avancée que l'inférieure ; elles sont garnies, l'une et l'autre, de dents très-fines. L'extrémité postérieure du maxillaire supérieur est un peu élargie ; elle est rapprochée de l'angle du préopercule. La mandibule a les branches développées, à bord interne saillant, formant une espèce de carène en dessous.

En général, l'iris est argenté. L'œil est placé très-haut. Son diamètre mesure au moins le tiers de la longueur de la tête ; il fait le double de l'espace préorbitaire, et même plus ; il est égal à l'espace interorbitaire ; il est une fois plus grand que l'espace qui sépare l'orbite du bord postérieur du préopercule.

La ligne latérale est bien marquée ; elle va directement de la tête à la base de la caudale ; ses écailles sont beaucoup plus hautes que longues ; quand elles sont détachées, elles paraissent triangulaires, à bord postérieur courbe. Éc., l. long. 39 à 41 ; l. transv. $\frac{2}{4} + 1 = 7$.

La première dorsale commence au-dessus, ou plus souvent un peu en arrière de l'insertion des ventrales, sur le second tiers de la longueur totale. L'anale prend naissance vers le milieu de la longueur totale ; elle est beaucoup plus longue que la première dorsale. Le tronçon de la queue porte, en dessus comme en dessous, plusieurs petites épines, qui forment, en quelque sorte, les premiers rayons basilaires de la nageoire ; la caudale est fourchue. Les pectorales sont assez longues ; elles ont des rayons très-fragiles. Les ventrales sont assez larges ; elles sont moins grandes que les pectorales.

Br. 9. — D. 12 à 14 — ? ; A. 17 à 20 ; C. 2 ou 3/19 ou 20/3 ou 2;
P. 13 ou 14 ; V. 8.

Les nageoires impaires sont brunes ; les nageoires paires sont pâles. La teinte est d'un jaune brunâtre ou d'un gris bleuâtre sur le dos, glacé d'argent sur les flancs et le ventre. Les opercules sont argentés. Une rangée de points brillants, le plus souvent dorés, s'étend de chaque côté de la ligne du ventre, à partir de la tête jusqu'à la caudale ; parfois, sur le bord inférieur du tronçon de la queue, il y en a une série simple. D'autres points de même couleur sont disséminés sur le corps, sur les opercules, mais sans aucune régularité. Ordinairement un point doré se montre sous chacune des branches de la mandibule, près de la symphyse.

Habitat. Méditerranée, assez rare, Nice, Hyères.

Proportions : long. totale 0,070 ; tronc, haut. 0,015, épais. 0,009.

Tête, long. 0,019, haut. 0,014. — OEil, diam. 0,007, esp. préorbit. 0,003, esp. interorbit. 0,007. —Mâchoire supérieure, long. 0,013.

Caudale, long. 0,013 ; pectorale, long. 0,014 ; ventrale, long. 0,011. - Première dorsale, haut. 0,012, long. 0,010 ; anale, haut. 0,011, long. 0,016.

Distance du bout du museau à : première dorsale 0,030 ; seconde dorsale 0,053 ; anale 0,039 ; pectorale 0,020 ; ventrale 0,029.

LE SCOPÈLE DE BONAPARTE — *SCOPELUS BONAPARTII.*

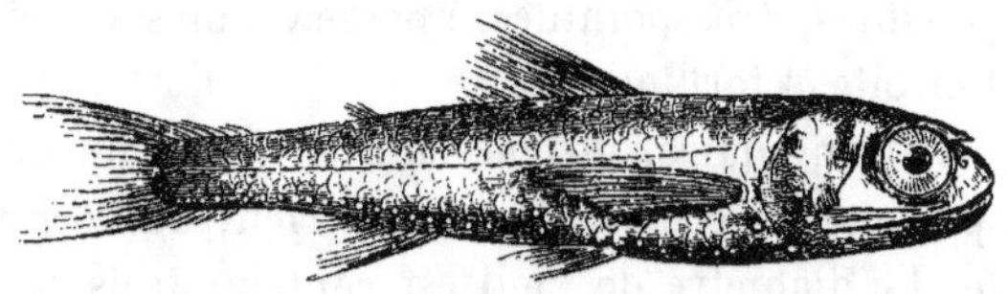

Fig. 203.

LE SCOPÈLE DE BONAPARTE, Scopelus Bonapartii, Cuv. et Valenc., t. XXII, p. 449 (excl. syn.).

SCOPELUS BONAPARTII, Johnson, *Notes on new and little known Fishes taken at Madeira*, dans *Ann. and mag. nat. Hist.*, London, 1862, t. X, p. 281 (excl. syn.).

SCOPELUS MADERENSIS? Lowe, *Fish. Madeira*, dans *Proc. Zool. Soc.*, London, 1839, p. 87, dans *Transact. Zool. Soc.*, London, 1840, t. III, p. 14 ; Günth., t. V, p. 412.

Il est difficile de supposer que le *Scopelus Maderensis* de Lowe soit de même espèce que le *Scopelus Bonapartii* de Valenciennes. Lowe dit que le *Scopelus Maderensis* ressemble au *Scopelus Humboldti* de Risso, mais il ne parle pas de l'épine du sourcil, dont la présence peut seule faire sûrement reconnaître le poisson. Johnson a donc eu parfaitement raison de conserver le nom spécifique de *Bonapartii*, que Valenciennes a donné au Scopèle que nous allons étudier.

Long. : 0,06 à 0,10.

En général, la hauteur du corps mesure, ou peu s'en manque, le sixième de la longueur totale. La hauteur du tronçon de la queue fait la moitié de celle du tronc, qui est couvert de grandes écailles, peu adhérentes. L'anus est sous la fin de la première dorsale.

D'un tiers environ moins haute que longue, la tête est forte ; sa longueur est comprise trois fois et deux tiers à quatre fois dans la longueur totale ; le profil supérieur de la tête de ce poisson tient

le milieu entre celui du Scopèle crocodile et celui du Scopèle
de Humboldt, il est moins abaissé que dans le premier, moins
arrondi que dans le second. Le museau est court, légèrement
obtus. La bouche est tapissée d'une muqueuse noirâtre ; elle est
largement ouverte ; sa fente s'étend plus loin que la perpendiculaire tangente au bord postérieur de l'orbite. La mâchoire
supérieure est développée; elle borde la mandibule, en quelque
sorte ; son extrémité arrive, en arrière, à l'angle inférieur et postérieur du préopercule. Les mâchoires sont garnies de dents en
velours, très-fines, très-pointues, à peine visibles à l'œil nu. La
langue est étroite et fort longue.

Une épine triangulaire, dirigée en avant, comme une espèce
de corne, prolonge la crête du bord supérieur de l'orbite. L'iris
est argenté. Le diamètre de l'œil est contenu trois fois à trois
fois et demie dans la longueur de la tête.

Les ouïes sont très-largement ouvertes. La muqueuse de la
chambre respiratoire est d'un brun foncé, presque noirâtre.

Il y a de trente-trois à trente-cinq écailles dans une ligne longitudinale. Quant à la ligne latérale, elle va directement du
haut de la fente branchiale à la base de la caudale.

La dorsale antérieure est relativement assez haute ; elle commence à peu près au milieu de la longueur totale, caudale non
comprise, au-dessus de la fin de l'insertion des ventrales ; elle
finit ordinairement au-dessus de l'origine de l'anale. L'anale est
assez courte. La caudale est échancrée, ou même un peu fourchue. Vers la base de la nageoire, le tronçon de la queue porte,
en dessus, trois ou quatre petites épines crochues, à pointe très-
acérée dirigée en arrière, et en dessous, deux ou trois épines qui
sont, en général, un peu plus longues que les supérieures. Les
pectorales sont très-longues ; leur extrémité arrive au moins
jusqu'à l'aplomb de l'anus. Les ventrales sont de moitié plus
courtes.

D. 12 à 14 — ? 4 ou 5 ; A. 11 à 13 ; C. 2/15/2 ; P. 12 à 14 ; V. 8.

Excepté les ventrales, qui semblent presque noires, les nageoires

sont d'un brun marron, plus clair sur les pectorales. La teinte
générale est d'un brun rougeâtre, glacé d'argent. Sous le ventre,
se montrent, à droite comme à gauche, deux rangées principales
de points dorés, et quelques points dispersés sur les flancs ; après
l'anus, il y a, de chaque côté de la nageoire et du tronçon de la
queue, une série de points dorés, et en outre quelques points
semés, çà et là, sur le tronçon de la queue. Le battant operculaire est, en arrière, couleur chocolat, avec des plaques argentées ; il est marqué de plusieurs points arrondis dorés.

Habitat. Méditerranée, Nice, rare. Deux exemplaires rapportés de Nice,
par Laurillard, en 1829, ont été inscrits, au Muséum de Paris, sous le nom
de *Scopèle de Bonaparte.* Le spécimen que je possède, et dont je vais indiquer
les proportions, vient également de Nice.

Proportions : long. totale 0,074 ; tronc, haut. 0,012, épais. 0,008.

Tête, long. 0,019, haut. 0,012. — Œil, diam. 0,0055, esp. préorbit. 0,004,
esp. interorbit. 0,0065. — Mâchoire supérieure, long. 0,014.

Caudale, long. 0,013 ; pectorale, long. 0,017 ; ventrale, long. 0,009. —
Première dorsale, haut. 0,010, long. 0,012 ; anale, haut. 0,005, long. 0,010.

Distance du bout du museau à : première dorsale 0,028 ; anus 0,037 ;
anale 0,039 ; pectorale 0,021 ; ventrale 0,030.

GENRE MAUROLICUS — *MAUROLICUS*, Cocco.

Corps plus ou moins allongé, comprimé, nu ou garni incomplètement
d'écailles ; plusieurs rangées de points brillants le long de la partie inférieure du tronc.

Tête ; bouche de moyenne grandeur ; bord de la mâchoire supérieure
ormé par les intermaxillaires et les maxillaires ; mandibule un peu plus
avancée que la mâchoire supérieure, munies l'une et l'autre de petites
dents.

Appareil branchial ; ouïes largement fendues.

Nageoires ; première dorsale commençant à peu près au-dessus des
ventrales.

LE MAUROLICUS AMÉTHYSTE,
MAUROLICUS AMETHYSTINO-PUNCTATUS.

Syn. : Maurolicus amethystino-punctatus, Cocco, *Le'. Salmon. mare di Messina,*
p. 32, pl. 4, fig. 12 ; CBp., *Fn. ital.,* fig., *Cat.,* n° 302 ; Günth., t. V, p. 390 ; Canestr.,
Fn. Ital., p. 120.

Le Scopèle de Maurolico, Scopelus Maurolici, Cuv. et Valenc., t. XXII, p, 439.

Long. : 0,04 à 0,06.

Le corps de ce poisson est allongé, comprimé ; il ne semble pas avoir d'écailles, il est couvert d'un pigment argenté. La hauteur du tronc est contenue cinq fois à cinq fois et demie dans la longueur totale.

La longueur de la tête est comprise quatre fois environ dans la longueur totale. Le museau est assez court ; il est légèrement relevé. La bouche est médiocrement ouverte ; sa fente est oblique. La mâchoire supérieure est un peu moins avancée que l'inférieure ; son bord est constitué par les intermaxillaires et les maxillaires. Le maxillaire supérieur est aplati, il représente un peu la forme de celui du Hareng ou de l'Alose ; son extrémité postérieure arrive sous le milieu du bord inférieur de l'orbite. Les mâchoires sont faiblement dentées. La mandibule est élargie vers la symphyse.

Rapprochés du profil supérieur de la tête, les yeux sont grands, arrondis. L'iris est argenté. Le diamètre de l'œil mesure le tiers de la longueur de la tête, le double de l'espace interorbitaire ; il est un peu plus grand que l'espace préorbitaire.

Comme celle de la bouche, la muqueuse de la chambre respiratoire est rosée. L'opercule est arrondi sur le bord postérieur et inférieur.

Il est assez difficile de compter d'une manière exacte les rayons des nageoires, qui sont excessivement fragiles. La dorsale commence au-dessus, ou peut-être un peu en avant de la base des ventrales ; elle est trapézoïde. L'anale prend naissance sous la fin de la dorsale. La caudale est échancrée, ou légèrement fourchue. Les pectorales sont beaucoup plus longues que les ventrales ; elles sont soutenues par quinze à dix-sept rayons ; d'après A. Cocco et C. Bonaparte, elles ont seulement neuf rayons ; cette différence dans le nombre des rayons est-elle suffisante pour faire considérer, comme étant de nouvelle espèce, le Maurolicus dont nous venons de tracer les principaux caractères ? L'insertion des ventrales est vers le milieu de la longueur totale.

D. 10 ou 11 — ? ; A. 14 à 17 ; C. 3/17/4 ; P. 15 à 17 ; V. 6.

Les nageoires sont pâles. Le dos est d'un bleu foncé, pointillé de noir. Les côtés, le ventre, les pièces operculaires, les joues sont d'un blanc argenté fort éclatant. Sur chaque côté du ventre, il y a, en avant, deux rangées de points brillants, d'une teinte faiblement rosée ; la rangée externe cesse vers l'anus. La rangée interne commence sous la gorge, en avant de la perpendiculaire tangente au bord antérieur de l'orbite, et se continue jusqu'à la base de la caudale. La rangée externe prend naissance sur la partie inférieure de la ceinture scapulaire. Chacune des branches de la mandibule porte un point brillant sous le menton. Un point noirâtre argenté se montre en avant du bord antérieur de l'orbite, près de la narine. Sur les joues, longeant le bord inférieur de la chaîne sous-orbitaire, il y a une rangée de trois à cinq points brillants.

Habitat. Méditerranée, Nice, excessivement rare.
Proportions : long. totale 0,045 ; tronc, haut. 0,008, épais. 0,004.
Tête, long. 0,011, haut. 0,009. — Œil, diam. 0,004, esp. préorbit. 0,003, esp. interorbit. 0,002. — Mâchoire supérieure, long. 0,00⁻.
Caudale, long. 0,007 ; pectorale, long. 0,008 ; ventrale, long. 0,004. — Première dorsale, haut. 0,004, long. 0,006 ; anale, haut. 0,003, long. 0,006.
Distance du bout du museau à : première dorsale 0,022 ; anale 0,027 ; pectorale 0,011 ; ventrale 0,023.
Le Scopèle à petites dents, Scopelus angustidens.

Syn. : SCOPÈLE A PETITES DENTS, Scopelus angustidens, Riss., *Mem. Accad. sc. Torino*, 1820, t. XXV, p. 267.
MACROSTOMA ANGUSTIDENS, Macrostome à petites dents, Riss., *Hist. nat.*, p. 448.
MACROSTOMA ANGUSTIDENS, CBp., *Cat.*, n° 236.

N. vulg. : Maire d'Amplova, Nice.
Quel est le poisson décrit par Risso d'abord sous le nom de Scopèle, puis sous celui de Macrostome ? Dans son *Mémoire*, lu à l'Académie des sciences de Turin, Risso dit que les mâchoires sont garnies de plusieurs rangées de petites dents en cardes, qu'il y a deux dorsales ; dans son *Histoire naturelle*, il donne comme caractères du genre Macrostome : une série de dents très-étroites, aiguës sur les mâchoires ; une seule nageoire dorsale. Quant au nombre des rayons branchiostèges, des rayons des nageoires, il est le même dans le Scopèle à petites dents que dans le Macrostome à petites dents, sauf bien entendu le nombre des rayons de la seconde dorsale, qui manque dans le Macrostome.

Br. 10. — D. 22—4 ; A. 2, 18 ; C. 22 ; P. 12 ; V. 8.

GENRE SAURUS — *SAURUS*, Cuv.

Corps allongé, plus ou moins arrondi, couvert d'écailles lisses.

Tête oblongue ; bouche très-largement ouverte ; bord de la mâchoire supérieure formé par les intermaxillaires, qui sont fort allongés, arrondis, terminés en pointe (CV.) ; maxillaire supérieur grêle ; mâchoires garnies de dents mobiles, pointues, disposées sur plusieurs rangées ; langue et palatins dentés.

Appareil branchial ; fente des ouïes très-grande ; rayons branchiostèges au nombre de quinze à dix-sept.

Nageoires ; première dorsale commençant en arrière de l'insertion des ventrales, sur la première moitié de la longueur totale ; seconde dorsale fort réduite ; caudale fourchue ; anale et pectorales courtes ; ventrales à rayons externes moins développés que les internes.

Vessie natatoire nulle. — **Appendices pyloriques** assez peu nombreux.

LE SAURUS A BANDES — *SAURUS FASCIATUS*.

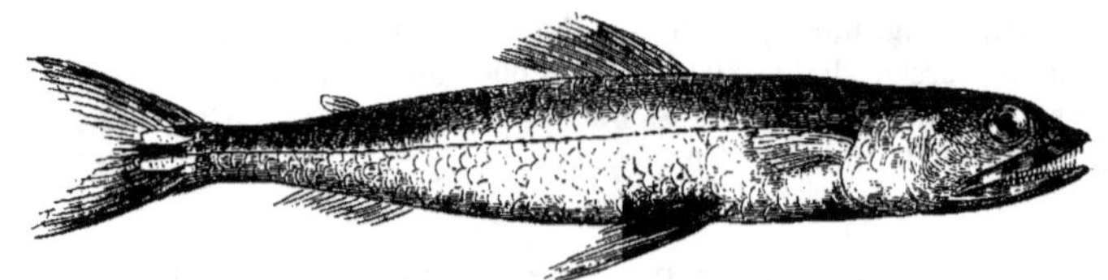

Fig. 204.

Syn. : Du Lesart, Rondel., liv. XV, c. viii, p. 328.
Saurus, Salvian., p. 242-243, P. 99 ; Willugh., Append., p. 29.
Salmo saurus, Linn., p. 511, sp. 14 ; ? Bloch, pl. 384, fig. 1.
Le Saure, Salmo saurus, Bonnat., p. 165.
L'Osmère saure, Osmerus saurus, Lacép., t. XI, p. 297.
Osmerus saurus, Rafin., *Ind. itt. sicil.*, p. 32, n° 235.
Osmère a bandes, Osmerus fasciatus, Riss., *Ichth.*, p. 326.
Saurus fasciatus, Saurus à bandes, Riss., *Hist. nat.*, p. 464.
Saurus Mediterraneus, Costa, *Fn. Napol.*
Saurus griseus, Lowe, *Fish. Madeira*, dans *Transact. Zool. Soc.*, London, 1841, t. II, p. 188 ; Günth., t. V, p. 394.
Saurus lacerta, CBp., *Cat.*, n° 293 ; Canestr., *Fn. Ital.*, p. 122.
Saurus a trois raies, Saurus trivirgatus, Valenc., *Ichth.*, *Canaries*, dans Webb et Berthelot, p. 72, pl. 15, fig. 1.
Du Saurus ordinaire, Saurus lacerta, Cuv. et Valenc., t. XXII, p. 463 ; Guichen., *Expl. Algér.*, p. 97.

N. Vulg. : Lambert, Nice.
Long. : 0,15 à 30.

De forme légèrement variable, le corps du Saurus est plus ou
moins arrondi, parfois renflé dans son milieu, parfois conique,
un peu aplati en dessous ; il est allongé ; il est couvert d'écailles
assez grandes, fort adhérentes. La hauteur du tronc est contenue de sept fois à huit fois et demie dans la longueur totale.

Ayant une certaine ressemblance avec celle des Lézards, la
tête est oblongue, un peu déprimée, rugueuse en dessus ; sa longueur est comprise quatre fois et trois quarts à cinq fois dans la
longueur totale. Le museau est légèrement aplati, terminé en
pointe mousse. La bouche est ouverte obliquement ; sa fente est
très-grande, elle dépasse, en arrière, de beaucoup la perpendiculaire tangente au bord postérieur de l'orbite. Les mâchoires
sont à peu près égales ; elles sont armées de dents aiguës,
coniques, plus ou moins mobiles, disposées sur plusieurs rangées ; les dents de la série interne sont les plus fortes, les plus
longues. Les palatins et la langue sont dentés. Le vomer n'est
pas toujours lisse, comme on le croit généralement, chez certains individus, il porte quelques petites dents sur le chevron.
Les branches de la mandibule sont larges, convexes, elles sont
rapprochées l'une de l'autre, elles se touchent même, sous la
gorge, dans une assez grande étendue, quand la bouche est fermée.

L'orbite entame le profil supérieur du crâne. L'œil est assez
petit. Son diamètre mesure du sixième au septième de la longueur de la tête ; il est moins grand que l'espace préorbitaire ;
il est égal à l'espace interorbitaire, qui est un peu concave. L'iris
est rougeâtre, d'après Lesueur.

Chaque narine a réellement deux ouvertures, et non pas une
seule, ainsi que l'ont écrit plusieurs naturalistes ; ces ouvertures
sont petites, voisines l'une de l'autre, plus rapprochées du bord
de l'orbite que du bout du museau.

La fente des ouïes est très-longue, elle s'avance plus loin que
la commissure de la bouche. La peau de la gorge cache l'extrémité antérieure de l'appareil hyoïdien. Il y a une quinzaine de

III.   33

rayons branchiostèges ; Costa en compte dix-sept. Sur les pièces operculaires se trouvent quelques écailles.

A peu près droite dans tout son trajet, la ligne latérale est nettement marquée. Éc., l. long. 58 à 65 ; l. transv. 10 ou 11.

La première dorsale est, en quelque sorte, placée sur la première moitié de la longueur totale ; elle commence en arrière de la verticale élevée sur la base des ventrales. La seconde dorsale est petite, à rayons peu distincts ; elle est au-dessus, ou peu s'en manque, du milieu de l'anale. Le dernier rayon de l'anale semble un peu plus allongé que les précédents. Le tronçon de la queue est en forme de pyramide quadrangulaire. La caudale est fourchue ; elle porte, vers le côté interne de chacun de ses lobes, un appendice allongé, constitué par plusieurs écailles. Les pectorales sont courtes. Les ventrales sont insérées sur la région inférieure de l'abdomen ; elles sont beaucoup plus développées que les pectorales : leurs rayons, au nombre de huit, vont en s'allongeant, de dehors en dedans, jusqu'au sixième ou au septième.

Br. 15 à 17. — D. 11 à 13 — ?; A. 10 à 13 ; C. 4/16/5 ; P. 13 ; V. 8.

Les nageoires paires et l'anale sont pâles ; la première dorsale et la caudale sont grisâtres. La teinte générale est un gris cendré, plus ou moins verdâtre, sur le dos et les côtés qui sont traversés par des bandes courtes et irrégulières, formant parfois des espèces de zigzags ; la région inférieure du corps est d'un gris argenté. D'après Lesueur, chez l'animal, qui vient d'être pêché, la teinte générale est jaunâtre. Une bande bleuâtre va de la fente des ouïes à la caudale ; elle est traversée par des lignes rougeâtres, qui se croisent au-dessus et au-dessous d'elle. Sur le dos se montrent des traits verticaux, qui sont réunis par des traits longitudinaux de même couleur, et forment ainsi des espèces de quadrilatères, qui sont marqués de lignes rougeâtres entrecroisées. Au-dessous de la bande longitudinale, il y a une douzaine de taches allongées, d'un bleu assez clair.

Habitat. Méditerranée, très-rare, Nice, Toulon, Marseille. — Le docteur

L. Companyo dit que l'Osmère saure ou Saure de la Méditerranée, *Salmo
saurus*, Lin., et l'Osmère fascié ou à bandes, *Salmo fasciatus*, Lin., sont
pêchés très-abondamment sur les côtes des Pyrénées-Orientales, et portés
sur les marchés ! De quels poissons veut parler l'auteur ? Il est difficile de le
deviner.

Proportions : long. totale 0,152 ; tronc, haut. 0,018, épais. 0,018.

Tête, long. 0,032, haut. 0,014. — Œil, diam. 0,005, esp. préorbit. 0,008,
esp. interorbit. 0,005. — Mâchoire supérieure, long. 0,020.

Caudale, long. 0,019 ; pectorale, long. 0,015 ; ventrale, long. 0,030. —
Première dorsale, haut. 0,019, long. 0,019 ; anale, haut. 0,010, long. 0,015.

Distance du bout du museau à : première dorsale 0,056 ; anale 0,104 ; pectorale 0,033 ; ventrale 0,049.

GENRE AULOPE — *AULOPUS*, Cuv.

Corps allongé, couvert de grandes écailles pectinées.

Tête ; bouche largement ouverte ; bord de la mâchoire supérieure formé
par les intermaxillaires seuls ; maxillaire supérieur développé, élargi en
arrière ; dents en cardes fines sur les mâchoires ; palatins, vomer et langue
dentés.

Appareil branchial ; fente des ouïes très-grande ; rayons branchiostèges nombreux ; pièces operculaires et joues garnies d'écailles.

Nageoires ; première dorsale commençant au-dessus de l'insertion des
ventrales ; caudale fourchue ; ventrales attachées peu en arrière des pectorales.

Vessie natatoire nulle. — **Appendices pyloriques** peu nombreux.

L'AULOPE FILAMENTEUX — *AULOPUS FILAMENTOSUS*.

Syn. : Salmo filamentosus, Bloch, *Berl. Schr.*, X, ix, 2, Cuv. *Règ. an.*, 1817,
t. II, p. 170.

Salmo tirus, Rafin., *Carat.*, p. 56, sp. 148, *Ind. itt. sicil.*, p. 32, n° 233.

Osmère lézard, Osmerus lacerta, Riss., *Ichth.*, p. 325.

Saurus lacerta, Saurus lézard, Riss., *Hist. nat.*, p 463.

Saurus lacerta, Lowe, *Fish. Madeira*, dans *Trans. Zool. Soc.*, London, 1841, t. II,
p. 188.

Aulopus filamentosus, CBp., *Cat.*, n° 294, *Fn. ital.*, fig. (m. et f.); Günth., t. V,
p. 402 ; Costa, *Fn. Napol.*; Canestr., *Fn. Ital.*, p. 122.

Aulope porte-fil, Aulopus filifer (m.), Valenc., *Ichth.*, *Canaries* dans Webb et Berthelot, p. 73, pl. 15, fig. 2.

Aulope maculé, Aulopus maculatus (f.), Valenc., *op. cit.*, p. 74, pl. 15, fig. 3.

L'Aulope filamenteux, Aulopus filamentosus, Cuv. et Valenc., t. XXII, p. 513 ;
Guichen., *Expl. Algér.*, p. 98.

N. vulg. : Lambert, Nice

Long. : 0,20 à 0,35 ou 40.

Un poisson, qui se trouve rarement sur nos côtes de la Méditerranée, est l'Aulope filamenteux. Il a le corps allongé, fusiforme, couvert de grandes écailles, fort adhérentes, à bord postérieur garni de spinules très-acérées. Le profil supérieur s'élève jusqu'à l'origine de la première dorsale, puis il s'abaisse doucement vers la caudale. La hauteur du tronc est contenue six fois et demie à sept fois dans la longueur totale.

En arrière, la région supérieure du crâne est écailleuse. La tête est allongée ; elle présente la figure d'une pyramide quadrangulaire ; elle est assez large en dessus, un peu déprimée dans l'espace interorbitaire ; sa longueur mesure environ le quart de la longueur totale. Le museau est abaissé, légèrement échancré à son extrémité. La bouche est grande ; sa fente dépasse la perpendiculaire tangente au bord antérieur de l'orbite. La mâchoire supérieure est moins avancée que l'inférieure ; son bord est formé uniquement par les intermaxillaires, qui sont minces et grêles vers leur extrémité postérieure. Le maxillaire supérieur est dilaté en arrière ; sa hauteur est encore augmentée par celle d'un surmaxillaire de forme oblongue. La mandibule se termine par une espèce de tubercule ; elle a des branches larges, fortes, très-rapprochées l'une de l'autre ; un repli labial développé s'avance jusque vers le tubercule antérieur. Les mâchoires sont garnies de plusieurs rangées de dents fines, très-aiguës, crochues, mobiles. Des dents à peu près semblables se trouvent sur les palatins, les ptérygoïdiens, le chevron du vomer, sur la langue.

Les yeux sont placés très-haut ; au-dessus d'eux, le profil supérieur de la tête est échancré. L'orbite est bordé par une paupière adipeuse. Le diamètre de l'œil est contenu quatre fois et demie à cinq fois dans la longueur de la tête ; il est plus petit que l'espace préorbitaire. Le premier sous-orbitaire est fort réduit ; le second est très-développé. L'espace interorbitaire est creusé en gouttière, et parcouru par deux arêtes longitudinales.

Les ouvertures de la narine sont un peu plus rapprochées du bord antérieur de l'orbite que du bout du museau ; elles sont voisines l'une de l'autre. L'orifice antérieur est étroit ; il est entouré d'un bourrelet, qui, en arrière, se prolonge en un appendice plus ou moins divisé. L'orifice postérieur est le plus large.

Il y a de quinze à dix-sept rayons branchiostèges. La fente des ouïes est très-grande ; elle s'avance à peu près jusqu'au prolongement du diamètre vertical de l'œil. Les pièces operculaires sont bombées ; elles sont, ainsi que les joues, couvertes d'écailles. Le préopercule a le bord postérieur oblique.

La ligne latérale est droite, bien marquée. Éc., l. long. 54 à 56 : l. transv. $\frac{6}{5} + 1 = 12$.

La première dorsale commence au-dessus de l'insertion des ventrales, à une assez courte distance de la tête ; chez le mâle, elle a le deuxième rayon, le troisième et le quatrième beaucoup plus développés que les autres, prolongés en filaments ; le deuxième rayon, qui est le plus grand, peut arriver, étant abaissé, jusqu'à la seconde dorsale. Cette dernière nageoire est au-dessus de la fin de l'anale ; elle est couverte de petites écailles. L'anale est assez courte. La caudale est fourchue : elle est garnie d'assez nombreuses rangées de petites écailles, qui se continuent assez près de l'extrémité des rayons. La pointe des pectorales arrive, en arrière, jusque sous le milieu de la base de la première dorsale. Les ventrales sont assez rapprochées des pectorales ; elles sont séparées l'une de l'autre par un espace d'une certaine largeur ; le premier rayon est simple, les trois suivants sont bifurqués ; les cinq derniers sont ramifiés ; le quatrième rayon est le plus allongé.

Br. 15 à 17. — D. 15 — ? ; A. 11 ou 12 ; C. 8/19 ou 20/7 ; P. 13 ; V. 9.

Chez la femelle, la première dorsale est marquée, vers l'extrémité de ses rayons antérieurs, d'une large tache noirâtre. La première dorsale et la caudale sont grisâtres, avec des taches jaunes ou des taches brunes. L'anale est pâle. Les pectorales sont grisâtres. Les ventrales paraissent d'un gris jaunâtre. Le dos et les côtés sont d'un gris rougeâtre, avec des taches brunes mal limitées : le ventre est d'un gris rosé ; parfois le corps est d'un marron clair, teinté de jaune et de noirâtre. Il y a souvent une tache noirâtre sur les opercules.

Habitat. Méditerranée, rare, Nice. Le sujet dont je vais indiquer les proportions, et qui est une femelle, vient de ce pays.
Proportions : long. totale 0,295 ; tronc, haut. 0,044, épais. 0,034.
Tête, long. 0,074, haut. 0,040. — Œil, diam. 0,016, esp. préorbit. 0,021, esp. interorbit. 0,014. — Mâchoire supérieure, long. 0,035.
Caudale, long. 0,047 ; pectorale, long. 0,040 ; ventrale, long. 0,055. — Dorsale, haut. 0,042, long. 0,051 ; anale, haut. 0.021, long. 0,027.
Distance du bout du museau à : première dorsale 0,093 ; anale 0,176 ; pectorale 0,075 ; ventrale 0,089.

Sous-famille des *Paralépidiniens, Paralepidini.*

Corps allongé, nu ou couvert d'écailles caduques.
Tête comprimée ; museau allongé ; bouche grande ; bord de la mâchoire supérieure formé par les intermaxillaires seuls ; dentition des mâchoires très-variable, dents probablement caduques ; palatins dentés.
Appareil branchial ; ouïes très-largement fendues ; sept rayons branchiostèges.
Nageoires ; première dorsale reculée, commençant sur la seconde moitié de la longueur totale ; anale longue, finissant assez près de la caudale ; caudale fourchue ; ventrales peu développées, insérées sur la seconde moitié de la longueur totale.
Vessie natatoire nulle. — **Appendices pyloriques** manquant.

GENRE PARALÉPIS — *PARALEPIS*, Cuv.

Le genre Paralépis est représenté par deux espèces :

	au-dessus des ventrales..... 1. P. CORÉGONOÏDE.
1ʳᵉ dorsale commençant	
	en arrière des ventrales..... 2. P. SPHYRÉNOÏDE.

LE PARALEPIS CORÉGONOÏDE — *PARALEPIS COREGONOIDES.*

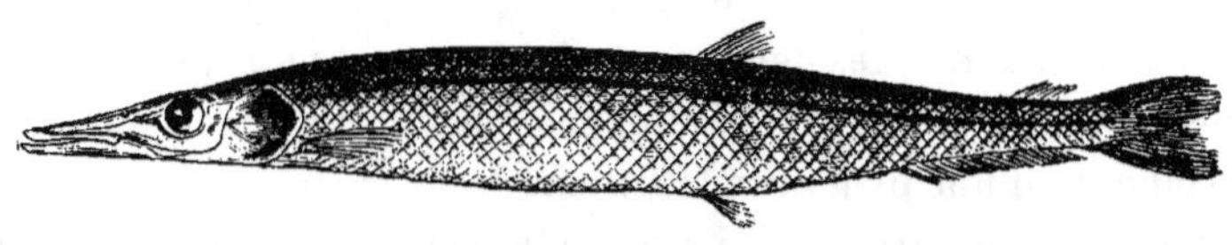

Fig. 205.

Syn. : Corégone marénule, Coregonus marænula, Riss., *Ichth.*, p. 328.
Paralépis corégonoïde, Paralepis coregonoides, Riss., *Hist. nat.*, p. 472, fig. 15 ; Cuv. et Valenc., t. III, p. 357, pl. 67, t. VII, p. 510, *Règ. an. ill.*, pl. 18, fig. 2.
Paralepis coregonoides, CBp., *Fn. ital.*, fig., *Cat.*, n° 292 ; Günth., t. V, p. 418 ; Canestr., *Fn. Ital.*, p. 127 ; Bellotti, *I Paralepidini del Mediterraneo*, dans *Note ittiologiche*, 1877, p. 2 (*estratto dagli Atti della Società Italiana di sc. nat.*, t. XX, fasc. i,*).
Paralepis Cuvieri, Bellotti, *op. cit.*, p. 3.
Paralepis speciosus, Bellotti, *op. cit.*, p. 2, p. 5, fig.

N. Vulg. : Lussion, Nice.
Long. : 0,15 à 0,25.

Très-variable dans ses proportions, le corps du Paralépis corégonoïde est allongé et plus ou moins comprimé. L'épaisseur du tronc fait le quart ou les deux tiers de la hauteur, qui est contenue de neuf à seize fois dans la longueur totale. La peau est garnie d'écailles caduques, portant des stries ou de petites côtes qui se terminent, sur le bord postérieur, en saillies pointues.

La tête présente la forme d'une pyramide quadrangulaire ; elle a le profil supérieur doucement incliné ; sa longueur est comprise quatre fois et quart à quatre fois et demie dans la longueur totale. Le museau est allongé. La bouche est fendue jusque sous le milieu de l'espace préorbitaire. La mâchoire supérieure est un peu moins avancée que l'inférieure ; elle est munie de dents plus ou moins fines, à pointe tournée en arrière. Les palatins ont de petites dents crochues ; je n'en vois pas sur le vomer, ni sur la langue. La mandibule est légèrement relevée à son extrémité ; elle porte des dents coniques, pointues, un peu

plus fortes que celles de la mâchoire supérieure ; chez un individu, elle montre, en avant, quatre petits crochets, qui sont
séparés des autres dents par un intervalle assez large. Chez un
sujet de grande taille, il ne reste plus trace de dents ni sur la
mâchoire supérieure, ni sur la mandibule. Il est probable que,
chez ces animaux, les dents sont caduques, et ne peuvent, quel
que soit leur degré de développement, fournir des caractères
spécifiques d'une bien grande valeur.

Les yeux sont arrondis ; ils sont placés vers le profil supérieur
de la tête. Le diamètre de l'œil est contenu cinq fois à cinq fois
et demie dans la longueur de la tête, et deux fois et demie dans
la longueur de l'espace préorbitaire ; il est plus grand que l'espace interorbitaire. Le sourcil est assez large ; de son angle
antérieur part une crête qui se continue jusque sur le museau.
L'espace interorbitaire est un peu déprimé ; il est parcouru par
deux crêtes longitudinales, qui commencent chacune, au-dessus
du bord postérieur de l'orbite, par une espèce de bifurcation,
et se prolongent jusque près du bout du museau, en se rapprochant l'une de l'autre. Le premier sous-orbitaire est fort développé ; il se termine, en avant, vers le milieu de la longueur du
maxillaire supérieur.

Ordinairement la narine est bordée de noir ; elle est une fois
plus rapprochée de l'orbite que du bout du museau ; elle a les
ouvertures très-voisines l'une de l'autre ; l'orifice antérieur est
extrêmement étroit ; l'autre est un peu plus large.

Il y a sept rayons branchiostèges. La fente des ouïes est très-
longue, elle s'avance jusque sous le bord antérieur de l'orbite.
Les pièces operculaires sont fort minces ; elles sont, ainsi que
les joues, garnies de petites écailles.

La ligne latérale est rapprochée du profil supérieur du corps ;
elle est complète, nettement dessinée de l'épaule à la base de la
caudale. Ses écailles sont au nombre de soixante-quatre environ ;
elles sont plus adhérentes que les autres ; elles ont une forme
presque triangulaire ; leur bord postérieur est comme festonné,
découpé en trois lobes excessivement courts.

La première dorsale est opposée aux ventrales ; elle est soutenue par une dizaine de rayons. La seconde dorsale paraît avoir deux ou trois rayons. L'anale finit assez près de la caudale, un peu plus en arrière que la seconde dorsale. La caudale est fourchue. L'insertion des ventrales est tantôt sous le commencement de la première dorsale, tantôt sous le sixième et même sous le septième rayon de la première nageoire du dos.

Br. 7. — D. 9 ou 10 — 2 ou 3 ; A. 22 à 25 ; C. 9/19 à 22/11 ; P. 13 à 15 ; V. 8 ou 9.

Les nageoires impaires sont grisâtres ; les nageoires paires semblent pâles. Le corps est argenté et couleur lilas, nuancé de noir sous le ventre, d'après Risso.

Habitat. Méditerranée, très-rare, Nice.
Proportions : long. totale 0,200 ; tronc, haut. 0,022, épais. 0,014.
Tête, long. 0,047, haut. 0,019. — Œil, diamètre 0,009, esp. préorbit. 0,022, esp. interorbit. 0,007. — Mâchoire supérieure, long. 0,016.
Caudale, long. 0,014 ; pectorale, long. 0,017 ; ventrale, long. 0,009. — Première dorsale, haut. 0,012, long. 0,009 ; anale, haut. 0,008, long. 0,029.
Distance du bout du museau à : narine, orifice antérieur 0,015 ; première dorsale 0,116 ; seconde dorsale 0,164 ; anale 0,148 ; pectorale 0,048 ; ventrale 0,117.
Les lobes de la caudale ont la pointe cassée.

LE PARALÉPIS SPHYRÉNOÏDE — *PARALEPIS SPHYRÆNOIDES.*

Syn. : Paralépis sphyrénoïde, Paralepis sphyrænoides, Riss., *Hist. nat.*, p. 473, pl. 7, fig. 16 ; Cuv. et Valenc., t. III, p. 360.
Paralepis sphyrænoides, Günth., t. V, p. 418 ; Canestr., *Fn. Ital.*, p. 127 ; Bellotti, *Paralepidini del Mediterraneo*, p. 2.

N. vulg. : Lussion, Nice.
Long. : 0,15 à 0,30.

De la ceinture scapulaire à la racine de la caudale, le corps va diminuant d'une façon régulière ; il est à peu près entièrement nu ; parfois sur les flancs, il est couvert d'une poussière argentée. La hauteur du tronc est contenue douze à quatorze fois dans la longueur totale.

En dessus, la tête est légèrement aplatie ; sa longueur est comprise cinq fois et quart à cinq fois et trois quarts dans la longueur totale. Le museau est allongé, coupé carrément. La bouche est grande ; sa fente dépasse, en arrière, la perpendiculaire traversant l'orifice antérieur de la narine. La mâchoire supérieure est un peu plus large, mais un peu moins avancée que l'inférieure ; elle est garnie de dents excessivement fines, crochues, à pointe tournée en arrière ; les dents se continuent jusqu'à l'angle postérieur de l'intermaxillaire, qui ressemble à une petite lame de scie. La mandibule est relevée à son extremité, qui forme, en quelque sorte, la terminaison du museau quand la bouche est fermée ; près de la symphyse, elle porte quatre dents mobiles ; les deux dents antérieures sont extrêmement petites ; les deux suivantes sont plus développées ; elles sont très-aiguës ; elles sont dirigées en haut et en arrière ; après un intervalle laissé vide, il y a, sur chaque branche de la mandibule, une rangée composée de huit à dix dents espacées, fort pointues, coniques, mobiles ; souvent entre les longues dents il s'en trouve quelques autres très-petites.

Une grande partie de la hauteur de la tête est occupée par l'œil, qui est arrondi. L'iris est bleu argenté. Le diamètre de l'œil est contenu quatre fois et demie à cinq fois dans la longueur de la tête ; il mesure la moitié de l'espace préorbitaire. L'espace interorbitaire est creusé d'une gouttière longitudinale. Le premier sous-orbitaire est très-développé.

Chez les divers sujets que j'ai examinés, je n'ai pas trouvé d'écailles sur la joue, ni sur les pièces operculaires.

La ligne latérale est bien marquée ; elle n'est pas complète, elle se termine généralement au-dessus de l'anale ; ses écailles sont au nombre d'environ soixante-douze ; elles sont excessivement délicates, assez difficiles à examiner.

La première dorsale commence tout à fait en arrière des ventrales ; la seconde est placée au-dessus de la fin de l'anale, elle a de trois à six petits rayons. L'anale est longue ; elle est soutenue

par une trentaine de rayons. La caudale est fourchue. Les pectorales et les ventrales paraissent courtes.

D. 10 — 3 à 6 ; A. 28 à 30 ; C. 8/16 à 18/7 ; P. 12 ou 13 ; V. 8 ou 9.

Les nageoires sont pâles. Le corps est, suivant Risso, d'un
blanc transparent sur le dos, argenté sur les flancs. Chez certains
individus, le ventre, entre les pectorales et les ventrales, est
comme recouvert d'une feuille argentée, chez d'autres il est
d'une teinte rosée. Les pièces operculaires sont argentées.

Habitat. Méditerranée, rare, Nice.
Proportions : long. totale 0,160 ; tronc, haut. 0,012, épais. 0,007.
Tête, long. 0,029, haut. 0,011. — Œil, diam. 0,006, esp. préorbit. 0,013,
esp. interorbit. 0,004. — Mâchoire supérieure, long. 0,012.
Caudale, long. 0,008 ; pectorale, long. 0,008 ; ventrale, long. 0,007. —
Première dorsale, haut. 0,010, long. 0,005 ; anale, haut. 0,009, long. 0,024.
Distance du bout du museau à : narine, orifice antérieur 0,003 ; première
dorsale 0,090 ; seconde dorsale 0,143 ; anale 0,120 ; pectorale 0,032 ; ven-
trale 0,080.

Famille des Salmonidés, Salmonidæ.

Corps allongé, couvert d'écailles lisses.
Tête nue, de forme variable ; bord de la mâchoire supérieure formé par
les intermaxillaires et les maxillaires.
Yeux latéraux, entourés généralement d'une paupière adipeuse.
Appareil branchial ; ouïes largement fendues ; rayons branchiostèges
au nombre de quatre à dix-neuf ; pseudobranchies.
Nageoires ; première dorsale soutenue par des rayons simples et par
des rayons branchus ; seconde dorsale adipeuse.
Vessie natatoire grande, à un seul lobe, ordinairement pourvue d'un
conduit pneumataphore. — **Canal intestinal** ; estomac en cul-de-sac ; appendices pyloriques manquant rarement.
Ovaires sans oviducte ; œufs tombant dans la cavité abdominale avant
leur passage au dehors.

La famille des Salmonidés est composée de six genres :

Maxillaire supérieur allant, en arrière,

plus loin que le prolongement du diamètre vertical de l'œil. Mâchoire supérieure

aussi ou plus avancée que l'inférieure...... 1. Saumon.

moins avancée que l'inférieure......... 2. Éperlan.

moins loin que le diamètre vertical de l'œil. 1re dorsale commençant en

avant de l'insertion des ventrales, et sur le

1er tiers de la longueur totale................... 3. Thymalle.

2e tiers de la longueur totale. Rayons branchiostèges

plus de sept. 4. Corégone.

moins de sept........ 5. Argentine.

arrière de l'insertion des ventrales..... 6. Microstome.

Dans les espèces qui constituent le genre Saumon, la première dorsale commence en avant de l'insertion des ventrales ; dans l'Éperlan, elle commence au-dessus ou en arrière de l'insertion des ventrales.

GENRE SAUMON — *SALMO*.

Corps allongé, comprimé sur les côtés, couvert de petites écailles adhérentes.

Tête ; bouche largement ouverte, bien armée ; dents sur les intermaxillaires, les maxillaires supérieurs, sur la mandibule, sur les palatins, le vomer, la langue ; maxillaire supérieur allongé, dépassant, en arrière, le prolongement du diamètre vertical de l'œil.

Appareil branchial ; rayons branchiostèges au nombre de neuf à douze ; pseudobranchies.

Nageoires ; première dorsale commençant en avant de l'insertion des ventrales, ayant de douze à quinze rayons ; anale ne comptant pas plus de douze ou treize rayons ; caudale carrée ou échancrée, quelquefois un peu fourchue ; ventrales insérées sous la dorsale.

Appendices pyloriques nombreux.

Le genre Saumon se divise en deux sous-genres ; chez les animaux adultes le corps du vomer a ou n'a pas de dents.

Dents sur le chevron du vomer

seulement........................... 1. Saumon.

et sur le corps...................... 2. Truite.

SOUS-GENRE SAUMON — *SALMO*.

Tête ; vomer ayant des dents sur le chevron, et pas sur le corps, chez les animaux adultes.

Deux espèces composent le sous-genre Saumon.

Longueur de la tête comprise dans· la longueur totale { plus de cinq fois et demie...... 1. SAUMON COMMUN.

{ moins de cinq fois et demie.... 2. OMBLE-CHEVALIER.

LE SAUMON COMMUN — *SALMO SALAR*.

Syn. : SALMO *vel* SULMO, Bell., p. 277.
DU SAUMON *et* DU TACON, Rondel., part. 2, p. 122.
SALMO SALAR, Linn., p. 509, sp. 1 ; Bloch, pl. 20 (fem.), pl. 98 (mâle), Rosenthal, *Ichthyot. Taf.*, pl. 6, fig. 1 ; Agass., *Poissons d'eau douce de l'Europe centrale, Salmones*, pl. 1, 1ᵃ (mâle), pl. 1ᵇ, pl. 2 (fem.) ; Nordmann, *Fn. pontique*, p. 515 ; Selys-Longchamps, *Fn. belge*, p. 221 ; CBp., *Cat.*, nº 94 ; Heckel et Kner, p. 273, fig. 152 ; Nilsson, *Skand. Fn.*, t. IV, p. 370 ; Günth., t. VI, p. 11 ; Géhin, p. 91 ; Schlegel, p. 126, pl. 13, fig. 1.
DU SAUMON PROPREMENT DIT, *ou* FRANC-SAUMON, Duham., *Pêch.*, part. 2, sect. 2, p. 184, pl. 1, fig. 1, fig. 3 (jeune, Tocan).
LE SAUMON, Salmo salar, Bonnat., p. 158, pl. 65, fig. 261 ; Cuv., *Règ. an.*, 1817, t. II, p. 160 ; Vallot, p. 251.
LE SALMONE SAUMON, Salmo salar, Lacép., t. XI, p. 229 ; Frère Ogérien, p. 367.
LE SAUMON COMMUN, Salmo-salmo, Cuv. et Valenc., t. XXI, p. 169, pl. 614.
TRUTTA SALAR, Siebold, p. 292, fig. 57, 58, vomer.
SAUMON COMMUN, Salmo salar, Marcotte, *Anim. vert. Abbeville*, p. 438 ; Blanch., p. 448, fig. 116, tête, fig. 119 (jeune) ; Soland, p. 250.
THE SALMON, Yarr., t. I, p. 155 ; Couch, t. IV, p. 163.

N. vulg. : Soumou, Haute-Loire. Le jeune Saumon est appelé Renay ou René en Lorraine ; Taconnet dans le Nivernais ; Tocan ou Tacon en Auvergne.
Long. : 0,50 à 1,00 et plus.

Le corps du Saumon est allongé, fusiforme, couvert d'écailles adhérentes, lisses. La hauteur du tronc, qui fait à peu près le double de l'épaisseur, est contenue de cinq à six fois dans la longueur totale. Le profil du dos est sensiblement moins courbe que celui du ventre.

Chez les animaux adultes, la longueur de la tête mesure environ le sixième de la longueur totale. En dessus, le crâne est convexe, recouvert d'une peau lisse. Le museau est terminé en pointe mousse. La bouche est largement ouverte. La mâchoire supérieure est ordinairement un peu plus avancée que l'inférieure ; elles sont, toutes les deux, armées de dents fortes, coniques ; les dents sont au nombre de quatre ou cinq sur l'intermaxillaire, de huit à quatorze sur le maxillaire supérieur. Suivant l'âge des sujets, le maxillaire supérieur est plus ou moins développé ; chez les jeunes, il se termine sous le milieu de l'œil ; chez les adultes, il arrive, en arrière, sous le bord postérieur de l'orbite. Le surmaxillaire est mince, ovale, allongé. Les palatins sont pourvus d'une rangée de dents pointues. Chez les adultes, le vomer a quelques dents sur le chevron seulement, mais chez les jeunes, il en porte, sur le corps, une série double en avant, simple en arrière ; on compte de six à huit dents sur chacune des rangées antérieures, et de trois à cinq sur la rangée terminale. La langue est libre ; de chaque côté, elle est munie de trois ou quatre dents aiguës. L'extrémité antérieure de la mandibule se relève en un tubercule plus ou moins saillant.

Suivant la taille des animaux, le diamètre de l'œil est contenu de quatre à neuf fois dans la longueur de la tête ; excepté chez les jeunes, il est beaucoup plus petit que l'espace préorbitaire, qui est, en général, moins grand que l'espace interorbitaire. L'iris est jaunâtre.

L'opercule, le sous-opercule et l'interopercule ne forment, pour ainsi dire, qu'une seule pièce. Le bord postérieur du battant operculaire est arrondi, il dessine une courbe régulière bien prononcée. Le sous-opercule a une hauteur qui mesure plus de la moitié de celle de l'opercule, au moins chez les adultes. Le préopercule a l'angle postérieur arrondi, et le bord postérieur entamé souvent d'une légère échancrure.

La ligne latérale est droite, un peu plus rapprochée du dos que du ventre. Éc., l. long. environ 128 ; l. transv. environ $\frac{22}{26} + 1$.

La première dorsale est trapézoïde ; chez l'adulte, elle est généralement moins haute que longue ; elle compte de treize à seize rayons ; l'adipeuse est assez grande. L'anale est soutenue par dix à douze rayons. La caudale est plus ou moins échancrée. Les pectorales sont assez étroites. Les ventrales sont insérées à peu près sous le milieu de la base de la première dorsale.

Br. 11. — D. 3 ou 4/10 à 13-0; A. 3/7 à 9 ; C. 5 ou 6/20/5 ; P. 1/12 ou 13; V. 1 ou 2/8.

Le dos est bleu ardoisé ; les flancs sont d'un gris argenté ; le ventre est argenté, à reflets brillants. De larges points noirâtres marquent le dessus de la tête, l'opercule. Des taches noirâtres plus ou moins étoilées, plus ou moins nombreuses se montrent au-dessus de la ligne latérale ; au-dessous, il y en a parfois quelques-unes. La dorsale et la caudale sont d'un gris plus ou moins foncé ; l'anale est grise à l'extrémité de ses rayons. Les pectorales et les ventrales ont les rayons externes ou supérieurs noirâtres ; les autres sont gris ou blanchâtres.

Chez les très-jeunes animaux, la coloration est terne, grisâtre ;

Fig. 206. — *Jeune Saumon* (1/2 grandeur).

il y a, sur les côtés, quinze à dix-huit bandes transversales noirâtres. Chez les Saumoneaux qui ont une vingtaine de centimètres de longueur, le dos est gris jaunâtre, le ventre est gris teinté de rouge ; les flancs sont traversés par des bandes oblongues ou rectangulaires ; sur les joues et les pièces operculaires, il y a des taches noirâtres, et parfois quelques taches rougeâtres ; le long de la ligne latérale, se voit ordinairement une rangée assez régulière de taches rougeâtres; j'ai observé ce système de coloration sur un certain nombre de spécimens. —

Nés dans les eaux douces, les Saumoneaux font, dans leur deuxième année, leur premier voyage à la mer.

Habitat. Le Saumon vit alternativement dans les eaux douces et dans les eaux salées ; il remonte les rivières pour frayer. Il se trouve dans la plupart de nos cours d'eau qui se jettent dans la mer du Nord, dans la la Manche ou dans l'Océan ; il manque probablement encore dans la Méditerranée, et dans les fleuves qui en sont tributaires. — Excessivement rare dans le Doubs. — Il est rare dans la Moselle, qu'il remonte parfois jusqu'à Épinal, et même plus loin ; au mois d'août 1878, un Saumon a été pêché à Épinal. — Assez rare dans la Meuse et ses affluents la Semoy, le Chiers ; d'après les renseignements qui m'ont été fournis à Monthermé, la pêche du Saumon a été, jusque vers 1835, très-abondante dans ce pays ; elle occupait une quarantaine d'hommes ; on attribue la diminution du poisson à l'établissement, sur la Meuse, de barrages qui empêchent ou gênent considérablement la montée du Saumon. — Assez commun dans la Somme ; d'après Marcotte, confirmant l'opinion de Valenciennes, les Saumons bécards se prennent bien plus à la mer que les vrais Saumons, ils remontent moins haut que les derniers, et n'apparaissent que trois ou quatre mois après. — Assez rare dans la Seine au-dessus de Quillebeuf ; un Saumon pesant quatre-vingts livres a été pêché à Caudebec, rapporte Noël de la Morinière ; Valenciennes en a pris un à Argenteuil ; un individu a été capturé dans la Seine au-dessus de Montereau. — Arrivés à Montereau, les Saumons abandonnent la Seine et remontent l'Yonne ; en 1878, un spécimen pesant 14^{kil},500 a été pris entre Cézy et Joigny ; aux environs d'Auxerre, on pêcha, en 1871, un certain nombre de ces poissons ; à Cravant, les Saumons quittent l'Yonne pour s'engager dans la Cure ; la capture d'un Saumon dans l'Yonne près de Corbigny, en 1876, a été regardée comme un fait extraordinaire. Les Saumons sont assez communs dans la Cure à Vermanton, Arcy ; près de Montsauche (Nièvre), à Gouloux, on prend une grande quantité de Saumoneaux, de *Taconnets*, comme les appellent les gens du pays.'— Beaucoup moins commun qu'autrefois dans la Rille. — Assez rare dans l'Orne. — Commun dans la plupart des rivières du département de la Manche, la Sienne, la Sée, la Sélune, le Couesnon ; sur les grèves du Mont-Saint-Michel, dit Valenciennes, il peut être pris dans les parcs. — Il est commun dans l'Odet, l'Elle ; il est devenu fort rare dans l'Aulne, le Blavet, depuis l'exécution des travaux de canalisation, l'établissement de barrages sur ces rivières. — Il est commun dans la Loire et ses affluents ; d'après M. de Soland, les pêcheurs de la Loire divisent les Saumons en quatre catégories : 1° Saumons de printemps, ils arrivent en février pour frayer ; on en pêche en grande quantité aux Ponts-de-Cé dans les mois de février, mars et avril ; 2° Saumons de la Madeleine, Saumons d'été ; 3° Saumons d'automne ou *bécards* ; 4° Saumons d'hiver. Commun à Noirmoutiers (Lemarié). Très-commun dans la Vienne (Mauduyt). A la fin du siècle dernier, suivant de Delarbre, les rivières d'Allier, de Sioule et autres qui se jettent dans l'Allier fournissaient beaucoup de Saumons ; vers 1860, le Saumon avait presque disparu de l'Allier, M. Rico mit des alevins dans cette rivière et dans la Dore, et maintenant, m'écrivait en 1875, l'habile pisciculteur, on pêche chaque année dans le département du Puy-de-Dôme, 500 à 600 Saumons du poids de 5 à 11 kilogrammes. — Le Saumon est très-rare dans la Charente. — Il est moins commun aujourd'hui qu'autrefois dans la Dordogne, la Garonne. — Il ne remonte pas l'Adour très-haut ; il le quitte, soit à Bayonne, pour s'engager dans la Nive, soit plus loin pour entrer dans les Gaves ; il est pêché en assez grande abondance à Peyrehorade ; il est assez commun aux environs de Cambo, malheureusement on a établi sur la Nive un trop grand nombre de pêcheries. — Assez commun dans la Nivelle, dans la Bidassoa.

Proportions : long. totale 0,562 ; tronc, haut. 0,101.

Tête, long. 0,095, haut. 0,076. — OEil, diam. 0,011, esp. préorbit. 0,031, esp. interorbit. 0,033. — Mâchoire supérieure, long. 0,043 ; maxillaire, long. 0,032 ; surmaxillaire, long. 0,018.

Caudale, long. 0,070 ; pectorale, long. 0,061 ; ventrale, long. 0,045. — Première dorsale, haut. 0,050, long. 0,056 ; adipeuse, haut. 0,022, long. 0,010 ; anale, haut. 0,049, long. 0,042.

Distance du bout du museau à : première dorsale 0,218 ; adipeuse 0,402 ; anale 0,372 ; ventrale 0,252.

Variété :

Le Bécard, Salmo hamatus.

Syn. : Beccard, caput Salmonis fœminæ, Bell., p. 278-279.
Du Saumon bécard, Duham., *Péch.*, part. 2, sect. 2, p. 192, pl. 1, fig. 2 ; Bonnat., p. 158, pl. 65, fig. 262.
Salmo salar, Bloch, pl. 98 (mâle).
Le Bécard, Salmo hamatus, Cuv. et Valenc., t. XXI, p. 212, pl. 615, *Rég. an. ill.*, p. 254 ; Marcotte, *Anim. vert. Abbeville*, p. 438.
Salmo hamatus, Heckel et Kner, p. 276.

La mandibule du Bécard est très-longue, recourbée en crochet à son extrémité antérieure, qui vient se loger dans une fossette de la mâchoire supérieure.

Outre les taches noires qui marquent la région supérieure du corps, il y a souvent des taches rougeâtres sur le dos, il en existe aussi sur les flancs, sur l'opercule et le préopercule.

Le professeur P. Gervais a tenté d'introduire le Saumon dans les eaux de l'Hérault ; malheureusement ses efforts n'ont pas été couronnés de succès, suivant les divers renseignements qui m'ont été fournis par des pêcheurs d'Agde et des environs. — Au printemps de 1879, des Saumons furent mis, par MM. Valery Mayer et Faure, dans le Lez, à douze kilomètres au-dessus de Montpellier ; dans le courant de cette même année, M. Valery Mayer écrivait au secrétaire de la Société d'Acclimatation : « M. Faure est allé les voir au mois de juillet, et ayant jeté de la nourriture à l'endroit où nous les avions mis, il en a vu venir une trentaine environ » (*Bul. Soc. Acclim.* 1879, p. 657). Quel sera le résultat définitif de l'expérience ? — D'après M. Lunel, de 1857 à 1863, neuf mille jeunes Saumons ont été versés dans les affluents du Léman, dans l'espace de douze années on en a pêché une trentaine. — On a essayé d'acclimater en France quelques espèces de Saumons étrangers. M. Rico a élevé le Saumon Huch, *Salmo Hucho*, dans les bassins de l'École de pisciculture de Clermont-Ferrand ; le 20 septembre 1865, il a mis, dans le lac Pavin, dix-huit Saumoneaux de cette espèce, âgés de cinq mois, mesurant neuf centimètres de longueur ; deux de ces animaux ont été pris le 18 juin 1874. L'un avait une longueur de 0^m,80 et un poids de 8 kilogrammes ; l'autre, une femelle, mesurait 1^m,05 de taille et pesait 14 kilogrammes ; ses œufs étaient mûrs et tombaient. — A la fin de 1878, M. Carbonnier, sur 30,000 œufs d'un Saumon de Californie (? *Salmo* ou *Oncorhynchus quinnat*), obtint 26,000 alevins, qui furent, dit-il, ainsi répartis dans nos rivières : 5,000 dans la Sarthe, 5,000 dans la Vienne, 5,000 dans l'Yonne, 5,000 dans le Gave de Pau. Le dernier mille a été conservé dans l'aquarium du Trocadéro (Carbonnier, *Rapport et observations sur l'aquarium d'eau douce du Trocadéro* dans *Bul. Soc. Acclim.*, 1879, p. 281-304). — M. P. Vincent, qui a réussi parfaitement à acclimater la Féra dans l'étang des Settons (Nièvre), tente d'y faire multiplier d'autres Salmonidés ; 2,000 œufs du Saumon de Californie, qu'il a reçus en novembre 1878, lui ont donné environ 1,500 alevins ayant, au mois de novembre 1879, une taille moyenne de 0^m,15. Quel sera le sort de ces nouveaux Saumons ?

L'OMBLE-CHEVALIER — *SALMO UMBLA*.

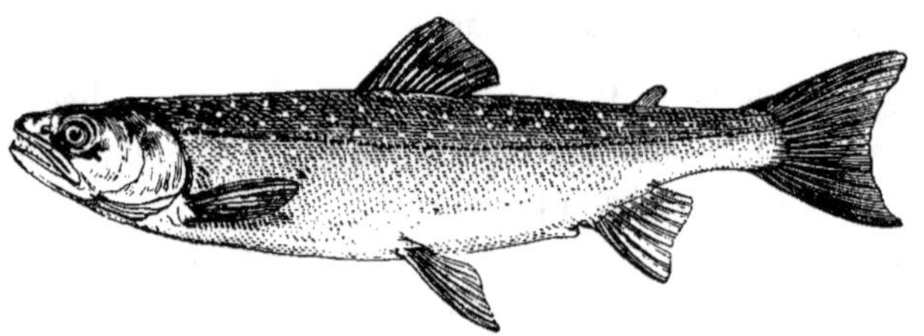

Fig. 207.

Syn. : ? Umbra fluviatilis, Bell., p. 286.
Umbla *vel* Humbla, Bell., p. 287-288.
De l'Umble chevalier, Rondel., part. 2, p. 116.
Salmo umbla, Linn., p. 511, sp. 11 ; Bloch, pl. 101 ; (Ombre chevalier) Jurine, *Poiss. lac Léman*, p. 179, pl. 5 ; Agass., *Poiss. eau douce de l'Europe centrale*, pl. 9 (jeunes),

pl. 10, 10ᵃ (m.), pl. 11 (f.) ; CBp., *Cat.*, n° 108 ; Heckel et Kner, p. 285, fig. 156 ;
Günth., t. VI, p. 125.

SALMO SALVELINUS, Linn., p. 511, sp. 9 ; Bloch, pl. 99 ; CBp., *Cat.*, n° 107 ; Heckel
et Kner, p. 280, fig. 155 ; Siebold, p. 280, fig. 54, vomer ; Günth.. t. VI, p. 126 ; Géhin,
p. 90 ; Canestr., *Fn. Ital.*, p. 23.

OMBRE-CHEVALIER DU LAC DE GENÈVE, Duham., *Péch.*, part. 2, sect. 2, p. 200, pl. 3,
fig. 3.

L'UMBLE-CHEVALIER, Salmo umbla, Bonnat., p. 164, pl. 68, fig. 274.

LE SALMONE OMBLE-CHEVALIER, Salmo umbla, Lacép., t. XI, p. 274 ; Frère Ogérien,
p. 367.

L'OMBRE-CHEVALIER, Salmo umbla, Cuv., *Règ. an.*, 1817, t. II, p. 162 ; Cuv. et
Valenc., t. XXI, p. 233 ; Charvet, *Cat., Anim. Isère*, liv. II, p. 250.

LE SAUMON SALVELIN, Salmo salvelinus, Cuv. et Valenc., t. XXI, p. 246.

L'OMBLE-CHEVALIER, Salmo salvelinus, Blanch., p. 444, fig. 115.

OMBLE-CHEVALIER, Salmo umbla, Lunel, *Poiss. bassin du Léman*, p. 130, pl. 14, 15.

N. vulg. : Ombre, Doubs, Jura.

Long. : 0,30 à 0,60, quelquefois 0,80.

Le corps de l'Ombre-chevalier est allongé, comprimé sur
les côtés ; il est couvert de très-petites écailles. La hauteur du
tronc est contenue cinq fois et quart à six fois dans la longueur
totale.

En dessus, la tête est légèrement convexe, à profil doucement
incliné ; sa longueur est comprise quatre fois et demie à cinq
fois et quart dans la longueur totale. Le museau est arrondi. La
bouche est fendue jusque sous le milieu de l'œil. Les mâchoires
sont égales, ou la mâchoire supérieure est à peine plus avancée
que l'inférieure ; elles sont, l'une et l'autre, armées d'une
rangée, parfois irrégulière, de dents assez fortes, aiguës, crochues, à pointe tournée en dedans et en arrière. Les palatins
ont une série de dents crochues, plus fortes en avant. Le vomer
est pourvu de dents sur le chevron seulement. La langue a deux
rangées longitudinales composées chacune de quatre à six dents
fortes, crochues ; à l'extrémité, elle montre parfois sur le milieu
une dent assez faible. Le maxillaire supérieur se porte, en arrière, plus loin que le bord postérieur de l'orbite.

L'iris est argenté. Le diamètre de l'œil est contenu cinq fois
et demie à six fois et deux tiers dans la longueur de la tête ; il
fait tantôt un peu plus, tantôt un peu moins de la moitié de
l'espace interorbitaire, qui, chez les animaux de grande taille,

est sensiblement égal à l'espace préorbitaire. Le premier sous-orbitaire est petit; le deuxième et le troisième sont grêles, allongés ; les derniers semblent réunis en une seule pièce, à bord postérieur arrondi, présentant la forme d'une large écaille.

Les orifices de la narine sont voisins l'un de l'autre ; ils sont un peu plus rapprochés de l'orbite que du bout du museau. L'ouverture antérieure est entourée d'un bourrelet mince en avant, épais en arrière ; elle paraît plus large que l'ouverture postérieure.

Il existe quelque variation dans le nombre des rayons branchiostèges; chez un sujet, je trouve dix rayons branchiostèges à droite, onze à gauche. La fente des ouïes s'avance plus loin que le bord antérieur de l'orbite. La pseudobranchie est développée. Le bord postérieur du préopercule est arrondi.

La ligne latérale est droite, bien marquée. Éc., l. long. 208 à 215; l. transv. $\frac{27 \text{ à } 33}{26 \text{ à } 34} + 1 = 54$ à 68.

Ordinairement, la première dorsale commence un peu avant le milieu de la longueur totale, caudale non comprise ; elle est à peine plus haute que longue. L'adipeuse est relativement développée. L'anale est moins longue que la première dorsale. La caudale est échancrée. Les pectorales sont plus grandes que les ventrales ; elles sont larges. Les ventrales sont insérées au-dessous de la première dorsale ; au côté externe de l'aisselle de la nageoire est un appendice assez développé.

Br. 10 ou 11. — D. 4 ou 5/8 à 10 — 0 ; A. 3 ou 4/7 à 9 ; C. 10/19 ou 20/10 ; P. 1/12 à 14 ; V. 1 ou 2/8 ou 9.

La coloration est très-variable. Le dos est gris verdâtre ; le ventre est d'un jaune orangé assez clair, teinté de blanc ou parfois de rose ; des taches blanchâtres ou jaunâtres, parfois ocellées, ayant à leur centre un petit point rougeâtre, se montrent sur le dos et les côtés principalement chez les jeunes individus. Chez les sujets de grande taille, ces taches tendent à s'effacer, et parfois même elles disparaissent complétement. La première dorsale est pâle, rembrunie en avant et à l'extrémité de ses rayons. La caudale est pâle, à reflets d'un gris jaunâtre, teintée de brun dans son échancrure. L'anale et les nageoires paires sont d'un orangé pâle; ainsi que le fait observer Jurine, elles ont leur premier rayon, et parfois le deuxième et le troisième, d'un blanc laiteux.

Habitat. L'Omble-chevalier se trouve dans la Meurthe, dans les lacs des Vosges, où il n'est pas très rare, d'après Géhin; il est commun dans le lac de Genève; assez commun dans le lac du Bourget; assez rare dans l'Ain, le Rhône; il est parfois pêché dans le Doubs.

Proportions : long. totale 0,556; tronc, haut. 0,100, épais. 0,056.

Tête, long. 0,118, haut. 0,080. — Œil, diam. 0,018, esp. préorbit. 0,037, esp. interorbit. 0,037. — Mâchoire supérieure, long. 0,065; maxillaire, long. 0,051.

Caudale, long. 0,085; pectorale, long. 0,081; ventrale, long. 0,063. — Première dorsale, haut. 0,057, long. 0,053; adipeuse, haut. 0,021, long. 0,008; anale, haut. 0,056, long. 0,041.

Distance du bout du museau à : première dorsale 0,231; adipeuse 0,390; anale 0,347; ventrale 0,260.

SOUS-GENRE TRUITE — *TRUTTA.*

Tête ; dents sur le chevron et sur le corps du vomer.

Le sous-genre Truite est formé de trois espèces.

Rayons branchiostèges au nombre de

- dix à douze. Longueur de la tête comprise dans la longueur totale
  - moins de cinq fois. 1. T. COMMUNE.
  - cinq fois au moins.. 2. T. DE MER.
- neuf......................... 3. T. DE BAILLON.

LA TRUITE COMMUNE — *TRUTTA FARIO.*

Syn. : SALMO FARIO, Linn., p. 509, sp. 4; Bloch, pl. 22-23; Selys-Longchamps, *Fn. belge*, p. 221; Agass., *Poiss. Europe centrale*, pl. 3, 4, 5; CBp., *Cat.*, n° 102; Günth., t. VI, p. 59; Schlegel, p. 130.

TRUITE DE RIVIÈRE, Trutta fluviatilis, Duham., *Pêch.*, part. 2, sect. 2, p. 202, pl. 2, fig. 2.

LA TRUITE, Salmo trutta, Bonnat., p. 159, pl. 65, fig. 263; Jurine, *Poiss. lac. Léman*, p. 158, pl. 4.

LE FARIO, Salmo fario, Bonnat., p. 160, pl. 66, fig. 266.

LE SALMONE TRUITE, Salmo trutta, Lacép., t. XI, p. 255; Riss., *Ichth.*, p. 322.

La Truite commune, Salmo fario, Riss., *Hist. nat.*, p. 460; Crespon, p. 300.
La Truite, Salmo fario, Cuv., *Règ. an.*, 1817, t. II, p. 161; Vallot, p. 257.
Salmo trutta, Agass., *op. cit.*, pl. 8.
La Truite vulgaire, Salar Ausonii, Cuv. et Valenc., t. XXI, p. 319, pl. 618; Marcotte, *Anim. vert. Abbeville*, p. 438.
La Forelle du lac Léman, Fario Lemanus, Cuv. et Valenc., t. XXI, p. 300, pl. 617.
Salar Ausonii, Heckel et Kner, p. 248, fig. 138.
Trutta fario, Siebold, p. 319; Canestr., *Archiv. zool.*, 1866, t. IV, p. 133, *Fn. Ital.*, p. 24; Géhin, p. 93.
La Truite des lacs, Trutta lacustris, Blanch., p. 465, fig. 120, dents vomériennes.
La Truite commune, Trutta fario, Blanch., p. 472, fig. 123, anim., fig. 125, dents vomériennes.
Truite, Trutta variabilis, Lunel, *Poiss. bassin du Léman*, p. 146, pl. 16.
The Common Trout, Yarr., t. I, p. 261; Couch, t. IV, p. 225.

N. vulg.: Truite de rivière; Truite ordinaire; Truite saumonée, quand la chair est rouge; Troucia, Nice; Truito ou Trucho, Gard.
Long.: 0,20 à 0,60.

Suivant la nature des eaux qu'elle habite, la Truite présente une grande variabilité dans l'ensemble de ses proportions, dans le système de sa coloration. Elle a le corps généralement un peu ovale, comprimé, garni de petites écailles. La hauteur du tronc est contenue quatre fois et quart à cinq fois et quart dans la longueur totale.

En dessus, la tête est large; elle est forte; sa longueur est comprise trois fois et deux tiers à quatre fois et trois quarts dans la longueur totale. Le museau est gros, obtus, plus ou moins arrondi. La bouche est largement ouverte. La mâchoire supérieure est ordinairement plus avancée que l'inférieure; elles ont, l'une et l'autre, une rangée de dents crochues; les palatins ont aussi une rangée de dents; le vomer porte, sur le chevron, une série transversale composée de trois ou quatre dents, et sur le corps, il a presque toujours deux rangées longitudinales de dents assez fortes, crochues à pointe tournée en dehors, parfois, chez certains sujets, il n'y a qu'une seule rangée de dents; cette disposition est rare, et même fort rare, si j'en juge d'après les animaux que j'ai examinés. La langue est, de chaque côte, munie d'une série de trois à cinq dents. Le maxillaire supérieur est plus ou moins développé, suivant l'âge et suivant le sexe des individus; chez les jeunes, il se prolonge, en arrière, à peu près

jusqu'à la perpendiculaire tangente au bord postérieur de l'orbite, il la dépasse, chez les vieux individus ; il est, chez les mâles, plus long que chez les femelles ; le surmaxillaire paraît au
contraire plus grand et plus large chez les femelles que chez les
mâles.

En général, l'iris est jaunâtre ou d'un blanc légèrement
doré. Le diamètre de l'œil est contenu de quatre fois et demie
à sept fois dans la longueur de la tête ; chez les très-jeunes
spécimens, il est à peu près égal à la longueur de l'espace préorbitaire ; chez les sujets de grande taille, chez les mâles surtout,
il n'en mesure souvent pas la moitié ; il ne fait guère que la
moitié de la largeur de l'espace interorbitaire.

Le bord postérieur du battant operculaire n'est pas courbe, il
est oblique de haut en bas et d'avant en arrière. L'angle postérieur et inférieur du préopercule est ordinairement arrondi.
On compte onze rayons branchiostèges.

La ligne latérale est à peu près droite. Éc., l. long. 108 à
128 ; l. transv. $\frac{24 \text{ à } 28}{24 \text{ à } 30} + 1 = 49$ à 59.

Tantôt la première dorsale est plus haute que longue, tantôt
c'est le contraire. Chez les jeunes animaux, la caudale est fourchue ; elle est échancrée, et parfois même elle est coupée à peu
près carrément chez les sujets de grande taille. Les ventrales
sont insérées sous le milieu de la base de la dorsale ; elles
sont d'un quart environ moins longues que les pectorales.

Br. 11. — D. 3 ou 4/9 à 11 — 0 ; A. 3/7 à 9 ; C. 9/18 ou 19/9 ; P. 1/12 ou 13 ; V. 1/8.

Rien de plus variable que le système de coloration de la
Truite commune. Souvent le dos est vert plus ou moins foncé ;
la gorge et le ventre sont jaunâtres. Des taches noires plus ou
moins larges, plus ou moins arrondies, se montrent sur la tête,
le dos et les flancs ; des taches rougeâtres, parfois ocellées, se
voient assez généralement sur le corps au-dessus et au-dessous
de la ligne latérale. La dorsale est marquée de taches noires, et
ordinairement de taches d'un rouge plus ou moins vif. La caudale est brunâtre. L'anale, les pectorales et les ventrales sont

d'un jaune teinté de gris le plus communément. Quelquefois on trouve des Truites d'une teinte noirâtre ; on en voit aussi d'une teinte pâle et presque sans taches. D'après Jurine, la vivacité, dans la couleur de la peau des Truites, est toujours en rapport avec la quantité de lumière qui pénètre dans les eaux où elles vivent ; de sorte que les teintes de leur manteau sont d'autant mieux prononcées que les eaux sont moins profondes. Suivant le même naturaliste, les changements subits de coloration qui se manifestent chez les Truites venant d'être prises, et déposées dans l'auge du bateau de pêche, proviennent de la réaction du système nerveux sur celui de la circulation.

Habitat. La Truite est très-commune en France ; suivant les eaux qu'elle fréquente, elle présente de nombreuses modifications dans l'ensemble de ses proportions, dans son système de coloration, ainsi qu'il est facile de le constater en examinant ce poisson dans les diverses provinces de notre pays. La *Truite féroce, Trutta ferox*, Valenc., des eaux du Foretz est une simple variété de la Truite vulgaire, et nullement une espèce particulière, ainsi que le croyait Valenciennes. — La Truite est le seul poisson qui peuple les eaux des régions élevées, et s'y montre parfois en grande abondance, comme il est aisé de le voir en remontant le Gave de Pau, de Saint-Sauveur à Gèdre, et mieux jusqu'à la cascade de Gavarnie. Dans les Pyrénées, suivant Ramond, elle se trouve dans les lacs jusqu'à l'altitude de 2,270 mètres.

Proportions : long. totale 0,435 ; tronc, haut. 0,083, épais. 0,044.

Tête, long. 0,091, haut. 0,073. — Œil, diam. 0,014, esp. préorbit. 0,027, esp. interorbit. 0,030. — Mâchoire supérieure, long. 0,046 ; maxillaire, long. 0,037 ; surmaxillaire, long. 0,019.

Caudale, long. 0,035 ; pectorale, long. 0,061 ; ventrale, long. 0,046. — Première dorsale, haut. 0,047, long. 0,053 ; adipeuse, haut. 0,018, long. 0,008 ; anale, haut. 0,051, long. 0,040.

Distance du bout du museau à : première dorsale 0,190 ; adipeuse 0,320 ; anale 0,305 ; ventrale 0,214.

Dans les eaux de certaines localités, dans la Vanne par exemple, se trouvent des Truites qui ont la chair blanche, d'autres qui ont la chair rouge et sont dites *Saumonées* ; ces dernières sont beaucoup plus estimées que les premières. — Duhamel et Jurine ont donné d'assez nombreux détails sur les différentes couleurs de la chair des Truites. D'après M. Rico, les Truites communes, à chair blanche, apportées dans le lac de Lalandy (Puy-de-Dôme), ont la chair saumonée au bout de deux ou trois ans.

A l'époque du frai, les Truites recherchent les eaux qui ne sont pas très-profondes. Ainsi que le fait observer Jurine, les Truites du lac Léman descendent le Rhône à Genève, et le remontent au Bouveret.

LA TRUITE DE MER — *TRUTTA MARINA.*

Syn. : ? Sario vulgo gallico *Trutta salmonata*, Bell., p. 280.
La Truite de mer, Trutta marina, Duham., *Pêch.*, part. 2, sect. 2, p. 200, pl. 2, fig. 3.
Salmo trutta, Bloch, pl. 21.
La Forelle argentée, Fario argenteus, Cuv. et Valenc., t. XXI, p. 294, pl. 616, *Règ. an.*, *ill.*, pl. 102, fig. 1 (Truite de mer).
? Trutta trutta, Siebold, p. 314, fig. 59, dents vomériennes.
La Truite de mer, Trutta argentea, Blanch., p. 468, fig. 122, anim., fig. 121, dents vomériennes.
Salmo argenteus, Günth., t. VI, p. 86.

A quelle espèce faut-il rapporter le *Salmo trutta* de Selys-Longchamps ? De Siebold le considère comme étant le *Salmo trutta*, Linn., qui, suivant lui, est le *Fario argenteus*, Valenc. ; Günther le regarde comme étant le *Salmo trutta*, Linn., qui, d'après lui, est une espèce distincte du *Fario argenteus*, Valenc. Quant à Selys-Longchamps, il s'exprime ainsi : Jusqu'ici je n'ai pu me procurer de *Salmo trutta.* J'ai vu, il est vrai, des Truites, qui après avoir été cuites, avaient la chair rougeâtre, mais il était trop tard pour s'assurer de leurs caractères extérieurs ou bien encore ces caractères semblaient les mêmes que ceux du *S. fario*.
N. Vulg. : Truite de mer ; Truite de Dieppe, à Paris.
Long. : 0,40 à 0,80.

Par l'ensemble de ses formes, la Truite de mer se rapproche plus du Saumon que de la Truite commune. Elle a le corps allongé, assez épais, couvert de petites écailles. Le profil supérieur paraît moins arqué que dans le Saumon. La hauteur du tronc est contenue cinq fois et demie à six fois et deux tiers dans la longueur totale.

La tête est assez effilée ; sa longueur est comprise cinq fois à cinq fois et demie dans la longueur totale. Le museau est arrondi. La bouche est très-largement ouverte. La mâchoire supérieure est légèrement plus avancée que l'inférieure ; elles sont, l'une et l'autre, armées de dents assez fortes, coniques, un peu crochues. Les dents palatines ressemblent à celles des mâchoires. Le vomer, en général, porte sur le chevron quatre ou cinq dents, et sur le corps quatre à neuf dents, qui forment une rangée assez irrégulière, comme brisée. Sur la langue, il y a deux séries longitudinales de dents crochues au nombre de trois à cinq de chaque côté. Le maxillaire supérieur ordinairement dépasse, en arrière, le bord postérieur de l'orbite. Le surmaxillaire est une espèce de losange très-allongé.

Chez les sujets de grande taille, le diamètre de l'œil ne fait guère que le huitième de la longueur de la tête ; il ne mesure pas la moitié de la longueur de l'espace préorbitaire.

Mieux que la dentition du vomer, la forme du battant operculaire sert à faire aisément distinguer la Truite de mer de la Truite ordinaire. Le bord postérieur du battant operculaire dessine une courbe allongée. L'angle inférieur et postérieur du préopercule est arrondi. Le nombre des rayons branchiostèges varie de dix à douze.

La ligne latérale est droite ; elle est un peu plus rapprochée du profil supérieur que de l'inférieur. Éc., l. long. 120 à 130 ; l. transv. $\frac{20 \text{ à } 26}{24 \text{ à } 29} + 1 = 46$ à 56.

La première dorsale est à peu près aussi haute que longue ; l'adipeuse est bien développée. L'anale est moins longue que la première dorsale. La caudale est coupée carrément, ou très-peu échancrée. Les pectorales sont d'un tiers environ moins longues que la tête. L'insertion des ventrales est vers la fin de la première moitié de la longueur totale ; à l'angle externe de l'aisselle de la nageoire est un appendice écailleux allongé, pointu.

Br. 10 à 12. — D. 3 à 5/9 ou 10 — 0 ; A. 3 ou 4/8 ou 9 ; C. 6/18 ou 19/5 ; P. 13 ou 14 ; V. 1 ou 2/8.

La première dorsale, l'adipeuse et la caudale sont d'un gris brunâtre ; l'anale et les ventrales sont blanches ou d'un gris pâle ; les pectorales sont grisâtres ; des taches brunes se montrent ordinairement sur la première dorsale, sur l'anale, et parfois sur la caudale. Le dos est gris verdâtre ; les côtés sont gris blanchâtre ; le ventre est argenté ; des taches noirâtres irrégulières sont dispersées sur le dos, il y en a seulement quelques-unes au-dessous de la ligne latérale. Souvent les pièces operculaires sont marquées de taches noires arrondies. Il n'y a rien de régulier dans la disposition des taches ni sur les nageoires, ni sur le corps ; les taches paraissent plus nombreuses chez les jeunes que chez les vieux individus.

Habitat. Cette Truite semble avoir les habitudes du Saumon ; elle vit alternativement dans les eaux salées et dans les eaux douces ; elle remonte les fleuves pour frayer ; elle se trouve dans la Meuse, dans la Seine, la Loire.

Proportions : long. totale 0,661 ; tronc, haut. 0,100, épais. 0,054.

Tête, long. 0,122, haut. 0,088. — Œil, diam. 0,016, esp. préorbit. 0,038, esp. interorbit. 0,040. — Mâchoire supérieure, long. 0,065 ; maxillaire, long. 0,049 ; surmaxillaire, long. 0,025.

Caudale, long. 0.095 ; pectorale, long. 0,080 ; ventrale, long. 0,061. — Première dorsale, haut. 0,069, long. 0,067 ; adipeuse, haut. 0,023, long. 0,012 ; anale, haut. 0,070, long. 0,051.

Distance du bout du museau à : première dorsale 0,260 ; adipeuse 0,481 ; anale 0,456 ; ventrale 0,304.

. LA TRUITE DE BAILLON — *TRUTTA BAILLONI.*

Syn. : LA TRUITE DE BAILLON, Salar Bailloni, Cuv. et Valenc., t. XXI, p. 342, pl. 619 ; Marcotte, *Anim. vert. Abbeville*, p. 440.
SALMO BAILLONI, Günth., t. VI, p. 87.

Long. : 0,25 à 0,40.

Ainsi que le fait observer Valenciennes, la Truite de Baillon ressemble beaucoup à un jeune Saumon. Elle a le corps légèrement fusiforme, couvert de petites écailles. La hauteur du tronc mesure le cinquième environ de la longueur totale.

La tête est forte, convexe en dessus ; sa longueur est comprise quatre fois et un tiers à quatre fois et demie dans la longueur totale. Le museau est assez conique. La bouche est largement fendue. Les mâchoires sont égales, ou la mâchoire supérieure est à peine plus avancée que l'inférieure ; elles sont garnies, l'une et l'autre, de dents fines, très-aiguës ; l'intermaxillaire en a trois ou quatre. Valenciennes l'a fort justement constaté, le corps du vomer porte deux rangées de dents serrées, beaucoup plus petites que celles de la Truite commune. Les dents des palatins, de la langue, sont assez peu développées. Le maxillaire supérieur est élargi en arrière ; il finit sous le bord postérieur de l'orbite. Le surmaxillaire est ovale, étroit, allongé.

D'un tiers moins grand que l'espace préorbitraire, le diamètre de l'œil fait environ le sixième de la longueur de la tête.

Le bord postérieur du battant operculaire est arrondi ou courbe. La fente des ouïes s'avance jusque sous le milieu de l'œil. Le nombre des rayons branchiostèges est de neuf seulement, comme l'indique Valenciennes.

La ligne latérale est droite ; elle est bien marquée. Éc., l. long. 120 environ ; l. transv. $\frac{18 \text{ à } 20}{19 \text{ à } 21} + 1 = 38$ à 42.

La première dorsale est un peu plus haute que longue. La caudale est fort échancrée ou même un peu fourchue. La pectorale est assez développée. L'appendice axillaire externe de la ventrale est pointu ; il mesure le tiers au moins de la nageoire.

Br. 9. — D. 3/10 — 0 ; A. 3/8 ; C. 7/23/7 ; P. 1/11 à 13 ; V. 1/8 ou 9.

Sur le frais, le dos est plombé à reflets violacés, et couvert de taches assez grosses empourprées (Valenc.) ; sur l'animal conservé, les taches sont devenues noirâtres. Les côtés et le ventre sont argentés. La première dorsale est marquée de petites taches brunes. La caudale est grisâtre sans taches. L'anale et les pectorales sont jaunâtres ; les ventrales sont blanches.

Habitat. Cette Truite est excessivement rare, jusqu'à présent elle n'a été pêchée que dans la Somme. — Ce poisson, dit Valenciennes, me paraît venir des contrées septentrionales et descendre des mers du Nord vers nos côtes en compagnie des autres Saumons. — Il est différent du *Salmo Cambricus.*

Proportions : long. totale 0,358 ; tronc, haut. 0,070, épais. 0,039.

Tête, long. 0,081, haut. 0,062. — Œil, diam. 0,014, esp. préorbit. 0,021, esp. interorbit. 0,025. — Mâchoire supérieure, long. 0,039 ; maxillaire, long. 0,032 ; surmaxillaire, long. 0,014, haut. 0,003.

Caudale, long. 0,068 ; pectorale, long. 0,052 ; ventrale, long. 0,042. — Première dorsale, haut. 0,049, long. 0,041 ; adipeuse, haut. 0,014, long. 0,006 ; anale, haut. 0,044, long. 0,026.

Distance du bout du museau à : première dorsale 0,147 ; adipeuse 0,267 ; anale 0,242 ; ventrale 0,166.

GENRE ÉPERLAN — *OSMERUS.*

Corps allongé, plus ou moins fusiforme, couvert d'écailles caduques très-minces.

Tête large en dessus ; bouche très-grande ; mâchoire supérieure plus courte que l'inférieure ; dents sur les mâchoires, les palatins, les pterygoïdiens, le vomer, la langue ; le maxillaire supérieur dépasse, en arrière, le prolongement du diamètre vertical de l'œil.

Nageoires ; première dorsale commençant au-dessus ou en arrière de l'insertion des ventrales ; anale ayant de treize à quinze rayons ; caudale fourchue.

Vessie natatoire grande, à parois argentées. — **Appendices pyloriques** courts, peu nombreux.

L'ÉPERLAN COMMUN — *OSMERUS EPERLANUS.*

Syn. : Epelanus marinus, Bell., p. 288-290.

De l'Esperlan, Rondel., part. 2, p. 142.

Osmerus, Arted. Walb., *Syn.*, p. 21, n° 1, *Descript. spec.*, p. 45.

Salmo eperlanus, Linn., p. 511, sp. 13 ; Bloch, pl. 28, fig. 2 ; Schlegel, p. 131, pl. 13, fig. 2.

Salmo eperlano-marinus, Bloch, pl. 28, fig. 1.

De l'Éperlan, Duham., *Pêch.*, part. 2, sect. 2, p. 229 ; pl. 4 ; Bonnat., p. 164, pl. 68, fig. 276, 277.

L'Osmère éperlan, Osmerus eperlanus, Lacóp., t. XI, p. 293.

Éperlan ordinaire, Osmerus eperlanus, Selys-Lonchamps, *Fn. belge*, p. 243 ; Marcotte, *Anim. vert. Abbeville*, p. 440.

Osmerus eperlanus, CBp., *Cat.*, n° 128 ; Nilsson, *Skand. Fn.*, t. IV, p. 433 ; Siebold, p. 271 ; Günth., t. VI, p. 166.

L'Éperlan de la Seine, Osmerus eperlanus, Cuv. et Valenc., t. XXI, p. 371, pl. 620.

L'Éperlan commun, Osmerus eperlanus, Blanch., p. 441, fig. 114.

The Smelt, Yarr., t. I, p. 295 ; Couch, t. IV, p. 276.

Long. : 0,15 à 0,25, rarement plus.

Ce joli poisson a le corps allongé, arrondi sur le dos, un peu comprimé sur les flancs, couvert d'écailles caduques, très-minces. La hauteur du tronc est contenue de six à sept fois dans la longueur totale.

En dessus, le crâne est transparent. La longueur de la tête est comprise quatre fois et demie à cinq fois et quart dans la longueur totale. Le museau est court. La bouche est fendue obliquement, et largement ouverte. La mâchoire supérieure est plus courte que l'inférieure ; l'intermaxillaire a des dents assez fortes, pointues ; le maxillaire n'en a que de très-fines, qui lui donnent l'apparence d'une petite lame de scie ; en général, la mandibule porte deux rangées de dents, celles qui se trouvent en dedans, et surtout près de la commissure de la bouche, sont plus grandes que les autres ; le vomer est armé de grosses dents coniques, si avancées, dit Valenciennes, qu'on les croirait implantées sur la mâchoire ; les palatins et les ptérygoïdiens ont une rangée de dents, ordinairement la première dent palatine est beaucoup plus forte que les suivantes ; la langue est pourvue de dents, qui en avant principalement sont très-fortes et très-crochues ; les basibranchiaux sont aussi dentés. Le surmaxillaire est grêle, allongé.

En général, l'iris est argenté. Le diamètre de l'œil est compris quatre fois et demie à cinq fois et demie dans la longueur de la tête ; il est plus petit que l'espace préorbitaire, surtout chez les animaux de grande taille.

La fente des ouïes s'avance plus loin que le bord antérieur de l'orbite. Le nombre des rayons branchiostèges est de sept ou huit. La pseudobranchie est fort peu développée.

Ordinairement la première dorsale commence au-dessus de l'insertion des ventrales ; elle est plus haute que longue ; elle est soutenue par une dizaine de rayons ; l'anale en compte une quinzaine. La caudale est fourchue ; son lobe inférieur est le plus grand. Les pectorales sont généralement plus longues que les ventrales.

Br. 7 ou 8. — D. 2 ou 3/7 ou 8 — 0 ; A. 3/12 ou 13 ; C. 7 à 9/18 à 20/6 ou 5 ; P. 1/10 ; V. 1 ou 2/7.

Chez les sujets développés, le dos est gris verdâtre, transparent, pointillé de noir principalement sur le bord libre des écailles ; les flancs et le ventre sontargentés ; une bande d'un vert assez prononcé sépare la teinte des côtés de celle du dos , cette bande manque chez les jeunes animaux, qui ont le dos d'un blanc mat avec quelques reflets verdâtres. Les opercules sont argentés ; le museau est moucheté de petits points noirs. La première dorsale est d'un blanc teinté de noir ; l'anale et les ventrales sont blanches ; la caudale est grisâtre, noirâtre chez les jeunes ; les pectorales sont blanches, avec le premier rayon noirâtre en dehors.

Le péritoine est argenté. Les appendices pyloriques sont peu nombreux ; Valenciennes en compte six ; chez certains individus, j'en ai trouvé seulement quatre, excessivement courts, comme globuleux. Les œufs sont blancs, assez petits.

Habitat. L'Éperlan se trouve sur nos côtes de l'Ouest ; à certaines époques, il entre dans les rivières pour frayer, mais il ne semble jamais dépasser le point où cesse de se faire sentir la marée montante. Manche, rare à l'embouchure de la Somme ; très-commun dans la Seine qu'il remonte jusqu'à Rouen, et même jusqu'à Pont-de-l'Arche ; la pêche la plus abondante, ainsi que le dit Bélon, se fait aux environs de Caudebec, à Villequier ; commun à l'embouchure de l'Orne. Océan, assez rare, embouchure de la Loire ; environs de Bayonne (U. Darracq). — Suivant Companyo, Crespon, l'Éperlan se rencontre dans la Méditerranée ; le fait paraît fort douteux.

Proportions : long. totale 0,236 ; tronc, haut. 0,038, épais. 0,022.

Tête, long. 0,048, haut. 0,028. — Œil, diam. 0,010, esp. préorbit. 0,014, esp. interorbit. 0,010. — Mâchoire supérieure, long. 0,022 ; maxillaire, long. 0.018.

Caudale, long. 0,037 ; pectorale, long. 0,025 ; ventrale, long. 0,028. — Première dorsale, haut. 0,032, long. 0,020 ; anale, haut. 0,017, long, 0,029.

Distance du bout du museau à : première dorsale 0,098 ; adipeuse 0,160 ; anale 0,147 ; ventrale 0,098.

GENRE OMBRE OU THYMALLE — *THYMALLUS*, Cuv.

Corps allongé, couvert d'écailles assez grandes.

Tête petite ; bouche peu fendue ; mâchoires garnies de dents fines, courtes, pointues ; maxillaire supérieur aplati, court, arrivant à peine sous le bord antérieur de l'orbite.

Ligne latérale bien marquée, à peu près droite.

Nageoires ; première dorsale avancée, commençant, en général, sur le tiers antérieur de la longueur totale, longue, soutenue par une vingtaine de rayons ; caudale fourchue.

Vessie natatoire développée. — **Appendices pyloriques** nombreux.

L'OMBRE COMMUNE — *THYMALLUS VULGARIS.*

Syn. : THYMALUS, Bell., p. 282-284 ; Salvian., p. 80-81, P. 16.
Du THYMO, Rondel., part. 2, p. 135.
SALMO THYMALLUS, Linn., p. 512, sp. 17 ; Bloch, pl. 24.
OMBRE *ou* UMBRE DE CLERMONT-FERRAND, Duham., *Péch.*, part. 2, sect. 2, p. 218, pl. 3, fig. 2.
L'OMBRE DE RIVIÈRE, Salmo thymallus, Bonnat., p. 167, pl. 69, fig. 281.

Le Corégone thymalle, Coregonus thymallus, Lacép., t. XI, p. 313.

Coregonus thymallus, l'Ombre commun, Jurine, *Poiss. lac Léman*, p. 187, pl. 6.

Thymallus vulgaris, Nilsson, *Prodrom. Ichth. Scand.*, p. 13, *Skand. Fn.*, t. IV, p. 447 ; Siebold, p. 267 ; Günth., t. VI, p. 200 ; Schlegel, p. 133 ; Canestr., *Fn. Ital.*, p. 23,

Thymallus vexillifer, Agass., *Hist. nat. Poiss. Europe centrale*, pl. 16 (f.), pl. 17 (m.), pl. 17 *bis* ; Selys-Longchamps, *Fn. belge*, p. 222 ; CBp., *Cat.*, n° 110 ; Heckel et Kner, p. 242, fig. 137 ; Géhin, p. 89.

L'Ombre commune, Salmo thymalus, Cuv. et Valenc., *Règ. an., ill.*, pl. 102, fig. 2 ; Crespon, p. 301 ; Fre Ogérien, p. 370 ; Companyo, *Hist. nat., département Pyrénées-Orientales*, t. III, p. 372.

L'Ombre d'Auvergne, Thymalus vexillifer, Cuv. et Valenc., t. XXI, p. 438.

L'Ombre a poitrine nue, Thymalus gymnothorax, Cuv. et Valenc., t. XXI, p. 445, pl. 625.

L'Ombre commune, Thymallus vexillifer, Blanch., p. 437, fig. 113 ; Lunel, *Poiss. bassin du Léman*, p. 120, pl. 13.

The Grayling, Yarr., t. I, p. 304 ; Couch, t. IV, p. 280.

N. vulg. : Oumbré, Gard ; Umbra (catal.), Pyrénées-Orientales (Companyo).

Long. : 0,20 à 0,30, quelquefois 0,40.

⁂ De forme élégante, le corps de l'Ombre est allongé et légèrement comprimé ; sa hauteur est contenue cinq fois à cinq fois et demie dans la longueur totale. Le profil supérieur est courbe en avant de la première dorsale, après il s'abaisse doucement jusqu'à la caudale ; le profil inférieur est presque droit. La peau est couverte d'écailles assez grandes, excepté sous la gorge et dans l'espace limité par les pectorales ; dans cette région, elle est quelquefois nue, ou garnie d'écailles fort petites.

En dessus, la tête est faiblement arquée ; sa longueur est comprise cinq à six fois dans la longueur totale. Le museau est convexe, assez large. La bouche est terminale, placée un peu en dessous. La mâchoire supérieure est un peu plus avancée que l'inférieure ; elles ont, l'une et l'autre, une rangée de petites dents, courtes, pointues et crochues. Le maxillaire supérieur est large ; son extrémité postérieure arrive à peine à la perpendiculaire tangente au bord antérieur de l'orbite. Il y a, en général, des dents sur le chevron du vomer, sur le devant des palatins. La langue est lisse. Le bord de la mandibule est mince, aplati.

L'iris est argenté, et teinté de noir à sa partie supérieure. La pupille présente la forme d'un ovale ayant son extrémité étroite dirigée en avant. Le diamètre de l'œil mesure environ le quart de la longueur de la tête ; il est un peu moins grand que l'espace préorbitaire. Chez les animaux frais, les sous-orbitaires sont peu distincts ; ils sont au nombre de cinq ; le premier sous-orbitaire est développé, presque triangulaire.

Chacune des narines s'ouvre dans une petite fossette, qui est un peu plus rapprochée de l'orbite que de l'extrémité du museau.

La fente des ouïes s'avance plus loin que le prolongement du diamètre vertical de l'œil. Les pièces operculaires sont très-minces.

Du haut de l'ouverture branchiale, la ligne latérale va directement sur le milieu du tronçon de la queue ; elle est composée d'écailles plus petites que celles des rangées contiguës. Éc., l. long. 77 à 87 ; l. transv. $\frac{7 \text{ ou } 8}{9 \text{ ou } 10} + 1 = 17$ à 19.

Relativement avancée, la première dorsale prend naissance sur la fin du premier tiers ou sur le commencement du second tiers de la longueur totale ; elle est fort développée, beaucoup plus longue que haute. L'adipeuse est assez grande. L'anale est plus haute que longue. La caudale est fourchue. Les ventrales sont insérées à peu près sous le milieu de la base de la première dorsale.

Br. 10. — D. 20 à 24 — 0 ; A. 11 à 14 ; C. 4/19 à 21/7 ; P. 15 ou 16 ; V. 10 ou 11.

La première dorsale est d'un blanc rosé jaunâtre avec quelques séries de taches brunes formant des espèces de bandes dans les espaces intraradiaires. L'anale est couleur chair, teintée de brun. La caudale est d'un gris clair à reflets brunâtres. Les pectorales sont rose jaunâtre ; les ventrales, d'un rose lavé de gris ou de brun. Le dos est blanc teinté de gris ; les flancs et le ventre sont d'un blanc argenté, légèrement grisâtre sur le bord des rangées d'écailles ; souvent le corps est marqué de bandes longitudinales grisâtres. La tête est d'un gris pâle en dessus, elle est argentée sur les côtés. Le museau est grisâtre.

Habitat. L'Ombre se trouve dans : la Meurthe ; la Moselle ; la Meuse ; le

Chiers ; le Doubs ; l'Ain, elle est assez commune aux environs de Pont-d'Ain ; dans le lac d'Annecy, fort rare ; dans le lac du Bourget, c'est, d'après les renseignements qui m'ont été donnés, la Bezoule des pêcheurs du pays ; dans le Rhône ; le Gardon ; l'Hérault (Crespon) ; dans la Loire, et la plupart des cours d'eau du département de la Haute-Loire, je l'ai vue en assez grande quantité sur le marché du Puy.

Proportions : long. totale 0,225 ; tronc, haut. 0,043, épais. 0,023.

Tête, long. 0,040, haut. 0,034. — Œil, diam. 0,010, esp. préorbit. 0,012, esp. interorbit. 0,010. — Mâchoire supérieure, long. 0,014.

Caudale, long. 0,035 ; pectorale, long. 0,029 ; ventrale, long. 0,027. — Première dorsale, haut. 0,026, long, 0,045 ; anale, haut. 0,024, long. 0,018.

Distance du bout du museau à : première dorsale 0,075 ; adipeuse 0,154 ; anale 0,137 ; ventrale 0,095.

GENRE CORÉGONE — *CORÉGONUS*, Arted.

Corps allongé, plus ou moins comprimé, couvert d'écailles généralement assez petites.

Tête de forme variable ; bouche médiocre ; mâchoires non dentées, ou n'ayant que des dents fort petites et caduques ; langue non dentée ; maxillaire supérieur aplati, court, n'arrivant pas, en arrière, au prolongement du diamètre vertical de l'œil.

Appareil branchial ; ouïes très-largement fendues ; huit à dix rayons branchiostèges ; pseudobranchies.

Nageoires ; première dorsale commençant plus en avant que les ventrales, sur le deuxième tiers de la longueur totale.

Vessie natatoire très-grande. — **Appendices pyloriques** fort nombreux.

Le genre Corégone est composé de quatre espèces :

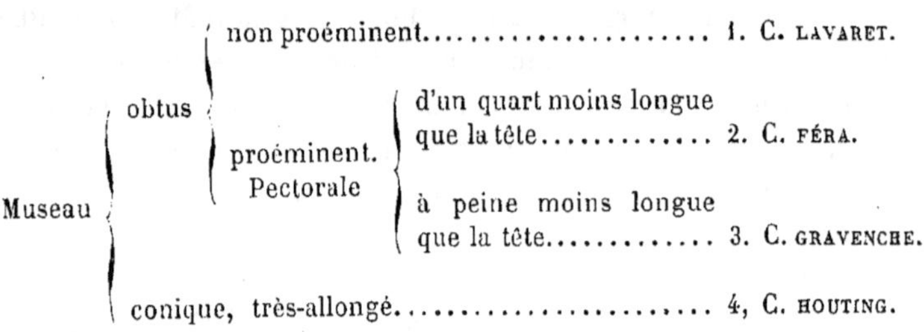

LE CORÉGONE LAVARET — *CORÉGONUS LAVARETUS*.

Syn. : Lavaretus, Bell., p. 284-283 ; Gesner, p. 33-34.

Du Lavaret, Rondel., part. 2, p. 118 ; Duham., *Pêch.*, part. 2, sect. 4, p. 69, pl. 14,
fig. 1 ; Charvet, *Catal. Anim. Isère*, liv. II, p. 250.

? Coregonus lavaretus, Linn., p. 512, sp. 15.

Salmo Wartmanni, Bloch, pl. 105.

Coregonus Wartmanni, Schinz, *Naturges. Abbild. Fische*, p. 233, pl. 80, fig. 3 ; Heckel
et Kner, p. 235, fig. 134 ; Siebold, p. 243 ; ? Günth., t. VI, p. 187.

Coregonus lavaretus, CBp., *Cat.*, n° 115.

La Corégone lavaret, Coregonus lavaretus, Cuv. et Valenc., t. XXI, p. 466, pl. 627 ;
Blanch., p. 425, fig. 109.

Ombre lavaret, Coregonus lavaretus, F^re Ogérien, p. 370.

Long. : 0,20 à 0,40.

Le corps du Lavaret est allongé, comprimé ; il a le profil
inférieur un peu plus convexe que le profil supérieur ; il est
couvert d'écailles très-adhérentes, minces, assez petites, généralement un peu plus hautes que longues. La hauteur du tronc
est contenue cinq fois à cinq fois et demie dans la longueur
totale.

En dessus, la tête est presque transparente ; elle est petite, de
forme pyramidale ; sa longueur, qui est plus grande que sa hauteur, est comprise six fois environ dans la longueur totale. Le
museau est assez épais, arrondi, non proéminent. La bouche est
terminale. La mâchoire supérieure borde l'inférieure, quand la
bouche est fermée ; l'une et l'autre manquent de dents, ainsi que
le vomer. La langue est lisse, adhérente. Le maxillaire supérieur
est aplati, assez large ; il arrive à peine sous le bord antérieur de
l'orbite ; il porte un petit osselet surnuméraire, qui est mince,
oblong. La mandibule a, de chaque côté, une lèvre assez large ;
elle forme en avant une espèce de gouttière ; en s'abaissant,
elle fait basculer l'extrémité postérieure de la mâchoire supérieure.

Chez les sujets développés, le diamètre de l'œil mesure, ou peu
s'en manque, le quart de la longueur de la tête ; il est à peine
moins grand que l'espace préorbitaire. L'iris est argenté. Le
premier sous-orbitaire est triangulaire ; le deuxième est fort
étroit ; les trois osselets suivants sont assez larges, trapézoïdes ;
le dernier sous-orbitaire est étroit. Une branche du système canaliculé latéral se montre sur les grands sous-orbitaires postérieurs

et inférieurs, et les fait paraître doubles, disposés sur deux rangées, l'une formant une partie du bord de l'orbite, l'autre s'étendant sur la joue.

Les ouvertures de la narine sont très-voisines l'une de l'autre ; elles sont fort étroites ; elles sont un peu plus rapprochées de l'orbite que du bout du museau.

Il y a tantôt neuf, tantôt dix rayons branchiostèges. L'opercule est trapézoïde ; il semble formé de deux pièces ; il est coupé transversalement par une ligne légèrement courbe. Le sous-opercule est grand, il est beaucoup plus long que haut. Le préopercule a l'angle postérieur et inférieur arrondi ; il est comme caverneux. L'interopercule est assez développé.

La ligne latérale est bien dessinée. Éc., l. long. 85 à 92 ; l. transv. $\frac{9 \text{ ou } 10}{8 \text{ ou } 9} + 1 = 18$ à 20.

La première dorsale est trapézoïde, elle est plus haute que longue ; l'adipeuse est assez développée. L'anale est ordinairement moins haute que longue. La caudale est échancrée. Les pectorales sont un peu plus longues que les ventrales. L'insertion des ventrales est à peu près sous le milieu de la base de la première dorsale, tantôt un peu plus en avant, tantôt un peu plus en arrière ; à l'angle externe de leur aisselle est un appendice écailleux assez grand.

Br. 9 ou 10. — D. 4 ou 5/10 ou 11 — 0 ; A. 4/11 ou 12 ; C. 5/19 ou 20/6 ou 5 ; P. 15 ou 16 ; V. 2/10 ou 11.

Le dos est gris bleuâtre à reflets argentés ; les côtés et le ventre sont argentés. Les nageoires sont grisâtres.

Habitat. Le Lavaret est très-commun dans le lac du Bourget ; il est quelquefois pêché dans le Rhône, et accidentellement dans l'Ain ; suivant M. Charvet, il est très-rare dans le Drac et dans l'Isère, il est assez abondant dans le Guier. D'après Jurine, d'après M. Lunel, il n'existe pas dans le lac Léman.

Proportions : long. totale 0,378 ; tronc, haut. 0,071, épais. 0,033.

Tête, long. 0,063, haut. 0,047. — Œil, diam. 0,015, esp. préorbit. 0,017, esp. interorbit. 0,020. — Mâchoire supérieure, long. 0,017 ; maxillaire, long. 0,015.

Caudale, long. 0,066 ; pectorale, long. 0,049 ; ventrale, long. 0,042. —

Première dorsale, haut. 0,047, long. 0,037 ; adipeuse, haut. 0,011, long. 0,011 ; anale, haut. 0,030, long. 0,036.

Distance du bout du museau à : première dorsale 0,149 ; adipeuse 0,270 ; anale 0,246 ; ventrale 0,165.

LE CORÉGONE FÉRA — *COREGONUS FERA*.

Syn. : DE LA FERRA *ou* PALA, Rondel., part. 2, p. 119, fig. p. 112.

COREGONUS LAVARETUS ? Linn., p. 512, sp. 15 ; Günth., t. VI, p. 178 (excl. syn., part.).

COREGONUS FERA, la Féra, Jurine, *Poiss. lac Léman*, p. 190, pl. 7.

COREGONUS FERA, CBp., *Cat.*, n° 116 ; Heckel et Kner, p. 238, fig. 135 ; Siebold, p. 251, fig. 47, tête vue de côté.

LA FÉRA, Coregonus fera, Cuv. et Valenc., t. XXI, p. 472.

LE CORÉGONE FÉRA, Coregonus fera, Blanch., p. 429, fig. 110, tête ; Lunel, *Poiss. bassin du Léman*, p. 106, pl. 11.

Long. : 0,25 à 0,50.

Entre la Féra et le Lavaret, il existe des différences assez prononcées pour qu'il soit permis de distinguer facilement ces deux espèces l'une de l'autre. Chez la Féra, le corps est plus élevé, couvert d'écailles plus grandes et plus épaisses que chez le Lavaret. La hauteur du tronc est contenue quatre fois et demie à cinq fois dans la longueur totale.

La tête est de forme conique, comprimée latéralement ; sa longueur est comprise cinq fois et demie à six fois dans la longueur totale. Quant au museau, il est plus large, plus haut, plus saillant que celui du Lavaret, il est coupé un peu obliquement de haut en bas, d'avant en arrière. La bouche est petite. La mâchoire supérieure est plus avancée que l'inférieure ; elle porte, ainsi que les palatins, de petites dents ; mais les dents sont très-caduques, et paraissent manquer le plus souvent. Le maxillaire supérieur se termine, en arrière, vers la ligne perpendiculaire tangente au bord antérieur de l'orbite. Le surmaxillaire est presque triangulaire ; il semble moins allongé, mais plus large, ou plus haut que dans le Lavaret ; son extrémité antérieure est pointue.

L'iris est argenté. Chez les animaux de grande taille, le diamètre de l'œil est contenu quatre fois et demie à cinq fois dans la longueur de la tête ; il est égal, ou peu s'en manque à l'espace préorbitaire. Les sous-orbitaires présentent, en quelque sorte, la même disposition que dans le Lavaret.

Il y a généralement huit rayons branchiostèges. L'angle postérieur et inférieur de l'opercule est plus éloigné de l'angle supérieur de la fente branchiale que de l'angle antérieur et inférieur du sous-opercule ; c'est le contraire qui paraît exister chez le Lavaret.

D'après Jurine, le canal des écailles de la ligne latérale, après avoir été d'abord droit, se contourne ensuite du côté du ventre, en diminuant de diamètre, et se termine en pointe qui représente assez bien une virgule, dont la moitié serait en ligne droite, et l'autre fortement inclinée. Cette disposition manque assez souvent, au moins sur les écailles antérieures. La ligne latérale est bien marquée ; elle sépare le corps en deux parties à peu près égales. Éc., l. long. 74 à 80 ; l. transv. $\frac{8 \text{ ou } 9}{8 \text{ à } 10} + 1 = 17$ à 20.

La première dorsale est trapézoïde ; elle est très-haute en avant ; elle est soutenue par une quinzaine de rayons ; l'anale en a de treize à seize. La caudale est échancrée. Les ventrales sont insérées sous la première dorsale ; suivant Jurine, elles sont moins longues que les pectorales ; je ne crois pas qu'il en soit toujours ainsi.

Br. 8. — D. 4/10 ou 11 — 0 ; A. 3 ou 4/10 à 12 ; C. 5/10 à 21/14 ; P. 14 ou 15 ; V. 2/9 à 11.

Le dos est d'un brun assez clair à reflets verdâtres ; le ventre est blanchâtre. La dorsale et la caudale sont grisâtres.

Habitat. La Féra est très-abondante dans le lac Léman. Elle s'est fort bien acclimatée dans l'étang des Settons, près de Montsauche (Nièvre) ; parfois quelques-uns de ces poissons s'échappent de l'étang, et sont pêchés dans la Cure ou dans l'Yonne. D'après M. Rico, elle a réussi dans le lac Chauvet (Puy-de-Dôme).

Proportions : long. totale 0,340 ; tronc, haut. 0,075, épais. 0,028.

Tête, long. 0,060, haut. 0,031. — Œil, diam. 0,013, esp. préorbit. 0,014, esp. interorbit. 0,016. — Mâchoire supérieure, long. 0,015 ; maxillaire, long. 0,013.

Caudale, long. 0,057 ; pectorale, long. 0,044 ; ventrale, long. 0,049. —

Première dorsale, haut. 0,047, long. 0,040 ; adipeuse, haut. 0,015, long. 0,011 ; anale, haut. 0,034, long. 0,030.

Distance du bout du museau à : première dorsale 0,138 ; adipeuse 0,237 ; anale 232 ; ventrale 0,154.

LE CORÉGONE GRAVENCHE — *COREGONUS HIEMALIS.*

Syn. : Gravans, Duham., *Péch.*, part. 2, sect. 2, p. 234.
Gravanche, Lacép., t. XI, p. 311.
Coregonus hiemalis, la Gravenche, Jurine, *Poiss. lac Léman,* p. 200, pl. 8.
Coregonus hyemalis, CBp., *Cat.*, n° 117 ; Siebold, p. 254, fig. 48, tête vue de côté ; Günth., t. VI, p. 183, fig. tête.
La Gravenche, Coregonus hyemalis, Cuv. et Valenc., t. XXI, p. 479.
Le Corégone gravenche, Coregonus hyemalis, Blanch., p. 432 ; Lunel, *Poiss. bassin du Léman,* p. 114, pl. 12.

N. vulg. : Gravenche, Féra blanche.
Long. : 0,20 à 0,30.

Dans le Léman vit un Corégone qui a été considéré tantôt comme une espèce distincte, tantôt comme une variété de la Féra. Proportions gardées, la Gravenche a le corps plus élevé, et le profil supérieur, du museau à la dorsale, plus arqué, plus convexe que la Féra. La hauteur du tronc est contenue quatre fois et quart à quatre fois et demie dans la longueur totale. La peau est couverte d'écailles de moyenne grandeur.

La longueur de la tête est comprise quatre fois et demie à cinq fois et quart dans la longueur totale. Le museau est assez avancé au-dessus de la mâchoire supérieure ; il est coupé obliquement de haut en bas, et d'avant en arrière. La bouche est un peu en dessous ; elle est petite, presque transversale ; elle n'est pas dentée. La mâchoire supérieure est un peu plus longue que la mandibule. Le maxillaire supérieur est assez large en arrière ; il est court ; il finit, ou peu s'en manque, sous le bord antérieur de l'orbite.

Chez les sujets de grande taille, le diamètre de l'œil mesure le quart environ de la longueur de la tête, il est généralement un peu moins long que l'espace préorbitaire. Les sous-orbitaires sont développés.

Chez la Gravenche, le sous-opercule semble moins long et plus

large que dans la Féra ; l'angle postérieur et inférieur de l'opercule paraît à la même distance de l'angle supérieur de la fente
branchiale que de l'angle antérieur et inférieur du sous-opercule.

La ligne latérale est bien marquée ; elle est à peu près droite.
Éc., l. long. 70 à 85 ; l. transv. $\frac{8\ ou\ 9}{9\ à\ 11} + 1 = 18$ à 21.

La première dorsale commence un peu en avant de l'insertion
des ventrales ; elle est trapézoïde, plus haute que longue. L'a-
nale est soutenue par treize à dix-sept rayons. La caudale est
échancrée. Les pectorales sont développées ; elles sont un peu
moins longues que la tête. Les ventrales sont moins grandes
que les pectorales.

Br. 8. — D. 4 ou 5/10 à 12 — 0 ; A. 3 à 5/10 à 12 ; C. 7/19 ou 20/7 ou 6 ; P. 1/15
ou 16 ; V. 2/10 ou 11.

Le dos est d'un gris violet clair ; les côtés et le ventre sont argentés. Jurine signale la présence, sur le sommet de la tête, de
quatre paires de taches jaunes ; les nageoires, dit-il, sont plus
pâles et moins tigrées de noir que celles des Féras.

Habitat. Lac Léman. Les Gravenches, écrit Jurine, vivent pendant onze
mois dans les profondeurs du lac ; ce n'est qu'au commencement de décembre qu'elles en sortent pour venir frayer au bord du rivage sur un fond
graveleux. Cette opération ne dure pas au delà d'une vingtaine de jours,
après quoi elles retournent dans leurs retraites ordinaires, de sorte qu'il
est très rare d'en apercevoir depuis cette époque.

Proportions : long. totale 0,288 ; tronc, haut. 0,065, épais. 0,038.

Tête, long. 0,055, haut. 0,051. — Œil, diam. 0,013, esp. préorbit. 0,015,
esp. interorbit. 0,0165. — Mâchoire supérieure, long. 0,016 ; maxillaire,
long. 0,014.

Caudale, long. 0,056 ; pectorale, long. 0,051 ; ventrale, long. 0,043. —
Première dorsale, haut. 0,044, long. 0,032 ; adipeuse, haut. 0,012, long.
0,005 ; anale, haut. 0,027, long. 0,027,

Distance du bout du museau à : première dorsale, 0,119 ; adipeuse 0,192 ;
anale 0,173 ; ventrale 0,124.

LE CORÉGONE HOUTING — *COREGONUS OXYRHYNCHUS.*

Syn. : Du Hautin, Oxyrhynchus, Rondel., part. 2, p. 141.
Salmo oxyrhinchus, Linn., p. 512, sp. 18.
Salmo lavaretus, Bloch, pl. 25.
Salmo thymallus latus, Bloch, pl. 26.

L'Oxyrinque, Salmo oxyrinchus, Bonnat., p. 167.
Le Triptéronote hautin, Tripteronotus hautin, Lacép., t. XI, p. 125.
Le Corégone oxyrhinque, Coregonus oxyrinchus, Lacép., t. XI, p. 320.
Coregonus oxyrhynchus, Selys-Longchamps, *Fn. belge*, p. 222 ; CBp., *Cat.*, n° 111 ;
Siebold, p. 259 ; Günth., t. VI, p. 173 ; Schlegel, p. 135, pl. 13, fig. 3.
Le Houting, Coregonus oxyrhynchus, Cuv. et Valenc., t. XXI, p. 488, pl. 630.
Ombre houting, Coregonus oxyrhynchus, F^{re} Ogérien, p. 369.
Le Corégone houting, Coregonus oxyrhynchus, Blanch., p. 433, fig. 112.

Long. : 0,20 à 0,45.

Le corps du Houting est allongé, et relativement assez épais ; il
est couvert d'écailles minces. La hauteur du tronc est contenue
quatre fois et deux tiers à cinq fois et trois quarts dans la longueur
totale.

Tantôt la longueur de la tête est supérieure, tantôt elle est
inférieure à la hauteur du tronc ; elle est ordinairement
plus grande chez les jeunes que chez les adultes ; elle est
comprise quatre fois et deux tiers à six fois dans la longueur
totale. Le museau est mou ; il présente une forme caractéristique,
il figure une saillie conique, dépassant de beaucoup la fente de
la bouche, qui est petite, non dentée en général ; il y a seulement
quelques points durs sur la langue. Le maxillaire supérieur arrive à peu près, en arrière, à la perpendiculaire tangente au
bord antérieur de l'orbite. Le surmaxillaire est triangulaire.

Suivant la taille des sujets, le diamètre de l'œil est contenu
quatre fois et demie à cinq fois dans la longueur de la tête ; il
est d'un tiers ou de moitié plus petit que l'espace préorbitaire.

La ligne latérale est bien marquée ; elle est à peu près droite.
Éc., l. long. 76 à 80 ; l. transv. $\frac{9 \text{ ou } 10}{9 \text{ ou } 10} + 1 = 19$ à 21.

La première dorsale commence en avant de l'insertion des
ventrales, vers le milieu de la longueur totale. La caudale est
fourchue. Généralement les pectorales sont un peu moins grandes
que les ventrales.

Br. 9. — D. 3 ou 4/10 — 0 ; A. 3 ou 4/10 à 12 ; C. 6/19 ou 20/7 ; 1/15 ou 16 ;
V. 2/10 ou 11.

La teinte est d'un gris verdâtre sur le dos, gris plombé sur les
flancs ; le museau est noirâtre.

Habitat. Ce poisson vit dans les eaux saumâtres et dans les eaux douces ; il paraît remonter les fleuves pour frayer. Il est excessivement rare en France ; suivant le Frère Ogérien, il est parfois pêché dans le Doubs. Il est assez souvent, soit de Belgique, soit de Hollande, expédié sur le marché de Paris, où il est connu sous le nom d'*Outil*.

Proportions : long. totale 0,428 ; tronc, haut. 0,075, épais. 0,041.

Tête, long. 0,085, haut. 0,057. — OEil, diam. 0,017, esp. préorbit. 0,030, esp. interorbit. 0,020. — Mâchoire supérieure, long. 0,023 ; maxillaire, long. 0,020.

Caudale, long. 0,055 ; pectorale, long. 0,039 ; ventrale, long. 0,046. — Première dorsale, haut. 0,048, long. 0,039 ; adipeuse, haut. 0,012, long. 0,017 ; anale, haut. 0,034, long. 0,039.

Distance du bout du museau à : bouche 0,012 ; première dorsale 0,185 ; adipeuse 0,311 (ordinairement elle est plus reculée) ; anale 0,310 ; ventrale 0,206.

GENRE ARGENTINE — *ARGENTINA*, Arted.

Corps allongé, couvert d'écailles caduques, grandes et minces.

Tête légèrement aplatie en dessus ; bouche peu fendue ; maxillaire supérieur ne dépassant pas, en arrière, la perpendiculaire tangente au bord antérieur de l'orbite ; mâchoire inférieure non dentée ; une bandelette arquée de petites dents étendue sur le chevron du vomer et le devant des palatins.

Appareil branchial ; ouïes largement ouvertes ; six rayons branchiostèges.

Nageoires ; première dorsale commençant en avant de l'insertion des ventrales ; caudale fourchue.

L'ARGENTINE SPHYRÈNE — *ARGENTINA SPHYRÆNA*.

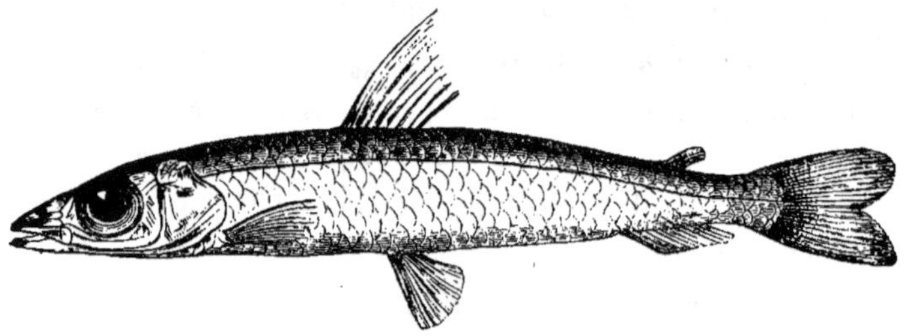

Fig. 208.

Syn. : DE LA SECONDE ESPÈCE DU SPET, Rondel., liv. VIII, c. II, p. 186.
ARGENTINA, Willugh., p. 229, pl. P. 2, fig. 1 ; Goüan, *Hist. Poiss.*, p. 197.

ARGENTINA SPHYRÆNA, Linn., p. 518, sp. 1 ; Brunn.. *Ichth. Mass.*, p. 79, n° 96 ;
CBp., *Cat.*, n° 131 ; Günth., t. VI, p. 203 ; Canestr., *Fn. Ital.*, p. 129.

ARGENTINE *ou* PEIS-ARGENT, Duham., *Pêch.*, part. 2, sect. 3, p. 536.

LE HAUTIN, Argentina sphyrœna, Bonnat., p. 177 ; pl. 73, fig. 301.

L'ARGENTINE SPHYRÈNE, Argentina sphyrœna, Lacép., t. XII, p. 140 ; Riss., *Ichth.*,
p. 336, *Hist. nat.*, p. 462.

DE L'ARGENTINE, Argentina sphyrœna, Cuv., dans *Mém. Muséum*, 1815, t. I, p. 228,
pl. 11, fig. 1.

L'ARGENTINE DE CUVIER, Argentina Cuvieri, Cuv. et Valenc., t. XXI, p. 413.

GONIOSOMA ARGENTINUM, Costa, *Fn. Napol.*, pl. 36.

N. vulg. : Argentin, Nice ; Péi d'argén, Cette.
Long. : 0,14 à 0,20,

En avant, le corps de l'Argentine est prismatique ; à partir des ventrales, il est arrondi vers le dos et vers le ventre, légèrement comprimé sur les côtés ; il est assez épais ; il est couvert d'écailles très-caduques, minces comme du papier, fort grandes, généralement un peu moins larges que longues, enduites d'une matière nacrée. La hauteur du tronc est contenue sept fois et demie à huit fois dans la longueur totale.

Dans sa région supérieure, le crâne est aplati, et plus ou moins transparent. La longueur de la tête est comprise quatre fois à quatre fois et un tiers dans la longueur totale. Le museau est déprimé, assez étroit. La bouche est terminale, très-peu fendue. Les mâchoires sont à peu près égales ; elles ne sont pas dentées ; toutefois, suivant Brünnich, suivant Costa, la mâchoire supérieure aurait des dents excessivement fines, à peine visibles ; pour mon compte, je n'ai pu en découvrir aucune trace, j'ai seulement constaté la présence de petites papilles ; la mâchoire supérieure est très-courte ; le maxillaire a son extrémité postérieure élargie en forme de palette ; le surmaxillaire manque ou paraît manquer. La langue, dit Cuvier, est armée, comme dans les Truites et les Éperlans, de fortes dents crochues, qui sont au nombre de cinq ou six, quelquefois de huit à dix ; le chevron du vomer et les palatins portent une bandelette de petites dents, qui semblent caduques.

L'iris est argenté. Le diamètre de l'œil mesure, ou peu s'en faut, le tiers de longueur de la tête ; il est égal à la longueur de l'espace préorbitaire.

Les ouïes sont largement fendues. L'opercule est très-mince ;

il est un peu échancré sur le bord postérieur. Le sous-opercule est allongé, étroit. Il existe une pseudobranchie, qui est fort peu développée.

Placée sur le tiers supérieur du corps, la ligne latérale est bien marquée; elle est composée de larges écailles, un peu relevées. Éc., l. long. 45 à 50; l. transv. $\frac{2}{3 \text{ ou } 4} + 1 = 6$ ou 7.

La première dorsale est trapézoïde, beaucoup plus haute que longue; elle commence ordinairement un peu avant le milieu de la distance qui sépare le bout du museau de la base de la caudale; elle est soutenue par une dizaine de rayons. L'anale est très-basse; elle est reculée, séparée de la caudale par une distance à peine plus longue que la hauteur du tronçon de la queue. La caudale est fourchue. Les pectorales sont attachées vers la partie inférieure du corps. Les ventrales sont insérées sous les derniers rayons de la première dorsale.

Br. 6. — D. 1/8 ou 9 — 0; A. 2/9 ou 10; C. 6 à 9/16/6 ou 7; P. 1/11 à 13;
V. 1/9 ou 10.

La première dorsale est d'un gris très-pâle; l'anale est blanchâtre; la caudale est d'un gris assez foncé. Les nageoires paires sont pâles, ou légèrement rosées. Le corps est d'un blanc nacré fort brillant; quand les écailles sont tombées, il reste, sur les côtés, une large bande argentée d'un éclat très-vif. Les pièces operculaires sont argentées.

Le péritoine est noirâtre. — Les appendices pyloriques sont au nombre de dix à douze. — La vessie natatoire est pointue à ses deux extrémités; elle ne paraît avoir aucune communication avec le tube digestif; elle est enduite d'un pigment argenté, qui est fort recherché pour la fabrication des fausses perles, ainsi que le pigment qui recouvre le corps.

Habitat. Méditerranée; l'Argentine est assez commune à Nice, à Marseille; elle est commune à Cette.

Proportions : long. totale 0,195; tronc, haut. 0,026, épais. 0,016.

Tête, long. 0,049, haut. 0,023. — Œil, diam. 0,015, esp. préorbit. 0,015, esp. interorbit. 0,012. — Mâchoire supérieure, long. 0,011; maxillaire, long. 0,009.

Caudale, long. 0,028; pectorale, long. 0,020; ventrale, long. 0,018. — Première dorsale, haut. 0,026, long. 0,013 ; anale, haut. 0,007, long. 0,013.

Distance du bout du museau à : première dorsale 0,081 ; adipeuse 0,150; anale 0,137; ventrale 0,088.

GENRE MICROSTOME — *MICROSTOMA*, Cuv.

Corps très-allongé, plus ou moins cylindrique, couvert d'écailles lisses, fort minces.

Tête large en dessus ; bouche peu fendue; mâchoire supérieure courte, non dentée ; mandibule et chevron du vomer garnis de petites dents.

Appareil branchial; rayons branchiostèges peu nombreux ; pseudo-branchies.

Nageoires ; première dorsale reculée, commençant en arrière de l'insertion des ventrales, finissant avant l'origine de l'anale; seconde dorsale adipeuse, très-réduite, manquant, disparaissant souvent chez les sujets développés ; caudale fourchue.

Vessie natatoire grande. — **Appendices pyloriques** nuls.

LE MICROSTOME ARRONDI — *MICROSTOMA ROTUNDATA*.

Syn. : Serpe petite bouche, S. microstoma, Riss., *Ichth.*, p. 356.
La Serpe microstome, Cuv., *Règ. an.*, 1817, t. II, p. 184.
Microstoma rotundata, Microstome arrondie, Riss., *Hist. nat.*, p. 475, fig. 36.
Du Microstome argenté, Microstoma argenteum, Cuv. et Valenc., t. XVIII, p. 358, pl. 544, *Règ. an. ill.*, pl. 97, fig. 2.
Microstoma rotundata, CBp., *Cat.*, n° 132.
Microstoma rotundatum, Günth., t. VI, p. 204 ; Canestr., *Fn. Ital.*, p. 130.

N. vulg. : Yassou, Nice.
Long. : 0,12 à 0,21.

De forme à peu près cylindrique jusqu'aux ventrales, légèrement comprimé en arrière, le corps du Microstome est allongé ; la hauteur du tronc est contenue de dix à quinze fois dans la longueur totale. La région dorsale est parfois marquée de deux sillons longitudinaux. La peau est couverte d'écailles minces, enduites d'un pigment argenté fort brillant.

En dessus, la tête est large ; sa longueur est comprise cinq fois et un tiers à six fois et quart dans la longueur totale. Le museau est court; la bouche très-peu fendue. La mâchoire supérieure est à peine moins avancée que l'inférieure ; elle n'est pas dentée. La mandibule est garnie de petites dents coniques. Le chevron du vomer est muni de dents courtes et légèrement crochues. L'extrémité du maxillaire supérieur est élargie en palette.

L'iris est argenté. L'œil est très-grand, ovale ; son diamètre est contenu deux fois et demie à trois fois dans la longueur de la tête, il mesure presque le double de l'espace préorbitaire.

Il y a seulement quatre rayons branchiostèges. La fente des ouïes est grande. L'opercule est mince, bien développé. Chez un sujet conservé depuis longtemps dans l'alcool, la muqueuse de la chambre respiratoire est de teinte brunâtre.

La ligne latérale est droite, très-distincte. Ses écailles semblent plus fortes, plus épaisses que les écailles voisines. Éc., l. long. 44 à 52.

Chez les jeunes animaux, il existe deux dorsales, une nageoire soutenue par des rayons et une adipeuse ; à une certaine phase de l'évolution, l'adipeuse commence à s'atrophier, et finit par disparaître chez la plupart des grands spécimens. La dorsale rayonnée est reculée ; elle commence un peu plus en arrière que l'insertion des ventrales, sur la seconde moitié de la longueur totale. L'anale est petite ; d'après Risso, elle est opposée à l'adipeuse. La caudale est fourchue ; l'espace triangulaire qui s'étend de la base de la nageoire au commencement de son échancrure, est couvert d'écailles. Les pectorales sont étroites et assez allongées ; les ventrales sont un peu plus courtes.

Br. 4. — D. 9 à 11 — 0 ; A. 8 ou 9 ; C. 4/19 à 22/5 ou 6 ; P. 8 ; V. 10 ou 11.

Le corps est d'un blanc argenté des plus brillants. Les nageoires sont pâles ou légèrement teintées de jaune.

Le péritoine est brunâtre.

Habitat. Méditerranée, excessivement rare, Nice.

Proportions : long. totale 0,172 ; tronc, haut. 0,012, épais. 0,012.

Tête, long. 0,028, haut. 0,012. — Œil, diam. 0,010, esp. préorbit. 0,006, esp. interorbit. 0,005. — Mâchoire supérieure, long. 0,009.

Caudale, long. 0,012 (un peu brisée) ; pectorale, long. 0,012 ; ventrale, long. 0,010. — Dorsale, haut. 0,011, long. 0,012 ; anale, haut. 0,009, long. 0,008.

Distance du bout du museau à : dorsale 0,104 ; anale 0,125 ; ventrale 0,100.

Ordre des Apodes, Apodes.

CORPS. — Il est très-allongé ; il est couvert d'une peau épaisse et visqueuse, généralement nue, ou n'ayant, sous l'épiderme, que des écailles isolées, très-peu développées. Les vertèbres sont nombreuses.

TÊTE. — Elle est de forme variable. La bouche est dentée. Les intermaxillaires sont soudés, et unis à l'ethmoïde et au vomer. L'arcade palatine est complète, mais n'est constituée que par un seul os, qui semble représenter le palatin et le ptérygoïdien, ou bien elle est incomplète, et réduite à sa partie postérieure ou ptérygoïdienne.

APPAREIL BRANCHIAL. — La fente des ouïes est petite. Les pièces operculaires et les rayons branchiostèges ne sont pas distincts, ils sont enveloppés dans la peau.

NAGEOIRES. — Il n'y a pas de ventrales. Les nageoires impaires sont peu développées ; elles ont des rayons simples. La caudale tantôt manque, tantôt elle existe et continue les autres nageoires impaires. La ceinture scapulaire n'est pas attachée au crâne ; elle est parfois réduite à une petite tige osseuse. Les pectorales manquent assez souvent.

VESSIE NATATOIRE. — Elle est munie d'un conduit pneumatophore.

APPAREIL DIGESTIF. — Les appendices pyloriques semblent toujours manquer.

L'ordre des Apodes est composé de cinq familles.

<pre>
                        / plus ou moins \ au-devant de l'œil. 1. ANGUILLIDÉS.
                       / développées.   \
          existante. /   Orifice posté- \ vers le bord de la
          Pectorales \   rieur de la na- / lèvre supérieure.. 2. MYRIDÉS.
                       \ rine   /
Caudale <   \ nulles .... 3. MURÉNIDÉS.

                         bien formées, ayant plus de
          nulle. Pectorales sept rayons .... 4. OPHISURIDÉS.

                         nulles, ou fort peu distinctes. 5. SPHAGEBRANCHIDÉS.
</pre>

Famille des Anguillidés, Anguillidæ.

Corps allongé, serpentiforme, arrondi en avant, comprimé vers la queue, nu ou n'ayant que de très-petites écailles cachées dans la peau, enduit d'un mucus épais ; anus placé loin de la tête ; pas de côtes.

Tête longue ; mâchoires dentées ; langue libre.

Narines à deux orifices éloignés l'un de l'autre ; orifice postérieur situé au-devant de l'œil.

Appareil branchial ; ouverture des ouïes petite, placée vers la base de la pectorale.

Nageoires ; nageoires impaires réunies ; pectorales plus ou moins développées.

La famille des Anguillidés comprend deux genres :

Mâchoire supérieure plus { courte que l'inférieure.......... 1. ANGUILLE.

{ longue que l'inférieure......... 2 CONGRE

GENRE ANGUILLE — *ANGUILLA.*

Corps paraissant nu, mais garni de fort petites écailles cachées dans la peau.

Tête ; mâchoire supérieure plus courte que l'inférieure ; pourvues, l'une et l'autre, de dents en cardes fines, ainsi que le vomer.

Nageoires ; dorsale commençant très-en arrière de l'extrémité des pectorales.

L'ANGUILLE VULGAIRE — *ANGUILLA VULGARIS.*

ANGUILLA, Bell., p. 295.

DES ANGUILLES, Rondel., part. 2, p. 143.

MURÆNA ANGUILLA, Linn., p. 426, sp. 4 ; Bloch, pl. 73 ; Jurine, *Poiss. lac Léman,* p. 117, pl. 1 ; Vallot, p. 290.

LA MURÈNE ANGUILLE, Murœna anguilla, Lacép., t. VII, p. 88 ; Riss., *Ichth.,* p. 89 ; Crespon, p. 306 ; Fre Ogérien, p. 372.

L'ANGUILLE VULGAIRE, Cuv., *Règ. an.,* 1817, t. II, p. 231 ; Marcotte, *Anim. vert. Abbeville,* p. 393.

ANGUILLA ACUTIROSTRIS, Anguille à museau aigu, Riss., *Hist. nat.,* p. 198.

ANGUILLA MEDIOROSTRIS, Anguille à rostre moyen, Riss., *Hist. nat.,* p. 199.

L'ANGUILLE VERNIAUX, Cuv. et Valenc., *Règ. an. ill.,* p. 315.

L'ANGUILLE LONG BEC, Cuv. et Valenc., *Règ. an. ill.,* p. 315, pl. 109, fig. 1 ; Valenc., *Dict. Hist. nat.* d'Orbigny.

Anguilla oxycephala, de la Pylaie, *Recherches, en France, sur les Poissons de l'Océan*, dans *Congrès scientifique de France*, Poitiers, 1834, 1835, p. 529.

Anguilla acutirostris, Selys-Longchamps, *Fn. belge*, p. 225 ; Kaup, *Catalogue of Apodal Fish, in the collection of British Museum*, London, 1859, p. 39, fig. 27, tête.

Anguilla vulgaris, CBp., *Cat.*, n° 316 ; Costa, *Fn. Napol.*, pl. 55, 59, fig. 1, a, b ; Siebold, p. 342 ; Canestr., *Archiv. zool.*, 1866, t. IV, p. 175, *Fn. Ital.*, p. 29, 197 ; Géhin, p. 97 ; Schlegel, p. 87, pl. 9, fig. 1 ; Günth., t. VIII, p. 28 ; C. Dareste, *Résumé d'une monographie des Poissons anguilliformes*, p. 3.

Anguilla fluviatilis, Agass., *Poiss. foss.*, t. V, part. 2, p. 130, pl. D, fig. 2 ; Heckel et Kner, p. 319, fig. 167.

L'Anguille commune, Anguilla vulgaris, Blanch., p. 491, fig. 129 ; Soland, p. 266 ; Lunel, *Poiss. bassin du Léman*, p. 172, pl. 20, fig. 1.

L'Anguille a bec moyen, Anguilla mediorostris, Blanch., p. 496, fig. 131, tête.

L'Anguille a bec oblong, Anguilla oblongirostris, Blanch., p. 496.

L'Anguille a long bec, Anguilla acutirostris, Blanch., p. 497, fig. 132, tête.

Common Eel, Bowdich, *Fr. Wat. Fish. Great Britain*, n° 7.

The Sharp-nosed Eel, Yarr., t. I, p. 44 ; Couch, t. IV, p. 326.

N. vulg. : Verniaux.
Long. : 0,40 à 1,00 et plus.

Tout le monde connaît l'Anguille ; il est donc inutile d'en faire une longue description. — Le corps de ce poisson est couvert d'une peau épaisse, très-résistante ; sous l'épiderme se trouvent dispersées de fort petites écailles.

La tête est comprimée, arrondie en dessus. Le museau est assez allongé ; vers l'orifice postérieur des narines, il a une hauteur à peu près égale à sa largeur. La commissure de la bouche est tantôt un peu en avant, tantôt un peu en arrière du prolongement du diamètre vertical de l'œil. Les mâchoires sont assez étroites ; elles sont garnies, ainsi que le vomer, de dents en cardes fines.

Les yeux sont assez petits ; ils sont arrondis. L'iris est d'un jaune pâle cuivré. Le diamètre de l'œil est contenu de huit à douze fois dans la longueur de la tête.

La dorsale commence loin de la tête. La pectorale a de quatorze à dix-huit rayons.

Quant au système de coloration, il est excessivement variable ; le dos est souvent brun olivâtre ou brun jaunâtre ; le ventre est blanchâtre. Les nageoires sont brunâtres, excepté l'anale qui est ordinairement blanche et bordée de rose.

III.   36

Habitat. Ce poisson est très-commun.

Proportions : long. totale, 0,735 ; tronc, circonférence 0,130.

Tête, long. 0,080, haut. 0,019. — Œil, diam. 0,007, esp. préorbit. 0,014, esp. interorbit. 0,011.

Pectorale, long. 0,030. — Distance du bout du museau à : dorsale, 0,220 ; anale 0,323 ; pectorale, 0,081.

Variétés.

L'*Anguille à museau large, Anguilla latirostris.* ·

Syn. : Anguilla latirostris, Anguille à museau large, Riss., *Hist. nat.*, p. 199.

Anguilla macrocephala, de la Pylaie, *op. cit.*, p. 529.

Anguille pimperneaux, Cuv. et Valenc., *Règ. an.*, *ill.*, p. 315 ; Valenc., *Dict. Hist. nat.*, d'Orbigny.

Anguilla latirostris (Anguille large bec), Selys-Longchamps, *Fn. belge*, p. 225 ; Kaup, *op. cit.*, p. 38, fig. 26, tête ; Günth., t. VIII, p. 32.

Anguilla cloacina, CBp., *Cat.*, n° 320.

Anguilla Cuvieri, Kaup, *op. cit.*, p. 33.

L'Anguille a large bec, Anguilla latirostris, Blanch., p. 495, fig. 130, tête.

Glut-Eel, Bowdich, *op. cit.*, n° 22.

The Broad-nosed Eel, Yarr., t. I, p. 62 ; Couch, t. IV, p. 330.

N. vulg. : Pimperneau ou Pimperneaux.

Relativement le Pimperneau paraît avoir le corps plus gros que l'Anguille long-bec.

Le museau est large, aplati, arrondi en avant ; il a plus de largeur que de hauteur. La bouche semble très-fendue. Les mâchoires sont très-développées, surtout la mandibule qui est plus large que la mâchoire supérieure ; elles sont l'une et l'autre garnies de dents plus fortes que dans les autres Anguilles ; la mandibule fait une saillie moins prononcée que dans l'Anguille long-bec.

Les yeux paraissent grands.

La dorsale et l'anale sont reculées.

La coloration est variable ; souvent elle est d'un brun jaunâtre, plus ou moins foncé, sur le dos.

Habitat. Cette Anguille est commune à l'embouchure des égouts, dans la retenue des ports ; elle est, il me semble, plus commune que l'Anguille long-bec dans les eaux saumâtres, dans les parcs à huîtres, où on la prend toute l'année.

Proportions : long. totale 0,770 ; tronc, haut. 0044, circonférence 0,138.

Tête, long. 0,110, haut. 0,056. — Œil, diam. 0,009, esp. préorbit. 0,022, esp. interorbit. 0,020.

Pectorale, long. 0,043. — Distance du museau à : commissure de la bouche 0,032 ; dorsale 0,260 ; anale 0,330 ; pectorale 0,111.

L'*Anguille plat-bec.*

Syn. : L'ANGUILLE PLAT BEC, *Grig-Eel* des Anglais, Cuv. et Valenc., *Rég. an. ill.*, p. 315 ; Valenc., *Dict. Hist. nat.* d'Orbigny.

ANGUILLA LATIROSTRIS, CBp., *Cat.*, n° 317.

ANGUILLA PLATYCEPHALA, Kaup, *op. cit.*, p. 38, fig. 25, tête.

GRIG-EEL, Bowdich, *op. cit.*, n° 28 ; Yarr., t. I, p. 63.

Aux environs de Londres, dit Yarrell, on donne le nom de *Grig* à une Anguille de petite taille ; c'est l'*Anguille plat-bec* de Cuvier, c'est le *Grig-Eel* de Mrs. Bowdich. — Cette Anguille a la tête aplatie, un peu plus large en arrière des yeux. Le museau est plat, à bord assez arrondi, et, comme l'indiquait de la Pylaie, assez semblable à un bec de canard ; la largeur, prise vers l'orifice postérieur de la narine, l'emporte ordinairement sur la hauteur.

L'iris est d'un blanc jaunâtre, teinté de rouge. L'œil est petit, arrondi ; le prolongement de son diamètre vertical passe en avant de la commissure de la bouche.

La coloration est gris jaunâtre.

Proportions : long. totale 0,775 ; tronc, circonférence 0,138.

Tête, long. 0,094, haut. 0,021. — Œil, diam. 0,009, esp. préorbit. 0,017, esp. interorbit. 0,016.

Pectorale, long. 0,038. — Distance du bout du museau à : dorsale 0,245 ; anale 0,340 ; pectorale 0,097.

L'*Anguille de Kiener, Anguilla Kieneri.*

Syn. : ANGUILLA KIENERI, Kaup, *op. cit.*, p. 32, fig. 15, tête ; Günth., t. VIII, p, 35.

L'*Anguilla Kieneri*, qui appartient au Muséum de Paris, vient de Toulon ; c'est un sujet de moyenne taille qui est monstrueux, il a des yeux énormes. Kaup regarde encore comme espèces distinctes : l'*Anguilla Bibroni, A. Savignyi, A. melanochir*, fig. 19, *A. altirostris*, fig. 24, etc. Combien l'auteur eut-il fait d'espèces, si le nombre des spécimens déposés dans la collection du Muséum de Paris eût été plus considérable ?

Eudes Deslonchamps a publié une note sur une *Anguille monstrueuse retirée d'un puits*, dans *Mémoires Soc. Linn. de Normandie*, 1835, t. V, p. 47-51, pl. IV, fig. 4, 5, 6. Cette Anguille a les yeux très-gros, la mâchoire supérieure plus avancée que l'inférieure.

Ainsi que le faisait judicieusement observer Spallanzani, les diverses espèces d'Anguilles admises par les pêcheurs diffèrent entre elles plus par leur poids que par tout autre caractère bien déterminé (Spallanzani, *Essai sur l'histoire naturelle des Anguilles de la lagune de Commachio*, dans *Voyages dans les deux Siciles*, trad. Toscan, t. VI, p. 141-206). — Suivant le baron de Rivière on compte quatre espèces d'Anguilles bien distinctes vers l'embouchure du Rhône : 1° l'Anguille fine, appelée *Pougaou*, quand elle pèse 0^kil,500 ; 2° la *Bomarenque* ; 3° la *Pounchurote* ; 4° l'Anguille grossière, désignée sous les noms de *Margagnon* ou *Lachinan* (baron de Rivière, *Considérations sur les Poissons, et particulièrement sur les Anguilles*, extrait des *Mémoires de la Société royale et centrale d'agriculture*, 1840, Paris, 1841). — A Cette les pêcheurs distinguent : 1° l'*Anguille fine*; 2° le *Pougaou* ; 3° le *Ressot* ; 4° la *Thaoudella*, qui ne se trouve que dans l'étang de Thau.

Au printemps des quantités énormes de petites Anguilles quittent les eaux saumâtres, et font la *montée* dans les eaux douces. Ces Anguillettes sont appelées *Montinettes* en Picardie; *Civelles* sur les bords de la Seine, de la Loire ; *Cives* et même *Cibales*, d'après Mauduyt; *Bouirons* ou *Bouyeiroüns* dans le Gard, les Bouches-du-Rhône. Suivant Crespon, la *montée* des *Bouyeiroüns* dans le Rhône dure plus de quinze jours sans interruption.

Suivant M. Blanchard, les Anguilles sont certainement des larves ; ce sont des êtres incapables de se reproduire, des êtres qui doivent subir des changements avant de satisfaire à la loi de la reproduction. Cette opinion n'est généralement pas adoptée. — Quant aux naturalistes qui admettent que les Anguilles se reproduisent sans subir de métamorphose, ils ne partagent pas tous la même opinion sur le mode de génération ; les uns croient, avec le professeur Ercolani, que les Anguilles sont hermaphrodites, les autres pensent que, chez elles, les sexes sont séparés. M. Canestrini dit avec raison que l'hermaphrodisme n'est pas encore démontré. Il y a longtemps déjà, en 1866 et en 1867, j'ai trouvé sur des sujets différents, soit des ovules mâles, soit des ovules femelles. Les ovules mâles, mesurant 0^mm,150, sont formés d'une enveloppe mince et d'un contenu granuleux. Les ovules femelles, mesurant de 0^mm,200 à 0^mm,250, ont une membrane vitelline épaisse, transparente, un vitellus d'aspect granuleux, une vésicule germinative, mesurant de 0^mm,050 à 0^mm,055, et une tache germinative plus ou moins distincte; autour de la vésicule germinative sont réunies des granulations vitellines plus ou moins nombreuses.

GENRE CONGRE — *CONGER*, Cuv.

Corps ; peau entièrement nue, sans aucune trace d'écailles.

Tête ; mâchoire supérieure plus longue que l'inférieure, portant, l'une et l'autre, des dents placées sur plusieurs rangées.

Nageoires; dorsale commençant au-dessus des pectorales, ou très-près de leur extrémité.

Le genre Congre est formé de trois espèces :

<table>
<tr><td rowspan="6">Lèvre supérieure</td><td rowspan="4">ordinaire. Dorsale commençant au-dessus de la</td><td>fin des pectorales..... 1. C. COMMUN.</td></tr>
<tr><td>base des pectorales.... 2. C. DES ÎLES BALÉARES.</td></tr>
<tr><td>soutenue, de chaque côté, par deux tiges osseuses............................. 3. C. A LARGES LÈVRES.</td></tr>
</table>

LE CONGRE COMMUN — *CONGER VULGARIS.*

CONGER, Bell., p. 161-162 ; Salvian., p. 67, P. 6.
Du CONGRE, Rondel., liv. XIV, c. I, p. 308.
MURÆNA *supremo margine pinnæ dorsalis nigra*, Arted., *Syn.*, p. 40, n. 2.
MURÆNA CONGER, Linn., p. 426, sp. 6 ; Bloch, pl. 155.
LE CONGRE, Murœna conger, Bonnat., p. 35, pl. 24, fig. 82.
LA MURÈNE CONGRE, Murœna conger, Lacép., t. VII, p. 124 ; Riss., *Ichth.*, p. 92.
CONGER VERUS, Congre commun, Riss., *Hist. nat.*, p. 201.
LE CONGRE COMMUN, Conger vulgaris, Cuv., *Règ. an.*, t. II, p. 231 ; Selys-Longchamps, *Fn. belge*, p. 245 ; Guichen., *Expl. Algér.*, p. 112 ; Marcotte, *Anim. vert. Abbeville*, p. 396.
CONGER VULGARIS, CBp., *Cat.*, n. 321 ; Kaup, *Apod. Fish*, p. 111 ; Günth., t. VIII, p. 38 ; Schlegel, p. 90, pl. 9, fig. 2 ; Canestr., *Fn. Ital.*, p. 200.
THE CONGER, Yarr., t. I, p. 68 ; Couch, t. IV, p. 340.

N. vulg.. Grounch, Felat, Nice ; Coungré, Cette ; Cungre, Mussole (catal.), Pyrénées-Orientales ; Anguille de mer.
Long. ; 0,50 à 2,00, et plus.

Dans une grande partie de sa longueur, le corps est arrondi, cylindrique ; il est comprimé dans sa région postérieure.

En dessus, la tête est légèrement déprimée ; elle est un peu renflée en arrière ; sa longueur est comprise de sept à huit fois dans la longueur totale, chez les animaux de moyenne taille. Le museau est allongé, arrondi. La bouche est grande ; elle est fendue jusque sous le milieu de l'orbite ; les lèvres sont développées. La mâchoire supérieure est plus avancée que l'inférieure ; en avant, elle est garnie de dents en cardes assez fortes, pointues et crochues, formant un groupe demi-circulaire ; à son extrémité antérieure, le maxillaire a des dents en cardes, puis il porte une rangée régulière de dents égales, serrées les unes contre les autres, cylindriques, terminées en biscau, et formant ainsi un bord tranchant ; sur le côté interne, il présente une autre série de dents assez courtes, à pointe aiguë ou mousse, finissant quelquefois vers le milieu de la longueur de l'os. Le vomer est muni de dents en cardes assez fortes, crochues. A la mandibule, les dents sont à peu près disposées comme à la mâchoire supérieure ; en avant sont des dents en cardes ; puis se montre une rangée externe de dents semblables à celles du maxillaire supérieur, elle est bordée, souvent dans toute sa longueur, d'une série interne de petites dents coniques.

L'iris est argenté. Chez les sujets de taille moyenne, le diamètre de l'œil mesure environ la moitié de l'espace préorbitaire.

L'orifice antérieur de la narine est tubuleux, placé vers le bout du museau ; l'ouverture postérieure est ovale, rapprochée du bord antérieur de l'orbite.

Il y a une dizaine de rayons branchiostèges, parfois neuf d'un côté et dix de l'autre.

La ligne latérale est droite, souvent marquée de points blanchâtres.

Ordinairement la dorsale commence au-dessus de la fin des pectorales ; elle est très-basse en avant. L'anale prend naissance sous la première moitié de la longueur totale. La pectorale est soutenue par quinze à dix-neuf rayons.

Quant au système de coloration, il est très-variable ; le plus souvent le dos est gris jaunâtre ou brunâtre plus ou moins foncé ; le ventre est blanchâtre. Les nageoires impaires, d'un blanc grisâtre, sont bordées de noir. Les pectorales sont grisâtres.

Habitat. Commun sur toutes nos côtes. En Bretagne, surtout dans la baie d'Audierne, on en pêche qui sont énormes.

Proportions : long. totale 0,505 ; tronc, haut. 0,026, épais. 0,022.

Tête, long. 0,070, haut. 0,024. — Œil, diam. 0,010, esp. préorbit. 0,019, esp. interorbit. 0,008.

Pectorale, long. 0,025. — Distance du bout du museau à : commissure buccale 0,024 ; dorsale 0,104 ; anale 0,210 ; pectorale 0,077. — Distance entre les orifices d'une même narine 0,014.

Variété.

Le *Congre noir, Conger niger.*

Murène noire, Muræna nigra, Riss., *Ichth.*, p. 93.

CONGER NIGER, Congre noir, Riss., *Hist. nat.*, p. 201 ; Guichen., *Expl. Algér.*, p. 113.
CONGER NIGER, CBp., *Cat.*, n. 323 ; Kaup, *op. cit.*, p. 113.

N. vulg. : Grounch negre, Nice ; Coungré négré, Cette ; Congre de roches, côtes de Bretagne.
Long. : 0,40 à 1,00.

Suivant quelques naturalistes, le Congre noir est une espèce particulière ; il me semble cependant ne pas différer du Congre commun, si ce n'est sous le rapport du système de coloration. La hauteur du tronc est contenue une vingtaine de fois dans la longueur totale.

La longueur de la tête est comprise de sept à huit fois dans la longueur totale. Le museau est assez aigu.

D'après Risso, le nombre des rayons de la pectorale est de vingt ; j'en compte seulement quatorze ou quinze sur un individu de moyenne taille.

Le dos est noirâtre, le ventre grisâtre.

Habitat. Ce poisson est pêché sur toutes nos côtes ; il est assez commun en Bretagne ; il vit dans les rochers.

Proportions : long. totale 0,560 ; tronc, haut. 0,028.

Tête, long. 0,081, haut. 0,024. — Œil, diam. 0,012, esp. préorbit. 0,020, esp. interorbit. 0,010.

Pectorale, long. 0,025. — Distance du bout du museau à : commissure de la bouche 0,030 ; dorsale 0,118 ; anale 0,235 ; pectorale 0,085.

Jeune. — *Le Leptocéphale de Morris, Leptocephalus Morrisii.*

Syn. : ANGLESEY MORRIS, Pennant, *Brit. Zool.*, t. III, pl. 8 ; Yarrell, t. I, p. 40.
LEPTOCEPHALUS MORRISII, Bl. Schneid., p. 133, pl. 108, fig. 2 ; Cuv., *Règ. an.*, 1817, t. II, p. 238 ; CBp., *Cat.*, n. 337 ; Kaup, *Apod. Fish*, p. 147 ; Günth., t. VIII, p. 139.
LE HAMEÇON DE MER, Leptocephalus lineatus, Bonnat., p. 39, pl. 86, fig. 359.
LE LEPTOCÉPHALE MORRISIEN, Leptocephalus Morrisii, Lacép., t. VII, p. 12.
HELMICTIS PUNCTATUS, Helmicte pointillé, Rafin., *Ind. itt. sicil.*, p. 62, pl. 2, fig. 3.
LÉPIDOPE DIAPHANE, Lepidopus pellucidus, Riss., *Ichth.*, p. 152, fig. 19.
LEPTOCEPHALUS SPALLANZANI, Leptocéphale de Spallanzani, Riss., *Hist. nat.*, p. 205 (non *Ichth.*).
LEPTOCEPHALUS CANDIDISSIMUS, Costa, *Fn. Napol.*, pl. 20.
LEPTOCEPHALUS PELLUCIDUS, CBp., *Cat.*, n. 338 ; Canestr., *Fn. Ital.*, p. 196.
LEPTOCEPHALUS SPALLANZANI, Kaup, *op. cit.*, p. 147, pl. 17, fig. 7.
MORRIS, Couch, t. IV, p. 348.

En 1860, le Professeur V. Carus exprimait la pensée que les Leptocéphalidés sont des animaux qui n'ont pas acquis leur entier développement ; en examinant, disait-il, leur structure anatomique, la variabilité de leurs caractères zoologiques, etc., je suis nécessairement amené à conclure que tous ces poissons ne sont rien que des larves d'autres poissons (*On the Leptoce-phalidæ*, by Professor V. Carus, dans *Report of the thirtieth meeting of the British Association for the advancement of Sciences held at Oxford in june and july* 1860, London, 1861). — Plus tard, en 1866, R. Owen reproduisait la même manière de voir, mais d'une façon moins absolue ; les Leptocépha-lidés, écrivait-il, sont probablement des larves de quelques grands poissons connus ; on ne les a jamais vus avec des œufs ou de la laitance (R. Owen, *Anatomy of Vertebrates*, t. 1, p. 611). — En 1864, M. Th. Gill après avoir rappelé l'opinion émise par Carus sur la forme larvée des Leptocéphalidés, ajoute : Je suis presque certain (*almost certain*) que les Leptocéphales au moins sont les jeunes de Congres et que le *Leptocephalus Morrisii* est le jeune du *Conger vulgaris* (*Leptocephalus Morrisii*, Gm., *Note by* Th. Gill, dans *Proceedings of the Academy of natural Sciences of Philadelphia*, 1864, p. 207). Ainsi que M. Günther le fait observer très-à propos, M. Gill ne donne pas les raisons qui le portent à considérer le *L. Morrisii*, comme un jeune Congre.

Je ne connaissais pas la note fort succincte publiée par M. Gill, lorsque je me livrai à des recherches sur l'organisation du Leptocéphale. J'avais à ma disposition un certain nombre de spécimens, venant les uns de la Méditerranée, les autres de l'Océan ; ces derniers m'avaient été donnés par M. Lemirre, qui les avait trouvés à Noirmoutiers. — Je fis une assez grande quantité de préparations anatomiques qu'il serait trop long d'indiquer. J'é-tudiai particulièrement l'appareil hyoïdien, le suspenseur commun, les diverses parties qui constituent l'encéphale ; je parvins à découvrir la ves-sie natatoire. En comparant ces différents organes avec ceux du Congre commun, il me fut très-facile de constater que le Leptocéphale est le jeune du Congre commun.

Dans une *Note sur le Leptocéphale de Spallanzani* présentée à l'Académie des sciences (*Comptes rend. Acad. sc.* 1873, t. LXXVI, p. 1304), M. C. Dareste écrit les lignes suivantes : « Ayant entrepris la révision des espèces de ce genre, je suis arrivé, pour l'une de ces espèces, le *Leptocephalus Spallanzani* de Costa, à un résultat fort inattendu ; c'est que cet animal présente tous les caractères zoologiques des Congres, et que très-probablement c'est le jeune Congre. J'ai pu constater ces caractères sur deux individus apparte-nant à la collection du Muséum, et sur plusieurs autres individus que j'ai observés chez M. le Dr Émile Moreau. » Ce que M. Dareste a observé chez moi, ce ne sont pas seulement des Leptocéphales, mais surtout des prépa-rations anatomiques et des figures grossies de ces préparations. M. Dareste, n'ayant jamais disséqué un seul Leptocéphale, aurait-il pu dire que « les pièces de l'os hyoïde et l'aile temporale ont la forme caractéristique qu'elles présentent chez les Congres, » si je n'avais eu l'obligeance de les lui mon-trer ? M. Dareste prétend que l'on peut étudier l'encéphale sans enlever ce qu'il appelle la *croûte du crâne* ; c'est une illusion. M. Dareste a vu chez moi des dessins représentant, les uns, l'encéphale du Congre adulte, les autres, l'encéphale très-grossi du Leptocéphale de Morris.

Aujourd'hui, il est impossible de ne pas considérer les différents Leptocéphales comme étant les larves d'autres poissons ; cependant le Professeur Canestrini, dans la *Fauna d'Italia*, conserve encore la famille des *Leptocephalini*.

LE CONGRE DES ILES BALÉARES — *CONGER BALEARICUS*.

MURÆNA BALEARICA, Murène des Iles Baléares, Delaroche, *Ann. Muséum*, 1809, t. XIII, p. 327, *Mém.*, p. 41, fig. 3.

MURÈNE CASSINI, Murœna Cassini, Riss., *Ichth.*, p. 91.

CONGER CASSINI, Congre de Cassini, Riss., *Hist. nat.*, p. 203 ; Guichen., *Expl. Algér.*, p. 113.

CONGER BALEARICUS, CBp., *Cat.*, n. 325 ; C. Dareste, *Résumé monogr. Poissons anguilliformes*, p. 15.

CONGERMURÆNA BALEARICA, Kaup, *Apod. Fish*, p. 110.

CONGROMURÆNA BALEARICA, Günth., t. VIII, p. 41.

Quel est le poisson qui d'abord a été décrit par Costa, ensuite par Canestrini sous le nom de *Conger Balearicus?* Il est difficile de le dire ; assurément ce n'est pas un *Conger Balearicus* ainsi que le fait voir la figure qui se trouve dans la *Faune du royaume de Naples*.

N. vulg. : Ugliasson, Nice.

Long. : 0,20 à 0,30.

Delaroche le fait remarquer avec raison, ce Congre présente une forme très-semblable à celle du Congre commun. Son corps est cylindrique en avant, un peu comprimé en arrière.

La tête est allongée, légèrement conique ; elle a généralement un peu moins de hauteur et un peu moins d'épaisseur que le tronc. Le museau fait une petite saillie. La bouche est de moyenne grandeur, elle est fendue à peu près jusque sous le bord antérieur de l'orbite. La mâchoire supérieure est un peu plus avancée que l'inférieure ; elles portent l'une et l'autre, ainsi que le vomer, de fort petites dents en cardes, à pointe tournée en arrière.

Les yeux sont ovales. L'espace interorbitaire semble être aplati. Le diamètre de l'œil est compris cinq à six fois dans la longueur de la tête.

Vers la pointe du museau, se voit l'orifice antérieur de la narine qui est tubuleux ; l'ouverture postérieure est ovale, placée en avant de l'œil.

La ligne latérale est droite ; elle paraît brunâtre.

Ordinairement la dorsale naît au-dessus de l'ouverture des ouïes. L'anale commence vers le milieu de la longueur totale. Les pectorales sont courtes et étroites ; elles comptent seulement huit ou neuf rayons.

La teinte générale est jaune verdâtre. Les nageoires impaires sont blanchâtres et bordées de noir. Les pectorales semblent d'un gris jaunâtre.

Habitat. Méditerranée, très-rare, Nice ; suivant le Dr Companyo, il est commun dans les Pyrénées-Orientales.

Proportions : long. totale 0,290 ; tronc, haut. 0,017, épais 0,012.

Tête, long. 0,045, haut. 0,016. — Œil, diam. 0,008, esp. préorbit. 0,012, esp. interorbit. 0,004.

Pectorale, long. 0,015. — Distance du bout du museau à : commissure buccale 0,014 ; dorsale 0,047 ; anale 0,145 ; pectorale 0,047. — Distance entre les orifices d'une même narine 0,005.

LE CONGRE A LARGES LÈVRES — *CONGER MYSTAX.*

Syn. : MURÆNA MYSTAX, Murène à larges lèvres, Delaroche, *Ann. Muséum*, 1809, t. XIII, p. 328, *Mém.*, p. 42, fig. 10.

OPHIDIE IMBERBE, Ophidium imberbe, Riss., *Ichth.*, p. 98.

CONGER MISTAX, Congre à larges lèvres, Riss., *Hist. nat.*, p. 203.

CONGER MYSTAX, CBp., *Cat.*, n° 326 ; ? C. Dareste, *Rés. mon. Poiss. anguil.*, p. 15 ; Canestr., *Fn. Ital.*, p. 201.

CONGERMURÆNA MYSTAX, Kaup, *Apod. Fish*, p. 110.

CONGROMURÆNA MYSTAX, Günth., t. VIII, p. 43.

N. vulg. : Mourua, Nice.
Long. : 0,25 à 0,50.

En avant, le corps est cylindrique ; en arrière, il est comprimé et rétréci.

Généralement la tête présente une hauteur plus grande que celle du tronc ; elle est allongée ; elle affecte une forme à peu près conique, faiblement comprimée sur les côtés. Sous la peau, il est facile de sentir une crête osseuse, légèrement convexe, qui s'étend du milieu de la région pariétale jusqu'au museau ; cette crête est assez épaisse ; elle est unie. Le museau est saillant, pointu. La bouche est fendue jusque sous le quart antérieur de l'orbite. La lèvre supérieure est développée ; c'est une large expansion membraneuse qui, de chaque côté, est soutenue par deux osselets, ou deux tiges osseuses, jouissant d'une certaine mobilité, pouvant s'abaisser, ou se relever horizontalement. La mâchoire supérieure est beaucoup plus allongée que l'inférieure ; en avant, elle porte un groupe de dents en cardes ; latéralement elle est garnie, ainsi que la mandibule, de plusieurs rangées de dents coniques, à pointe souvent mousse ; les dents de la rangée externe sont plus longues et plus fortes que les autres. Le vomer a les dents mousses, semblables à de petits tubercules arrondis.

Les yeux sont ovales ; ils sont grands. Ordinairement l'iris est d'un blanc grisâtre. Le diamètre de l'œil est contenu de cinq à sept fois dans la longueur de la tête ; il mesure la moitié de l'espace préorbitaire ou même plus. L'espace interorbitaire est étroit ; les yeux sont séparés par le relief que forme, sous la peau, la crête osseuse dont nous avons indiqué la direction.

L'orifice antérieur de la narine est tubuleux ; l'orifice postérieur est ovale, placé en avant de l'œil.

L'ouverture des ouïes est ovale, assez large. Les rayons branchiostèges se dessinent à travers la peau.

Quant à la ligne latérale, elle est droite.

La dorsale prend naissance en arrière de l'ouverture des ouïes, à peu près au-dessus du milieu de la longueur des pectorales ; elle est, par conséquent, un peu plus reculée que dans le Congre des îles Baléares. L'anale commence ordinairement vers la fin du second cinquième de la longueur totale, elle est donc plus avancée que dans le Congre des îles Baléares. Les pectorales ont une douzaine de rayons.

La coloration est d'un gris assez pâle. Les nageoires impaires ont un liséré brun peu marqué.

Habitat. Méditerranée, rare, Nice ; suivant M. Doûmet, il est commun à Cette ; il est commun sur la côte des Pyrénées-Orientales, d'après le Dr Companyo.

Proportions : long. totale 0,340 ; tronc, haut. 0,013, épais. 0,012.

Tête, long. 0,055, haut. 0,018. — Œil, diam. 0,010, esp. préorbit. 0,016, esp. interorbit. 0,004.

Pectorale, long. 0,016. — Distance du bout du museau à : commissure buccale 0,020; dorsale 0,068; anale 0,134; pectorale 0,058. — Distance entre les orifices d'une narine 0,010.

Famille des Myridés, Myridæ.

Corps allongé, plus ou moins arrondi; peau nue; côtes nombreuses.

Tête assez étroite; museau pointu; bouche bien fendue; mâchoires munies de dents courtes, pointues, en cardes.

Narines ayant l'orifice antérieur tubuleux, l'orifice postérieur vers le bord de la lèvre supérieure.

Nageoires; dorsale commençant au-dessus, ou un peu en arrière de la fin des pectorales.

GENRE MYRE — *MYRUS*, Kaup.

Caractères de la famille.

LE MYRE COMMUN — *MYRUS VULGARIS.*

Syn. : Du Masle de la Murène nommé Myrus, Rondel., liv. XIV, c. v, p. 316.
Serpens marinus alter *cauda compressa*, Willugh., p. 108.
Muræna *rostro acuto, lituris albidis vario, margine pinnæ dorsalis nigro*, Arted. Walb., *Syn.*, p. 40, n° 3, *Gen.*, p. 148.
Muræna myrus, Linn., p. 426, sp. 5; Brunn., *Ichth. Mass.*, p. 12, n° 23.
La Myre, Muræna myrus, Bonnat., p. 35.
La Murène myre, Muræna myrus, Lacép., t. VII, p. 122; Riss., *Ichth.*, p. 90.
Le Myre, Conger myrus, Cuv., *Règ. an.*, 1817, t. II, p. 231; Guichen., *Expl. Algér.*, p. 113.
Conger myrus, Congre myre, Riss., *Hist. nat.*, p. 202.
Conger myrus, Costa, *Fn. Napol.*, pl. 33; CBp., *Cat.*, n° 324; Canestr., *Fn. Ital.*, p. 200.
Myrus vulgaris, Kaup, *Apod. Fish*, p. 31, fig. 14, tête; Günth., t. VIII, p. 50.

N. vulg. Moruo, Mourua, Nice; Demouieizèla, Cette.
Long. : 0,30 à 0,80.

De forme à peu près conique, le corps du Myre est légèrement comprimé vers son extrémité postérieure; il est couvert d'une peau excessivement épaisse. La hauteur du tronc est contenue une vingtaine de fois, ou plus, dans la longueur totale. Les

flancs sont soutenus par des côtes nombreuses, bien développées.

La tête est assez pointue, assez étroite ; sa longueur est comprise neuf à dix fois dans la longueur totale. Le museau est très-
avancé, aplati en dessus ; il a le bord antérieur légèrement
courbe. La bouche est fendue jusque sous le bord postérieur de
l'orbite. La mâchoire supérieure dépasse la mandibule ; en
avant, elle montre un disque arrondi ou ovale, qui est garni de
dents assez petites, coniques, très-aiguës ; sur les côtés, elle est
munie d'une bande assez large de dents courtes, pointues, un
peu crochues. Sur le vomer, est une plaque ovale, ou plutôt
losangique, avec ses angles aigus placés en avant et en arrière ;
elle est couverte de dents, les unes mousses, les autres pointues.
Les branches de la mandibule portent une bande large de dents
courtes à pointe aiguë ou mousse, tournée en arrière.

Les yeux sont ovales ; ils sont couverts d'une peau épaisse.
L'iris est jaunâtre. Le diamètre de l'œil est contenu huit à neuf
fois dans la longueur de la tête ; il mesure la moitié environ de
l'espace préorbitaire ; il est à peu près égal à la largeur de
l'espace interorbitaire.

L'orifice antérieur de la narine est tubuleux ; l'orifice postérieur est une fente oblique, dirigée de haut en bas, d'arrière
en avant, placée sur le côté externe de la lèvre supérieure.

La ligne latérale est bien distincte ; elle est indiquée par une
suite de petites saillies, et généralement par une série de points
arrondis, blanchâtres ou grisâtres, éloignés les uns des autres ;
parfois, chez les sujets de grande taille, ces points ne sont plus
marqués en arrière de l'anus.

En avant de la base de la pectorale, se trouve l'angle supérieur de la fente branchiale.

La caudale est excessivement courte ; la pectorale compte
une douzaine de rayons.

Sur le dos, la teinte est d'un gris verdâtre, parfois rougeâtre ;
sous le ventre, d'un gris jaunâtre, ou couleur chair. La tête
est violacée, traversée de raies blanchâtres. De chaque côté du

museau, est une rangée de plusieurs points blanchâtres, montant de la lèvre supérieure vers l'espace interorbitaire, où elle rejoint une bande qui descend, devant l'œil, jusque derrière l'orifice postérieur de la narine. Sous l'orbite est une série de taches blanches, qui remonte en arrière. Entre la nuque et l'œil, il y a souvent quelques taches blanchâtres. Du centre de la région occipitale part une bande verticale jaunâtre, qui, arrivée au milieu de la hauteur de la tête, se dirige en arrière vers le bord supérieur de la pectorale. Au-dessus de la pectorale, il y a plusieurs points blanchâtres. Les nageoires impaires sont blanchâtres, bordées de noir ; les pectorales sont rosées.

Habitat. Méditerranée, assez rare, Nice, Cette. Océan, golfe de Gascogne, excessivement rare, Bayonne ; Arcachon (A. Lafont).

Proportions : long. totale 0,747 ; tronc, haut. 0, 037, épais. 0,023.

Tête, long. 0,082, haut. 0,036. — Œil, diam. 0,010, esp. préorbit. 0,021, esp. interorbit. 0,010.

Pectorale, long. 0,023. — Distance du bout du museau à : commissure buccale 0,031 ; dorsale 0,117 ; anale 0,322 ; pectorale 0,085. — Distance entre les orifices d'une narine 0,011.

Famille des Murénidés, Murænidæ.

Corps allongé ; peau nue, enduite d'une mucosité épaisse.
Nageoires ; nageoires impaires unies ; pas de pectorales.

La famille des Murénidés comprend deux genres.

Orifice postérieur de la narine
{ tubuleux, museau assez court......... 1. MURÈNE.
{ non tubuleux, museau très-long....... 2. NETTASTOME.

GENRE MURÈNE — *MURÆNA.*

Tête comprimée ; bouche fendue plus loin que le bord postérieur de l'œil ; dents sur les mâchoires et le vomer.
Narines ayant leurs orifices tubuleux.
Nageoires ; dorsale très-longue, peu distincte en avant.

Le genre Murène est formé de deux espèces.

Mâchoire supérieure ayant les dents placées sur
{ une rangée......... 1. M. HÉLÈNE.
{ deux rangées........ 2. M. CRISTINI.

LA MURÈNE HÉLÈNE — *MURÆNA HELENA*.

Fig. 209.

Syn. : MURENA, Bell., p. 158-160 ; Salvian., p. 59-60, P. 2 ; Willugh., p. 103, pl. G. 1.
DE LA MURÈNE, Rondel., liv. XIV, c. IV, p. 314.
MURÆNA *pinnis pectoralibus carens*, Arted. Walb., *Syn.*, p. 41, n° 6, *Gen.*, p. 151, n° 6.
MURÆNA HELENA, Linn., p. 425, sp. 1 ; Brunn., *Ichth. Mass.*, p. 11, n° 20 ; Bloch, pl. 153 ; Rafin., *Ind. itt. sicil.*, p. 41, n° 319 ; Rosenthal, *Ichthyol. Taf.*, pl. 23 ; CBp., *Cat.*, n° 331 ; Costa, *Fn. Napol.*, pl. 28 *bis*, fig. 3 ; Kaup, *Apod. Fish*, p. 55 ; Günth., t. VIII, p. 96 ; Canestr., *Fn. Ital.*, p. 202.
LA FLUTE, Muræna helena, Bonnat., p. 33, pl. 23, fig. 79.
LE MURÉNOPHIS HÉLÈNE, Murænophis helena, Lacép., t. XII, p. 380 ; Riss., *Ichth.*, p. 366.
MURÉNOPHIS FAUVE, Murænophis fulva, Riss., *Ichth.*, p. 367.
MURÆNA HELENA, Murène hélène, Riss., *Hist. nat.*, p. 189.
MURÆNA FULVA, Murène fauve, Riss., *Hist. nat.*, p. 190.
MURÆNA GUTTATA, Murène tachetée, Riss., *Hist. nat.*, p. 191.
LA MURÈNE COMMUNE, Muræna helena, Cuv. et Valenc., *Règ. an. ill.*, p. 318, pl. 109, fig. 2.
MURÈNE HÉLÈNE, Muræna helena, Guichen., *Expl. Algér.*, p. 114.
THE MURRY, Yarr., t. I, p. 73.
MURÆNA, Couch, t. IV, p. 335.

N. vulg. : Mourena, Nice ; Murena, Hérault, Pyrénées-Orientales.
Long. : 0,60 à 1,30.

En avant, le corps de la Murène hélène est arrondi, en arrière, il est un peu comprimé ; il est couvert d'une peau nue très-épaisse, très-résistante ; sa hauteur est contenue dix à douze fois dans la longueur totale.

La tête est en forme de pyramide à quatre faces très-inégales ; les faces horizontales sont assez étroites, les faces latérales sont beaucoup plus larges ; la longueur de la tête, prise d'un bout du museau à l'ouverture des branchies, mesure un peu moins du septième de la longueur totale, chez un animal de grande taille. Le museau est pointu ; la bouche largement fendue. La mâchoire supérieure est légèrement plus avancée que l'inférieure ; elle est armée de dents fortes et crochues, comprimées, un peu tranchantes, à pointe tournée en arrière, et de chaque côté, au nombre de quatre à six sur l'intermaxillaire, de huit à douze sur l'intermaxillaire. Le vomer est muni d'une rangée de dents, qui sont plus développées en avant qu'en arrière. Chacune des branches de la mandibule porte une série composée de quinze à dix-huit dents, qui sont un peu plus fortes et un peu plus inclinées en arrière que celles de la mâchoire supérieure. L'arcade palatine est incomplète ; elle semble réduite à sa partie ptérygoïdienne.

En général, l'iris est jaunâtre. L'œil est arrondi ; son diamètre fait le tiers environ de l'espace préorbitaire, chez les animaux très-développés.

Chaque orifice de la narine est tubuleux. Le tube antérieur est sur le bout du museau ; il est un peu plus allongé que le tube postérieur ; ils sont éloignés l'un de l'autre d'une distance égale aux trois quarts de la longueur de l'espace préorbitaire.

L'ouverture de la chambre respiratoire est ovale ; son grand diamètre est moindre que celui de l'œil. Les rayons branchiostèges sont fort grêles. Les os pharyngiens sont armés de dents crochues.

La dorsale commence un peu en arrière de l'ouverture branchiale ; quant à l'anale, elle ne prend généralement naissance qu'un peu après le milieu de la longueur totale.

Ordinairement la peau est d'un brun noirâtre, avec des plaques jaunes semées de petites taches noires ; chez les grandes Murènes, le fond est souvent jaunâtre avec des raies noires en avant, en arrière les raies circonscrivent de larges taches jaunes, marquées de points noirâtres ; quelquefois la teinte est noirâtre, tachetée de blanc et de jaune ; ou bien encore elle est fauve avec des bandes obscures, comme Risso l'indique. En

raison de cette variabilité du système de coloration, l'ichthyo-
logiste de Nice avait cru devoir distinguer trois espèces de
Murènes, *M. hélène, M. fauve, M. tachetée.*

Habitat. Méditerranée; ce poisson est assez commun à Nice, Toulon;
assez rare à Cette, à Port-Vendres. Océan, assez rare, Bayonne; en 1875 une
bande de Murènes a été prise à Biarritz; très-rare, Arcachon; excessivement
rare au nord de la Gironde, Charente-Inférieure, la Rochelle (Musée Fleuriau), île de Ré.

Proportions : long. totale 1,240; tronc, haut. 0,120, circonférence
0,290.

Tête, long. 0,168, haut. 0,095. — Œil, diam. 0,011, esp. préorbit. 0,036,
esp. interorbit. 0,018.

Distance du bout du museau à : commissure buccale 0,076; dorsale
0,186; anale 0,670. — Distance entre les orifices d'une même narine
0,028; longueur du tube nasal : antérieur 0,007, postérieur 0,0055.

LA MURÈNE UNICOLORE — *MURÆNA UNICOLOR.*

Syn. : Murænophis unicolor, Murénophis unicolore, Delaroche, *Ann. Muséum,*
1809, t. XIII, p. 359, *Mém.*, p. 73, fig. 15.
Murénophis Cristini, Murænophis Cristini, Riss., *Ichth.*, p. 368.
Muræna Cristini, Murène Cristini, Riss., *Hist. nat.*, p. 191.
Murène unicolore, Muræna unicolor, Cuv., *Règ. an. ill.*, p. 318; Guichen., *Expl.
Algér.*, p. 114.
Muræna unicolor, CBp., *Cat.*, n° 330; Günth., t. VIII, p. 125; Canestr., *Fn. Ital.*,
p. 202.
Thyrsoidea unicolor, Kaup, *Apod. Fish*, p. 91.

N. vulg. : Mourena sensa spina, Nice.
Long. : 0,50 à 1,00.

Cette Murène ressemble beaucoup à la Murène hélène, mais
elle a le dos plus élevé, plus comprimé; elle est couverte d'une
peau épaisse, et parfois légèrement granuleuse. La hauteur du
tronc est contenue douze à quatorze fois dans la longueur totale.

La tête est comprimée; sa longueur est comprise de huit à
neuf fois dans la longueur totale; le profil supérieur s'abaisse
brusquement dans la région frontale. Le museau est un peu
arrondi; la bouche est bien fendue. Les mâchoires sont étroites;
elles sont à peu près égales, ou la mâchoire supérieure est à
peine plus avancée que l'inférieure. L'intermaxillaire a deux

rangées de dents régulières, coniques et crochues ; le maxillaire supérieur est également garni d'une double série de dents ; les dents de la série externe sont crochues, à pointe dirigée en arrière ; les dents de la série interne sont coniques et plus ou moins mobiles. En avant, le vomer est muni de quelques dents crochues, assez fortes ; il porte, sur le chevron, deux rangées de dents assez petites. En général, la mandibule a sur la moitié antérieure une double rangée, et sur la moitié postérieure une rangée simple de dents coniques, à pointe crochue, tournée en arrière ; sur le devant de la mandibule, il y a parfois quelques dents hors série.

L'iris est d'un gris jaunâtre. Le diamètre de l'œil mesure environ les deux cinquièmes de l'espace préorbitaire, la moitié de l'espace interorbitaire.

Très-près de l'extrémité du museau se trouve l'orifice antérieur de la narine ; il est tubuleux, ainsi que l'orifice postérieur ; les tubes sont fort courts et très-étroits.

L'ouverture branchiale est une espèce de fente ovale, qui a presque trois fois plus de longueur que de largeur ; son diamètre horizontal est un peu plus grand que celui de l'œil.

La dorsale commence sur la nuque, en avant de la fente des ouïes ; elle est assez épaisse, surtout près de son origine ; l'anale prend naissance vers la fin de la moitié antérieure de la longueur totale.

Ainsi que le rappelle son nom spécifique, cette Murène est d'une teinte uniforme, d'un marron plus ou moins foncé. Les nageoires ont une bordure jaunâtre.

Les œufs sont arrondis, un peu plus gros que des graines de pavots ; ils sont d'un blanc légèrement grisâtre.

Habitat. Méditerranée, rare, Nice, Cette.

Proportions : long. totale 0,665 ; tronc, haut. 0,054, circonférence 0,140.

Tête, long. 0,082, haut. 0,046. — Œil, diam. 0,005, esp. préorbit. 0,012, esp. interorbit. 0,009.

Distance du bout du museau à : commissure buccale 0,026 ; dorsale 0,063 ; anale 0,326. — Distance entre les orifices d'une même narine 0,010. — Fente branchiale, long. 0,008, larg. 0,003.

GENRE NETTASTOME — *NETTASTOMA*, Rafin.

Corps arrondi en avant, terminé par une queue fort grêle.

Tête ; museau très-allongé ; bouche largement fendue ; mâchoires garnies de dents en cardes fines, excessivement nombreuses.

Narines ; orifice antérieur tubuleux ; orifice postérieur ovale, situé en avant de l'œil.

LE NETTASTOME QUEUE NOIRE — *NETTASTOMA MELANURA*.

Syn. : Nettastoma melanura, Rafin., *Carat.*, p. 49, sp. 174, pl. 16, fig. 1, *Ind. itt. sicil.*, p. 43, n° 314 ; CBp., *Cat.*, n° 529 ; Kaup, *Apod. Fish*, p. 119, fig. 75, tête.

Murénophis sorcière, Mu+ ænophis saga, Riss., *Ichth.*, p. 370, pl. 10, fig. 39, (M. sorcière) *Hist. nat.*, p. 193.

Nettastoma melanurum, Günth., t. VIII, p. 48.

MuræNophis saga, Canestr., *Fn. Ital.*, p. 203.

Jeune?

Hyoprorus messanensis, Kölliker, dans *Verhand. Physic. Medic. Gesellschaft in Würzburg*, Würzburg, 1854, t. IV, p. 102 ; Troschel, *Bericht über die Ichthyol.*, dans *Archiv für Natur.*, 1854, p. 141 ; Kaup, *op. cit.*, p. 144, pl. 16, fig. 4 ; Günth., t. VIII, p. 144.

N. vulg. : Masca, Nice.
Long. : 0,50 à 0,80.

De l'orifice branchial à l'anus, le corps est à peu près cylindrique, puis devient de plus en plus comprimé, et se termine en une lame mince et pointue. La hauteur du tronc est contenue de vingt à trente et une fois dans la longueur totale.

La tête a le profil supérieur horizontal ; sa longueur est comprise de sept à huit fois dans la longueur totale. Le museau est fort allongé ; il est semblable au bec d'un canard ; il est aplati et terminé par un petit tubercule charnu, assez élastique. La bouche est fendue jusque sous le bord postérieur de l'orbite. La mâchoire supérieure est plus longue et plus large que l'inférieure ; elles sont garnies, l'une et l'autre, de dents en cardes fines constituant une large bande ; les dents des rangées externes sont très-courtes, et forment une espèce de lime ; sur les rangées internes, les dents sont beaucoup plus fortes et plus longues ; elles sont crochues, mobiles en arrière ; le doigt, poussé

du bout du museau à la commissure de la bouche, fait baisser
chacune des dents, et ne trouve aucune résistance, mais il ne peut
être ramené en sens contraire. Le vomer porte une bande lon-

Fig. 210. — *Tête vue de côté.*

gitudinale de dents, étroite en avant, beaucoup plus large en
arrière ; les dents latérales sont fines et courtes ; les dents internes sont fortes, et paraissent faire, sur le milieu de l'os, une
saillie hérissée de pointes crochues ; les dents sont encore mobiles en arrière, mais beaucoup moins que celles des mâchoires.

Chez les sujets de grande taille, le diamètre de l'œil est contenu quatre fois à quatre fois et demie dans la longueur de l'espace préorbitaire.

Les orifices de la narine sont très-éloignés l'un de l'autre.
L'orifice antérieur est vers le bout du museau ; il est tubuleux
ou plutôt demi-tubuleux ; sa paroi interne est adhérente à la
peau du museau. L'orifice postérieur est ovale ; il est placé près
du bord antérieur et supérieur de l'orbite ; il est muni en avant,
d'une languette mobile, espèce de valvule assez grande, mais qui
cependant ne semble pas suffisamment large pour le couvrir
entièrement.

L'ouverture des ouïes est ovale, assez grande.

La dorsale commence au-dessus de l'ouverture de la chambre
branchiale, et l'anale, sous la première moitié de la longueur
totale. Ces nageoires sont soutenues par des rayons très-faciles à
distinguer.

Le dos est d'une teinte marron ; le ventre est d'un gris plombé.
Les nageoires sont bordées de noir sur une certaine partie de leur
étendue.

Habitat. Méditerranée ; Nice, assez rare.

Proportions : long. totale 0,740 ; tronc, haut. 0,024, circonférence 0,075.

Tête, long. 0,100, haut. 0,022. — Œil, diam. 0,009, esp. préorbit. 0,041, esp. interorbit. 0,006.

Distance du bout du museau à : commissure buccale 0,049 ; dorsale 0,104 ; anale 0,294. — Distance entre les orifices d'une même narine 0,035 ; longueur du tube nasal antérieur 0,002.

Famille des Ophisuridés, Ophisuridæ.

Corps très-allongé, plus ou moins cylindrique, tout à fait nu.

Tête petite ; museau avancé ; dents sur les mâchoires, le vomer.

Narines ayant l'orifice postérieur vers le bord de la lèvre supérieure.

Appareil branchial ; fente des ouïes placée sur le côté.

Nageoires ; dorsale et anale finissant avant la pointe de la queue ; caudale nulle ; pectorales bien formées.

GENRE OPHISURE — *OPHISURUS*, Lacép.

Caractères de la famille.

Le genre Ophisure est représenté par deux espèces.

Fente de la bouche finissant
{ très-en arrière du bord postérieur de l'orbite........ 1. O. SERPENT.
{ presque sous le bord postérieur de l'orbite......... 2. O. D'ESPAGNE.

L'OPHISURE SERPENT — *OPHISURUS SERPENS.*

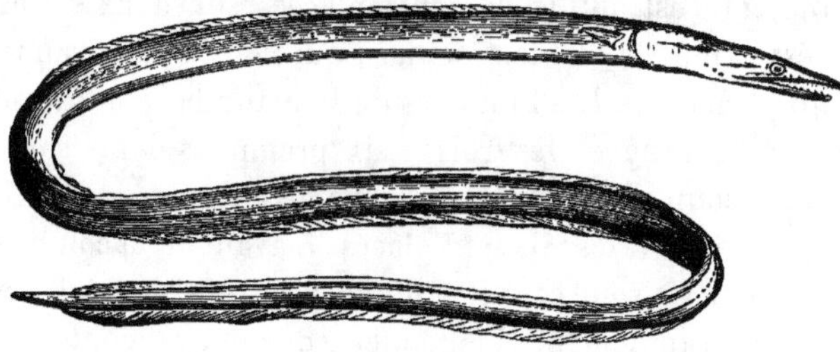

Fig. 211.

Syn. : SERPENS MARINUS, Bell., p. 156-157 ; Salvian., p. 57-58, P. 1 ; Willugh. p. 107, pl. G. 4.

DU SERPENT MARIN, Rondel., liv. XIV, c. VI, p. 316.

Muræna *exacte teres, cauda acuta apterygia*, Arted. Walb., *Syn.*, p. 41, n° 4, *Gen.,* p. 149.

Muræna serpens, Linn., p. 425, sp. 3 ; Brunn., *Ichth. Mass.*, p. 11, n° 21.

Le Serpent sans tache, Muræna serpens, Bonnat., p. 34.

L'Ophisure serpent, Ophisurus serpens, Lacép., t. VII, p. 62 ; Riss., *Ichth.*, p. 88, *Hist. nat.*, p. 206 ; Guichen., *Expl. Algér.*, p. 114.

Le Serpent de mer, Cuv., *Règ. an.*, 1817, t. II, p. 232.

Ophisurus serpens, CBp., *Cat.*, n° 328 ; Costa, *Fn. Napol.*, pl. 28 *bis*, fig. 1 ; Kaup, *Apod. Fish*, p. 7 ; Canestr., *Fn. Ital.*, p. 201.

Ophichthys serpens, Günth., t. VIII, p. 65.

N. vulg. : Bissa de mar, Nice ; Ser de mar, Cette ; Culobre de mar (catal.), Pyrénées-Orientales.

Long. : 1,00 à 2,20.

Salviani a donné une très-bonne figure de ce poisson. L'Ophisure serpent a le corps fort allongé, cylindrique, ou légèrement conique, terminé en pointe mousse, couvert d'une peau épaisse et nue. Les cinq ou six avant-dernières vertèbres portent de chaque côté, vers les lames vertébrales supérieures et inférieures, une arête à pointe dirigée d'arrière en avant.

La tête est étroite, longue, pointue ; sa longueur est comprise de dix à seize fois dans la longueur totale. Le museau est effilé, conique. La fente de la bouche s'étend bien en arrière des yeux. Les mâchoires sont fort étroites en avant. La mâchoire supérieure est plus avancée que l'inférieure ; à son extrémité, elle porte de chaque côté une rangée de dents pointues, ressemblant à de véritables crochets, beaucoup plus longues, beaucoup plus fortes que les suivantes ; à partir de l'aplomb de l'orifice postérieur de la narine, elle est munie de dents placées sur deux séries. Le vomer est armé de dents crochues, qui sont plus grandes en avant qu'en arrière. Les branches de la mandibule ont les dents sur une seule rangée ; les trois à six premières dents sont crochues, beaucoup plus développées que les autres.

Les yeux sont ovales ; ils sont placés en avant de la commissure de la bouche. Ils sont couverts d'une peau épaisse, qui devient opaque assez rapidement. Le diamètre de l'œil est contenu dix à treize fois dans la longueur de la tête ; il mesure le quart ou le cinquième de l'espace préorbitaire ; il est à peine moins grand que l'espace interorbitaire. L'iris est doré.

Chez certains individus, l'orifice antérieur de la narine, qui est éloigné du bout du museau, n'est pas tubuleux ; chez d'autres il est à demi-tubuleux, le bord antérieur du tube est court, le bord postérieur est assez allongé. L'orifice postérieur est une fente placée sur le côté externe de la lèvre supérieure ; il est, en dehors, bordé d'une membrane assez large.

Quant à l'ouverture des ouïes, elle est large.

La ligne latérale est droite.

La dorsale commence en arrière de l'extrémité de la pectorale ; elle finit, ainsi que l'anale, à une assez courte distance de la pointe du tronçon de la queue. La pectorale est peu développée ; elle compte de quatorze à seize rayons.

Le dos est jaune doré, teinté de brun ; le ventre est grisâtre ou blanc argenté. La tête, surtout au voisinage de l'orbite, sur les mâchoires, est marquée de points noirâtres, à l'orifice des canaux muqueux. La dorsale et l'anale sont lisérées de noir; les pectorales sont jaunâtres.

Habitat. Méditerranée, assez commun, Nice ; assez rare à Cette, d'où vient le spécimen dont j'indique les proportions.

Proportions : long. totale 2,100 ; tronc, haut. 0,050, épais. 0,038.

Tête, long. 0,135, haut. 0,041. — Œil, diam. 0,011, esp. préorbit. 0,042, esp. interorbit. 0,013.

Pectorale, long. 0,031 ; dorsale, long. 1,884; anale, long. 1,436.

Distance du bout du museau à : commissure de la bouche 0,072; narine, orifice : antérieur 0,027, postérieur 0,035 ; dorsale 0,192 ; anus 0,625 ; anale 0,640; pectorale 0,142.

L'OPHISURE D'ESPAGNE — *OPHISURUS HISPANUS.*

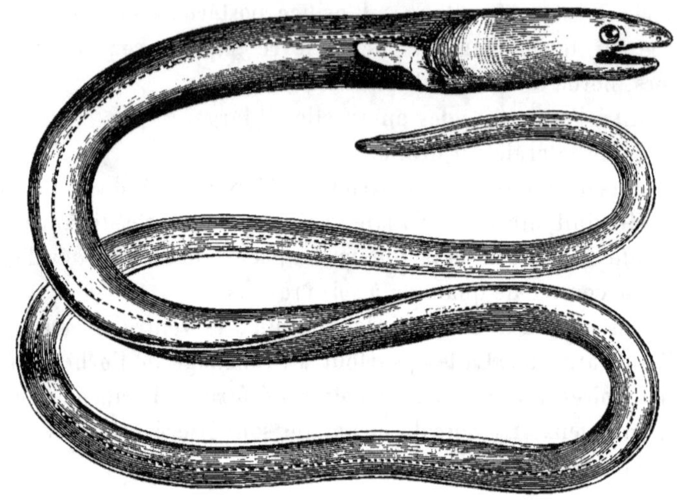

Fig. 212.

Syn. : Ophisurus hispanus, Bellotti, *Accad. Fisico-medico-statistica di Milano*, Seduta del 23 dicembr. 1857, Günth., t. VIII, p. 72.
Ophichthys hispanus, Günth., t. VIII, p. 72.

Long. : 0,30 à 0,60.

Il y a environ vingt-trois ans que cet Ophisure a été décrit, pour la première fois, par M. Crist. Bellotti. Il a le corps très-allongé, arrondi en avant, et légèrement comprimé après l'ánus. La hauteur du tronc est contenue de trente à trente-cinq fois dans la longueur totale. La queue est terminée en pointe mousse, un peu aplatie latéralement. L'anus est placé vers la fin de la moitié antérieure de la longueur totale.

En dessus, la tête est faiblement déprimée; elle est assez longue ; sa longueur mesure le cinquième environ de la distance qui sépare le bout du museau de l'anus. Le museau est beaucoup moins allongé que dans l'Ophisure serpent ; il est mousse, un peu conique ; il fait une petite saillie arrondie en avant de la bouche,

entre les tubes des orifices antérieurs des narines. La bouche est
beaucoup moins fendue que dans l'autre espèce ; la commissure
des lèvres dépasse à peine la perpendiculaire tangente au bord
postérieur de l'orbite ; la distance du bout du museau à l'angle
buccal ne fait que le tiers de la longueur de la tête. La mandibule
est moins avancée que la mâchoire supérieure ; elle est assez large ;
son bord antérieur est convexe. A l'extrémité de la mâchoire supérieure, sous le museau, il y a un petit groupe isolé, formé de
quelques dents aiguës, crochues, à pointe tournée en arrière.
Sur les côtés des mâchoires, sur le vomer, les dents sont placées en rangée simple ; elles sont assez fortes et à peu près
égales.

L'iris m'a paru d'un bleu foncé. La peau qui recouvre l'œil
est assez épaisse. Le diamètre de l'œil mesure le dixième environ de la longueur de la tête, la moitié de l'espace préorbitaire ; il est à peine moins grand que l'espace interorbitaire.

Le tube de l'orifice antérieur de chacune des narines est
large, développé ; il est placé très-près du bout du museau, formant une saillie latérale, de sorte qu'à première vue le museau
semble trilobé. L'orifice postérieur est sur la lèvre supérieure ;
il finit sous le bord antérieur de l'orbite. La distance qui sépare
les orifices d'une même narine est un peu moindre que la longueur de l'espace préorbitaire.

La dorsale est fort basse ; elle commence vers la fin du quart
antérieur de la longueur totale. L'anale est plus haute que la
dorsale. La pectorale est courte ; elle est composée de dix à
douze rayons.

La dorsale et l'anale sont d'un blanc ou d'un gris légèrement jaunâtre. Le système de coloration est jaune rougeâtre assez clair, avec un très-fin pointillé noirâtre. Je n'aper-
çois pas, sur la tête de ce poisson, les points noirâtres qui
marquent, d'une façon si nette, les pores muqueux dans l'O-
phisure serpent.

Habitat. Méditerranée, excessivement rare, Cannes, Nice.
Proportions : long. totale 0,440 ; tronc, haut. 0,013, épais. 0,010.

Tête, long. 0,040, haut. 0,013. — Œil, diam. 0,004, esp. préorbit. 0,008, esp. interorbit. 0,005.

Pectorale, long. 0,010 ; dorsale, long. 0,336 ; anale, long. 0,230.

Distance du bout du museau à : commissure de la bouche 0,013 ; dorsale 0,094 ; anus 0,200 ; anale 0,204 ; pectorale 0,043. — Distance entre les orifices d'une narine 0,007.

Famille des Sphagebranchidés, *Sphagebranchidæ*.

Corps très-allongé, plus ou moins cylindrique ; peau complétement nue.

Tête longue ; mâchoire supérieure plus avancée que l'inférieure, pourvues, l'une et l'autre, de petites dents.

Narines ; orifice antérieur de la narine tubuleux.

Appareil branchial ; fentes des ouïes sous la gorge, rapprochées l'une de l'autre.

Nageoires ; caudale nulle ; dorsale et anale très-basses, parfois même peu distinctes ; pectorales nulles ou rudimentaires.

Vessie natatoire très-longue.

GENRE SPHAGEBRANCHE — *SPHAGEBRANCHUS*, Bloch.

Caractères de la famille.

Le genre Sphagebranche est composé de deux espèces.

Extrémité de la mâchoire inférieure plus rapprochée

{ du bout du museau que de l'orbite. 1. S. IMBERBE.

{ de l'orbite que du bout du museau. 2. S. AVEUGLE.

LE SPHAGEBRANCHE IMBERBE — *SPHAGEBRANCHUS IMBERBIS*.

Syn. : SPHAGEBRANCHUS IMBERBIS, Sphagebranche imberbe, Delaroche, *Ann. Muséum*, 1809, t. XIII, p. 360, *Mém.*, p. 74, fig. 18 ; Riss., *Hist. nat.*, p. 196.

LEPTOCÉPHALE SPALLANZANI, Leptocephalus Spallanzani, Riss., *Ichth.*, p. 85.

SPHAGEBRANCHUS OCULATUS, Sphagebranche oculé, Riss., *Hist. nat.*, p. 197.

SPHAGEBRANCHUS IMBERBIS, Costa, *Fn. Napol.*, pl. 32, fig. 2-3 ; CBp., *Cat.*, n° 333 ; Kaup, *Apod. Fish*, p. 25 ; Canestr., *Fn. Ital.*, p. 203.

OPHICHTHYS IMBERBIS, Günth., t. VIII, p. 84.

N. vulg. : Mourua.

Long. : 0,25 à 0,50.

De forme à peu près cylindrique, le corps du Sphagebranche

imberbe est un peu rétréci vers la tête, pointu, légèrement comprimé vers l'extrémité postérieure.

Renflée en arrière, la tête est distincte du tronc ; elle est conique. Le museau est proéminent, pointu. La bouche est bien fendue. La mâchoire supérieure est plus longue que l'inférieure ; elles sont l'une et l'autre munies de petites dents, fines, un peu crochues, à pointe dirigée en arrière. Les dents intermaxillaires sont disposées en lignes obliques, formant les côtés d'un angle aigu dont le sommet est tourné en avant. Les maxillaires ont une rangée unique de dents courtes, parfois difficiles à voir. Les dents qui garnissent le chevron et le corps du vomer sont très-pointues. Sur chacune des branches de la mandibule, il y a une série simple de dents fort aiguës.

Les yeux sont plus rapprochés de la commissure de la bouche que du bout du museau ; ils sont fort petits. Le diamètre de l'œil ne mesure guère que le sixième de l'espace préorbitaire.

L'orifice antérieur de la narine est tubuleux ; il est placé vers le bord de la lèvre supérieure.

La paroi externe de la chambre branchiale est bombée ; elle est couverte d'une peau, qui est marquée de plis obliques. La fente des ouïes est étroite, un peu ovale ; elle est séparée de celle du côté opposé par une distance à peu près égale à la longueur de son grand diamètre.

Il est facile de suivre le trajet de la ligne latérale.

En avant surtout, la dorsale est excessivement basse, peu distincte ; elle est, ainsi que l'anale, cachée dans un sillon ; ces deux nageoires se terminent un peu avant l'extrémité de la queue. Les pectorales sont extrêmement réduites, souvent même elles manquent sur les sujets de grande taille ; à leur place, il reste parfois une saillie à peine sensible.

En dessus, le corps est gris-violet, tacheté de points noirâtres ; le ventre est d'un blanc pâle ou jaunâtre, à reflets argentés ; parfois la teinte générale est jaunâtre, variée de rouge ou de violet. La dorsale et l'anale sont blanches.

Habitat. Méditerranée, très-rare, Nice.

Proportions : long. totale 0,453 ; tronc, haut. 0,012, épais. 0,012.

Tête, long. 0,032, haut. 0,012. — Œil, diam. 0,001, esp. préorbit. 0,006, esp. interorbit. 0,003.

Distance du bout du museau à : mâchoire inférieure 0,002 ; commissure buccale 0,010 ; dorsale 0,077 ; anus 0,221 ; anale 0,229. — Distance entre les fentes branchiales 0,004.

LE SPHAGEBRANCHE AVEUGLE — *SPHAGEBRANCHUS CÆCUS.*

Muræna cæca, Linn., p. 426, sp. 7.

La Murène aveugle, Muræna cæca, Bonnat., p. 35.

Sphagebranchus cæcus, Bl. Schneid., p. 535 ; CBp., *Cat.*, n° 334 ; Canestr., *Fn. Ital.*, p. 204.

La Cécilie brandérienne, Cœcilia branderiana, Lacép., t. VI, p. 391.

Cecilia branderiana, Rafin., *Ind. itt. sicil.*, p. 49, n° 376.

Apterichthus cæcus, Aptérichthe aveugle (A. C. Duméril), Delaroche, *Ann. Muséum*, 1809, t. XIII, p. 325, *Mém.*, p. 39, fig. 6 ; C. Duméril, *Ichthyologie analytique*, p. 205.

Sphagebranchus cæcus, Sphagébranche aveugle, Riss., *Hist. nat.*, p. 194.

Sphagebranchus serpa, Sphagébranche serpent, Riss., *Hist. nat.*, p. 195.

Sphagebranchus bimaculatus, Sphagébranche à deux taches, Riss., *Hist. nat.*, p. 195.

Sphagebranchus Spallanzani, Costa, *Fn. Napol.*, pl. 32, fig. 1.

Apterichthys cæcus, Kaup, *Apod. Fish*, p. 106.

Ophichthys cæcus, Günth., t. VIII, p. 89.

N. vulg. : Bissa, Nice.

Excessivement grêle et fort allongé, le corps du Sphage-branche aveugle est à peu près cylindrique, légèrement aplati en dessous. Le tronçon de la queue est conique ; il se termine en une pointe assez fine.

En général, la tête se continue avec le tronc sans ligne de démarcation bien visible ; elle est longue, conique. Le museau est aigu et très-proéminent, il est un peu déprimé. La bouche est étroite ; sa fente se porte, en arrière, beaucoup plus loin que le bord postérieur de l'orbite. La mâchoire supérieure forme une saillie très-prononcée au-dessus de la mandibule ; elles ont, l'une et l'autre, une rangée de petites dents, fort acérées, à pointe tournée en arrière. Autour de la bouche, se montre une série de pores, qui est disposée d'une façon assez régulière.

Chez les animaux de grande taille, on peut distinguer les

yeux sans être obligé de se servir d'un verre grossissant. L'iris est jaunâtre. L'ouverture de la pupille est horizontale.

L'orifice antérieur de la narine est tubuleux ; il est sous le bord du museau ; il semble plus rapproché de la pointe du rostre que de l'extrémité de la mandibule. L'orifice postérieur est au-devant de l'orbite ; il est garni d'un bourrelet assez mince.

Les fentes branchiales sont placées en dessous, très-près l'une de l'autre ; elles sont étroites.

En avant la ligne latérale est bien dessinée ; elle est à peine marquée en arrière.

La dorsale et l'anale sont extrèmement basses, et même elles paraissent manquer chez les animaux conservés, elles ne sont plus visibles à l'œil nu. Il n'existe aucun vestige de pectorales. Le nom d'*Aptérichthe* convient parfaitement à cette espèce.

Le dos est rougeâtre, semé de points noirs ; les côtés sont d'un rouge jaunâtre ; le ventre est blanc grisâtre ; quelquefois la couleur dominante est un brun peu foncé.

Habitat. Méditerranée, très-rare, Nice.

Proportions : long. totale 0,491 ; tronc, haut. 0,008, épais. 0,006.

Tête, long. 0,028, haut. 0,007. — Œil, diam. 0,0005, esp. préorbit. 0,006, esp. interorbit. 0,003.

Distance du bout du museau à : mâchoire inférieure 0,005 ; commissure buccale 0,0125 ; anus 0,245 ; anale 0,251. — Distance entre les fentes branchiales 0,002.

SOUS-CLASSE DES MARSIPOBRANCHES — *MARSIPO-BRANCHII*, CBp.

Syn. : Cyclostomes, C. Duméril.

Corps allongé, couvert d'une peau nue. Squelette cartilagineux ou fibro-cartilagineux.

Tête non mobile sur la colonne vertébrale ; bouche en forme de ventouse ; pas de véritables mâchoires.

Appareil branchial ; branchies renfermées dans des poches.

Nageoires ; pas de nageoires paires ; nageoires impaires soutenues par des pièces squelettiques.

Vessie natatoire nulle.

La sous-classe des Marsipobranches est représentée par un seul ordre.

Ordre des Cyclostomes, Cyclostomi.

En 1812, C. Duméril publia un travail intitulé *Dissertation sur les poissons qui se rapprochent le plus des animaux sans vertébres*; dans ce travail des plus remarquables, il démontra, le premier, que, chez les Lamproies, le conduit de l'évent ne traverse pas le palais, ne communique ni avec le pharynx, ni avec le canal aqueux, qu'il se rend dans un sinus situé sous la tête. Nous donnerons à ce sinus le nom de *sinus de Duméril*. — La *Myxine glutinosa* n'a pas encore été trouvée sur nos côtes; par conséquent, nous n'aurons à étudier que les Pétromyzones ou les Cyclostomes à palais non perforé.

Sous-ordre des Pétromyzones, Petromyzones.

Syn. : HYPEROARTII, J. Müller, C. Bonaparte.

Corps. — Il est allongé, plus ou moins cylindrique ; il est couvert d'une peau lisse, épaisse, complétement nue. Le squelette est cartilagineux ou fibro-cartilagineux. La corde dorsale est persistante ; elle ne présente aucune trace de segmentation (V. t. 1er, p. 4) ; son extrémité antérieure s'avance près de la paroi du canal qui donne passage au tube, au conduit du sinus de Duméril. Il n'y a pas de côtes.

Tète. — Elle n'est pas mobile sur la colonne vertébrale. La bouche est une véritable ventouse ; chez les animaux adultes, elle est de forme circulaire ; elle a pour soutien un disque percé dans son milieu, où se voit un appareil dentaire tout particulier ; elle est garnie de dents, ou plutôt ses papilles sont recouvertes d'étuis de substance cornée, d'une teinte jaunâtre ou jaune rougeâtre ; ces étuis cornés sont caducs, parfois il s'en trouve deux superposés, l'un qui va tomber, l'autre qui le remplace. — Les pièces qui constituent le squelette de la tête sont difficiles à déterminer d'une façon précise ; nous allons les étudier rapidement.

A. Pièces placées en avant des capsules nasales; I, pièces impaires: 1, *Disque buccal,* il ne paraît pas avoir son analogue dans

les Hyobranches ; selon Cuvier, il est formé par la soudure des
deux mâchoires, la mandibule, et la mâchoire supérieure qui est
l'analogue des arcades palatines ; d'après Born et Duvernoy, il
est composé des cartilages intermaxillaires et mandibulaires ;
c'est à peu près la manière de voir de Meckel ; ces opinions ne
peuvent guère être admises ; C. Duméril avait, dès 1807, démontré
que les Cyclostomes n'ont pas de véritables mâchoires ; 2, au-
dessus de ce disque est une large pièce, le *cuilleron moyen* de
C. Duméril ; suivant l'auteur que nous venons de nommer, cette
pièce semble l'analogue de la *voûte palatine ;* Cuvier la considère comme représentant les *intermaxillaires ;* Meckel, Born et

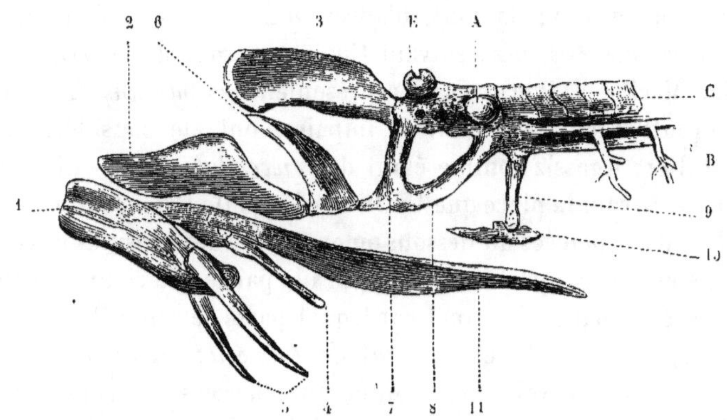

Fig. 213. — *Squelette de la tête de la Lamproie marine.*

Les noms des pièces squelettiques sont indiqués dans le texte aux numéros correspondants. — A, capsule auditive ; B, pièces supérieures des arcs interbranchiaux ;
C, colonne vertébrale ; E, évent.

Duvernoy pensent que c'est le *vomer ;* 3, en arrière et en haut,
se trouve une pièce cordiforme, à bord antérieur échancré, c'est
le *cuilleron supérieur* ou *concave* de Duméril, l'*ethmoïdal* de
Cuvier, l'*os nasal* de Born, le correspondant des *os propres du
nez* des Poissons osseux, d'après Meckel, l'analogue des *os du nez,*
de l'*ethmoïde* et du *frontal antérieur,* suivant Duvernoy, le *fronto-
nasal* de quelques auteurs ; 4, en avant et sous le bord inférieur
du grand cartilage lingual, est une petite pièce un peu élargie à
son extrémité antérieure, grêle dans sa partie postérieure ; elle

est, pour Duméril, un *hyoïde inférieur*. — II, pièces paires : 5, de chaque côté, sur le disque buccal, au point supposé de l'union des deux mâchoires, est un cartilage grêle, styliforme, qui se dirige de haut en bas, d'avant en arrière ; pour Cuvier, ce cartilage représente le *temporal* et le *jugal*, c'est le *maxillaire supérieur*, d'après Meckel ; Duméril le considérait comme la *corne de l'hyoïde inférieur*, mais ces pièces ne sont pas unies l'une à l'autre ; 6, en arrière du cuilleron moyen, sous le cuilleron supérieur est un cartilage de forme à peu près triangulaire, en demi-croissant ; il a l'angle supérieur rapproché de celui de son congénère ; les deux cartilages continuent la voûte formée par le cuilleron moyen ; ils sont, d'après Duméril, les analogues des *os carrés des Oiseaux* ; suivant Cuvier, ce sont des *maxillaires* ; selon Meckel, Duvernoy, ils représentent les *palatins*. Tous ces différents cartilages, pairs et impairs, ont été considérés par J. Müller, Agassiz comme étant des *pièces labiales*. — Plus loin nous décrirons la pièce que C. Duméril appelle l'*hyoïde supérieur*.

B. Pièces placées au-dessous ou en arrière des capsules nasales. — Le crâne est fort peu développé ; à la partie antérieure et supérieure est l'orifice du canal par lequel passe le conduit commun aux *capsules nasales* et au *sinus de Duméril* ; en arrière et de chaque côté, se voit une protubérance arrondie, formée d'une substance dure, c'est la *capsule auditive*. En avant et en bas, se trouve une pièce qui descend de la base du crâne, 7, c'est l'*apophyse orbitaire* de C. Duméril, l'*apophyse palato-ptérygoïdienne* de quelques auteurs ; elle est en rapport en avant avec le cartilage en demi-croissant, et elle se soude en bas à l'extrémité de l'*apophyse postérieure*, 8, ou *temporale* de Duméril, qui est dirigée obliquement d'arrière en avant. Ces deux apophyses figurent une espèce d'*arcade sous-orbitaire* ; elles représentent l'*arcade zygomatique* de Born, l'*os jugal* de Duvernoy, l'*arc palatinal* d'Agassiz. Vers l'extrémité postérieure et supérieure de l'arcade sous-orbitaire, est un petit cartilage, 9, qui descend à peu près verticalement ; il semble l'analogue du *stylohyal* ; à sa pointe est attaché un autre petit cartilage, 10, qui peut être sans doute

regardé comme un segment de l'*os hyoïde;* c'est, pour Meckel,
un *opercule,* et la tige qui le porte est l'*os carré.*

SYSTÈME NERVEUX. — A, *Cerveau.* Comparé à celui de la Lamproie fluviatile, le cerveau de la Lamproie marine présente dans
sa configuration certaines différences qu'il serait trop long d'étudier. — *Prosencéphale;* il est constitué par deux lobes, qui, en
avant, sont séparés l'un de l'autre dans une certaine étendue, et
qui sont réunis en arrière. Les *pédoncules olfactifs* naissent sur
le côté interne de chacun de ces lobes. Ainsi que le fait avec raison observer le professeur Vulpian, il est très-difficile de s'assurer
de l'existence des *lobules olfactifs.* — *Mésen-*
céphale; en arrière des lobes cérébraux, se distingue le *cerveau intermédiaire;* il forme un
lobe impair, à face supérieure convexe; il
constitue les parois du troisième ventricule,
qui est en communication avec l'hypophyse.
Les *lobes optiques* sont hémisphériques; réunis,
ils présentent la figure d'une cupule de gland
de chêne dont la partie supérieure est fermée
par deux segments; ces segments, ou renflements de substance blanchâtre, font une
portion de la voûte de l'*aqueduc de Sylvius.* En
arrière des nerfs optiques, est l'*hypophyse.*
Après l'hypophyse, se voit le *lobe inférieur;*
c'est une saillie impaire, pyriforme, dont l'extrémité postérieure s'étend sous la moelle
allongée. — *Épencéphale;* le *cervelet* est excessivement peu développé, et certains anatomistes, Magendie et Desmoulins, ne considèrent

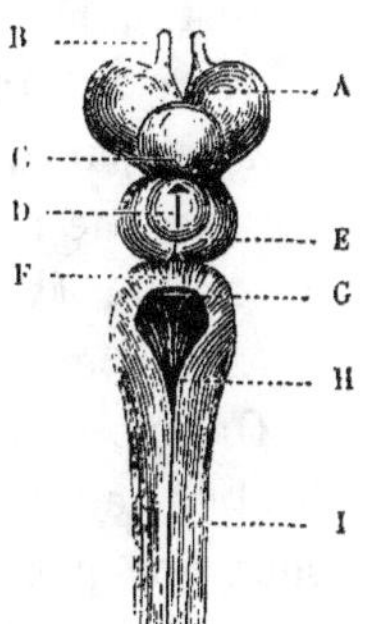

Fig. 214. — *Cerveau*
de la Lamproie
marine.

A, lobes cérébraux;
B, pédoncule olfactif;
C, cerveau intermé-
diaire; D, voûte des
lobes optiques; E, lobe
optique; F, cervelet;
G, H, moelle allongée,
et sinus rhomboïdal;
I, moelle épinière.

pas comme représentant le cervelet l'arcade qui est placée
sur le quatrième ventricule; le cervelet est réduit à une
simple bandelette résultant de la réunion des *lames latérales;* il
ne présente pas de cavité ventriculaire. La *moelle allongée* ne
montre pas de renflements, pas de lobes; elle devient plus volumineuse à mesure qu'elle se porte en avant; ses lames circons-

III.   38

crivent un très-large *sinus rhomboïdal*, qui est en communication avec l'aqueduc de Sylvius. Il n'y a pas de renflements dans les cavités ventriculaires. — B. *Moelle épinière;* elle est aplatie rubannée; dans la Lamproie marine, elle est fort élastique, et surtout extraordinairement extensible, elle peut subir un allongement considérable; suivant Magendie et Desmoulins, elle est, au mois de décembre, inextensible et fragile chez les *Pétromyzons fluviatilis* et *branchialis* (Magendie et Desmoulins, *Anat. syst. nerveux,* t. 1, p. 174, 179). — C. *Nerfs cérébro-spinaux.* Les *nerfs cérébraux* sont au nombre de neuf ou dix; suivant quelques anatomistes, le nerf de la sixième paire, ou *nerf moteur oculaire externe*, est une branche du nerf trijumeau; le *nerf glosso-pharyngien* paraît manquer. Les *nerfs spinaux* sont nombreux. — Le système nerveux de la Lamproie fluviatile a été figuré par J. Müller (V. *Eigenthümlichen Bau des Gehörorganes bei den Cyclostomen*, pl. 3, fig. 3-11).

Organe de la vue. — Les yeux n'ont pas de paupières. Chez les très-jeunes animaux, ils ne sont pas distincts, ils sont cachés sous une peau épaisse. Les procès ciliaires manquent, ainsi que le ligament falciforme.

Organe de l'ouïe. — L'oreille est logée dans une capsule cartilagineuse; elle se compose d'un vestibule membraneux et de deux canaux semi-circulaires; etc. (V. t. I, p. 33. — J. Müller, *Eigenthümlichen Bau des Gehörorganes bei den Cyclostomen*, p. 9, pl. 1, fig. 1-10, *Labyrinthe du Petromyzon marinus*).

Organe de l'odorat. — Les narines sont placées dans des capsules, qui communiquent avec le canal de l'évent (V. t. I, p. 105). — Sur le milieu de la tête, en avant des yeux est un orifice arrondi, à bord plus ou moins saillant, c'est l'évent. Au-dessous de l'organe olfactif, le conduit de l'évent traverse la base du crâne, puis se dirige d'avant en arrière et se termine en un sinus, le *sinus de Duméril.* Ce sinus est légèrement pyriforme; il est élastique ou plutôt contractile; il se remplit d'eau, il se vide en faisant jaillir le liquide avec plus ou moins de force. D'après C. Duméril, les mouvements du

sinus sont indépendants de l'action respiratoire ; suivant
P. Bert, ils sont dépendants des mouvements de l'appareil

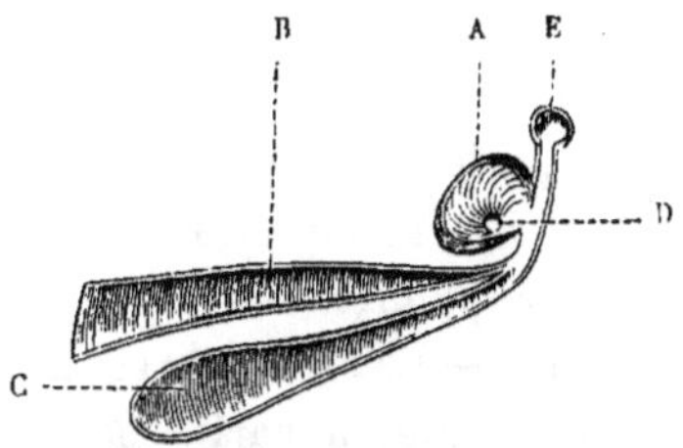

Fig. 215. — *Organe de l'odorat et sinus de la Lamproie marine (coupe
verticale).*

A, capsule olfactive gauche; B, cartilage de la base du crâne; C, paroi interne du
sinus de Duméril; D, bouton olfactif; E, évent.

branchial. — L'évent est complétement fermé chez les jeunes
Ammocètes.

APPAREIL DIGESTIF. — *Canal intestinal.* A peu près au centre
de la ventouse buccale est un orifice, le commencement du
pharynx, dans lequel se montre un appareil dentaire, qui est
soutenu par le cartilage lingual. Ce cartilage, 11, l'*hyoïde supérieur* de C. Duméril, est une longue pièce, qui est logée dans
une gaine musculeuse, et qui, munie de muscles puissants, peut
exercer des mouvements de va-et-vient dans le sens horizontal.
— Le tube digestif va directement de la bouche à l'anus.
L'œsophage est placé au-dessus du sinus aqueux; il est très-
étroit; le tube digestif s'élargit à son entrée dans l'abdomen.
Il n'y a pas de poche stomacale; en avant, l'intestin est uni à
la face supérieure du foie par un repli du mésentère, qui du diaphragme se porte à peu près jusqu'au milieu de la longueur de
la glande hépatique. Dans ce mésentère se trouvent le canal
cholédoque et la veine porte ou veine mésentérique. Tout à fait
en arrière, vers le rectum, il existe trois ou quatre replis mé-
sentériques très-étroits, dans lesquels sont enveloppées les veines
destinées à mettre en communication la veine mésentérique et
le sinus médian, qui semble formé par le sinus génital et les
sinus rénaux. A l'intérieur de l'intestin est une valvule spirale,

espèce de gros repli, dont le bord libre entoure la veine porte hépatique. — *Foie;* il est formé d'un seul lobe ; en avant, il présente une dépression, dans laquelle se logent le diaphragme et l'extrémité postérieure de la cage thoracique. La vésicule du fiel manque chez la Lamproie marine et chez la Lamproie de rivière ; elle existe dans les Ammocètes. — *Pancréas;* il manque, ainsi que les appendices pyloriques.

APPAREIL CIRCULATOIRE. — Le péricarde est adhérent à la capsule cartilagineuse qui constitue la partie postérieure de la cage thoracique. Le cœur des Lamproies, nous l'avons dit, présente dans sa conformation beaucoup de rapport avec celui des Poissons osseux (V. t. I, p. 432, et *Système artériel,* p. 135-144). — *Système veineux;* il est composé de vaisseaux d'un calibre assez régulier, et de sinus plus ou moins développés, dont l'intérieur est assez souvent parcouru par des artères. La *veine caudale* se bifurque, et donne naissance aux *veines cardinales postérieures,* qui sont appliquées sous la colonne vertébrale, placées de chaque côté de l'aorte. Au-dessous des veines cardinales, se trouvent trois longs sinus, qui remplacent des veines : un sinus médian, impair, le *sinus génital,* qui reçoit le sang venant des glandes destinées à fournir les éléments de la reproduction ; deux sinus longeant le sinus génital, les *sinus rénaux,* dans lesquels vient se rendre le sang des organes urinaires ; les sinus rénaux se réunissent en arrière ; ces divers sinus présentent une structure caverneuse ; ils sont traversés par des brides, des lames nombreuses, qui limitent des mailles inégales ; ils sont d'une teinte noirâtre très-foncée ; ils communiquent entre eux et avec les veines cardinales. En avant, les veines cardinales percent le diaphragme, et, dans le péricarde, elles se réunissent en un seul vaisseau pour former, avec la *veine sus-hépatique,* le *sinus de Cuvier.* Ainsi que le fait remarquer Duvernoy, trois ou quatre troncs veineux placés vers l'extrémité postérieure de l'abdomen mettent en communication la veine porte hépatique avec les sinus et avec les veines cardinales. Chacune des *veines cardinales antérieures,* arrivée dans le péricarde, se rend dans la veine cardinale postérieure du même côté. Suivant le professeur Ch. Robin, les *veines jugulaires antérieures* se réunissent en un seul tronc qui, dans le péricarde, se jette dans la veine sus-hépatique. — Chez les Cyclostomes le système de la *veine porte rénale* n'existe pas. — La *veine porte hépatique* est placée dans l'épaisseur de la valvule spirale de l'intestin; elle traverse le repli mésentérique, et pénètre dans la face supérieure du foie, à peu près vers le milieu de la longueur de cet organe. — M. Robin décrit encore les sinus suivants : *sinus infra-pharyngien; sinus orbitaire; sinus supra-pharyngien; sinus péri-maxillaire; sinus branchiaux* (Ch. Robin, *Note sur quelques particularités du système veineux de la Lamproie marine (Petromyzon marinus)*, dans *Bull. Société philom. Paris*, Paris, 1846, p. 35-44). D'après l'anatomiste que nous venons de citer, la cavité de l'orbite est remplie de sang; les sacs branchiaux flottent dans des cavités pleines de sang. En est-il toujours ainsi, chez les animaux vivants ou morts depuis peu de temps? Il est permis d'en douter. Jamais nous n'avons trouvé de sang dans la cavité orbitaire, pas plus que dans les intervalles qui séparent les sacs branchiaux les uns des autres, ni chez les Lamproies, ni chez les Ammocètes; les parois de ces cavités ne se laissent-elles pas facilement traverser par la matière à injection? Ces différents sinus ont-ils une membrane propre qui les tapisse?

Appareil respiratoire. — Il est complétement modifié chez les Cyclostomes. L'appareil hyoïdien est réduit à peu près à une seule pièce, 11, le *cartilage lingual;* à moins qu'on ne veuille considérer comme appartenant à cet appareil les diverses tiges cartilagineuses, qui constituent la charpente du thorax, et forment une espèce de cage cylindrique, terminée en avant et en arrière par une surface convexe, dans laquelle sont logés le cœur et les poches branchiales. — De chaque côté, des arcs cartilagineux qui sont en rapport avec le crâne, et surtout avec la colonne vertébrale, descendent à peu près verticalement jusque sous la ligne médiane, où elles s'unissent à une bande cartilagineuse longitudinale. Ces arcs, *cartilages interbranchiaux* de

Born, sont latéralement reliés entre eux, par une double série de tiges horizontales, et figurent ainsi, vis-à-vis de chaque poche respiratoire, une sorte de cadre, dans lequel se trouve l'orifice branchial externe. La bande longitudinale inférieure est ordinairement composée de deux rangées de pièces cartilagineuses, souvent contiguës, parfois réunies par des appendices transversaux. Cette bande a été considérée par quelques anatomistes comme étant un *sternum*, par d'autres comme étant un *hyoïde moyen*. En arrière, la bande inférieure et les derniers cartilages forment, avec du tissu fibreux, une capsule, qui est doublée par le péricarde. Pour Cuvier et Duvernoy, Rathke, les pièces de la cage thoracique sont les analogues des côtes branchiales, qui se trouvent chez les Plagiostomes. Meckel pense que l'appareil représente l'opercule identifié avec les arcs branchiaux, ainsi que les branches antérieures de l'hyoïde latéral et la membrane branchiostège. Suivant Born, la bande médiane figure les basibranchiaux, et les tiges transversales les arcs branchiaux. — Un cartilage cylindrique environne l'extrémité du canal externe de chacune des poches respiratoires ; il est entouré d'une espèce de sphincter, qui peut le comprimer plus ou moins fortement. Dans la Lamproie marine, l'orifice du conduit branchial est muni de trois valvules, qui servent à le fermer plus ou moins complétement, et sont placées l'une en avant, les deux autres en arrière. — Les lames respiratoires ne sont pas soutenues par des cartilages. Chez les animaux adultes, elles sont renfermées dans des poches, qui sont au nombre de sept paires. Chacune de ces poches est au moyen d'un tube assez court en communication avec un sinus aquifère, un *cánal aqueux*, écrit C. Duméril, sorte de cul-de-sac qui se termine au-dessus du péricarde en bas, et qui s'ouvre en haut vers le gosier, à l'entrée du thorax, derrière une sorte d'épiglotte ; ce canal a été comparé à une *trachée-artère ;* il est placé au-dessous de l'œsophage. Les sacs branchiaux enveloppent deux séries de lamelles respiratoires appartenant à des arcs différents. — Chez les Ammocètes, ou larves de Lamproies, les branchies ne sont pas placées dans

des poches; elles paraissent, surtout chez les très-jeunes individus, appliquées sur des parois verticales, elles s'ouvrent dans
un canal par de grandes fentes. Ce canal n'est pas seulement
destiné à fournir l'eau nécessaire à la respiration, il donne
encore passage aux substances devant servir à l'alimentation ; à
son extrémité postérieure, se trouve une petite ouverture qui est
le commencement de l'œsophage. A la partie supérieure de la
chambre respiratoire, dans l'intervalle qui sépare les branchies
des deux côtés, est un ligament longitudinal, qui présente une
série de renflements, le *fil de Rathke;* c'est lui qui probablement, fait observer A. Müller, fournit les matériaux pour la
partie antérieure de l'œsophage, lorsque les Ammocètes achè-
vent leur métamorphose. — Chez les Lamproies, l'eau peut
arriver de deux façons dans les poches branchiales, soit par le
sinus aqueux, soit par les canaux externes, qui toujours servent
à l'inspiration et à l'expiration, quand les animaux sont fixés par
la ventouse buccale.

GLANDE SOUS-ORBITAIRE. — Dans la région sous-orbitaire, entre
le disque buccal et la cage thoracique, est un muscle puissant,
épais, qui enveloppe, excepté par la partie inférieure, une poche
particulière, comme l'a fort bien observé C. Duméril. — Cette
poche est de forme oblongue ; elle paraît bosselée ; elle a une
tunique externe de nature fibreuse ; elle est remplie d'une matière liquide ; elle porte sur la paroi interne un nombre assez
considérable de tubes glanduleux ; à son extrémité antérieure,
se trouve un conduit excréteur. — Le muscle enveloppant est
composé de fibres striées, et ne présente nullement une structure
glanduleuse, ainsi que l'ont supposé divers anatomistes. — Le
liquide, contenu dans la poche, est de consistance assez épaisse ;
il a une teinte variable, jaunâtre ou brun jaunâtre chez la Lamproie marine, noirâtre dans la Lamproie de rivière ; il est très-
acide, il rougit fortement le papier de tournesol ; traité par un
sel de baryte, il donne souvent un précipité blanchâtre ; examiné
au microscope, il montre une grande quantité de noyaux et de
cellules pourvues d'un noyau. — Les tubes sécréteurs sont pla-

cés perpendiculairement au grand axe de la poche, excepté en avant et en arrière ; ils sont renflés à leur extrémité aveugle ; chez la Lamproie marine, ils ont un diamètre mesurant de $0^{mm},050$ à $0^{mm},060$; le diamètre de leur ampoule est de $0^{mm},080$ à $0^{mm},090$. A l'intérieur, ces tubes sont tapissés d'un épithélium qui m'a semblé prismatique. — De la partie antérieure du sac, ou du réservoir, part le canal excréteur signalé par C. Duméril ; il se dirige d'arrière en avant et de dehors en dedans ; il se rapproche de celui du côté opposé, et vient s'ouvrir entre l'appareil lingual et la grande pièce dentaire inférieure ou postérieure, un peu en avant de la deuxième dentelure externe. — La glande sous-orbitaire est-elle, comme l'ont pensé divers anatomistes, E. Home, etc., une véritable glande salivaire? Évidemment non. Le produit qu'elle sécrète doit exercer un effet destructeur sur les tissus de l'animal auquel s'attache une Lamproie, il doit

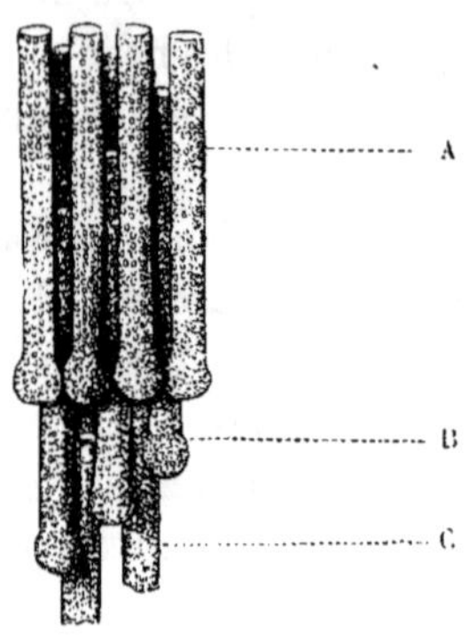

Fig. 216. — *Tubes de la glande sous-orbitaire de la Lamproie marine.*

A, tube entier ; B, ampoule d'un tube ; C, tube coupé.

les ramollir, et rendre ainsi plus grande et plus rapide l'action des dents et de la ventouse buccale. — Quand des Ammocètes sont renfermées dans des espaces un peu restreints elles s'attaquent assez souvent, et l'on voit sur quelques-unes d'entre elles des blessures arrondies, faites comme au moyen d'un emporte-pièce ; une épaisseur de la peau est enlevée.

CONSERVATION DE L'ESPÈCE. — L'ovaire est attaché à la voûte de la cavité abdominale, entre les reins ; il s'étend depuis le voisinage du foie jusque près du rectum ; il est recouvert par le péritoine. Il est impair, il a l'apparence d'une longue bande plissée, festonnée, divisée en lobules vers son bord libre. Les ovules se développent dans son épaisseur, puis ils font saillie et se montrent sur les deux faces de l'organe. — Le testicule présente la même disposition que l'ovaire. — Lorsque les produits de ces glandes sont mûrs, ils tombent dans la cavité viscérale, d'où ils sortent en traversant les conduits péritonéaux. Ces deux conduits débouchent isolément, ainsi que les deux uretères, dans la cavité d'un petit appendice conique, placé en arrière de l'anus. — La segmentation du vitellus est complète. — Les Lamproies avant d'arriver à l'état adulte subissent diverses métamorphoses. Leurs larves sont les Ammocètes. Il doit y avoir autant d'espèces d'Ammocètes qu'il y a d'espèces de Lamproies. L'état larvé persiste longtemps, plusieurs années.

Divers auteurs ont étudié le développement des Lamproies, voir : Müller, Auguste, *Note sur le développement des Lamproies*, dans *Annales des sciences naturelles*, 1856, t. V, p. 375-378 ; Schultze, Max, *Note sur le développement des Pétromyzons*, dans *Comptes rendus de l'Académie des sciences*, Paris, 1856, t. XLII, p. 336-340.

Famille des Pétromyzonidés, *Petromyzonidæ*, CBp.

Corps allongé, cylindrique en avant, comprimé à partir de la première dorsale, couvert d'une peau nue, visqueuse.

Tête se terminant, chez les adultes, par une large bouche circulaire, formant ventouse, armée d'un appareil dentaire présentant une disposition variable suivant les espèces.

Appareil branchial; ouvertures branchiales au nombre de sept de chaque côté.

Nageoires soutenues par des rayons cartilagineux; deux dorsales plus ou moins séparées l'une de l'autre; anale courte, unie à la caudale, ainsi que la seconde dorsale; pas de nageoires paires.

GENRE LAMPROIE — *PETROMYZON*, Arted.

Caractères de la famille.

Pièce ou dent maxillaire supérieure à deux pointes

- rapprochées .... 1. L. MARINE.
- écartées. Dorsales
  - éloignées. 2. L. FLUVIATILE.
  - contiguës. 3. L. DE PLANER.

LA LAMPROIE MARINE — *PETROMYZON MARINUS*.

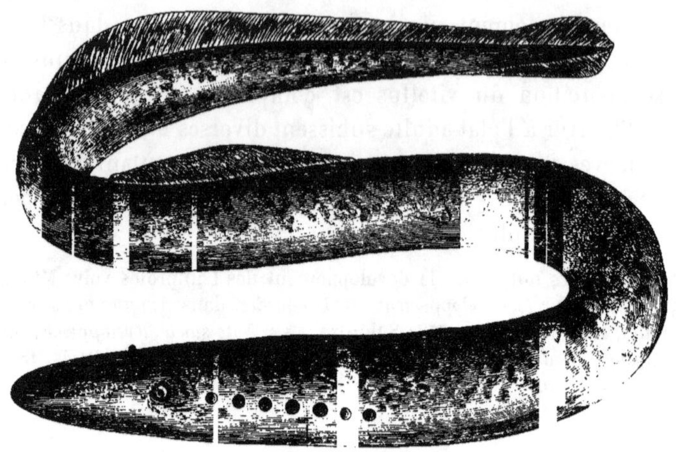

Fig. 217.

Syn. : Mustela, *sive* Lampetra, Bell., p. 75-76.
De la Lamproie, Rondel., liv. XIII, c. iii, p. 310.
De Lampetra, Salvian., p. 62, 63, P. 4 ; Willugh., p. 105, pl. G. 2, fig. 2.
Petromyzon *maculosus, ordinibus dentium circiter viginti,* Arted., *Syn.*, p. 90,
n° 2.
Petromyzon marinus, Linn., p. 394, sp. 1 ; Bloch, pl. 77 ; Selys-Longchamps, *Fn.
belge*, p. 226 ; CBp., *Cat.*, n° 821 ; Nilsson, *Skand. Fn.*, t. IV, p. 743 ; Heckel et Kner,
p. 374, fig. 200 ; Siebold, p. 368 ; Canestr., *Archiv. zool.*, 1866, t. IV, p. 184, *Fn.
Ital.*, p. 30 ; Bert, *Annales sc. nat.*, 1867, t. VII, p. 371 ; Géhin, p. 100 ; Günth.,
t. VIII, p. 501 ; Schlegel, p. 204, pl. 21, fig. 2-3.
La Marbrée, Petromyzon marinus, Bonnat., p. 1, pl. 1, fig. 1.
Le Pétromyzon lamproie, Petromyzon marinus, Lacép., t. V, p. 143.
Lamproie marine, Petromyzon marinus, Riss., *Ichth.*, p. 1, *Hist. nat.*, p. 114 ; Blain-
ville, *Fn. française, Poiss.*, p. 5 ; Marcotte, *Anim. vert. Abbeville*, p. 383 ; Blanch.,
p. 512, fig. 136, anim., fig. 137, bouche ; Soland, p. 273.
La grande Lamproie, Petromyzon marinus, Cuv., *Règ. an.*, 1817, t. II, p. 118, *Règ.
an. ill.*, p. 381, pl. 120, fig. 1, anim., fig. 1ᵃ bouche ; Born, *Ann. sc. nat.*, 1828, t. XIII,
p. 22, pl. 1 ; Vallot, p. 301.
The Lamprey, Yarr., t. I, p. 32.
Sea Lamprey, Couch, t. IV, p. 385.

N. vulg. : Lamprua, Nice ; Lampré, Lamprézo, Gard ; Set-ulls (catal.),
Pyrénées-Orientales ; Anguille lampresse, Charente-Inférieure ; Grande
Lamproie, Lamproie marbrée.
Long. : 0,60 à 1,00.

En avant le corps de la Lamproie marine est arrondi, il est comprimé en arrière. Il est couvert d'une peau résistante, complétement nue, enduite d'une mucosité épaisse.

Aucune ligne de démarcation ne sépare le tronc de la tête, qui est longue, terminée par une large ventouse buccale. La bouche est circulaire ; elle est entourée d'une lèvre charnue, garnie sur le côté interne de cirres, ou de petits tentacules, fort nombreux et très-déliés, souvent peu distincts chez les jeunes animaux ; elle est munie de dents coniques, placées en séries régulières au nombre de seize à vingt, augmentant de grosseur, écrit C. Duméril, à mesure qu'elles se rapprochent de la gorge. Les dents qui sont rangées en avant, et sur les côtés du fond de la bouche, sont généralement à deux pointes ; la plus forte est celle qui se trouve sur la ligne médiane en avant du pharynx, elle a été comparée à une mâchoire supérieure ; elle semble correspondre à une pièce dentaire qui est en arrière des dents linguales, et qui a été parfois regardée comme une mâchoire inférieure ; cette dernière pièce est armée de sept ou huit pointes ; c'est un peu en avant de la deuxième pointe externe que vient s'ouvrir le conduit de l'une des prétendues glandes salivaires. Au fond de la bouche, à l'extrémité du cartilage lingual, sont trois pièces hérissées de dentelures, et disposées de la façon suivante : une pièce impaire est attachée à l'angle inférieur du cartilage lingual, elle décrit une double courbure à concavité supérieure, elle a l'angle médian qui fait saillie entre les deux autres pièces ; sur chacune de ses moitiés, elle est, en général, armée de six dents ou plutôt de six pointes ; vers l'angle supérieur du cartilage sont deux autres pièces en forme de C, elles ont leur concavité tournée en dedans ; près de la saillie de la pièce impaire, elles forment un petit angle ouvert en haut ; chacune des pièces latérales est munie de neuf à douze dentelures ; en sorte qu'à l'extrémité du cartilage lingual, on peut compter de trente à trente-six pointes. Le cartilage lingual, dans ses mouvements d'arrière en avant, détermine à la base de ces pièces un mouvement de bascule, qui les fait agir comme des espèces de scies poussées de bas en haut et de haut en bas. En dessous, en arrière du disque buccal, est une fossette triangulaire assez large. En général, le système canaliculé latéral est nettement dessiné sur la tête.

Les yeux sont petits, arrondis, enfoncés, recouverts par la peau.

Sur la partie antérieure de l'espace interorbitaire se montre l'orifice de l'évent, qui est entouré d'un bourrelet.

Dans les sujets de grande taille, les dorsales sont séparées l'une de l'autre par un intervalle qui est à peu près aussi long que l'espace préorbitaire ; chez les jeunes individus, elles sont beaucoup plus rapprochées, entre elles il n'existe parfois qu'une distance à peine égale au tiers de la longueur de l'espace préorbitaire. La seconde dorsale s'abaisse en s'unissant à la caudale. L'anale est courte. Les nageoires sont soutenues par des rayons cartilagineux, qui sont souvent deux fois bifurqués.

Le dos et les côtés sont d'un blanc grisâtre ou jaunâtre, marqués de taches d'un noir plus ou moins foncé, taches irrégulières qui ont fait parfois appliquer à cette espèce la dénomination de *marbrée ;* le ventre est blanchâtre.

Habitat. Au printemps, la Lamproie marine s'engage dans les fleuves qu'elle remonte parfois à une grande distance de leur embouchure ; en juin 1879, un de ces poissons a, paraît-il, été pêché dans la Seine, près de Paris, à Asnières. La Lamproie est quelquefois prise dans la Loire au-dessus d'Orléans. Elle pénètre dans le Rhône et ses affluents. Elle est commune dans l'Ain, dans le Doubs ; à Dôle, écrit le Frère Ogérien, on en pêche des quantités considérables.

Proportions : long. totale 0,806 ; corps, haut. 0,050, épais. 0,050.

Tête, long. du bord antérieur de la ventouse au dernier orifice branchial 0,163, haut. 0,052, épais. 0,050. — Œil, diam. 0,010, esp. préorbit. 0,061, esp. interorbit. 0,040. — Disque buccal, long. 0,052, larg. 0,049.

Distance du bord antérieur de la ventouse buccale à : évent 0,061 ; premier orifice branchial 0,090 ; première dorsale 0,390 ; seconde dorsale 0,540 ; anale 0,710.

LA LAMPROIE FLUVIATILE — *PETROMYZON FLUVIATILIS.*

Syn. : Mustela fluviatilis minor, Bell., p. 75.
Du Lamproion, Rondel., part. 2, p. 146.

LAMPETRA, *Prick*, Salvian., p. 62-63, P. 3.

LAMPETRA PARVA ET FLUVIATILIS, Willugh., p. 104, pl. G, 2, fig. 1.

PETROMYZON *unico ordine denticulorum minimorum in limbo oris præter inferiores majores*, Arted., *Syn.*, p. 89, n° 1.

PETROMYZON FLUVIATILIS, Linn., p. 394, sp. 2 ; Bloch, pl. 78, fig. 1 ; Selys-Longchamps, *Fn. belge*, p. 226 ; CBp., *Cat.*, n° 822 ; Nilsson, *Skand. Fn.*, t. IV, p. 745 ; Heckel et Kner, p. 377, fig. 202 ; Siebold, p. 372, fig. 62, dents supérieures et inférieures ; Canestr., *Archiv. zool.*, 1866, t. IV, p. 185, *Fn. Ital.*, p. 31 ; Géhin, p. 100 ; Günth., t. VIII, p. 502 ; Schlegel, p. 205, pl. 21, fig. 4.

PETROMYZON ARGENTEUS, Bloch, pl. 415, fig. 2 ; Lacép., t. V, p. 172 ; Couch, t. IV, p. 400.

LA PRYCKA, Petromyzon fluviatilis, Bonnat., p. 1, pl. 1, fig. 2.

LE PÉTROMYZON PRICKA, Petromyzon fluviatilis, Lacép., t. V, p. 156.

LE PÉTROMYZON SEPTŒIL, Petromyzon sept-œil, Lacép., t. V, p. 172.

LE PÉTROMYZON NOIR, Petromyzon niger, Lacép., t. V, p. 172.

LA LAMPROIE DE RIVIÈRE, Petromyzon fluviatilis, Cuv., *Règ. an.*, 1817, t. II, p. 118, *Règ. an. ill.*, p. 381.

LAMPROIE FLUVIATILE, Petromyzon fluviatilis, Blainville, *Fn. franç.*, p. 6 ; Marcotte, *Anim. vert. Abbeville*, p. 383 ; Blanch., p. 515 ; Soland, p. 274.

THE LAMPERN, Yarr., t. I, p. 28 ; Couch, t. IV, p. 395.

N. vulg. : Lamprillon, Lamproie d'Alose, Jura ; lou Fifre, Haute-Loire ; Lamprézo, Lampré, Gard ; Set-ulls (catal.), Pyrénées-Orientales ; petite Lampresse, Pibale, Charente-Inférieure ; Bête à sept trous, Somme ; Lamprillon, Lamproyon, petite Lamproie, Sept-œil, dans beaucoup de départements.

Long. : 0,09 à 0,30, quelquefois 0,50.

Quant à la forme générale, la Lamproie de rivière ressemble beaucoup à la Lamproie marine, toutefois elle n'arrive pas à une taille aussi grande que celle de l'autre espèce.

En arrière, la tête est de même grosseur que le corps ; elle est un peu rétrécie en avant de l'œil. La bouche est un suçoir arrondi, à bord taillé en biseau assez épais, avec une rangée circulaire de dents pointues ; il y a souvent de chaque côté de l'entrée du pharynx deux ou trois dents à deux pointes. La pièce, qui suivant certains auteurs représente la mâchoire supérieure, est courbe ; elle est lisse dans sa partie médiane ; elle est armée, à chaque extrémité, d'une grosse dentelure, plus ou moins pointue. Quant à la pièce qui est parfois considérée comme étant la mâchoire inférieure, elle est en croissant ; elle montre sept ou huit dentelures aiguës ; la dentelure externe a souvent deux petites pointes. Le cartilage lingual porte une espèce de pièce

transversale à bord libre semi-circulaire, muni d'une dent médiane grosse et large, et de cinq ou six petites dents latérales, à
droite comme à gauche. Chez les jeunes animaux, le disque buccal est garni de plusieurs séries de dents, surtout à la partie antérieure.

En général, l'iris est d'un blanc jaunâtre. Les yeux sont arrondis ; ils sont plus ou moins éloignés du museau.

Les dorsales sont séparées l'une de l'autre, par un intervalle
assez large, chez les sujets de grande taille ; chez les jeunes individus, elles sont rapprochées l'une de l'autre. La première dorsale est la plus basse. La seconde dorsale figure un angle allongé ; elle s'unit à la caudale, qui est en forme de spatule. L'a-
nus est au-dessous, et un peu en avant de l'angle de la seconde
dorsale.

Le système de coloration est plombé noirâtre sur le dos, grisâtre sur les flancs, blanc argenté, quelquefois jaunâtre sous le
ventre ; chez certains sujets, le corps est marqué de bandes noirâtres transversales. Parfois la teinte générale est argentée, parfois elle est rougeâtre.

Habitat. Cette Lamproie se trouve dans la plupart des rivières de France.

LA LAMPROIE DE PLANER — *PETROMYZON PLANERI.*

Syn. : PETROMYZON PLANERI, Bloch, pl. 78, fig. 3 ; Selys-Longchamps, *Fn. belge,*
. 226 ; CBp., *Cat.,* n° 824 ; Nilsson, *Skand. Fn.*, t. IV; p. 747 ; Heckel et Kner,
p. 380, fig. 203 ; Siebold, p. 375, fig. 63, dents supérieures et inférieures; Canestr.,
Archiv. zool., 1866, t. IV, p. 186, *Fn. Ital.*, p. 31 ; Günth., t. VIII, p. 504 Langerhans,
Untersuchungen über Petr. Planeri, Freiburg, 1873.

LE PLANER, Petromyzon Planeri, Bonnat., p. 2, pl. 1, fig. 4.

LE PÉTROMYZON PLANER, Petromyzon Planeri, Lacép., t. V, p. 167 ; Omalius-de-
Halloys, *Notice sur le genre Pétromyzon,* dans *Journal de Physique, de Chimie,
d'Histoire naturelle,* Paris, 1808, t. LXVI, p. 354.

LE PÉTROMYZON SUCET, Petromyzon sanguisuga, Lacép., t. V, p. 169.

LA PETITE LAMPROIE DE RIVIÈRE, SUCET, Petromyzon Planeri. Cuv., *Règ. an.*, 1817,
t. II, p. 119.

LAMPROIE SUCET, Petromyzon Planeri, Blainv., *Fn. franç., Poiss.,* p. 8.

LAMPROIE DE PLANER, Petromyzon Planeri, Marcotte, *Anim. vert. Abbeville,* p. 384 ;
Blanch., p. 517.

THE FRINGE-LIPPED LAMPERN, Yarr., t. I, p. 19.

PLANER'S LAMPREY, Couch. t. IV, p. 402.

Long. : 0,09 à 0,25.

Suivant les ichthyologistes, chez la Lamproie de Planer, les nageoires dorsales sont plus rapprochées et les dents sont plus obtuses que chez la Lamproie fluviatile.

Ainsi que le fait justement observer Cuvier, la figure du *Planeri*, Bloch, pl. 78, fig. 3, n'est qu'une jeune *Pricka*. Mais la Lamproie de Planer est-elle réellement une espèce particulière? N'est-elle pas une Lamproie fluviatile, qui n'a pas encore atteint son entier développement? Le plus ou moins de proximité des dorsales n'est pas un caractère de bien grande valeur ; chez les jeunes Lamproies marines, nous l'avons dit, ces nageoires sont, proportion gardée, beaucoup plus rapprochées l'une de l'autre que chez les sujets de grande taille. Quant aux pièces dentaires, elles ont exactement la même forme chez la Lamproie de Planer que chez la Lamproie fluviatile, mais, suivant les naturalistes, l'extrémité des dents est mousse chez la Lamproie de Planer, tandis qu'elle est aiguë dans la Lamproie fluviatile; il ne faut pas oublier que les pièces dentaires sont caduques, et surtout que leur substance cornée est moins dure chez les jeunes que chez les vieux individus. Examinant des Lamproies pêchées dans la Seine, à Vernon, j'ai constaté que les grands spécimens ont les dents pointues, les petits ont souvent les dents obtuses; j'ai fait la même observation sur des Lamproies prises dans la Vanne, à Sens. Auguste Müller indique bien que les Ammocètes de la Lamproie fluviatile et celles de la Lamproie de Planer ont une vésicule biliaire et des otolithes, qui ne persistent que chez la Lamproie de Planer, et nullement chez la Lamproie fluviatile ; mais les sujets examinés par ce naturaliste étaient-ils de même âge, de même taille? Le même auteur prétend que les Ammocètes de la Lamproie de Planer et celles de la Lamproie fluviatile diffèrent par la forme de l'orifice buccal; quelle est cette différence de forme? Il néglige de la faire connaître.

La coloration est la même chez la Lamproie de Planer que chez la Lamproie fluviatile.

Larve. — L'*Ammocète branchiale, Ammocœtes branchialis.*

Syn. : LAMPETRA CÆCA, Willugh., p. 107, pl. G. 3, fig. 1, d'après Baldner.

PETROMYZON *corpore annuloso, appendicibus utrinque duobus in margine oris,* Arted., *Syn.*, p. 90, n° 3.

PETROMYZON BRANCHIALIS, Linn., p. 394, sp. 3; Bloch, pl. 78, fig. 2 ; Günth., t. VIII, p. 504.

LA BRANCHIALE, Petromyzon branchialis, Bonnat., p. 1, pl. 1, fig. 3.

LE PÉTROMYZON LAMPROYON, Petromyzon branchialis, Lacép., t. V, p. 164 ; Omalius de-Hallois, dans *Journ. Phys. Chim.*, 1808, t. LXVI, p. 353.

LE PÉTROMYZON ROUGE, Petromyzon ruber, Lacép., t. V, p. 168.

AMMOCŒTE, Ammocœtus, C. Duméril, *Dissertations sur les Poissons cyclostomes,* 1808, *Ichth. analyt.*, p. 112.

Ammocoetes branchialis, Selys-Lonchamps, *Fn. belge*, p. 227; CBp., *Cat.*, n° 825; Nilsson, *Skand. Fn.*, t. IV, p. 748.

Ammocète branchial, Ammocœtes branchialis, Marcotte, *Anim. vert. Abbeville*, p. 384.

Mud Lamprey, Couch, t. IV, p. 404.

N. vulg. : Chatouille, Satoille, Lamprillon, Lamproyon, Sucet, Suce-pierre, Sept-œil rouge, Sept-œil aveugle.

Les Ammocètes ont le corps allongé, cylindrique en avant, comprimé en arrière de l'anus, traversé de stries légèrement obliques, qui lui donnent un aspect annelé. La peau est visqueuse, peu épaisse, mais résistante.

La bouche présente à peu près la figure d'un fer à cheval ; elle est entourée d'une bordure de papilles très-singulières ; ces papilles sont divisées en rameaux secondaires, qui se terminent par deux, trois ou quatre renflements. Il n'y a pas de dents. Le cartilage lingual n'est pas développé. La lèvre supérieure est très-grande ; ses prolongements latéraux embrassent une partie de la lèvre inférieure qui est arquée, étroite. A l'entrée du pharynx est un voile qui descend en avant de la chambre branchiale ; il diminue en raison de la croissance de l'animal, disparaît entièrement chez la Lamproie.

Chez les très-jeunes sujets les yeux sont complétement cachés ; parfois leur place est indiquée par l'amas d'un pigment foncé, colorant la peau qui les recouvre.

L'ouverture de l'évent n'existe pas chez les jeunes animaux ; elle devient apparente chez les individus qui ont de huit à dix centimètres de longueur ; elle semble être toujours visible avant les yeux.

La région branchiale est renflée. Les ouvertures des ouïes se trouvent dans une espèce de rainure, de dépression, qui est dirigée obliquement d'avant en arrière et de haut en bas, qui s'efface peu à peu ; elles sont très-petites, plus longues que larges ; elles sont pourvues de valvules ; au moment de la métamorphose, elles s'arrondissent, leur bord devient saillant. L'orifice de l'œsophage est au fond, à l'extrémité postérieure de la chambre branchiale.

Les nageoires dorsales sont fort basses ; elles sont unies chez les très-jeunes animaux.

La teinte est d'un gris verdâtre sur le dos ; elle est argentée sous le ventre ; du reste, elle est très-variable, parfois elle est rougeâtre.

Habitat. Les Ammocètes se trouvent dans les rivières, mais surtout dans les petits cours d'eau, que paraissent rechercher les Lamproies au moment du frai.

Au commencement du siècle (en 1808), C. Duméril crut devoir distraire du genre Lamproie le *Petromyzon branchialis*, et en faire le type d'un genre nouveau, le genre Ammocète. Une cinquantaine d'années plus tard, Auguste Müller voulant étudier comparativement l'évolution de la Lamproie de Planer et celle de l'Ammocète, découvrit que l'Ammocète n'est qu'une larve de Lamproie. Le nom d'Ammocète, écrit-il, ne peut désigner désormais que les larves des Lamproies, comme Têtard celles des Grenouilles (V. A. Müller, *Note sur le développement des Lamproies,* dans *Ann. sc. nat.,* 1856, t. V, p. 375-388). La nouvelle de ce cas de métamorphose causa une bien vive surprise dans le monde savant. Toutefois, il ne faut pas trop l'oublier, les pêcheurs, qui sans cesse ont sous les yeux des Ammocètes aux diverses phases de leur développement, les considèrent comme étant de jeunes Lamproies ; et, ainsi que le rapporte de Siebold, le fait de cette métamorphose est consigné dans l'ouvrage manuscrit de Baldner, pêcheur de Strasbourg, ouvrage qui date de 1666 ; on peut s'en convaincre, ajoute de Siebold, par l'indication suivante de Baldner : dans l'explication de la planche 25, où sont figurés trois spécimens de Lamproies (*P. Planeri*) pourvues d'yeux, et une Lamproie aveugle (*A. branchialis*, fig. copiée par Willughby, pl. G. 3, fig. 1), Baldner s'exprime de cette façon : depuis le mois d'août jusqu'à la fin de décembre, on trouve et on prend très-peu de cette sorte (de celle qui voit), mais la Lamproie aveugle se rencontre abondamment toute l'année. Celles qui voient et celles qui sont aveugles sont d'ailleurs de la même espèce ; car les jeunes sont toutes aveugles, elles s'ensevelissent, s'engourdissent dans la vase, jusqu'à ce qu'elles soient réveillées par le moment du frai. Les aveugles ne deviennent œuvées que lorsqu'elles commencent à voir (Siebold, *loc. cit.*, p. 382). — L'état larvé persiste fort longtemps, il dure plusieurs années, deux, trois et même quatre ans ; du reste, il est difficile de faire à ce sujet des recherches exactes sur des animaux conservés en captivité, ainsi que je l'ai constaté à diverses reprises. — Il arrive souvent que des Lamproies sont beaucoup moins développées que des Ammocètes. J'ai dans ma collection des Lamproies fluviatiles qui n'ont pas 0^m,100 de longueur, et des Ammocètes qui ont une taille de 0^m,160 à 0^m,168 ; il y a même des Ammocètes de Planer qui atteignent jusqu'à 0^m,190 de long et plus encore. J'ai reçu des côtes de la Méditerranée, de Cette, de très-petites Lamproies marines ; l'une d'elles ne mesure que 0^m,166 de longueur, elle est par conséquent moins grande que certaines Ammocètes vivant dans les eaux douces.

SOUS-CLASSE DES PHARYNGOBRANCHES — *PHARYNGO-BRANCHII.*

Syn. : Leptocardii, J. Müller, C. Bonaparte, Günther.

Corps très-peu développé; peau nue. Squelette fibreux ou fibro-cartilagineux.

Tête non distincte du corps; bouche placée en dessous, à fente longitudinale, non dentée, entourée de tentacules.

Appareil branchial ; branchies pharyngiennes, couvertes de cils vibratiles ; eau passant de l'appareil branchial dans la cavité péritonéale, et sortant par le pore abdominal.

Nageoires ; pas de nageoires paires; nageoires impaires unies.

Vessie natatoire nulle.

Sang incolore.

Ordre des Amphioxiens, Amphioxi.

Corps. — Il est mince, terminé en pointe. — Le squelette a pour base du tissu scléreux de faible consistance. Une corde dorsale fusiforme s'étend d'une extrémité à l'autre de l'animal; elle dépasse en avant la base du crâne. L'enveloppe ou la gaîne de la corde dorsale est constituée par des couches de tissu fibreux, qui peuvent être dissociées facilement. La corde proprement dite présente, chez les adultes, une organisation particulière, différente de celle que montre la notocorde chez les autres Vertébrés ; son tissu a été comparé à celui qui se trouve dans la corde des larves d'Ascidies. Beaucoup d'opinions ont été émises sur la structure de la notocorde de l'Amphioxus ou du Branchiostome ; d'après certains anatomistes, Goodsir, J. Müller, Marcusen, etc., la corde est composée de disques juxtaposés ; suivant d'autres auteurs, elle est constituée par des lamelles ou des fibres de matière amorphe; d'après de Quatrefages, elle est formée de grandes cellules aplaties. Quant à Camille Moreau, il s'exprime ainsi : dans le tissu de la corde des jeunes individus, on observe, indépendamment des disques formés de fibres parallèles, 1° de grands noyaux de cellules entourés de matière protoplasmique, et 2° une substance homogène transparente, probablement liquide, qui sépare les disques. Les cellules protoplasmiques à noyaux sont les restes des jeunes cellules qui constituent au début la corde de l'Amphioxus. Ces éléments ont complétement disparu chez l'adulte. Dans le rapport qu'il fit sur le travail que nous venons de citer, M. Éd. Van Beneden exprima ainsi sa manière de voir : M. C. Moreau démontre que divers éléments du tissu de la corde de l'Amphioxus ont passé inaperçus jusqu'à présent, et que ces éléments sont de la plus grande importance en ce qu'ils permettent de ramener la corde dorsale de l'Amphioxus au type commun réalisé chez tous les autres vertébrés (V. Moreau, Camille, *Recherches sur la corde dorsale de l'Amphioxus*, dans *Bullet. Acad. roy. sc. lett. Belgique*, Bruxelles, 1875, II° sér., t. XXXIX, p. 312-331, av. 1 pl. ; Van Beneden, Édouard, *op. cit.*, p. 251). — La corde dorsale est en rapport avec les lames vertébrales supérieures, qui forment en grande partie les parois du canal rachidien, avec les lames vertébrales inférieures, qui sont écartées dans la région abdominale, qui dans la région caudale s'allongent, se recourbent, se soudent sur la ligne médiane, et ferment la gouttière dans laquelle sont logés les vaisseaux.

Tête. — Elle n'est pas distincte du tronc. La corde dorsale dépasse, en avant, les parois de l'enveloppe du système nerveux central ; elle se prolonge dans les tissus, au milieu desquels elle finit en pointe mousse. Ce mode de terminaison indique évidemment un arrêt de développement des parties qui concourent à la composition du crâne et de la face ; mais conclure de cette disposition qu'il n'y a pas de crâne, et par suite pas de cerveau, est une erreur, ainsi que je l'ai démontré il y a une dizaine d'années (V. *Note sur la région crânienne de l'Amphioxus*, dans *Compt. rend. Acad. sc.*, Paris, 1870, t. LXX, p. 1189). Les pièces qui constituent les parois du crâne sont de tissu semblable à celui de la gaîne de la notocorde ; elles s'appuient sur la corde dorsale, elles s'élèvent en décrivant une courbe à convexité externe, puis se réunissent en formant une véritable voûte. En définitive, le

squelette céphalo-rachidien du Branchiostome, comme celui
des autres poissons, présente trois régions distinctes : céphalique,
abdominale, caudale ; dans la région céphalique, il n'y a pas
d'hémapophyses ; dans la région abdominale, les hémophyses
d'un côté sont écartées de celles du côté opposé ; dans la région

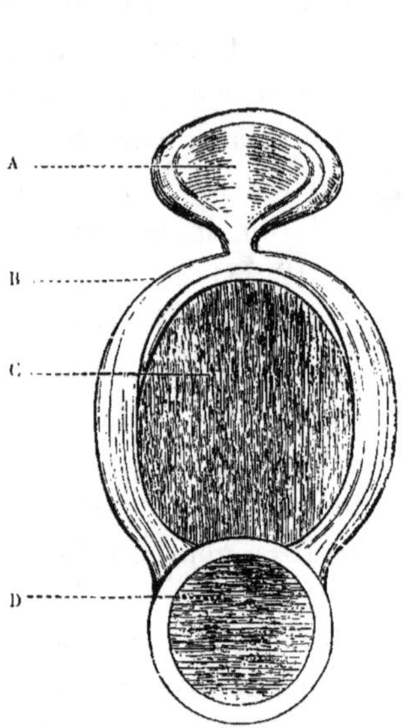

Fig. 218. *Coupe verticale du crâne.*
Gross. 100 *fois.*

A, nageoire dorsale; B, paroi du crâne; C,
cerveau; D, corde dorsale.

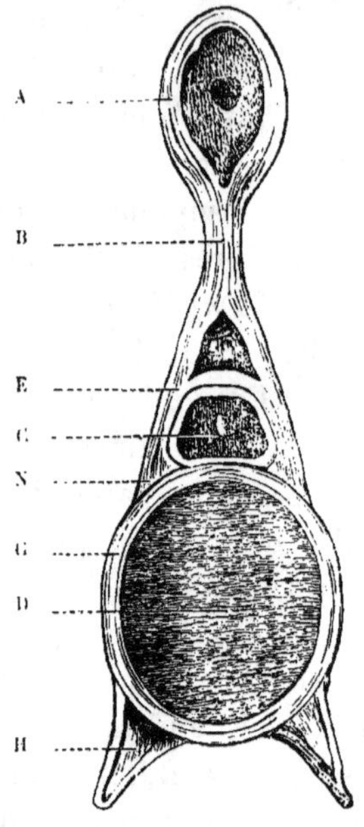

Fig. 219. *Coupe verticale du rachis dans
la région abdominale. Gross.* 50 *fois.*

A, nageoire dorsale; B, apophyse épineuse;
E, lame transversale; C, moelle épinière
et son canal central; N, neurapophyse;
G, gaîne de la corde dorsale; D, corde
dorsale; H, hémapophyse.

caudale, les hémapophyses d'un côté se soudent, nous l'avons
dit, à celles de l'autre côté pour compléter le conduit hémal.
— La bouche est placée en dessous ; elle a son ouverture longitudinale ; elle n'est pas dentée ; elle n'a pas de mâchoires; elle
est entourée de cartilages qui soutiennent des tentacules, et constituent son squelette ; ces tentacules, espèces de cirres, avaient

été regardés comme étant des branchies par Costa, qui, pour rappeler cette organisation, crut devoir donner au *Limax lanceolatus* de Pallas le nom générique de *Branchiostoma*. En arrière, près de la chambre pharyngienne, se trouvent des franges, des appendices lamelleux, qui sont les *organes rotatoires* de J. Müller.

Système nerveux. — A, *Cerveau*. La partie antérieure du névraxe est considérée par M. de Quatrefages comme un renflement ganglionnaire analogue à ceux dont sortent les nerfs spinaux, mais auquel il faut attribuer une importance physiologique plus considérable, en raison des fonctions des nerfs qui en émergent. Il y a plus qu'une différence physiologique. Le cerveau se distingue nettement de la moelle épinière; il est plus développé; son diamètre vertical est plus grand que son diamètre transverse; c'est le contraire pour la moelle. — Suivant Huxley, l'extrémité antérieure de l'axe cérébro-spinal répond à la *lamina terminalis* du *thalamencéphale* des Vertébrés supérieurs; les hémisphères cérébraux et les lobes olfactifs ne se sont pas développés. Les paires de nerfs qui se trouvent entre le nerf optique et la *portio dura* (nerf facial) sont représentées par les troisième, quatrième, cinquième et sixième paires de nerfs crâniens chez les Vertébrés supérieurs. — B, *Moelle épinière*. Elle montre en quelque sorte la figure d'une pyramide quadrangulaire; elle a des renflements ganglionnaires qui correspondent aux racines des nerfs; son canal central est très-facile à voir. — D'après M. de Quatrefages, au-delà de son dernier renflement ganglionnaire, la moelle se prolonge en un filet mince de $\frac{1}{200}$ de millimètre à peu près, qui se renfle et forme une sorte d'ampoule très-prononcée au niveau même de l'extrémité de la corde dorsale; la dure-mère l'accompagne et le revêt jusqu'à sa terminaison; l'auteur ajoute en note qu'il n'est pas certain que cette disposition soit constante. — En effet j'ai remarqué parfois, au-dessus de l'extrémité postérieure de la corde dorsale, une espèce de saillie arrondie; cette saillie visible chez certains sujets, paraissant manquer chez d'autres, n'est pas un renflement, une dépendance du système nerveux, c'est une ampoule, un sinus qui semble contenir une quantité variable de liquide.

Organe de la vue. — C'est Retzius qui, le premier, a démontré l'existence de cet organe chez l'Amphioxus. Suivant la plupart des auteurs, Retzius, J. Müller, Kölliker, de Quatrefages, il y a deux yeux. Schultze n'a découvert qu'un seul œil. Marcusen examina de nombreux individus, et constata chez quelques-uns la présence de deux yeux, chez les autres, d'un œil unique placé sur la ligne médiane de la tête. L'œil ressemble à un petit point noirâtre. D'après M. de Quatrefages, dans la capsule aplatie représentant le globe de l'œil, est un corps arrondi, transparent, réfractant la lumière, un véritable cristallin; il s'y trouve en outre une substance orangée.

Organe de l'odorat. — Près des yeux, est une grande cupule, qui a été considérée par Kölliker, de Quatrefages, comme étant l'organe olfactif. Cette cupule, facile à voir chez les animaux vivants, est garnie de cils vibratiles, qui exécutent des mouvements très-rapides.

Appareil digestif. — A l'extrémité postérieure de la chambre pharyngobranchiale, se trouve l'œsophage, qui est court, étroit; il s'ouvre dans une espèce de poche stomacale, qui est en communication avec un grand appendice, dont le sommet est tourné en avant; cet appendice est considéré comme étant un cæcum hépatique (V. t. I, p. 123). L'intestin ne fait aucun repli; en arrière du pore abdominal, il n'est pas en contact direct avec les parois du corps, il est logé dans une cavité péritonéale rétrécie, qui se continue jusqu'au rectum. — La muqueuse du tube digestif, ainsi que celle de l'appendice hépatique, est couverte de cils vibratiles.

Appareil circulatoire. — Ainsi que l'ont fait remarquer plusieurs naturalistes, l'appareil circulatoire de l'Amphioxus ressemble à celui de certains Annélides. Il n'existe pas d'organe central de la circulation. Le cœur est remplacé par un vaisseau longitudinal, d'un calibre uniforme, auquel J. Müller a donné le nom de *cœur artériel*. Ce vaisseau est placé à la partie inférieure de la chambre branchiale, et s'étend jusque dans la cavité abdominale ; en arrière, il communique avec le cœur de la veine cave ; en avant, il se bifurque, et forme ainsi deux arcs ou *conduits de Botal* (*ductus Botalli*, J. Müll.), qui se réunissent au-dessus de la bouche, et s'anastomosent avec l'aorte ; ces conduits sont contractiles. Le cœur artériel se contracte d'arrière en avant ; il bat régulièrement, et d'après J. Müller, de Quatrefages, l'intervalle qui s'écoule d'une contraction à l'autre est d'environ une minute. — De chaque côté du cœur artériel naissent les *artères branchiales*, qui ont chacune à la base un bulbe contractile ; ces artères remontent sur les arcs branchiaux, et comme eux, elles sont en nombre variable suivant l'âge des sujets ; on en compte de vingt-cinq à cinquante paires, et même plus. — Les *veines branchiales*, ou plutôt les *artères épibranchiales*, se rendent dans l'aorte qui occupe la même place que chez les autres Poissons. L'aorte distribue le sang dans les différentes parties du corps. — La *veine porte* est, comme chez les Marsipobranches, en rapport avec l'intestin ; arrivée sous le cæcum hépatique, elle se divise en nombreux rameaux ; elle est contractile, et J. Müller a cru devoir l'appeler *cœur de la veine porte*. D'après J. Müller, de Quatrefages, le sang contenu dans ce vaisseau passe par les ramifications capillaires du cæcum hépatique, et se rend dans la veine cave qui est au-dessus de l'appendice hépatique. — La *veine cave* (ou *cœur de la veine cave*, J. Müll.) ne représente-t-elle pas une sorte de sinus ? N'est-elle pas formée par la réunion de deux veines cardinales postérieures ? Cette veine est contractile ; elle s'unit au cœur artériel. — Les contractions du cœur de la veine porte alternent avec celles du cœur de la veine cave. — Suivant Marcusen, le système vasculaire est plus complet, plus perfectionné qu'on ne l'avait supposé ; le sang, avec ses corpuscules, est distribué dans les différents organes de l'Amphioxus, il est, comme chez les autres Vertébrés, contenu dans des vaisseaux, et non dans des lacunes. — Dans le plasma du sang, il n'y a pas de globules colorés.

Appareil respiratoire. — Il est placé dans la partie antérieure de la cavité viscérale commune. Les parois de la chambre branchiale sont soutenues par des pièces légèrement inclinées, qui sont dirigées obliquement de haut en bas et d'avant en arrière, qui sont reliées d'espace en espace par des traverses assez courtes, indépendantes les unes des autres, et figurent les barreaux d'une espèce de cage. Suivant la taille des individus, ces pièces costiformes, ces *côtes branchiales* (de Quatrefages) sont en nombre variable ; elles sont séparées par des fentes, à travers lesquelles sort l'eau qui a servi à la respiration. Ce liquide passe dans la cavité péritonéale, d'où il s'échappe au dehors par le pore abdominal, qui est situé entre deux replis longitudinaux, en avant de l'anus. — C'est, je crois, Goodsir, qui, le premier, a comparé les branchies de l'Amphioxus à celles des Ascidies.

Conservation de l'espèce. — Chez le mâle, comme chez la femelle, les organes de la reproduction sont représentés par des poches complétement fermées, et recouvertes par le péritoine. Dans les deux sexes, les poches sont au nombre de vingt-deux à vingt-six paires ; elles sont nettement séparées les unes des autres ; elles ne sont distinctes que lorsqu'elles sont remplies d'œufs ou de spermatozoïdes. Quand les produits de la génération sont mûrs, ils tombent dans la cavité abdominale ; comment en sortent-ils? Suivant Kowalewsky, ils sont expulsés par la bouche ; si le fait est exact, il établit un rapport nouveau entre les Amphioxus et les Ascidies. Il est difficile d'admettre une semblable anomalie même chez le dernier des Vertébrés ; d'ailleurs les observations de Kowalewsky sont en désaccord avec celles d'autres naturalistes. M. de Quatrefages a plusieurs fois, dit-il, constaté la sortie des œufs par le pore abdominal ; de son côté, P. Bert écrit avoir vu le sperme sortir par le pore abdominal, d'un jet continu renforcé de pulsations dues aux muscles abdominaux ; M. Milne-Edwards rappelle que la sortie des œufs par l'orifice expirateur a été souvent constatée. La segmentation du vitellus est complète. Kowalewski a donné de nombreuses figures montrant les phases du développement de l'*Amphioxus lanceolatus*. Canestrini rapporte que Panceri a tenté avec succès la fécondation artificielle de cette espèce.

Dans son *Histoire de la Création des êtres organisés d'après les lois naturelles* (trad. Letourneau), Haeckel a donné de fort belles figures représentant les diverses phases du développement chez l'Amphioxus et chez l'Ascidie. Ces figures sont-elles les images bien fidèles de la nature? — L'*Amphioxus lanceolatus*, écrit Haeckel (*op. cit.*, p. 505), est évidemment le dernier des Mohicans, le dernier survivant d'une classe fort nombreuse de vertébrés inférieurs, qui s'étaient développés durant l'âge primordial, mais qui, n'ayant pas de squelette solide, n'ont pas laissé de traces. » — Non, le héros du roman n'est pas le dernier de sa race; suivant certains naturalistes, le *Branchiostoma caribœum*, le *Branchiostoma elongatum*, Sundewall, le *Branchiostoma Belcheri*, Gray, l'*Amphioxus Mülleri*, C. Moreau, sont des espèces distinctes. N'est-ce pas encore un autre Pharyngobranche, ce poisson qui a été pêché dans la mer d'Australie (*Moreton-Bay*)? Il est même si différent de l'Amphioxus que, d'après W. Peters, il doit être considéré comme le type d'un genre nouveau, c'est l'*Epigonichthys cultellus*. Qui peut affirmer qu'on ne trouvera plus d'autres Pharyngobranches? Quant à prétendre que la classe de ces Vertébrés inférieurs a été fort nombreuse, c'est une pure hypothèse, on n'en sait absolument rien. — Extérieurement, ajoute Haeckel, l'Amphioxus « ressemble si peu à un vertébré que Pallas, qui le découvrit, le prit pour un limaçon nu. » — Mais Linné n'a-t-il pas rangé la *Myxine glutinosa* dans sa classe des *Vermes?* — Pallas n'a pas précisément découvert l'Amphioxus, il l'a reçu de la côte d'Angleterre, ainsi qu'il le rappelle: *Animal quod nunquam vivum vidi, sed liquore servatum, e mari Cornubiam alluente accepi olim, quodque prima facie refert Piscem Leptocephalum Gronovii* (Pallas, *Spicil.*, fasc. X, p. 19).

Famille des Branchiostomidés, *Branchiostomidæ*.

Corps allongé, comprimé, terminé en pointe.
Tête; bouche fendue en long, placée en dessous, bordée d'une rangée de tentacules.

GENRE BRANCHIOSTOME — *BRANCHIOSTOMA*, Costa.

Caractères de la famille.

LE BRANCHIOSTOME LANCÉOLÉ — *BRANCHIOSTOMA LANCEOLATUM.*

Fig. 220.

Syn. : Limax lanceolatus, Pallas, *Spicit. zool.*, fasc. X, p. 19, pl. 1, fig. 1.
Branchiostoma lubricum, Costa, *Fn. Napol.*, pl. 30; (*Amphioxus lanceolatus*) J. Müller, dans *Abhand. Akad. Berlin*, 1842, Berlin, 1844, p. 79-116, pl. 1-5; (*Amphioxus lanceolatus*) Marcusen, dans *Ann. Magaz. nat. Hist.*, London, 1864, t. XIV, p. 151-154, et 319-320; Canestr., *Fn. Ital.*, p. 205.
Amphioxus lanceolatus, Yarr., t. I, p. 1; Kölliker, dans Müller's *Arch. Anat.*, 1843, p. 32-35, pl. 2, fig. 5 (organe de l'odorat, spermatozoïdes); Sundewall, dans *Isis*, 1843, p. 290-291; Goodsir, dans *Transact. Roy. Soc. Edinb.*, Edinburgh, 1844, t. XV, p. 244, 263, pl. 4-5; Quatrefages, dans *Ann. sc. nat.*, 1845, t. IV, p. 197-248, pl. 10-13; Kowalewsky (embryogénie) dans *Mém. Acad. Saint-Pétersbourg*, 1867, t. XI, n° 4, pl. 1-4; P. Bert, dans *Comp. rend. Acad. sc.*, Paris, 1867, t. LXV, p. 361-367; É. Moreau, dans *Comp. rend. Acad. sc.*, Paris, 1870, t. LXX, p. 1006-1008, et p. 1189-1191; Huxley, dans *Proceed Roy. Soc. London*, London, 1875, t. XXIII, p. 127, fig.
The Lancelet, Yarr., t. I, p. 1; Couch, t. IV, p. 415; R. Owen, dans *Anat. Vertebrates*, t. I, p. 31, fig. 23, p. 270, fig. 170.

Long. : 0,040 à 0,055 et même 0,070.

De forme lancéolée, cet animal est plus ou moins effilé à ses deux extrémités; il est allongé; il est comprimé; il a le dos anguleux et la partie inférieure du tronc relativement assez large, de sorte que le corps présente un peu la figure d'un prisme triangulaire. Le ventre est bordé par un repli très-bas, espèce de carène allant, de chaque côté, depuis la bouche jusqu'à l'anus. Les faisceaux musculaires dessinent sur les flancs des stries anguleuses bien marquées. La peau est complétement nue, très-lisse et fort résistante.

La tête n'est pas distincte du corps. La bouche est ouverte en long; elle est placée en dessous; elle est en arrière de l'extrémité antérieure de la corde dorsale; elle est entourée d'une rangée de tentacules qui ont une forme particulière; s'il est permis de faire une comparaison vulgaire, on peut dire qu'ils ressemblent à des clous à crochet; la courte extrémité de chacun d'eux s'articule avec la tête excavée du cartilage suivant. Ces tentacules ont la partie libre longue, mince, effilée; ils sont très-mobiles, surtout dans le sens latéral; ils sont en nombre variable ; Costa en compte quinze paires ; Couch en indique dix ou onze paires ; quant à moi, j'en ai trouvé généralement quatorze paires, sur des animaux de grande taille.

La dorsale est excessivement longue; elle commence sur la tête, et s'unit, ainsi que l'anale, à une très-petite caudale pointue.

La teinte est d'un gris excessivement clair. Le corps de l'animal vivant est d'une si grande transparence qu'il est possible de l'examiner au microscope, et d'étudier les parties les plus délicates de sa curieuse organisation ; il est facile de voir les mouvements des cils vibratiles, de suivre les battements des vaisseaux contractiles.

Habitat. Méditerranée, le Branchiostome est cité dans le *Catalogue des Poissons de Cette* publié par M. Doùmet. Océan, il a été trouvé en 1867, dans le bassin d'Arcachon, par MM. Fillioux et A. Lafont; il est commun dans les bancs de sable qui ne découvrent qu'aux grandes marées, comme le fait observer Lafont. Grâce à l'obligeance de ce regretté naturaliste, qui a bien voulu me guider dans mes recherches, j'ai eu l'avantage de faire une abondante récolte d'Amphioxus; j'ai pu ainsi étudier vivants ces animaux singuliers. Manche, le Branchiostome a été découvert, en 1874, sur la côte de Roscoff; il paraît même assez commun sur ce point du Finistère.

CORRECTIONS.

———

Tome	I, page	15,	ligne	18,	*lisez*	sont, font, *au lieu de :* étaient, faisaient.
—	—	40,	—	21	—	Philipeaux, *au lieu de :* Philippeaux.
—	—	65-67, titre			—	Peau, *au lieu de :* Système nerveux.
—	—	134,	—	4	—	certains, *au lieu de :* certaines.
—	—	285,	—	1	—	Mélastome, melastomus, *au lieu de :* Mélanostome, melanostomus.
—	—	293,	—	33	—	dent, *au lieu de :* dents.
—	—	352,	—	3	—	Prod. nouv. distrib. systèm. règne animal, dans *Bull. Sc. Soc. philom. Paris.*
—	—	361,	—	8	—	*Norvegianus,* au lieu de *Norwegianus.*
—	—	369,	—	37	—	Couch, t. I.
Tome	II, —	96,	—	13	—	2ᵉ dorsale, *au lieu de :* 2ᵒ dorsale.
—	—	156,	—	5	—	*Schonfeldii,* au lieu de : *Shonfeldii.*
—	—	241,	—	31	—	son, *au lieu de :* leur.
—	—	309,	—	8	—	Schonevelde, *au lieu de :* Shonevelde.
—	—	326,	—	22	—	Salvadori, *au lieu de :* Salvadory.
—	—	398,	—	24	—	Cheilodipterus, *au lieu de :* Cheilodiptera.
Tome	III, —	81,	—	15	—	*Skandinav.,* au lieu de : *Scandinav.*
—	—	219,	—	33	—	Messanensis, *au lieu de :* Messaniensis.
—	—	258,	—	1	—	*molva,* au lieu de : *molu.*
—	—	264,	—	28	—	blennioides, *au lieu de :* blennoides.
—	—	288,	—	29	—	long. totale 1,740, *au lieu de :* 0,174.
—	—	»	—	32	—	pectorale, long. 0,160, *au lieu de :* 0,016.
—	—	321,	—	23	—	Abildgaard, *au lieu de :* Abilgaard.
—	—	374,	—	5	—	il est, *au lieu de :* il en est.
—	—	401,	—	37	—	Pomeranian, *au lieu de :* Pomerian.
—	—	445,	—	15	—	différence, *au lieu de :* difference.

ADDITIONS

Famille des Rhinobatidés, Rhinobatidæ.

Les Rhinobatidés forment la seconde famille de la tribu de
Squatinoraies (t. 1, p. 374).

Corps; disque uni à la tête et assez semblable à celui des Raies; queue
développée, grosse, confondue avec le tronc, portant, de chaque côté, une
carène ou plutôt un repli cutané.

Tête; museau triangulaire; bouche transversale, garnie de petites dents
en pavés.

Évents placés immédiatement derrière les yeux.

Nageoires; dorsales en arrière des ventrales; caudale à lobe inférieur
commençant plus en avant que le lobe supérieur; ventrales rapprochées
des pectorales.

GENRE RHINOBATE — *RHINOBATUS*.

Narines; valvule nasale antérieure non réunie à celle du côté opposé.

LE RHINOBATE DE COLONNA — *RHINOBATUS COLUMNÆ*.

Syn. : SQUATRORAIA, Rhinobatos, Bell., p. 78; Gesner, p. 1084.
DE SQUATINORAIA, Rhinobatos, Aldrov., p. 475-478, fig. anim. vu en dessus et en
dessous.
DE RHINOBATE, *sive* SQUATINORAIA, Columna, Φυτοβάσανος, ed. J. Planco, Florentiæ,
1744, p. 101, pl. 77, anim. vu en dessus et en dessous, *J. Planci adnotatio*, p. 105;
Willugh., p. 79, pl. D. 5, fig. 1, copiée de Colonna.
RHINOBATUS COLUMNÆ, CBp., *Fn. ital.*, fig. anim. vu en dessus et en dessous, *Cat.*,
n° 40; (SYRRHINA) Müller et Henle, *Plagiost.*, p. 113; Costa, *Fn. Napol.*, par. 3ª, pl. 10,
fig. 1, anim., fig. 2, tête vue en dessous, fig. 3, dents grossies, fig. 4, pièce de peau
grossie; A. Duméril, t. I, p. 486, pl. 10, fig. 7, scutelles; Günth., t. VIII, p. 446;
Canestr., *Fn. Ital.*, p. 52.

Long. : 0,50 à 1,00.

Du bout du museau aux ventrales, le Rhinobate a l'aspect d'une Raie à disque rétréci, puis il finit comme un Squale; le tronc est uni à la base de la queue, sans qu'il existe, entre les deux parties de l'animal, une ligne de démarcation bien visible. Le disque est un peu moins large que long; sa largeur mesure le tiers environ de la longueur totale. La peau, couverte d'un chagrin excessivement fin, semble presque lisse. Sur le milieu du dos, règne une série longitudinale de petits aiguillons mousses, assez éloignés les uns des autres; des aiguillons semblables sont disposés en travers sur la région supérieure de la ceinture scapulaire. Un repli cutané latéral, une espèce de carène, commence après l'insertion de la ventrale, et s'étend jusqu'à l'origine du lobe inférieur de la caudale.

La tête présente la forme d'un triangle, dont l'angle antérieur est arrondi; sa longueur, prise de l'extrémité du museau au bord postérieur de l'occipital, fait à peu près le cinquième de la longueur totale. La bouche est droite; elle a généralement une largeur un peu moins grande que la distance qui la sépare du bord du disque. Les dents sont mousses, en petits pavés figurant une mosaïque régulière.

Sur le bord interne de l'orbite, se trouvent des aiguillons très-courts, à pointe émoussée. Les yeux sont petits; leur diamètre, chez les sujets développés, ne mesure guère que le septième de l'espace préorbitaire.

L'œil et l'évent semblent placés dans une même cavité, ils ne sont séparés l'un de l'autre que par un repli membraneux. Sur le bord postérieur du spiracule se montrent deux petits appendices.

Les narines sont largement ouvertes; elles sont ovales; elles ont leur grand diamètre dirigé obliquement d'avant en arrière et de dehors en dedans. Chacune d'elles est pourvue de deux valvules. La valvule antérieure porte un lobe linguiforme, développé, allant jusque sous la valvule postérieure, divisant ainsi l'orifice nasal en deux parties inégales; en dedans, la valvule se détache du bord de la narine, et vient se terminer un peu en

avant de l'angle nasal interne. La valvule nasale postérieure
est bilobée ; le lobe externe s'insère en dehors près de la valvule
antérieure ; il est convexe ; il s'unit, en dedans, au lobe interne,
et fait avec lui une espèce d'appendice lamelliforme, qui longe
la paroi postérieure de la narine ; le lobe interne a le bord convexe.

La première dorsale est placée sur le tronçon de la queue ;
elle est plus rapprochée de la base de la ventrale que de l'origine de la caudale ; elle est trapézoïde, plus haute que longue.
La seconde dorsale présente la même forme que l'autre. La caudale est développée ; elle a le bord postérieur coupé obliquement ;
le lobe inférieur commence un peu plus en avant que le lobe
supérieur. Les ventrales sont plus longues que larges ; elles sont
trapézoïdes ; elles ont l'angle externe obtus, l'angle interne ou
postérieur aigu.

En dessus, l'animal est d'une teinte gris jaunâtre ou brun verdâtre ; en dessous, il est d'un blanc sale.

Habitat. Méditerranée, accidentellement ; le spécimen dont je vais indiquer les proportions a été pêché dans les eaux de Marseille, au commencement de l'année 1879, il a été envoyé par M. Marion au Muséum de Paris.

Proportions : long. totale 0,880 ; disque, long. 0,350, larg. 0,290.

Tête, long. 0,175, larg. au niveau de l'angle postérieur des évents 0,206.
— OEil, diam. 0,019, esp. préorbit. 0,134, esp. interorbit. 0,034. — Bouche,
larg. 0,055.

Distance du bout du museau à : narine 0,122 ; bouche 0,150 ; anus 0,360 ;
première dorsale 0,510 ; seconde dorsale 0,655 ; caudale, lobe supérieur
0,790 ; ventrale 0,330.

L'ESTURGEON DE VALENCIENNES — *ACIPENSER VALENCIENNII.*

Genre Esturgeon, t. 1, p. 471.

Syn. : ACIPENSER (HUSO) VALENCIENNII, A. Dumér., t. II, p. 180.

Long. : 1,50 à 3,00.

Dans cette espèce les proportions sont à peu près les mêmes
que dans l'Esturgeon commun ; la hauteur du tronc est contenue

de huit à dix fois dans la longueur totale. Le profil du dos est presque droit. Les écussons, très-développés, sont moins nombreux que chez l'Esturgeon commun ; à la série supérieure, ils sont, entre la plaque occipitale et la plaque de la dorsale, au nombre de neuf ; il y en a deux ou trois paires après la dorsale ; la plaque nuchale est fort grande ; elle a le bord antérieur presque droit, ou plutôt légèrement anguleux, avec une courte pointe dans son milieu. Les écussons latéraux sont au nombre de vingt-quatre à vingt-sept. On compte de huit à onze écussons en avant de chacune des ventrales. En avant de l'anale, se trouvent trois paires d'écussons ; après la nageoire, il en existe également trois paires. La peau de la région supérieure est garnie de scutelles, qui parfois ressemblent à des rosaces.

Mesurée de la pointe du museau à la plaque nuchale, la longueur de la tête est comprise environ cinq fois et demie dans la longueur totale. La plaque occipitale a son prolongement antérieur développé. Le museau est assez court ; il est arrondi à son extrémité. La première plaque rostrale inférieure est plus large en avant qu'en arrière. Les barbillons sont attachés vers le milieu de la distance qui sépare le bout du museau de l'enfoncement de la bouche.

La dorsale est plus haute que longue ; elle a des rayons moins nombreux que celle de l'Esturgeon commun. L'anale est assez courte ; elle se termine un peu plus en arrière que la dorsale. Le lobe supérieur de la caudale est grand. L'extrémité de la pectorale arrive vers le cinquième écusson de la série latérale. La ventrale est d'un tiers environ moins longue que la pectorale.

D. 34 ; A. 21 ; P. 31 ; V. 25 ou 26.

Chez les animaux conservés, la teinte est brunâtre.

Habitat. Dans la collection du Muséum de Paris se trouvent deux spécimens ; l'un, mesurant 3^m,00, a été pêché dans l'Atlantique, aux Sables-d'Olonne ; l'autre, ayant 1^m,50 de long, a été acheté par Valenciennes, au marché de Paris, comme provenant de l'embouchure de la Seine (A. Dumér.).

Proportions : animal monté, long. totale 1,500 ; tronc, haut. 0,180, épais. 0,140.

Tête, long. du bout du museau à la plaque nuchale 0,284; haut. 0,140.

Distance du bout du museau à : barbillons 0,063 ; bouche 0,132; dorsale 1,040 ; anale 1,080; pectorale 0,315 ; ventrale 0,870.

J'ai dit (t. 1, p. 478) : l'Esturgeon ordinaire est le seul qui se trouve en France; pour mon travail, je n'avais qu'à examiner les espèces qui vivent en Europe ; or l'Esturgeon de Valenciennes est, dans l'ouvrage du professeur A. Duméril, placé à la suite des espèces américaines ; telle est la cause de l'omission que je répare.

LA CORYPHENE EQUISET — *CORYPHÆNA EQUISETIS*.

Le genre Coryphène est composé de deux espèces, et non d'une seule, t. II, p. 519.

Syn. : CORYPHÆNA EQUISELIS, Linn., p. 447, sp. 2.
CORYPHÆNA EQUISETIS, Arted. Walb., pars 3ª, *Genera Pisc.*, p. 102; Lowe, *Fish. Madeira,* p. 67, pl. 10; Günth., t. II, p. 407.
LE DORADON, Coryphœna equiselis, Bonnat., p. 59.
LE CORYPHÈNE DORADON, Coryphœna equiselis, Lacép., t. VIII, p. 267.
LA CORYPHÈNE ÉQUISET, Coryphœna equisetis, Cuv. et Valenc., t. IX, p. 297, pl. 267 ; Valenc., *Ichth. Canaries,* dans Webb. et Berthelot, p. 58, pl. 21.

Long. : 0,50 à 1,00, et plus.

Jusqu'à présent les naturalistes n'ont jamais signalé la présence de la Coryphène équiset sur les côtés de l'Europe. Ce poisson a le corps très-élevé, couvert de petites écailles fort adhérentes. La hauteur du tronc est contenue quatre fois et demie à cinq fois dans la longueur totale.

En général, la tête est plus haute que longue ; sa longueur mesure environ le sixième de la longueur totale ; son profil monte d'abord verticalement au-dessus de la bouche, puis dessine une courbe régulière jusqu'à l'origine de la dorsale. Le bord convexe est tranchant; mais la partie verticale semble tronquée en avant, et forme une sorte de triangle dont la base fait les deux tiers ou les trois quarts de la hauteur. La bouche est oblique, assez largement ouverte. La mâchoire supérieure est à peu près aussi avancée que la mandibule, chez les animaux de grande taille; elles sont, toutes les deux, munies de dents en velours, ou plutôt en cardes fines ; les dents qui sont placées sur le côté externe sont plus grandes et plus fortes que les autres. Une plaque de dents en cardes fines garnit le chevron du vomer. Les palatins ont une bande très-large de dents en velours. La langue est libre, à bords minces et lisses ; elle porte un disque ovale, hérissé de dents en cardes fines, à pointe tournée en arrière. L'extrémité de la mâchoire supérieure dépasse le prolongement du diamètre vertical de l'orbite.

Les yeux sont ovales. L'iris paraît jaunâtre. Le diamètre de l'œil est compris environ six fois dans la longueur de la tête ; chez les sujets développés, il mesure à peu près la moitié de l'espace préorbitaire.

Très-voisines l'une de l'autre, les ouvertures de la narine sont plus éloignées du bout du museau que du bord antérieur de l'orbite.

Il y a sept rayons branchiostèges. Les ouïes sont largement fendues. L'opercule est presque triangulaire. Le préopercule est fort développé ; il a l'angle postérieur arrondi.

La dorsale est haute en avant ; elle va s'abaissant d'une façon régulière jusque près de la racine de la caudale. L'anale se termine sous les derniers rayons de la dorsale. La caudale est fourchue. Les pectorales sont falciformes ; elles ont une large base. Les ventrales sont plus longues que les pectorales ; elles peuvent se loger dans une espèce de dépression, qui s'efface un peu en avant de l'anus.

Br. 7. — D. 51 à 57 ; A. 24 à 27 ; P. 19 à 21 ; V. 1/5.

La coloration semble variable ; sur le dos, elle est verdâtre à reflets tantôt dorés, tantôt argentés ; elle est argentée sur les côtés et le ventre. — La chair est brune.

Habitat. Méditerranée, accidentellement, Cette ; dans la nuit du 12 au 13 août 1879, un individu a été pris au palangre, sur le grand rocher qui se trouve entre Agde et Cette.

Proportions : longueur de la tête à la fourche de la caudale 0,840 ; tronc, haut. 0,220, épais. 0,080.

Tête, long. 0,171. — Œil, diam. 0,029, esp. préorbit. 0,055, esp. interorbit. 0,060. — Mâchoire supérieure, long. 0,072.

Caudale, long. environ 0,250, distance séparant l'une de l'autre la pointe des lobes 0,250 ; pectorale, long. 0,106 ; ventrale (cassée), long. 0,077.

GENRE PLAGUSIE — *PLAGUSIA*.

Ce genre, le dernier de la famille des Pleuronectidés, se distingue facilement des autres genres, qui sont indiqués, t. III, p. 287.

Corps peu développé, couvert d'écailles ciliées.
Tête ; mâchoires garnies de dents sur les deux côtés.
Yeux à gauche.
Nageoires ; nageoires impaires unies ; pas de pectorales.

LA PLAGUSIE LACTÉE — *PLAGUSIA LACTEA*.

Syn. : Plagusia lactea, CBp., *Fn. ital.*, fig. ; Canestr., *Archiv. zool.*, 1861, t. I, p. 43, pl. 4, fig. 3, *Fn. Ital.*, p. 168.
Plagusia lactea, CBp., *Cat.*, n° 431 ; Costa, *Fn. Napol.*, pl. 50.
Ammopleurops lacteus, Günth., t. IV, p. 490.

Long. : 0,08 à 0,12.

Cette espèce, nouvelle pour nos côtes, a le corps allongé, lamelliforme, terminé en pointe. La hauteur du tronc est contenue trois fois et demie à quatre fois dans la longueur totale. De chaque côté, la peau est couverte d'écailles minces, assez petites, de faible adhérence, à bord postérieur garni de plusieurs séries de spinules. L'anus est ouvert à droite.

La tête est haute ; elle ne paraît pas avoir de villosités sur la partie droite ; sa longueur est comprise cinq fois environ dans la longueur totale. La fente de la bouche atteint, ou même dépasse un peu en arrière, la perpendiculaire tangente au bord antérieur de l'orbite. Les mâchoires sont dentées.

Les yeux sont tournés à gauche ; ils sont placés dans le même plan vertical, et tellement rapprochés l'un de l'autre, que l'espace interorbitaire est nul, pour ainsi dire. Le diamètre de l'œil mesure à peu près le huitième de la longueur de la tête, plus de la moitié de l'espace préorbitaire.

Du côté gauche, l'orifice antérieur de la narine se trouve un peu en avant de l'œil inférieur, il semble tubuleux ; l'autre orifice est rapproché de l'espace interorbitaire.

Le bord postérieur du battant operculaire porte, entre les deux angles, une échancrure bien marquée.

La ligne latérale est droite. Éc., l. long. 65 à 75 ; l. transv. 24 environ.

Il n'y a pas d'écailles sur les rayons des nageoires. La dorsale commence au-dessus de l'œil supérieur, et quelquefois peut-être un peu en avant ; elle est unie, ainsi que l'anale, à la caudale qui est pointue ; d'après Canestrini, les rayons des nageoires impaires sont en nombre variable de cent soixante à cent soixante-dix-huit. Les ventrales sont peu développées ; elles paraissent confondues en une seule nageoire, qui compte seulement quatre rayons.

$$D. + A. + C. = 160 \text{ à } 178 ; P. 0 ; V. + V. = 4.$$

Le côté gauche est d'un blanc laiteux ou d'un bleu jaunâtre teinté de gris ; le côté droit est blanchâtre. A gauche, les nageoires impaires portent, surtout vers leur insertion, des taches noirâtres plus ou moins étendues.

Habitat. Méditerranée, excessivement rare. Le spécimen, dont je vais indiquer les proportions, a été pêché à Cette, au mois de septembre 1879 ; jusqu'à présent, c'est le seul individu qui ait été pris ou reconnu sur nos côtes.

Proportions : long. totale 0,112 ; tronc, haut. 0,029, épais. 0,006.

Tête, long. 0,023, haut. 0,024. — Œil, diam. 0,003, esp. préorbit. 0,004, esp. interorbit. 0,0005. — Mâchoire supérieure, long. 0,005.

Caudale, long. 0,007 ; ventrale, long. 0,005 ; dorsale, haut. 0,010 ; anale, haut. 0,008.

Gymnetrus Mullerianus, Risso, dans Wiegmann's *Archiv fur Naturg.*, Berlin, 1840, t. I, p. 13-16. — Ce poisson est le *Trachypterus cristatus*, Bonelli, décrit t. II, p. 567.

Dans la séance du 9 août 1880, M. Alphonse Milne Edwards a communiqué à l'Académie des Sciences le « compte rendu sommaire d'une exploration zoologique faite dans le golfe de Gascogne à bord du navire de l'Etat *le Travailleur* » (V. *Comptes rend. Acad. Sc.*, Paris, 1880, t. XCI, p. 311). — L'un des membres de la Commission chargée du soin de faire cette exploration, M. L. Vaillant, professeur d'Ichthyologie au Muséum, devait naturellement s'occuper de l'étude des Poissons. Le savant zoologiste a eu l'amabilité de mettre à ma disposition une série de documents qui présentent le plus grand intérêt. Voici les notes que le professeur L. Vaillant a bien voulu prendre la peine de rédiger.

« Pendant la campagne du *Travailleur* pour l'étude des grandes profondeurs, des poissons ont été recueillis à différentes reprises.

Dans le XVIIe dragage, par 306^m., on a ramené les espèces suivantes : *Trigla pini*, Bloch, 1 indiv., *Capros aper*, Linn., 1 indiv., *Merluccius vulgaris*, Flem., 1 indiv., *Pleuronectes megastoma*, Donov., 45 indiv. environ, *Solea variegata*, Donov., 1 indiv.

Le dragage XVIe, par 1160^m., a pris un *Macrurus sclerorhynchus*, Valenc., et un *Stomias boa*, Risso. Ce dernier poisson avait déjà été pêché par 1200 à 1300^m dans le VIe dragage, où il était représenté par deux exemplaires, l'un de 119^{mm} à 120^{mm} de long, l'autre en mauvais état, reconnaissable cependant à la coloration des lambeaux de peau qui y étaient encore attachés. L'individu du XVIe dragage était au contraire bien conservé et mesure 220^{mm}.

Le *Macrurus sclerorhynchus* n'était connu que par l'exemplaire type (du Muséum de Paris), dont l'état de conservation est peu satisfaisant ; il est utile, je crois, d'en donner une nouvelle description d'après ce nouvel individu qui, sous ce rapport, ne laisse rien à désirer.

LE MACROURE SCLÉRORHYNQUE — *MACROURUS SCLERORHYNCHUS.*

Le Lépidolèpre sclérorhynque, Macrourus sclerorhynchus, Valenciennes, dans Webb et Berthelot, *Ichthyologie des îles Canaries*, p. 80, pl. 14, fig. 1.

Macrurus sclerorhynchus, Günther, *Cat. Fish. Brit. Museum*, t. 4, p. 394.
? Macrurus Bairdii, Goode et Bean, 1877, *Amer. Journal Sc. Arts*, III[e]sér., t. 14,
p. 471.

Br. VII + D. II, 8 — ?187 ; A. ? 122 + P. 13;V. 7. — Écailles 8/211/16.

Forme très-allongée ; corps atténué vers son extrémité postérieure au point de devenir filiforme. Plus grande hauteur presque double de l'épaisseur et contenue un peu plus de sept fois
dans la longueur totale.

Tête grosse et courte, très-peu plus longue que le corps n'est
haut. Museau n'en faisant guère que le tiers, court, tétraédrique,
fortement épineux à son extrémité antérieure, qui est peu saillante. Orbite grande ; son diamètre horizontal est à la longueur
de la tête :: 1 : 2,5 ; l'espace qui les sépare étant à cette dimension :: 1 : 4,5. Bouche infère, médiocre, garnie de fines
dents en velours. Barbillon mandibulaire long de 6 à 7 millimètres, en soie fine à son extrémité libre.

Ligne latérale offrant dans son septième antérieur une courbure légère à convexité supérieure, placée en ce point vers le
tiers supérieur de la hauteur, en occupant le milieu dans le reste
de son étendue.

Anus situé vers le cinquième antérieur de la longueur totale.

Première dorsale courte, élevée ; la seconde épine dépassant
au moins d'un sixième la plus grande hauteur du corps, son
bord antérieur garni de denticulations dirigées de bas en haut ;
elles sont fines, serrées, au nombre de trente-cinq à trente-sept ;
abaissée en arrière, cette épine dépasse de près de moitié de sa
longueur le point d'origine de la seconde dorsale. Celle-ci composée d'un grand nombre de rayons bas, prolongée comme dans
les autres espèces du genre jusqu'à l'extrémité postérieure du
corps où elle se joint à l'anale, laquelle commence plus en avant
presque au niveau de la perpendiculaire abaissée de la terminaison
de la première dorsale. Le compte des rayons est des plus difficiles ; leur nombre en tous cas est considérable, comme les
chiffres donnés plus haut le font connaître approximativement.
Il n'y a pas à proprement parler de nageoire caudale, à moins de

regarder comme telle les quelques faibles rayons placés à l'extrémité dans le prolongement du corps, au point d'union des nageoires dorsale molle et anale. — Les nageoires pectorales et
ventrales, insérées assez exactement l'une au-dessus de l'autre,
dépassent le point d'origine de l'anale par leurs extrémités
libres.

La coloration était uniformément argentée, un peu rougeâtre,
avec la région abdominale antérieure et branchiostégale d'un
bleu foncé, presque noir. Le barbillon a cette dernière teinte, à
la base ; il est blanchâtre dans le reste de son étendue.

Écailles cténoïdes. L'une des flancs avec les champs antérieur
et latéraux couverts de crêtes concentriques fines ; un seul grand
lobe marginal occupant tout le bord adhérent, sauf deux res-
sauts près des angles supérieur et inférieur. Sur le bord libre de
l'aire spinigère dix à douze spinules inégales, quelques-unes fort
grosses proportionnellement ; les spinules du champ même sont
moins développées, on en compte environ six sur la rangée
rayonnante médiane. Écaille de la ligne latérale constituée
exactement de la même manière ; les spinules manquent seulement à la partie médiane de l'aire spinigère, où se trouve un
espace en triangle allongé, à base tournée en arrière, sur lequel
s'observent des crêtes concentriques moins accusées seulement
que sur la partie antérieure.

Habitat. Golfe de Gascogne ; cet exemplaire, dans un état de conservation remarquable, a été dragué par 1160 mètres de profondeur.

Proportions : long. totale 0,250 ; tronc, haut. 0,034, épais. 0,018.

Tête, long. 0,037. — Œil, diam. 0,014 ; esp. préorbit. (long. du museau)
0,011, esp. interorbit. 0 008. »

NOTES.

CARCHARODONTE LAMIE, t. I, p. 302. — Un individu, mesurant 13 pieds de longueur, pesant 1700 kilogrammes, a été capturé, en 1872, près de la Rochelle.

SYNGNATHE TÉNUIROSTRE, t. II, p. 45. — Plusieurs sujets mâles m'ont été envoyés de Cette.

ZOARCÈS VIVIPARE, t. II, p. 156. — Ce Poisson m'a été vendu à Dunkerque sous le nom de *Lote*.

SÉBASTE DACTYLOPTÈRE, t. II, p. 317. — J'ai eu de Cette plusieurs spécimens de grande taille.

DENTÉ AUX GROS YEUX, t. III, p. 59. — Un individu pêché à Cette m'a été donné en 1880.

STOMIAS BOA, t. III, p. 488. — Plusieurs spécimens ont été pris dans le golfe de Gascogne pendant l'exploration faite à bord du *Travailleur*. V. t. III, p. 629.

AULOPE FILAMENTEUX, t. III, p. 515. — Un individu mâle, de grande taille, a été pêché à Cette et m'a été envoyé au mois d'octobre 1880.

SQUAMIPENNES. — *Chœtodon capistratus*, Bloch, pl. 205 ; Risso, *Hist. nat.*, p. 432 ; Cuvier et Valenciennes, *Hist. nat. Poissons*, t. VII, p. 64 ; Günther, *Cat. Fish. Brit. Museum*, t. II, p. 52 ; *Grisette, espéce de Demoiselle de l'Amérique*, Duhamel, *Péches*, part. 2, sect. 4, pl. 13, fig. 2. Dans son *Histoire naturelle*, Risso dit qu'un de ces singuliers poissons fut pêché dans la baie de Villefranche, à la suite de l'apparition d'un vaisseau venant des Indes (Riss., *op. cit.*, p. 433). La description faite par Risso est incomplète, inexacte ; je n'ai pas cru, d'après un semblable renseignement, devoir compter cette espèce au nombre de celles qui' peuvent se trouver sur nos côtes. — *Chœtodon octofasciatus* ; « M. Naccari cite le *Chœtodon octofasciatus* parmi les poissons de Chioggia ; mais il est contredit en ce point par M. de Martens » (Cuv. et Valenc., *Hist. nat. Poiss.*, t. VII, p. 8). — *Holacanthus tricolor*, Cuv. et Valenc., *Hist. nat. Poiss.*, t. VII, p. 162, *Règ. anim. ill.*, pl. 41, fig. 3 ; Günth., *Cat. Fish. Brit. Museum*, t. II, p. 49 ; *Chœtodon tricolor*, Bloch, pl. 426 ; *Acarauna du Brésil*, ou la *Veuve coquette des Isles d'Amérique*, Duham., *Péch.*, part. 2, sect. 4, pl. 13, fig. 1. M. Günther a, dans une séance de la Société zoologique de Londres, montré le dessin d'un *Holacanthus tricolor*, qui avait été pris sur la côte de la Grande-Bretagne (V. *Proceed. Zool. Soc. Lond.*, London, 1880, part. 1, p. 23).

FIN DU TROISIÈME ET DERNIER VOLUME.

BIBLIOGRAPHIE.

Agassiz, Louis : Recherches sur les Poissons fossiles, Neuchâtel, 1833-1843 ;

— Description de quelques espèces de Cyprins du lac de Neuchâtel, qui sont encore inconnues aux naturalistes, Neuchâtel, 1834, et dans *Mémoires de la Société des Sciences naturelles de Neuchâtel*, 1835, t. I, p. 33-48 ;

— Histoire naturelle des Poissons d'eau douce de l'Europe centrale, Neuchâtel, 1839 ;

— On Petromyzontidæ and their embryonic development and place in the natural History System, dans *Edinburgh new Philosophical Journal*, Edinburgh, 1850, t. XLIX, p. 242-246 ;

— et C. Vogt : Anatomie des Salmones, Neuchâtel, 1845.

Aldrovandus, Ulysses : De Piscibus, libri V, et de Cetis, lib. unus, Bononiæ, 1644.

Anjubault, P. A. : Revue des espèces de Poissons qui vivent dans le département de la Sarthe, et Observations sur la Pisciculture, le Mans, 1855.

Aristote : Histoire des Animaux, avec la traduction françoise par Camus, Paris, 1783.

Arsaky, A. : De Piscium cerebro et medulla spinali, Halæ, 1813.

Artedi, P., ed. J. J. Walbaum : Bibliotheca ichthyologica (Ichthyologiæ pars I), Grypeswaldiæ, 1788 ; Philosophia ichthyologica (Ichth. pars II), 1789 ; Genera Piscium (Ichth. pars III), 1792 ; Synonymia nominum Piscium (Ichth. pars IV), 1793 ; Descriptiones specierum Piscium (Ichth. pars V), 1793.

Ascanius, P. : Icones rerum naturalium, ou Figures enluminées d'Histoire naturelle du Nord, Copenhague, 1767-1779.

Ausone, D. M. : Ausonii Mosella, la Moselle d'Ausone, trad. Corpet, édit. Panckoucke, Paris, 1843, p. 42-75.

Bailly, D^r : Description des filets pêcheurs de la Baudroie, dans *Annales des Sciences naturelles*, Zoologie, Paris, 1824, t. II, p. 323-332, pl. 16.

Barboza du Bocage et Brito Capello, Felix de : Apontamentos para a Ichthyologia de Portugal ; Peixes Plagiostomos ; primeira parte, Esqualos, avec traduction française, Lisboa, 1866.

Baudelot, É. : Études sur le disque céphalique des Rémoras (*Echeneis*), dans *Annales des Sciences naturelles*, Zoologie, Paris, 1867, t. VII, p. 153-160, pl. 5 ;

— Recherches sur la structure et le développement des écailles des Poissons osseux, dans *Archives de Zoologie expérimentale et générale* de H. de Lacaze-Duthiers, Paris, 1873, t. II, p. 87-244, pl. V-XI ;

Baudelot, É. : Observations sur la structure et le développement des nageoires des Poissons osseux. *op. cit.*, p. XVIII-XXIV.

Bellonius, Petrus : De Aquatilibus, Libri duo cum iconibus..., Parisiis, 1553 ;

— La nature et diversité des Poissons, avec leur pourtraicts (par Pierre Belon du Mans), Paris, 1555.

Belloti, Cristoforo : Note ittiologiche. Osservazioni fatte sulla collezione ittiologica del civico Museo di Storia naturale in Milano (Seduta del 20 aprile 1877 ; estratto dagli *Atti della Società Italiana di Sc. nat.*, vol. XX, fasc. I).

Beltremieux, Édouard : Faune du département de la Charente-Inférieure (Extrait des *Annales de l'Académie de la Rochelle*), la Rochelle, 1864.

Beneden, J. Van : Anatomie comparée, Bruxelles, 1852-1854 ;

— Note sur le développement de la queue des Poissons plagiostomes, dans *Annales des Sciences naturelles*, Zoologie, Paris, 1861, t. XV, p. 124-128 ;

— Les Poissons des côtes de la Belgique, leurs parasites et leurs commensaux (Extrait du tome XXXVIII des *Mémoires de l'Académie royale des sciences, des lettres et des beaux-arts de Belgique*), Bruxelles, 1870.

Bernard, Claude : Leçons sur la Physiologie et la Pathologie du Système nerveux, Paris, 1858.

Bert, Paul : Catalogue méthodique des Animaux vertébrés qui vivent à l'état sauvage dans le département de l'Yonne, Paris, 1864 ;

— Sur l'Amphioxus, dans *Comptes rendus des séances de l'Académie des Sciences*, Paris, 1867, t. LXV, p. 364-367 ;

— Leçons sur la Physiologie comparée de la respiration, Paris, 1870.

Berthelot, Sabin : De la Pêche sur la côte occidentale d'Afrique..., Paris, 1840 ;

— Études sur les Pêches maritimes dans la Méditerranée et l'Océan, Paris, 1869.

Bertrand, C. : Anatomie philosophique. — Conformation osseuse de la tête chez l'homme et chez les vertébrés, Paris, 1862.

Betta, Edoardo nob. de : Ittiologia veronese ad uso popolare e per servire alla introduzione della Piscicultura nella provincia, Verona, 1862.

Blainville, H. Ducrotay de : Mémoire sur le Squale pèlerin, dans *Annales du Muséum d'Histoire naturelle*, Paris, 1811, t. XVIII, p. 88-135, pl. 6 ;

— Poissons, dans *Faune française* (partie non terminée, P. cartilagineux, p. 1-96), Paris, 1820-1830 ;

— Principes d'Anatomie comparée, Paris, 1822 ;

— Note sur la forme des extrémités articulaires du corps des vertèbres dans les Ostéozoaires ou Vertébrés, dans *Annales françaises et étrangères d'Anatomie et de Physiologie appliquées à la Médecine et à l'Histoire naturelle*, Paris, 1837, t. I, p. 130-142.

Blanchard, Émile : Les Poissons des eaux douces de la France, Paris, 1866.

BLOCH, MARC ELIÉSER : Ichtyologie ou Histoire naturelle générale et particulière des Poissons, Berlin, 1785-1797.

BOLL, FRANZ : Die Lorenzini'schen Ampullen der Selachier, dans Max Schultze's *Archiv für Mikroskopische Anatomie*, Bonn, 1868, t. IV, p. 375-391, pl. 23 ;
— Die Structur der electrischen Platten von Torpedo, dans *op. cit.*, Bonn, 1874, t. X, p. 101-121, pl. 8.

BONAPARTE, CARLO L., PRINCIPE DI CANINO E MUSIGNANO : Iconographia della Fauna italica per le quattro classi degli Animali vertebrati; Pesci, tomo III°, Roma, 1832-1841 ;
— Catalogo metodico dei Pesci europei, Napoli, 1846.

BONIZZI, DOTT. PAOLO : Sulle varietà della specie Gasterosteus aculeatus Nota, dans *Archivio per la Zoologia, l'Anatomia e la Fisiologia,* pubblicato per cura dei Professori S. Richiardi e G. Canestrini, Torino e Firenze, 1869, t. I, p. 156-163, pl. 17.

BONNATERRE, L'ABBÉ : Tableau encyclopédique et méthodique des trois Règnes de la Nature, Ichthyologie, Paris, 1788.

BORELLI, JOH. ALPH. : De Natatu, dans son ouvrage, *De Motu Animalium*, Lugduni in Batavis, 1685, p. I, p. 246-280, pl. 13-14.

BORN, Dʳ G. : Observations anatomiques sur la grande Lamproie, *Petromyzon marinus*, dans *Annales des Sciences naturelles*, Zoologie, Paris, 1828, t. XIII, p. 22-37, pl. 1.

BOUCHARD-CHANTEREAUX : Poissons observés à Boulogne, dans BERTRAND, P. J. B., *Précis de l'Histoire physique, civile et politique de la ville de Boulogne-sur-Mer et de ses environs*, Boulogne, 1829, t. II, p. 484-488.

BOWDICH, MRS. T. EDW. : The fresh-water Fishes of Great-Britain, London, 1828.

BRESCHET, GILBERT : Recherches anatomiques et physiologiques sur l'organe de l'ouïe des poissons, Paris, 1838.

BRITO CAPELLO, FELIX DE : Catalogo dos peixes de Portugal que existem no Museu de Lisboa, Extracto do *Jornal de Sciencias mathematicas, physicas e naturales*, Lisboa, 1867-1869.

BROUSSONET, P. M. AUG. : Observation sur le Loup marin (*Anarrhichas lupus*), dans *Mémoires de l'Académie royale des Sciences*, Paris, année 1785, p. 161-169, pl. 3 ;
— Observations sur les vaisseaux spermatiques des Poissons épineux, dans *op. cit.*, an. 1785, p. 170-173 ;
— Mémoire pour servir à la respiration des Poissons, dans *op. cit.*, an. 1785, p. 174-196 ;
— Mémoire sur les différentes espèces de Chiens de mer, dans *Journal de Physique*, Paris, 1785, t. XXVI, p. 51-66, p. 120-131.

BRUCH, EDMOND : Études sur l'appareil de la génération chez les Sélaciens, Strasbourg, 1860.

BRUNNICHIUS, M. TH. : Ichthyologia Massiliensis sistens Piscium descriptiones eorumque apud incolas nomina. Accedunt spolia maris Adriatici, Hafniæ et Lipsiæ, 1768.

Büchner, George : Mémoire sur le système nerveux du Barbeau (*Cyprinus barbus*, L.). Strasbourg, 1836.

Burdach, C. F. : Traité de Physiologie considérée comme science d'observation, traduit de l'allemand, sur la deuxième édition, par A. J. L. Jourdan, Paris, 1837-1841.

Camper, P. : Mémoire sur l'organe de l'ouïe des Poissons, dans *Mémoires présentés à l'Académie des Sciences*, Paris, 1774, t. VI, p. 177-197, avec 3 pl.

Canestrini, Giovanni : Compendio di Zoologia ed Anatomia comparata, Milano, 1869.

— Pesci, dans *Fauna d'Italia*, parte terza, Milano, 1875 ? ;

— G. Doria, P. M. Ferrari e Lessona, Archivio per la Zoologia, l'Anatomia e la Fisiologia, Genova, 1861, Modena, 1866, Torino e Firenze, 1869-1870.

Carus, C. G. : Traité élémentaire d'Anatomie comparée, suivi de recherches d'Anatomie philosophique ou transcendante sur les parties primaires du système nerveux et du squelette intérieur et extérieur, traduit de l'allemand, sur la seconde édition, par Jourdan, Paris, 1835.

Catesby, M. : Supplementum Carolinensium descriptiones, Nürnberg, 1777.

Cavolini, F. : Memoria sulla generazione dei Pesci e dei Granchi, Napoli, 1787.

Cetti, F. : Storia naturale di Sardegna, t. III, Anfibi e Pesci, Sassari, 1777.

Charvet, Dr A. : Catalogue des Animaux qui se trouvent dans le département de l'Isère (Extrait de la *Statistique du département de l'Isère*), Grenoble, 1846.

Chiaie, Stefano delle : Istituzioni di Anatomia comparata, seconda edizione, Napoli, 1836.

Claus, Dr C. : Traité de Zoologie conforme à l'état présent de la Science, traduit de l'allemand sur la troisième édition et annoté par G. Moquin-Tandon, Paris, 1878.

Cloquet, Hippolyte : Considérations générales sur l'Ichthyologie (Extrait du XXIIe volume du *Dictionnaire des sciences naturelles*), Paris, 1822 ;

— Considérations générales sur les Poissons (Article extrait du XLIIe volume du *Dictionnaire des Sciences naturelles*), Strasbourg, 1826 ;

— Faune des Médecins, ou Histoire des Animaux et de leurs produits, Paris, 1822-1841.

Cocco, A. : Su alcuni Salmonidi del mare di Messina, Lettera del Prof. Anastasio Cocco al Ch. D. C. L. Bonaparte, principe di Musignano, estratta dal fasc. 9° dei *Nuovi An. delle Sc. naturali*, Messina, 2 octobre 1838.

Companyo, Dr Louis : Histoire naturelle du département des Pyrénées-Orientales, t. III, Perpignan, 1863.

Costa, Oronzio-Gabriele : Fauna del Regno di Napoli, *Pesci*, Napoli, 1836 à ?

Couch, Jonathan : A History of the Fishes of the British Islands, London, 1867.

Crespon, J. : Faune méridionale, ou Description de tous les Animaux vertébrés vivants et fossiles, sauvages ou domestiques qui se rencontrent toute l'année ou qui ne sont que de passage dans la plus grande partie du midi de la France, t. II, Nîmes, 1844.

Cuvier, George : Tableau élémentaire de l'Histoire naturelle des Animaux, Paris, an 6 ;

— Rapport fait à la classe des sciences physiques et mathématiques sur le Mémoire de M. Delaroche relatif à la vessie aérienne des Poissons, dans *Annales du Muséum d'Histoire naturelle*, Paris, 1809, t. XIV, p. 165-183 ;

— Mémoire sur la composition de la Mâchoire supérieure des Poissons, et sur le parti que l'on peut en tirer pour la distribution méthodique de ces animaux, dans *Mémoires du Muséum d'Histoire naturelle*, Paris, 1815, t. I, p. 102-132 ;

— Le Règne animal distribué d'après son organisation, pour servir de base à l'Histoire des Animaux et d'introduction à l'Anatomie comparée, t. II, Paris, 1817 ;

— Le Règne animal, etc. (*Règne animal illustré*), édition accompagnée de planches gravées, par une réunion des disciples de Cuvier, *Les Poissons* avec un atlas, par A. Valenciennes, Paris, 1837-1843 ;

— Recherches sur les ossemens fossiles, où l'on rétablit les caractères de plusieurs animaux dont les révolutions du globe ont détruit les espèces, troisième édition, Paris, 1825 ;

— Leçons d'Anatomie comparée, recueillies et publiées par MM. Duméril et Duvernoy (F. G. Cuvier et Laurillard), seconde édition, Paris, 1835-1846 ;

— et Valenciennes, Histoire naturelle des Poissons, Paris, 1828-1849.

Dareste, Camille : Recherches sur la Classification des Poissons de l'Ordre des Plectognathes (Thèse), Paris, 1850 ;

— Résumé d'une Monographie des Poissons anguilliformes, Paris, 1873, extrait des *Archives de Zoologie expérimentale* de H. de Lacaze-Duthiers, t. IV, p. 215-232.

Darracq, Ulysse : Poissons des environs de Bayonne, des eaux douces et eaux salées.

Davy, John : On the Temperature of the *Pelamides* (*Auxis vulgaris*)..., of the *Bonito, Shark, Salmon* and *Dolphin* (*Coryphœna hippurus*) dans ses *Physiological Researches*, London and Edinburgh, 1863, p. 1, p. 80.

Delaroche, Franç. : Observations recueillies dans un voyage aux îles Baléares et Pythiuses, dans *Annales du Muséum d'Histoire naturelle*, Paris, 1809, t. XIII, p. 98-122, p. 313-361 ; Mémoire, p. 1-75, av. 6 pl. ;

— Observations sur la vessie aérienne des Poissons, dans *Annales du Muséum d'Histoire naturelle*, Paris, 1809, t. XIV, p. 184-217, p. 245-289.

Desmoulins, A. et Magendie, F., Anatomie des systèmes nerveux des Animaux à vertèbres, Paris, 1825.

Desvaux, A. N. : Essai d'Ichthyologie des côtes océaniques et de l'intérieur de la France, Angers, 1851.

Donovan, E. : The natural History of British Fishes, London, 1802-1808.

Doûmet, Napoléon : Catalogue des Poissons recueillis et observés à Cette, dans *Revue et magasin de Zoologie pure et appliquée*, Paris, 1860, t. XII, p. 494-509 ;

— Description d'un nouveau genre de Poissons de la Méditerranée, dans *op cit.*, 1863, t. XV, p. 212-226, pl. 15, et complément à la description du *Trachelocirrhus Mediterraneus*, dans *op. cit.*, p. 425-432.

DUFOSSÉ, Dʳ : De l'Hermaphrodisme chez certains Vertébrés ; de l'Hermaphrodisme chez le Serran, dans *Annales des Sciences naturelles*, Zoologie, Paris, 1856, t. V, p. 295-332, pl. 8 ;

— Recherches sur les bruits et les sons expressifs que font entendre les Poissons d'Europe, et sur les organes producteurs de ces phénomènes acoustiques ainsi que sur les appareils de l'audition de certains de ces animaux, dans *op. cit.*, Paris, 1874, t. XIX, p. 1-53, pl. 16-19, t. XX, p. 1-134.

DUGÈS, ANT. : Traité de Physiologie comparée de l'Homme et des Animaux, Montpellier, 1838-1839.

DUHAMEL DU MONCEAU : Traité général des Pesches, et Histoire des Poissons qu'elles fournissent, tant pour la subsistance des Hommes que pour plusieurs autres usages qui ont rapport aux Arts et au Commerce, Paris, 1769-1782.

DUMÉRIL, AUGUSTE : Histoire naturelle des Poissons ou Ichthyologie générale ; Élasmobranches, t. Iᵉʳ, Paris, 1865 ; Ganoïdes, Dipnés, Lophobranches, t. IIᵉ, Paris, 1870 ;

— Des Poissons vénéneux, Angers, 1866 ;

— Des Poissons voyageurs, Paris.

DUMÉRIL, CONSTANT : Dissertation sur les Poissons qui se rapprochent le plus des Animaux sans vertèbres, Paris, 1812 ;

— Élémens des Sciences naturelles, troisième édit., Paris, 1825 ;

— Ichthyologie analytique ou Essai d'une classification naturelle des Poissons à l'aide de tableaux synoptiques, Paris, 1856.

DUVERNEY (ou plutôt DU VERNEY), G. J. : Structure du cœur des Poissons, dans *Mémoires de l'Académie royale des Sciences* (23 décembre 1699), Paris, 1702, p. 240, pl. p. 271 ;

— Mémoire sur la circulation du sang des Poissons qui ont des ouïes et sur leur respiration, dans *op. cit.* (20 nov. 1701), Paris, 1704, p. 224-229. — (Walbaum a reproduit ces deux travaux dans P. Artedi *Philosophia ichthyologica*, p. 156-183.)

DUVERNOY, G. L. : Anatomie des Squales. Sur quelques particularités du système sanguin abdominal et du canal alimentaire de plusieurs poissons cartilagineux, dans *Annales des Sciences naturelles*, Zoologie, Paris, 1835, t. III, p. 274-281 (*Thalassinus*, p. 278, pl. X) ;

— Mécanisme de la respiration des Poissons, dans *op. cit.*, Paris, 1839, t. XII, p. 65-91, pl. V-VI ;

— Rapport sur un Mémoire ayant pour titre : *Détermination des Parties qui constituent l'Encéphale des Poissons*, par MM. Philipeaux et Vulpian, dans *Comptes rendus des séances de l'Académie des Sciences*, Paris, 1852, t. XXXV, p. 169-176 ;

— V. CUVIER, Anatomie comparée.

EBEL, J. G. : Observationes neurologicæ ex Anatome comparata, Trajecti ad Viadrum.

Edwards, H. Milne : Leçons sur la Physiologie et l'Anatomie comparée de l'Homme et des Animaux, Paris, 1857-1880.

Edwards, W. F. : De l'influence des agents physiques sur la vie, Paris, 1824.

Ercolani, G. B. : Del perfetto ermafroditismo delle Anguille, Memoria estratta dalla serie III, t. I, delle *Memorie dell' Accademia delle Scienze dell' Istituto di Bologna*, Bologna, 1872.

Fatio, Victor : Sur le mode différent du développement des nageoires pectorales dans les deux sexes chez le Véron et chez quelques autres Cyprinidés, dans P. Gervais, *Journal de Zoologie*, Paris, 1875, t. IV, p. 215-222.

Fée, Félix : Recherches sur le système latéral du nerf pneumo-gastrique des Poissons, Strasbourg, 1869.

Filippi, F. de : Cenni sui Pesci d'aqua dolce della Lombardia (estratti dalle *Notizie naturali e civili sulla Lombardia*, vol. I), Milano, 1844.

— Nouvelles recherches sur l'embryogénie des Poissons, dans *Annales des Sciences naturelles*, Zoologie, Paris, 1847, t. VII, p. 65-72, pl. 1 ;

— e Verany, G. B. : Sopra alcuni Pesci nuovi o poco noti del Mediterraneo Nota (estr. delle *Memorie della Reale Accademia delle Scienze di Torino*, serie II, tom. XVIII), Torino, 1857.

Fleming, John : History of British Animals, Edinburgh, 1828, second edit., London, 1842.

Flourens, P. : Expériences sur le mécanisme de la respiration des Poissons, dans *Mémoires de l'Académie royale des Sciences de l'Institut de France*, Paris, 1831, t. X, p. 53-71, et tirage à part, p. 1-19.

Forskäl, Petrus : Descriptiones Animalium, Avium, Amphibiorum, Piscium, Insectorum, Vermium, quæ in itinere orientali observavit. Post mortem auctoris edidit Carsten Niebuhr, Hauniæ, 1775.

Fries, B. Fr. : Metamorphos, anmärkt hos Lilla Hafsnälen (*Syngnathus lumbriciformis*), dans *Kongl. Vetenskaps-Academiens Handlingar* för är 1837, Stockholm, 1838, p. 59-65, pl. 4.

— och Ekström, C. U. (och C. J. Sundevall) : Skandinaviens Fiskar, Stockholm, 1836-1857.

Fréminville, de : Faune du Finistère, ou Catalogue des Animaux qui habitent naturellement ce département et la mer qui baigne ses côtes, dans *Voyage dans le Finistère*, par Cambry, nouvelle édition, Brest, 1836, p. 462-478.

Gegenbaur, Carl : Manuel d'Anatomie comparée, traduit en français sous la direction de Carl Vogt, Paris, 1874.

Géhin, J.-B. : Révision des Poissons qui vivent dans les cours d'eau et dans les étangs du département de la Moselle, Metz, 1868.

Geoffroy-Saint-Hilaire, Étienne : Mémoire sur l'Anatomie comparée des organes électriques de la Raie torpille, du Gymnote engourdissant et du Silure trembleur, dans *Annales du Muséum d'Histoire naturelle*, Paris, 1802, t. I, p. 392-407, pl. 26 ;

636 BIBLIOGRAPHIE.

Geoffroy-Saint-Hilaire, Étienne : Premier mémoire sur les Poissons, où l'on compare les pièces osseuses de leurs nageoires pectorales avec les os de l'extrémité antérieure des autres Animaux à vertèbres, dans *op. cit.*, Paris, 1807, t. IX, p. 357-372, pl. 29 ;

— Second mémoire sur les Poissons. — Considérations sur l'Os furculaire, une des pièces de la nageoire pectorale, dans *op. cit.*, p. 413-427 ;

— Observations sur l'affection mutuelle de quelques animaux, et particulièrement sur les services rendus au Requin par le Pilote, dans *op. cit.*, p. 469-476 ;

— Troisième mémoire sur les Poissons, où l'on traite de leur sternum sous le point de vue de sa détermination et de ses formes générales, dans *op. cit.*, Paris, 1807, t. X, p. 87-104, pl. 4 ;

— Sur le sac branchial de la Baudroie, et l'usage qu'elle en fait pour pêcher, dans *op. cit.*, p. 480-481 ;

— Des usages de la vessie aérienne des Poissons, dans *op. cit.*, Paris, 1809, t. XIII, p. 460-464 ;

— Note sur deux espèces d'Émissole, dans *op. cit.*, Paris, 1811, t. XVII, p. 160-163 ;

— Philosophie anatomique. — Pièces osseuses des organes respiratoires, Paris, 1818 ;

— Sur les parties de son organisation que la Baudroie emploie comme instrumens de pêche, dans *Mémoires du Muséum d'Histoire naturelle*, Paris, 1824, t. XI, p. 117-131 ;

— Sur l'analogie des Filets-Pêcheurs de la Baudroie avec une partie des apophyses montantes des vertèbres, et spécialement avec les premiers rayons de la nageoire dorsale des Silures, dans *op. cit.*, p. 132-142 ;

— Sur une nouvelle détermination de quelques pièces mobiles chez la Carpe, ayant été considérées comme les parties analogues des osselets de l'oreille ; et sur la nécessité de conserver le nom de ces osselets aux pièces de l'opercule, dans *op. cit.*, p. 143-160 ;

— Sur la Nature, la Formation et les Usages des Pierres qu'on trouve dans les Cellules auditives des Poissons, dans *op. cit.*, p. 241-257 ;

— Note complémentaire sur l'Article des prétendus Osselets de l'Ouïe des Poissons, dans *op. cit.*, p. 258-260 ;

— De l'Aile operculaire ou auriculaire des Poissons, considérée comme un principal pivot, sur lequel doit rouler toute recherche de détermination des pièces composant le crâne des animaux, dans *op. cit.* p. 420-444, pl. 21 ;

— Sur quelques objections et remarques concernant l'Aile operculaire ou auriculaire des Poissons, dans *op. cit.*, Paris, 1825, t. XII, p. 13-17.

Geoffroy-Saint-Hilaire, Isidore : Histoire naturelle des Poissons de la mer Rouge et de la Méditerranée, dans *Description de l'Égypte*, Zoologie, édit. in-8°, Paris, 1829, t. XXIV, p. 339-400.

Gervais, Paul : Éléments de Zoologie, Paris, 1871.

Gesnerus, Conradus : Historiæ Animalium Liber IIII, qui est de Piscium

et Aquatilium animantium natura (*De Aquatilibus. — Paralipomena*),
Tiguri, 1558.

Godron, D. A. : Zoologie de la Lorraine, Poissons, p. 24-28, Nancy, 1863.

Goodsir, John : On the Anatomy of Amphioxus lanceolatus (*Lancelet,
Yarrell*), dans *Transactions of the Royal Society of Edinburgh* (Read 3 may
1841), Edinburgh, 1844, t. XV, p. 247-263, pl. 4-5.

Gottsche, C. M. : Vergleichende Anatomie des Gehirns der Grätenfische,
dans Müller's *Archiv für Anatomie, Physiologie und wissenschaftliche Medicin*, Berlin, 1835, p. 244-294, p. 433-486, pl. IV et VI ;
— Die seeländischen Pleuronectes-Arten, dans Wiegmann's *Archiv für Naturgeschichte*, Berlin, 1835, t. II, p. 133-185.

Goüan, Antoine : Histoire des Poissons, contenant la Description anatomique de leurs parties externes et internes, et le caractère des divers
Genres rangés par Classes et par Ordres, Strasbourg, 1770.

Gouriet, Édouard : Du rôle de la vessie natatoire, dans *Annales des Sciences
naturelles*, Zoologie, Paris, 1866, t. VI, p. 369-382.

Gréhant, Nestor : Recherches physiologiques sur la respiration des Poissons, dans *Annales des Sciences naturelles*, Zoologie, Paris, 1869, t. XII,
p. 371-382.

Guichenot, A. : Histoire naturelle des Reptiles et des Poissons dans *Exploration scientifique de l'Algérie, pendant les années* 1840, 1841, 1842, Paris, 1850 ;
— Poissons de l'île de Cuba, dans Ramon de la Sagra, *Histoire physique, politique et naturelle de l'île de Cuba*, Paris, 1847-1857 ;
— Index generum ac specierum Anthiadidorum hucusque in Museo Pari-
siensi observatorum, Extrait des *Annales de la Société Linnéenne de Maine-
et-Loire*, t. X ;
— Révision du genre des Pagels, Extrait des *Mémoires de la Société Impériale
des Sciences naturelles de Cherbourg*, t. XIV.

Guillot, Natalis : Exposition anatomique de l'organisation du centre nerveux dans les quatre classes d'Animaux vertébrés (Académie de Bruxelles.
Extrait du tome XVI des *Mémoires couronnés et mémoires des savants étrangers*), Bruxelles, 1844.

Günther, Dr Albert : Catalogue of the Fishes in the collection of British
Museum, London, 1859-1870.

Haeckel, Ernest : Histoire de la Création des êtres organisés d'après les lois
naturelles, trad. de l'allemand par le Dr Ch. Letourneau, Paris, 1874.

Haller, A. de : Mémoire sur les yeux de quelques Poissons, dans *Mémoires
de l'Académie royale des Sciences*, Paris, 1762, p. 76-95.

Hannover, A. : Recherches sur la structure et le développement des écailles
et des épines chez les Poissons cartilagineux, dans *Annales des Sciences
naturelles*, Zoologie, Paris, 1868, t. IX, p. 373-378.

Hartmann, Georg Leonhard : Helvetische Ichthyologie, oder ausführliche
Naturgeschichte der in der Schweiz sich vorfindenden Fische, Zurich,
1827.

Heckel, J. und Kner, R. : Die Süsswasserfische der östreichischen Monarchie mit rücksicht auf die angränzenden Länder bearbeitet, Leipzig, 1858.

Hewson, Will. : Sur les vaisseaux lymphatiques dans les Poissons, trad. de l'anglais, dans *Journal de Physique*, Paris, année 1771, t. I, p. 401-406.

Hoeven, Janus van der : Dissertatio philosophica inauguralis, de sceleto Piscium, Lugduni Batavorum, 1822 ;

— Dispositio systematica Piscium, dans son *Handboek der Dierkunde*, Amsterdam, 1833, t. II, p. 175-269, et dans *Handbuch der Zoologie* (Hoeven, traduit en allemand sur la deuxième édition hollandaise), Leipzig, 1852-1856, t. II, p. 65-216.

Holandre, J. : Faune du département de la Moselle, et principalement des environs de Metz, Metz, 1826 ;

— Notice sur plusieurs espèces non décrites de Poissons du genre Cyprin, observées dans le département de la Moselle, communiquée à la Société d'Histoire naturelle de Metz le 27 avril 1837, Metz, 1837.

Hollard, H. : Monographie des Balistides dans *Annales des Sciences naturelles*, Zoologie, Paris, 1854, t. I, p. 303-339, pl. 5 ;

— Monographie de la famille des Ostracionides, dans *op. cit.*, Paris, 1857, t. VII, p. 121-170, pl. 13 ;

— Recherches sur la signification homologique de quelques pièces faciales des Poissons osseux, dans *op. cit.*, Paris, 1864, t. I, p. 5-19, pl. 1 ;

— De la signification anatomique de l'appareil operculaire des Poissons, et de quelques autres parties de leur système solide, dans *op. cit.*, Paris, 1864, t. I, p. 241-256, pl. 10.

Hunter, John : Anatomical Observations on the Torpedo, dans *Philosophical Transactions*, London, 1773, t. LXIII, p. 481-488, pl. 20.

Huxley, T.-A. : Manual of the Anatomy of vertebrated Animals, London, 1871 ;

— Éléments d'Anatomie comparée des Animaux vertébrés ; traduit de l'anglais par Mme Brunet, Paris, 1875 ;

— Preliminary Note upon the Brain and Skull of Amphioxus lanceolatus, dans *Proceedings of the Royal Society of London*, London, 1875, t. XXIII, p. 127.

Hyrtl, C.-J. : Sur les sinus caudal et céphalique des Poissons, et sur le système des vaisseaux latéraux avec lesquels ils sont en connexion, dans *Annales des Sciences naturelles*, Zoologie, Paris, 1843, t. XX, p. 215-229, pl. 6-7.

Jacobson, Louis : Extrait d'un Mémoire sur un organe particulier des sens dans les Raies et les Squales, dans *Nouveau Bulletin des Sciences par la Société philomatique de Paris*, Paris, 1812-1813, p. 332-337.

Jenyns, Rev. Leonard : *A Manual of Bristish vertebrate Animals*, Cambridge, 1835.

Jolyet, Félix et Regnard, Paul : Recherches sur la respiration des Animaux aquatiques, Paris, 1877.

Jobert : Études d'Anatomie comparée sur les organes du toucher chez divers Mammifères, Oiseaux, Poissons et Insectes, dans *Annales des Sciences naturelles*, Zoologie, Paris, 1872, t. XVI, p. 1- 162, pl. 3-10.

Jobert, A.-J. (de Lamballe) : Des appareils électriques des Poissons électriques, Paris, 1858.

Jonstonus, Johannes : Historiæ naturalis de Piscibus et Cetis libri V, Amstelodami, 1657.

Jouan, H. : Poissons de mer observés à Cherbourg en 1858 et 1859 ; Extrait des *Mémoires de la Société Impériale des Sciences naturelles de Cherbourg*, Cherbourg, 1859, t. VII.

Jourdain, S. : Recherches sur la veine porte rénale, dans *Annales des Sciences naturelles*, Zoologie, Paris, 1859, t. XII, p. 134-188, p. 320-369, pl. 1-5 ;

— Coup d'œil sur le système veineux et lymphatique de la Raie bouclée, Paris, 1868.

— Sur les Ammodytes des côtes de la Manche ; Extrait de la *Revue des Sciences naturelles*, Montpellier, 1879.

Jurine, L. : Mémoire sur quelques particularités de l'œil du Thon (*Scomber Thynnus*, Lin.) et d'autres poissons, dans *Mémoires de la Société de Physique et d'Histoire naturelle de Genève*, Genève, 1821, t. I, p. 1-18, pl. 1 ;

— Histoire abrégée des Poissons du lac Léman, extraite des manuscrits de ſeu M. le professeur Jurine, et accompagnée de planches dessinées et gravées sous sa direction, dans *op. cit.*, Genève, 1825, t. III, part. 1, p. 133-235.

Kaup, J.-J. : Catalogue of Lophobranchiate Fish in the collection of British Museum, London, 1856 ;

— Catalogue of Apodal Fish, in the collection of British Museum, London, 1856 ;

— Uebersicht der Familie Gadidæ dans Wiegmann's *Archiv für Naturgeschichte*, Berlin, 1858, t. I, p. 85-93 ;

— Uebersicht der Soleinæ, der vierten Subfamilie der Pleuronectidæ, dans *op. cit.*, p. 94-110.

Klaatsch, Herm. Mart. Aug. : De cerebris Piscium ostacanthorum aquas nostras incolentium, Halis Saxonum, 1850.

Klein, J. T. : Historiæ naturalis Piscium promovendæ missus I-V, Gedani, 1740-1749 ;

— Mantissa ichthyologica de sono et auditu Piscium, Lipsiæ, 1746.

Kölliker, A. : Ueber das Geruchsorgan von Amphioxus, dans Muller's *Archiv für Anatomie, Physiologie...*, Berlin, 1843, t. X, p. 32-35, pl. 2 ;

— Éléments d'Histologie humaine ; traduction de MM. J. Béclard et M. Sée, Paris, 1856 ;

— On the minute structure of the Bones of Fishes, dans *Annals and Magazine of natural History*, London, 1859, t. IV, p. 67-77.

Kowalewsky, Dr A. : Entwickelungsgeschichte des Amphioxus lanceolatus, dans *Mémoires de l'Académie Impériale des Sciences de Saint-Pétersbourg*, Saint-Pétersbourg, 1867, t. XI, n° 4, 17 pag. av. 3 pl.

La Cépède (ou La Cépède), B.-G.-Ét., Delaville, comte de : Histoire naturelle des Poissons, Paris, 1798-1803, édit. in-4 et édit. in-12 ; Paris, 1830-1833, édit. Pillot, in-8 (à moins d'observation, la synonymie est indiquée d'après l'édition Pillot).

Lafont, Alexandre : Note pour servir à la Faune de la Gironde, contenant la liste des Animaux marins dont la présence à Arcachon a été constatée pendant les années 1867 et 1868; Extrait des *Actes de la Société Linnéenne de Bordeaux*, t. XXVI, Bordeaux, 1868;

— Note pour servir à la Faune de la Gironde, etc., 1869-1870; Extrait des *Actes Soc. Linn. Bord.*, t. XXVIII, Bordeaux, 1871.

Lallemand : Observations sur l'origine et le mode de développement des zoospermes, dans *Annales des Sciences naturelles*, Zoologie, Paris, 1841, t. XV, p. 30-101 ;

— Observations sur le développement des zoospermes de la Raie, dans *op. cit.*, p. 257-262, pl. 10.

Latham, John : An Easy of the various species of Sawfish (Pristis) dans *Transactions of Linnean Society of London*, London, 1794, t. II, p. 273-282, av. 2 pl.

Latreille, P.-A. : Familles naturelles du règne animal, exposées succinctement et dans un ordre analytique, avec l'indication de leurs genres, Paris, 1825.

Laurillard, C.-L. : V. Cuvier, Anatomie comparée.

Legouis, le P..., de la Compagnie de Jésus : Recherches sur les tubes de · Weber et sur le pancréas des Poissons osseux, dans *Annales des Sciences naturelles*, Zoologie, Paris, 1872-1873, t. XVII, p. 1-107, pl. 19-20, et 1873, t. XVIII, p. 1-184, pl. 1-3.

Lemarié, Eug. : Poissons des départements de la Charente, de la Charente-Inférieure, des Deux-Sèvres, de la Vendée et de la Vienne, Niort, Saint-Jean-d'Angély, 1866.

Lereboullet, A. : Anatomie comparée de l'appareil respiratoire dans les animaux vertébrés, Strasbourg, 1838 ;

— Résumé d'un travail d'embryologie comparée sur le développement du Brochet, de la Perche et de l'Écrevisse, dans *Annales des Sciences naturelles*, Zoologie, Paris, 1854, t. I, p. 237-289, t. II, p. 39-80 ;

— Recherches d'embryologie comparée sur le développement de la Truite, du Lézard et du Lymnée, dans *op. cit.*, Paris, 1861, t. XVI, p. 113-196, pl. 2-3 ; 1862, t. XVII, p. 89-157, pl. 3-5, t. XVIII, p. 87-211, pl. 11-14 et 14 bis ; 1863, t. XIX, p. 5-100, t. XX, p. 5-58.

Lesauvage, Dʳ (H. Cloquet) : Note sur une espèce nouvelle du genre Ammodyte, dans *Bulletin des Sciences par la Société philomatique de Paris*, Paris, 1824, p. 140-141.

Lesueur (ou le Sueur), Ch. Al. (A. Desmarest) : Note sur deux Poissons non décrits du genre Callionyme et de l'ordre des Jugulaires, dans *Bulletin des Sciences par la Société philomatique de Paris*, Paris, 1814, p. 5-6, pl. 1, fig. 16-17 ;

— Exocœtus Nuttallii, dans *Journal of the Academy of natural Sciences of Philadelphia*, Philadelphia, 1821, t. I, p. 10-11, pl. IV, fig. 1 ;

— Description of a Squalus of a very large size, which was taken on the coast of New-Jersey, *Squalus elephas*, dans *op. cit.*, 1822, t. I, p. 343-350, av. 1 pl.

LEURET, FR. et GRATIOLET, P. : Anatomie comparée du système nerveux considéré dans ses rapports avec l'intelligence, Paris, 1839-1857.

LEYDIG, Dr FRANZ : Beitrage zur mikroskopischen Anatomie und Entwicklungsgeschichte der Rochen und Haie, Leipzig, 1852 ;
— Traité d'Histologie de l'Homme et des Animaux, traduit de l'allemand par R. Lahillone, Paris, 1866.

LINNÉ, CAROLUS : Systema naturæ per regna tria naturæ, secundum classes, ordines, genera, species; Editio duodecima, reformata, t. I, Holmiæ, 1766.

LORENZINI, STEFANO : Osservazioni intorno alle Torpedini, Firenze, 1678.

LOWE, RICHARD THOMAS : A History of the Fishes of Madeira, London, 1843-1860.

LUNEL, GODEFROY : Histoire naturelle des Poissons du bassin du Léman, Genève, Bâle, Lyon, 1874.

LUTKEN, CHR. : Contribution à la diagnose des Poissons volants ou Exocets, dans Paul Gervais, *Journal de Zoologie*, Paris, 1877, t. VI, p. 107-127.

MAGENDIE ET DESMOULINS : Note sur l'anatomie de la Lamproie, dans *Journal de Physiologie expérimentale et pathologique*, par F. Magendie, Paris, 1822, t. II, p. 224-231.

MALHERBE, ALFRED : Zoologie du département de la Moselle (Extrait de la *Statistique de la Moselle*), Metz, 1854.

MARCOTTE, FÉLIX : Les Animaux vertébrés de l'arrondissement d'Abbeville, Extrait des *Mémoires de la Société Impériale d'Émulation d'Abbeville*, Abbeville, 1860, p. 217-470.

MARCUSEN, J. : On the Anatomy and Histology of Branchiostoma lubricum, Costa (Amphioxus lanceolatus, Yarrell) dans *Annals and Magazine of natural History*, London, 1864, t. XIV, p. 151-154 et 319-320.

MAREY, E. J. : Du mouvement dans les fonctions de la vie, Paris, 1868 ;
— Nouvelles Recherches sur les Poissons électriques ; caractères de la décharge du Gymnote ; effets d'une décharge de Torpille, lancée dans un téléphone, dans *Comptes rendus des séances de l'Académie des Sciences*, Paris, 1879, t. LXXXVIII, p. 318-321.

MARTENS, GEORG VON : Fauna Veneta, Pisces, dans son *Reize nach Venedig*, Ulm, 1824, t. II, p. 407-436.

MARTIN SAINT-ANGE, G. J. : Étude de l'appareil reproducteur dans les cinq classes d'Animaux vertébrés, dans *Mémoires présentés par divers savants à l'Académie des Sciences de l'Institut Impérial de France*, Paris, 1856, t. XIV, p. 1-232, pl. I-XVII.

MARTINS, CH. : Sur la température des *Spatangus purpureus*, O. F. Müller, *Trigla hirundo*, L. et *Gadus œglefinus*, L. des mers du Nord, dans *Annales des Sciences naturelles*, Zoologie, Paris, 1846, t. V, p. 187-191.

MATTEUCI, C. : Traité des phénomènes électro-physiologiques des Animaux, suivi d'études anatomiques sur le système nerveux et sur l'organe électrique de la Torpille par Paul Savi, Paris, 1844.

MAUDUYT père : Ichthyologie de la Vienne, ou Tableau méthodique et descriptif des Poissons qui vivent habituellement dans les eaux de ce département ou qui y remontent périodiquement et accidentellement, dans *Bulletin de la Société Académique d'Agriculture, Belles-Lettres, Sciences et Arts de Poitiers*, Poitiers, 1849, p. 8-49, 1851, p. 163-176.

Mᶜ Donnell, M. D. Robert : On the System of the Lateral Line in Fishes, dans *Transactions of the Royal Irish Academy*, Science, Dublin, 1864, t. XXIV, p. 161-187, pl. 4-7.

Meckel, J. F. : Traité général d'Anatomie comparée, traduit de l'allemand par Riester et Alph. Sanson, par Th. Schuster, Paris, 1828-1838.

Mettenheimer, Carolus : Disquisitiones anatomico-comparativæ de membro Piscium pectorali, Berolini, 1847.

Millet, C. : La culture de l'eau, Tours, 1870.

Millet, P. A. : Faune de Maine-et-Loire, ou Description méthodique des Animaux qu'on rencontre dans toute l'étendue du département de Maine-et-Loire, Angers, 1828.

Mitchill, Samuel L. : The Fishes of New-York, described and arranged, dans *Transactions of the Literary and Philosophical Society of New-York*, New-York, 1815, t. I, n° V, p. 355-492, av. 6 pl.

Molin, Raffaele : Sullo scheletro degli Squali, Ricerche anatomiche (Estr. dal volume VIII delle *Memorie dell'Imp. Reg. Istituto Veneto di Scienze, Lettere ed Arti*), Venezia, 1860, p. 3-93, av. 10 pl.

Monoyer : Recherches expérimentales sur l'équilibre et la locomotion chez les Poissons, dans *Annales des Sciences naturelles*, Zoologie, Paris, 1866, t. VI, p. 5-15.

Monro, Alexander : The Structure and Physiology of Fishes explained and compared with those of Man and other Animals, Edinburgh, 1785.

Montagu, George : An Account of five rare species of British Fishes, dans *Memoirs of the Wernerian Natural Society*, Edinburgh, 1811, t. I, p. 79-101, av. 4 pl.;

— An Account of several new and rare species of Fishes, taken on the south coast of Devonshire, with some remarks on some others of more common occurrence, dans *op. cit.*, Edinburgh, 1818, t. II, p. 413-463, av. 3 pl.

Moreau, Armand : Recherches sur la nature de la source électrique de la Torpille, et manière de recueillir l'électricité produite par l'animal, dans *Annales des Sciences naturelles*, Zoologie, Paris, 1862, t. XVIII, p. 5-30, pl. XV;

— Recherches expérimentales sur les fonctions de la vessie natatoire, dans *op. cit.*, Paris, 1876, t. IV, p. 1-85, pl. XIII-XIV.

Moreau, Camille : Recherches sur la corde dorsale de l'Amphioxus, dans *Bulletins de l'Académie royale des Sciences, Lettres, Beaux-Arts* de Belgique, Bruxelles, 1875, t. XXXIX, p. 312-331, av. 1 pl.

Morel, C. : Traité élémentaire d'Histologie humaine normale et pathologique, Paris, 1864.

Müller, Auguste : Note sur le développement des Lamproies, dans *Annales des Sciences naturelles*, Zoologie, Paris, 1856, t. V, p. 375-388.

MÜLLER, JOHANNES : Vergleichende Anatomie der Myxinoiden, der Cyclostomen mit durchbohrten Gaumen, Berlin, 1834-1845 ;

— Über den Bau und die Lebenserscheinungen des *Branchiostoma lubricum*, Costa, *Amphioxus lanceolatus*, Yarrell, dans *Abhandlungen der Köni-
glichen Akademie der Wissenschaften zu Berlin*, Berlin, 1844, p. 79-116, pl. 1-5 ;

— Mémoire sur les Ganoïdes et sur la classification naturelle des Poissons, lu à l'Académie des Sciences de Berlin, le 12 décembre 1844, et
traduit par M. Vogt, des *Archives d'Histoire naturelle* de Wiegmann et
Erichson, 1845, p. 91-141, dans *Annales des Sciences naturelles*, Zoologie,
Paris, 1845, t. IV, p. 5-53 ;

— und HENLE, J. : Systematische Beschreibung der Plagiostomen, Berlin, 1841.

MÜLLER, OTTO FR. : Zoologia Danica, seu Animalium Daniæ et Norvegiæ ra-
riorum ac minùs notorum descriptiones et historia, Havniæ, 1788-1789.

NACCARI, FORT. LUIGI : Ittiologia Adriatica ossia Catalogo de' pesci del golfo
e lagune di Venezia, Inser. nel Bim. V, 1822, del *Giornale di Fisica ecc.,
di Pavia*, Pavia, 1822, p. 5-26.

NARDO, J. DOM. : Osservazioni ed aggiunte all' Adriatica Ittiologia publicata
dal. sign. Cav. L. F. Naccari, dans *op. cit.*, Pavia, 1824, p. 1-27 ;

— Prodromus observationum et dispositionum Adriaticæ Ichthyologiæ ex
primo volumine *Diarii Phys. Chem. Hist. nat.*, quod Ticini evulgatum
est, anno 1827, Ticini Regii, 1827, p. 1-23 ;

— Prospetto della Fauna marina volgare del Veneto estuario con cenni sulle
principali specie comestibili dell' Adriatico, Venezia, 1847 ;

— Sinonimia moderna delle specie registrate nell' opera intitolata : *Des-
crizione de' crostacei, de' testacei e de' pesci che abitano le lagune e golfo
Veneto*, rappresentati in figure a chiaro-scuro ed a colori dall' Abate
Stefano Chiereghini, Venezia, 1847.

NEILL, P. : A List of Fishes found in the Frith of Forth, and Rivers and
Lakes near Edinburgh, dans *Memoirs of the Wernerian natural History
Society*, Edinburgh, 1811, t. I, p. 526-555.

NILSSON, SVEN. : Prodromus Ichthyologiæ Scandinavicæ, Lundæ, 1832 ;
— Skandinavisk Fauna; Fiskarna, t. IV, Lund, 1855.

NORDMANN, DE : Observations sur la Faune pontique, Pisces Faunæ Pon-
ticæ, dans *Voyage dans la Russie méridionale et la Crimée*, exécuté en 1837,
sous la direction de M. A. de Démidoff, Paris, 1840, t. III, p. 355-549.

OGÉRIEN, LE FRÈRE : Histoire naturelle du Jura et des départements voisins;
Zoologie vivante, t. III, Paris, Lons-le-Saulnier, 1863.

OWEN, RICHARD : Principes d'Ostéologie comparée ou Recherches sur l'ar-
chétype et les homologies du squelette vertébré, Paris, 1855 ;

— On the Anatomy of Vertebrates; Fishes and Reptiles, t. I, London, 1866 ;

— Recherches sur la structure et la formation des dents des Squaloïdes,
et application faite à une nouvelle théorie du développement des
dents, dans *Annales des Sciences naturelles*, Zoologie, Paris, 1839, t. XII,
p. 209-220, pl. 9.

644 BIBLIOGRAPHIE.

Owsjannikow, Philip. : Disquisitiones microscopicæ de medullæ spinalis textura, imprimis in Piscibus factitæ, Dorpati Livonorum, 1854.

Pacini, Dott. Filippo : Sulla struttura intima dell' organo elettrico del Gimnoto e di altri Pesci elettrici, sulle condizioni elettro-motrici di questi organi, e loro comparazione a diverse pile elettriche Memoria, letta alla R. Accademia dei Georgofili nella seduta del di 19 settembre 1852, Firenze, 1852.

Pallas, P. S. : Spicilegia zoologica quibus novæ imprimis et obscuræ Animalium species iconibus, descriptionibus atque commentariis illustrantur, t. 1, fasc. I-X, Berolini, 1767-1774 ;

— Zoographia Rosso-Asiatica.... ; Imperii Rossici Animalia monocardia seu frigidi sanguinis (G. T. Tilesius), t. III, Petropoli, 1831.

Parnell, Richard : Essay on the natural and economical History of the Fishes, marine, fluviatile, and lacustrine, of the river district of the Firth of Forth, dans *Memoirs of the Wernerian natural History*, Edinburgh, 1838, t. VII, p. 161-460, pl. XVIII-XLIV.

Pennant, Thom. : British Zoology ; Fish, t. III, Chester, 1769.

Pettigrew, J. Bell : La locomotion chez les Animaux ou marche, natation et vol, Paris, 1874.

Philipeaux et Vulpian : Détermination des parties qui constituent l'encéphale des Poissons, dans *Comptes rendus des séances de l'Académie des Sciences*, Paris, 1852, t. XXXIV, p. 537-542.

Pouchet, Georges : Sur les rapides changements de coloration provoqués expérimentalement chez les Poissons, dans *Comptes rendus des séances de l'Académie des Sciences*, Paris, 1871, t. LXXII, p. 866-869 ;

— Sur les colorations bleues chez les Poissons, dans *op. cit.*, Paris, 1872, t. LXXIV, p. 1341-1343.

Prevost, Dr. : De la génération chez le Séchot (*Mulus gobio*) dans *Mémoires de la Société de Physique et d'Histoire naturelle de Genéve*, Genève, 1828, t. IV, p. 171-183 av. 1 pl., et dans *Annales des Sciences naturelles*, Zoologie, Paris, 1830, t. XIX, p. 165-176, pl. 1.

Quatrefages, A. de : Mémoire sur les embryons des Syngnathes (*Syngnathus ophidion*, Linn.), dans *Annales des Sciences naturelles*, Zoologie, Paris, 1842, t. XVIII, p. 193-212, pl. 6 *bis*-7 ;

— Mémoire sur le système nerveux et sur l'histologie du Branchiostome ou Amphioxus, dans *op. cit.*, Paris, 1845, t. IV, p. 197-248, pl. 10-13.

Rafinesque Schmaltz, C. S. : Caratteri di alcuni nuovi generi e nuove specie di animali e piante della Sicilia, Palermo, 1810 ;

— Indice d'Ittiologia siciliana ossia Catalogo metodico dei nomi latini, italiani, e siciliani dei pesci, che si rinvengono in Sicilia, Messina, 1810.

Ranvier, L. : Propriétés et structures différentes des muscles rouges et des muscles blancs, chez les Lapins et chez les Raies, dans *Comptes rendus des séances de l'Académie des Sciences*, Paris, 1873, t. LXXVII, p. 1030-1034 ;

— Sur les terminaisons nerveuses dans les lames électriques de la Torpille, dans *op. cit.*, Paris, 1875, t. LXXXI, p. 1276-1278 ;

Ranvier, L. : Terminaison des nerfs dans l'organe électrique de la Torpille, dans ses *Leçons sur l'Histologie du Système nerveux*, Paris, 1878, t. II, p. 85-213, fig. dans le texte 1-4, pl. 3-6.

Rathke, M. H. : Beitrag zur Fauna der Krym., dans *Mémoires présentés à l'Académie Impériale des Sciences de Saint-Pétersbourg par divers savants*, Saint-Pétersbourg, 1837, t. III, p. 291-454, p. 771-772, av. 10 pl. ;

— Du développement de l'embryon des Poissons, dans *Traité de Physiologie* de Burdach, traduit de l'allemand par Jourdan, Paris, 1838, t. III, p. 136-158.

Réaumur, de : Des effets que produit le Poisson appelé en français Torpille ou Tremble, sur ceux qui le touchent, dans *Mémoires de l'Académie Royale des Sciences*, année 1714 (Paris, 1717), p. 344-360, pl. XII-XIII.

Redi, Francesco : Opuscoli di Storia naturale, Firenze, 1858.

Remak, R. : Ueber die Enden der Nerven im elektrischen Organ der Zitterochen, dans J. Müller's *Archiv für Anatomie, Physiologie...*, Berlin, 1856, p. 467-472.

Risso, A. : Ichthyologie de Nice, ou Histoire naturelle des Poissons du département des Alpes-Maritimes, Paris, 1810 ;

— Histoire naturelle des Poissons de la Méditerranée qui fréquentent les côtes des Alpes-Maritimes et qui vivent dans le golfe de Nice, dans Risso, *Histoire naturelle des principales productions de l'Europe méridionale et particulièrement de celles des environs de Nice et des Alpes-Maritimes*, Paris, 1826, t. III, p. 96-480.

Rivière, Baron de : Considérations sur les Poissons, et particulièrement sur les Anguilles (Extrait des *Mémoires de la Société royale et centrale d'agriculture*, année 1840), Paris, 1841.

Robin, Ch. : Note sur quelques particularités du système veineux de la Lamproie (*Petromyzon marinus*), dans *Bulletin de la Société philomatique de Paris*, Paris, 1846, p. 35-44 ;

— Recherches sur un appareil qui se trouve sur les Poissons du genre des Raies (Raia, C.) et qui présente les caractères anatomiques des organes électriques ; Extrait des *Annales des Sciences naturelles*, Zoologie, Paris, 1847, t. VII, p. 193-302, pl. 3-4, et Thèse de Zoologie, p. I-IV, p. 1-114 ;

— Anatomie et Physiologie cellulaires, Paris, 1873.

Rondelet, Guil. : L'Histoire entière des Poissons composée premièrement en latin, maintenant traduite en français, avec leurs pourtraits au naïf, en deux parties, Lyon, 1558.

Rondeletius, Gulielm : Libri de Piscibus marinis, in quibus veræ Piscium effigies expressæ sunt, Lugduni, 1554 ;

— Universæ aquatilium Historiæ pars altera cum veris ipsorum Imaginibus, Lugduni, 1555.

Rosenthal, Dʳ Fr. : Ichthystomische Tafeln, Berlin, 1839.

Rouget, Ch. : Sur les terminaisons nerveuses dans l'appareil électrique de la Torpille, dans *Comptes rendus des séances de l'Académie des Sciences*, Paris, 1876, t. LXXXII, p. 917-919 ;

Rouget, Ch.: Note sur la terminaison des nerfs dans l'appareil électrique de la Torpille, dans *op. cit.*, Paris, 1877, t. LXXXV, p. 485-487.

Salvianus, Hippolytus : Aquatilium Animalium Historiæ, Liber primus, cum eorumdem formis, ære excusis, Romæ, 1554-1558.

Sappey, Ph. C. : Études sur l'appareil mucipare et sur le système lymphatique des Poissons, Paris, 1880.

Sauvage, H. É. : De la classification des Poissons qui composent la famille des Triglidés (*Joues-cuirassées* de Cuvier et Valenciennes), dans *Comptes rendus des séances de l'Académie des Sciences*, Paris, 1873, t. LXXVII, p. 723-726 ;

— Révision des espèces du groupe des Épinoches, dans *Nouvelles Archives du Muséum d'Histoire naturelle*, Paris, 1874, t. X, p. 5-38, av. 1 pl. ;

— Description de Poissons nouveaux ou imparfaitement connus de la collection du Muséum d'Histoire naturelle, dans *op. cit.*, Paris, 1878, IIe série, t. I, p. 109-158, av. 2 pl.

Sassi, Agostino : Pesci (Liguri) dans *Descrizione di Genova e del Genovesato*, Genova, 1846, t. I, part. II, p. 111-147.

Savi, Paul: Études anatomiques sur le système nerveux et sur l'organe électrique de la Torpille, av. 3 pl., V. Matteuci.

Scarpa, Ant. : Anatomicæ Disquisitiones de auditu et olfactu, Ticini, 1789.

Schinz, H. R. : Naturgeschichte und Abbildungen der Fische, Leipzig, 1836 ; — Europäische Fauna oder Verzeichniss der Wirbelthiere Europa's, Fische, Pisces, dans t. II, p. 81-506, p. 523-528, Stuttgart, 1840.

Schlegel, H. : De Wisschen, dans *Natuurlijke Historie van Nederland*, Amsterdam, 1870.

Schneider, Jo. Gottlob : Blochii Systema Ichthyologiæ, iconibus CX illustratum, Berolini, 1801.

Schonevelde, Stephan. : Ichthyologia et Nomenclaturæ Animalium marinorum, fluviatilium, lacustrium, quæ in florentissimis ducatibus Sclesvici et Holsatiæ et celeberrimo Emporio Hamburgo occurrunt triviales, Hamburgi, 1624.

Schultze, M. : Note sur le développement des Pétromyzons, dans *Comptes rendus des séances de l'Académie des Sciences*, Paris, 1856, t. XLII, p. 336-340 ;

— Recherches sur les Poissons électriques, dans *Annales des Sciences naturelles*, Zoologie, Paris, 1859, t. XI, p. 376-381.

Schulze, Franz Eilhard : Ueber die Nervenendigung in den sogenannten Schleimkanälen der Fische und über entsprechende Organe der durch Kiemen athmendem Amphibien, *dans* Reichert und du Bois-Reymond's *Archiv für Anatomie, Physiologie und wissenschaftliche Medicin*, Leipzig, 1861, p. 759-769, av. 1 pl. ;

— Ueber die Sinnesorgane der Seitenlinie bei Fischen und Amphibien, *dans* Max Schultze's *Archiv für mikroskopische Anatomie*, Bonn, 1870, t. VI, p. 62-88, pl. IV-VI.

Selys-Longchamps, Edm. de : Faune belge, première partie, Indication méthodique des Mammifères, Oiseaux, Reptiles et Poissons observés jusqu'ici en Belgique, Liège, 1842.

SERRES, E. R. A.: Anatomie comparée du cerveau dans les quatre classes des Animaux vertébrés, Paris, 1824-1826.

SIEBOLD, C. TH. E. VON : Die Süsswasserfische von Mitteleuropa, Leipzig, 1863 ; — et STANNIUS, H.: Nouveau Manuel d'Anatomie comparée, traduit de l'allemand par A. Spring et Th. Lacordaire ; Animaux vertébrés, t. II, par Stannius, Paris, 1849.

SIHLEANU, STEFANO : De'Pesci elettrici e pseudo-elettrici, Napoli, 1876; V. Analyse par L. Joliet, dans *Archives de Zoologie expérimentale* de H. de Lacaze-Duthiers, Paris, 1876, t. V, p. IV-VII.

SILVESTRE: Mémoire sur la respiration des Poissons comparée à celle des autres Animaux; extrait, dans *Bulletin de la Société philomatique*, Paris, 1792, p. 17.

SINÉTY, COMTE DE: Notes pour servir à la Faune du département de Seine-et-Marne, Paris, 1855, et dans *Revue et magasin de Zoologie*, Paris, 1855, t. VIII (Poissons), p. 231-238.

SOLAND, AIMÉ DE : Étude sur les Poissons de l'Anjou, dans *Annales de la Société Linnéenne de Maine-et-Loire*, Angers, 1869, p. 189-275.

SPALLANZANI: Voyages dans les Deux-Siciles et dans quelques parties des Apennins, traduits de l'Italien par G. Toscan, Paris, an VIII.

STANNIUS, HERM.: Symbolæ ad Anatomiam Piscium, Rostochii, 1839 ; — V. SIEBOLD.

STEENSTRUP, J. J. S. : Sur la différence entre les Poissons osseux et les Poissons cartilagineux au point de vue de la formation des écailles, dans *Annales des Sciences naturelles*, Zoologie, Paris, 1861, t. XV, p. 368.

STEIN, S. A. W. : De thalamo et origine nervi optici in Homine et Animalibus vertebratis Dissertatio anatomica, Hauniæ, 1834.

STENO (STÉNON), NIC. : Elementorum Myologiæ specimen, seu Musculi descriptio geometrica, cui accedunt Canis carchariæ dissectum caput, et dissectus Piscis ex Canum genere, Florentiæ, 1667, av. pl.

SWAINSON, WILLIAM : A Treatise of the geography and classification of Animals, London, 1835; — The natural History of Fishes, Amphibians and Reptiles, or monocardian Animals, London, 1839.

TODARO, FRANCESCO : Contribuzione all'Anatomia e alla Fisiologia de'tubi di senzo de'Plagiostomi; — Les organes du goût et la muqueuse bucco-branchiale des Sélaciens, dans *Archives de Zoologie expérimentale*, de H. de Lacaze-Duthiers, Paris, 1873, t. II, p. 533-558, pl. 24.

THOMPSON, W. : Fishes of Ireland, dans son ouvrage, *The natural History of Ireland*, London, 1856, t. IV, p. 69-268.

TROSCHEL, F. H. : Leptopterygius, neue Gattung der Discoboli, dans *Archiv für Naturgeschichte*, Berlin, 1860, t. I, p. 205-209, pl. 7.

VAILLANT, LÉON : Sur la distribution géographique des Percina (première section des Percoïdes), dans *Comptes rendus des séances de l'Académie des Sciences*, Paris, 1872, t. LXXV, p. 1278-1281 ;

VAILLANT, LÉON : Sur la valeur de certains caractères employés dans la classification des Poissons. dans *op. cit.*, p. 1535-1539 ;

— Recherches sur les Poissons des eaux douces de l'Amérique septentrionale désignés par M. L. Agassiz sous le nom d'Etheostomatidæ, dans *Nouvelles Archives du Muséum d'Histoire naturelle*, Paris, 1873, t. IX, p. 5-154, pl. 1-3 ;

— Sur certains caractères différentiels de quelques genres appartenant au groupe des Serranina, dans *Bulletin de la Société philomatique de Paris*, 1873, t. X, p. 51-54 ;

— Études zoologiques sur les Poissons de l'Amérique centrale, dans *Mission scientifique au Mexique et dans l'Amérique centrale*, IVe partie, Paris, 1874-1877.

VALENCIENNES, ACHILLE : Sur le sous-genre Marteau, *Zygœna*, dans *Mémoires du Muséum d'Histoire naturelle*, Paris, 1822, t. IX, p. 222-228, av. 2 pl. ;

— Description du Cernié, *Polyprion cernium*, dans *op. cit.*, Paris. 1824, t. XI, p. 265-259, av. 1 pl. ;

— Ichthyologie des Canaries, dans Webb, P. et Berthelot, S., *Histoire naturelle des îles Canaries*, Zoologie, t. II, Paris, 1835-1850.

— Poissons, dans *Dictionnaire universel d'Histoire naturelle*, dirigé par Ch. d'Orbigny, Paris, 1849 ;

— Recherches sur la structure élémentaire des cartilages des Poissons et des Mollusques, dans *Archives du Muséum*, Paris, 1851, t. V, p. 505-528, pl. 21-23 ;

— V. CUVIER, Histoire naturelle des Poissons ; Règne animal illustré.

VALENTIN, G. : Traité de Névrologie, traduit de l'Allemand par A. J. L. Jourdan, Paris, 1843.

VALLOT, J. N. : Ichthyologie française, ou Histoire naturelle des Poissons d'eau douce de la France, Dijon, 1837 ;

— Supplément à l'Ichthyologie française. Recherches ichthyologiques, Dijon, 1839 ;

— Supplément à l'Ichthyologie française, et Tableau général des Poissons d'eau douce de la France, Dijon, 1850.

VIAULT, Dr FRANÇOIS : Recherches histologiques sur la structure des centres nerveux des Plagiostomes, dans *Archives de Zoologie expérimentale* de H. de Lacaze-Duthiers, Paris, 1876, t. V, p. 441-528, pl. 19-22.

VICQ-D'AZYR, FÉLIX : Œuvres (de) recueillies et publiées par Jacq. L. Moreau (de la Sarthe), Paris, 1805, Discours sur l'Anatomie, t. IV, p. 5-312, Mémoires sur les Poissons, t. V, p. 165-222.

VOGT, CARL : Embryologie des Salmones, dans L. Agassiz, *Histoire naturelle des Poissons de l'Europe centrale*, Neuchâtel, 1842 ;

— Quelques observations sur les caractères qui servent à la classification des Poissons ganoïdes, dans *Annales des Sciences naturelles*, Zoologie, Paris, 1845, t. IV, p. 53-68 ;

Vogt, Carl et Pappenheim : Recherches sur l'Anatomie comparée des organes de la génération chez les Animaux vertébrés, dans *Annales des Sciences naturelles*, Zoologie, Paris, 1859, t. XI, p. 331-369, pl. 13, t. XII, p. 100-131, pl. 2-3.

Vulpian, A. : Leçons sur la Physiologie générale et comparée du système nerveux, Paris, 1866.

— V. Philipeaux.

Wagner, Rud. : Disposition des fibres nerveuses dans l'organe électrique de la Torpille. — Structure des ganglions des nerfs rachidiens, dans *Comptes rendus des séances de l'Académie des Sciences*, Paris, 1847, t. XXIV, p. 856-857.

Walsh, John : Of the Property of the Torpedo, dans *Philosophical Transactions*, London, 1773, t. LXIII, p. 461-480, pl. 19.

Wellenbergh, P. H. J. : Observationes anatomicæ de Orthragorisco mola, Lugduni-Batavorum, 1840.

Willughbeius, Franc. : De Historia Piscium libri quator, jussu et sumptibus Societatis Regiæ Londinensis editi, Oxonii, 1686.

Yarrell, Will. : A History of British Fishes, third edit., edited by J. Richardson, London, 1859.

TABLE GÉNÉRALE

DES

NOMS DES POISSONS.

B

III.

FIN DE LA TABLE GÉNÉRALE DES NOMS DES POISSONS.

1761-79. — CORBEIL. TYP. ET STÉR. CRÉTÉ.